益生菌的分子生物学

Molecular Biology of Probiotics

袁 静　主编

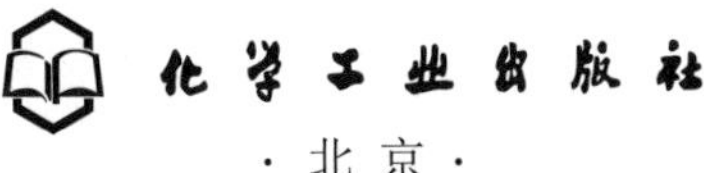

·北京·

内容简介

益生菌是对人体、动物和植物有益的一类菌群，其研究开发得到国内外科学家的高度重视。本书系统介绍益生菌在分子生物学方面的研究进展，共九章：前三章为总论，对益生菌作概要介绍；后面六章为分论，分别对各种益生菌进行介绍，主要包括双歧杆菌和乳酸杆菌，涉及它们的特性、生理功能、分子生物学和应用，特别着重介绍它们在分子水平上的分类和鉴定、基因组的测定和基因功能分析。

本书适合微生物学、微生态学、遗传学、免疫学、临床医学和预防医学等领域的研究生及相关科研工作者阅读参考。

图书在版编目（CIP）数据

益生菌的分子生物学 / 袁静主编. —北京：化学工业出版社，2023.6

ISBN 978-7-122-43255-1

Ⅰ.①益… Ⅱ.①袁… Ⅲ.①益生菌-分子生物学 Ⅳ.①Q939

中国国家版本馆 CIP 数据核字（2023）第 060370 号

责任编辑：傅四周　　文字编辑：刘洋洋　陈小滔
责任校对：李雨函　　装帧设计：王晓宇

出版发行：化学工业出版社（北京市东城区青年湖南街 13 号　邮政编码 100011）
印　　装：中煤（北京）印务有限公司
787mm × 1092mm　1/16　印张 18¾　彩插 4　字数 461 千字　2023 年 11 月北京第 1 版第 1 次印刷

购书咨询：010-64518888　　售后服务：010-64518899
网　　址：http: // www. cip. com. cn
凡购买本书，如有缺损质量问题，本社销售中心负责调换。

定　　价：149.00 元

编写人员名单

主编： 袁　静

编者（以姓氏笔画为序）：

马艳艳　中国人民解放军疾病预防控制中心
王　磊　中国人民解放军军事科学院军事医学研究院生物工程研究所
王军军　中国农业大学
王恒樑　中国人民解放军军事科学院军事医学研究院生物工程研究所
王艳春　中国人民解放军军事科学院军事医学研究院生物工程研究所
田紫妍　首都儿科研究所
刘纯杰　中国人民解放军军事科学院军事医学研究院生物工程研究所
闫　超　首都儿科研究所
杜　冰　首都儿科研究所
李　喆　中国人民解放军军事科学院军事医学研究院生物工程研究所
李　鑫　中国人民解放军军事科学院军事医学研究院生物工程研究所
张　政　中国人民解放军疾病预防控制中心
张　影　中国食品药品检定研究院
陆　静　中国人民解放军疾病预防控制中心
陈　刚　中国人民解放军军事科学院军事医学研究院生物工程研究所
陈　晓　中国人民解放军疾病预防控制中心
范　政　首都儿科研究所
赵红庆　中国疾病预防控制中心传染病预防控制所
柯跃华　中国人民解放军疾病预防控制中心
侯成立　中国人民解放军军事科学院军事医学研究院生物工程研究所
姜　娜　中国人民解放军军事科学院军事医学研究院生物工程研究所
袁　静　首都儿科研究所
袁盛凌　中国人民解放军军事科学院军事医学研究院生物工程研究所
徐子瑛　首都儿科研究所
陶好霞　中国人民解放军军事科学院军事医学研究院生物工程研究所

黄　竞　中国人民解放军军事科学院军事医学研究院生物工程研究所
崔晓虎　首都儿科研究所
崔晶花　首都儿科研究所
彭哲慧　中国人民解放军军事科学院军事医学研究院生物工程研究所
程伟伟　中国人民解放军疾病预防控制中心
潘　超　中国人民解放军军事科学院军事医学研究院生物工程研究所
薛冠华　首都儿科研究所
魏　晓　中国人民解放军疾病预防控制中心

前言

益生菌是对人体、动物和植物有益的一类菌群，早期主要用于制备酸奶、作为食物和饲料的添加剂，随后被发现在医学上起重要作用，可以用于治疗婴幼儿腹泻、预防衰老、提高免疫功能、抑制肿瘤生长和美容护肤等，因而得到国内外科学家的高度重视。早期的工作主要是着重对菌株进行分离、鉴定和培养，研究益生菌的生理功能和制备益生菌制品的工艺。随着科学技术的发展及分子生物学技术的兴起，现今开始对益生菌进行分子生物学研究。本书的编写目的是及时地把益生菌在分子生物学方面的研究进展介绍给读者。

本书共九章：前三章为总论，对益生菌作概要介绍；后面六章为分论，分别对各种益生菌进行介绍，包括它们的特性、生理功能、相关分子生物学内容和应用，特别着重介绍它们的分子生物学相关内容，包括它们在分子水平上的分类和鉴定、基因组的测定和基因功能分析。在益生菌分子生物学方面的进展中，值得一提的是益生菌穿梭质粒的构建，目前已用来克隆各种治疗基因、抗体基因和表达与宿主相互作用的蛋白质，用它克隆的抗原基因可用作口服活菌苗的载体，有重要的应用价值和发展前景。分论部分主要介绍双歧杆菌和乳酸杆菌，因为它们在自然界中广泛分布且被应用得较早，也研究得比较深入。本书适合微生物学、微生态学、遗传学、免疫学、临床医学和预防医学等领域的研究生及相关科研工作者阅读参考。

本书由首都儿科研究所、中国人民解放军疾病预防控制中心和中国人民解放军军事科学院军事医学研究院生物工程研究所等单位的中青年科技工作者和博士研究生撰写。尽管他们工作在第一线，但毕竟年轻，水平有限，加上时间仓促，书中难免有疏漏之处，恳请读者指正。

袁　静

首都儿科研究所

2023 年 6 月

目录

上篇 总论

第一章 益生菌概述

第二章 益生菌分子生物学的研究现状

第三章 益生菌的黏附、定植以及肠道菌群的平衡与失调

下篇　分论

第四章 双歧杆菌的分子生物学

第四章 双歧杆菌的分子生物学

第五章 乳酸杆菌的分子生物学

第五章

乳酸杆菌的分子生物学

第六章 链球菌

第七章 芽孢杆菌及酵母菌

第八章 益生元的研究进展

第九章 益生菌的应用

上篇　总论

第一章
益生菌概述

益生菌（probiotics）又称活菌制剂、微生态调节剂、生态制品、促生素等，是一类能够促进宿主肠内微生物菌群的生态平衡，对宿主健康和生理功能产生有益作用的活性微生物[1]。其作用主要是改善肠道菌群结构、促进肠道中有益菌的增殖、抑制有害菌的生长，提高机体特异性或非特异性免疫力，从而有利于抵御各种疾病的发生[2]。近年来，随着生活水平的提高，人们的保健意识不断增强，作为一类对人类有独特的营养与保健作用的微生物，益生菌越来越受到人们的广泛关注。

第一节
人体内正常菌群

正常人体的体表及与外界相通的腔道中，都存在着不同种类和数量的微生物。在正常情况下，这些微生物对人类无害，称为正常菌群。正常菌群不仅与人体保持平衡状态，而且菌群之间也相互制约，以维持相对的平衡。在这种状态下，正常菌群发挥其营养、拮抗和免疫等生理作用。

一、宿生部位

人体内的正常菌群主要宿生在以下部位。

皮肤：皮肤表面的微生物群落是人体的第一道屏障，主要有葡萄球菌、类白喉棒状杆菌、绿脓杆菌、丙酸杆菌。它们参与皮肤细胞代谢，起到了免疫和自净的作用。

肠道：肠道的微生物生态系统很复杂，菌群生物量庞大。在肠道的不同部位，由于pH值、营养状况的不同，菌群的种类和分布有很大的不同。多数的肠道菌群属共生类型，主要是厌氧菌，如双歧杆菌、消化球菌等，数量恒定，具有合成维生素、蛋白质以及生物拮抗等生理功能，起到维护宿主健康的作用。有一部分很少的致病菌在生理平衡状态是不会危害宿主的，但如果数量超出正常水平就会致病。还有一类是介于这两种类型之间的，如大肠杆菌、链球菌等，它们能产生毒素，具有生理作用和致病作用两方面作用。

阴道：阴道的生态系统常驻菌有乳杆菌、表皮葡萄球菌、大肠杆菌等。乳杆菌黏附在阴道黏膜上皮细胞上，可产生酸性物质维持酸性环境，对大肠杆菌、类杆菌、金黄色葡萄球菌有拮抗作用，对于保持自身健康和胎儿在妊娠期的卫生有着重要的意义，是一道重要的生物屏障。

此外在外耳道、眼结膜、鼻咽腔、尿道等部位都会有正常菌群的分布。

二、生理功能

人体的不同部位寄居不同种类的正常菌群，这些菌群发挥着不同的生理功能，构成一道抵御外界病菌入侵的天然屏障。长期以来，人们对消化道正常菌群及其生理作用进行了大量研究。

存在于人体消化道的菌数可达100万亿个，包括100多种细菌，菌体总质量约1.0～1.5kg，占人体总质量的1/50～1/60，与人体肝脏的质量相当，而产生酶的量却远远超过肝脏所产生的量。肠道菌群间互相保持着共生或拮抗的关系，它们以宿主摄取的食物和分泌于消化道内的机体成分作为营养，从而不断地增殖和被排泄，它们与宿主的健康、疾病有着极其密切的关系，其中95%以上是活菌。人体的营养、消化、生物拮抗、免疫、抗肿瘤、药物效能和抗衰老等离不开自身携带的微生物群[3-4]。

（一）营养与消化作用

肠道菌群对宿主有益之处是能够提供维生素B_1、维生素B_2、维生素B_6、维生素B_{12}、泛酸、烟酸及维生素K等。双歧杆菌作为人和动物肠道中最重要的生理性细菌之一，被认为是微生态学研究的核心或重心。有人认为，双歧杆菌只有黏附于肠上皮细胞，才能对宿主产生上述生态效应和生理作用。否则，只能是过路菌，不能在肠道内存在。双歧杆菌对黏膜或肠上皮细胞的黏附及定植是其发挥作用的前提条件。而且，对于双歧杆菌黏附的研究也可进一步揭示正常菌群的形成和作用机制[5]。目前市场上已出现许多双歧杆菌生物制品，主要以奶制品为主。

（二）生物拮抗作用

生物拮抗作用的研究是微生物种群间关系的一个侧面。微生物种群的生物拮抗作用，是维持微生态平衡所必需的。就皮肤菌群来说，常住菌如痤疮丙酸杆菌和表皮葡萄球菌能够拮抗常见致病菌如金黄色葡萄球菌、绿脓杆菌、大肠杆菌等，构成皮肤的生物屏障，预防或减少感染性疾病，有益于皮肤健康，是皮肤保健重要因素之一。有研究表明，人体咽部确实存在有抑制A群脑膜炎奈瑟氏菌生长的正常菌群，同时还表明人咽部正常菌群对致病菌拮抗作用的非特异性[6]。另外有人研究了皮肤表面正常菌群对常见致病菌的体外拮抗作用，结果明显，同时表明正常菌之间具有协同作用，这对于皮肤的自净以及维持皮肤的微生态平衡具有重要作用[7]。

（三）免疫作用

作为其生理功能之一，正常菌群能刺激机体建立完善的免疫系统，具有抵抗外源病原体的防御能力，是机体免疫系统中不可缺少的重要组成部分。它们的防御能力不仅是形成生物屏障以阻止外源细菌的入侵，还具有免疫增强功能。这些正常微生物群作为抗原物质，首先是非特异性地促进机体免疫器官发育成熟；并且，特异性地持续刺激机体免疫系统发生免疫应答，产生的免疫物质能对具有交叉抗原组分的病原菌产生某种程度的抑制或杀灭作用。另外，正常菌群能增强宿主的黏膜免疫，促进机体免疫器官的发育成熟，提高机体的特异性和非特异性免疫功能，增强巨噬细胞活性及细胞因子介导素的分泌，增强红细胞的免疫功能。实验证明，正常菌群及其成分还具有免疫佐剂活性作用[8-11]。

（四）其他生理作用

有研究表明，肠道正常菌群作为宿主的生物屏障可防御病原体的侵犯，除以上几点生理功能外，还对亚硝胺等致癌物质有降解的功能而起抗癌作用。例如对双歧杆菌的生物活性进行总结后，发现其对人体除了具有营养和增强机体的免疫功能作用外，还有抑癌、抗衰老等作用[12-13]。

三、菌群失调

正常菌群在一定条件下，成员之间在质与量上能够保持着相对平衡。但当人体生理有变化时，或因药物的作用，而使正常菌群中某些成员受到打击或被消灭，那就会破坏正常菌群的均势，使菌群正常组合转化为异常组合，这就称为“菌群失调”[13]。这种失调在临床上表现出一系列症状，称为菌群失调症或菌群交替症。生态失调的病原体有细菌、病毒、真菌和原虫，但较主要的是细菌性生态失调，故称菌群失调。临床上伴有菌群失调症的疾病很多，广义地说，一切体内的病理生理过程都不可避免地会影响正常菌群，并互为因果引出疾病。

（一）菌群失调的分类

一度失调：在使用抗生素化学药物后一部分细菌的生长被抑制，造成了某些部位的正常菌群在组成上和数量上的异常改变，即发生比例失调。一度失调只是数量上异常改变，一般无临床表现或只有轻微的不良反应，停药后可自然恢复。

二度失调：正常菌群在组成和数量上发生比例失调后，即使停药或去除诱因，仍呈菌群失调状态，即由菌群内部的变化转化为病理性改变。二度失调是不可逆的，临床上多有慢性炎症表现，如慢性肾盂炎、慢性肠炎、慢性口腔炎或咽喉炎、慢性支气管炎等。

三度失调：表现为正常菌群大部分被抑制，只有少数菌种占优势，进而引起疾病。临床上表现为急性症状，病情凶险，如葡萄球菌及艰难梭菌引起的伪膜性肠炎，变形杆菌、绿脓杆菌、白色念珠菌、肺炎杆菌及大肠杆菌等引起的二重感染[14]。

目前随着医院感染学科的发展，外源性感染已减少，但由正常菌群失调引起的内源性感染相对增多。临床上常见口腔、上呼吸道、尿路、盆腔及腹腔内感染而引致全身炎症性过程，往往找不到感染灶，但最终发生菌血症、感染性休克，进而发生多器官功能衰竭而死亡。多数学者认为感染来自肠道贮菌库中的细菌易位。在新的生境中如果出现缺血、损伤，则有利于易位细菌的定植而致病。例如大肠杆菌在肠道中不致病，若侵入邻近器官，换了生境即能致病[15]。

（二）菌群失调病因

引起菌群失调的原因很多，主要包括宿主患病、医疗影响、水土不服、抗生素不合理使用等，特别是后者，抗生素的出现虽有利于传染病防治，但其弊病也日趋明显。其一是诱导耐药性，给进一步治疗造成巨大困难。其二是诱发菌群失调症，同样严重危害人体健康，引起多种疾病——特别是这一点，显示出的危害性越来越大。

国内有人对多例感染卡他布兰汉氏菌的患者进行了观察分析，得出结论提示当人们抵抗力下降时非病原菌也可引起疾病。另有研究发现，与对照人群相比，近期曾服用抗生素的患者粪便艰难梭菌检出阳性率升高，代表其肠道菌群有失调的趋势。说明使用头孢菌素类、氨基糖苷类、青霉素类等抗生素是常见的菌群失调诱因[16-18]。

（三）治疗措施

对菌群失调所引起的疾病的治疗主要就是合理使用抗生素、提高和改善机体的免疫功能和使用微生态制剂，后者在近年来有了较大的发展，许多临床研究结果表明其治疗效果较为明显。

国内目前已问世的微生态制剂主要有“扶微乳”“整肠生”“海生元”等，研究表明，这些制剂对菌群失调引起的各种疾病有良好的治疗效果。合生元类制剂在调整微生态平衡失调方面较益生菌和益生元有明显优势，应成为今后微生态调节剂的发展方向[19,20]。

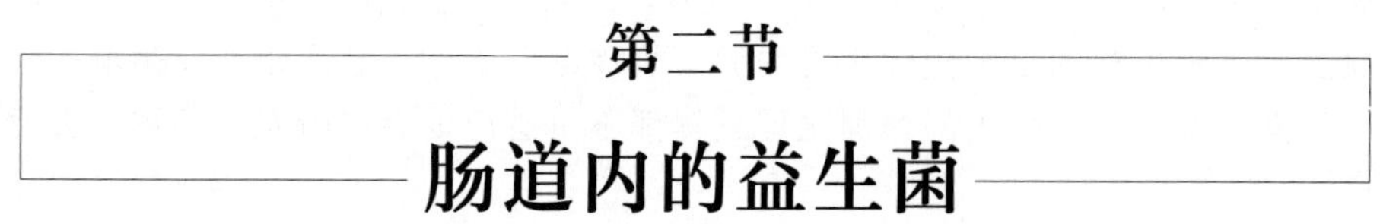

第二节 肠道内的益生菌

肠道益生菌是一种可以抵御病菌侵害人体的肠道有益菌群，正常情况肠道内的益生菌与侵入肠道的致病菌相抗衡，相生相克，维持人体的健康平衡。一旦益生菌缺乏，体内的细菌平衡被打破，人体极易患上各种肠道疾病，这就是益生菌的作用原理。

健康的人体肠道环境应该包括85%的乳酸菌与15%的大肠杆菌，但有时实际情况正好与此相反。这容易导致胃肠胀气、肠道毒素蓄积、胆固醇水平升高、便秘、营养吸收障碍、念珠球菌感染等。而益生菌是生活在人类肠道中的一类细菌，以双歧杆菌、乳酸杆菌为主要代表。它们在肠道内能形成生物屏障，排斥和抑制有害细菌，产生对人体有益的物质，促进消化吸收与肠蠕动，增强人体免疫，从而达到维持肠道菌群平衡的目的，并且益生菌还可以直接作为食品添加剂服用。

目前的研究发现益生菌可以有效地抵御多种肠道病菌，医学家已开始尝试使用益生菌制剂来治疗和预防肠道疾病。

一、肠道内的益生菌组成

（一）乳酸菌类益生菌

目前，益生菌仍然以乳酸菌为主，在很多情况下益生菌就是指乳酸菌。乳酸菌是指能发酵糖，主要产生乳酸的一类细菌的总称。绝大多数乳酸菌为革兰氏阳性菌，不运动、无芽孢，不具有过氧化氢酶，兼性厌氧或专性厌氧，可以将各种糖分解成乳酸。但这是乳酸菌的一般概念，易于被人们理解和接受，并不符合微生物分类学的规范，例如在《伯杰细菌鉴定手册》（第八版）中双歧杆菌被列入放线菌科，芽孢乳杆菌属曾被提议作为乳酸菌属的一种，随后被提高到属的地位。凝结芽孢杆菌曾被称为“乳酸芽孢杆菌”或者“芽孢乳酸菌”，后虽然被列入芽孢杆菌，但许多文献仍然沿用曾经的名称。乳酸菌的乳酸发酵方式包括同型乳酸发酵和异型乳酸发酵两种。同型乳酸发酵中1 mol葡萄糖被分解成2 mol的乳酸，而异型乳酸发酵中1 mol葡萄糖只被分解成1 mol的乳酸。异型发酵又分为两种：Ⅰ型和Ⅱ型，其中Ⅱ型主要存在于双歧杆菌中，因此也称为双歧途径[21]。

同型乳酸发酵：

$$C_6H_{12}O_6 \longrightarrow 2CH_3CHOHCOOH$$

异型乳酸发酵：

$$（Ⅰ）\ C_6H_{12}O_6 \longrightarrow CH_3CHOHCOOH+CH_3CH_2OH+CO_2$$

$$（Ⅱ）\ C_6H_{12}O_6 \longrightarrow CH_3CHOHCOOH+1.5CH_3COOH$$

按照传统观念理解，乳酸菌通常包括乳杆菌、链球菌、明串珠菌、片球菌和双歧杆菌五个属。随着研究的深入，已经达到23个属，还包括李斯特氏菌等革兰氏阳性无芽孢杆菌、芽孢乳杆菌等形成内生芽孢的杆菌、肠球菌、乳球菌等革兰氏阳性兼性厌氧球菌和奇异菌等具不规则形状的专性厌氧菌[22]。除部分菌具有蛋白质水解能力外，一般乳酸菌的蛋白质分解能力较差，在培养时要依赖培养基中现成的氨基酸并将其作为氮源。乳酸菌对各种碳水化合物及相关物质具有很强的分解能力，其主要代谢产物乳酸分为L型和D型，取决于细胞内的乳酸脱氢酶（nLDH）的类型和活力，即L-nLDH和D-nLDH。采用基因工程手段使其中一个失活，并不影响乳酸总产量，但会影响生成乳酸的构型。乳酸菌类益生菌除了产生乳酸外，还产生一些乙酸、丙酸等具有抑菌作用的初级代谢产物，如双歧杆菌代谢产物为L-乳酸和乙酸，比例约为2∶3。

（二）其他

这类益生菌代谢产物不含乳酸或仅含少量乳酸，但与乳酸菌类益生菌类似，其益生特性的物质基础仍然是产生有机酸、消化酶、抗菌物质等。目前在人和动物上应用研究较多的非乳酸菌类益生菌包括：费氏丙酸菌、丁酸梭菌（或酪酸菌）、布拉酵母、酿酒酵母以及枯草芽孢杆菌（包括纳豆芽孢杆菌）、地衣芽孢杆菌、东洋芽孢菌（非分类学物种，被认为是蜡样芽孢杆菌的等价物）等。美国食品药品监督管理局（FDA）和美国饲料控制官员协会公布的公认安全（GRAS，generally regarded as safe）认证微生物菌种还包括黑曲霉、米曲霉等真核微生物，共42种。

二、肠道益生菌的作用

（一）整肠作用

益生菌有耐胃酸及肠道消化液作用，活着进入人体肠道内，通过其生长及各种代谢作用促进肠内细菌群的正常化，抑制肠内腐败物质产生，保持肠道功能的正常。益生菌及含有益生菌的酸奶可用于各种消化道疾病的治疗及预防，对婴幼儿的病毒和细菌性急性肠炎及痢疾、抗生素使用引起的肠炎及痢疾、旅行期间的痢疾、中老年人的便秘都有治疗及预防作用。

（二）调节胃肠道的菌群平衡

益生菌能维持并保证肠道菌群最佳优势组合和稳定性，纠正肠道的功能紊乱，其抑制致病菌、增强机体防御功能的原理还在不断研究中，主要机制[23]归纳如下。

① 产生代谢产物和生理活性物质，形成化学屏障，杀死病原微生物。益生菌在肠道中发酵产生的大量乙酸、乳酸等酸性物质，可以抑制病原性细菌生长繁殖。

② 通过黏附机制和竞争排斥作用，形成生物学屏障，阻止病原菌繁殖和对肠道上皮组织吸附。

③ 通过生物夺氧方式阻止病原菌的繁殖。某些需氧芽孢杆菌，以孢子或活菌形式进入畜禽消化道后生长繁殖，消耗肠内的氧气，造成局部缺氧环境。益生菌多为厌氧菌，如乳酸杆菌、双歧杆菌和肠球菌等，缺氧有利其定植和生长；而致病菌多为需氧菌，因此生长受到抑制，可减缓多种肠道疾病的发生。益生菌重建肠道菌群平衡，抑制致病菌生长，故也有显著减轻腹泻的效果。

④ 刺激肠道免疫系统，诱导宿主自身免疫反应，增强宿主机体抗病能力。

（三）改善血脂代谢及预防心血管疾病

益生菌能吸附食物中的胆固醇，促使其向体外排泄。益生菌还能吸附肠内的胆汁酸，随着菌体把胆汁酸排出体外，肠内胆汁酸的减少能强化肝脏中的胆固醇向胆汁酸转化，最终减少血清中的胆固醇含量。Naruszewicz等[24]在对吸烟者的临床试验中证实益生菌能降低血清中胆固醇的水平，可预防高血脂导致的冠状动脉硬化及冠心病等多种心血管疾病。2005年Tanida等[25]通过先天性高血压老鼠实验初步证实，益生菌在一定程度上能起到控制血压的效果。此过程中起作用的是益生菌的发酵产物，而非活益生菌体，进一步研究表明部分乳酸菌的菌体成分具有抗高血压作用[26]。

（四）调节免疫

益生菌及其代谢产物能诱导产生干扰素，增加细胞分裂素，活化免疫细胞，促进免疫球蛋白的产生，提高机体免疫力并抑制肿瘤发生；还能用于治疗食物过敏、湿疹及过敏性皮炎等变态反应性疾病。

双歧杆菌及其表面分子可使细胞凋亡相关基因表达上调，从而诱导肿瘤细胞凋亡，抑制肿瘤生长；其产生的NAD氧化还原酶、SOD等有助于增强机体抗癌能力。

Rao等证实嗜酸乳酸杆菌（*Lactobacillus acidophilus*）能减少结肠癌细胞的含量和肿瘤的发生率[27]，但至今还没有充分的证据证实益生菌在治疗人类癌症中的效果。Matsuzaki等证实了干酪乳酸杆菌（*L. casei*）对癌症患者体内肿瘤的抑制作用，并且通过大量的动物实验表明益生菌能够调节前TH1（pro-TH1）细胞因子的分泌[28]。目前有关益生菌对人体免疫的作用还处于研究中。

第三节　益生菌的分离培养技术

分离培养技术是微生物学中重要的基础技术之一，是对微生物进行研究的一种方法，目的在于从自然物质上混杂的微生物群体中获得所需要的纯种微生物。分离培养常在固体平板培养基上用划线分离法或液体稀释法或单孢子分离法等进行。益生菌的分离培养技术可参照一般细菌的分离培养方法。

一、益生菌中需氧菌分离培养法

（一）平板划线法

此法为分离培养细菌的常用方法，其目的是使被检材料作适当稀释，以便经过培养后得到单个菌落，便于分离纯培养物，鉴别菌落的性状。平板划线的方式有多种，可按自己的习惯选用其中之一，但注意不要划破琼脂，不得重复划线，否则难以获得单个菌落，影响对菌落性状的观察。左手取琼脂平板，用拇指、食指和中指夹住平板边缘，轻轻掀开平板盖使之成一狭缝，并靠近火焰旁。右手持接种环于酒精灯火焰中烧灼灭菌，待其冷后蘸取待检材料少量，自己选择一种平板划线方式划线。划毕，将接种环烧灼灭菌后，直立于试管架上。平板底上标明被检材料名称、日期，置培养箱中培养。

（二）倾注法

取三支已融化的普通琼脂培养基管，冷至约50℃，用接种环取一环培养物于第一管内，随即用两手掌心搓转振荡，由第一管取入第二管，搓匀后从第二管取出一环至第三管振荡，然后分别倒入三个灭菌空平板内，摇匀，待凝固后，倒置于37℃恒温箱内培养，24h后观察结果。第一个平板菌落最多，第二个、第三个递减，可得到单个菌落。

二、益生菌中厌氧菌分离培养法

（一）动物组织及其他物质加入法

在液体培养基内加入肝脏、肾脏等动物脏器，因其中的半胱氨酸的—SH基团极不稳定，为强还原剂，所以可利用此培养基进行厌氧培养。在培养之前将肝片肉汤加热，以驱出空气，冷却，然后接种培养。

（二）高层琼脂柱培养法

把含1%葡萄糖的琼脂培养基制成高层琼脂柱（达管高的2/3以上）。以穿刺接种法接种厌氧菌，用烧灼接种环熔封穿刺孔，置于37℃恒温箱中培养。

（三）共栖培养法

将厌氧菌与需氧菌共同培养在同一个平皿内，利用需氧菌的生长繁殖将氧气消耗后，造成厌氧环境利于厌氧菌生长。其具体方法是将培养皿的一半接种消耗氧气能力极强的需氧菌，另一半接种厌氧菌，接种后将平皿倒扣在一块玻璃板上，并用石蜡密封，置37℃恒温箱中培养2～3d，即可观察到需氧菌和厌氧菌均先后生长。

（四）焦性没食子酸法

焦性没食子酸在碱性溶液内能大量地吸收氧而造成厌氧环境，有利于厌氧菌的生长繁殖。通常100cm^{3}空间用焦性没食子酸1g及10%氢氧化钠或氢氧化钾10mL。常用的方法有试管培养法、平板培养法、干燥器培养法。

（五）二氧化碳培养法

少数细菌，在含有5%～10%的二氧化碳环境下生长良好，常用的方法为烛缸法。取干燥器（盖口抹上凡士林），将接种好的平板或斜面放入干燥器内，点燃蜡烛并使其直立于缸的隔板上，盖上盖子，因器内氧气耗尽蜡烛熄灭，所含二氧化碳仅10%左右。也可以使用厌氧培养箱，厌氧培养箱可提供无氧环境以进行细菌培养及操作，可培养难生长的厌氧生物。

三、益生菌分离培养的注意事项

① 分离培养前应考虑所分离的细菌的特性，选择适合其生长需要的培养基（需氧还是厌氧、营养的要求高还是不高、培养温度等）。

② 防止污染。分离培养的整个过程要严格无菌操作。培养基和一切用具必须彻底灭菌；操作时必须靠近火焰；操作完毕后，禁止再让培养基接触外界空气。

③ 接种器械过热，很容易杀死分离培养的细菌，如接种环在灼烧灭菌后，不能立即蘸取细菌材料，应在酒精灯旁晾凉；另外还应注意防止已蘸取菌料的接种环不慎通过火焰而将细菌杀死。

④ 初代分离时发现有多种细菌，观察找到目的菌落，再拿一肉汤培养基纯化培养，然后接种实验动物，制成凝集抗原，做血清学鉴定，还可以反过来做抹片染色观察。

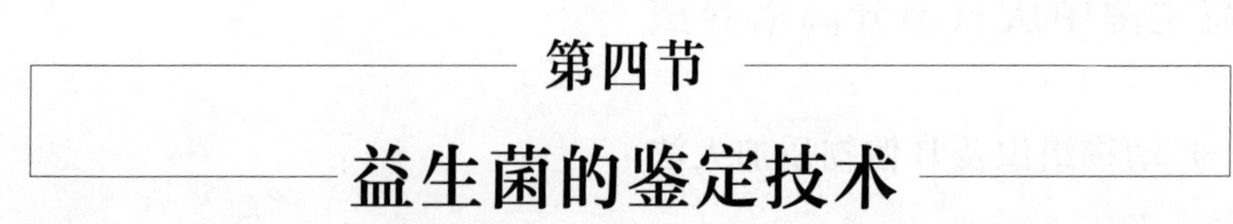

第四节 益生菌的鉴定技术

分类鉴定是微生物学中的一个重要领域。由于益生菌在食品、生物和医药工业中被作为种质资源长期应用，人们能够根据其生长性状、代谢和发酵能力、存活率、作用靶位等特征，对其进行分类和鉴定。随着科学技术的发展，益生菌分类鉴定经历了不同的历史发展阶段。

一、传统方法

传统分类鉴定方法包含形态特征、生理生化反应、血清学反应等。这些方法都基于微生物表面受体的特异性，属于表型分类法。

（一）形态结构和培养特征试验

形态结构观察主要是利用显微镜对被染色的微生物形状、大小、排列方式、细胞结构及染色特性进行镜下直接观察，从而达到区别、鉴定微生物的目的[29]。不同微生物在特定培养基中生长繁殖后所形成的菌落特征有很大差异。而在一定条件下，同一种微生物的培养特征具有一定的稳定性，据此可以对不同微生物加以区别。

（二）生理生化试验

微生物生化反应是微生物分类鉴定中的重要依据之一。生化反应是指用化学反应测定微生物的代谢产物，从而鉴别一些在形态和其他方面不易区别的微生物。细菌生理生化试验包括过氧化氢酶测定、含碳化合物利用、糖或醇类发酵试验、淀粉水解试验等。

Gonzlez[30]等利用形态学和生理学特征从淡水鱼及其生活环境中分离了249株益生菌，并对其进行了鉴定，其中92%以上的分离株被鉴定到属的水平。Wijtzes[31]等利用2种碳源发酵测试体系也未能将14种益生菌分离株鉴定到种的水平。虽然表型性状鉴定对部分益生菌是非常有用的，但对某些益生菌来说，即使表型性状很相似，也不意味着它们的基因型亲缘关系很近[32]。

二、分子生物学鉴定方法

鉴于表型鉴定的缺陷，经过不断努力，各国科学家逐渐采用分子生物学方法来开展益生菌分类鉴定，在鉴定的准确性和效率方面均取得了长足的进步。

（一）DNA-DNA 分子杂交技术

20世纪60年代，DNA-DNA杂交试验被用来分析菌株之间的亲缘关系，现其已成为细菌分类学研究的一个重要指标。核酸探针是一种经过标记、能与其互补序列杂交的单链核酸分子，其靶位是染色体上特定的序列，所选择的靶序列通常是某一属、种或菌株所特有的核酸序列，因此，只要将菌落裂解，使细胞内DNA暴露，就可以直接采用探针与该菌落进行原位杂交。对探针采用同位素、酶或荧光素标记后，可以使其容易被检测[33]。目前，该方法已经被用来制备对双歧杆菌具有菌株或种特异性的核酸探针。Apostolou等[33]用荧光原位杂交的方法来鉴定人体肠道内*Lactobacillus* Fhamrto LGG。Malinen等[34]利用DNA探针来鉴定*L．helveticus*的野生型及突变型，并获得了成功。

（二）*recA* 基因序列分析

*recA*基因负责编码recA蛋白质，后者在DNA重组、DNA修复与SOS应急反应中具有至关重要的作用[35]。研究表明，*recA*基因的一个小片段有望成为一种灵敏性高、能用于种间进化发育亲缘研究的分子标记。Kullen等[36]首先将这种方法引入双歧杆菌属的研究。这种分子可以通过PCR（聚合酶链式反应）技术从双歧杆菌典型菌株的肠道分析物中直接获得，引物是针对*recA*基因内特定区域的寡核苷酸，该区域在细菌内具有通用保守性。这种*recA*基因有望成为一种对人体肠道双歧杆菌分离物进行比较进化发育研究的有力工具[37]。

（三）GC 含量

研究发现，同种生物体内的GC含量是固定的，但不同种生物的GC含量会有很大的不同[38]。测定GC含量的方法很多。其中最广泛和通用的方法是以化学法水解DNA后，再用电泳或高效液相色谱（HPLC）来分析其中成分。在双链DNA中，A与T配对、G与C配对，因此，A与T的数量以及G与C的数量应相同。DNA的GC含量测定已广泛用于微生物鉴定中[39]。在国外，Storck等[40]首先测定了真菌DNA的GC含量，并将GC含量作为真菌分类鉴定参考标准之一。我国从20世纪70年代开始对细菌、真菌等微生物DNA的GC含量进行测定，80年代中期至90年代初又对衣原体、立克次氏体、蚤类等DNA的GC含量进行了研究。

（四）基于 16S rRNA 或 23S rRNA 序列的 DNA 标记技术

在益生菌进化过程中，rRNA分子的功能几乎保持不变，且分子中某些部位的排列顺序变化非常缓慢，因而得以保留古老祖先的一些序列。针对16S rRNA基因两端的通用保守区设计引物，直接对所分离到的菌株进行16S rRNA基因扩增，然后测定整个PCR复制子（约1.5 kb）的序列组成，并与rRNA数据库进行比较。

2000年，在表型鉴定的基础上，黄锡全等[41]使用16S rDNA序列聚类分析技术鉴定了1株明串珠菌属的细菌；2001年，Corsetti等[42]利用16S rRNA序列的DNA标记技术对来自25个小麦酸面包的317个益生菌分离株进行了种的鉴定和分类；2004年，涂宏钢等则从标明含有嗜酸乳杆菌的活菌胶囊中分离到1株乳杆菌菌株，结合传统分类鉴定方法，利用BLAST比对方法对其16S rRNA全序列进行了分析，最终将这株菌鉴定为植物乳杆菌的新株系[43]；Santos等[44]也应用16S rDNA-RFLP方法对西班牙传统发酵制品中的益生乳杆菌进行了分类，结果非常有效。在双歧杆菌属中，所有种的系统发育进化亲缘关系都十分相近，通过16S rRNA基因序列分析可以鉴定出93%以上的菌株。

（五）变性梯度凝胶电泳

变性梯度凝胶电泳（DGGE）是指利用一个梯度变性胶来分离DNA片段。不同DNA片段的变性条件不同，因此可在凝胶上形成不同的泳带[45]。该技术的突出优点是可以分离具有细微差异的基因组片段，通过测序分析来揭示群落成员系统发育的从属关系，并能够同时检测多个样品，使对不同样品进行比较成为可能。1993年，Muyzer等[46]首次将DGGE技术应用于微生物研究，并证实这种方法用于微生物种属鉴定是十分有效的。DGGE可以用来检测最高温度解链区域以外的所有发生单个碱基变化的DNA片段，对益生菌的分类鉴定有极高的准确性。有研究者[47]用此法，通过与16S rDNA比较，对商业益生菌酸奶产品中的菌种进行了鉴定，证实酸奶中的菌种与商品标签中标注的相符；同时，还对一些益生菌冻干粉进行鉴定，纠正了一些鉴定有误的双歧杆菌和芽孢杆菌菌种。Temmerman等[48]的研究表明，DGGE技术是一种快速、可靠、重复性好的益生菌非培养检测和分析方法，它比传统的培养检测鉴定方法应用前景广阔。

三、编码和自动化鉴定系统

编码鉴定方法是指根据鉴定对象采用一定数目的卡，所得结果以数字方式表达，并与数据库数据对照而得出鉴定结果。目前，已应用的快速、简便的商品化编码鉴定系统很多。比较著名的有法国梅里埃Bio-Merieux的API系统、Enterotube系统、Spectruml0系统等。国内也有少量的商品化编码鉴定系列。近年发展起来的益生菌自动化鉴定系统实现了从接种、培养、读数到报告的全过程自动化，技术较为成熟的是法国Bio-Merieux ViteK Inc.生产的微生物鉴定仪（AMS）[49]。

四、荧光光谱法

荧光光谱法（fluorescence spectroscopy）又称荧光分析法，它利用物质所发射的荧光强度与浓度之间的线性关系进行定量分析，并以荧光光谱的形状和荧光峰对应的波长进行定性分析。Ammor等[50]利用乳酸菌样品内所含物质的3种激发光，即250 nm（氨基酸 + 核酸）、316 nm（NADH）和380nm（NAD），采用主成分分析法和因子判别式法进行数据分析，对所收集到的乳酸菌样品进行分离鉴定。

五、其他方法

Marilley等[51]尝试使用基于电子鼻技术的质谱分析系统对乳酸菌产生的挥发性化合物进行鉴定、评估及分类，得到的鉴定结果与用分子生物学方法得到的结果一致。这种方法可用于区分样品中的细菌群落，发现新的能够产生气味的菌类；张斌等[52]通过PCR扩增*FtsZ*基因的一段800bp核苷酸，构建了干酪乳杆菌-片球菌及相关乳酸菌的FtsZ蛋白系统发育树。研究表明，FtsZ蛋白序列的分辨率高于16S rDNA，适用于乳酸菌种间的系统分类研究。

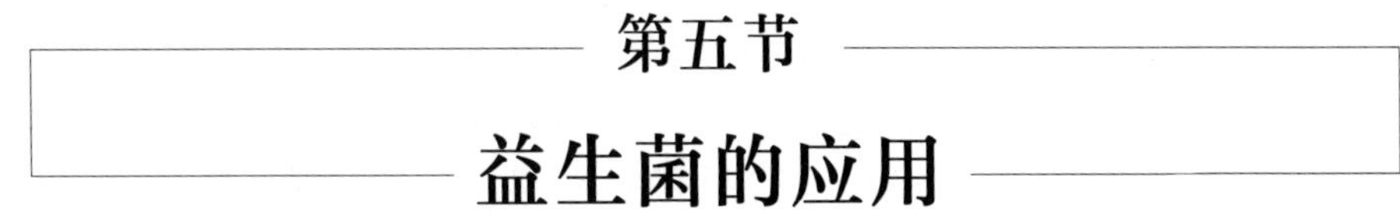

第五节 益生菌的应用

随着益生菌知识的普及和人们对健康的关注，科学工作者发现我们的每日饮食中很多天然食品、传统食品或者带有民族特色、地域特色的食品中都存在益生菌。我们熟悉的酸奶、干酪、开菲尔、马奶酒等发酵乳制品的生产离不开乳酸菌和双歧杆菌发酵；腌制的酸泡菜、优质美味的传统酱油、豆瓣酱和辣椒酱等，在发酵和成熟工艺中都有乳酸菌的参与。制作萨拉米肉肠、腌咸鱼也需要乳酸菌来获得风味、保鲜和成熟。研究这些传统食品所获得的知识和经验，给食品研究和开发人员许多启迪，使他们发现乳酸菌在传统食品的生产和改良及新产品开发中具有广阔的应用空间。

一、益生菌在食品中的应用

目前，常见的可以应用于食品上的益生菌菌种有属于双歧杆菌属的青春双歧杆菌、短双歧杆菌、两歧双歧杆菌、婴儿双歧杆菌、长双歧杆菌等；有属于乳杆菌属的嗜酸乳杆菌、保加利亚乳杆菌、干酪乳杆菌、鼠李糖乳杆菌、发酵乳杆菌、植物乳杆菌、罗伊氏乳杆菌、开菲尔乳杆菌、清酒乳杆菌、约氏乳杆菌、唾液乳杆菌、弯曲乳杆菌、短乳杆菌等；有属于某些链球菌属的嗜酸链球菌、乳酸链球菌、粪链球菌、屎链球菌，还有属于片球菌属的戊糖片球菌、乳酸片球菌等一类细菌[53]。此外，明串珠菌属、丙酸杆菌属和芽孢杆菌属的某些菌种及一些酿酒酵母也常被用作益生菌[54]。从益生菌的应用成分上看，可以是单纯的活菌制剂，也可以是由多种菌株组成的复合制剂或除益生菌外还配合有双歧因子及其他成分的复合制剂；从剂型上看有片剂、胶囊、冲剂及液态制剂等。作为一种活菌制剂，益生菌既可用作良好的治疗剂，又可用作保健品。下面主要介绍其在食品方面的应用。

（一）益生菌在乳制品中的应用

乳制品是益生菌最大的应用领域，而酸奶又是乳制品中应用益生菌最大的领域，据报道，在乳制品领域应用益生菌的产品比例达到74.5%，而酸奶又占益生菌产品的74%[55]。众多研究者认为，酸奶是益生菌的最佳食物载体，而发酵食品特别是发酵乳制品本身有很好的保健功效，因此作为发酵菌种的益生菌将发酵性能与保健功效结合所形成的酸奶，目前已成为一类健康食品，从而为消费者所熟知并受到青睐[56]。近年来，为了满足消费者的需求，很多种类型和风味的酸奶不断出现，例如含有水果的益生菌酸奶在消费者中很受欢迎，因此人们添加多种水果制成搅拌型水果酸奶[57]；为了提高益生菌的存活率、丰富酸奶的口味和提高功效，研究人员还研究和开发出了“益力多”“Actimel”及“Kefir”（开菲尔）等产品。

除酸奶之外，益生菌在乳制品中的应用还涉及发酵液体奶、纯牛奶（后添加益生菌但不经过发酵）、乳饮品、奶粉、干酪、婴儿乳品等几乎所有奶产品。

（二）益生菌在功能性食品中的应用

随着人们生活水平的不断提高，如何健康养生越来越成为人们日常生活中谈论的热点，而益生菌因其特有的保健功能作为功能食品的研究亦越发受到关注。人们不难发现市场上添加了不同益生菌的以促进和调节人体健康为诉求的各种发酵饮品（如各种功能性发酵果蔬饮料）、糖果制品、冰激凌甜点等不断增多。以红茶菌饮料为例，红茶菌饮料中富含维生素C、维生素B等营养素，并含有三种以上对人体有益的微生物菌群，因此能调节人体生理机能，促进新陈代谢，帮助消化，防止动脉硬化，抗癌，养生强身，正在成为一种盛行全世界的养生保健饮料[55]。为达到一种或数种益生菌菌株单独或与其他酵母菌、醋酸菌等混合使用以强化产品风味、物理性能及生产性能的目的，市场上又开发了一系列功能性食品添加剂，例如一些产味乳酸菌[如保加利亚乳杆菌和嗜热链球菌（其特征风味以乙醛为主）]、丁二酮乳链球菌、醋化醋杆菌、肠膜明串珠菌及乳酪链球菌等（产生乙二酰、乳酸、乙酸及丁二酮等风味物质)，因其可以赋予产品芳香，提高产品风味，减少香精、香料在产品中的添加，从而使产品更趋于天然而易于被消费者接受[58]。

（三）益生菌在膳食补充剂中的应用

益生菌用于膳食补充通常被制作成所谓的益生菌制剂，即用适当的方法制成的带有活菌的粉剂、片剂或胶囊等制品[55]，它作为一类能够通过改善肠内微生物平衡而有效影响寄主的活性微生物制剂，经服用后能起到整肠和防治胃肠疾病的作用。研究者通常会针对某一特定人群来开发此类膳食补充剂，例如针对儿童的此类产品有“妈咪爱”“法国合生元”“汉臣氏”“昂立优菌多”等益生菌补充剂。这些膳食补充剂能有效缓解幼童发生的便秘或腹泻等问题，特别是那些使用过抗生素的儿童，肠道内的细菌数量会下降，每日补充一些含有乳酸菌和双歧杆菌的酸奶或其他含益生菌的食品，能够加速恢复健康的肠胃[58]。除了儿童用产品以外，市场上还有适合中老年人、女性或上班族、糖尿病患者等的产品，它们都以补充肠道益生菌为诉求，帮助维持肠道微生态的平衡及健康[59,60]。

（四）益生菌在发酵肉制品中的应用

目前，国内外利用益生菌发酵肉制品的研究主要集中在发酵香肠的生产上。20世纪初期，发酵香肠的生产是通过加入一小块已经发酵过的产品作为发酵引子或加入一些原料中存在的、对产品发酵有利的物质的方法来完成的。但这种靠原料内微生物区系中的乳酸菌与杂菌的竞争作用进行的自然发酵过程存在着诸多不确定性因素（如不可靠性和不可控性）。直到1940年，Jensen和Psddock第一次描述了乳酸菌在发酵香肠中的应用并获得专利，从此开创了使用纯培养的微生物发酵剂生产发酵香肠的先河[61]。1995年，Nurmi在研究中发现，混合使用乳酸菌及肉葡萄球菌比单独接种单一种菌株可获得更优良的产品，从此混合菌种发酵肉制品的研究和应用获得了快速发展[62]。

近年来，用于肉制品发酵的益生菌均以乳酸菌为主，通过不同乳酸菌以及同其他微生物如微球菌、葡萄球菌或酵母菌之间的复配制成发酵剂，这些发酵剂在肉制品发酵和成熟的过程中，各自发挥其独特的作用。主要表现为一方面接种微生物产生的蛋白酶可分解肉中的蛋白质成为较易为人体消化吸收的多肽和氨基酸，产生的脂酶可分解脂肪成为短链的挥发性脂肪酸和酯类物质，使产品具有特有的香味；另一方面接种微生物可抑制肉品中腐败微生物的生长，延长制品的保质期。

二、益生菌与美容护肤

今天，美容护肤品已经从化学美容、植物美容发展到生物美容、基因美容的阶段，在护肤品中添加生物活性物质已经成为美容界的潮流。生物活性物质虽然含量极微，但生物活性极高，对多种细胞生理功能和代谢活动发挥生物调节作用。在日常护理方面，生物活性物质是皮肤护理的最佳活性成分，能够控制或调节皮肤老化进程，保护受损皮肤，延缓皮肤老化，对保持正常皮肤的结构和功能、维持机体的正常生理活动和代谢具有重要意义。

到目前为止，研究发现的生物活性物质有很多，其中有不少已被添加到美容护肤品中，例如植物或微生物中的生物酶和动物胶原蛋白，在延缓皮肤衰老及提供皮肤养分、促进皮肤细胞新生、消除皮肤皱纹等方面有着重要的作用。另外，很多活性物质，如水解蛋白、多肽、天然植物激素还可以补充肌肤养分，在皮肤受到外界刺激时，自动释放并激活人体防御系统，抑制黑色素生成，控制油脂分泌，在使肌肤细胞维持正常状态、保持肌肤活力等方面起着重要作用。

生物活性成分、生物酶、类激素以及小分子活性蛋白等，能够控制或调节皮肤老化进程，保护受损皮肤，延缓皮肤老化，对保持正常皮肤的结构和功能、维持机体的正常生理活动和代谢具有重要意义。

微生物发酵能够产生多种多样、大量的生物活性物质及更易吸收的小分子营养物质，这是微生物应用于化妆品的主要依据。日本的养乐多公司化妆品部门应用益生菌发酵物开发了具有生物活性的化妆品，使用乳酸菌发酵技术，帮助维护健康和美丽。

很多研究显示大豆制品和大豆异黄酮、染料木黄酮和大豆异黄酮苷，能够预防和（或）改善心脏病、个别癌症和骨质疏松症等。因此，大豆制品和大豆异黄酮在预防医学、营养学和皮肤病学，以及食品和化妆品工业方面都非常具有吸引力。为了将大豆异黄酮的生物活性应用到食品和化妆品中，研究者开发了利用双歧杆菌发酵的豆奶（FSM)和其酒精提取物(BE)，因为包含了高水平的大豆异黄酮苷，所以能够渗透到皮肤内部，提供由内到外的皮肤保护。随后该研究者证实，将该提取物局部应用于无毛小鼠六个月，可显著改善小鼠的皮肤弹性和润滑性，并提高皮肤内的透明质酸含量。同样，将包含10%BE的凝胶用于人体手臂三个月，能够明显改善皮肤弹性[63]。也可以说，经过乳酸菌发酵，产生了能够促进皮肤改善的物质。

三、益生菌的应用展望

益生菌在我们生活中的应用实例还有很多，本节只是选择性地列举了其中一些应用实例。其中有些应用已被深入研究且在不断地发展中，趋于成熟，其产品也已工业化、规模化。还有些应用虽是我们熟悉的，但对其机制了解甚少，相关产品生产也还是以古老传统的方式，这样就不可避免地给发酵产品品质带来不稳定性，使批与批之间、各个生产厂家之间的产品有很大差异。如何缩小差异，使产品能标准化、工业化生产，是我们将要不断探索的。益生菌及发酵食品中的有益菌对人体健康的促进及调节作用，已经被认知，发酵食品的食用也已从单纯的风味需要上升到对健康的诉求。发酵食品的种类及应用领域也随着研究的不断发展和深入，变得越来越广，益生菌在各类食品及食品以外其他领域的应用，还有待研究人员去深入研究，益生菌产品的研发前景将是不可估量的。

（马艳艳 杜冰 编，袁静 校）

参考文献

[1] Golden B R. Health benefits of probiotic [J]. British Journal of Nutrition, 1998, 80: 203-207.

[2] 肖平，吕嘉枥，沈文．益生菌的保健功能及其在食品中的应用概述[J]．食品科技，2009, 34(10):23-26.

[3] 刘吉成，刘伯阳，王惠艳．双歧杆菌的生物活性及开发前景[J]．中华医药学杂志，2004, 3(1):25-27.

[4] 闻玉梅．现代医学微生物学[M]．上海：上海医科大学出版社，1999.

[5] 黄敏，伦永志，纪芳，等．灭活的双歧杆菌对肠上皮细胞黏附机制的研究[J]．医学研究通讯，2004, 33(1):28.

[6] 孙立华，郭醒华，郭军巧，等．人咽部正常菌群抑制呼吸道病原菌的实验观察[J]．中国公共卫生学报，1998, 17(5):287-288.

[7] 熊德鑫．正常菌群对常见致病菌拮抗作用的研究[J]．微生物学报，1993, 20(4):217-220.

[8] 袁嘉丽，李庆生．微生态学与医学的关系简析[J]．中国微生态学杂志，2001, 13(6):365-367.

[9] 王平利，李玉谷，辛朝安．非特异性免疫研究进展[J]．黑龙江畜牧兽医，2002, 11:50-52.

[10] 张供领，柴家前，牛钟相．正常菌群对免疫系统功能影响的研究进展[J]．黑龙江畜牧兽医，2001, 2:24-25.

[11] 刘思纯．肠道正常菌群及菌群失调[J]．新医学，1999, 30(11):626-627.

[12] 余之贺．试谈人体正常菌群问题的辩证法[J]．中国微生态学杂志，2001, 13(1):3-4.

[13] 吕秀荣，李丽华，乔传武．常见菌群失调诱因和分类及防治[J]．中国误诊学杂志，2004, 4(3):458-459.

[14] 蔡访勤．肠道正常菌群与人体健康和疾病密切相关[J]．河南医学研究，2001, 10(2):171-174.

[15] 潘传桂．抗生素治疗卡他布兰汉氏菌致下呼吸道感染51例临床分析[J]．中华临床医药卫生杂志，2004, 2(4):61.

[16] 胡云建，胡继红，陶风蓉，等．难辨梭状芽孢杆菌检测与临床应用[J]．中华检验医学杂志，2004, 27(3):167-169.

[17] Pelaez T, Alcala L, Alonso R, et al. Reassessment of *Clostridium difficile* susceptible to metronidazole and vancomycin[J]. Antimicrobial A-gents Chemother, 2002, 46:1647-1650.

[18] 龚志术，田娟，何培霞．扶微乳治疗婴幼儿腹泻疗效观察[J]．中华医学实践杂志，2004, 3(1):64-65.

[19] 邵祥稳，张庆华，刘占海．微生态调节剂治疗肝硬化自发性腹膜炎临床研究[J]．中华医院感染学杂志，2002, 12(9):677-678.

[20] 吴力克，梁冰，孙英姿．复合益生菌制剂“海生元”治疗实验性肠菌群失调症疗效机制探讨[J]．中国微生态学杂志，2003, 15(4):199-201.

[21] Kleerebezem M, Hols P, Bernard E, et al.The extracellular biology of the lactobacilli [J]. FEMS Microbiol Rev, 2010, 34(2):199-230.

[22] 凌代文，东秀珠．乳酸细菌分类鉴定及实验方法[M]．北京：中国轻工业出版社，1999.

[23] 周雨霞，侯先志．益生菌与肠道疾病[J]．中国微生态学杂志，2006, 18(2):147-148.

[24] Naruszewicz M, Johansson M L, Zapolska-Downar D, et al. Effect of *Lactobacillus plantarum* 299v on cardiovascular disease risk factors in smokers[J]. American Journal of Clinical Nutrition, 2002, 76 (6):1249-1255.

[25] Tanida M, Yamano T, Maeda K, et al. Effects of intraduodenal injection of *Lactobacillus johnsonii* La1 on renal sympathetic nerve activity and blood pressure inurethane-anesthetized rats[J]. Neuroscience Letters, 2005, 389 (2):109-114.

[26] Haberer P, duToit M, Dicks L M T, et al. Effect of potentially probiotic lactobacilli on feacal enzyme activity in minipigs on a high-fat, high-cholesterol diet-a preliminary in vivo trial [J]. Int Food Micro, 2003, 2727:1-5.

[27] Rao C V, Sanders M E, Indranie C, et al. Prevention of colonic preneoplastic lesions by the probiotic *Lactobacillus acidophilus* NCFMTM in F344 rats[J]. Int J Oncol, 1999, 14(5): 939-944.

[28]Matsuzaki T, Chin J. Modulating immune responses with probiotic bacteria[J] .Immunol Cell Biol, 2000, 78(1):67-73.

[29] 赵永．益生菌的分离及其益生特性的研究[D]．扬州：扬州大学，2007．

[30] Gonzlez C J, Encinas J P, Garcia-Lopezm L, et al．Characterization and identification of lactic acid bacteria from fresh water fishes[J]. Food Microbiology, 2000, 17(4):383-391．

[31] Wijtzes T, Bruggemanm R, Noutm J R, et al．A computerised system for the identification of lactic acid bacteria[J]. Food Microbiology, 1997, 38(1):65-70．

[32] 段宇珩，谈重芳，王雁萍，等．益生菌鉴定方法在食品工业中的应用及研究进展[J]．食品工业科技，2007, 28(2):242-244．

[33] Apostolou E, Pelto I, Pirkka V, et a1. Differences in the gut bacterial flora of healthy and milk-hypersensitive adults, as uleasured by fluorescence in situ hybridization[J]. FEMS Immunology and Medical Microbiology, 2001(30):217-221．

[34] Malinen E, Laitincn R, Palva A. Genetic labeling of lactobacilli in a food grade manner for strain-specific detection of industrial starlets and probiotic strains[J]. Food Microbilogy, 2001(18):309-317.

[35] 邵虎．降血压益生菌的筛选及其发酵特性的研究[D]．扬州：扬州大学，2008．

[36] Kullen M J, Sanozky-Dawes R B, Crowell D C, et al. Use of the DNA sequence of variable regions of the 16S rRNA genefor rapid and accurate identification of bacteria in the *Lactobacillus acidophilus* complex[J]. J Appl Microbiol, 2000(89):511-516.

[37] Ventura M, Gerald F, Fitzgeral D, et a1. Insishts into the taxonomy, genetics and physiology of bifidobacteria[J]. Antonie Van Leeuwenhoek, 2004,86(3):205-223.

[38] 刘文俊，乌日娜，张和平．益生菌*L．casei* Zhang的多项分类鉴定[J]．中国乳品工业，2009, 39(2):14-18.

[39] 凌代文．益生菌分类鉴定及实验方法[M]．北京：中国轻工业出版社，1999．

[40] Storck M, Abendroth D, Albrecht W, et al. IMPDH activity in whole blood and isolated blood cell fraction for monitoring of CellCept-mediated immunosuppression[J]. Transplant Proc, 1999, 31(1-2):1115-1116.

[41] 黄锡全，许化淳，高大庆．HXQ001菌株16S rRNA基因序列及聚类分析[J]．中国微生态杂志，2000, 12(5):272-274．

[42] Corsetti A, Lavermicocca P, Morea M, et al. Phenotypic and molecular identification and clustering of lactic acid bacteria and yeasts from wheat sourdoughs of Southern Italy[J]. Food Microbiology, 2001(64):95-104.

[43] 涂宏钢，李存瑞，巫庆华，等．利用16S rRNA全长序列鉴定植物乳杆菌[J]．乳业科学与技术，2004, 27(2):57-60．

[44] Santos E M, Jaime I, Rovira J, et al. Characterization and identification of lactic acid bacteria in “morcilla de Burgos”[J]. Int J Food Microbiol, 2005, 97(3):285-296.

[45] 杨振泉，顾瑞霞．DNA标记技术在乳酸菌分类鉴定中的应用[J]．中国乳品工业，2005, 33(5):35-39.

[46] Muyzer G, Wall E C, Uiitterlinden A G. Profiling of complex microbial populations by denaturing gradient gel electrophoresis analysis of polymerase chain reaction-amplified genes coding for 16S rRNA[J]. Applied Environmental Microbiology, 1993(59):695-700.

[47] Fasoli S, Maezotto M, Rizzotti L. Bacterial composition of commercial probiotic products as evaluated by PCR-DGGE analysis[J]. Intemational Journal of Food Microbiology, 2003(82):59-70.

[48] Temmerman R, Masco L, Vanhoutte T, et al. Development and validation of a nested PCR-denaturing gradient gel eletrophoresis[J]. Applied and Environmental Microbiology, 2003(69):6380-6385.

[49] 东秀珠，蔡妙英．常见细菌系统鉴定手册[M]．北京：科学出版社，2001．

[50] Ammor S, Yaakoubi K. Chevallier I. Identification by fluorescence spectroscopy of lactic acid bacteria isolated from a small-scalefacility producing traditional dry sausages [J]. Microbiol Meth, 2004, 59(2): 71-281.

[51] Marilley L, Casey M G. Flavours of cheese products:metabolic pathways, analytical tools and identification of producing strains[J]. Int J Food Microbiol, 2004, 90(2):139-159.

[52] 张斌，东秀珠．FtsZ 蛋白同源性分析在乳酸菌系统学研究中的应用[J]．微生物学报，2005, 45(5):661-664.

[53] O'sullivan M G, Thrton G, O'sullivan G C, et al. Probiotic Bacteria: myth or reality[J]. Trends Food Sci Thchnol, 1992, 3: 309-314.

[54] Va Sijevic T, Shah N P. Probiotics - From Metchnikoff to bioactives[J]. International Dairy Journal, 2008, 18:969-975.

[55] 冯玉红，曲冬梅，王德纯，等．益生菌应用与展望[J]．食品工业，2010,3:86-89.

[56] 秦楠．益生菌及其在食品中应用进展[J]．中国酿造，2006, 7(160):1-3.

[57] Kailasapathy K, Harmstorf I, Phillips M. Survival of *Lactobacillus acidophilus* and *Bifidobacterium animalis* ssp. *lactis* in stirred fruit yogurts[J]. LWT, 2008, 41(7): 1317-1322.

[58] 胡会萍．益生菌及其在功能食品中的应用[J]．食品研究与开发，2007, 2(128):173-175.

[59] Conway P L, Gorbach S L, Goldin B R. Survival of lactic acid bacteria in the human stomach and adhesion to intestinal cells[J]. J Dairy Sci, 1987, 70:1-12.

[60] Walker D K, Gilliland S E. Relationships among bile tolerance, bile salt deconjugation, and assimilation of cholesterol by *Lactobacillus acidophilus*[J]. J Dairy Sci, 1993, 76:956-961.

[61] 吴丽红，贺稚非．发酵香肠中的微生物发酵剂的研究发展[J]．四川食品与发酵，2005, 1: 31-36.

[62] Maijala R, Nurmi E, Fischer A. Influence of processing temperature on the formation of biogenic amines in dry sausages[J]. Meat Sci, 1995, 39(1):9-22.

[63] Miyazaki K, Hanamizu T, Sone T, et al. Topical application of *Bifidobacterium*-fermented soy milk extract containing genistein and daidzein improves rheological and physiological properties of skin[J]. J Cosmet Sci, 2004, 55(5):473-479.

第二章

益生菌分子生物学的研究现状

益生菌是指能在生物体内存活，对生物体的健康有益的一类微生物。从20世纪初人们就开始认识到微生物及其产物能够对机体产生影响，并且从细菌、真菌、酵母等微生物中筛选得到了许多被认为是益生菌的微生物。目前已经对益生菌的作用机理进行了深入和广泛的研究，获得了许多使用益生菌的经验。分子生物学方法的大量应用，把益生菌研究推向了细胞和分子水平上。分子生物学特别是基因工程技术的发展将益生菌的理论和应用研究推向了一个新的高度。

近些年来，益生菌的研究呈现出两大特点：①大量借鉴其他学科领域发展比较成熟的技术手段，主要涉及菌株的分离与鉴定的方法、菌株的改良、微生物代谢研究等方面；②注重对益生菌作用机理的研究，主要包括消化道内微生物菌群的动态变化、菌体细胞的代谢、菌群与宿主免疫系统的关系、菌群对宿主代谢的影响等方面，开始关注益生菌使用的安全性，结合益生菌功能基因组学研究，对细胞内基因的表达和调控进行研究。利用基因工程技术改良已经过筛选或被证明有临床效果的菌株，拓宽它的应用范围，增强应用效果。与传统诱变方法相比，直接对染色体DNA定向操作更可能保持菌株原有的优良性状。下面概述在分子水平上研究益生菌的一些进展。

第一节 对细菌素进行的研究

一般将细菌素定义为由核糖体产生的，具有蛋白质性质，在一定浓度下具有显著抗微生物活性的多功能物质。目前，部分学者倾向于将Gratia等[1]在1946年发现的大肠杆菌素与其类似的抗菌物质（bacteriocin-like inhibitory substances）分为单独的一类。而另外一些学者建议将由乳酸菌（lactic acid bacteria）分泌并具有十分重要研究意义的细菌素作为一个独立的分类单元[2]。其他的细菌素应根据细菌素的种类、来源、生产的复杂性和作用机制进行分类。但是，上述细菌素的分类方法，可能会造成细菌素分类混淆，因为细菌素功能多样，作用机制复杂，同一种细菌素完全有可能具有不同类群细菌素的部分分类特征。而到目前为止，还没有人发现更好的细菌素分类方法。

目前研究最彻底、应用最广泛的细菌素属于各种乳酸乳球菌产生的乳链菌肽（nisin,

也称乳酸链球菌素）。到目前为止，乳链菌肽和片球菌素的PA-1被许可用作食品防腐剂。另外，对于源于乳脂乳球菌的lactococcin、嗜酸乳杆菌的lactacin F、冰冷明串珠菌的leucocin A和乳酸片球菌的片球菌素（pediocin）PA-1的分子生物学研究已取得了重大进展。与乳链菌肽不同，它们均由质粒编码控制；由乳杆菌产生的细菌素lactacin B、lactocin 27和helveticin J则与乳链菌肽相似，其结构基因位于染色体上，由染色体基因编码、控制。对乳酸菌细菌素的分子遗传学研究表明，许多细菌素的产生与质粒相关。对于每一种细菌素，其结构基因总是与两个或多个相关基因紧密排列构成一个类操纵子结构模块。lantibiotics的显著特点是分子内含有非编码氨基酸，这从侧面提示lantibiotics的形成过程中必定经过了翻译后的酶修饰与加工，这包括Ser和Thr脱水分别形成Dha和Dhb；Dha和Dhb与邻近的Cys的巯基发生亲核加成反应，分别形成羊毛硫氨酸和β-甲基羊毛硫氨酸。1988年，乳链菌肽基因首次被克隆出来。不同于大部分的多肽类抗生素，乳链菌肽的前体蛋白是由核糖体合成，经过一系列包括脱水、硫环形成等复杂的翻译后加工过程，最终形成有活性的成熟乳链菌肽分子。

对于小分子热稳定肽研究得比较详细的当属乳球菌9B4产生的lactococcin A、B和M。有研究者认为lactococcin A的成熟过程是两步行为：信号肽酶首先水解Gly-Gly之间的肽键，移去前体细菌素N端20个氨基酸大小的信号肽，然后再水解去除剩余肽段的N端Gly残基，最后形成一个54个氨基酸大小的成熟细菌素。当前对大分子热不稳定肽蛋白细菌素（LhLP）的研究不多。核酸序列分析表明细菌素编码区存在两个完整的开放读码框（ORF2和ORF3）。ORF3是其结构基因（*hly J*），大小为999bp。ORF2紧邻于*hly J*上游，大小为315bp，编码一个11.8kDa的未知功能蛋白。此外ORF2上游有一个启动子，*hly J* 和ORF2前端有核糖体结合位点。*hly J*尾端37bp处有一个终止子。ORF2的核糖体结合位点与启动子之间存在两段小的反向重复序列，可能在helveticin J的表达调控中起作用。helveticin J的基因排列方式表明了它以操纵子形式表达，其邻近ORF的具体功能有待深入研究，目前倾向认为负责细菌素翻译后修饰加工、转运和免疫的基因应该与*hly J*紧密联系。

细菌素都是非特异地吸附到细胞表面，但能否与细胞特异性结合，取决于细胞壁和质膜的结构。G^+细菌素对敏感菌的吸附能力相对较弱，可能不需要与特定的受体结合而直接作用。和G^+菌相比，G^-菌在发生作用前必须和敏感菌细胞膜上特定的受体结合，属于受体介导型吸附。G^+细菌素都是通过使敏感菌质膜上形成膜通道，破坏膜结构的完整性或影响其稳定性从而导致离子、氨基酸和ATP外渗进而导致细胞死亡。只是不同的G^+细菌素起作用所必需的最低膜电位不同。除了形成膜孔道外，某些G^+细菌素还可以诱导细胞的自溶。乳链菌肽目前被认为具有双重的作用机制：形成孔道和抑制细胞壁合成。乳链菌肽是第一个被发现利用入坞分子在细胞膜上形成孔道的羊毛硫抗生素。通过与细胞壁前体类脂Ⅱ特异性结合，使细胞膜形成直径2.0～2.5nm的孔道，并能维持一段很短的时间，引起跨膜电势消失使质子动力丧失而导致离子泄漏和ATP水解，最终导致细胞死亡。与乳链菌肽一样，B类羊毛硫抗生素mersacidin也结合类脂Ⅱ，但与乳链菌肽的结合位点不一样，且不能形成孔道。由植物乳杆菌（*Lactobacillus plantarum*）LL441产生的PlnC作用方式和乳链菌肽或mersacidin均有所不同，它能强烈地抑制类脂Ⅱ合成或与已合成的类脂Ⅱ形成复合体，干扰细胞壁合成，并使细胞膜形成孔道最终导致细胞死亡。

目前许多首次被发现的细菌素已研制成为抗菌剂，从法律的角度考虑，区分细菌素和抗生素是重要的，因为抗生素在食品中的添加通常是被禁止的。例如，在丹麦，用于生产食品添加剂的细菌必须不产生毒素或抗生素。细菌素可以作为部分纯化物或纯化的浓缩物来添加，但是需要从立法的角度得到批准以作为防腐剂。已经证明乳酸菌细菌素可以抑制革兰氏阳性菌，以及一些腐败菌和病原菌，且与螯合剂结合可以将其活性谱拓宽到革兰氏阴性菌，因而为食品加工和保藏提供了一个新方法。细菌素常与其他的防腐保鲜手段结合应用，可大大提高防腐保鲜的效果。对食品工业而言，细菌素已经作为一种非常重要的天然食品防腐剂在国际上得到了广泛的应用，其应用领域主要包括牛奶制品（包括鲜牛奶、奶粉、酸奶、奶酪等）、罐头食品、饮料、肉类食品、鱼类以及酒精饮料等。当然在食品中添加细菌素之前，需要考虑几个因素。首先，食品的结构和成分要估测，因为特定的成分可以影响细菌素的活性，如研究发现细菌素可以和脂肪黏结，从而影响其活性。其次，温度、pH值和外源酶（如蛋白酶）的存在也应考虑，因为它们也是影响食品中细菌素活性的关键因素。细菌素也可以作为底物发酵的副产物存在于成熟奶酪、酸奶、腊肠、泡菜等食品中。许多研究已经证明，具有产细菌素能力的发酵过程可以防止和控制不良菌群引起的污染。因此一般认为添加产细菌素的乳酸菌到食品中比直接添加细菌素更可取。我国是一个乳酸菌等细菌资源丰富的国家，但对细菌素的研究起步较晚，所以要大力加强对细菌素的基础研究和开发应用研究。相信细菌素作为一类具有广阔开发应用前景的天然食品防腐剂和饲料添加剂，将对人类健康发挥巨大作用。

虽然细菌素是食物传播的病原体如李斯特菌的抑制剂，但它不是抗生素。它们的合成和作用方式使其从临床上应用的抗生素中区分出来。细菌素不仅能有效地控制病原微生物的生长而且安全，具有很大的作为食品防腐剂使用的潜力。随着对细菌素的深入研究，生物防腐剂被广泛应用于食品工业的日子不会很远，这不仅会给消费者提供更安全更健康的食品，而且会为食品工业带来一场重要的变革。另外细菌素的多样性和相对专一性，使其具有很大的潜力成为代替抗生素用于治疗细菌感染的药物。虽然细菌素在食品和医学等方面都具有广阔的应用前景，但是也存在不少的问题有待解决，如产量低、失活、敏感细胞抗性的出现、寻找专一性的细菌素较困难等。

第二节 对多糖进行的研究

乳酸菌是一类能以可发酵性糖为原料，并能产生大量乳酸的细菌的通称。目前在自然界发现的这种细菌在分类学上至少有23个属。而在食品、医药等领域应用较多的乳酸菌主要有7个属，分别为乳杆菌属、链球菌属、肠球菌属、乳球菌属、片球菌属、明串珠菌属和双歧杆菌属。双歧杆菌是健康动物消化道内的优势菌群，资源丰富，种类繁多，并对宿主发挥生物屏障、提供营养、免疫、控制内毒素血症、延缓衰老、抗肿瘤等生理作用。乳酸菌和双歧杆菌被广泛应用于食品、医药及农业等各大领域，它们产生的胞外多糖对人体是有益处的。乳酸菌和双歧杆菌生长过程中分泌的胞外多糖，具有抗氧化、抗肿瘤、肠道菌群调节、免疫调节等生理功能。

许多乳酸菌是人体肠道固有的益生菌，因此人类对其研究、应用与开发做了大量的工作，同时也取得了大量的成果。目前已知乳酸菌发挥主要生理功能特性的机理，除了定植、主要代谢产物（如乳酸等）改善肠道内环境外，乳酸菌的次生代谢产物，如细菌素和胞外多糖等也具有重要的作用。一些细胞组成成分，特别是完整细胞壁上的肽聚糖则具有抗肿瘤作用。乳酸菌胞外多糖即是这类细菌在生长代谢过程中分泌到细胞壁外的黏液多糖或夹膜多糖。自20世纪40年代成功开发出由肠膜明串珠菌发酵产生右旋糖酐以来，新的微生物胞外多糖的研究与开发在世界范围内已成为研究的热点。而乳酸菌胞外多糖（EPS）因具有理论和实际应用价值已经引起了许多学者的兴趣。许多乳酸菌是历史悠久的工业生产菌，乳酸菌胞外多糖不仅对乳制品的质构和风味具有重要影响，而且有可能成为食品级多糖的一个极好的来源而广泛应用于各种食品的增稠、稳定、乳化、胶凝及保湿。胞外多糖还具有生物活性如免疫活性、抗肿瘤和抗溃疡，可应用于医药领域。

乳酸菌胞外多糖是由乳酸菌发酵产生的，分泌在细胞外的，常渗入到培养基中的糖类化合物。根据其所在的位置，可分为荚膜多糖和黏液多糖。乳酸菌胞外多糖的生物合成因菌种的不同而发生在不同的条件下，按合成位点和合成模式不同，乳酸菌胞外多糖的合成可分为两类，即细胞壁外的同源多糖的合成与细胞膜上的异源多糖的合成。前者如葡聚糖、果聚糖是在胞外合成的，合成体系中包括糖基供体、糖基受体和葡聚糖蔗糖酶。葡聚糖的合成属单链反应机制，以蔗糖为唯一底物，合成所需的能量来自蔗糖的水解而不是糖基E核苷酸，不需要脂载体和独立的分支酶,所合成的葡聚糖分子量大。细菌异源多糖的合成则包括5个因子：糖基-核苷酸、酰基供体、脂中间体、酶系统和糖基受体。在细胞膜上合成多糖需要活性前体以及各种高能态的单糖,这些高能态的单糖主要是糖基-二核苷酸,所有含葡萄糖的多聚物（除糖原外）均以UPD-D-葡萄糖为供体；乙酸、丙酮酸、3-羟基丁酸等的活性形式是酰基，为胞外多糖的合成所必需；异戊二烯脂中间体整合多糖的重复单元，在原核细胞多糖的合成中起作用的是焦磷酸异戊二烯脂；酶系统包括己糖激酶、糖基核苷酸转移酶、糖基核苷酸合成酶、糖基转移酶、聚合酶等。底物若进入细胞，通常先磷酸化，用于能量代谢或同化为细胞内多糖、脂多糖、细胞壁多糖和胞外多糖。肠膜明串珠菌在合成葡聚糖过程中，合成前体在葡聚糖酶的作用下，将培养基中的蔗糖转移到前体物质的非还原末端上合成。葡聚糖合成属于单链合成。其他细菌异质胞外多糖的生物合成，是以细胞内的低聚糖苷链为前体物，在细胞膜上合成的。

乳酸菌胞外多糖生物合成遗传调控的研究表明，嗜温乳酸菌产胞外多糖的特性受大小不一的各种质粒的控制，某些条件（如高温、频繁传代）下产胞外多糖的特性容易丢失。乳酸乳球菌乳脂亚种MS产胞外多糖特性受一个18.5MDa的质粒的控制，该质粒还具有抗噬菌体的特性；干酪乳杆菌干酪亚种产胞外多糖的特性受一个4.5MDa的质粒的控制；产胞外多糖的德氏乳杆菌保加利亚亚种不含质粒；乳酸链球菌NIZO B40产胞外多糖的特性受一个40 kb的质粒的控制。Looijesteijn等人[3]发现充分表达*fbp*基因，以果糖为碳源时，胞外多糖的产量提高，证明FBPase（二磷酸果糖激酶）的低活性限制了胞外多糖的合成。右旋糖酐是最早商业化生产的乳酸菌胞外多糖。美国农业部北部地区研究室开发的肠膜明串珠菌NRRL B-512是右旋糖酐工业生产的代表菌株，中国医学科学院输血及血液学研究所筛选的肠膜明串珠菌1226已在20世纪60年代推广使用。右旋糖酐的生产方法已趋于成熟，其他乳酸菌胞外多糖的发酵生产条件因菌种不同而存在一定差异。乳酸菌胞外多糖的生物合成过程中糖的种类和含量对多糖的合成量有影响，德氏保加利亚乳杆菌存在时，胞外多糖中乳糖含量升高。干酪乳杆菌CG11

产胞外多糖的最佳碳源为葡萄糖。对唾液链球菌嗜热亚种发酵生产胞外多糖发现，糖源为乳糖时胞外多糖生成量最大。多数研究结果证实乳酸菌以10～20g/L葡萄糖为碳源可得到最高的胞外多糖产量。

近几十年来，由于微生物胞外多糖在产品结构、性能及生产方面所具有的特别优势而得到大力研究和开发，新的微生物胞外多糖的开发已成为工业微生物研究的热点之一。由于乳酸菌是食品级工业生产菌，与其他菌相比安全性高，所以近年来对乳酸菌胞外多糖的研究逐渐增多。但产量低、菌株稳定性差仍是制约其大规模生产的主要因素。现在各国科学家试图用基因工程的手段构建高产菌株，但至今仍没成功。

双歧杆菌是一种众所周知、使用范围很广的商用益生菌，其生长繁殖贯穿人的整个生命过程。有研究表明双歧杆菌具有益生功能的主要分子机制依赖于双歧杆菌自身分泌的胞外多糖。尽管一些细菌胞外多糖已经商业化用于食品和医药保健品等领域，如黄原胶、透明质酸和右旋糖酐等，但双歧杆菌等常用益生菌的胞外多糖还鲜见有商业化应用的报道。

全基因组测序分析表明，大部分双歧杆菌的基因组序列中都含有一个胞外多糖合成基因簇，包含大约20个与胞外多糖合成相关的基因，且EPS基因簇在不同菌株间存在着结构多变性。从功能组成上来看，该基因簇由编码重复单元转运子蛋白基因、编码多糖重复单元聚合蛋白基因以及多糖链长度控制基因三个区域构成。EPS基因簇中编码重复单元转运子蛋白的基因位于基因簇两端，所编码的转运蛋白具有翻转酶功能，是膜整合蛋白家族成员之一，能将单糖单元从细胞膜内翻转到细胞膜外。双歧杆菌EPS基因簇中编码的聚合蛋白负责把转运出的糖链重复单元聚合后形成长链多糖分子。同时双歧杆菌EPS基因簇编码9～14个跨膜螺旋，预测该段基因可能还同时控制着胞外多糖的输出与转运。双歧杆菌胞外多糖糖链长度控制基因编码的蛋白质属于Etk-like酪氨酸激酶类，可以作为辅助蛋白在多糖重复单元跨膜以及聚合时控制糖链长度。关于糖链长度控制的假设有两种，一种认为糖链长度控制基因调控重复单元聚合酶活性从而影响糖链长度，另一种认为糖链长度控制基因与重复单元聚合酶的复合状态影响糖链长度。

目前国内对于双歧杆菌胞外多糖的研究多集中在产胞外多糖菌株的筛选和增加胞外多糖产量的培养条件的优化方面，对于双歧杆菌胞外多糖的益生功能的研究相对较少，从机理层面探究更是相当匮乏。双歧杆菌胞外多糖主要包括荚膜多糖和黏液多糖，主要由胞外多糖基因簇相关的约20个基因序列表达产生。双歧杆菌胞外多糖属杂多糖，主要由葡萄糖、半乳糖和鼠李糖三种单糖按多种方式聚合而成。双歧杆菌胞外多糖在消化道内可保护自身菌体，抑制外来菌的生长；能通过调节T细胞分化表达调节机体的免疫反应；在冷冻干燥过程能保护菌体提高存活率；具有抗氧化，降低胆固醇，增加钙离子吸收的功能；具有调节人体肠道菌群的新陈代谢，调节免疫反应，抗肠道致病菌的能力。双歧杆菌胞外多糖还具有抗菌和调节免疫的能力。长双歧杆菌BCRC14634 EPS能抑制巨噬细胞J77A的增殖和促进抗炎症因子IL-10的分泌，其具有抵御胃肠道感染甚至是食品腐败微生物的能力，可以作为噬菌体的一种温和的调节剂。

相比于植物多糖，微生物胞外多糖具有很多独特的优良属性，它们安全无毒、理化性质独特、易与菌体分离、生产周期短、生产不受病虫害及地域和季节条件等限制，具有广阔的发展前景和一定的市场竞争力。许多微生物胞外多糖已被作为乳化剂、成膜剂、保鲜剂、胶凝剂等广泛应用于医药、食品、石油、化工等多个领域。对于双歧杆菌胞外多糖的研究报道自2000年之后陆续出现，由国外的研究人员率先报道，国内相关的研究较少。目前研究较多的双歧杆菌胞外多糖主要集中在动物双歧杆菌、青春双歧杆菌和长双歧杆菌的一些菌株。

第三节
对黏附基因的研究

黏附是细菌与宿主细胞相互作用的第一步，病原菌黏附于易感细胞能引起感染致病，而非致病菌黏附后大多发挥正常生理作用。双歧杆菌和乳酸菌等益生菌在肠道中的黏附及定植，对维持肠道菌群的结构及功能起主导作用，因此研究益生菌的黏附机制对认识微生态学的基本规律有着重要意义。另外，外源的益生菌能否在肠道黏附和定植是评定益生菌制剂效果的主要指标之一。而目前的益生菌制剂均不能长期在肠道中定植，要解决此问题，也有赖于对双歧杆菌和乳酸菌黏附机制进行深入的研究。近年来，人们对病原菌的黏附机制进行了深入系统的研究。目前已阐明了一些黏附素及其受体的成分及结构，黏附素的基因及调控。这对人们揭示病原菌致病机理及研制新型的细菌疫苗起了推动作用。如能通过某种手段有效地抑制病原菌的黏附，将可能为细菌性疾病的治疗开辟一条非抗生素治疗的新途径。益生菌只有黏附于肠上皮细胞，进而定植、繁殖，才能发挥其维护微生态系群落结构及功能平衡，保护生物屏障作用，否则只能是过路菌，不能定植在肠道内，也就无法持续对宿主机体产生益生作用。菌群在肠内定植是通过细菌的黏附作用来实现的。乳酸杆菌、双歧杆菌等进入肠道能否黏附于宿主某段肠道黏膜上皮细胞表面，形成稳定的优势菌群，是决定这种益生菌实际效果的重要因素。研究表明，活菌制剂对宿主的黏附作用有种属特异性，从某一种动物分离到的乳酸杆菌、双歧杆菌等只对这类动物消化道上皮有较强吸附性，对其他动物则呈现低黏附性或不黏附，细菌的属、种、株不同，其黏附性也有差异。黏附强的活菌制剂，就能在肠内竞争中获得优势，形成优势菌群。

黏附素是存在于微生物的菌毛、细胞壁、外膜蛋白、鞭毛、荚膜及小丝状体的一类与微生物的黏附密切相关的特殊物质，可能是蛋白质、多肽、糖蛋白、糖脂和多糖或单糖，是一种具有多种结构和功能的多样化分子。对细菌而言，黏附素不但可以介导细菌对靶细胞的黏着，激发被黏附的细胞内信号转导途径；而且可以通过竞争抑制等机制破坏具有类似受体结构的细菌的黏附活性。但目前对双歧杆菌黏附素的研究较少。1985年，有研究者用^{14}C油酸标记一株分叉双歧杆菌，并提取了^{14}C标记的脂磷壁酸。在体外与人肠上皮细胞的黏附试验中，发现黏附素的结合具有时间和菌量依赖性，并且其结合是可逆的，证明黏附素是介导双歧杆菌黏附于肠上皮细胞的一种黏附分子。黏附素能够刺激肠上皮细胞产生TNF2α等炎症因子，加剧局部炎症，因而不适用于肠屏障功能衰竭等病变的治疗。1993年，Bernet等用革兰氏染色法，直接研究了双歧杆菌与体外培养的人结肠腺癌细胞株Caco2的黏附，认为双歧杆菌的黏附成分可能是细菌表面的一种不稳定的蛋白质性物质，这种物质也存在于其将耗尽的培养液中[4]。据此，他们开发了含冻干培养上清液成分的活菌制剂，临床效果较单纯活菌制剂为优，但这种分泌型黏附分子的本质未获阐明。有人应用硫酸铵沉淀、Superdex275凝胶过滤及Q2Sepharose离子交换色谱从双歧杆菌1027菌株培养上清液中提取、纯化出一种分子质量为

16kDa的蛋白质，经包括黏附细胞仪等多种技术鉴定能介导双歧杆菌和阻断致病性大肠杆菌和产毒性大肠杆菌对肠上皮细胞的黏附。几乎同时，有日本学者研究发现双歧杆菌的培养上清液能明显抑制肠致病性大肠杆菌（EPEC）的黏附，且于1999年从中分离出一种分子质量为52kDa的蛋白质，此种物质能抑制EPEC对GA1的黏附。提示双歧杆菌存在分泌型的黏附素成分，且其黏附素成分可能不止一种。

由于黏附素在多种革兰氏阳性菌与哺乳动物上皮细胞和其他细胞的黏附中起到重要的作用，人们对于黏附素的黏附性产生了浓厚的兴趣。国内外学者对于不同种属、不同菌株的黏附性做了大量的研究。早期由于人体内试验和活体组织检验样本的获取非常困难，通常只是通过检测志愿者粪便样品来进行粗略判断。但这种方法不能够区分过路菌和常驻菌，也就无法充分说明益生菌在人体胃肠道中的黏附情况。现在研究益生菌的黏附性实验中，大多采用动物模型或体外模拟肠道黏膜模型。这就使得选择稳定的、重现性好的肠细胞模型在益生菌黏附机制的研究中变得至关重要。从人体肠道组织新分离出的上皮细胞无疑是最理想的细胞培养物之一，但由于不同供体的上皮细胞之间存在差异，会引起体外黏附性实验结果不稳定。而且人的肠道组织不易获得，分离出的上皮细胞存活性差。因此这类细胞模型并未被广泛采用。目前被广泛采用的类细胞模型主要是由肠腺癌建立的细胞系，如Caco-2、HT-29、CCL-187等。此外，由于肠道上皮细胞表面包裹着一层黏液，而这层黏液才是细菌与肠黏膜首先接触的部分。有人利用鼠的结肠糖蛋白作为人的结肠糖蛋白的替代物。也可以用于选择对人类肠道具有较高黏附能力的嗜酸乳杆菌。

双歧杆菌是肠道最重要的生理性细菌，黏附于上皮后，定植形成稳定的膜菌群即生物屏障，提高宿主肠道定植抗力，从而对宿主发挥重要的生理作用。双歧杆菌对肠上皮细胞黏附的物质基础是黏附素、黏附素受体和黏液，而黏附过程又受到众多因素的影响。因此，研究双歧杆菌对肠上皮的黏附对于进一步认识双歧杆菌的生理功能具有重要的意义。另外，双歧杆菌活菌作为益生菌制剂目前虽已广泛用于临床，也取得了较好的疗效，然而，活菌制剂也存在几个问题：一是制造与保存活菌的难度较大；二是对于肠屏障功能衰竭的患者来说，活菌可能由于局部气体和生长底物的不足而难以足量繁殖，且如果该菌穿过肠壁，也可促进败血症的发生。因此，开发无细胞制剂是今后发展的重点。同时，无细胞制剂的开发可以为进一步克隆双歧杆菌分泌型黏附素基因并制备和评价重组蛋白创造条件。

乳酸菌表面的黏附素结构成分多为分泌蛋白、蛋白质类物质、糖蛋白类物质、黏多糖等等。S-层蛋白是细胞壁最外层的单分子亚结晶体排列蛋白，由于大量的S-层蛋白亚单元覆盖在整个细胞表面，表层蛋白占据了总体细胞蛋白含量的10%。表层蛋白作为黏附素介导乳酸菌细胞结合宿主上皮细胞和（或）细胞外基质。Aleljung等[5]在罗伊氏乳杆菌NCIB 11951中发现了两个与Ⅰ型胶原黏附有关的细菌表面蛋白Cnb（collagen binding protein，胶原结合蛋白），Cnb蛋白M_r=29000，氨基酸序列分析表明其含有2个典型的胞外受体连接区的基序Cnb基因，上游的1个开放阅读框（ORF）与ATP连接组分有高度同源性，有别于S-层蛋白家族。另一个Cnb蛋白M_r=31000，与M_r=29000的蛋白质在抗原性方面有交叉反应，说明是同一类型相关蛋白，但其N端氨基酸序列同源性较低，推测这可能是由于M_r=31000的蛋白由于修饰或降解，造成了N端信号序列的缺失，由此引起分子量以及N端氨基酸序列的不同。植物乳杆菌向肠道上皮细胞的黏附性是甘露糖特异性的作用。甘露糖可以强烈地抑制植物乳杆菌的Lp6对黏液的黏附，说明其对黏液的黏附与甘露糖特异性黏附素有关。黏液素中含有微量的甘露糖（<0.1%），植物乳杆菌可结合这些甘露糖，与某些病原菌竞争黏附位点，从而防止病原菌侵

入到宿主组织内部。此外，部分研究者对乳杆菌细胞壁上的碳水化合物的黏附过程作了研究：酸性黏多糖黏附鸡嗉囊上皮细胞；碳水化合物胶囊聚体能定植于猪小肠鳞状上皮细胞；许多大分子复合体，如植物乳杆菌RI上的蛋白质和磷壁酸复合体能定植鼠胃鳞状上皮细胞；脂磷壁酸能黏附模拟的人尿道上皮细胞。

迄今为止，人类已经在绝大多数的病原菌中发现了各种各样的黏附素，而对益生性乳酸菌尚存很多未知或了解较少的领域，如黏附素及黏附机理、黏附素与细菌毒力的关系、黏附影响因子等等。利用微生物学、分子生物学、生物化学、免疫学、分子遗传学和基础兽医学的知识及其相关技术来研究其黏附性，不仅对其自身的种种特性的透彻了解十分重要，而且对人类从分子生物学水平进一步去认识它与细菌致病机理的相关性意义重大。

第四节 对内源酶基因的研究

乳酸菌是一类革兰氏阳性菌，能够在厌氧或兼性厌氧条件下发酵己糖产生乳酸，形成与人类生活密切相关的发酵产品。选育优良的乳酸菌发酵剂菌株对于生产高品质的发酵产品至关重要。乳酸菌自身不能利用外源蛋白质为菌体提供营养，必须利用自身的蛋白水解体系对外源蛋白质进行水解，最终满足对游离氨基酸的需要。乳酸菌的蛋白水解体系主要由胞外酶、转运系统和胞内酶组成。其中胞外酶将外源蛋白质（主要是酪蛋白）水解为多肽，这些多肽再由转运系统运送至胞内由胞内酶水解成游离的氨基酸以供菌体的生长需要。其中胞内酶的种类较多，主要有肽链内切酶和端肽酶两种。由此可见，乳酸菌的蛋白水解体系对于其自身的生长非常重要。因此，研究乳酸菌蛋白水解体系内的关键酶的变化规律对于提高乳酸菌的品质具有重要的意义。目前国内外的学者都开始从分子生物学的角度对乳酸菌的蛋白代谢进行深入研究，通过运用实时荧光定量PCR等方法检测蛋白酶基因的表达情况。此外，研究人员还通过对乳酸菌的蛋白水解酶基因进行基因修饰得到水解能力更强的发酵剂优势菌株。

乳酸菌水解酪蛋白的第一步是通过胞外酶来实现的。胞外酶是一类将酪蛋白分解成多肽的蛋白酶。研究发现，胞外酶主要有PrtP、PrtB和PrtS三种，其中PrtP主要存在于乳酸乳球菌，PrtB主要存在于保加利亚乳杆菌，PrtS主要来自嗜热链球菌。由胞外酶水解下来的多肽需要通过细胞膜上的转运系统将其运送至胞内，这也是乳酸菌水解酪蛋白的第二步。经过研究证实，乳酸菌的多肽转运系统有三种，分别是转运二肽和三肽的DtpP和DtpT转运系统和转运寡肽的Opp转运系统。其中DtpT和Dpp系统是单个蛋白质，转运亲水性的二肽和三肽，但是由于二肽和三肽都不是由酪蛋白释放的，转运二肽和三肽的DtpP和DtpT转运系统对乳酸菌的生长都不是必需的。实验证明不能表达编码Opp系统的基因突变菌株不能转运多肽，也不能在乳中生长。由此得出，第三种Opp寡肽转运系统对于乳酸菌的蛋白水解体系是最重要的。Opp转运系统是由Opp复合体构成，其属于转运系统中的ABC（ATP结合盒）家族，它含有5个亚基，包括两个转运膜蛋白OppB和OppC，两个ATP结合蛋白OppD和OppF，以及一个膜连接底物结合蛋白OppA。

乳酸菌蛋白水解体系的第三步，是将转运至胞内的多肽、二肽和三肽分解成游离的氨基酸，最终供菌体生长需要，这一步将由肽酶来实现。研究表明，肽酶大体分为内肽酶和端肽酶两种。内肽酶也称肽链内切酶或蛋白酶，主要是水解蛋白质和多肽链内的肽键，形成多种多肽和寡肽。端肽酶又称肽链端解酶或外肽酶，主要是从肽链的一端开始水解，将氨基酸一个一个地从多肽链上分解下来。端肽酶根据其作用位置不同可分为氨肽酶、羧肽酶、二肽酶和三肽酶，氨肽酶是从肽链的氨基末端开始水解肽并释放N端氨基酸的酶，而羧肽酶是从链的羧基末端开始水解肽链。此外，二肽酶和三肽酶（PepT）在乳酸菌蛋白水解体系中同样具有非常重要的作用，研究发现，一些二肽酶属于脯氨酰氨基酸二肽酶或氨酰基脯氨酸二肽酶，主要水解N端或C端具有脯氨酸的肽。

乳酸菌蛋白水解体系中部分相关基因已经被检出，其中乳酸球菌的几个不同的肽类转运系统为：DtpT、DtpP和寡肽转运系统Opp。乳酸杆菌关于肽类转运系统的研究要明显少于乳酸球菌，只有*Lactobacillus helveticus*的一个转运蛋白的基因*DtpT*被克隆并测序，并证实*Lactobacillus helveticus*的DtpT转运系统与*Laetococeus lactis*的DtpT转运系统高度相似。此外，Peltoniemi等人[6]已经克隆出*Lactobacillus delbrueckii* subsp. *bulgaricus* B14的Opp寡肽转运系统的基因。研究发现，Opp的操纵子由*OppD*、*OppF*、*OppB*、*OppC*和*OppA1*五个基因组成。与此同时，通过基因比对发现保加利亚乳杆菌的Opp转运系统与其他细菌的转运系统和乳酸乳球菌的寡肽转运系统存在高度的相似性。

乳酸菌自身不能利用外源无机氮和蛋白质，必须通过蛋白水解体系中的胞外酶将酪蛋白分解成多肽，再由Opp转运系统运送至胞内，通过胞内的肽链酶和端肽酶将各种多肽分解成游离的氨基酸以满足菌体的生长需要，因此蛋白水解能力的强弱影响着乳酸菌的正常生长。目前，很多对乳酸菌蛋白代谢的研究都已经从分子的层面入手，通过深入研究可从基因水平掌握乳酸菌的蛋白质代谢机制，从而利用代谢调控手段提高乳酸菌的生长数量和代谢水平，推动乳酸菌研究的迅速发展，获得高水平的发酵产品。

第五节 去除可传递的耐药因子的研究

人类在不断地发现各种各样的抗生素来对付细菌感染性疾病，但与此同时，抗药菌也不断产生。长期以来国内外的相关科研人员对细菌抗药性的产生和传播的研究大都集中在临床致病菌上，而对非致病菌的抗药性的监测报道则较少。近年来，越来越多的研究焦点集中在以食物链作为媒介进行的抗性基因的产生与传播。有研究者在以往的研究中发现了从正常人体内分离到的一些微生物，对目前广泛使用的抗生素如氨苄西林，氨基糖苷类抗生素中的庆大霉素、卡那霉素，四环素，头孢类等都具有抗药性。同时用分子生物学手段检测到了相应的抗性基因。这些与人体共生的细菌携带抗性基因，这对于人类健康是一个极大的威胁。食物链被认为是抗性细菌在动物和人群中传递的主要路线，而益生菌作为发酵食品最重要的原料，也是食品产生功效的关键，它能够分泌乳酸作为主要发酵产物到培养基中，从而衍生了各种各样的发酵食品，如乳酸饮料、奶酪、泡菜等。益生菌是食物链中非常重要的一类微生物，它的抗药性的监测及安全评估已经开始成为科研人员关注的热点问题。在全球关注环境卫生和食品安全的背景下，益生菌的抗药性监测及其在食物链中抗性基因的转移的研究则具有重要的科学意义。

几十年来，益生菌一直被认为对人体健康是有益而无害的，然而最近这几年不断有报道指出，益生菌可能成为抗生素抗性基因的病原库。同时它们能够将抗药性基因转移到其他致病菌上。一系列相关研究的结果表明，益生菌的抗药性非常令人担忧。有研究者发现了55种欧洲的益生菌产品，从这些产品中分离出187株益生菌，其中有79%的菌株对卡那霉素产生抗性，65%抗万古霉素，26%抗四环素，23%抗青霉素G，16%抗红霉素，11%抗氯霉素，分离的菌株中有68.14%对多种抗生素有抗性。在我国，徐进等人[7]研究发现，在来源于保健食品的益生菌中，检测的12株益生菌，除动物双歧杆菌FDBb-12耐受2种抗生素外，其余菌株分别耐受3～9种常见抗生素，属于多重耐药菌。2000—2006年发酵乳制品行业常用的137株益生菌菌种的抗生素药敏实验表明，其中的22株乳杆菌对萘啶酸、万古霉素和磷霉素的耐药率较高。

在食品工业，乳杆菌中的保加利亚乳杆菌、嗜酸乳杆菌、鼠李糖乳杆菌、干酪乳杆菌等是最常被用作益生菌添加进发酵食品中的。人类利用乳杆菌来进行发酵的历史悠长，在目前不断增长的抗生素选择压力下，抗药性也表现明显上升的趋势。有学者在研究一些常被用作发酵剂的乳杆菌时发现，嗜酸乳杆菌、保加利亚乳杆菌等对青霉素G、杆菌肽、红霉素、万古霉素是敏感的。但是发现了部分菌株对庆大霉素、链霉素产生抗药性。同时发现，几乎所有的干酪乳杆菌对万古霉素都有抗药性。而万古霉素是广泛应用于治疗多重耐药病菌感染的重要抗生素。有研究者报告，在分离自乳制品的乳杆菌（嗜酸乳杆菌、卷曲乳杆菌、加氏乳杆菌、植物乳杆菌）中，61.9%都携带着*erm (B)*和*tet (M)*基因，其分别对红霉素和四环素产生耐药性。保加利亚乳杆菌在酸奶发酵产业中应用得最为广泛，是传统的益生菌。但是，有研究指出，从酸乳酪分离出的保加利亚乳杆菌对制霉菌素、萘啶酸、新霉素、多黏菌素B、甲氧苄氨嘧啶、结肠霉素、磺胺类药物具有抗性。令人稍感安慰的是，它们对邻氯青霉素、二氢链霉素、呋喃妥因、新生霉素、夹竹桃霉素和链霉素是敏感的。在笔者前期的研究中，也在目前的市售乳酸饮料中发现了对氨苄西林和四环素产生抗药性的干酪乳杆菌和嗜热乳杆菌。由此看来，作为发酵食品中非常重要的乳杆菌，大多对抗生素有抵抗能力，而且有耐药性的菌株甚至是有多重耐药性的菌株在乳杆菌中也不乏存在。

在我国，主要用作益生菌的双歧杆菌有长双歧杆菌、短双歧杆菌等。目前，人们对双歧杆菌的抗药性研究较少。据Charteris[8]的研究结果表明，双歧杆菌对氨苄西林、青霉素G、头孢菌素、杆菌肽、氯霉素、红霉素、氯林可霉素、呋喃妥因、四环素敏感，对万古霉素、庆大霉素、卡那霉素、链霉素、夫西地酸、甲硝唑、多黏菌素B、黏菌素有抗药性。最近有证据表明，短双歧杆菌比其他双歧杆菌对抗生素有更多的抗药性。Margolles等[9]研究了一种短双歧杆菌膜蛋白BbmR的表达，发现表达该蛋白的菌株对大环内酯类抗生素有极高的抗性。

细菌耐药性的产生有些是染色体上结构基因发生突变、插入或缺失致其所编码的结构蛋白改变，但基因突变引起的细菌耐药是不可遗传的；绝大多数是获得外源耐药基因，通过基因水平转移实现的。介导益生菌抗生素抗性基因进行水平转移的主要有两种结构：接合质粒和接合转座子。就接合来讲，益生菌大多为革兰氏阳性菌，没有性菌毛，细胞的接触是由于受体细胞分泌类似于性激素的短肽而刺激细胞的接合，然后*tra*基因介导抗性DNA转移。研究表明，益生菌自身的接合系统是非常普遍的，这样可以使耐药基因得以传播。自主转移质粒除自身能从供体细胞向受体细胞转移外，还能带动供体染色体向受体转移。转座子是带有抗性基因并能在不同的DNA分子之间移动的遗传单位，它分为两类：复合转座子和复杂转座子。

转座子不同于质粒，它不是独立的复制子，不能独立存在。转座子通常在靶序列的特定序列上插入，这些短序列在基因组上的排列是相对随机的，它的插入会导致被插入基因的突变。另外，对于抗性基因的转移，还有一个重要的基因元件整合子，但是，目前发现的整合子在革兰氏阴性菌分布较为广泛，在革兰氏阳性菌的分布鲜有报道。益生菌由于其与动物和人类共生，同时具有重要的生理功能而被人类所青睐，尽管有特殊用途的益生菌与抗生素并用可以治疗感染同时引起菌群失调的问题，但是，益生菌中抗药菌株的出现和抗药性的传播，附带了许多不安全性的风险。这提示人们一方面要合理使用抗生素，避免滥用，另一方面，使用益生菌的生物安全性标准必须符合相关指标，严格按规章进行，还有就是有关益生菌的生物安全监测方法必须标准化并加强市场的监督管理。

（张政 陈晓 编，崔晓虎 校）

参考文献

[1] Gratia A, Fredericq P. Plurality and Complexity of Colicins[J]. Bull Soc Chim Biol (Paris), 1947, 29(4-6): 354-356.

[2] Alvarez-Sieiro P, Montalbán-López M, Mu D, et al. Bacteriocins of lactic acid bacteria: extending the family [J]. Applied Microbiology & Biotechnology, 2016, 100(7): 2939-2951.

[3] Looijesteijn P J, Boels I C, Kleerebezem M, et al. Regulation of exopolysaccharide production by *Lactococcus lactis* subsp. *cremoris* by the sugar source [J]. Appl Environ Microbiol, 1999, 65(11): 5003-5008.

[4] Coconnier M H, Bernet M F, Kerneis S, et al. Inhibition of adhesion of enteroinvasive pathogens to human intestinal Caco-2 cells by *Lactobacillus acidophilus* strain LB decreases bacterial invasion [J]. FEMS Microbiol Lett, 1993, 110(3): 299-305.

[5] Aleljung P, Shen W, Rozalska B, et al. Purification of collagen-binding proteins of *Lactobacillus reuteri* NCIB 11951 [J]. Current Microbiology, 1994, 28(4): 231-236.

[6] Peltoniemi K, Vesanto E, Palva A. Genetic characterization of an oligopeptide transport system from *Lactobacillus delbrueckii* subsp. *bulgaricus* [J]. Archives of Microbiology, 2002, 177(6): 457-467.

[7] 徐进，严卫星，杨宝兰，等. 中国发酵乳制品益生菌菌种的安全性评估 [J]. 卫生研究，2008, 37(2): 193-195.

[8] Charteris W P, Kelly P M, Morelli J K, et al. Antibiotic susceptibility of potentially probiotic *Lactobacillus* species [J]. Journal of Food Protection, 1998, 61(12): 1636.

[9] Margolles A, Moreno J A, van Sinderen D, et al. Macrolide Resistance Mediated by a *Bifidobacterium breve* membrane protein [J]. Antimicrobial Agents & Chemotherapy, 2005, 49(10): 4379.

第三章

益生菌的黏附、定植以及肠道菌群的平衡与失调

第一节 益生菌的黏附与定植

益生菌自1889年成功分离以来，因其具有治病、防病、保健三重功效，在国内外越来越受到研究者的关注，现已被广泛地作为微生态制剂。肠道中定植的益生菌不损害肠上皮细胞，并可以通过产生胞外酶占据致病菌或其毒素的特异性位点，抑制致病菌对肠上皮细胞的侵袭，减少致病菌的生存空间，起到占位性保护作用。通过饮食摄入益生菌可增强机体的自然免疫功能。另外，双歧杆菌还能够通过刺激肠黏膜，促进一些细胞因子和抗体的产生，进而提高胃肠道黏膜的免疫和抗感染的能力。

一、益生菌在肠道定植的生理意义

益生菌可能通过合成有机酸和某种蛋白质竞争性地黏附于肠上皮细胞，通过拮抗占位，形成了一道抵御致病菌感染的有效屏障。另外，益生菌也通过与肠道致病菌竞争营养物质，从而起到对致病菌制约的作用。研究发现，不同菌株对相同肠黏液的黏附能力不同，相同菌株在肠道不同部位发挥抑制致病菌的能力也不相同。Bernet等[1]研究认为益生菌与肠上皮细胞相互作用的过程中，对细胞的损害几乎可以忽略，同时却抑制了肠道致病菌对肠上皮细胞的侵害。袁静等[2]研究发现，益生菌通过其分泌的黏附因子LA1与人结肠癌上皮细胞Caco-2黏附，阻止致病性大肠杆菌、沙门菌与细胞发生黏附和侵入。

益生菌的发酵产生大量有机酸（乙酸、乳酸），使肠道形成酸性环境，从而对致病菌产生拮抗作用，维持肠道环境的动态平衡[3]。通过测定益生菌与致病菌共培养反应体系的pH值，可以得出结论，益生菌通过代谢产酸抑制了大肠杆菌O157和沙门菌的生长，益生菌产生的H_2O_2也起到了抑制致病菌的作用[4]。另外，几种益生菌的共同培养，可以纠正单一抑菌的局限性，益生菌之间并无拮抗作用，彼此促进，具有更广的抑菌谱[4]。

肠道内存在着非常发达的免疫系统，益生菌可以通过刺激肠道内的免疫机能，将过高或过低的免疫活性调节至正常状态。益生菌这种免疫调节作用也被认为有助于抗癌与抑制过敏性疾病。益生菌在肠道内的大量繁衍可促进并提高人体的全身免疫能力。

二、益生菌黏附的生理特性

黏附是指细菌与机体肠上皮细胞通过生物化学作用产生的特异性粘连，是细菌与宿主细胞相互作用的第一步，也是定植、入侵乃至感染的先决条件，否则将成为过路菌。细菌黏附到宿主细胞上，主要通过黏附素，这种过程称为介导。黏附素主要位于细菌细胞表面。一类由细菌菌毛分泌，另一类是细菌的其他表面结构。大肠杆菌和淋病奈瑟氏菌通过菌毛产生菌毛黏附素，而金黄色葡萄球菌的黏附素是非菌毛黏附素——脂磷壁酸等等。黏附素通过与相应的受体结合而完成黏附过程，其受体多为糖蛋白或糖类物质[1]。细菌的黏附更是密切地影响着它们的致病性。实验证明无菌毛的肠产毒素型大肠杆菌，不能引起腹泻。菌毛甚至可以制成疫苗广泛应用于动物疾病的预防。Gopal等人[5]研究发现，在与宿主细胞的黏附能力方面，益生菌要强于大肠杆菌（ETEC、EPEC、O157:H7等）。益生菌的黏附能力决定了其维持肠道微生态平衡作用的发挥。黏附能力作为评价外源益生菌能否发挥作用的一个重要指标，也用来考量益生菌制剂效果。此外，黏附能力能够促进免疫系统的调节并且能够防止病原体的入侵[6]。

另外，对于肠黏膜而言，益生菌的黏附能够减少潜在的细菌易位和毒力入侵危险。肠道上皮细胞是致病菌与宿主细胞接触的主要位点。因此，益生菌黏附于上皮细胞表面可能阻止病原菌侵入到肠道黏膜内。益生菌是肠绒毛的重要组成部分。益生菌黏附于肠道内黏液物质被认为是一种成功定植的方式。益生菌中的许多菌株被证明了能与肠上皮细胞黏附，有研究对益生菌在体外与宿主细胞的黏附进行了电镜观察，发现益生菌黏附于肠上皮细胞刷状缘，黏附接触处结构完整，这与病原菌的黏附有本质上的不同。

有许多体外研究方法被用于研究细菌黏附肠上皮的能力。Caco-2细胞是人结肠腺癌细胞，能够表现出发育成熟的肠上皮细胞的许多特性，因此是用作研究肠细胞功能十分有价值的体外研究模型，常用于体外研究细菌与宿主肠上皮相互作用的机制。

影响益生菌黏附的几个因素如下。

① 碘酸钠及胰蛋白酶能抑制Lovo细胞与益生菌的黏附，而且这种抑制作用随着浓度升高而增强。

② 益生菌的黏附能力受环境中多种物质的影响。Guglielmetti等人从人肠道分离出的两歧双歧杆菌MIMBb75与人结肠癌细胞进行黏附[7]，研究发现，在两歧双歧杆菌与Caco-2细胞和HT-29细胞（人结肠癌细胞）黏附的过程中，黏附能力很大程度上依赖于环境条件，包括糖、胆盐和pH值。与标准环境下相比，在石藻糖和甘露糖存在的条件下，黏附于Caco-2细胞的益生菌要更多。而在牛胆盐存在下，则会比标准环境更少。牛胆盐削弱了益生菌的黏附能力，并改变了该菌的细胞壁联合蛋白的SDS-PAGE的形态。pH值会显著影响益生菌对Caco-2细胞的黏附和自聚合。加入偏高碘酸钠的实验还证明，两歧益生菌的黏附过程中起作用的不仅仅是蛋白质因素。

③ 有学者研究发现不同菌株的益生菌黏附能力差距较大。益生菌存在菌株以及种属的差异性。

④ 培养时间和细菌浓度、环境温度也是制约益生菌与宿主细胞黏附的重要因素，这种制约呈现出剂量依赖性。

⑤ 另外有研究显示益生菌的黏附能力与其疏水性息息相关。

⑥ 加热灭活的乳酸杆菌在与肠细胞黏附方面与活菌无差别。

有实验证明灭活的青春益生菌与活菌具有相同的黏附定植能力。

三、益生菌黏附的机制

（一）黏附素

研究表明，大部分病原菌的黏附机制较为清楚，而益生菌黏附机制却不明确，益生菌与宿主相互作用机制的相关研究还处于起步阶段。现如今关于益生菌与肠上皮细胞结合机制中，被大多数学者广泛认可的理论是黏附素-受体系统。

人们对黏附素的认识主要集中在以下几个方面。一方面人们认为细胞壁中的脂磷壁酸（LTA）是革兰氏阳性菌的黏附素。益生菌细胞壁上含有丰富的LTA，同时在生长过程中能够分泌LTA。研究发现LTA对肠上皮细胞的黏附呈现出可逆性、特异性和剂量依赖性。LTA中的脂肪酸更是益生菌黏附肠上皮细胞的主要媒介物质。一方面研究认为益生菌的黏附素是细菌表面的糖类物质[8]。在黏附体系中加入游离的完整肽聚糖，益生菌受到了竞争性抑制。

另外一方面，对由益生菌分泌至培养体系中的物质进行的很多研究证明有些益生菌的黏附素是一种蛋白质[2]。郑跃杰等人[9]证明黏附素是蛋白质类物质。有研究人员用胰蛋白酶处理短双歧杆菌，去除培养上清液后用发酵上清液（spent culture supernatant，SCS）将细菌重悬，结果证明益生菌的黏附力显著下降。如果用SCS的替代品——新鲜细菌培养液或PBS缓冲液悬浮细菌，益生菌的黏附力依旧明显降低，推测益生菌的黏附素成分为蛋白质类物质，并且此种蛋白质极有可能存在于其细胞壁及其SCS中。

（二）黏附素受体

关于黏附素的受体，人们的观点比较一致，许多研究都将益生菌黏附素的受体指向糖类或糖蛋白类。

最近对益生菌与宿主细胞相互作用的研究中，益生菌与宿主纤溶酶原系统相互作用为较新的研究方向。

纤溶系统主要包括纤溶酶原激活物、纤溶酶原和纤溶抑制物。血液凝固是大量的人纤溶酶原（Plg）被吸附于纤维蛋白网上，在组织型纤溶酶原激活物或尿激酶型纤溶酶原激活物作用下，激活成Plg溶解纤维蛋白酶。Plg是纤溶蛋白酶的酶原，是一个类似于胰岛素并有着广泛底物特异性的丝氨酸蛋白酶。Plg是一个单链糖蛋白，分子质量大约是92kDa。在脉管系统中，纤溶酶原是溶解纤维蛋白的主要酶原，主要由肝脏产生。但是纤溶酶原存在很宽的底物谱，如果存在于其他组织中，可表现出许多额外的功能。其他能分泌Plg的组织也已经过鉴定，其中包括肠道。在纤维蛋白溶解过程中涉及纤溶酶的活性形式，其中包括细胞外基质和基底膜的稳定和降解。

关于益生菌的黏附机制众说纷纭，还没能够形成一个比较完善的定论。但是有一点还是比较明确的，那就是作为首先与肠上皮接触的物质，细菌的细胞壁蛋白在微生物和宿主细胞作用的早期起到关键的作用。通过细菌相关蛋白的分析可以了解益生菌与宿主的相互作用和益生菌对宿主健康的影响。研究黏附的理论意义在于了解原核生物和真核生物之间初始相互作用的物质基础、动态变化、影响因素和生理生化的改变。其实用价值在于预防致病菌黏附、定植和入侵，促进益生菌的黏附、定植，营造微生物屏障。

四、从黏附到定植

益生菌与人肠上皮细胞发生黏附作用，主要通过黏附素与受体相互作用定植于肠道上皮细胞表面，起到占位性保护肠黏膜的作用，这种菌群屏障作用又叫定植力，是机体免受外来细菌感染的一个可靠保证。

乳酸菌等益生菌通过其菌体表面的酸性多糖黏附至宿主肠道黏膜表面并定植，该黏附作用具有种属特异性，不同菌株的黏附力有所不同；也具备宿主特异性，同一菌株对不同物种或同一物种不同年龄阶段的宿主具备不同的黏附力。此外宿主饮食营养及生理因素对益生菌黏附及定植具有巨大影响，强于菌体本身所产生的影响，并呈现高度专一性，相似饮食结构或生理状态可形成相似的肠道表面菌层。在肠道环境适宜定植的情况下，益生菌对肠道的定植更依赖于自身性质。益生菌在体内的定植性，包括在肠道内的定植部位和定植数量，只有在定植部位达到一定数量，才有可能成为局部优势菌，在局部微环境起到调节肠道菌群的作用。

从黏附到定植可能会引起宿主细胞形态、功能和生理生化的变化。定植的菌可能是有益的，也可能是有害的，两者和宿主细胞都有一系列相互作用，最终产生一系列相应的生物学效应。

（一）形态变化

有些致病菌黏附于宿主细胞后可引起宿主细胞的形态和结构的变化，例如致病性大肠杆菌能使细胞刷状缘微绒毛局部变性，胚膜形成杯状结构。而有益的双歧杆菌黏附于Lovo细胞后未发现明显变化。

（二）占位性生物屏障

将致病菌和双歧杆菌与宿主细胞一起培养时发现双歧杆菌抑制肠产毒大肠杆菌、肠致病性大肠杆菌、弥散性黏附的大肠杆菌及沙门伤寒杆菌对Caco-2细胞株的黏附，还发现双歧杆菌能阻止肠致病性大肠杆菌、假结核耶氏菌和伤寒杆菌对Caco-2细胞株的入侵。双歧杆菌阻止致病菌对宿主细胞的黏附和入侵可能是双歧杆菌占位性生物屏障的结果。

（三）信号传送

双歧杆菌和致病性大肠杆菌对肠上皮细胞黏附的形式不同，对信号传递的方式也不同，导致了不同的生物学效应。双歧杆菌黏附于Lovo细胞刷状缘，引起胞外钙内流，使胞内钙浓度通过时间延长而梯度升高。致病性大肠杆菌黏附则引起Lovo细胞内钙池释放钙，可能是致病菌的主要信号传递基础。另外，双歧杆菌黏附能引起细胞内cGMP升高，而对cAMP无明显影响[10]。

第二节
肠道菌群的平衡与失调

近年来，肠道菌群对人体健康的影响日益引起国际上的重视，越来越多的研究显示，正常菌群在人体消化、免疫和抗病等方面有诸多不可替代的作用，肠道菌群结构的改变更是与多种非感染性疾病，特别是与慢性代谢性疾病的发生发展密切相关。随着机体的老化，宿主微生态系统出现结构变化，肠道菌群结构也会发生改变，诸如双歧杆菌等被视为有保护作用的细菌总数下降，而梭状芽孢杆菌和肠杆菌等有害健康的种群数目增加。

一、肠道菌群的微生态平衡

人体肠道内的微生物种类繁多，但在正常人体内它的种类和每个种类的数量，以及每个种类在肠道内定居的部位基本上是一定的，这叫肠道菌群的微生态平衡。但这种平衡也是动态的。随着年龄的变化会发生改变，一旦失去平衡，人就会生病。这种微生态平衡是在长期历史进化过程中形成的，是正常微生物群与宿主相互依赖和相互制约的动态的生态性平衡。

益生菌是人固有的微生物菌群，随着年龄和生理状态的不同而呈现出动态变化。在正常母乳喂养的婴儿肠道中，益生菌的数量可达整个肠道菌群的99%左右，占绝对优势；成人的益生菌在肠道菌群中的数量也占着明显的优势,使菌群间保持着一种共生的生态学动态平衡。健康人体肠道内益生菌保持着恒定的数量，每1mL肠液约10^8～10^9CFU，而体弱多病的人肠道内该菌几乎消失。益生菌的存在和数量也成为评价人体是否健康的指标之一。益生菌作为微生态制剂，主要起到维持肠道内微生态平衡、扶植益生菌群、生物拮抗肠道病原菌的作用。研究表明，益生菌通过黏附与肠上皮细胞结合，与其他细菌形成特异性微生态圈，产生特异生态效应，抑制肠道致病菌和条件致病菌的定植和易位。

益生菌的生物拮抗作用主要通过两种方式表现：一种是竞争性抑制肠道病原菌，其中包括拮抗占位和竞争致病菌生长所需营养物质；另一种是通过益生菌代谢产生有机酸，从而抑制致病菌的生长。

二、影响微生态平衡的因素

导致人体微生态失调的原因有很多，有关专家认为，这些原因造成的影响有些可能是一个累积的过程，不会立即导致人体患病，但人体微生态失调是导致亚健康的重要因素。随着年龄增长，人体肠道内益生菌数量会逐渐减少。研究发现，体内益生菌占总菌数的比例有逐年降低的趋势：婴儿时期高达99%；青少年时期保持在40%左右；中年时期降至10%，开始出现体衰多病的迹象；60岁以后仅存1%～5%，可能发生严重疾患。在中国的长寿之乡广西巴马县，科学家研究当地人长寿的原因，发现除了气候环境和生活方式之外，巴马人长寿的决定因子是益生菌。

引起微生态失调的诱发因素主要有以下几个方面。①射线照射：人或动物在接受一定量放射物质与放射线照射后，吞噬细胞的功能与数量均下降，淋巴细胞功能减弱，血清的非特异杀菌作用减退或消失，免疫应答能力明显遭到破坏，此时易发生微生态失调。微生物对照射的抵抗力明显大于其宿主，人或动物只要有数个Gy（戈瑞）就可产生病理作用，而细菌则需几百个Gy才能损伤结构，而且微生物在照射后对抗生素耐药性提高，毒性亦增强。②使用抗生素：使用抗生素可以引起菌群失调。Ⅰ度失调是可逆的；Ⅱ度失调是慢性失调，临床表现为慢性炎症，如慢性肾盂肾炎及慢性支气管炎等；Ⅲ度失调是急性失调和菌群交替症，临床表现为急性炎症，如白假丝酵母菌、铜绿假单胞菌等引起的局部炎症和全身感染。在抗生素的选择作用下，能增加正常微生物菌群对抗生素的耐药性。在肠道正常菌群中，耐药性传递是相当频繁的。如耐药性葡萄球菌、铜绿假单胞菌等正常菌群常导致医院内感染。③外科治疗措施：手术、整形、插管以及一切影响宿主生理解剖结构的方法与措施，都有利于正常菌群的易位转移，因此，在微生态失调的诱发因素中，外科治疗措施占有重要位置。④其他因素：包括医源性因素、使用免疫抑制剂、细胞毒性物质和激素等因素，都能使机体免疫功能下降，例如肠道正常菌群中的脆弱类杆菌和消化球菌等厌氧菌常可成为机会致病菌而引起内源性感染。

三、微生态失调与感染

近年来，机体微生物群落对健康的影响日益引起国内外的重视。人体微生态菌群一直被称为是“被遗忘的器官”[11]。人体在胎儿时期仅仅由自身的真核细胞构成，但是在出生后的最初几年中，机体的皮肤表面、口腔、胃肠道等均被庞杂的细菌、古菌、真菌和病毒定植，由这些细胞所组成的群落环境被称作人体微生物群。一个健康成年人体内的微生物共有10^{14}个，约为人体自身细胞（10^{13}）的10倍，在人体质量中也占有一定的比例（约为几磅，1磅=0.4536kg）。正常状态下的微生物群可以帮助机体消化食物，维持免疫系统的平衡，而微生物群落的功能紊乱与多种非感染性疾病，特别是与慢性代谢性疾病的发生发展密切相关，如炎症性肠病、耐药菌感染等。高通量测序技术的快速发展使人们可以更加深入地研究微生物群落组成成分及其变化规律，也使人们看到了微生物群落可作为早期疾病监测的生物标志和干预治疗靶点的潜能。

宏基因组学研究最终的重要目的在于明确微生态菌群与环境（宿主）之间的相互作用。机体微生态菌群对宿主健康和疾病的影响，及其在宿主免疫力影响下发生的变化是目前微生态领域关注的焦点之一。

数以万计的微生物为机体贡献了重要的代谢和信号转导功能。人体的生理健康除受自身基因的调控外，还受到大量共生细菌的影响。这些细菌大部分寄生在人的肠道中，肠道细菌300多万个基因被视为人类的“第二基因组”[12]。机体的微生态菌群是动态变化的，年龄、营养、生殖和老龄化等因素都会引起特定解剖部位正常菌群的变化，称为菌群的生理性演替。而处于某病理性状态时，特定部位生境内正常菌群发生相应变化，称为病理性演替。机体正常微生态菌群的变迁既包括演替，也包括原籍菌与外籍菌的转化。原籍菌与外籍菌是统一生态系统或微生物群落中的不同类型，在正常生理情况下原籍菌为优势种群，外籍菌和环境菌群多半为辅助性种群，而在异常的病理性情况下，个体菌群以某类外籍菌或环境菌群为优势种群，原籍菌反而处于辅助性种群状态，导致菌群失调或菌群紊乱的状态。

目前，几乎没有对一个微生态群落的理解是完全透彻的。皮肤的微生态菌群被公认为是抵御耐药性金黄色葡萄球菌感染的主要因素；鼻腔的微生态菌群与肺炎球菌相互作用而影响流行病学传播模式[13]。肠道菌群是目前研究相对较为透彻的机体微生态群落。近年来，新测序技术快速发展，促进了宏基因组学研究工程数量及规模迅速扩大。机体微生态菌群的宏基因组学研究已取得巨大的进展，为人们对健康和疾病的认识开辟了新的研究领域。

肠道是一个动态的微生态群落，随着环境的变化（如饮食、使用抗生素及化学添加剂、衰老、患病）而变化，然而其变化的方式目前尚未完全清楚。事实上，人们难以对机体肠道微生态菌群有精确的认识和理解，这是因为它与宿主的生理机能关系十分密切，没有任何两个人具有完全相同的微生物群落，大部分微生态菌群在宿主之间均表现出显著差异。

（一）肠道菌群与肥胖

肥胖对宿主肠道微生态会产生很大影响，导致肠道菌群的数量与组成发生明显改变。2009年，刘伟伟等[14]研究发现，由于肥胖改变了机体对某些神经肽如缩胆囊肽、铃蟾肽等的敏感性，从而影响了结肠的运动性，比如肥胖患者易患肠易激综合征和假性结肠梗阻，因此肥胖个体肠道细菌过度生长的可能性较高。另外，由于肠道菌群可以产生和代谢乙醇，对宿主乙醇代谢的研究可以证明肥胖个体肠道内硬壁菌门的过度生长。

2006年，Turnbaugh等[15]分析了5088个来自相同饮食结构的遗传性肥胖小鼠（ob/ob）和瘦型小鼠（ob/+，+/+）肠道末端微生物的16S rRNA基因序列，发现肥胖小鼠肠道中拟杆菌门丰度下降50%，而硬壁菌门的比例升高。与瘦型小鼠（ob/+，+/+）相比，肥胖小鼠（ob/ob）体内的肠道微生物群能够更有效地消化食物而释放热量。若将肥胖小鼠的肠道菌群移植至野生型无菌小鼠体内，会使后者从食物中摄取能量的能力提高而引起肥胖，可见肥胖表型可以随菌群在不同个体间发生转移。对人体的研究获得与动物实验一致的结果。2006年，Ley等[16]利用遗传学测序技术对12位肥胖志愿者的粪便进行分析，鉴别其中不同的微生物，并将它们与5位苗条志愿者的肠道微生物进行对比。研究发现，基于细菌的16S rRNA序列数据集，在经鉴定的4074种细菌的物种及种族发育类型（种系型）中，大多数（70%）是个体特异性的，但拟杆菌门和硬壁菌门一直处于优势地位（占所有16S rRNA序列的92.6%）。与苗条志愿者相比，肥胖志愿者体内的硬壁菌门多了20%以上（P=0.002），而拟杆菌门少了将近90%（P<0.001）。将12例肥胖志愿者随机分配到限制脂肪饮食（FAT-R diet）组或限制碳水化合物饮食（CARB-R diet）组，接受为期1年的膳食治疗，在此期间，通过对其粪便样品的16S rRNA测序来监测肠道微生物菌群变化，发现肥胖志愿者肠道中拟杆菌门的丰度升高（$P < 0.001$），硬壁菌门的比例下降（$P = 0.002$），当FAT-R diet组体重降低6%以上，CARB-R diet组体重降低2%以上时，拟杆菌门丰度的增加与体重降低的比例相关，而与饮食中热量的变化无关。由此可见，不同细菌帮助消化食物的结果影响着人体的肥胖表型，若改变细菌类型可以影响体重。

为阐述宿主基因型、环境暴露以及肥胖表型对肠道微生物的影响，2009年，Turnbaugh等[13]研究了同卵双生和异卵双生成年女性及其母亲的粪便微生物群落，双生子在肥胖或瘦型的表型上一致。他们分析了来源于154个个体的9920个细菌全长16S rRNA序列、1937461个细菌的部分16S rRNA序列，以及其体内的微生物细菌基因组（2.14Gb），发现家庭成员之间存在大量的共享微生物基因组，但是每个个体的肠道微生物群落在特定的细菌谱系之间存在差异。研究人员发现，与瘦型志愿者相比，肥胖者体内拟杆菌门比例降低（P=0.003），放线菌门比例升高（P=0.002）。肥胖者肠道微生物基因中75%来源于放线菌（瘦型志愿者体内为0%），25%来源于硬壁菌门。瘦型志愿者肠道微生物基因中42%来源于拟杆菌门（肥胖者体内为0%）。基因功能注释研究发现，许多基因与碳水化合物、脂质、氨基酸的代谢有关，它们在一起构成了肥胖者肠道微生物标记的初始设置。研究人员还发现，肥胖者肠道微生物多样性降低，助长了异常的能量输入，并且微生物处理碳水化合物的磷酸转移酶系统较瘦型志愿者更为富集。可见，微生物群落中门类别的改变、细菌多样性的降低以及代谢途径改变均与肥胖相关。这些结果表明，生物有机体组成的多样性可以在功能水平形成一个核心微生物群落，这一核心的差异与不同的生理学状态（如肥胖和瘦型）有关。

肥胖相关的功能宏基因组学的研究首先在小鼠体内开展，随后进行了少量人体样本的系列研究[15]，结果发现肥胖者肠道中具有更强的富集能量的微生物，缺乏对脂肪储存的控制和信号转导。基于这些观点，需要进一步开展计算机分析和实验工作，以挖掘潜在的生物分子标记，并进一步验证二者的相互关系，寻找治疗肥胖的生物靶点。

（二）肠道菌群与糖尿病

1型糖尿病（T1D）是由T细胞介导的产胰岛素细胞被破坏的自身免疫性疾病。在过去几十年里，1型糖尿病在发达国家的发生率显著增加，提示该病的病程可能受到环境变化（包括人体微生物环境）的影响，人们对环境因素的研究主要集中于营养物和病毒感染，肠道微生态系统因其内在复杂性很少被关注。2008年，Wen等[17]发现非肥胖型糖尿病小鼠中自发的T1D发生率受到动物饲养房的微生物环境的影响，也会受到微生物刺激因子的影响，例如，注射分枝杆菌或者一些微生物产物可以降低该病的发生率。当小鼠缺乏一种感受微生物刺激的蛋白质MyD88时不会发生T1D，这个作用是受共生菌群调节的。另外，将MyD88蛋白质缺失小鼠的菌群接种于无菌的非肥胖型糖尿病小鼠可以减少后者T1D的发生率。这些证据表明，肠道菌群与天然免疫系统的相互作用可能是影响1型糖尿病易感性的关键"表观遗传因子"。2007年，有研究者收集造模2周后的空白对照组（n=5）、链脲佐菌素（STZ）造模成功组（n=5）和造模不成功组（n=3）ICR小鼠的新鲜粪便样品的总DNA，ERIC-PCR扩增形成DNA指纹图谱，借助多变量统计分析方法研究各组样品肠道菌群结构上的异同。结果发现，STZ诱导的1型糖尿病会造成小鼠肠道菌群结构的改变，对STZ敏感的糖尿病小鼠和对STZ不敏感的小鼠的肠道菌群显著区别于健康对照小鼠的菌群，而STZ易感型小鼠与STZ抵抗型小鼠的菌群也有一定差别。不论是造模过程还是糖尿病引起的高血糖均与菌群结构的变化相关，肠道菌群的改变必然会引起宿主营养代谢与免疫能力的改变，从而影响糖尿病的病情变化。Courtois等[18-20]研究发现，糖尿病发病之后的动物肠道生理状态会发生一系列变化，比如二糖酶活性降低、黏液素分泌增多、肠壁通透性增加等，而改变了的肠道环境则会在一定程度上改变肠道微生物的结构组成，健康肠道常见的拟杆菌、梭菌以及乳酸菌等的总数降低，营养吸收状况、肠道免疫能力等与健康相关因素相应发生改变，营养吸收和存储能力降低使得动物食量增大，体重增加缓慢，而肠道免疫能力降低则会使有害菌大量繁殖，破坏肠道的正常功能，这些都可能与糖尿病病情的恶化密切相关。另一方面，补充有益菌或者干预肠道微生物的群落结构，有助于改善肠道微生态环境，激活肠道及机体免疫，延缓病情发展，甚至抑制糖尿病的发生[21]。

2型糖尿病（T2D）的特点是人体自身能够产生胰岛素，但细胞无法对其做出反应。其发病原因在于血液循环系统和肝脏的代谢异常，导致细胞膜上接受胰岛素的受体（酪氨酸受体）发生病变，影响到胰岛素发挥作用。大量研究发现，糖尿病模型动物肠道中乳酸菌数量明显下降。并且与正常人相比，T2D患者肠道中硬壁菌门和梭菌的比例显著降低。另外，β-变形菌纲的比例在糖尿病组显著升高，并与血糖浓度显著相关。这表明T2D与肠道菌群组成的变化相关。另外，LeRoith等[22]发现有一种大肠杆菌（*Escherichia coli*）能产生胰岛素样物质，这种物质进入血液后与胰岛素的靶细胞结合封闭了胰岛素受体，使真正的胰岛素无法发挥作用，于是血糖不能被吸收和利用而发生糖尿病。此种情况下应用具有扶植益生菌作用的中药，使之发挥生物拮抗作用，排除能产生胰岛素样物质的大肠杆菌，糖尿病症状即可得到缓解。这说明，肠道内某些种类的乳酸菌可能参与了糖尿病的发生发展过程。2012年，Qin等[23]收集了345个中国人的结肠菌群DNA，利用以深度高通量测序为基础的全体宏基因组关联分析方法（metagenome-wide association study, MGWAS）研究了T2D患者的肠道菌群结构，结果鉴定并验证得到了约60000个T2D相关标记。MGWAS分析显示T2D患者肠道菌群结构出现中等程度的失调，产丁酸盐细菌的丰度降低，各种条件致病菌的丰度增加，微生物降解硫酸盐和抗氧化应激的能力有显著增强。高水平的氧化应激与糖尿病并发症诱因相关。相对于基于人类基因组变异的相似分析方法，肠道宏基因组标记能够以更高的特异性区分T2D患者和健康人，未来有可能通过监测肠道健康以评估糖尿病患病的风险。

（三）肠道菌群与炎症性肠病

肠道菌群与炎症性肠病（inflammatory bowel disease，IBD）的关系是近年来研究的热点。Manichanh等[24]的研究显示IBD患者与健康人相比具有较低的细菌多样性；基于155个菌种的表达丰度，对14个健康人和25个肠炎患者（来自丹麦，21个为溃疡性结肠炎，4个为克罗恩病）进行细菌主成分分析，从而将患者与健康人、溃疡性结肠炎与克罗恩病清楚地区分开来。

Martinez-Medina等[25]研究发现，与健康人相比，克罗恩病（Crohn disease, CD）患者肠道微生物菌群中普拉梭杆菌（*Faecalibacterium prausnitzii*）表达丰度明显偏低（$P<0.05$），这可以作为检测CD的潜在指标。普拉梭杆菌分泌的代谢产物能够抑制NF-κB的活性以及IL-8的产生，具有抗炎作用。当CD术后康复者肠道内普拉梭杆菌表达丰度降低时，有可能再患CD。研究人员还发现，仅在CD患病组的肠道微生物中可以检测出一些条件致病菌如变形杆菌属、嗜血菌属和肠杆菌属，CD患病组中可在其肠道菌群检测出大肠杆菌者占31.6%，而健康人中仅6.7%可检测出大肠杆菌（$P=0.074$），这一发现进一步证明了该细菌与CD的发病机制存在关联。

Manichanh等[24]以6个健康人和6个CD患者为研究对象，建立了一个健康受试者DNA文库（HSL）和一个CD患者DNA文库（CPL），每一个宏基因组DNA文库包含25000个F质粒克隆，在这50000个克隆中，1520个存在16S rRNA序列（650来自HSL，870来自CPL）。使用4个跨越1500 bp 16S rRNA基因序列的通用细菌引物对每一个克隆进行测序，1190个克隆含大于1000个有效碱基对的序列（536个来自HSL，654个来自CPL），这些碱基对与系统进化分析法相适应。在所筛选的1190个克隆中，定义了125个非冗余核糖体基因型，主要为拟杆菌门、硬壁菌门、放线菌和蛋白菌。研究人员在健康人体肠道微生物群落中可鉴定出43种硬壁菌门的核糖体基因型，而在CD患者中仅鉴定出13种（$P<0.025$），尤其是柔嫩梭菌在CD患者中的比例显

著低于正常人（$P<0.02$）。硬壁菌门主要由柔嫩梭菌和球形梭菌组成，可以产生大量的丁酸盐，丁酸盐不仅是结肠上皮细胞的主要能量来源，而且可以抑制黏液中促炎细胞因子mRNA的表达，硬壁菌门比例降低有可能导致革兰氏阴性细菌如紫单胞菌科家族的比例升高，后者可表达更多的促炎症反应分子，如脂多糖。丁酸盐减少和促炎因子的增加会导致宿主结肠上皮细胞与定居微生物之间的相互作用紊乱，促进CD相关溃疡的形成。

（四）肠道菌群与肿瘤

近年来，肠道菌群在肠道肿瘤病因学方面的作用很受重视。2010年，Wei等[26]利用PCR变性梯度凝胶电泳（DGGE）技术和16S rRNA基因V3区域的454焦磷酸测序，对致癌剂1,2-二甲基肼（DMH）诱导癌前黏膜损害的大鼠进行了肠道微生物菌群结构替换的监测和研究，结果显示，实验9周二甲基肼诱导组大鼠的肠道中瘤胃球菌属与*Allobaculum stercoricanis*类似的菌数量明显高于健康对照组，乳酸菌和益生菌的组成没有发生明显改变。由此可见，动态监控疾病高危动物或人群的肠道菌群组成可能会成为一种无损伤性的评估宿主健康状态的方法。傅冷西等[27]证明大肠癌患者类杆菌、梭菌和梭杆菌等较正常人高，类杆菌在肠内增加有致癌作用。朱辉等[28]研究发现大肠癌高发区与低发区人群在肠道菌群构成方面有很大差异。而肠道菌群构成的不同是由环境因素和饮食习惯决定的。不同饮食习惯的个体患大肠癌的风险性不同，因此肠道菌群及其代谢产生的代谢物是大肠癌发生的直接因素，而饮食习惯和环境是间接因素。

（五）肠道菌群与肝硬化

肝硬化患者由于静脉压力升高导致胃肠道瘀血，黏膜充血，组织水肿，胃肠蠕动减慢，肠道通透性增加，肠道pH改变，肠道菌丛潜生体形成，且机体防御能力低下，常造成腹泻。诸多因素使肠道细菌特别是G^+细菌更易过量生长，并且发生细菌易位，这是肝硬化患者常见的并发症——自发性细菌性腹膜炎产生的主要原因。细菌过量生长特别是小肠内拟杆菌和梭菌的定居和繁殖也是并发肝性脑病的重要原因。2011年，Chen等[29]研究者利用16S rRNA V3区域454焦磷酸测序的方法，分析了36个肝硬化患者和24个正常人肠道菌群结构的变化，研究发现，在门水平，肝硬化患者肠道中拟杆菌门显著降低（$P=0.008$），变形菌门和梭杆菌门显著富集（$P=0.001$，$P=0.002$）；在科水平，肝硬化患者肠道中显著富集肠杆菌科（$P=0.001$）、韦荣球菌科（$P=0.046$）、链球菌科（$P=0.001$）。肝硬化CTP（Child-Turcotte-Pugh）值与链球菌科的丰度呈正相关（$R=0.386$，$P=0.02$），肝硬化患者肠道中毛螺菌科丰度显著降低（$P=0.004$）并与CTP值呈负相关（$R=20.49$，$P=0.002$）。Chen等[29]采用最小二乘法分析鉴定出了149个运算分类单位（operational taxonomic units，OTUs）作为肝硬化相关的关键种系，其中包括毛螺菌科（65 OTUs）、链球菌科（23 OTUs）和韦荣球菌科（21 OTUs）。肝硬化患者中潜在的条件致病菌的存在，如肠杆菌科和链球菌科，以及毛螺菌科等有益菌群的减少可能会对疾病的预后产生一定影响。

（六）肠道菌群与腹泻

慢性腹泻和肠道菌群失调互为因果，慢性腹泻患者肠道常驻菌大量排出，而过路菌（外袭菌）比例异常增加，且肠道蠕动功能减弱或过快影响肠道菌群比例，总的来说是类杆菌、益生菌数量显著减少，有潜在致病性的梭菌、酵母菌量增多，从而导致肠道脂肪酸代谢紊乱和胆盐代谢障碍引起腹泻，而腹泻又加重菌群失调，形成恶性循环。急性腹泻患者由于腹泻时常驻菌大量排出，过路菌比例增加也引起菌群失调。宗晔等[30]研究发现，急性腹泻患者肠杆菌增加，肠球菌、乳酸杆菌及类杆菌减少（$P<0.01$），不过，腹泻结束病情恢复后，菌群也逐渐恢复正常。急性腹泻与慢性腹泻比较，类杆菌和乳酸杆菌减少更明显（$P<0.05$）。

Zimmer等[31]报道了一个艰难梭菌相关腹泻的患者的完整康复过程。该患者感染艰难梭菌导致一年之内体重下降27kg以上。艰难梭菌通常是耐药的，其芽孢可以以低水平重新注入，患者的正常微生物群落已经被感染并被随后的治疗所摧毁。最终，患者接受了其丈夫的结肠微生态菌群的移植，数天之后，患者不仅得到了完全的康复，而且她的宏基因组学研究显示，新的微生态菌群几乎完全重建并且恢复为正常的物种丰度。研究显示，相似的治疗方法具有约90%的成功率。

（七）肠道菌群与其他疾病

过敏症是人体接触或注射了并未超量、平素能够承受的特种抗原时突然发生的迅猛异常的生理性反应，是临床免疫学的紧急事件。密歇根大学的一项研究表明[32]，消化道壁上的微生物是一种重要的潜在因子，可以使免疫系统忽略吸入的过敏原。肠道中的微生物发生变化会打乱免疫系统的“容忍-敏感”平衡，增强免疫系统对肺中常见过敏原（如花粉或动物皮毛）的反应；酵母菌能产生一种化学物质，调节免疫应答，使免疫系统过分敏感，并且会增加发展成慢性过敏症或哮喘的风险。

机体在创伤（如严重烫伤、手术麻醉、低血压状态、缺血再灌注损伤）、严重感染、长时间禁食等情况下会进入应激状态，肠道是机体应激反应的中心器官，应激状态使肠黏膜损伤、萎缩、屏障功能下降，机体免疫功能受到抑制，导致肠道内细菌、细菌内毒素可通过受损伤的肠黏膜屏障侵入肠外组织，造成肠源性菌血症、内毒素血症。而且损伤的存在导致肠道菌群紊乱，如需氧肠杆菌过度生长，有利于细菌易位，造成肠腔内更多的细菌内毒素进入人体血液循环而损害肝、肾、肠等多个器官，甚至发生全面多器官功能障碍综合征和多器官功能衰竭。细菌易位已被认为是多系统器官功能衰竭的主要诱因。

机体在突然受凉、过度疲劳、患重病，或使用药物造成免疫机能降低时，外籍菌更易侵入和繁殖，引起菌群失调，而且免疫力低下时更易引起肠道细菌向上、向体内移位。向上移位逆向繁殖，甚至可引起肺炎；向体内移位，引起肠源性感染和内毒素血症，甚至多系统器官功能衰竭。

（八）口腔微生态菌群与机体健康和疾病的关系

目前人类对口腔微生态菌群的作用机理认识相对较为透彻，认为口腔微生态菌群是口腔生物膜的构成成分。口腔中致病菌的增殖可导致牙周炎，牙周炎作为一种感染性疾病可增加患冠心病的风险。尽管人们仍然在研究唾液和口腔软组织中的微生物群，但是对定植在牙釉质中的微生物群已有较充分的了解，这是因为其与机体的组织不具有显著的相互作用。更为引人注目的是，在每次刷牙之后，这层生物膜必将在数小时之内从几乎消失恢复到它本来的状态。尤其是链球菌属，可以产生大量的表面黏附素及受体，使其可以作为早期定植者作用于赤裸的牙齿表面，并与随后定植的大量的细菌黏合在一起。牙釉质中代谢活跃的微生物菌群主要是韦荣球菌属和放线菌属，它们的聚合导致局部的营养物质及结构环境更有利于梭菌属和卟啉单胞菌属的生长，其中每一步都被细胞表面识别因子的结合、胞外生理性相互作用、代谢的相互依赖以及明确的细胞间信号转导等因素调控，这也证明了微生态菌群发生发展的复杂性。而实际上，无论是从宏观整体水平还是从微观分子水平，这一系统微生态菌群的演化仍然有待于对生物分子标记和群落功能进行进一步分析。

2012年，Liu等[33]采用以16S rRNA基因的高通量测序技术为基础的宏基因组学研究方法，对牙周炎患者的口腔微生态菌群进行了分析。研究显示，患者中的微生态菌群富集毒力因子相关基因，适应一种可在紊乱的宿主内环境中寄生的生活方式。对放线菌基因组的分析显示其具有与毒力因子相关的重组事件相一致的特征。此外，患者样本具有一个共同的微生态结构，而在完全健康的样本中并未发现。机体的健康状态高度受宿主免疫状态与微生物群落成分之间相互作用调整，从而维持一个以有益微生物（通常为革兰氏阳性放线菌或链球菌）为优势菌的微生态群落。

发展到牙周疾病的过渡时期涉及宿主-微生态菌群的相互作用被破坏，从而产生一个由大量可以在口腔环境中存活的微生物组成的新的群落结构，这一微生态环境中病原体的存在可导致牙周炎等临床表现，反之，由于坏死组织中所释放的营养物质的可利用性增加，牙周炎可进一步导致群落结构的变化。由于宿主的内稳态被破坏，牙周病的微生物群最终将习惯于适应多种寄生生活的微生物种群的寄生环境。有一个患者具有典型的牙周病相关的微生态群落结构，然而相应的牙齿刚刚开始表现出一些临床症状，这表明菌群失调发生在疾病的临床表现之前，口腔微生态菌群可以作为牙周病早期诊断的潜在工具[33]。

正常个体之间，甚至同一个人的不同牙齿之间的菌群结构都表现出很大的差异性，可见横向研究存在局限性。此外，病例-对照研究不足以确定牙周疾病的因果关系，也就是说，疾病状态下的异常优势菌群可能仅仅是一个破坏的齿龈下环境的征兆，而不是疾病发生的主要原因。

（九）皮肤表面微生态菌群与机体健康和疾病的关系

人体皮肤表面的微生态菌群可以显著影响宿主的疾病和健康状态。通过长期的共进化过程，皮肤表面的微生态菌群可以将宿主身体与外界环境隔离开，起到一定的保护作用。通过环境因素和宿主自身特性的双重选择，皮肤表面的微生态菌群在数量和性质上并不是均匀分布的，根据所定植位置的不同，其细胞密度变化范围可从低于10^2个/cm^2到高于10^7个/cm^2不等[34]。

2013年，Mathieu等人[35]采用高通量测序的方法，通过宏基因组学数据集分析和比较，研究了机体皮肤表面的微生态菌群特异性。研究发现，机体皮肤表面的优势菌群为棒状杆菌属、葡萄球菌属和丙酸杆菌属。皮肤表面的微生态菌群可能具有很强的与环境相互作用的能力，其在功能方面的潜能表明这些细菌对于利用皮肤表面产生的混合物（如糖类、脂类）具有很强的适应能力。唾液酸以及汗液中所产生的乳酸（$> 99\ \mu g/mL$）在人类和动物中都是常见的，这也证明了皮肤表面微生态菌群宏基因组数据集中分解代谢基因占优势。相似地，研究发现大量序列涉及三酰甘油分解代谢，三酰甘油是一种表皮渗透性相关的皮肤脂质，这表明三酰甘油作为一种碳源被利用，其分解代谢也可以显著促进皮肤所产脂肪酶的活性，从而阻止脂质的堆积，其代谢异常则会发生鱼鳞癣的病理状态[30]。需要强调的是，数据集中存在大量的耐酸性相关的功能子系统，表明微生态菌群在调节机体另一重要的健康状态参数（皮肤酸度——控制着渗透屏障稳态）方面起着一定的作用。例如，酸化生态系统的保留可以解释细菌的适应机制。皮肤表面微生态菌群富有精氨酸脱亚氨酶代谢相关基因，进一步证明了细菌对皮肤酸度具有一定的适应能力。

这些功能清晰地阐述了皮肤表面微生态菌群的独特生活方式。未来有可能通过改变皮肤表面微生态菌群与皮肤表面的相互作用来改善机体的健康状态。

（十）呼吸道微生态菌群与机体健康和疾病的关系

据世界卫生组织（WHO）报道，呼吸道感染仍然是世界范围内儿童和成人主要死因之一[13]。机体的呼吸道持续暴露于空气、水、食物环境中的庞杂微生物中，鼻咽部寄居着很多的共生细菌以及潜在的侵袭性病原菌（如肺炎链球菌、流感嗜血杆菌、脑膜炎奈瑟菌、金黄色葡萄球菌）。尽管鼻咽部潜在致病菌的定植通常是无症状的，但是也有可能发生肺炎、败血症甚至脑膜炎。尽管已确定了微生物群落成分的失衡（例如新的病原菌的感染、病毒合并感染，或其他的宿主或环境因素）与疾病状态密切相关，但是微生态菌群变化的具体发生机制仍有待于进一步研究。

机体鼻咽部微生态菌群失调多发生在秋冬季节，可能与病原微生物的感染有关。儿童是呼吸道感染易感人群，2011年，Bogaert等[36]通过对16S rRNA基因V5-V6高变区进行测序，分析了96个健康儿童的正常鼻咽部微生态菌群，并比较了秋/冬季与春季儿童的菌群结构，产生的约1000000条序列代表13个分类群和约250个OTUs。其中5个最显著的菌群门类别依次为变形菌门、硬壁菌门、拟杆菌门、放线菌门和梭杆菌门，最显著的6个菌属为莫拉氏菌属、嗜血杆菌属、链球菌属、黄杆菌属、棒状杆菌属和奈瑟氏菌属。个体间具有较高的变异性，在OTUs水平并不存在一个稳定的核心微生物群。鼻腔微生态菌群随季节变化显著，秋/冬季以变形菌门和梭杆菌门为优势菌，春季以拟杆菌门和硬壁菌门为优势菌，其中硬壁菌门的增加主要来源于芽孢杆菌属和乳杆菌属，二者和拟杆菌门通常与健康的生态系统相关。研究所观测到的季节性效果不应归因于当前抗生素的应用和病毒的联合感染。

2009年，Willner等[37]首次对患者和健康人气管中的DNA病毒群落进行了宏基因组学研究。研究者获得了5个囊胞性纤维症（cystic fibrosis, CF）患者和5个正常人的痰液DNA病毒群落的序列。总体来讲，气管中病毒的多样性较低，平均富集175个不同的病毒基因型，大部分尚没有完善的注释。CF患者气管中的优势病毒为人类疱疹病毒和逆转录病毒，功能宏基因组学研究显示健康人气管中的病毒群落功能相似，CF患者器官中的微生态群落具有富集芳香族氨基酸代谢功能，并具有两种不同的代谢状态，这很可能反映不同的疾病状态。CF患者的气管环境可以调节微生态群落的功能，导致代谢状态发生改变。这些发现对于CF具有重要的临床意义，如果持续监测并调整呼吸道环境，将会得到更加有效的治疗措施。

四、小结

由于肠道益生菌的黏附定植与肠道菌群结构的平衡密切相关，肠道菌群的失调紊乱与多种疾病关系密切，因此肠道菌群预报疾病的技术有望用于临床。这就要求我们利用元基因组学的研究全面系统地了解生理、病理状态下肠道菌群结构功能变化与疾病之间的关系，分析相应疾病的患者体内肠道病原微生物基因组的特征性片段、染色体DNA 的序列多态性，基因变异的位点及特征谱，建立相应的数据库，然后将个体的肠道病原微生物与其比对。长期连续地监测机体肠道菌群结构组成及变化，可以尽早发现机体的异常改变，实现疾病的早期预测以及对肠道菌群整体结构和功能的准确精细测定，同时也可以为疾病的肠道微生态治疗提供理论依据。因此，未来很有可能利用肠道菌群结构化验，通过肠道菌群的变化来监测健康情况。

（魏晓 编，袁静 校）

参考文献

[1] Bernet M F, Brassart D, Neeser J R, et al. Adhesion of human bifidobacterial strains to cultured human intestinal epithelial cells and inhibition of enteropathogen-cell interactions[J]. Appl Environ Microbiol, 1993, 59(12): 4121-4128.

[2] Wei X, Yan X, Chen X, et al. Proteomic analysis of the interaction of *Bifidobacterium longum* NCC2705 with the intestine cells Caco-2 and identification of plasminogen receptors[J]. J Proteomics, 2014, 108: 89-98.

[3] Kline K A, Falker S, Dahlberg S, et al. Bacterial adhesins in host-microbe interactions[J]. Cell Host Microbe, 2009,5(6): 580-592.

[4] Schell M A, Karmirantzou M, Snel B, et al. The genome sequence of *Bifidobacterium longum* reflects its adaptation to the human gastrointestinal tract[J]. Proc Natl Acad Sci U S A, 2002, 99(22): 14422-14427.

[5] Gopal P K, Prasad J, Smart J, et al. In vitro adherence properties of *Lactobacillus rhamnosus* DR20 and *Bifidobacterium lactis* DR10 strains and their antagonistic activity against an enterotoxigenic *Escherichia coli*[J]. Int J Food Microbiol, 2001, 67(3): 207-216.

[6] Chichlowski M, De Lartigue G, German J B, et al. Bifidobacteria isolated from infants and cultured on human milk oligosaccharides affect intestinal epithelial function[J]. J Pediatr Gastroenterol Nutr, 2012, 55(3): 321-327.

[7] Guglielmetti S, Balzaretti S, Taverniti V, et al. TgaA, a VirB1-like component belonging to a putative type Ⅳ secretion system of *Bifidobacterium bifidum* MIMBb75[J]. Appl Environ Microbiol, 2014, 80(17): 5161-5169.

[8] Lakhtin V M, Aleshkin V A, Lakhtin M V, et al. Lectins, adhesins, and lectin-like substances of lactobacilli and bifidobacteria[J]. Vestn Ross Akad Med Nauk, 2006(1): 28-34.

[9] 郑跃杰，潘令嘉，叶桂安，等．双歧杆菌对肠上皮细胞黏附的研究[J]．中华微生物学和免疫学杂志，1997(02): 10-12.

[10] 郭兴华．益生菌基础与应用[J]．北京科学技术出版社，2002.

[11] Schepers E, Glorieux G, Vanholder R. The gut: the forgotten organ in uremia?[J]. Blood Purif, 2010,29(2): 130-136.

[12] Qin J, Li R, Raes J, et al. A human gut microbial gene catalogue established by metagenomic sequencing[J]. Nature, 2010,464(7285): 59-65.

[13] Turnbaugh P J, Hamady M, Yatsunenko T, et al. A core gut microbiome in obese and lean twins[J]. Nature, 2009, 457(7228): 480-484.

[14] 刘伟伟，严敏，周丽萍，等. 肥胖与肠道菌群的相关性[J]. 生命的化学，2009, 29(06): 928-932.

[15] Turnbaugh P J, Ley R E, Mahowald M A, et al. An obesity-associated gut microbiome with increased capacity for energy harvest[J]. Nature, 2006,444(7122): 1027-1031.

[16] Ley R E, Turnbaugh P J, Klein S, et al. Microbial ecology:human gut microbes associated with obesity[J]. Nature, 2006, 444(7122): 1022-1023.

[17] Wen L, Ley R E, Volchkov P Y, et al. Innate immunity and intestinal microbiota in the development of Type 1 diabetes[J]. Nature, 2008, 455(7216): 1109-1113.

[18] Courtois P, Sener A, Scott F W, et al. Peroxidase activity in the intestinal tract of Wistar-Furth, BBc and BBdp rats[J]. Diabetes Metab Res Rev, 2004, 20(4): 305-314.

[19] Courtois P, Nsimba G, Jijakli H, et al. Gut permeability and intestinal mucins, invertase, and peroxidase in control and diabetes-prone BB rats fed either a protective or a diabetogenic diet[J]. Dig Dis Sci, 2005, 50(2): 266-275.

[20] Courtois P, Sener A, Scott F W, et al. Disaccharidase activity in the intestinal tract of Wistar-Furth, diabetes-resistant and diabetes-prone BioBreeding rats[J]. Br J Nutr, 2004, 91(2): 201-209.

[21] Giralt J, Regadera J P, Verges R, et al. Effects of probiotic *Lactobacillus casei* DN-114 001 in prevention of radiation-induced diarrhea: results from multicenter, randomized, placebo-controlled nutritional trial[J]. Int J Radiat Oncol Biol Phys, 2008, 71(4): 1213-1219.

[22] LeRoith D, Shiloach J, Heffron R, et al. Insulin-related material in microbes: similarities and differences from mammalian insulins[J]. Can J Biochem Cell Biol, 1985, 63(8): 839-849.

[23] Qin J, Li Y, Cai Z, et al. A metagenome-wide association study of gut microbiota in type 2 diabetes[J]. Nature, 2012, 490(7418): 55-60.

[24]Manichanh C, Borruel N, Casellas F, et al. The gut microbiota in IBD[J]. Nat Rev Gastroenterol Hepatol, 2012, 9(10): 599-608.

[25] Martinez-Medina M, Aldeguer X, Gonzalez-Huix F, et al. Abnormal microbiota composition in the ileocolonic mucosa of Crohn's disease patients as revealed by polymerase chain reaction-denaturing gradient gel electrophoresis[J]. Inflamm Bowel Dis, 2006,12(12): 1136-1145.

[26] Wei H, Dong L, Wang T, et al. Structural shifts of gut microbiota as surrogate endpoints for monitoring host health changes induced by carcinogen exposure[J]. FEMS Microbiol Ecol, 2010,73(3): 577-586.

[27] 傅冷西，戴起宝. 大肠癌肠黏膜菌群分析[J]. 中华消化杂志，1996(02): 114-115.

[28] 朱辉，张德纯. 双歧杆菌抗肿瘤机制的研究现状与展望[J]. 中国微生态学杂志，2011, 23(08): 764-767.

[29] Chen Y, Yang F, Lu H, et al. Characterization of fecal microbial communities in patients with liver cirrhosis[J]. Hepatology, 2011,54(2): 562-572.

[30] 宗晔，赵海英，梁晓梅，等. 急慢性腹泻患者肠道菌群的改变[J]. 临床内科杂志，2006(02): 89-90.

[31] Mcglone S M, Bailey R R, Zimmer S M, et al. The economic burden of *Clostridium difficile*[J]. Clin Microbiol Infect, 2012,18(3): 282-289.

[32] Stefka A T, Feehley T, Tripathi P, et al. Commensal bacteria protect against food allergen sensitization[J]. Proc Natl Acad Sci U S A, 2014, 111(36): 13145-13150.

[33] Liu B, Faller L L, Klitgord N, et al. Deep sequencing of the oral microbiome reveals signatures of periodontal disease[J]. PLoS One, 2012, 7(6): e37919.

[34] Fredricks D N. Microbial ecology of human skin in health and disease[J]. J Investig Dermatol Symp Proc, 2001, 6(3): 167-169.

[35] Mathieu A, Delmont T O, Vogel T M, et al. Life on human surfaces: skin metagenomics[J]. PLoS One, 2013, 8(6): e65288.

[36] Bogaert D, Keijser B, Huse S, et al. Variability and diversity of nasopharyngeal microbiota in children: a metagenomic analysis[J]. PLoS One, 2011, 6(2): e17035.

[37] Willner D, Furlan M, Haynes M, et al. Metagenomic analysis of respiratory tract DNA viral communities in cystic fibrosis and non-cystic fibrosis individuals[J]. PLoS One, 2009, 4(10): e7370.

下篇　分论

第四章
双歧杆菌的分子生物学

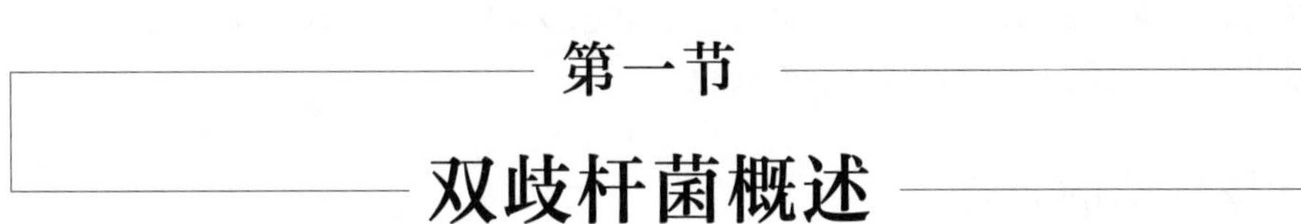

第一节
双歧杆菌概述

双歧杆菌（*Bifidobacterium*）是人和温血动物肠道内有益正常菌群之一，是法国巴斯德研究所的Tssiere教授于1899年在母乳喂养的健康婴儿肠道内发现并分离出的一种革兰氏阳性、弯曲和常分叉的杆菌，并将其命名为双歧杆菌[1]。在20世纪初期，分离、培养与鉴定肠道内厌氧菌还十分困难，不能分离出纯菌种，1950年以后，随着自然科学的发展，厌氧菌分离培养技术也发展起来，从不同来源分离到很多此类菌。有人将1890年至1957年划分为双歧杆菌研究的“初级阶段”，即主要是研究双歧杆菌生长刺激因子、培养基组成、对婴儿健康的作用，对它们的生化特性和分类学也作了一些研究，在《伯杰细菌鉴定手册》第七版（1957年）中，双歧杆菌被列为乳酸杆菌属中的一个品种。随着科学技术的进步，发现双歧杆菌的脱氧核糖核苷酸中鸟苷和胞苷含量高达58%，而嗜酸乳杆菌只有36%，同时发现双歧杆菌利用葡萄糖时，释放出果糖-6-磷酸酮醇酶，而一般乳杆菌不分泌，此酶成为鉴定双歧杆菌的主要依据[2,3]。

现在已分离鉴定的双歧杆菌有41种，来源于人肠道的有12种，双歧杆菌命名采用传统的微生物命名方法，如根据来源命名的有：婴儿双歧杆菌（*B. infantis*）、青春双歧杆菌（*B. adolescentis*）、小猪双歧杆菌（*B. choerinum*）、牛双歧杆菌（*B. boum*）等；根据形状命名的有：长双歧杆菌（*B. longum*）、短双歧杆菌（*B. breve*）、两歧双歧杆菌（*B. bifidum*）等[4,5]。其中两歧双歧杆菌、婴儿双歧杆菌、青春双歧杆菌、长双歧杆菌和短双歧杆菌等现已广泛用于各种食品包括保健食品的生产中。

一、双歧杆菌的形态

双歧杆菌是无运动性不产芽孢的杆菌，在不同条件下呈现不同的形态。初分离菌株的形状有分叉状如Y形和V形，也有不分叉状如匙形或球棒形，但在继代培养后，其菌株的分叉状通常都呈折断的杆状或弯曲状。在不适培养基中双歧杆菌可生成各种不规则形态[6]。引起双歧杆菌变形的原因可以是多方面的，有研究人员证明，两歧双歧杆菌宾夕法尼亚变种在缺乏*N*-乙酰氨基葡萄糖时菌体会长成奇怪的形态，在培养基中控制其浓度从痕迹量到充足量，菌株形态则从鳞茎状、树节状直至不分叉的杆状。用标记过的*N*-乙酰氨基葡萄糖进行实验，证明它被用于构成细胞壁的重要组分：糖肽。但大多数双歧杆菌的分叉和多变的现象不能由添加*N*-乙酰氨基葡萄糖而阻止，这说明还有其他因素影响双歧杆菌的形态[7]。有研究人员观察到两歧双歧杆菌在贫乏的培养基中大量地产生分叉，如果培养基中加入一定的氨基酸（丙氨酸、天门冬氨酸、谷氨酸、丝氨酸)，分叉的菌体又会恢复到杆状。而有人则认为钙离子在防止细胞形态多变及调节细胞分裂中起着主导作用。目前尚无进一步的研究来阐明双歧杆菌分叉的机理[8]。双歧杆菌的菌落形态、外观、大小都随菌株特性和营养状况而变。其菌落形态可呈突起的透镜状，色泽可从晦涩到有光泽、从乳白到瓷白，表面为波浪状、平滑状或软黏状。双歧杆菌为革兰氏阳性菌，但经常会出现染色变异；有时菌体内会出现一些染色粒，能被亚甲基蓝染色，而菌体其他部分不被染色。

二、双歧杆菌的特性

1．双歧杆菌的生理特性

双歧杆菌是严格厌氧的，但在有二氧化碳存在时也能耐受氧气。不同菌株对氧的敏感性有很大的差别。双歧杆菌厌氧需求的差异，对应着不同的生物化学基础。某些对氧不太敏感的菌株具有较弱的触酶活性，能够除去生成的痕量过氧化氢，不生成过氧化氢的菌株则可能具有NADH氧化酶活性，这些菌株只能在一定的氧化-还原电位下生存。某些对氧较敏感的菌株，其厌氧的主要原因是：过氧化氢的积累会使果糖-6-磷酸磷酸酮醇酶失活，而该酶是双歧杆菌代谢途径的一个关键酶。一些对氧非常敏感的菌株的生长和发酵显然需要一个很低的氧化-还原电位，氧气的存在会导致过高的氧化-还原电位，从而影响了菌体的生长。大部分人类种群来源的双歧杆菌生长的最适温度在36～38℃，而动物来源的最适温度较高，有些能在46.5℃下生长。几乎所有菌株的生长在低于20℃时都会停止。双歧杆菌对营养素的要求相当不均，有些菌株以铵盐为氮源，有些则需有机氮。含多种维生素、核苷酸、乳糖、三种氨基酸和多种盐类的半合成培养基能够满足双歧杆菌生长需要，许多菌株可以在含铵盐、生物素、泛酸盐、糖类和矿物质的简单培养基上生长。

2．双歧杆菌的生化特性

双歧杆菌是解糖微生物，所有菌株都发酵葡萄糖、半乳糖和果糖。不同种和生物型的菌株在发酵其他糖类和糖醇时性能各异。葡萄糖经果糖-6-磷酸途径被发酵，生成乙酸和L（+）–乳酸，其比例通常为3∶2，此外还有少量的甲酸、乙醇和琥珀酸生成，大多不产生二氧化碳、丁酸和丙酸，只有青春双歧杆菌和蜜蜂双歧杆菌在发酵葡萄糖酸盐时会产生二氧化碳。双歧杆菌的触酶活性、硝酸盐还原能力、吲哚的生成和液化明胶能力都呈阴性。婴儿双歧杆菌能产生脲酶，两歧双歧杆菌有弱蛋白水解活性，能从牛乳蛋白中释放出氨基酸。人体口腔和肠道中已经分离出六种高产酸的菌株，其蛋白质分解能力与乳酸链球菌相同[9]。

3．双歧杆菌的培养特性

双歧杆菌最适生长温度为37℃，最适pH值为7.0。所需成分一般有：蛋白胨、肝浸液、脑心浸液、血液、肠黏膜提出物、番茄汁、葡萄糖、氯化钠、酵母浸出膏、丙酸钠、氯化锂和一些生长因子等[10]。人体肠道常见八种双歧杆菌的培养特性如下。

（1）青春双歧杆菌

菌体长短不齐，直，微弯，偶有分枝，排列成V形、Y形、栅状或短链状。培养48h，菌落直径0.5～1mm，圆形，凸起，表面光滑或粗糙，边缘不整齐或整齐，不透明。最适生长温度35～37℃，低于20℃或高于46.5℃不生长。

（2）两歧双歧杆菌

菌体分枝甚多，多形性明显。菌落小，圆，凸起，灰白色，不透明。表面光滑，湿润，有光泽。

（3）婴儿双歧杆菌

菌体长短不一，有分枝，排列成栅状。菌落小，圆，凸起，表面光滑，边缘整齐。低于20℃或高于46.5℃不生长。

（4）短双歧杆菌

菌体短而细，弯曲，有或无分枝，染色不均，颗粒状的有浓染部分，菌落直径0.5～1mm，质软，表面光滑或粗糙均有，圆形，凸起，有光泽。低于20℃或高于46.5℃不生长。

（5）长双歧杆菌

菌体粗长，一端有膨大部分如棒状，有分枝，染色不均。菌落直径1mm左右，圆形，凸起，表面光滑，边缘整齐，不透明。低于20℃或高于46.5℃不生长。

（6）角双歧杆菌

此菌对氧特别敏感，必须穿刺接种才能生长。形态和排列类似于婴儿双歧杆菌。

（7）小链双歧杆菌

菌体一端尖，另一端有明显的分枝，常排列成链。该菌为专性厌氧，需加核黄素才能生长。

（8）假小链双歧杆菌

形态非常多样化，本菌为专性厌氧，需加核黄素和烟酸才能生长。最适生长温度为39～40℃，45℃仍能生长，而在20℃以下不能生长。最适pH6.5～7.0。在pH 8.0以上不生长，在pH6.0时生长受阻[11]。

三、双歧杆菌的生理功能及机理

1．双歧杆菌的营养作用

双歧杆菌可合成多种消化酶和维生素，如B族维生素（泛酸、叶酸以及生物素），可促进氨基酸、脂类和维生素的代谢，也可促进蛋白质吸收，提高体内氮和蛋白质的蓄积，降低血氨浓度[12]。此外双歧杆菌酵解过程中产生的有机酸能使生物体内pH和E_h下降，有利于某些矿物质如钙、铁、镁、锌等吸收，从而促进动物体的健康生长[13]。双歧杆菌具有乳糖酶，可将乳糖降解成葡萄糖、半乳糖，促进大脑发育。适量补充双歧杆菌可以避免乳糖不耐症的发生[14]。

2．抗菌作用

双歧杆菌能很好地抑制常见腐败和低温细菌，它能在肠道内通过细胞磷壁酸与肠黏膜上皮细胞相互作用，与其他厌氧菌共同占据肠黏膜表面，构成生物学屏障，阻止致病菌的入侵[15]。双歧杆菌还能抑制有害细菌的生长从而抑制腐败菌有毒物质（如吲哚、甲酚、胺等）的产生，并将其作为自身营养源进行代谢。双歧杆菌的抗菌机制主要表现在3个方面：一是通过酵解产生有机酸，降低机体环境的pH值，过酸的环境使腐败菌和致病菌的生长繁殖受到抑制；二是代谢的过程中产生的蛋白质，具有类似细菌素的杀菌作用；三是产生过氧化氢（H_2O_2），从而激活机体产生过氧化氢酶，抑制和杀灭有害人体健康的革兰氏阴性菌[12]。Anard等（1983）从两歧双歧杆菌的代谢物中分离出名叫“Bifidum”的抗菌物质，主要可抑制黄色微球菌与金黄色葡萄球菌[16]。Kang等[17]从长双歧杆菌的代谢物中分离纯化出称为“Bifilong”的抗菌物质，主要杀灭大肠杆菌等革兰氏阴性菌。

3．治疗肝病以及护肝作用

双歧杆菌的护肝作用主要体现在其能够调节肠内pH值，抑制氨的吸收，从而减少肝病的发生。李春梅等用双歧杆菌活菌制剂进行了20例肝硬化内毒素血症的治疗，治疗组与对照组的有效率分别为73.33%和15.38%。试验结果显示该制剂可以明显减少内毒素血症的发生，有利于肝脏恢复，由此可见，双歧杆菌可以作为肝病的辅助治疗手段[14]。

4．抑制肿瘤的作用

肠道内的腐生菌在代谢中会产生胺类致癌物质，并有可能将一些致癌前体物转化为致癌物质。双歧杆菌能抑制腐生菌的生长，分解致癌物，从而起到了预防肠道癌症、抗肿瘤的作用。关于双歧杆菌抗肿瘤作用的可能机制，目前认为有以下几点：①双歧杆菌及其细胞壁肽聚糖通过刺激巨噬细胞产生一些活性因子（INF-α等）而间接发挥抑瘤作用[18]；②降低体内癌诱变剂的含量[19]；③诱导肿瘤细胞凋亡；④增强一氧化氮合酶的蛋白质表达水平，促进NO合成，抑制肿瘤细胞生长；⑤抑制某些诱导致癌前体物质向致癌物质转化的酶生成或降低其活性。另外，双歧杆菌菌体细胞壁的肽聚糖、磷壁酸和糖可能都有抗肿瘤作用[19]。

5．生物屏障和生物拮抗作用

双歧杆菌作为肠道中的优势菌，可与肠道内的其他益生菌群协同阻止外来有害菌的进入[20]。双歧杆菌对肠道病原体生物拮抗作用的机理，有以下几种可能：①通过细胞壁的磷壁酸与肠黏膜上皮细胞特异性结合，黏附并占据肠道黏膜表面，形成生物菌膜，起到占位保护作用[21]；②在代谢过程中产生有机酸，调节肠道pH和氧化还原电势（E_h），通过此途径可抑制非正常菌群的产生，乙酸的抑菌作用尤为显著[22]；③调节肠道菌群，促进肠蠕动，减少致病菌黏附到肠黏膜上的机会；④产生抗菌物质如过氧化氢，可以直接杀灭致病菌[23]；⑤降解肠道内复杂多糖，阻止致病菌对肠黏膜的侵袭；⑥使结合性胆酸转化为游离性胆酸，从而抑制细菌的生长。

6．抗衰老

国外微生态研究表明，长寿老人粪便中有着与青少年粪便中数量相当的双歧杆菌[24]。随着人的衰老，机体消除自由基功能减退，体内自由基（free radical，FR）增加却不能被清除，抗氧化活性下降。研究证明，双歧杆菌能明显增加血液中超氧化物歧化酶的活性以及含量，在体内协调自由基的氧化反应使其减少，从而将有毒氧转化成无毒氧，通过一系列的过程，可减少自由基对人体细胞的损伤，从而延缓衰老进程[25]。

四、双歧杆菌的分子生物学

1．基于序列分析的分子鉴定法

16S rDNA基因是细菌染色体上编码rRNA的基因序列，普遍存在于所有细菌染色体基因组中。由于其具有高度保守性和种属特异性，通常作为限制性内切酶片段长度多态性（restriction fragment length polymorphism，RFLP）、核糖体DNA扩增片段限制性内切酶分析（amplifed ribosomal DNA restriction analysis，ARDRA）等分析法的靶序列，广泛应用于肠道内细菌种内或种间水平的检测。但对于种系发生十分接近的菌种或同种内的不同菌株来说，往往由于其序列的高度保守而难以将其区分[26]。16S～23S rDNA区间序列的进化压力小，遗传变异性更大，能够弥补16S rDNA的不足，可用于包括双歧杆菌在内的多种细菌种间及种内的鉴定。蛋白质编码基因的进化取代率比16S rDNA高10倍，很多发生关系较近的物种虽在16S rRNA水平上未发生改变，但在一些蛋白质编码基因的快速进化位点上已积累了中性序列改变，如*recA*、*groEL*/*groES*、*grpE*/*dnaK*、*ldh*、*tuf*、*atpD*、*hsp60*、转醛酶基因等功能性基因正逐步替代rDNA序列成为研究双歧杆菌种系发生的热点。

2．指纹图谱法

（1）随机引物PCR（AP-PCR）和随机扩增多态性DNA（RAPD）

AP-PCR和RAPD是建立在PCR基础上的菌种鉴定技术，以基因组DNA为模板，以人工合成的随机多态核苷酸序列为引物，通过引物与模板DNA序列随机配对进行PCR扩增，获得特异的基因组DNA指纹图谱从而反映双歧杆菌种系发育关系。不同于常规PCR，RAPD所用引物为单一引物，引物长度一般为10个核苷酸左右；而AP-PCR法可根据其引物的多少及引物的不同分为单一引物AP-PCR、双重引物AP-PCR、3段锚定引物PCR和任意引物PCR[27]。该法有可重复性，广泛应用于食品发酵工业中菌种的快速鉴定。

（2）重复DNA序列聚合酶链式反应（Rep-PCR）

细菌基因组中散布着一些重复DNA序列，例如肠杆菌科基因间重复一致序列（ERIC）、基因外重复回文序列（REP）、插入序列（IS）、可变数目串联重复序列（VNTR）等。这些基因序列遗传稳定，在种间仅有位置和拷贝数的变化，是菌株分型的理想研究对象[28]。以ERIC-PCR为例简要说明：ERIC-PCR是以ERIC为靶点进行PCR，形成多态性DNA图谱，通过对细菌基因组内重复序列的数量和分布之间的关系进行分析，以获得其细菌来源的分子鉴定技术。其他分子生物学鉴定方法仅针对基因组中的单一基因或操纵子，其检测结果常受质疑，而ERIC-PCR靶向整个基因组，针对的是散布于基因组中的短重复序列，具有普遍性[29]。

（3）扩增核糖体DNA限制性分析法（ARDRA）

该法是将PCR扩增的16S rDNA序列用限制性内切酶进行剪切，然后根据酶切图谱对细菌菌株进行快速鉴定的方法。后来Roy等以*ldh*基因序列为靶，结合*Bam* HⅠ、*Taq* Ⅰ和*Sau* 3AⅠ的酶切作用的方法可区分种系发生上十分接近的双歧杆菌亚种。这种方法能在短时间内确定细菌的种类并估算出细菌种类数目，特别适用于检测双歧杆菌及其他培养条件苛刻的细菌。

（4）限制性内切酶片段长度多态性（RFLP）

早期曾以16S rDNA内的保守区为靶基因，经PCR扩增、限制性内切酶剪切、电泳形成特异性RFLP指纹图谱，广泛应用于细菌种间或种内水平检测。Stenico等以60kDa热激蛋白基因

(*hsp60*)为靶基因，*Hae* Ⅲ酶切后产生特异性的RFLP指纹图谱，区分双歧杆菌属25个种及属于双歧杆菌的亚种[30]。与ERIC-PCR、BOX-PCR、RAPD等指纹图谱相比，该法不需要建立严格标准化的PCR体系，可重复率高。

3．凝胶电泳法

(1) 变性梯度凝胶电泳（DGGE）

DGGE根据序列不同的DNA分子在不同浓度的变性剂（如尿素、甲酰胺等）中解链速度和程度不同，导致其电泳迁移率发生变化，从而使片段大小相同而序列不同的DNA片段分开。理论上来说，只要条件适当，仅有一个碱基对差异的序列即可相互分开[31]。16S rDNA和转醛酶（transaldolase）基因均可作为PCR-DGGE的靶向序列，用于分析双歧杆菌种群组成。与种特异性引物PCR相比，PCR-DGGE的灵敏度稍差，仅在双歧杆菌占菌群中的比例较大时才可用，否则会遗漏一些菌株。

(2) 脉冲场凝胶电泳（PFGE）

PFGE是通过脉冲场方向、电流大小交替改变完成分离大分子（DNA）片段的一种电泳方法。双歧杆菌的GC含量在55%～64%之间，可选用识别富含AT碱基的限制性内切酶*Xba* Ⅰ和*Spe* Ⅰ对基因组进行酶切，通过PFGE分离得到一系列数目不等的DNA片段，从而形成种间特异性的DNA指纹图谱[32]。PFGE最大的特点是易于标准化，进行实验室间比对，实现资源共享；同时在结果的稳定性、准确性、重复性和分型能力等方面均具有较强的优势。但由于其耗时长，一般需2～3d，降低了进行大量样本分析的能力而使其应用受限。

4．荧光原位杂交（FISH）

根据双歧杆菌16S rRNA基因序列的可变区V2或V8设计寡核苷酸探针，利用异硫氰酸盐荧光素（FITC）对其进行标记，再与靶细菌杂交，通过检测目标序列对细菌进行从界到亚种不同水平的分类[33]。FISH技术仍存在不足之处，它仅能用于研究序列已知的微生物，且细菌普遍存在的自发荧光现象及探针的特异性不强等因素还可导致假阳性结果。因此，FISH技术需与其他分子生物学技术联用才能达到更好的效果。

5．其他

用于肠道微生物菌群多样性鉴定的技术如单链构象多态性（SSCP）和末端限制性长度多态性（T-RFLP）指纹技术也是基于16S rDNA-PCR基础上的，其特异性的扩增产物可代表某一生态系统中的微生物多样性。SSCP的基本原理主要是根据单链DNA的二级结构，而T-RFLP同其他RFLP一样，是根据限制酶的特异性作用位点[34]。基因芯片技术利用肠道细菌16S rDNA作为检测的靶基因，设计针对不同菌属的寡核苷酸探针以制备基因芯片，可以通过杂交反应来检测肠道菌群，以实现多种目的基因平行化鉴定，具有高通量、自动化、快速检测等特点。还有其他一些常用的细菌检测方法，如荧光定量PCR、竞争性PCR、温度梯度凝胶电泳也都是近年来应用于双歧杆菌鉴定的分子生物学手段，必要时可以采用两种以上技术联用的方法以提高鉴定的准确性，再结合传统的培养和生化鉴定方法才可能对双歧杆菌有更全面的了解。

不依赖菌体培养的分子检测技术的出现与发展已在许多方面使微生物生态学领域发生了巨大的变革，然而对于双歧杆菌而言，此技术的应用延伸范围尚小。双歧杆菌探针或因制备困难，在应用上受到一定程度的限制。尽管PCR技术对双歧杆菌具有很强的鉴别能力，但限于多种原因（如存在交叉反应、菌株来源困难、DNA片段纯度不够等），仅有较少的实际应用被报道。因此，采用PCR法对双歧杆菌进行属的菌株鉴定技术还有待进一步完善提高。

RAPD法应用于双歧杆菌的鉴定与PCR法相比，具有其独特的优越性，它所需的DNA量极少，对模板DNA纯度要求不高，且操作简单，它可以在对所研究生物体没有任何分子生物学研究背景情况下，对其进行DNA多态性分析。当然RAPD技术也有一定的限制性，它是一种显性标记，易受反应条件的影响，稳定性较差，可重复性小，对反应的微小变化十分敏感，像*Taq*聚合酶的来源、DNA的不同提取方法、PCR仪的不同型号都会影响结果，所以做RAPD需要严格控制扩增反应条件及DNA模板的质量。实时定量PCR技术，是近几年被广泛运用的新技术。由于该技术使用了荧光染料，从而提高了检测的准确性和灵敏度，又由于整个过程采用完全闭管检测，无须对PCR产物进行后处理，可以有效防止检测过程中的污染和假阳性，同时边扩增边检测，提高了检测速度。实时定量PCR在双歧杆菌检测上的应用正飞速发展并显示出了十分广阔的发展前景。

随着分子生物学技术的不断发展及生物信息学的日益完善，建立在PCR技术基础之上的各种生物技术逐渐弥补其局限性，在双歧杆菌定性、定量检测方面将会得到更加广泛的应用。

五、双歧杆菌的应用及展望

1．双歧杆菌酸奶

研究表明，乳酸菌的特殊生物学功能影响着人体的健康，双歧杆菌的生理功能尤为显著[35]。双歧杆菌酸奶是市场上常见的双歧杆菌产品。它的生产工艺可分为两种：自发酵法和混合发酵法[36]。

2．双歧杆菌微生态调节剂

微生态调节剂是以双歧杆菌为中心，以其他物质为辅料制成的。生产方法是制取发酵培养液、调配、灭菌、加发酵剂，或制作成片剂、干粉、胶囊等产品[37]。微生态调节剂可改善肠道内菌群和预防疾病。目前，国内比较常见的双歧杆菌微生态调节剂有“回春生”“三株口服液”“双歧王”“培菲康”“金双歧”“生态源口服液”“五株王口服液”“康健活性功能液”等[38]。

3．联合菌株的应用

从目前已应用的多菌株分析，与双歧杆菌配合比较理想的菌种有乳酸菌和链球菌。但是联合菌株的配合不是随意的，需要严格培育及检验。由于双歧杆菌的增殖要求条件比较严格，选育联合菌株比较难。

4．双歧杆菌抗生素的研究

目前发现具有产生抗生素的能力的双歧杆菌共有13种。从双歧杆菌中分离出的Bifidin以及从长双歧杆菌中分离的Bifilong具有较广的抗菌谱。在婴儿双歧杆菌中也发现了一种大分子抗菌物质。针对抗生素的研究已成为当下双歧杆菌的研究热点；在抗生素基因的克隆、表达及调控方向也具有极大的研究价值。

5．双歧杆菌与其他功能性成分配合的产品

双歧杆菌与其他功能性成分的配合产品主要分为两种：①双歧杆菌与双歧因子配合的产品，主要以双歧杆菌与寡糖配合为中心；②双歧杆菌与中药成分的配合，许多中药（如人参、党参、枸杞子、大黄）成分对双歧杆菌的生长具有促进作用[25]。

六、小结

双歧杆菌独特的生理功能引起了广大学者的兴趣，但双歧杆菌特殊的生物学特性，又使得有关研究进展缓慢，有很多值得探讨和亟待解决的问题。加快其分子生物学基础理论研究和基因重组技术的应用研究，必将使双歧杆菌的研究开发和应用迈向一个新的台阶。

（陆静 编，杜冰 校）

第二节 长双歧杆菌

长双歧杆菌（*Bifidobacterium longum*）隶属于细菌界（Bacteria）、放线菌门（Actinobacteriota）、放线菌纲（Actinobacteria）、双歧杆菌目（Bifidobacteriales）、双歧杆菌科（Bifidobacteriaceae）、双歧杆菌属（*Bifidobacterium*）。长双歧杆菌是人体内最广泛存在的一种双歧杆菌，主要存在于人体胃肠道，在婴儿、青年和老年人群中都有发现。长双歧杆菌也是人类研究和利用最多的双歧杆菌，既往研究聚焦于其与宿主共代谢以及发酵方面；近年来，更多转移到了基因组学、功能基因以及肿瘤治疗领域。

一、长双歧杆菌的特性及种类

长双歧杆菌在不同生长环境下具有不同的形态，一般多呈勺形；革兰氏染色显示阳性，过氧化氢酶检测显示阴性；耐微腐蚀、厌氧；在一般厌氧培养基上生长时形成白色有光泽的凸形菌落。

根据《伯杰细菌鉴定手册》，长双歧杆菌又分为长亚种（*B. longum* subsp. *longum*）、婴儿亚种（*B. longum* subsp. *infantis*）和猪亚种（*B. longum* subsp. *suis*），不同亚种间16S rDNA序列高度相似，但不同菌株在全基因组序列、代谢特征和生理功能方面仍存在很大的差异，即存在菌株水平的多样性。

由于双歧杆菌能够很好地利用人乳低聚糖（HMOs），在生命早期的肠道菌群中具有较强的竞争优势[39, 40]。Turroni等分析了母婴来源的粪便样本中双歧杆菌的组成，发现长双歧杆菌在婴儿及其母亲肠道中均占有很高比例，其中在母乳喂养的婴儿肠道中的优势菌种为长双歧杆菌婴儿亚种，是除了短双歧杆菌、两歧双歧杆菌以外占比最高的[41-44]。然而最近一些关于肠道菌群的宏基因组的分析表明，在母乳喂养婴儿的肠道中可检测到高丰度的长双歧杆菌长亚种和假小链双歧杆菌的OTUs[45, 46]。Makino等[47]利用多位点序列分析（MLST）和扩增片段长度多态性分析（AFLP）技术对母体中长双歧杆菌转移到婴儿体内的过程进行溯源分析，结果证实母体中的长双歧杆菌可以通过肠道转移给婴儿。非培养法对肠道菌群的分析显示，成年人的粪便菌群在组成和丰度上都比较稳定，长双歧杆菌长亚种（*B. longum* subsp. *longum*）是占主导地位的双歧杆菌之一[44, 48]。在老年人肠道菌群中，双歧杆菌数量普遍降低且多样性显著减少，长双歧杆菌长亚种仍然位列其中[49-51]。

二、长双歧杆菌的生理功能及机理

（一）促进营养物质的消化吸收

Nicholson等学者提出了“宿主与肠道菌群的共代谢”理论，指出人体代谢产物中的一部分由宿主自身的基因调控，但也有一部分是由宿主和肠道微生物的基因共同调控的[52]。齐冰对金双歧杆菌制剂（长双歧杆菌微生态制剂）治疗小儿功能性消化不良的效果进行了观察研究，结果表明四磨汤口服液联合该制剂治疗小儿功能性消化不良可有效提高临床疗效，且安全性良好[53]。

（二）生物屏障和生物拮抗作用

作为肠道中优势菌群的双歧杆菌能够阻止病原菌入侵和定植，双歧杆菌可利用其细胞壁上的磷壁酸与宿主肠道黏膜上皮细胞特异性结合，黏附在肠道黏膜表面，形成生物被膜，抑制致病菌的黏附，进而占据生态位。同时，双歧杆菌可形成肠道化学保护屏障，抑制致病菌繁殖。Tamaki等的临床研究结果表明，补充8周长双歧杆菌BB536可以改善轻度和中度活动期溃疡性结肠炎患者的临床症状[54]，机制可能是通过上调T-bet的表达和增强肠黏膜屏障功能[55]。Yun等研究了长双歧杆菌ATCC 15707对感染艰难梭菌的小鼠的干预作用，结果表明ATCC 15707能够有效抑制艰难梭菌的感染[56]。Fukuda等研究发现，长双歧杆菌JCM 1217可以显著降低感染*E. coli* O157:H7造成的小鼠死亡率，且其保护作用与双歧杆菌产生的乙酸具有密切关系[57]。

（三）防治便秘，调节肠道平衡

双歧杆菌通过改善肠道菌群组成、促进肠道蠕动、提高小肠推进率和粪便含水量，增加便秘患者的排便次数，从而改善便秘状况。王琳琳研究了不同双歧杆菌对便秘的改善作用，发现长双歧杆菌和两歧双歧杆菌对便秘的缓解作用较好，主要是通过影响肠道中短链脂肪酸的水平来缓解便秘[58]。丁圣等研究了长双歧杆菌BBMN68对便秘小鼠的通便作用，结果显示经长双歧杆菌BBMN68干预后，可显著减少便秘小鼠的首次排黑便时间，改善排便数量和质量以及提高小肠推进率[59]。

（四）防治心血管疾病

心血管类疾病的发生与血液中胆固醇含量升高有关，有报道证明一些益生菌及其发酵制品具有降胆固醇和改善心血管疾病的作用。韦云路等研究了益生菌的降胆固醇和降血脂的效果，结果表明长双歧杆菌具有较好的降胆固醇的效果[60]。

（五）抗癌作用

双歧杆菌具有抗结肠癌作用。Singh等先将偶氮甲烷（azoxymethane，AOM）注射进大鼠体内制备患结肠癌的大鼠，再用长双歧杆菌喂食后发现，诱癌蛋白ras-p21被抑制表达，结肠癌发生率明显降低[61]，其原因可能是这种长双歧杆菌通过对某些吞噬细胞的刺激而出现活性因子，从而发挥基础性的作用从根本上阻止肿瘤细胞的产生，并形成相应聚体，彻底杀死肿瘤细胞，提高相应酶、受体的表达水平，加快氮气的合成速度，控制癌细胞的生长繁殖。

（六）调节机体免疫功能

研究表明，双歧杆菌能通过刺激免疫系统来调节机体免疫力。杨景等研究了长双歧杆菌BBMN68对牛乳β-乳球蛋白诱导的小鼠食物过敏模型的影响，结果表明BBMN68通过调节Th1/Th2细胞平衡，可以缓解过敏反应[62]。长双歧杆菌35624的临床研究结果表明，口服该菌株可以同时降低炎症患者的黏膜免疫系统和全身免疫系统的炎症水平[63]。Miyauchi等研究发现，长双歧杆菌JCM1222通过抑制肠道IL-17A的表达来缓解DSS诱导的结肠炎[64]。Chen等的研究结果表明，长双歧杆菌B5502可以通过抑制HMGB1的释放，导致肠屏障功能紊乱来改善TNBS诱导的结肠炎[65]。Zhang等研究发现，长双歧杆菌可以通过影响*Foxp3*基因启动子中特定CpG位点的甲基化水平，从而改善TNBS诱导的结肠炎[66]。Lee等研究了不同乳酸菌对TNBS诱导的结肠炎的影响，发现长双歧杆菌HY8004可以通过抑制脂质过氧化以及NF-kappaB激活来改善结肠炎[67]。Macsharry等研究表明，服用长双歧杆菌可降低哮喘小鼠肺泡灌洗液中细胞因子IL-4和IL-5的水平，增加肺内Treg细胞的数量，并可以抑制Th2免疫反应[68]。

（七）合成、分泌到菌体外与免疫调节功能相关的菌体成分

1．胞外多糖

胞外多糖（exopolysaccharide）已被确定为介导共生菌与宿主间相互作用的重要物质[69]，可影响细菌对胃肠环境的耐受性[70, 71]。长双歧杆菌在固体培养基上容易产生酸性胞外多糖，由半乳糖和己糖（可能是葡萄糖）组成。在液体培养基中，以乳糖为唯一碳源时，胞外多糖产量最多。分析不同菌株产胞外多糖的能力，发现儿童来源的菌株产荚膜多糖的能力总体上低于成年人来源的菌株，特别与老年人来源菌株的差异具有显著性[（13.84±12.55）mg/g和（24.67±15.22）mg/g]。

长双歧杆菌35624的胞外多糖可以通过减少肺部嗜酸性粒细胞的聚集来缓解炎症，从而改善过敏性呼吸道疾病[72]。Wu等证实长双歧杆菌BCRC14634分泌的EPS能抑制巨噬细胞J77A的增殖和促进抗炎症因子IL-10的分泌，具有抵御胃肠道感染甚至是食品腐败微生物的能力，可以作为噬菌体的一种温和的调节剂[73]。

另外，不同菌株所合成的胞外多糖可能具有不同的结构，并且可能造成宿主出现不同的免疫应答。例如，一些合成大分子量胞外多糖的菌株可以抑制宿主的免疫反应，而一些合成小分子量胞外多糖的菌株则可能刺激宿主出现免疫反应[74]。

2．S-层蛋白

S-层蛋白（S-layer protein，Slp）广泛存在于细菌细胞外，是细菌对宿主细胞进行黏附的关键，可以介导细菌吸附到不同宿主表面。长双歧杆菌的S-层蛋白还具有明显的抑制炎症的作用。闫爽从健康志愿者的粪便中分离筛选得到的长双歧杆菌菌株CCFM756、CCFM760、GX16-2、C11A10B、HAN30-6、66 HAN42-10、HEN27-6、M1-20-R01-3、M2-06-F01-M5-3、YS108R的S-层蛋白都可以显著降低由LPS诱导的IL-8表达量的增加，并且都可以上调紧密连接蛋白ZO-1的表达量以及下调细胞凋亡因子Caspase-3的表达量[75]。

3．短链脂肪酸

短链脂肪酸（short-chain fatty acid，SCFA）是人体肠道菌群的重要代谢产物，具有多重生理活性，能为肠上皮细胞提供能量，促进肠上皮细胞增殖和矿物质吸收，缓解腹泻与便秘，

抑制致病菌等，对于维持免疫稳态具有关键作用[76]。长双歧杆菌可产乙酸保护宿主免受肠道致病菌感染，同时可被肠道中产丁酸菌利用产生丁酸，发挥抗炎等生理活性[57, 77]。闫爽等对分离的多株长双歧杆菌发酵上清液中短链脂肪酸进行测定，结果表明乙酸是长双歧杆菌所产生的唯一短链脂肪酸[75]。

4．抗菌物质

双歧杆菌可以产生乙酸和乳酸等广谱抗菌物质，能抑制沙门菌、李氏杆菌、弯曲菌、志贺氏菌和霍乱弧菌等细菌的生长，其中以婴儿双歧杆菌和长双歧杆菌抑菌作用最强[78]。

三、长双歧杆菌的分子生物学

（一）天然质粒

Sgorbati等1982年首次检测和分离得到包含质粒的4种双歧杆菌，其中长双歧杆菌含两个及以上质粒[79]。

Roberts等1995年对1461株24种双歧杆菌进行研究时发现带有天然质粒的长双歧杆菌，用斑点杂交分析质粒结构的相关性发现共有7种不同质粒[80]。

（二）构建表达载体

双歧杆菌作为肠道益生菌能够调节肠道菌群结构，维护肠道健康，将其质粒作为外源基因表达载体的研究日益受到关注，因外源质粒转入双歧杆菌菌体中必须含有来源于双歧杆菌的复制子[81]，故双歧杆菌质粒多被用于提供复制子，目前已经在长双歧杆菌的质粒中提取出复制子，测得其核苷酸序列，并提交到GenBank中[82]。目前多种双歧杆菌表达载体已被构建，其中复制子来自长双歧杆菌的几种表达载体见表4-1。

表4-1　几种长双歧杆菌的表达载体的种类及其原始质粒

表达载体种类	原始质粒	参考文献
pRM2	pMB1、pGEM-5zf(+)、SPr	[82]
pBKJ50F、pBKJ50R	pKJ50、pBR322(含 cut)	[83]
pBRASTA101	pTB6、pUC18	[84]
pYBamy59	pBES2	[85]
pMR3、pDG7	pMB1、pJH101	[86]

（三）作为宿主菌

目前仅有长双歧杆菌、短双歧杆菌、婴儿双歧杆菌等几种双歧杆菌被用作基因工程宿主菌，数量较少。

张帆等将人工合成的hIFN-α 2b基因插入双酶切后的pBAD质粒，构建重组质粒并转化长双歧杆菌，筛选到的阳性长双歧杆菌克隆在L-阿拉伯糖诱导下能成功表达人干扰素hIFN-α 2b蛋白[87]。

王小康等[88]将从双歧杆菌内克隆的*hup*基因的启动子和信号肽amyB与合成的*LL-37*基因和复制子片段pMB1一起克隆入pBluescript Ⅱ SK（-）载体，构建大肠杆菌-双歧杆菌穿梭质粒

pBs-LL-37，转入长双歧杆菌NCC2705，培养后可有效表达重组LL-37多肽[（77.36±4.61）μg/mL]。琼脂糖孔穴扩散法检测显示重组LL-37对致病性大肠杆菌K99有显著抑制活性，且与合成的LL-37无显著性差异。抗内毒素能力表明重组LL-37能显著降低脂多糖（LPS）诱导的RAW264.7细胞对肿瘤坏死因子α（TNF-α）的表达，而且与合成的LL-37相比无显著性差异。

（四）菌株间基因组学的多样性

长双歧杆菌各亚型之间存在菌株水平的多样性。张旻采用多位点序列分型（MLST）方法对345株长双歧杆菌进行了菌株型的分析，共得到35个菌株型，通过RAPD技术发现不同菌株型存在着全基因组水平的序列差异[89]。张秋雪等采用RAPD和MLST技术分析了来源于婴儿的7株长双歧杆菌长亚种和3株长双歧杆菌婴儿亚种的基因型,发现7株长双歧杆菌长亚种可分为6个基因型，3株长双歧杆菌婴儿亚种可分为2个基因型[90]。

双歧杆菌基因组的研究起步稍晚，2002年PNAS（《美国科学院院报》）上首次发表了长双歧杆菌NCC2705基因组的测序和分析结果，其基因组中大量的与碳水化合物转运及代谢相关的基因显示碳水化合物代谢对双歧杆菌的重要性，也使人们认识到双歧杆菌适应肠道环境的分子机制[91]。2010年发表在PNAS上的关于长双歧杆菌婴儿亚种15697全基因组测序和生物信息学分析的文章，揭示了长双歧杆菌婴儿亚种对母乳寡糖的特殊降解利用机制，进一步使人们了解了双歧杆菌对肠道适应的特殊机制[92]。目前，NCBI数据库中公开的双歧杆菌基因组有675个，长双歧杆菌基因组占168个。Arboleya等研究了20株长双歧杆菌的遗传和代谢多样性，发现长双歧杆菌种内基因组具有多样性，糖基水解酶基因种类丰富直接导致其对多种糖类的利用能力不一[93]。

（五）长双歧杆菌功能基因比较分析

闫爽[75]对从粪便分离的多株长双歧杆菌与代表菌株NCC2705的全基因组序列进行比对，结果显示在45株长双歧杆菌的基因组中存在7个集中变异区，主要包括一些与碳水化合物转运、代谢以及多糖合成相关的基因或基因组簇。

1．碳水化合物代谢相关基因的比较分析

双歧杆菌具有很强的代谢多种糖类的能力，在双歧杆菌基因组中，有超过13%的基因与碳水化合物的代谢相关[94]。糖基水解酶（glycosyl hydrolases，GHs）和糖基转移酶（glycosyl transferases，GTs）是碳水化合物代谢相关的两大类酶，分别负责糖苷键的水解（或修饰）和合成。基因比较分析表明长双歧杆菌婴儿亚种的糖基水解酶组成与长双歧杆菌长亚种明显不同。这就是长双歧杆菌婴儿亚种可以特异性地代谢乳聚糖（如人乳低聚糖）[95]，更加适应母乳喂养的婴儿肠道环境[96]的原因。然而，尽管在进化关系上与长双歧杆菌婴儿亚种非常接近，长双歧杆菌长亚种却不能够降解人乳低聚糖类，但是它具有丰富的利用植物源低聚糖的酶类[97, 98]。这种特异性的糖代谢能力展示了两个不同亚种的微生物为适应其独特的生境而进化出来的特殊生存策略。尽管不同来源的长双歧杆菌长亚种菌株中糖基水解酶的组成存在差异，但并没有呈现出年龄或地区间的规律性。而糖基转移酶的分析结果表明不同亚种和菌株间糖基转移酶的组成较一致，保守性高于糖基水解酶的组成，GTs是所有菌株中出现数量最多的一种糖基转移酶。

2．胞外多糖合成基因簇的分析

根据全基因组序列比对结果可知，胞外多糖合成基因簇是长双歧杆菌基因组中最明显的

变异集中区域之一[75]。由于胞外多糖的合成是一个由多种酶催化进行的复杂生物化学过程，相关酶的结构基因和调控基因通常会在基因组的特定区域形成一连串的基因簇，我们称为胞外多糖合成基因簇（EPS synthesis cluster）。长双歧杆菌EPS基因簇的主要结构见图4-1。

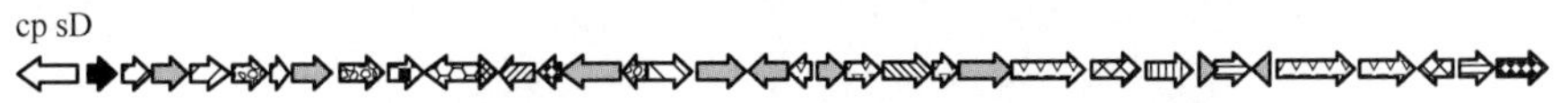

引导型糖基转移酶　　蛋白酪氨酸磷酸酶
假想蛋白　　跨膜蛋白
糖基转移酶　　硝基还原酶
酪氨酸蛋白激酶　　整合酶
转座酶　　ATP酶
NADH焦磷酸酶　　去溶酶
连接酶　　转录调节因子
其他功能　　半乳糖-1-磷酸尿苷酰转移酶

图 4-1　长双歧杆菌 EPS 基因簇的主要结构

长双歧杆菌EPS基因簇主要由引导型糖基转移酶（priming glycosyl transferases，pGT）、糖基转移酶（GTs）、聚合物长度决定因子（polymerization-chain length determinant）、转录调节因子（transcriptional regulator）等组成。其中，引导型糖基转移酶（pGT）负责催化多糖合成的第一步反应，将一个磷酸化的糖分子（sugar-1-phosphate）转移到位于细胞膜上的脂质载体上，而其他的糖基转移酶则负责催化新的单糖分子和脂质载体上的糖分子之间形成糖苷键，从而形成多糖的重复单元，因此多糖重复单元中的单糖组成由参与该过程的糖基转移酶的种类决定[99]。多糖的单元结构合成之后，会通过聚合物转移途径输出到细胞表面，该过程由翻转酶（flippase）或ABC-转运蛋白催化完成。其中，引导型糖基转移酶、长度决定因子以及转录调节因子在不同菌株中的组成比较保守，而糖基转移酶在不同菌株中的分布差异较大。胞外多糖合成基因簇的分析结果表明，产荚膜多糖能力较弱的菌株（10 mg/g以下），其EPS基因簇中糖基转移酶的数量显著少于高产荚膜多糖的菌株，糖基转移酶的数量与荚膜多糖产量之间具有相关性[75]。

3．S-层蛋白基因的比对分析

直系同源基因分析结果表明，S-层蛋白基因是所有长双歧杆菌的核心基因之一，存在于所有长双歧杆菌的基因组中[75]，说明该基因对长双歧杆菌正常生长具有重要作用。而对该基因相应的氨基酸序列比对结果表明不同菌株的S-层蛋白基因高度保守[75]。

（六）长双歧杆菌基因组进化分析

闫爽[75]采用Blastp序列比对和MCL聚类算法，将NCBI中168个长双歧杆菌基因组进行直系同源基因分析，共获得单拷贝的核心基因510个，基于168株长双歧杆菌的单拷贝核心基因构建系统发育树，如图4-2所示。

整个进化树可以分为三大分支，其中一个分支（Group A）上的菌株全部是长双歧杆菌婴儿亚种，另一个分支（Group B）上的菌株为长双歧杆菌猪亚种和长双歧杆菌长亚种，第三个分支（Group C）上的菌株全部为长双歧杆菌长亚种。其中，Group B中又可以分为两个小的分支，其中一个分支上主要为动物来源的菌株，包括AGR2137、UMA026、DSM20211、LMG21814、Su859，另一个分支上主要为人源的菌株，说明动物源的菌株和人源的菌株在进化关系上存在明显的差异。

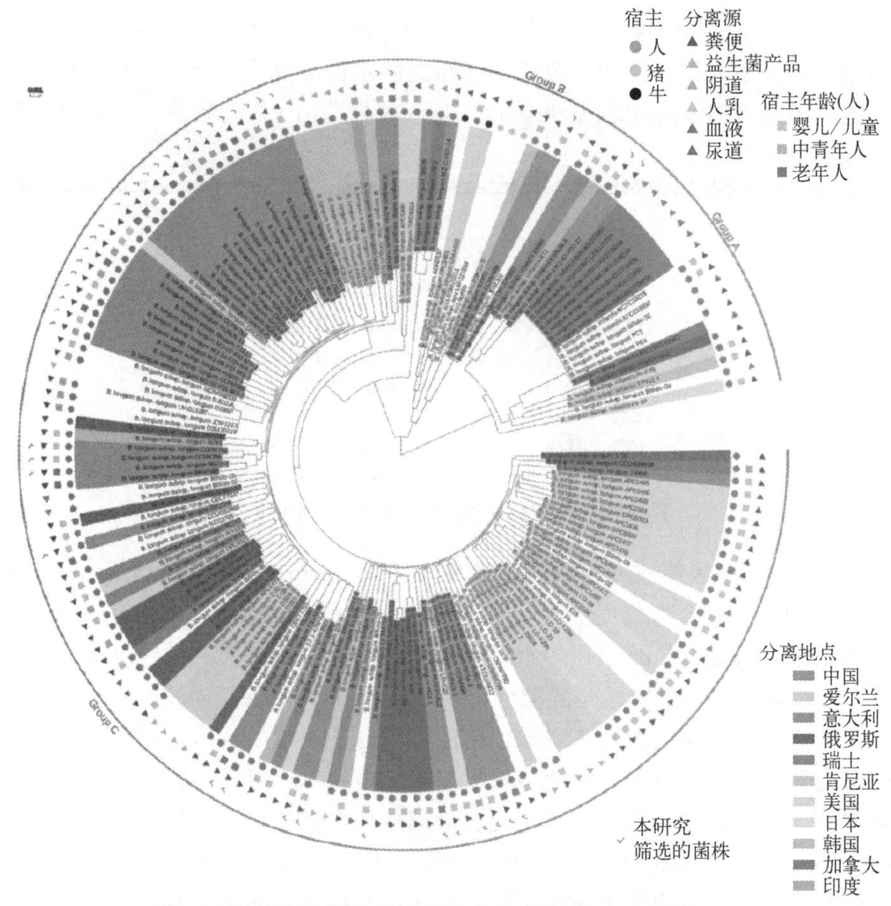

图 4-2 长双歧杆菌系统进化分析示意图（见彩图）

四、长双歧杆菌的应用

（一）发酵

近年来，含有双歧杆菌的发酵乳制品逐渐开始流行，其潜在的商业价值也受到业内的重视。日本的第一个双歧杆菌制品是由Morinaga Milk Industry公司于1971年开发的，此产品是一种发酵乳制品，含有长双歧杆菌和嗜热链球菌。产品的全面开发始于1977年，Moirnaga开发了家庭型双歧杆菌乳，这种产品是低脂鲜牛乳制品，含有10^7CFU/mL的长双歧杆菌和10^7CFU/mL的嗜酸乳杆菌。一些双歧杆菌发酵乳被证实具有一定的生理保健功能，包括免疫调节、改善血脂水平、缓解肠道炎症、防治腹泻和便秘以及改善幽门螺杆菌感染者的症状等[100-105]。然而与传统应用于发酵乳制品的乳酸菌相比，双歧杆菌在乳品中的生长和产酸速率较低，需要较长的发酵时间，且凝乳效果较差，影响产品品质，这些性质影响双歧杆菌在发酵乳制品中的应用。Song等将长双歧杆菌KACC91563应用于奶酪的制作，结果表明该菌株的加入在赋予奶酪产品益生功能（缓解食物过敏）的同时，对产品的外观、理化以及感官特性没有造成负面影响[106]。种克等研究双歧杆菌酸奶发酵剂的制备技术得到了长双歧杆菌Blm的最佳生长条件和冻干工艺，冻干发酵剂中活菌数可达$1×10^{11}$CFU/g，将发酵剂以万分之一的比例接种鲜奶后，发酵6h即可凝乳，发酵乳中活菌数可达1×10^9CFU/g[107]。李雅乾研究了双歧杆菌胡萝卜汁酸乳的制作工艺，发现长双歧杆菌B1在添加30%胡萝卜汁的牛乳中生长良好，发酵5h即可凝乳[108]。马钢用10%脱脂奶粉的液体培养基接种长双歧杆菌，于37℃下培养14h左右，到双歧杆菌活菌数达2.4×10^8CFU/mL以上时，超速冷冻分离，倒去上清液后，加入保护剂于冻干机中干燥24～36h，粉碎后得活菌数达3×10^9CFU/g、含水量3%的双歧发酵粉剂，与速溶全脂奶粉混合即制得双歧奶粉，该奶粉固形物复原成液体后，发酵成熟一段时间即可制得双歧杆菌酸奶[109]。

（二）对肿瘤的靶向作用以及作为基因治疗的载体

由于肿瘤细胞生长迅速而血液供应相对不足，实体瘤代谢的一个重要特点是瘤体内部的相对乏氧状态，而厌氧菌又有趋低氧代谢的特点，因而可以将厌氧菌作为基因转移载体靶向性引入瘤体。与其他厌氧菌相比，双歧杆菌抗原性相对较弱而安全性较高，非常适宜作为基因治疗的载体，具有良好的应用前景和广阔的发展空间。长双歧杆菌是目前用于基因治疗的主要载体[110]，已有大量研究用于基因的转导和表达[111]，但高效表达载体的缺乏成为限制双歧杆菌应用的重要因素[112]。

Yazawa等将长双歧杆菌以每只鼠5×10^6～6×10^6 CFU经尾静脉注射至接种了黑色素瘤细胞、Lewis肺癌细胞的荷瘤小鼠，96～168h后每克瘤组织内的长双歧杆菌数量达6×10^4 CFU；将肿瘤组织及肝、心、脾、肺、肾等正常组织匀浆后置于改良Briggs培养基中培养，3d后仅在含瘤组织匀浆液的平板上观察到长双歧杆菌；瘤组织切片进行革兰氏染色显示长双歧杆菌集中在肿瘤坏死区域周围[113]。Yazawa等还在动物实验中首次证实了长双歧杆菌可用作胸部实体瘤基因治疗的载体[114]。Fujimori等采用酶前体药物策略，利用长双歧杆菌携带无活性的前体药物，获得了高水平的厌氧菌靶向定植及前体药物激活的实验结果[115]。上述实验证明长双歧杆菌确实能够选择性在肿瘤组织内定植和生长，具有较好的靶向性。

PTEN（磷酸酯酶与张力蛋白同源物）基因编码具有蛋白质和酯类双重特异性磷酸酶活性的抑癌因子，可抑制细胞内信号转导通路，诱导细胞周期停滞，增加p53抗癌蛋白的稳定性，抑制细胞迁移和实体瘤内微血管的形成。Hou等利用软件设计并合成了48条部分序列相互重叠的引物，通过PCR合成了长双歧杆菌质粒pMB1序列及长双歧杆菌HU启动子区序列，插入克隆载体pMD18-T构建穿梭载体pMB-HU，该载体可在大肠杆菌DH5α及长双歧杆菌L17中稳定复制[116]。将PTEN基因cDNA序列插入载体pMB-HU中HU启动子下游构建重组质粒pMB-HU-PTEN，转化长双歧杆菌后表达产物中存在55kDa的PTEN蛋白特异条带。抑癌试验表明转化长双歧杆菌后将重组菌由尾静脉推注给荷瘤小鼠，与对照组不含PTEN基因的长双歧杆菌相比，其肿瘤质量明显减轻而抑瘤率高约39%。

内皮抑素（endostatin）具有明显的抗肿瘤血管形成的作用。韩庆旺等以质粒pDG7、pBCSK(+)、pET-9C为基础，构建大肠杆菌-长双歧杆菌穿梭表达载体pET-1128，并将人内皮抑素基因插入到新构建的表达载体中，分别转化大肠杆菌BL21(DE3)和长双歧杆菌NQ-1501，诱导表达后人内皮抑素基因在大肠杆菌和长双歧杆菌中均可表达[117]。Xu等将带有内皮抑素基因的表达载体转入长双歧杆菌，经尾静脉推注和口服途径给予实体瘤小鼠，发现双歧杆菌靶向性定植于瘤组织中，且强烈抑制肿瘤血管生长，延长了带瘤小鼠的存活时间，且加入微量硒元素还可以上调免疫细胞如NK、T细胞的活性并增加细胞因子IL-2、TNFα的表达，具有很好的抑瘤作用[118]。

Matsumura等构建了携带质粒pBLES100-S-eCD的长双歧杆菌105-A，利用其表达的cd基因可以将氟胞嘧啶转换成抑制肿瘤生长的氟尿嘧啶来治疗肿瘤，降低了临床上传统治疗中的不良反应[119]。Hamaji等对载体进行改进，使得双歧杆菌中*cd*基因的表达增加了10倍，从而大大增强了治疗效果[120]。Yi等将携带质粒pGEX-1λT的婴儿长双歧杆菌注入小鼠体内，抑制了小鼠恶性黑色素瘤的生长[121]。Hu等将携带肿瘤坏死因子相关程序性细胞死亡诱导配体质粒的长双歧杆菌注射入荷瘤小鼠体内，小鼠的骨肉瘤特异性地缩小[122]。

在长双歧杆菌中表达胞嘧啶脱氨酶,其可将5-氟胞嘧啶(5-FC)脱氨为抗癌剂5-氟尿嘧啶(5-FU)。Taniguchi等通过动物试验发现：单独口服20 mg/kg 5-FU后，在肿瘤区域和肝脏中的含量分别是43.6 ng/g和253.5 ng/g；然而先静脉注射改造过的长双歧杆菌，再口服750 mg/kg 5-FC，结果5-FC在肿瘤组织中的含量是13196 ng/g，在肝脏中是10.6 ng/g[123]。说明在长双歧杆菌的靶向引导下，抗肿瘤功效明显增强。

五、小结

长双歧杆菌通过合成与分泌胞外多糖、S-层蛋白、短链脂肪酸、乙酸和乳酸以及广谱抗菌物质来调节肠道平衡、改善宿主健康情况、调节机体免疫和抑制癌细胞生长。通过对长双歧杆菌基因组多样性、功能基因以及质粒序列的研究加深了对这些有效菌体成分的了解，也推进了用长双歧杆菌构建表达载体、将其作为宿主菌应用于肿瘤治疗等。

1967年首次观察到非致病性酪酸梭菌孢子在肿瘤患者瘤内大量定植生长并产生溶瘤效应，证实了厌氧菌的肿瘤靶向定植能力。厌氧菌因其趋低氧的特性而决定其必然对体内低氧区存在较好的靶向性，部分致病力弱或非致病菌株的发掘给安全性提供了保证，其作为基因转移载体的出现突破了基因治疗现存的难题，提供了新的发展空间。长双歧杆菌作为厌氧菌的一种，能够选择性在肿瘤组织内定植和生长，具有较好的靶向性，通过对长双歧杆菌安全性和有效性的改造，将其作为基因治疗载体将完善治疗手段。

（彭哲慧 编，王恒樑 校）

第三节 短双歧杆菌

短双歧杆菌（*Bifidobacterium breve*）是1899年由法国学者Tissier从母乳喂养婴儿的粪便中分离出的一种厌氧的革兰氏阳性杆菌，隶属于放线菌门、放线菌纲、双歧杆菌目、双歧杆菌科、双歧杆菌属。短双歧杆菌是主要存在于人体胃肠道的益生菌，在各年龄段人群中都有发现，其对未成熟肠道的亲和力强于其他物种，能促进婴幼儿肠道免疫成熟，同时在健康女性的阴道中也发现了短双歧杆菌[124]。它们在体外环境中的存在通常是粪便污染的结果，因此可用作检测粪便污染的指标[125]。

一、短双歧杆菌的特性

短双歧杆菌对营养要求较高、生长较慢、严格厌氧并且不耐受低pH值，如何改善短双歧杆菌的培养条件，一直是短双歧杆菌研究的重点，而培养基则是培养条件中一个很重要的方面。陈惠音等[126]研究发现短双歧杆菌优化的增殖培养基配方是：酵母膏0.9%，胰蛋白胨0.6%，大豆蛋白胨0.6%，葡萄糖0.6%，双歧因子0.2%，生长因子10%。用此优化增殖培养基培养短双歧杆菌，发酵最适终止时间约为18h，此时的活菌数可高达1.5×10^{10}CFU/mL。

短双歧杆菌与其他双歧杆菌一样拥有多种酶，其中包括糖苷酶、神经氨酸酶、葡萄糖苷酶、半乳糖苷酶以及降解肠道黏蛋白寡糖和鞘糖脂的细胞外糖苷酶[127]。

二、短双歧杆菌的生理功能

（一）抗氧化活性

短双歧杆菌A04为筛选出的耐消化道逆环境短双歧杆菌菌株[128]，来源于世界长寿之乡——中国广西巴马百岁以上长寿老人粪便，体外试验[129]显示此菌株具有很强的清除自由基的能力。江志杰等[130]对亚急性衰老小鼠模型分别给予短双歧杆菌A04菌株、菌体破碎物、维生素C以及0.9%氯化钠溶液，结果发现短双歧杆菌A04菌株和其菌体破碎物能够提高血清中的超氧化物歧化酶（SOD）、过氧化氢酶（CAT）活力，降低血清、肝脏中的丙二醛（MDA）的含量和脑组织中的脂褐质和单胺氧化酶（MAO）的含量。表明短双歧杆菌及菌体破碎物可以提高机体抗氧化能力，有力清除衰老或老化机体过多生成的自由基，起到延缓衰老的作用。

（二）对病原菌生物的拮抗作用

以前的研究与报道一直认为双歧杆菌在体内对病原微生物的调节作用主要依靠其代谢产物——乙酸和乳酸。孟祥晨等[131]在体外分别用四株双歧杆菌（青春双歧杆菌、婴儿双歧杆菌、长双歧杆菌、短双歧杆菌）与沙门菌混合培养，实验结果表明双歧杆菌对沙门菌的拮抗作用具有种的特异性。其中，青春双歧杆菌、长双歧杆菌和短双歧杆菌的影响最大，婴儿双歧杆菌的影响最小。并且双歧杆菌是通过代谢产物来调节和拮抗肠道病原菌，除有机酸外，还存在其他影响病原菌的生长和繁殖的物质。

（三）抗肥胖活性

通过给小鼠饲喂含有短双歧杆菌B-3的高脂食物可显著增加盲肠内容物和粪便中的短双歧杆菌数量。这种给药方式上调了肠道和附睾脂肪组织中参与脂肪代谢相关的基因的表达。这些结果表明，短双歧杆菌B-3的使用将有效降低肥胖风险[132]。同时，在饮食诱发肥胖的小鼠模型中，添加短双歧杆菌B-3可降低体重、减少内脏脂肪的蓄积，并改善血清总胆固醇、葡萄糖和胰岛素水平。实验发现短双歧杆菌B-3的使用促进了调控脂质代谢和应激反应的基因表达[133]。

（四）下调炎性因子的表达

肠道中含有许多种类的细菌，它们能维持黏膜屏障并帮助消化。由饮食、抗生素使用或疾病改变引起的细菌种类失调可能通过破坏免疫耐受而参与炎症性肠病的发病过程[134]。近年来肠道微生物在治疗肠道炎性疾病[135, 136]，如使用益生菌治疗肠道炎性疾病已得到广泛认可[137-139]。Sagar等[140]发现，短双歧杆菌也可以减轻哮喘的气道炎症，在降低气道阻力、减轻气道炎症和气道重塑方面与布地奈德效果相似。研究发现短双歧杆菌还可以通过增加肠道内$CD4^+$ Treg细胞数量，来增加IL-10分泌，维持肠道稳态，减轻肠道炎症[141]。杨艳华等[142]采用短双歧杆菌干预肠神经胶质细胞，显示短双歧杆菌通过NF-κB信号通路，抑制炎症小体活性，从而对肠道炎性疾病发挥了拮抗作用。

三、短双歧杆菌的分子生物学

（一）基因组研究进展

短双歧杆菌是常用的益生双歧杆菌菌株之一，自从2011年报道第一株短双歧杆菌UCC2003 全基因组序列以来，越来越多的短双歧杆菌全基因组序列被报道。截至2017年3月，已经完成全基因组测序的短双歧杆菌菌株有11株，测得基因组片段的有37株[143]。已完成全基因组测序的短双歧杆菌基因组概况见表4-2。

表4-2　短双歧杆菌基因组概况

序号	菌株及编号	登录号	基因组/Mb	GC 含量/%	蛋白质数	基因数
1	短双歧杆菌 JCM 1192	AP012324.1	2.26941	58.9	1854	1961
2	短双歧杆菌 ACS-071-V-Sch8b	CP002743.1	2.32749	58.7	1831	1947
3	短双歧杆菌 UCC2003	CP000303.1	2.42268	58.7	1916	2045
4	短双歧杆菌 12L	CP006711.1	2.24462	58.9	1763	1875
5	短双歧杆菌 JCM 7017	CP006712.1	2.28892	58.7	1802	1914
6	短双歧杆菌 JCM 7019	CP006713.1	2.35901	58.6	1892	2043
7	短双歧杆菌 NCFB 2258	CP006714.1	2.3159	58.7	1828	1944
8	短双歧杆菌 689b	CP006715.1	2.33171	58.7	1847	1965
9	短双歧杆菌 S27	CP006716.1	2.29446	58.7	1796	1918
10	短双歧杆菌 BR3	CP010413.1	2.42601	59.1	1951	2110
11	短双歧杆菌 LMC520	CP019596.1	2.4034	59.0	1955	2150

（二）双歧杆菌属的分子分型鉴定方法

目前，分子分型技术根据原理不同主要可分为两大类，分别为基于测序的分型鉴定方法和基于DNA印迹的分型鉴定方法[144]。

其中基于测序的方法主要是16S rDNA和16S～23S rDNA间区序列分析、多位点测序分型方法（multilocus sequence typing, MLST）。基于DNA印迹的方法又分为两小类，一类为无需PCR而直接根据基因组序列特征分型，如脉冲场凝胶电泳（pulsed field gel electrophoresis, PFGE）、限制性片段长度多态性分析（restriction fragment length polymorphisms, RFLP）；另一类为基于PCR技术的印迹法，如随机扩增多态性DNA技术（randomly amplified polymorphic DNA, RAPD）、扩增片段长度多态性分析（amplified fragment length polymorphism, AFLP）、Rep-PCR方法（repetitive extragenic palindromic PCR）。

（三）质粒作为外源基因表达载体

双歧杆菌作为肠道益生菌能够调节肠道菌群结构，维护肠道健康，将其质粒作为外源基因表达载体的研究日益受到关注。1982年，Sgorbati等[79]首次检测和分离得到包含质粒的4种双歧杆菌，其中长双歧杆菌含两个及以上质粒。1997年，我国首次出现关于发现双歧杆菌质粒的研究报道，随后相继从短双歧杆菌[145]、两歧双歧杆菌、青春双歧杆菌及婴儿双歧杆菌中发现质粒。目前已构建了多种双歧杆菌表达载体，其中几种来自短双歧杆菌的见表4-3。

表4-3　目前已构建的双歧杆菌表达载体

表达载体种类	原始质粒	参考文献
pESH86、pESH87	pB80	[146]
pESH46、pESH47	pB44	[146]
pLuxMC1	pBC1	[147]
pAV001-HU-cCD	pAV001	[148]

双歧杆菌质粒多被用于提供复制子，因外源质粒转入双歧杆菌菌体中必须含有来源于双歧杆菌的复制子[81]。目前，已经在长双歧杆菌、短双歧杆菌和假小链双歧杆菌中提取出复制子，测得其核苷酸序列，并提交到GenBank中[82]。

（四）克隆并改造 *α*-D-半乳糖苷酶

双歧杆菌是人和动物肠道的重要生理性益生菌。双歧杆菌益生菌或低聚糖益生元均可以用于提高人体肠道中双歧杆菌的数量，而低聚糖的稳定性和高效性明显优于益生菌，因此，近年来低聚糖类物质的研究开发成为国内外的研究热点[149]。*α*-半乳糖苷低聚糖是各类低聚糖中最为有效的双歧因子[150, 151]，可用来筛选肠道细菌中的双歧杆菌[152]，*α*-D-半乳糖苷酶也可以作为有效的双歧杆菌的鉴定依据之一[153, 154]。

肖敏、陆宇等[155, 156]从短双歧杆菌中克隆得到2种不同的*α*-半乳糖苷酶基因*aga1*和*aga2*，*aga1*编码的酶只与某些植物来源的碱性*α*-半乳糖苷酶有较低的同源性（序列一致性27%～28%）。*aga2*编码的酶只与其他3种双歧杆菌来源的*α*-半乳糖苷酶具有较高的同源性（序列一致性64%～69%），而与其他微生物来源的*α*-半乳糖苷酶同源性较低（序列一致性41%以下）。分别将*aga1*和*aga2*基因在大肠杆菌中进行了高效表达并纯化，Aga1蛋白亚基分子质量约为67kDa，活性状态分子质量大小不均一，蛋白质亚基似乎没有一种稳定的聚合状态。Aga2为双亚基蛋白，单亚基分子质量约为80kDa。Aga1表现出较强的水解酶活性，没有转糖基活性，Aga2具有较强的转糖基活性，且其底物特异性广泛，能以对硝基苯-*α*-半乳糖苷（pNPG）为糖基供体，将半乳糖基转移到多种糖或多羟基化合物上。张丽丽[157]对短双歧杆菌（*Bifidobacterium breve*）203的*α*-D-半乳糖苷酶*aga2*进行随机突变的分子改造，发现突变酶V564N具有更高的转糖苷效率，并且其与原始酶糖基区域选择性一致。三维模拟结构显示突变酶V564N的催化腔洞相比原始酶更宽更浅，可能使底物或转糖基产物更容易进入反应洞穴或更容易与酶脱离从而提高了转糖基活性。

四、短双歧杆菌的应用

（一）作为肿瘤治疗的靶向载体

双歧杆菌是专性厌氧菌，只在缺氧环境中生长和繁殖，因此双歧杆菌会选择性到达相对缺氧的肿瘤组织中生长和繁殖，而在正常富氧组织和血液中不能生长，这使得其可能成为肿瘤基因治疗的靶向载体[158-160]。

苏清秀[161]研究发现构建的重组双基因共表达质粒pNZ44-IFNγ能选择性地富集到肿瘤组织的无氧区，具有高度的靶向性。短双歧杆菌作为基因表达载体，在乳腺癌基因治疗中可明显抑制肿瘤生长、促进肿瘤细胞凋亡，具有较好的抗肿瘤疗效。在此基础上，杨志广等[162]构建了分别带有ES或IFNγ基因的表达载体，电转化短双歧杆菌后具有厌氧表达增强的特性，而且尾静脉注射小鼠后可以在其体内实现靶向肿瘤表达。研究结果显示小鼠肿瘤生长能力被明显抑制，且将ES和IFNγ表达载体二者联合应用效果更佳，推测可能通过抑制肿瘤内血管生成达到抑瘤效果。王琳等[163]利用携带抑癌基因白介素-24（*IL-24*）的短双歧杆菌作用于头颈部鳞状细胞癌的荷瘤动物。与空白对照组及阴性对照组相比，携带*IL-24*的短双歧杆菌转化株中促凋亡蛋白Bim和Cleaved Caspase-3（活化Caspase-3）的表达量最高，抑凋亡蛋白Bcl-2的表达量最低，引起肿瘤细胞的凋亡作用更明显。因此携带*IL-24*的短双歧杆菌转化株*B. breve*-IL24可以作为一种安全的肿瘤靶向治疗载体，其抑癌作用机制可能通过引起肿瘤细胞凋亡及全身免疫反应来实现。Cronin等[164]给予动物口服短双歧杆菌UCC-2003，而活体成像系统检查证实，双歧杆菌可从动物的胃肠道特异性地进入肿瘤组织中定植和复制。他们还以携带pLuxMC3质粒的短双歧杆菌UCC2003喂养皮下注射肿瘤细胞的荷瘤小鼠，通过活体成像观察到双歧杆菌在其体内的分布同静脉注射后的分布状况相同，双歧杆菌可以在肿瘤区域存活2周且不影响动物生存。

（二）生产双歧酸奶

近年来，国内双歧杆菌乳制品受到了人们的极大重视。虽然双歧杆菌的种类很多，但由于多数双歧杆菌具有对氧极其敏感，以及产生乙酸比例较高，发酵牛乳后异味感较强等特性，能够应用于酸奶生产的可选择菌种较少。而短双歧杆菌在微氧条件下可以正常发育，产酸比也较适宜，因而常被用来作为双歧酸奶的发酵菌种[165]。孙力军等[166]从健康婴儿粪便中分离出两株短双歧杆菌。经驯化，此菌由厌氧生长被驯化为在牛乳中生长良好并使牛乳在10h内迅速凝固的菌种。它与酸奶常规菌种混合发酵后，可制得凝固良好、风味适宜、双歧杆菌达标的保健双歧酸奶。

（三）作为食品补充剂预防/治疗小儿疾病

研究表明，母乳中的短双歧杆菌已通过DNA技术检测到，并已分离和鉴定。这些母乳来源的细菌会迅速定居在新生儿肠道中，预防感染，并促进免疫系统的成熟[167]。婴儿绞痛是新生儿的常见胃肠道疾病，主要与肠道菌群组成的失衡有关，尤其与产气大肠杆菌的存在以及双歧杆菌和乳杆菌的含量较低有关。Simone等人证明了短双歧杆菌B632可作为益生菌[168]。在体外肠道模型中发现B632能够抑制大肠杆菌的生长。另一株短双歧杆菌BR03（DSM 16604）与B632一样，在抑制4种大肠杆菌的生长方面也有效[169]。Mogna等[170]研究了这两个短双歧杆菌（B632和BR03）在体内的有效性。连续21天将这两种菌株作为油性混悬液（每种菌株的每日剂量为1亿个活细胞）施用给健康儿童，发现可有效获得肠道菌落并减少总粪便大肠菌群数。

五、小结

短双歧杆菌是母乳喂养婴儿的胃肠道中最丰富的双歧杆菌之一，已从人乳中分离出来，无细胞毒性，不具有可传播的抗性，具有免疫刺激能力，主要作为益生菌发挥重要的作用。短双歧杆菌具有抗氧化、抗肥胖、抗病原菌、下调炎性因子的表达等功能。由于短双歧杆菌具有对肿瘤细胞的靶向性，可被用作肿瘤治疗载体，除此之外，短双歧杆菌作为益生菌可以直接调节宿主的免疫系统，可用于预防或治疗小儿疾病。主要有肠道疾病（包括腹泻和婴儿绞痛）和腹腔疾病、肥胖症、过敏性疾病和神经系统疾病。此外，短双歧杆菌也可用于预防抗生素治疗或化学疗法中的副感染。但目前临床研究只是针对有限菌株，未来可根据临床前研究获得的阳性结果来扩大临床研究中所用的菌株。

（彭哲慧 编，崔晓虎 校）

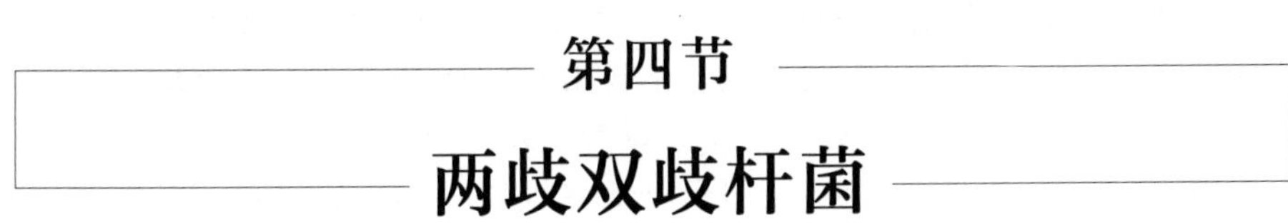

第四节 两歧双歧杆菌

两歧双歧杆菌（*Bifidobacterium bifidum*）或称分叉双歧杆菌，隶属于细菌界（Bacteria）、放线菌门（Actinobacteriota）、放线菌纲（Actinobacteria）、双歧杆菌目（Bifidobacteriales）、双歧杆菌科（Bifidobacteriaceae）、双歧杆菌属（*Bifidobacterium*）。两歧双歧杆菌属于人源双歧杆菌，在人体内大多定植于结肠、小肠下部、阴道；母乳中偶有存在，且属于成人型，在成人肠道内占有较稳定的比例。两歧双歧杆菌是最常见的益生菌之一，与机体稳态的维持息息相关，也时常被应用在发酵工业中。

一、两歧双歧杆菌的特性

两歧双歧杆菌细胞呈杆状，一端有时呈分叉状，显微镜下呈集群、成对或单个存在；优化的双歧杆菌的培养条件是大豆蛋白胨1.5%、胰蛋白胨0.8%、酪蛋白胨0.8%、酵母膏0.5%、牛肉膏1%、葡萄糖1%、乳糖1%，无机盐溶液。初始pH值8.0，接种量5%，优化菌体生长种龄为36h，培养温度41℃。革兰氏染色显示阳性，严格厌氧，不能自主运动，不形成芽孢。

两歧双歧杆菌在阴道分泌物中也可以检出，暗示了该细菌在亲子间的传播途径并非母乳喂养，更有可能是阴道分娩。一些研究表明，阴道分娩比剖宫产的孩子被检出更多两歧双歧杆菌，而且两歧双歧杆菌的传输有助于初生婴儿体内形成菌群，并定植于肠道。

二、两歧双歧杆菌的生理功能及机理

（一）合成、分泌到菌体外的物质

1．生物活性物质

Noda等研究表明两歧双歧杆菌在寡糖酵母浸液中能产生分泌性生物素，该菌利用寡糖效率比其他4种双歧杆菌高，异麦芽寡糖对两歧双歧杆菌合成生物素最有效，该菌还能利用麦芽四糖和半乳寡糖合成生物素[171]。Anand等从两歧双歧杆菌的代谢产物中分离出来了称为“Bifidum”的抗菌物质，该物质在100℃下加热30min依旧稳定，茚三酮阳性，体外实验证实“Bifidum”可抑制金黄色葡萄球菌和黄色微球菌的生长繁殖[16]。Gibson等用恒化器研究双歧杆菌抑制其他肠道菌的效果，用两歧双歧杆菌NCFB 2203抑制因子的甲醇-丙酮（M-A）提取液对一系列病原菌做了平板抑菌实验，结果表明该提取液具有广谱抗菌性，能抑制沙门菌、李斯特菌、弯曲菌、志贺菌和霍乱弧菌生长，并非单独依赖乙酸和乳酸的作用[78]。

2．胞外多糖（EPS）

双歧杆菌在生长代谢过程中能分泌黏液或荚膜多糖到细胞壁外。研究发现双歧杆菌胞外多糖在体内具有的抗肿瘤作用机制可能与提高宿主免疫力有关，在体外可以抑制人肿瘤细胞的生长[172]。陈旭等研究了两歧双歧杆菌EPS对人胃癌细胞的抑制作用及对端粒酶活性的限速因子hTERT表达的影响。发现EPS对癌细胞的生长和细胞中hTERT因子的mRNA有显著抑制作用，且在一定范围内存在量效关系[173]。Nguyen等发现两歧双歧杆菌THT0101在半致死高温下产生更多EPS，且产EPS菌株存活率高于不产EPS菌株，作者认为EPS包裹在菌体表面对菌体有保护作用，可提高菌株在冷冻干燥过程中的存活率[174]。

（二）抗病原微生物作用

两歧双歧杆菌是人和哺乳动物回肠末端及大肠内最主要的生理性菌群。各种因素作用下肠道平衡紊乱，即菌群失调，就导致病理变化，主要表现为肠道功能紊乱，免疫力降低。两歧双歧杆菌作为益生菌被使用在缓解急性腹泻或大肠杆菌感染上[175]，其在体内外对肠道杆菌均有一定的拮抗作用，能预防和减少肠道杆菌感染的发生。除此之外，还被用来维持阴道微环境。

孙艳玲等发现服用两歧双歧杆菌CICC6071的小鼠排出的粪便里鼠伤寒沙门菌有明显减少，提示两歧双歧杆菌对鼠伤寒沙门菌生长繁殖有抑制效果[176]。

Massa等将10^3～10^7 CFU /mL大肠杆菌O157: H7株接种牛奶，然后在42℃用两歧双歧杆菌发酵0～5h，在4℃储存7d，发现酸牛奶中大肠杆菌数目从$10^{7.38}$降至$10^{5.41}$，提示两歧双歧杆菌可抑制*E. coli*的生长[177]。

Pikina等发现生育妇女的阴道内除了短小双歧杆菌、青春双歧杆菌和长双歧杆菌外还存在两歧双歧杆菌，它同样能抑制金黄色葡萄球菌（*Staphylococcus aureus*）、粪肠球菌

（*Enterococcus faecalis*）、臭鼻克雷伯杆菌（*Klebsiella ozaenae*）、绿脓假单胞菌（*Pseudomonas aeruginosa*）和大肠杆菌（*Escherchia coli*）等阴道标志性微生物的生长[178]。

Duffy等将含两歧双歧杆菌的牛奶喂食BalB/c鼠后，用小鼠A组轮状病毒（murine A rotavirus，MRV）进行攻击，攻击后2～10d发现大部分小鼠只有轻度腹泻或腹泻延期，粪便中MRV数目显著减少。将含两歧双歧杆菌的配方奶粉喂食5～24月龄的婴儿，喂食17个月后发现婴儿粪便中MRV明显减少，婴儿急性腹泻发病率显著降低，提示两歧双歧杆菌可抑制MRV复制[179]。

Collado等研究表明，当两歧双歧杆菌（S17）与致病性大肠杆菌、福氏志贺菌、沙门菌等肠道致病菌共同竞争培养时，对HeLa细胞的黏附能力均明显下降[180]。Yildirim等研究发现，两歧双歧杆菌NCFB 1454能产生由核糖体合成的具有抑菌作用的双歧菌素，并在对数生长后期开始产生，在稳定期刚开始时活力最大[181]。

（三）对免疫功能的调节作用

目前许多研究证实，两歧双歧杆菌具有增强机体免疫功能的作用。

1．巨噬细胞

Rangavajhyala等证实活的或热杀的两歧双歧杆菌可刺激小鼠巨噬细胞Raw264株产生IL-1和TNF-α[182]。Marin等发现两歧双歧杆菌和青春型双歧杆菌均可刺激小鼠巨噬细胞Raw 264株产生高水平TNF-α和IL-6[183]。

2．B细胞

Ko等用两歧双歧杆菌刺激培养的小鼠脾B细胞，发现其明显增殖，产生抗体明显增多，增加其对TGF-β1和IL-5的反应，导致IgA合成增加3倍，提示两歧双歧杆菌可充当B细胞的多克隆激活剂，其作用类似脂多糖[184]。

3．炎症因子

吴利先等以福氏痢疾杆菌感染大鼠为模型，发现两歧双歧杆菌对福氏痢疾杆菌感染大鼠对TNF-α的分泌有一定促进作用，印证了两歧双歧杆菌可通过提高巨噬细胞的数量及炎性细胞因子水平等与肠道杆菌感染免疫控制有关的各种功能参数值，来实现对肠道杆菌感染的拮抗和治疗作用[185]。

（四）对肿瘤的抑制作用

1．促进宿主生成免疫调节分子

张宝元等用两歧双歧杆菌C14株腹腔注射免疫荷瘤S180的小鼠，发现小鼠血清TNF-α和IL-6水平显著增加[21]。

2．促进肿瘤细胞发生凋亡

陈旭等发现人胃癌细胞BGC-823在两歧双歧杆菌胞外多糖（B.EPS）的作用下生长显著抑制，呈剂量时间反应关系；细胞中hTERT mRNA表达降低，有一定剂量效应关系；随着B.EPS对肿瘤细胞的抑制，细胞内Ca^{2+}含量显著增加[173]。说明B.EPS对胃癌细胞BGC-823自身的增殖有一定的抑制作用，能诱导细胞凋亡，引起外钙内流而非内贮钙释放，从而使细胞内钙离子浓度升高，产生细胞毒性促进细胞凋亡。

3．抑制端粒酶活性

陈旭等在胞外多糖对人胃癌细胞BGC-823的生长抑制实验中还发现B.EPS能够抑制端粒酶限速因子hTERT mRNA的表达，即间接抑制端粒酶活性，从而抑制肿瘤的增殖[173]。

三、两歧双歧杆菌的分子生物学

（一）两歧双歧杆菌的天然质粒

质粒是染色体外遗传因子，普遍存在于各种不同的细菌中。相对于大肠杆菌成熟质粒研究体系，双歧杆菌质粒的研究进展缓慢。其原因主要是双歧杆菌中天然质粒的携带比例小，且多数为隐性质粒，很难被发现和应用。在已经发现的32种双歧杆菌中，仅有5种发现了质粒，其他均为隐性质粒。其次是双歧杆菌的培养条件要求苛刻，质粒提取技术要求高，且质粒分子量大，作为表达载体时不能够稳定存在[186]。

马永平等从人类粪便筛选到一株菌（编号 B200304），通过对该菌株的形态学观察、糖发酵试验等生理生化特征研究、HPLC法测定GC含量和16S rDNA序列分析证实该菌株为两歧双歧杆菌。该菌株携带天然质粒，通过1.0%琼脂糖凝胶电泳测得质粒约为22kb[187]。

（二）将其天然质粒作为表达载体

两歧双歧杆菌作为肠道益生菌能够调节肠道菌群结构、维护肠道健康，将其质粒作为外源基因表达载体的研究日益受到关注。

李宁军等以大肠杆菌表达质粒pET-32b和乳酸菌质粒pTRKL2为出发质粒，经过酶切重组构建了大肠杆菌-双歧杆菌的穿梭表达质粒pHJ，通过选择易于定性和定量检测的乳酸脱氢酶（LDH）基因为报告基因，导入双歧表达系统pHJ的启动子，将通过反转录PCR的方法扩增得到的TNF-α基因一起克隆到pHJ上，电转化入两歧双歧杆菌菌株得到含重组人TNF-α的两歧双歧杆菌菌株，并验证了该双歧表达系统的可行性，也通过口饲小鼠检验了其对小鼠肝癌HAC实体瘤模型的抗肿瘤效果[172]。

四、两歧双歧杆菌的应用

（一）将两歧双歧杆菌作为宿主菌

两歧双歧杆菌作为人体健康肠道定植细菌，本身对人体具有保健功能，且未发现任何有害作用，两歧双歧杆菌也被用作基因工程宿主菌。

王国富等通过PCR和基因拼接SOE法剪接得到*hpaA-vacA*融合基因，将该融合基因定向克隆到大肠杆菌-双歧杆菌穿梭表达载体pGEX-1λT，构建重组质粒pGEX-*hpaA-vacA*并导入两歧双歧杆菌，构建幽门螺杆菌重组*hpaA-vacA*疫苗，结果显示重组蛋白能在双歧杆菌中得到正确表达，Western印迹显示重组蛋白具有免疫原性[188]。

周必英等从细粒棘球蚴包囊中分离头节提取总RNA，通过RT-PCR分别扩增并拼接得到*Eg95-EgA31*融合基因，将该融合基因克隆到大肠杆菌-双歧杆菌穿梭表达载体pGEX-1λT，并转化两歧双歧杆菌，构建细粒棘球绦虫重组*Bb-Eg95-EgA31*融合基因疫苗[189]。将表达的融合蛋白免疫小鼠后发现，小鼠脾T淋巴细胞明显增殖，脾$CD4^+$和$CD8^+$T细胞显著增加，脾细胞凋亡发生率显著降低。该融合蛋白能诱导小鼠产生有效的保护性免疫应答。

（二）发酵

1978年，Yakult公司开发了双歧杆菌液体酸奶，称作Mil-Mil^{MT}，双歧杆菌含量为10^6CFU/mL，在市场上被称为“智慧酸奶”，所用的菌株包括：短双歧杆菌、两歧双歧杆菌和嗜酸乳杆菌。傅晓超等利用两歧双歧杆菌经牛奶发酵制成双歧活菌剂——BB乳，临床应用证明该乳对急性感染性腹泻和婴儿腹泻有显著的疗效[190]。胡援等利用两歧双歧杆菌研制出活菌数高达10^9 CFU/mL的双歧杆菌发酵乳，经临床试验，该酸奶对腹泻、便秘、消化不良等病症有良好的疗效，可调节人体微生态平衡，增加免疫力[191]。马钢等采用0.25%的生长促进剂及2%的葡萄糖与脱脂奶粉为基质（浓度为10%），接种5%的纯两歧双歧杆菌，于42℃培养7h制成发酵剂，然后将双歧杆菌与酸奶菌种进行单独发酵后，按1∶2混合罐装，于冷库内后熟制得双歧杆菌酸奶，产品风味与一般酸奶相似，活菌数为10^6 CFU/mL以上[192]。姚腾云等利用自选培育的两歧双歧杆菌与两种乳酸菌在有氧条件下缩短发酵脱脂奶时间，制成混合发酵剂型能发酵两豆（大豆、绿豆）奶，可用于多种食品与饮料[193]。

五、小结

两歧双歧杆菌是宿主体内一种生理性菌群，与人类健康息息相关，其合成与分泌的一系列物质对多种病原微生物有一定的拮抗作用，维持着宿主的微生态平衡，还从多种途径对机体免疫应答功能有一定调节作用。两歧双歧杆菌胞内检测出极少数的天然质粒，也可以将其复制子导入大肠杆菌质粒，构建双歧杆菌和大肠杆菌的穿梭质粒在宿主菌表达和生产目的产物上有所应用。

（彭哲慧　编，田紫妍　校）

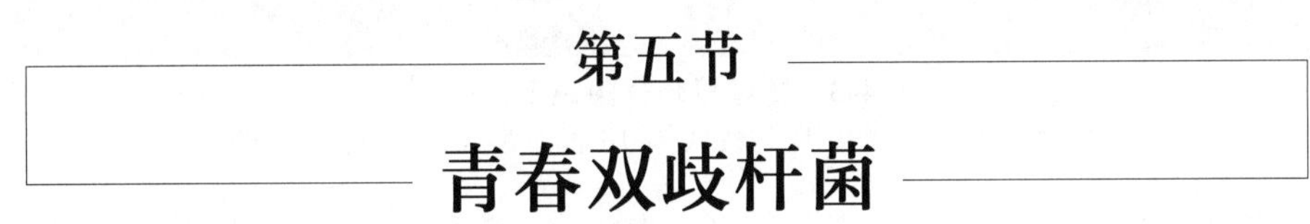

第五节　青春双歧杆菌

青春双歧杆菌（*Bifidobacterium adolescentis*）是一种益生菌。儿童肠道以婴儿双歧杆菌（*B. infants*）为主；青壮年以青春双歧杆菌（*B. adolescentis*）为主；老人以长双歧杆菌（*B. longum*）为主；短双歧杆菌（*B. breve*）和两歧双歧杆菌（*B. bifidum*）在各年龄组均可检出[194]。人型双歧杆菌诸如青春双歧杆菌和短双歧杆菌能够利用淀粉等膳食多糖，可明显增加血中超氧化物歧化酶（SOD）的活性与含量，从而减少自由基的氧化反应和对人体细胞的损伤，具有延年益寿的功效。双歧杆菌属于人和其他哺乳动物肠道内重要的益生厌氧菌，具有趋低氧代谢的特点。自从发现两歧双歧杆菌的肿瘤靶向性以来，长双歧杆菌、青春双歧杆菌、婴儿双歧杆菌等相继用于基因转移载体的动物实验。

一、青春双歧杆菌的基本特性

（一）青春双歧杆菌的分型

青春双歧杆菌属于细菌界、放线菌门、放线菌纲、双歧杆菌目、双歧杆菌科、双歧杆菌属、青春双歧杆菌种。

（二）青春双歧杆菌的形态学特征

青春双歧杆菌通过厌氧培养在培养基中的菌落主要有（灰）白色圆形、淡黄色类圆形、白色扁平、淡黄色扁平等各种颜色和形状。新分离的肠道青春双歧杆菌菌落肉眼观察呈1～2mm的圆形，微隆、（灰）白色边缘整齐。油镜下为革兰氏阳性的长杆菌，染色均匀，大小基本一致，菌体偶见有分叉现象，如图4-3A。青春双歧杆菌在营养丰富的培养基上生长良好，最适生长温度为37～41℃，最适发酵温度35～40℃，最适pH值为6.5～7.0。在有氧培养下生长不良，菌落明显变小，为针尖大小，半透明。经过传代培养以后，菌落形态无明显改变，从第5代开始光镜下菌体形态变粗短，染色无明显变化；从第10代开始染色不太均匀，表现在菌体两端染色较深，但菌体中央染色变浅，稍呈淡红色，如图4-3B。传代后细菌耐氧性增强，有氧培养下生长逐渐良好，表现为菌落形态变大，生长时间缩短。

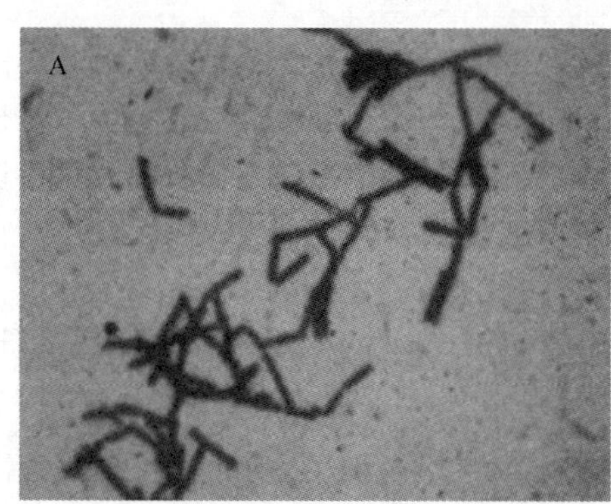

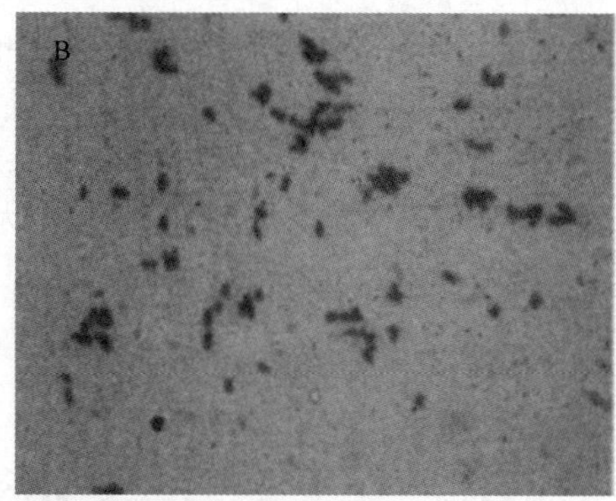

图 4-3 青春双歧杆菌镜下形态[195]

A 为新分离时形态；B 为传代第 10 代时形态（油镜，×1000）

在扫描电镜下观察，新分离双歧杆菌形态为杆状，表面光滑，形态规则，可见少量分叉，呈T形或Y形，无芽孢，不运动，无鞭毛和荚膜（图4-4A）；传代10代后菌体明显变短，大小不一，分叉减少，但表面未发现明显改变（图4-4B）。透射电镜下观察显示胞壁完整，胞内结构清楚，新分离菌体可见分叉状结构，未发现鞭毛，也无病毒颗粒及支原体（图4-4C）；传代10代后菌体明显变粗短，分叉消失，但胞壁及胞内结构物改变（图4-4D）。

二、青春双歧杆菌在人群中的分布

在自然分娩的情况下，人类出生时肠道内双歧杆菌所占比例最高，健康母乳喂养的婴儿的肠道中双歧杆菌占有主要地位；相比之下，它们在剖宫产婴儿中占比较低。而在成年期，双歧杆菌的占有率较低但相对稳定。不同种类的双歧杆菌的存在随着年龄的变化而变化，从童年到老年，婴儿双歧杆菌、短双歧杆菌和两歧双歧杆菌在婴儿中通常占优势，而链状链球菌、青春双歧杆菌和长双歧杆菌在成人中更普遍[196]，如图4-5。

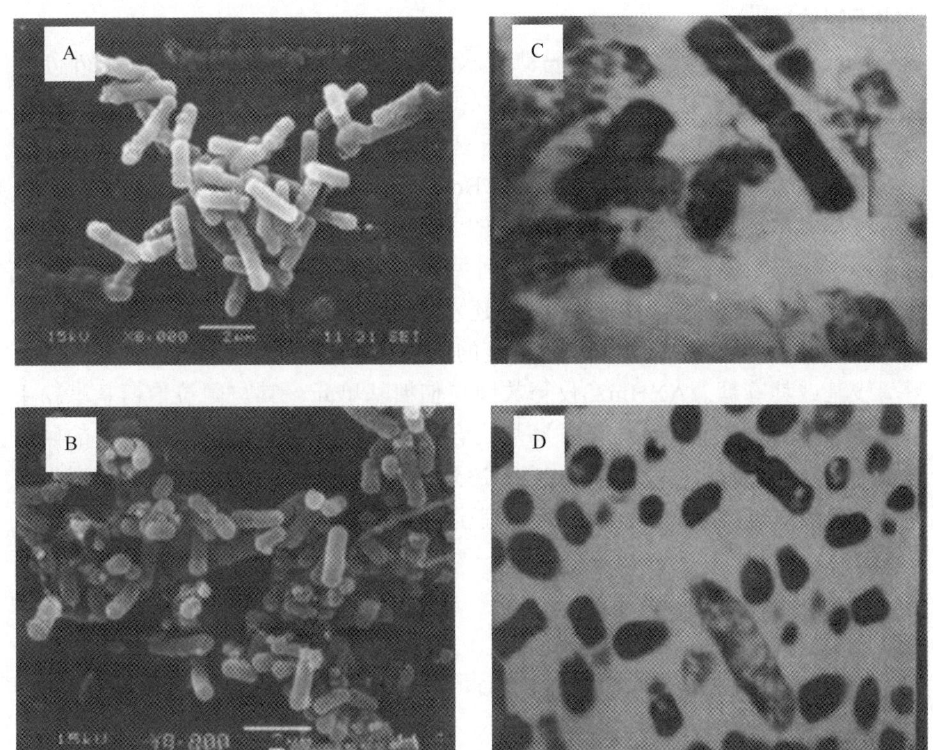

图 4-4　青春双歧杆菌电镜形态[195]

A、B 为扫描电镜照片，C、D 为透射电镜照片；

A、C 为新分离双歧杆菌电镜形态，B、D 为传代 10 代后双歧杆菌电镜形态

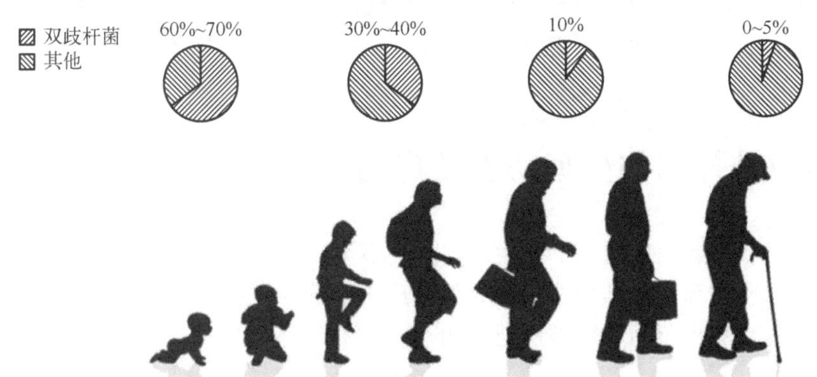

图 4-5　存在于生命周期每个阶段的双歧杆菌的相对丰度[197]

三、青春双歧杆菌的代谢特性

在NCBI数据库中发布的青春双歧杆菌ATCC 15703基因组序列中，编码碳水化合物修饰酶（如糖苷水解酶和糖苷酯酶）和碳水化合物结合分子（CBM）的注释基因的百分率为4.8%。长双歧杆菌包含更多的阿拉伯呋喃糖苷酶，而青春双歧杆菌则含有更多的参与α-糖苷键降解

的糖苷水解酶[198]。此外，基因组序列揭示了与膜结合的细胞外内切半乳聚糖酶存在于长双歧杆菌，而不存在于青春双歧杆菌的基因组序列中，一系列证据表明了不同种类的双歧杆菌存在对碳源的不同偏好[199]。

青春双歧杆菌基因组含有可以编码糖苷水解酶的基因，这种酶没有细胞外分泌的信号肽。源自植物细胞壁的多糖包括阿拉伯糖、阿拉伯半乳聚糖和阿拉伯木聚糖，其中后者是含阿拉伯呋喃糖基的寡糖，可以通过青春双歧杆菌发酵[200]，并且可能是益生元。在这些低聚糖中，阿拉伯糖主要以单一侧链存在。van den Broek和同事详细地介绍了来自双歧杆菌第一个能够降解阿拉伯木聚糖和阿拉伯木聚糖寡糖的酶。从青春双歧杆菌DSM20083的细胞提取物中纯化出两种不同的阿拉伯呋喃糖苷酶。两种酶都对阿拉伯木聚糖（或其寡糖）具有很好的特异性。因此，这些酶被命名为AXH。他们还发现了这些酶对糖苷键类型具有不同的偏好。从青春双歧杆菌克隆的AXHd3仅水解C3连接的阿拉伯糖基木聚糖的双取代木糖残基的阿拉伯呋喃糖基残基或其寡糖。AXHm23仅释放阿拉伯糖基单元，其与阿拉伯糖基寡糖中单个取代的木糖残基的C2或C3位置连接。两种酶均由含有双取代的木糖吡喃糖基残基的阿拉伯木聚糖低聚糖特异性诱导。除了AXHd3和AXHm23外，青春双歧杆菌DSM20083还产生对线性低聚木糖具有活性的β-木糖苷酶，使支链寡糖完全降解成单糖[201]。

四、青春双歧杆菌的分子生物学

目前，NCBI的基因组数据库中共有21株青春双歧杆菌完成了全基因序列测序，其中4株菌（*Bifidobacterium adolescentis* ATCC 15703、22L、BBMN23和1-11）构建了基因组的完成图。对4株青春双歧杆菌基因组的基本特征进行统计分析，其基因组大小平均为（2.16±0.05）Mb，GC含量较高，达到（59.35±0.17）%，预测的编码基因为（1815±47）个且不含有质粒基因组。

黄耀坚等对6个种的20株双歧杆菌进行质粒检测，结果显示4个种的6株菌株含有质粒，数目为1～3个，以小于6kb为主。包括青春双歧杆菌、两歧双歧杆菌、短双歧杆菌和婴儿双歧杆菌[202]。

五、青春双歧杆菌的生理功能及应用

双歧杆菌是人体肠道内重要的益生菌，具有调节人体免疫、改善肠道环境、维持肠道平衡、预防衰老和肿瘤等生理学功能，是人体健康重要的评定指标之一，有着预防和治疗疾病的作用，因此在食品和药品领域被广泛应用。

（一）对肠道的影响

青春双歧杆菌作为一种益生菌，可治疗慢性腹泻、便秘，还具有抗衰老作用。可以使人体肠道内酸性增强，减少有害菌群数量，调节肠道菌群向良性方向发展[199]。青春双歧杆菌在肠道中起到了生物屏障的作用，供给营养，促进代谢；代谢产物主要是乙酸和乳酸，还可产生多种有机酸，如丙酸、异丁酸和丁酸等短链脂肪酸，青春双歧杆菌的代谢物和抗菌物质对致病菌有着很强的拮抗作用[200]。

Han等人[203]为了了解肠道微生物群介导的青春双歧杆菌NK98抗抑郁症的机制，建立了大肠杆菌K1诱导的小鼠抑郁症和肠道营养不良的模型。结果表明NK98减轻了K1诱发的抑郁症和结肠炎。通过减少变形杆菌种群和增加梭状芽孢杆菌种群减轻了肠道营养不良。说明NK98可以通过改善肠道营养不良来减轻抑郁症和结肠炎。

据报道[204]，肠道菌群可调节适应性免疫细胞，该功能可保护宿主免受病原微生物和病毒的侵害，并抑制肠道黏膜中过多的效应T细胞反应。青春双歧杆菌是最早鉴定出的可在鼠肠中诱导Th17细胞的人类共生细菌，并且与肠道上皮紧密相关。TRL2-ERK / MAPK /NF-kB信号通路专门参与先天免疫细胞的成熟和极化，将青春双歧杆菌的适应性免疫调节转导至Treg / Th17轴。具有高分子量胞外多糖（EPS）、高上皮细胞黏附性和低自聚集性的青春双歧杆菌IF1-03菌株能刺激巨噬细胞向免疫抑制型巨噬细胞极化，促进抗炎性细胞因子IL-10分泌，以及幼稚T细胞向Treg倾斜，从而改善炎症性肠病，可应用于免疫治疗中。

（二）对炎症的影响

牙周炎是口腔疾病中最常见的一类，其发病率高且极易导致患处牙齿松动，周围红肿出血，对患者生活质量影响较大。研究显示，牙周炎发病与口腔内微生物环境显著相关，而微生物环境则受患者饮食及生活影响较大[205]。周丹梅等人探讨了青春双歧杆菌辅助治疗牙周炎的疗效及对常见致病菌和炎性因子水平的影响，结果表明，青春双歧杆菌能有效改善牙周炎患者口腔内微生物环境，降低患处龈沟液内炎性因子水平，对牙周炎的辅助治疗起到较好的效果[206]。

（三）对免疫功能的影响

人们生活水平的提高，卫生条件的改善，疫苗和抗生素的应用，使病原微生物造成的疾病大大减少。开发含有双歧杆菌、乳杆菌的益生菌功能性食品可以起到“一箭双雕”的作用。

溃疡性结肠炎（UC）与遗传、环境、感染及免疫等多种因素相互作用有关，其中肠黏膜免疫功能异常尤其是某些细胞因子的调节异常起着更为重要的作用。大量的淋巴细胞、中性粒细胞、浆细胞和巨噬细胞聚集在UC患者的结肠黏膜中，这些免疫细胞释放的细胞因子中，促炎因子与抑炎因子之间的平衡失调，是引发UC的机制之一[207]。UC的治疗中监测某些细胞因子的变化情况可评估炎症程度和疗效。研究青春双歧杆菌对UC患者血清相关因子的影响，结果表明，青春双歧杆菌可以降低UC患者血清促炎因子TNF-α、IFN-γ及IL-6水平，还可提高抗炎因子IL-10水平，调节肠黏膜的细胞免疫功能，可用于UC的治疗[208]。

益生菌可调节肠道并具有良好的肠道免疫功能，从而能够减轻特应性皮炎（AD）症状。Fang等人[209]的研究结果表明青春双歧杆菌增加了肠道中乳酸杆菌的相对丰度，但降低了多尔氏菌属和小球菌属细菌的相对丰度。青春双歧杆菌治疗可增加丙酸和丁酸，但减少异戊酸。此外，与2,4-二硝基氟苯（DNFB）组相比，青春双歧杆菌Ad1处理可上调脂肪酸的生物合成、抗原加工和呈递等功能模块。总的来说，青春双歧杆菌与免疫调节作用促进Treg分化并抑制Th2反应，调节肠道菌群并影响肠道菌群衍生的SCFA来减轻疾病症状。因此具有改善AD的潜力。

（四）对肿瘤的影响

由于双歧杆菌在改善胃肠道功能、提高机体免疫力方面的突出功用，近年来，以双歧杆菌为宿主菌的基因治疗、重组蛋白表达和口服疫苗制备等方面的研究受到国内外科研工作者的高度重视。许多实体性肿瘤当体积增大到一定程度后，其瘤体中心都存在低氧区域，双歧杆菌因其厌氧的生物特性，可以携带功能性治疗基因在肿瘤低氧区域选择性富集从而实现基因治疗。此外，在利用病毒载体和其他非病毒载体进行基因治疗研究方面，以双歧杆菌作为载体具有靶向性好、安全性高、操控性好、利于多基因联合治疗、应用范围广等优点。

结肠癌是常见的发生于结肠部位的消化道恶性肿瘤，结肠癌是一个严重的健康问题，仍然是导致全世界癌症死亡的主要原因。随着饮食方式的改变，高脂肪、高蛋白质、低碳水化合物和低纤维的饮食结构导致结肠癌发病率迅速增加。Kim等人的研究结果表明，青春双歧杆菌SPM0212可抑制葡萄糖苷酶、葡萄糖醛酸苷酶、色氨酸酶和脲酶的活性，可以降低患结肠癌的风险[210]。青春双歧杆菌SPM0212的丁醇提取物可以200μg/mL的剂量分别抑制Caco-2、HT-29和SW480细胞的70%、30%和40%生长率[211]。

据报道[212]，将含内皮抑素基因的质粒转染至青春型双歧杆菌内，并将10^8CFU该菌经尾静脉注射给荷瘤鼠（HepG2肝癌），168h后发现双歧杆菌靶向性定植于瘤体中（每克瘤体组织1.2×10^7CFU），而正常组织如肝、脾、肾、肺未见青春型双歧杆菌；同时结果显示给药组肿瘤的生长以及血管的形成明显地受到了抑制。这表明青春双歧杆菌均能选择性地在肿瘤组织缺氧区生长并表达。

Ishihara等[213]将青春双歧杆菌的完整肽聚糖（WPG）注射于恶性黑色素瘤患者的皮肤转移灶内，发现它能使转移灶体积明显缩小，效果与IFN-γ相当。膀胱肿瘤约占所有恶性肿瘤的20%左右，并且在我国发病率居泌尿系肿瘤首位。郭俊杰通过试验发现[200]，双歧杆菌BCW注射组小鼠腹腔巨噬细胞产生IL-1、IL-12以及TNF-α的含量显著高于对照组，提示青春双歧杆菌能激活巨噬细胞，使之分泌IL-1、IL-12和TNF-α；此外，在建立的膀胱癌小鼠模型中，他们还发现BCW治疗组与肿瘤对照组之间肿瘤质量上存在明显差异,说明双歧杆菌BCW能够在体内抑制人移行细胞膀胱癌细胞的生长，因此，有理由认为其抑瘤机制与双歧杆菌 BCW激活小鼠腹腔巨噬细胞使之分泌多量的细胞因子有关。结合这项研究的结果，他们认为双歧杆菌细胞壁成分能通过激活巨噬细胞产生较多的细胞毒性效应分子，是双歧杆菌抗肿瘤作用的途径之一，同时，其在体内能抑制人移行细胞膀胱癌细胞的生长。

（五）对病毒活性的影响

Lee等人[214]通过IFN介导的抗病毒应答途径研究了青春双歧杆菌SPM0212细胞提取物的抗病毒机制，结果表明，青春双歧杆菌SPM0212作为抗病毒剂可能具有潜在的应用价值，可对抗具有临床意义的病毒（例如HBV和柯萨奇病毒）。青春双歧杆菌菌株可能是有用的益生菌微生物，可用于预防乙型肝炎，并具有保肝的作用。

双歧杆菌被认为是最有益的益生菌之一，其对特定病原体的作用已被广泛研究。柯萨奇病毒B3（CVB3）是人肠病毒的成员，属于小肠病毒科。CVB3可从肠道扩散到内部器官并引起急性心力衰竭和无菌性脑膜炎。有研究表明青春双歧杆菌SPM1605对CVB3表现出较强的抑制作用，使用青春双歧杆菌SPM1605处理后的病毒样品拷贝数明显降低。此外，青春双歧杆菌SPM1605也可抑制CVB3在HeLa细胞中的基因表达。结果表明，青春双歧杆菌SPM1605抑制CVB3，可作为对抗柯萨奇病毒引起的传染病的替代疗法[215]。

在发展中国家，轮状病毒（RV）感染被认为是五岁以下儿童第二大死亡原因。由于病毒感染，腹泻和呕吐使患者尤其是儿童严重而快速地脱水。Olaya等人通过NSP4蛋白质生成和Ca^{2+}释放来监测青春双歧杆菌代谢产物对轮状病毒的体外抗病毒活性。该研究表明青春双歧杆菌代谢物能够干扰细胞内NSP4蛋白的产量和调节Ca^{2+}的释放，提出了青春双歧杆菌应对轮状病毒感染机制的新方法[216]。

（六）对衰老的影响

青春双歧杆菌具有抗衰老作用。长寿老人与一般的健康老人比较，肠道内双歧杆菌的占比较高。长寿老人双歧杆菌仍保持青年水平，且双歧杆菌菌属的各菌种也与青壮年一样以青春型双歧杆菌为主，这是延年益寿研究的重要课题。但目前还不清楚衰老和肠道双歧杆菌的占比及特征的因果关系。

（七）在食品工业中的应用

1．制备青春双歧杆菌凝固型酸奶

有研究以鲜牛奶、白砂糖为主要原料，以青春双歧杆菌、保加利亚乳杆菌、嗜热链球菌为发酵剂，制成有营养保健功能的青春双歧杆菌凝固型酸奶。

凝固型酸奶作为一种集营养、保健、味美于一体的复合型酸奶，其研制和开发对扩大酸奶制品在整个乳制品行业的竞争力，具有一定的积极作用。凝固型酸奶对原料要求高，加工过程中一般不添加食品添加剂，其中乳酸菌活菌数和蛋白质含量较高，具有增强免疫功能、调节血脂和胃肠道微生态平衡、保护肝脏、防癌抗癌、抗衰老等多方面调节机体生理功能和营养保健作用。基于双歧杆菌的重要生理功能和人体健康的关系，国内外多种食品与医药双歧杆菌微生态制剂相继问世，品种已达70多种。在含双歧杆菌的食品制剂中，只有当双歧杆菌活菌数达到10^6 CFU/mL以上，才能起到益生菌的生理功效。刘韩等[217]结合牛奶和青春双歧杆菌对人体的有益作用，研究出具有独特风味、营养保健的青春双歧杆菌凝固型酸奶，以鲜牛奶、白砂糖为主要原料，以青春双歧杆菌、保加利亚乳杆菌、嗜热链球菌为发酵剂，制成有营养保健功能的青春双歧杆菌凝固型酸奶。通过试验确定了制作青春双歧杆菌凝固型酸奶最佳工艺为：白砂糖8%，接种量3%，保加利亚乳杆菌、嗜热链球菌和青春双歧杆菌的比例为1∶1∶4，发酵4h。结合MRS培养基和LM-MRS培养基可以对青春双歧杆菌凝固型酸奶中三种乳酸菌分别计数。青春双歧杆菌凝固型酸奶中保加利亚乳杆菌活菌数为8.0×10^8 CFU/mL，嗜热链球菌活菌数为8.5×10^8CFU/mL，青春双歧杆菌活菌数为2.0×10^6CFU/mL。

2．活菌饮料

以一株益生功能优良且产抑菌活性细菌素的青春双歧杆菌（*Bifidobacterium adolescentis*）BL-8为发酵菌株，BL-8是一种益生功能优良，产细菌素的菌株，具有防腐保鲜的作用，有作为功能性发酵剂菌株的巨大应用潜力[218]。这类益生菌具有促进人体肠道消化吸收，维护人体肠道微生态平衡，抑菌抗病，调节人体免疫力，降低胆固醇，延缓衰老等诸多保健功效。因此以该菌作为出发菌进行研究具有重要的意义。可以极具营养保健价值的沙棘为主要原料，研制双歧杆菌发酵沙棘活菌饮料。

六、展望

青春双歧杆菌在促进人的机体生长、发育，增强机体免疫力，抑制肿瘤，抗衰老，调节肠道菌等方面，具有较好的益生作用。但对于青春双歧杆菌的研究多集中在菌体、完整肽聚糖、细胞壁、胞外多糖及黏附蛋白等方面，基本上均停留在生理生化指标的检测和传统的宏观性状分析层面上，对具体作用机理研究不深，许多实验结果的作用机理是参照其他益生菌进行分析推测的。因此，需进一步加强对青春双歧杆菌菌种的研究，应用现代分子生物学技术，从基因表达水平上探讨青春双歧杆菌黏附功能及免疫调节、抗肿瘤、抗衰老等功能的作用机理。如从基因表达水平上探讨青春双歧杆菌具有黏附功能的作用机制，先分析青春双歧杆菌黏附蛋白的信号通路中不同因子的表达量变化，并对疑似黏附蛋白的功能进行筛选比较分析，从而了解肠道中不同种属的青春双歧杆菌细菌如何完成黏附和定植。将青春双歧杆菌制剂更好地应用于临床，并且研制出高效的具特异性作用的益生菌制剂仍任重而道远。

青春双歧杆菌在畜牧业方面的运用具备一定的现实基础与运用前景，已有研究将青春双歧杆菌作为饲料添加剂加到动物饲料中，并证明双歧杆菌能够调节动物的肠道菌群，促进食物纤维分解，提高动物生产性能，还具有防治疾病的能力。目前在国内，青春双歧杆菌表达体系尚未在畜牧业方面有较多开展，能够发挥益生菌和目的基因的双重功效的青春双歧杆菌，在消除与防止动物饲料被病原菌污染、增强相关畜牧业产品的功效等领域具备广阔的运用前景。

青春双歧杆菌微胶囊技术也在不断发展之中，将助力工业化大规模生产。未来可以生产研发抗逆性更强，微胶囊粒径更小，可广泛应用于汽水、饼干、果汁、面包和巧克力等各领域多种食品中的青春双歧杆菌。

随着社会的不断发展，人们对健康生活日益重视。与健康相关的微生态制品，尤其是可作为食品的益生剂越来越受到人们的青睐。近年来，人们认识到青春双歧杆菌是与人类生命历程相关的有益肠道细菌，在维持人体健康方面，它已成为食品工业中开发益生菌制剂最基础的出发菌株，而且也具备开发益生元和基因工程菌苗的运用潜力。

（李鑫 编，袁静 校）

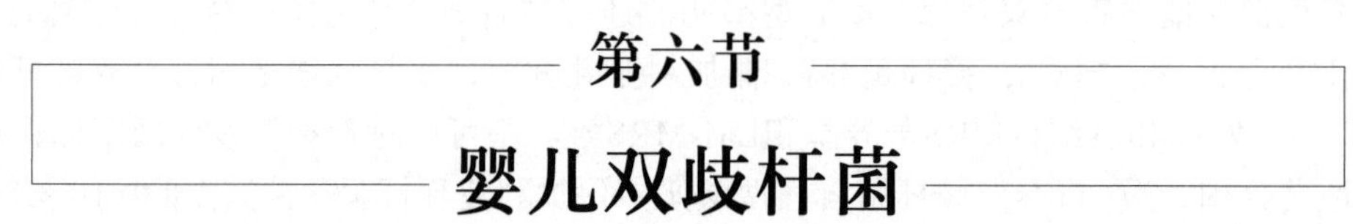

第六节 婴儿双歧杆菌

婴儿双歧杆菌（*Bifidobacterium longum* subsp. *infantis*）是肠道内的一种益生菌，在母乳喂养的婴儿体内最多，随着人的年龄增大则逐渐减少甚至消失。婴儿双歧杆菌能够代谢宿主来源的多聚糖，尤其是人乳低聚糖，在婴儿体内可起到增强营养、增加免疫反应、抗感染和调整肠道功能等作用。目前应用于益生菌制品生产的人源双歧杆菌菌种主要有两歧双歧杆菌、长双歧杆菌、青春双歧杆菌、短双歧杆菌和婴儿双歧杆菌。其中婴儿双歧杆菌属于婴儿型，只在婴儿的肠道内生存并占优势。两歧双歧杆菌、长双歧杆菌和青春双歧杆菌属于成人型，主要存在于成人肠道内。

一、婴儿双歧杆菌的生物学特性

婴儿双歧杆菌属于革兰氏阳性菌，为专性厌氧菌，最适生长温度为37～42℃；它无荚膜及鞭毛，不形成芽孢，也不具有运动性，其形态为杆状（见图4-6）。触酶、硝酸盐还原、靛基质产生、明胶液化及精氨酸水解均为阴性。

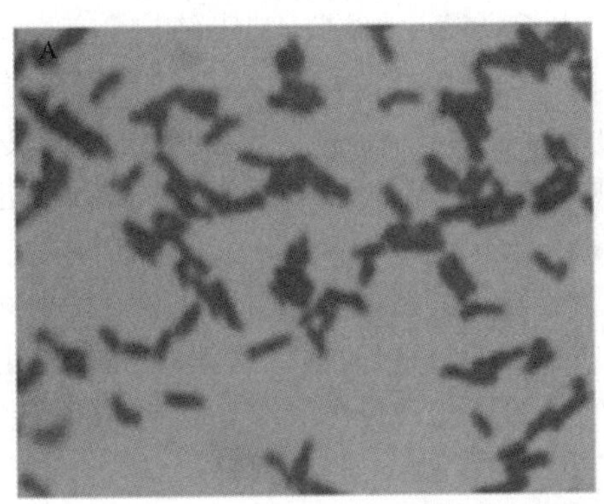

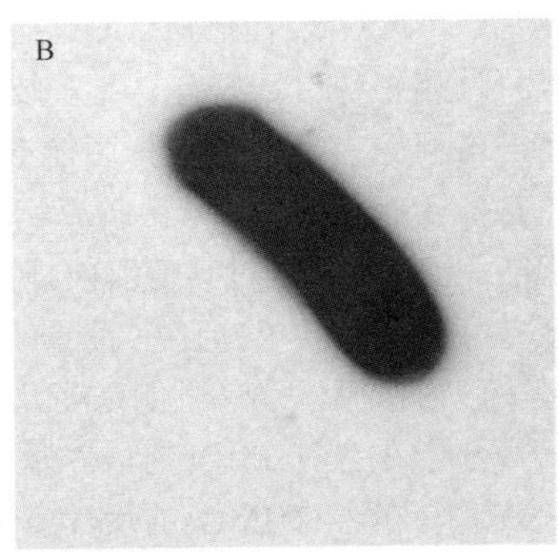

图 4-6　婴儿双歧杆菌镜下形态（见彩图）

A 为显微镜下形态；B 为透射电镜下形态

人肠道内双歧杆菌的种类随着年龄增长而变化，婴儿双歧杆菌主要存在于5岁以下的儿童体内，青壮年以青春双歧杆菌为主，老人以长双歧杆菌为主，短双歧杆菌和两歧双歧杆菌在各年龄组均可检出。饮食变化、口服抗菌药物、手术、疾病和衰老等因素均可引起肠道双歧杆菌数量发生变化，随着年龄的增长双歧杆菌数量逐渐减少，进入老龄期后其数量明显下降，体弱多病的老人肠道中该菌几乎不能被检出，大肠杆菌等其他菌群的数量明显升高。

对于婴儿双歧杆菌来说，冷冻干燥保藏是最为理想的方法，采用这种方法保藏菌种既能降低其生命活动又能保持活菌的稳定性，还能使细胞结构和功能复原后不受到破坏。

二、婴儿双歧杆菌的生理功能和机理

（一）代谢人乳低聚糖

婴儿双歧杆菌的主要功能是代谢人乳低聚糖（human milk oligosaccharides，HMOs）。人乳中含有丰富的低聚糖，主要功能是塑造婴儿的肠道微生物群，母亲需要消耗大量的能量才能生产这些高度多样化的结构，即使在饥荒时期，HMOs也是人乳中乳糖和脂肪外的第三大成分[189, 201]，然而人类肠道不产生糖苷酶，这些人乳低聚糖对婴儿没有直接的营养价值，即这些游离聚糖不能被婴儿消化系统直接利用。在所研究的多种微生物物种中，只有双歧杆菌和大肠杆菌能够综合利用HMOs作为主要营养来源。

双歧杆菌中，长双歧杆菌和婴儿双歧杆菌是两个密切相关的亚种，前者编码消化植物寡糖的酶，而后者已经进化出消化HMOs的能力。婴儿双歧杆菌在肠道细菌中是独特的，因为它具有消化和消耗任何人乳寡糖结构的巨大能力，这是由于它可以编码在其他细菌中未发现的糖苷酶和寡糖转运蛋白。婴儿双歧杆菌将完整的HMOs直接转运进入胞内的细胞质，进而降解HMOs。婴儿双歧杆菌ATCC15697菌株是利用HMOs的典型菌株，该菌株的基因组序列中含有大量参与HMOs酶作用过程的糖苷水解酶基因，它们编码的酶均位于胞内，且种类涵盖了几乎所有的HMOs糖苷键[219]。

迄今测序的大多数婴儿双歧杆菌菌株含有编码多种寡糖转运蛋白和糖基水解酶的43kb

基因簇（HMO cluster Ⅰ），这个基因簇没有在其他双歧杆菌菌种中被发现，部分缺失了这种基因复合物后，婴儿双歧杆菌在HMOs存在下生长缓慢。大多数HMOs结构含有岩藻糖或唾液酸，在双歧杆菌属物种中，只有婴儿双歧杆菌、短双歧杆菌和两歧双歧杆菌产生岩藻糖苷酶和唾液酸酶，并且只有婴儿双歧杆菌能够消化所有HMOs结构。婴儿双歧杆菌表达包括α-岩藻糖苷酶、β-半乳糖苷酶、β-己糖胺酶和α-唾液酸酶在内的16种糖基水解酶，促进细菌细胞质内HMOs的完全消化，这对其他双歧杆菌来说是不可能的。

婴儿双歧杆菌在人乳成分存在下具有竞争优势，其定植增加会造成肠道微生物群的多样性下降并减少腔内病原体，这可能是婴儿双歧杆菌的一种保护机制。除了选择性生长优势之外，体外研究显示在含有HMOs的培养基上生长的婴儿双歧杆菌细胞以更高的速率结合培养的肠细胞，表明其在含有HMOs的培养基上生长的独特能力与在肠黏液层结合和定植的能力相一致。

除此之外，人体与婴儿双歧杆菌存在共生关系，其中一个纽带便是HMOs。HMOs能够在不改变或消耗的情况下转运至婴儿的胃和近端小肠。在远端肠道中，HMOs被婴儿双歧杆菌选择性消耗，产生多样性有限的微生物群，这可以促进足月婴儿的生长、改善疫苗反应性以及降低早产儿患上坏死性小肠结肠炎的概率等[220-222]。HMOs激活婴儿双歧杆菌中的多种基因，使其能够支配肠道微生物群并通过加速免疫应答的成熟，限制过度炎症，改善肠道通透性和增加乙酸盐产量。这种共生关系是一个令人信服的两个物种共同进化的例子，可以临时保护足月新生儿和在断奶前滋养健康的肠道微生物群。在早产儿中，这种定植被破坏，但提供人乳和益生菌婴儿双歧杆菌似乎有着恢复和保护作用[223]。

（二）增加乙酸盐产量

许多共生细菌产生的短链脂肪酸（short chain fatty acids），特别是丁酸、丙酸和乙酸对宿主有直接和间接影响。健康母乳喂养的婴儿比非母乳喂养的婴儿具有更高的乙酸粪便水平，这可能是婴儿双歧杆菌增加导致的。

（三）抗炎作用

在体外和动物研究中已证明婴儿双歧杆菌具有抗炎作用，可降低早产儿患坏死性小肠结肠炎的风险。有研究表明婴儿双歧杆菌的定植可以产生促进未成熟先天免疫应答成熟的外源物质，从而改善婴儿生长状况和增强免疫应答。肠道中定植的长双歧杆菌、婴儿双歧杆菌、青春双歧杆菌及短双歧杆菌具有免疫激活作用，能增强和调动机体的免疫机能。无菌动物肠道灌注双歧杆菌2～4周后，可从小鼠体内肠系膜淋巴、肝、肾中分离出双歧杆菌IgA抗体。婴儿出生后6～8d，婴儿双歧杆菌成为肠道的优势菌定植于肠道，此定植相当于主动免疫[220]。

此外，对孟加拉国达卡的婴儿进行的一系列研究发现[221]，该地区婴儿体内存在大量增殖的双歧杆菌。这些婴儿中双歧杆菌的优势菌种（其中96%为母乳喂养）为婴儿双歧杆菌。这个研究表明，大便次数更多的婴儿体重增加更好，胸腺指数更高，对口服脊髓灰质炎、结核和破伤风疫苗的反应更好。但观察到的相关结果不能确定因果关系。生长情况良好、具备更好的免疫反应的健康婴儿粪便中含有更高丰度的双歧杆菌，但还不能确定两者之间的因果关系。但是，这些观察结果支持了婴儿微生物群的组成对免疫发育和监视是至关重要的这一假设。已经证明益生菌生物体可以增强成年人对脊髓灰质炎疫苗的免疫应答，但对儿童的相关研究至今仍不明确，可能是与益生菌菌株的选择有关[224]。

三、婴儿双歧杆菌的分子生物学

目前，NCBI的基因组数据库中共有6株婴儿双歧杆菌（ATCC15697、157F、NCTC11818、CECT7210、BT1和*B. longum*_ssp_infantis_6）构建了基因组的完成图。对它们的基因组的基本特征进行了统计分析，其基因组大小平均为（2.60±0.19）Mb，GC含量高达（59.85%±0.27%），预测的编码基因为（2163±215）个，携带质粒个数为0～2个。

2011年，婴儿双歧杆菌ATCC15697完成了全基因组测序，该菌株基因组由2832750个碱基对组成，含有2673个基因，其中2438个编码蛋白质。王茗悦等运用生物信息学方法预测该菌株Sec途径分泌脂蛋白并进行功能分析，结果显示：婴儿双歧杆菌ATCC15697基因组的43个Sec途径分泌脂蛋白中，8个蛋白质没有功能注释，而35个有功能注释蛋白主要与氨基酸、碳水化合物、无机离子的代谢与转运有关，有利于该菌在环境中生存[225]。

有研究[226-227]发现婴儿双歧杆菌CECT7210株在体内和体外均可抑制轮状病毒复制，机制为该益生菌可通过MalE-typeABC糖转运系统，水解β-酪蛋白产生抑制轮状病毒复制的11肽。对CECT7210株进行全基因序列测定后发现它的基因组包含2171个元件，其中2072个ORF，69个sRNAs（12个rRNAs和57个tRNAs）。进一步比较CECT7210和157F的基因组，CECT7210比157F多340个元件，这些元件可能具有抑制轮状病毒复制的功能。

四、婴儿双歧杆菌的应用

（一）婴儿双歧杆菌作为肿瘤基因治疗的载体

双歧杆菌作为人和其他哺乳动物肠道内重要的益生厌氧菌，具有趋低氧代谢的特点。自1980年研究发现双歧杆菌的肿瘤靶向以来，长双歧杆菌、青春双歧杆菌、婴儿双歧杆菌等相继用于基因转移载体的动物实验。实体瘤存在低氧代谢区是双歧杆菌作为转移载体的理论依据。肿瘤的生长离不开血液提供的营养和氧气，当肿瘤的直径超过1～2mm后，瘤体内就开始出现新生的毛细血管，为肿瘤的进一步生长提供营养物质，肿瘤生长迅速并可能发生转移。由于肿瘤生长迅速而血供相对不足，实体瘤代谢的一个重要特点是瘤体内部的相对乏氧状态。因此，从理论上讲无论是肿瘤原发灶还是转移灶只要存在低氧区，双歧杆菌对其都应该有良好的靶向性。据此，将治疗基因转入双歧杆菌，它就可能成为肿瘤基因治疗的理想的靶向性转移载体[228]。

用于肿瘤基因治疗的厌氧菌载体具有以下特点：①便于储存；②与病毒相比，更易于在循环中被清除，安全性高，其本身的抗瘤效果优于病毒；③不会引起正常细胞的转化，潜在的长期副作用如致癌等作用也大为降低；④靶向性优于病毒载体和脂质体载体；⑤不易被免疫监视和免疫防御系统破坏。婴儿双歧杆菌本身有肿瘤杀伤效应的优点[229]，并且本身是定植在人体中的益生菌，暂未发现存在任何有害作用。因此采用婴儿双歧杆菌作为实体瘤低氧靶向性载体构建自杀基因治疗系统，既有良好的肿瘤靶向性，减少对正常组织的损害，降低毒副作用；同时携带自杀基因的婴儿双歧杆菌由于可以直接表达酶活性，而不需再去转化癌细胞，可大大提高转化效率；此外还避免使用病毒载体的危险性，更为安全可靠。

作为基因载体，双歧杆菌更多地通过静脉输入体内。静脉输入可以更高效地使双歧杆菌定植于肿瘤区域。口服双歧杆菌很少进入血液循环，并且基因表达效率较静脉输入差。与此同时，静脉输入改变了细菌的生存环境，破坏了其可能的抑菌机制，相当于人为造成机会感染，增加了安全风险。麻宁一等人通过对小鼠尾静脉注射婴儿双歧杆菌的亚慢性安全检测实验证实，作为载体的婴儿双歧杆菌毒性极低，在1.8×10^{11}CFU/kg剂量下经尾静脉给药，观察证明了其安全性[230]。

余佳泽[194]的实验表明，倘若以婴儿双歧杆菌作为肿瘤基因治疗的载体，其所携带的基因治疗药物主要针对肿瘤组织发挥靶向性治疗作用，基本不会蓄积到肝、心、肺、脾、肾等重要正常组织器官中而造成对机体不必要的损害。此外，实验全程未发现受试裸鼠不适体征及安全事件。这表明以婴儿双歧杆菌作为肿瘤基因治疗的载体具有良好的安全性，与以往的实验研究结果是一致的。此外，他通过对婴儿双歧杆菌在肿瘤内各区域分布比例的比较发现，其在乏氧区的分布比例显著高于在坏死区、富氧区的分布比例，而在肿瘤坏死区的分布比例也明显高于其在富氧区的分布比例，这些结果表明在鼻咽癌裸鼠模型中，婴儿双歧杆菌主要定植和生长于肿瘤组织乏氧细胞区，部分定植于肿瘤坏死组织区，而在富氧细胞区的分布比例极小，在某些个体甚至可以忽略。因此作为肿瘤基因治疗载体的婴儿双歧杆菌对肿瘤组织乏氧区具有良好的靶向性，这为针对肿瘤乏氧区的基因靶向治疗药物充分发挥其抗肿瘤作用提供了良好的载体选择[209]。

Mao等[231]研究证实可溶性血管内皮生长因子（vascular endothelial growth factor，VEGF）受体介导婴儿双歧杆菌对小鼠肺癌细胞的生长抑制作用。喻备构建了婴儿双歧杆菌介导单纯疱疹病毒胸苷激酶（herpes simplex virus-thymidine kinase, HSV-TK）/更昔洛韦（ganciclovir, GCV）自杀基因治疗系统，该系统中HSV编码的胸苷激酶可以将无毒的GCV磷酸化为三磷酸丙氧鸟苷，干扰肿瘤细胞基因组的复制而使肿瘤细胞凋亡。他利用尾静脉注射大鼠膀胱癌模型的方式，证明了婴儿双歧杆菌介导的HSV-TK/GCV自杀基因治疗系统对大鼠膀胱肿瘤生长有明显抑制作用，而婴儿双歧杆菌介导HSV-TK/GCV治疗系统对大鼠膀胱癌的抑瘤作用可能是通过激活Fas/Fas L凋亡途径，诱导大鼠膀胱肿瘤细胞的凋亡从而发挥作用[232]。

易成等在含重组胞嘧啶脱氨酶（cytosine deaminase，CD）基因的婴儿双歧杆菌中加入5-氟胞嘧啶（5-fluorocytosine，5-FC），CD可以将无毒的5-FC转化成具有细胞毒性的5-氟尿嘧啶（5-fluorouracil，5-FU），进而达到杀伤肿瘤细胞的目的。体外实验显示肿瘤细胞形态出现损伤性改变，细胞生长受到明显抑制；在小鼠黑色素瘤动物模型静脉注入含重组CD基因的婴儿双歧杆菌，再注入5-FC后发现实验组肿瘤增长速度减慢、体积变小[233]。

任启伟等[234]用上述方法构建了携带自杀基因CD的重组婴儿型双歧杆菌，并在体外检测CD基因的表达，结果显示其能表达CD酶活性，当加入CD酶底物5-FC后，显示出对小鼠黑色素瘤B16-F10细胞具有明显的杀伤效应。易成等[233]在含重组CD基因的婴儿型双歧杆菌中加入5-FC，厌氧条件下培养24 h后取上清液，加到黑色素瘤B16-F10细胞上；同时建立小鼠B16-F10黑色素瘤动物模型，经尾静脉注入含重组CD基因的婴儿型双歧杆菌，然后腹腔注入5-FC。结果显示前者（即体外实验）实验组肿瘤细胞形态显示出显著的损伤性改变，细胞生长受到明显抑制，而对照组肿瘤细胞所受的影响不大；后者（即小鼠黑色素瘤动物模型实验）经重组婴儿型双歧杆菌联合5-FC治疗21d，实验组肿瘤倍增时间明显长于对照组，其肿瘤体积明显小于对照组，且随着观察时间的延长，这种差异越显著。该实验表明婴儿型双歧杆菌介导的CD/5-FC自杀基因系统对黑色素瘤具有明显的抑瘤效果。

安丽娜等[235]的研究表明，采用婴儿双歧杆菌为载体表达的嘧啶磷酸核糖转移酶（uracil

phosphoribosyltransferase，UPRT）基因可显著增强CD/5-FC系统的抗瘤疗效，明显降低药物用量。由于UPRT可以直接将5-FU转化成具细胞毒性的5-氟尿嘧啶核苷一磷酸（5-fluorouracil monophosphate，5-FUMP），通过该方法小鼠黑色素瘤细胞对5-FC的敏感性提高8.5倍，表明婴儿双歧杆菌联合转导UPRT基因可增强自杀基因系统对鼠黑色素瘤细胞的杀伤作用[207]。郭志英等的实验结果也证实，婴儿双歧杆菌介导的CD/UPRT/5-FC基因治疗系统可显著增强CD/5-FC系统的抗瘤疗效。随着基因治疗逐步向临床应用的转化，该抗癌微生物新方案将在肿瘤基因治疗领域具有良好的应用前景。

（二）婴儿双歧杆菌的免疫调节功能

肝纤维化是慢性肝病的重要病理特征，是肝损伤向肝硬化发展的重要过渡环节，临床研究表明，复方鳖甲软肝片对于病毒感染引起的肝纤维化具有良好的治疗作用。此外，益生菌可以通过免疫调节治疗消化系统疾病[236]，提示益生菌可能通过干预机体特异性或非特异性免疫反应发挥药效学作用。郭琦将复方鳖甲软肝片和婴儿双歧杆菌联合应用，研究对刀豆蛋白诱导的小鼠免疫损伤性肝纤维化的防治作用。结果表明复方鳖甲软肝片具有良好的抗肝纤维化作用，能够显著改善肝功能，抑制细胞外基质成分过度合成。婴儿双歧杆菌可能通过免疫调节作用发挥抗纤维化作用，作用机制与复方鳖甲软肝片不同。两者联用对于肝纤维化治疗具有良好的协同作用[237]。

此外，肖丽霞等发现，给予10^8CFU/mL的婴儿双歧杆菌能显著改善急性肝损伤小鼠肝功能，提示婴儿双歧杆菌可能具有一定的肝保护作用[238]。研究表明婴儿双歧杆菌可通过调节T细胞亚型的生物学功能，干预细胞免疫从而缓解结肠炎症状[239]。

（三）婴儿双歧杆菌在食品中的应用

对于双歧杆菌在食品方面的研究开发是基于其生理活性特点和生物学特性。它对宿主产生多种营养作用，可以润滑肠道，增强机体免疫力。此外，双歧杆菌含有β-半乳糖苷酶，能利用β-半乳糖苷酶降解乳糖，可将其用于生产乳制品。吴敏等利用优质的铜仁花生与牛乳为原料，接种婴儿双歧杆菌进行发酵，研制出一种新型搅拌花生酸奶，该产品使人体同时得到动、植物蛋白的补充，兼具营养和保健功能[240]。

（四）微生态疗法治疗婴幼儿腹泻

新生儿胃肠道在胎儿出生前处于无菌状态，出生后来自外界环境的微生物定植于肠道。影响儿童肠道菌群定植和演替的因素有分娩方式、产科技术、喂养方式和饮食结构、生活习惯、过敏、疾病及抗生素的使用等[241]。已有研究证明，儿童腹泻可引起肠道菌群失调，使正常菌群数量明显减少，而需氧菌却相对增多[242]。

微生态疗法就是直接补充活的有益菌或促进原籍菌生长恢复微生态平衡，重建肠道天然生物屏障保护作用，以抑制外籍菌的侵袭，改善微生态环境，并激发机体的免疫活性，以增进人体抗病的能力。

姜秀菊[243]比较了两种活菌制剂对3个月至2岁龄腹泻儿童的治疗效果，结果表明主要成分为婴儿双歧杆菌的益生菌冲剂用药后大便次数减少情况优于主要成分为长双歧杆菌的活菌制剂组。总有效率为91%，明显高于长双歧杆菌组的65%。由于益生菌冲剂主要成分为婴儿双歧杆菌，该成分更符合婴幼儿期肠道菌群的种类，口服后能使减少的益生菌群迅速得以补充发挥其作用。王淑霞[244]将小儿腹泻的治疗方法分为两组：对照组为药物治疗，观察组为药物、微生态制剂混合治疗，结果表明观察组患儿治疗总有效率为94.4%，明显高于对照组的71.4%；观察组恶心呕吐、食欲不振、腹痛腹胀的改善时间均明显优于对照组；观察组疾病复发率明显低于对照组。故微生态疗法应用于腹泻患儿的临床治疗效果显著，具有恢复快、安全性高、不易复发等优势，值得临床推广。

综上，婴儿双歧杆菌作为肿瘤基因治疗的载体，可静脉注射，安全性良好，对肿瘤组织乏氧区的细胞具有良好的靶向性，为肿瘤基因靶向治疗药物提供了良好的载体选择；可通过免疫调节功能缓解消化系统疾病，参与微生态疗法治疗小儿腹泻；除了对各种疾病起到辅助治疗作用外，婴儿双歧杆菌作为食品添加剂使产品获得双歧杆菌的保健功能，对人类健康发挥着日益重要的作用。

五、小结与展望

婴儿双歧杆菌作为重要的益生菌之一，可改善胃肠道功能、提高机体免疫力，对维持身体健康具有重要作用，目前活菌制剂已被广泛用作药品和功能性食品添加剂。以婴儿双歧杆菌为宿主菌的基因治疗、重组蛋白表达等方面的研究受到国内外科研工作者的高度重视。与目前应用于基因治疗研究的病毒载体和其他非病毒载体相比，婴儿双歧杆菌载体在靶向性和安全性方面都具有不可比拟的优势。随着对其生物学特性的进一步研究，婴儿双歧杆菌必将对提高人类健康发挥重要作用。

（黄竞　陈刚　编，袁静　校）

参考文献

[1] 吕锡斌，何腊平，张汝娇，等. 双歧杆菌生理功能研究进展 [J]. 食品工业科技，2013, 34(016): 353-358.

[2] Araya M, Morelli L, Reid G, et al. Joint FAO/WHO Working Group report on drafting guidelines for the evaluation of probiotics in food [J]. London, Canada: World Health Organization, Food and Agriculture Organization of the United Nations, 2002.

[3] 凌代文，东秀珠. 乳酸细菌分类鉴定及实验方法 [Z]. 北京：中国轻工业出版社，1999.

[4] Mattarelli P, Bonaparte C, Pot B, et al. Proposal to reclassify the three biotypes of *Bifidobacterium longum* as three subspecies: *Bifidobacterium longum* subsp. *longum* subsp. nov., *Bifidobacterium longum* subsp. *infantis* comb. nov. and *Bifidobacterium longum* subsp. *suis* comb. nov [J]. International Journal of Systematic and Evolutionary Microbiology, 2008, 58(4): 767-772.

[5] Morita H, Nakano A, Onoda H, et al. *Bifidobacterium kashiwanohense* sp. nov., isolated from healthy infant faeces [J]. Int J Syst Evol Microbiol, 2011, 61(Pt 11): 2610-2615.

[6] Rasic J L, Kurmann J A. Bifidobacteria and their role. Microbiological, nutritional-physiological, medical and technological aspects and bibliography [M]. Birkhauser verlag, 1983.

[7] Crociani F, Alessandrini A, Mucci M M, et al. Degradation of complex carbohydrates by *Bifidobacterium* spp [J]. International journal of food microbiology, 1994, 24(1-2): 199-210.

[8] Yasui H, Mike A, Ohwaki M. Immunogenicity of *Bifidobacterium breve* and change in antibody production in Peyer's patches after oral administration [J]. Journal of Dairy Science, 1989, 72(1): 30-35.

[9] Roy D, Berger J-L, Reuter G. Characterization of dairy-related *Bifidobacterium* spp. based on their β-galactosidase electrophoretic patterns [J]. International journal of food microbiology, 1994, 23(1): 55-70.
[10] 聪敏，文风，医学厌氧菌及其感染 [M]．上海医科大学出版社，1989.
[11] 程皆能．微生物生理学 [M]．上海：复旦大学出版社，1987.
[12] 劳文艳，邱红．双歧杆菌微生态调节作用的应用[J]．中国微生态学杂志，2002，14(5): 310-311.
[13] 刘辉，周迪，刘文波，等．双歧杆菌的研究与应用[J]．畜牧兽医科技信息，2002，(3X): 5-7.
[14] 李春梅，黄天卫．双歧杆菌活菌制剂对肝硬化患者内毒素血症的治疗作用[J]．临床消化病杂志，1994(01): 4-6.
[15] 李文桂，陈雅棠．双歧杆菌生物学作用研究进展 [J]．地方病通报，2006, 21(1): 85-88.
[16] Anand S K, Srinivasan R A, Rao L K. Antimicrobial activity associated with *Bifidobacterium bifidum*-Ⅰ. Cult Dairy Prod J 1984; 2: 6-7.
[17] Kang K, Shin H, Park Y, et al. Studies on antibacterial substances produced by lactic acid bacteria: Purification and some properties of antibacterial substance “Bifilong” produced by *Bifidobacterium longum* [J]. Korean Journal of Dairy Science (Korea Republic), 1989.
[18] 张金浩，王立生，潘令嘉，等．双歧杆菌的完整肽聚糖对实验性大肠癌诱导型一氧化氮合酶表达的影响 [J]．中国微生态学杂志，2001, 13(1): 11-12.
[19] 鲍仕慧．双歧杆菌的临床应用 [J]．海峡药学，2006, 18(4): 162-163.
[20] 易力，倪学勤，潘康成，等．双歧杆菌的研究进展 [J]．兽药与饲料添加剂，2005, 10(1): 20-22.
[21] 张宝元, 马晓红, 刘震, 等. 双歧杆菌及其WPG对S_(180)荷瘤小鼠免疫调节和抑瘤作用研究 [J]. 中国微生态学杂志，2001, 13(1): 8-10.
[22] 赵桂英，马黎，周斌，等．双歧杆菌对仔猪生长性能的影响 [J]．饲料工业，2007, 28(1): 39-41.
[23] 王振国，郝光，杨英．双歧杆菌研究进展 [J]．家畜生态学报，2008, 29(6): 109-112.
[24] 张玲．双歧杆菌作用的研究进展 [J]．医学综述，2009, 15(17): 2.
[25] 吕志勇，吕志刚．双歧杆菌的保健功能及其产品研发 [J]．安徽农业科学，2006, 34(19): 5031-5032.
[26] Ventura M, Zink R. Rapid identification, differentiation, and proposed new taxonomic classification of *Bifidobacterium lactis* [J]. Applied and environmental Microbiology, 2002, 68(12): 6429-6434.
[27] Vincent D, Roy D, Mondou F, et al. Characterization of bifidobacteria by random DNA amplification [J]. International journal of food microbiology, 1998, 43(3): 185-193.
[28] Masco L, Huys G, Gevers D, et al. Identification of *Bifidobacterium* species using rep-PCR fingerprinting [J]. Systematic and applied microbiology, 2003, 26(4): 557-563.
[29] Ventura M, Meylan V, Zink R. Identification and tracing of *Bifidobacterium* species by use of enterobacterial repetitive intergenic consensus sequences [J]. Applied and Environmental Microbiology, 2003, 69(7): 4296-4301.
[30] Stenico V, Michelini S, Modesto M, et al. Identification of *Bifidobacterium* spp. using hsp60 PCR-RFLP analysis: an update [J]. Anaerobe, 2014, 26: 36-40.
[31] Requena T, Burton J, Matsuki T, et al. Identification, detection, and enumeration of human *Bifidobacterium* species by PCR targeting the transaldolase gene [J]. Applied and Environmental Microbiology, 2002, 68(5): 2420-2427.
[32] Simpson P, Stanton C, Fitzgerald G, et al. Genomic diversity and relatedness of bifidobacteria isolated from a porcine cecum [J]. Journal of bacteriology, 2003, 185(8): 2571-2581.

[33] Langendijk P S, Schut F, Jansen G J, et al. Quantitative fluorescence *in situ* hybridization of *Bifidobacterium* spp. with genus-specific 16S rRNA-targeted probes and its application in fecal samples [J]. Applied and environmental microbiology, 1995, 61(8): 3069-3075.

[34] Pandey J, Sood S, Jain R. Terminal restriction fragment length polymorphism (T-RFLP) analysis: Characterizing the unseen [J]. Indian Journal of Microbiology, 2007, 47(1): 90-91.

[35] 吕桂善，刘宁，周龙江，等．双歧杆菌的研究热点 [J]．中国乳业，2002, (3): 24-27.

[36] 陈雪梅，邱翔．双歧杆菌的研究进展 [J]．畜禽业，2007, (2): 15-17.

[37] 吴淑清，王顺余，谭克，等．双歧杆菌的研究现状 [J]．长春大学学报，2007, (8): 57-61.

[38] 江晓，贾力敏．双歧杆菌检测与鉴定技术进展 [J]．中国乳品工业，2002, 30(1): 19-21.

[39] Koenig J E, Spor A, Scalfone N, et al. Succession of microbial consortia in the developing infant gut microbiome [J]. Proceedings of the National Academy of Sciences, 2011, 108(supplement_1): 4578-4585.

[40] Roger L C, Costabile A, Holland D T, et al. Examination of faecal *Bifidobacterium* populations in breast-and formula-fed infants during the first 18 months of life [J]. Microbiology, 2010, 156(11): 3329-3341.

[41] Matsuki T, Yahagi K, Mori H, et al. A key genetic factor for fucosyllactose utilization affects infant gut microbiota development [J]. Nature communications, 2016, 7(1): 1-12.

[42] Milani C, Hevia A, Foroni E, et al. Assessing the fecal microbiota: an optimized ion torrent 16S rRNA gene-based analysis protocol [J]. PloS one, 2013, 8(7): e68739.

[43] O'Callaghan A, Van Sinderen D. Bifidobacteria and their role as members of the human gut microbiota [J]. Frontiers in microbiology, 2016, 7: 925.

[44] Turroni F, Peano C, Pass D A, et al. Diversity of bifidobacteria within the infant gut microbiota [J]. PloS one, 2012, 7(5): e36957.

[45] Sabbioni A, Ferrario C, Milani C, et al. Modulation of the bifidobacterial communities of the dog microbiota by zeolite [J]. Frontiers in microbiology, 2016, 7: 1491.

[46] Yassour M, Vatanen T, Siljander H, et al. Natural history of the infant gut microbiome and impact of antibiotic treatment on bacterial strain diversity and stability [J]. Science translational medicine, 2016, 8(343): 343ra81.

[47] Makino H, Kushiro A, Ishikawa E, et al. Transmission of intestinal *Bifidobacterium longum* subsp. longum strains from mother to infant, determined by multilocus sequencing typing and amplified fragment length polymorphism [J]. Applied and environmental microbiology, 2011, 77(19): 6788-6793.

[48] Turroni F, Foroni E, Pizzetti P, et al. Exploring the diversity of the bifidobacterial population in the human intestinal tract [J]. Applied and environmental microbiology, 2009, 75(6): 1534-1545.

[49] Woodmansey E J, Mcmurdo M E, Macfarlane G T, et al. Comparison of compositions and metabolic activities of fecal microbiotas in young adults and in antibiotic-treated and non-antibiotic-treated elderly subjects [J]. Applied and environmental microbiology, 2004, 70(10): 6113-6122.

[50] He F, Ouwehand A C, Isolauri E, et al. Differences in composition and mucosal adhesion of bifidobacteria isolated from healthy adults and healthy seniors [J]. Current microbiology, 2001, 43(5): 351-354.

[51] Hopkins M, Macfarlane G. Changes in predominant bacterial populations in human faeces with age and with *Clostridium difficile* infection [J]. Journal of medical microbiology, 2002, 51(5): 448-454.

[52] Nicholson J K, Holmes E, Wilson I D. Gut microorganisms, mammalian metabolism and personalized health care [J]. Nature Reviews Microbiology, 2005, 3(5): 431-438.

[53] 齐冰. 四磨汤口服液联合双歧杆菌三联活菌胶囊治疗小儿功能性消化不良疗效观察 [J]. 中国中西医结合儿科学，2018, 8(4): 444-446.

[54] Tamaki H, Nakase H, Inoue S, et al. Efficacy of probiotic treatment with *Bifidobacterium longum* 536 for induction of remission in active ulcerative colitis: a randomized, double-blinded, placebo-controlled multicenter trial [J]. Digestive Endoscopy, 2016, 28(1): 67-74.

[55] Takeda Y, Nakase H, Namba K, et al. Upregulation of T-bet and tight junction molecules by *Bifidobactrium longum* improves colonic inflammation of ulcerative colitis [J]. Inflammatory bowel diseases, 2009, 15(11): 1617-1618.

[56] Yun B, Song M, Park D-J, et al. Beneficial effect of *Bifidobacterium longum* ATCC 15707 on survival rate of *Clostridium difficile* infection in mice [J]. Korean journal for food science of animal resources, 2017, 37(3): 368.

[57] Fukuda S, Toh H, Hase K, et al. Bifidobacteria can protect from enteropathogenic infection through production of acetate [J]. Nature, 2011, 469(7331): 543-547.

[58] 王琳琳. 双歧杆菌对便秘的影响及其作用机理研究 [D]. 无锡: 江南大学，2017.

[59] 丁圣，蒋菁莉，刘松玲，等. 长双歧杆菌 BBMN68 对便秘模型小鼠的通便作用 [J]. 食品科学，2011, 32(3): 195-198.

[60] 韦云路，刘义，王瑶，等. 3 株益生菌体外降胆固醇能力及体内降血脂效果评价 [J]. 食品科学，2017, 38(23): 129-134.

[61] Singh J, Rivenson A, Tomita M, et al. *Bifidobacterium longum*, a lactic acid-producing intestinal bacterium inhibits colon cancer and modulates the intermediate biomarkers of colon carcinogenesis [J]. Carcinogenesis, 1997, 18(4): 833-841.

[62] 杨景，罗绪刚，任发政. 长双歧杆菌 BBMN68 诱导的树突状细胞对小鼠牛乳 β-乳球蛋白过敏的缓解作用 [J]. 现代食品科技，2016, (7): 6-11.

[63] Groeger D, O'Mahony L, Murphy E F, et al. *Bifidobacterium infantis* 35624 modulates host inflammatory processes beyond the gut [J]. Gut microbes, 2013, 4(4): 325-339.

[64] Miyauchi E, Ogita T, Miyamoto J, et al. *Bifidobacterium longum* alleviates dextran sulfate sodium-induced colitis by suppressing IL-17A response: involvement of intestinal epithelial costimulatory molecules [J]. PloS one, 2013, 8(11): e79735.

[65] Chen X, Fu Y, Wang L, et al. *Bifidobacterium longum* and VSL# 3® amelioration of TNBS-induced colitis associated with reduced HMGB1 and epithelial barrier impairment [J]. Developmental & Comparative Immunology, 2019, 92: 77-86.

[66] Zhang M, Zhou L, Zhang S, et al. *Bifidobacterium longum* affects the methylation level of forkhead box P3 promoter in 2, 4, 6-trinitrobenzenesulphonic acid induced colitis in rats [J]. Microbial Pathogenesis, 2017, 110: 426-430.

[67] Lee I-A, Bae E-A, Lee J-H, et al. *Bifidobacterium longum* HY8004 attenuates TNBS-induced colitis by inhibiting lipid peroxidation in mice [J]. Inflammation Research, 2010, 59(5): 359-368.

[68] Macsharry J, O'mahony C, Shalaby K H, et al. Immunomodulatory effects of feeding with *Bifidobacterium longum* on allergen-induced lung inflammation in the mouse [J]. Pulmonary pharmacology & therapeutics, 2012, 25(4): 325-334.

[69] Ventura M, Turroni F, Motherway M O C, et al. Host–microbe interactions that facilitate gut colonization by commensal bifidobacteria [J]. Trends in microbiology, 2012, 20(10): 467-476.

[70] Alp G, Aslim B. Relationship between the resistance to bile salts and low pH with exopolysaccharide (EPS) production of *Bifidobacterium* spp. isolated from infants feces and breast milk [J]. Anaerobe, 2010, 16(2): 101-105.

[71] Yan S, Zhao G, Liu X, et al. Production of exopolysaccharide by *Bifidobacterium longum* isolated from elderly and infant feces and analysis of priming glycosyltransferase genes [J]. RSC advances, 2017, 7(50): 31736-31744.

[72] Schiavi E, Plattner S, Rodriguez-Perez N, et al. Exopolysaccharide from *Bifidobacterium longum* subsp. longum 35624™ modulates murine allergic airway responses [J]. Beneficial microbes, 2018, 9(5): 761-773.

[73] Wu M H, Pan T M, Wu Y J, et al. Exopolysaccharide activities from probiotic bifidobacterium: immunomodulatory effects (on J774A. 1 macrophages) and antimicrobial properties [J]. International journal of food microbiology, 2010, 144(1): 104-110.

[74] Hidalgo-Cantabrana C, López P, Gueimonde M, et al. Immune modulation capability of exopolysaccharides synthesised by lactic acid bacteria and bifidobacteria [J]. Probiotics and Antimicrobial Proteins, 2012, 4(4): 227-237.

[75] 闫爽. 长双歧杆菌遗传与表型多样性及其与免疫调节功能的相关性研究 [D]; 无锡: 江南大学, 2019.

[76] Rooks M G, Garrett W S. Gut microbiota, metabolites and host immunity [J]. Nature reviews immunology, 2016, 16(6): 341-352.

[77] De Vuyst L, Leroy F. Cross-feeding between bifidobacteria and butyrate-producing colon bacteria explains bifdobacterial competitiveness, butyrate production, and gas production [J]. International journal of food microbiology, 2011, 149(1): 73-80.

[78] Gibson G R, Wang X. Regulatory effects of bifidobacteria on the growth of other colonic bacteria [J]. Journal of Applied bacteriology, 1994, 77(4): 412-420.

[79] Sgorbati B, Scardovi V, Leblanc D J. Plasmids in the genus *Bifidobacterium* [J]. Microbiology, 1982, 128(9): 2121-2131.

[80] Roberts C M, Fett W, Osman S, et al. Exopolysaccharide production by *Bifidobacterium longum* BB-79 [J]. Journal of Applied Bacteriology, 1995, 78(5): 463-468.

[81] 吕晓英, 张朝武. 乳酸杆菌及双歧菌基因表达载体系统的研究近况 [J]. 现代预防医学, 2005, 32(3): 213-215.

[82] Klijn A, Mercenier A, Arigoni F. Lessons from the genomes of bifidobacteria [J]. FEMS Microbiology Reviews, 2005, 29(3): 491-509.

[83] Park M S, Shin D W, Lee K H, et al. Sequence analysis of plasmid pKJ50 from *Bifidobacterium longum* [J]. Microbiology, 1999, 145(3): 585-592.

[84] Tanaka K, Samura K, Kano Y. Structural and functional analysis of pTB6 from *Bifidobacterium longum* [J]. Bioscience, biotechnology, and biochemistry, 2005, 69(2): 422-425.

[85] Rhim S L, Park M S, JI G E. Expression and secretion of *Bifidobacterium adolescentis* amylase by *Bifidobacterium longum* [J]. Biotechnology letters, 2006, 28(3): 163-168.

[86] Matteuzzi D, Brigidi P, Rossi M, et al. Characterization and molecular cloning of *Bifidobacterium longum* cryptic plasmid pMB1 [J]. Letters in applied microbiology, 1990, 11(4): 220-223.

[87] 张帆，余治健，邓启文，等．表达干扰素-α2b 重组长双歧杆菌工程菌的制备 [J]．中国病原生物学杂志，2012, 7(3): 190-191.

[88] 王小康，吴铁松，刘江红，等．抗菌肽 LL-37 在长双歧杆菌中的表达及活性鉴定 [J]．中国医药工业杂志，2018, 49(1): 68-73.

[89] 张旻. 基于菌株水平研究宿主与环境对双歧杆菌肠道定植的影响 [D]. 上海: 上海交通大学, 2017.

[90] 张秋雪, 刘晓婵, 朱宗涛, 等. 婴儿粪便长双歧杆菌的分离与多样性分析 [J]. 食品科学, 2017, 38(24): 8-14.

[91] Schell M A, Karmirantzou M, Snel B, et al. The genome sequence of *Bifidobacterium longum* reflects its adaptation to the human gastrointestinal tract [J]. Proceedings of the National Academy of Sciences, 2002, 99(22): 14422-14427.

[92] Turroni F, Bottacini F, Foroni E, et al. Genome analysis of *Bifidobacterium bifidum* PRL2010 reveals metabolic pathways for host-derived glycan foraging [J]. Proceedings of the National Academy of Sciences, 2010, 107(45): 19514-19519.

[93] Arboleya S, Bottacini F, O'Connell-Motherway M, et al. Gene-trait matching across the *Bifidobacterium longum* pan-genome reveals considerable diversity in carbohydrate catabolism among human infant strains [J]. BMC genomics, 2018, 19(1): 1-16.

[94] Milani C, Lugli G A, Duranti S, et al. Genomic encyclopedia of type strains of the genus *Bifidobacterium* [J]. Applied and environmental microbiology, 2014, 80(20): 6290-6302.

[95] Sela D A, Chapman J, Adeuya A, et al. The genome sequence of *Bifidobacterium longum* subsp. *infantis* reveals adaptations for milk utilization within the infant microbiome [J]. Proceedings of the National Academy of Sciences, 2008, 105(48): 18964-18969.

[96] Sela D A, Mills D A. Nursing our microbiota: molecular linkages between bifidobacteria and milk oligosaccharides [J]. Trends in microbiology, 2010, 18(7): 298-307.

[97] Liu S, Ren F, Zhao L, et al. Starch and starch hydrolysates are favorable carbon sources for Bifidobacteria in the human gut [J]. BMC microbiology, 2015, 15(1): 1-9.

[98] Fushinobu S. Unique sugar metabolic pathways of bifidobacteria [J]. Bioscience, biotechnology, and biochemistry, 2010,74:2374-2384.

[99] Hidalgo-Cantabrana C, Sánchez B, Milani C, et al. Genomic overview and biological functions of exopolysaccharide biosynthesis in *Bifidobacterium* spp [J]. Applied and Environmental Microbiology, 2014, 80(1): 9-18.

[100] Xiao J, Kondo S, Takahashi N, et al. Effects of milk products fermented by *Bifidobacterium longum* on blood lipids in rats and healthy adult male volunteers [J]. Journal of dairy science, 2003, 86(7): 2452-2461.

[101] Veiga P, Gallini C A, Beal C, et al. *Bifidobacterium animalis* subsp. *lactis* fermented milk product reduces inflammation by altering a niche for colitogenic microbes [J]. Proceedings of the National Academy of Sciences, 2010, 107(42): 18132-18137.

[102] Miki K, Urita Y, Ishikawa F, et al. Effect of *Bifidobacterium bifidum* fermented milk on *Helicobacter pylori* and serum pepsinogen levels in humans [J]. Journal of Dairy Science, 2007, 90(6): 2630-2640.

[103] Meng H, Ba Z, Lee Y, et al. Consumption of *Bifidobacterium animalis* subsp. *lactis* BB-12 in yogurt reduced expression of TLR-2 on peripheral blood-derived monocytes and pro-inflammatory cytokine secretion in young adults [J]. European journal of nutrition, 2017, 56(2): 649-661.

[104] Yang Y X, He M, Hu G, et al. Effect of a fermented milk containing *Bifidobacterium lactis* DN-173010 on Chinese constipated women [J]. World journal of gastroenterology: WJG, 2008, 14(40): 6237.

[105] De Vrese M, Kristen H, Rautenberg P, et al. Probiotic lactobacilli and bifidobacteria in a fermented milk product with added fruit preparation reduce antibiotic associated diarrhea and *Helicobacter pylori* activity [J]. Journal of dairy research, 2011, 78(4): 396-403.

[106] Song M, Park W S, Yoo J, et al. Characteristics of Kwark cheese supplemented with *Bifidobacterium longum* KACC91563 [J]. Korean Journal for Food Science of Animal Resources, 2017, 37(5): 773.

[107] 种克，田洪涛，王占武，等．双歧杆菌胡萝卜复合汁增菌培养基的优化筛选 [J]．河北农业大学学报，2006, 29(4): 60-63.

[108] 李雅乾．双歧杆菌胡萝卜汁酸乳工艺研究 [D]．保定：河北农业大学，2005.

[109] 马钢．再制干酪及其乳化剂 [J]．中国乳品工业，1991, 19(5): 209-211.

[110] 吴瑜，张静．厌氧菌作为肿瘤基因治疗转移载体的研究进展 [J]．国外医学：肿瘤学分册，2002, 29(6): 409-411.

[111] Fu G F, Li X, Hou Y Y, et al. *Bifidobacterium longum* as an oral delivery system of endostatin for gene therapy on solid liver cancer [J]. Cancer gene therapy, 2005, 12(2): 133-140.

[112] Reyes E M, De León R A, Barba De La R A. A novel binary expression vector for production of human IL-10 in *Escherichia coli* and *Bifidobacterium longum* [J]. Biotechnology letters, 2007, 29(8): 1249-1253.

[113] Yazawa K, Fujimori M, Amano J, et al. *Bifidobacterium longum* as a delivery system for cancer gene therapy: selective localization and growth in hypoxic tumors [J]. Cancer gene therapy, 2000, 7(2): 269-274.

[114] Yazawa K, Fujimori M, Nakamura T, et al. *Bifidobacterium longum* as a delivery system for gene therapy of chemically induced rat mammary tumors [J]. Breast cancer research and treatment, 2001, 66(2): 165-170.

[115] Fujimori M, Amano J, Taniguchi S I. The genus *Bifidobacterium* for cancer gene therapy [J]. Current Opinion in Drug Discovery & Development, 2002, 5(2): 200-203.

[116] Hou X, Liu J E. Construction of *Escherichia coli-Bifidobacterium longum* shuttle vector and expression of tumor suppressor gene PTEN in *B. longum* [J]. Wei Sheng wu xue bao= Acta Microbiologica Sinica, 2006, 46(3): 347-352.

[117] 韩庆旺，徐叶芬，傅更锋，等．大肠杆菌-双歧杆菌穿梭表达载体的构建及内皮抑素基因的表达 [J]．生物技术通讯，2006, 17(1): 18-21.

[118] Xu Y, Zhu L, Hu B, et al. A new expression plasmid in *Bifidobacterium longum* as a delivery system of endostatin for cancer gene therapy [J]. Cancer gene therapy, 2007, 14(2): 151-157.

[119] Matsumura H, Takeuchi A, Kano Y. Construction of *Escherichia coli-Bifidobacterium longum* shuttle vector transforming *B. longum* 105-A and 108-A [J]. Bioscience, biotechnology, and biochemistry, 1997, 61(7): 1211-1212.

[120] Hamaji Y, Fujimori M, Sasaki T, et al. Strong enhancement of recombinant cytosine deaminase activity in *Bifidobacterium longum* for tumor-targeting enzyme/prodrug therapy [J]. Bioscience, biotechnology, and biochemistry, 2007, 71(4): 874-883.

[121] Yi C, Huang Y, Guo Z Y, et al. Antitumor effect of cytosine deaminase/5-fluorocytosine suicide gene therapy system mediated by *Bifidobacterium infantis* on melanoma 1 [J]. Acta Pharmacologica Sinica, 2005, 26(5): 629-634.

[122] Hu B, Kou L, Li C, et al. *Bifidobacterium longum* as a delivery system of TRAIL and endostatin cooperates with chemotherapeutic drugs to inhibit hypoxic tumor growth [J]. Cancer gene therapy, 2009, 16(8): 655-663.

[123] Taniguchi S I, Fujimori M, Sasaki T, et al. Targeting solid tumors with non-pathogenic obligate anaerobic bacteria [J]. Cancer science, 2010, 101(9): 1925-1932.

[124] Reuter G. Vergleichende Untersuchungen uber die Bifidus-flora im Sauglings-und Erwachsenenstuhl [J]. Zentbl Bakteriol, 1963, 191: 486-507.

[125] Mara D D, Oragui J I. Sorbitol-fermenting bifidobacteria as specific indicators of human faecal pollution [J]. Journal of applied bacteriology, 1983, 55(2): 349-357.

[126] 陈惠音，肖仔君，杨汝德．短双歧杆菌增殖培养基的优化研究 [J]．广州食品工业科技，2004, 20(B11): 8-10.

[127] Falk P, Hoskins L C, Larson G. Bacteria of the human intestinal microbiota produce glycosidases specific for lacto-series glycosphingolipids [J]. The Journal of Biochemistry, 1990, 108(3): 466-474.

[128] 潘超然．双歧杆菌的功能性和免疫原性及其应用研究 [J]．福建轻纺，2003, (5): 1-7.

[129] 江志杰，李平兰，高春，等．短双歧杆菌A04菌株体外清除自由基的研究 [J]．生物技术进展，2012, 2(2): 130-133.

[130] 江志杰，高春，余立，等．短双歧杆菌A04菌株体内抗氧化活性的初步研究 [J]．食品科技，2012, (10): 74-78.

[131] 孟祥晨，霍贵成．双歧杆菌对沙门氏菌的生长调节作用 [J]．中国乳品工业，2002, 30(5): 22-24.

[132] Kondo S, Xiao J Z, Satoh T, et al. Antiobesity effects of *Bifidobacterium breve* strain B-3 supplementation in a mouse model with high-fat diet-induced obesity [J]. Bioscience, biotechnology, and biochemistry, 2010, 74(8): 1656-1661.

[133] Kondo S, Kamei A, Xiao J, et al. *Bifidobacterium breve* B-3 exerts metabolic syndrome-suppressing effects in the liver of diet-induced obese mice: a DNA microarray analysis [J]. Beneficial Microbes, 2013, 4(3): 247-251.

[134] Aschard H, Laville V, Tchetgen E T, et al. Genetic effects on the commensal microbiota in inflammatory bowel disease patients [J]. PLoS genetics, 2019, 15(3): e1008018.

[135] Matsuoka K, Uemura Y, Kanai T, et al. Efficacy of *Bifidobacterium breve* fermented milk in maintaining remission of ulcerative colitis [J]. Digestive diseases and sciences, 2018, 63(7): 1910-1919.

[136] De Kivit S, Kostadinova A I, Kerperien J, et al. Dietary, nondigestible oligosaccharides and *Bifidobacterium breve* M-16V suppress allergic inflammation in intestine via targeting dendritic cell maturation [J]. Journal of Leukocyte Biology, 2017, 102(1): 105-115.

[137] Quin C, Estaki M, Vollman D, et al. Probiotic supplementation and associated infant gut microbiome and health: a cautionary retrospective clinical comparison [J]. Scientific reports, 2018, 8(1): 1-16.

[138] Shen N T, Maw A, Tmanova L L, et al. Timely use of probiotics in hospitalized adults prevents *Clostridium difficile* infection: a systematic review with meta-regression analysis [J]. Gastroenterology, 2017, 152(8): 1889-1900.

[139] Kurose Y, Minami J, Sen A, et al. Bioactive factors secreted by *Bifidobacterium breve* B-3 enhance barrier function in human intestinal Caco-2 cells [J]. Beneficial microbes, 2019, 10(1): 89-100.

[140] Sagar S, Morgan M E, Chen S, et al. *Bifidobacterium breve* and *Lactobacillus rhamnosus* treatment is as effective as budesonide at reducing inflammation in a murine model for chronic asthma [J]. Respiratory research, 2014, 15(1): 1-17.

[141] Kwon H K, Lee C G, So J S, et al. Generation of regulatory dendritic cells and $CD4^+$ $Foxp3^+$ T cells by probiotics administration suppresses immune disorders [J]. Proceedings of the National Academy of Sciences, 2010, 107(5): 2159-2164.

[142] 杨艳华, 向兴朝. 炎症小体在肠神经胶质细胞激活中的表达及短双歧杆菌的干预作用研究 [J]. 内科急危重症杂志, 2019, 4.

[143] 朱德全, 张路路, 尹红, 等. 短双歧杆菌基因组研究进展 [J]. 中国科技信息, 2017, (11): 82.

[144] 刘洋, 张清平, 段文锋. 双歧杆菌分子分型鉴定研究进展 [J]. 中国乳品工业, 2014, 42(5): 43-47.

[145] 李健, 袁佩那. 双歧杆菌的耐药性与质粒 [J]. 中国微生态学杂志, 2000, 12(4): 189-192.

[146] Shkoporov A, Efimov B, Khokhlova E, et al. Production of human basic fibroblast growth factor (FGF-2) in *Bifidobacterium breve* using a series of novel expression/secretion vectors [J]. Biotechnology letters, 2008, 30(11): 1983-1988.

[147] Cronin M, Sleator R D, Hill C, et al. Development of a luciferase-based reporter system to monitor *Bifidobacterium breve* UCC2003 persistence in mice [J]. BMC microbiology, 2008, 8(1): 1-12.

[148] Hidaka A, Hamaji Y, Sasaki T, et al. Exogeneous cytosine deaminase gene expression in *Bifidobacterium breve* I-53-8w for tumor-targeting enzyme/prodrug therapy [J]. Bioscience, biotechnology, and biochemistry, 2007, 71(12): 2921-2926.

[149] 金城. 糖生物学：基因组学和蛋白质组学的延伸 [J]. 世界科技研究与发展, 2001, 23(2): 31-4.

[150] Yazawa K, Imai K, Tamura Z. Oligosaccharides and polysaccharides specifically utilizable by bifidobacteria [J]. Chemical and pharmaceutical bulletin, 1978, 26(11): 3306-3311.

[151] Yazawa K, Tamura Z. Search for sugar sources for selective increase of bifidobacteria [J]. Bifidobacteria and Microflora, 1982, 1(1): 39-44.

[152] Minami Y, Yazawa K, Tamura Z, et al. Selectivity of utilization of galactosyl-oligosaccharides by bifidobacteria [J]. Chemical and pharmaceutical bulletin, 1983, 31(5): 1688-1691.

[153] Chevalier P, Roy D, Ward P. Detection of *Bifidobacterium* species by enzymatic methods [J]. Journal of applied bacteriology, 1990, 68(6): 619-624.

[154] Maciorowski K G. Rapid detection of *Salmonella* spp. and indicators of fecal contamination in animal feed [M]. Texas A&M University, 2000.

[155] 肖敏, 刘树峰, 朱崇日, 等. 短双歧杆菌 α-D-半乳糖苷酶的纯化及性质 [J]. 中华微生物学和免疫学杂志, 2001, 21(3): 307-311.

[156] 陆宇, 赵晗, 王勤鹏, 等. 短双歧杆菌 α-D-半乳糖苷酶基因 *aga1* 在大肠杆菌中的高效表达 [J]. 微生物学报, 2005, 45(2): 241-246.

[157] 张丽丽. 短双歧杆菌 α-半乳糖苷酶：分子改造，转糖基性质及结晶研究 [D]. 济南：山东大学, 2015.

[158] Liu S, Minton N, Giaccia A, et al. Anticancer efficacy of systemically delivered anaerobic bacteria as gene therapy vectors targeting tumor hypoxia/necrosis [J]. Gene therapy, 2002, 9(4): 291-296.

[159] Reid G, Sanders M, Gaskins H R, et al. New scientific paradigms for probiotics and prebiotics [J]. Journal of clinical gastroenterology, 2003, 37(2): 105-118.

[160] Morais M B D, Jacob C M A. The role of probiotics and prebiotics in pediatric practice [J]. Jornal de pediatria, 2006, 82: S189-S197.

[161] 苏清秀. 短双歧杆菌作为靶向载体在乳腺癌的基因治疗中的实验研究 [D]. 长春: 吉林大学, 2010.

[162] 杨志广，刘林林，邵国光．短双歧杆菌携带内皮抑素和干扰素 γ 的特性及其抗小鼠肺癌的作用 [J]．吉林大学学报：医学版，2011, 37(4): 596-602.

[163] 王琳，邓动梅，谢肇恒，等．表达抑癌基因 IL-24 的短双歧杆菌对头颈部鳞癌治疗作用的体内研究 [C]．2017全国口腔生物医学学术年会，2017.

[164] Cronin M, Morrissey D, Rajendran S, et al. Orally administered bifidobacteria as vehicles for delivery of agents to systemic tumors [J]. Molecular Therapy, 2010, 18(7): 1397-1407.

[165] 康白．双歧杆菌的过去，现在和将来 [J]．中国微生态学杂志，1994, (1): 45-52.

[166] 孙力军，李令勇，张兆干．短双歧杆菌的分离驯化及在双歧酸奶中的应用 [J]．安徽技术师范学院学报，2002, 16(2): 44-46.

[167] Fernández L, Langa S, Martín V, et al. The human milk microbiota: origin and potential roles in health and disease [J]. Pharmacological research, 2013, 69(1): 1-10.

[168] Simone M, Gozzoli C, Quartieri A, et al. The probiotic *Bifidobacterium breve* B632 inhibited the growth of Enterobacteriaceae within colicky infant microbiota cultures [J]. BioMed research international, 2014, 2014.

[169] Mogna L, Del Piano M, Deidda F, et al. Assessment of the in vitro inhibitory activity of specific probiotic bacteria against different *Escherichia coli* strains [J]. Journal of clinical gastroenterology, 2012, 46: S29-S32.

[170] Mogna L, Del Piano M, Mogna G. Capability of the two microorganisms *Bifidobacterium breve* B632 and *Bifidobacterium breve* BR03 to colonize the intestinal microbiota of children [J]. Journal of clinical gastroenterology, 2014, 48: S37-S39.

[171] Noda H, Akasaka N, Ohsugi M. Biotin production by bifidobacteria [J]. Journal of nutritional science and vitaminology, 1994, 40(2): 181-188.

[172] 李宁军，李琳，江培，等. 外源乳酸脱氢酶基因在双歧杆菌中的表达[J]. 复旦学报（自然科学版），2002(06): 660-663. DOI:10.15943/j.cnki.fdxb-jns.2002.06.014.

[173] 陈旭，江虹锐，杨艳梅，等．两歧双歧杆菌胞外多糖对胃癌细胞及端粒酶逆转录酶的影响 [J]．微生物学报，2009, (1): 117-22.

[174] Nguyen H T, Razafindralambo H, Blecker C, et al. Stochastic exposure to sub-lethal high temperature enhances exopolysaccharides (EPS) excretion and improves *Bifidobacterium bifidum* cell survival to freeze–drying [J]. Biochemical engineering journal, 2014, 88: 85-94.

[175] Selle K, Klaenhammer T R. Genomic and phenotypic evidence for probiotic influences of *Lactobacillus gasseri* on human health [J]. FEMS microbiology reviews, 2013, 37(6): 915-935.

[176] 孙艳玲，张炳华．两歧双歧杆菌对鼠伤寒感染小鼠模型的生物治疗作用 [J]．新疆医科大学学报，2006, 29(6): 483-484.

[177] Massa S, Altieri C, Quaranta V, et al. Survival of *Escherichia coli* O157:H7 in yoghurt during preparation and storage at 4 degrees C[J]. Lett Appl Microbiol, 1997,24(5): 347-350.

[178] Pikina A P, Smeianov V V, Efimov B A, et al. The primary screening of bifidobacteria and lactobacilli strains to develop effective probiotic preparations based on them[J]. Zh Mikrobiol Epidemiol Immunobiol, 1999(6): 34-38.

[179] Duffy L C, Zielezny M A, Riepenhoff-talty M, et al. Effectiveness of *Bifidobacterium bifidum* in mediating the clinical course of murine rotavirus diarrhea[J]. Pediatr Res, 1994,35(6): 690-695.

[180] Collado M C, Grzeskowiak L, Salminen S. Probiotic strains and their combination inhibit in vitro adhesion of pathogens to pig intestinal mucosa[J]. Curr Microbiol, 2007,55(3):260-265.

[181] Yildirim Z, Johnson M G. Characterization and antimicrobial spectrum of bifidocin B, a bacteriocin produced by *Bifidobacterium bifidum* NCFB 1454 [J]. Journal of Food Protection, 1998, 61(1): 47-51.

[182] Rangavajhyala N, Shahani K M, Sridevi G, et al. Nonlipopolysaccharide component(s) of *Lactobacillus acidophilus* stimulate(s) the production of interleukin-1 alpha and tumor necrosis factor-alpha by murine macrophages[J]. Nutr Cancer, 1997,28(2):130-134.

[183] Marin M L, Tejada-Simon M V, Lee J H, et al. Stimulation of cytokine production in clonal macrophage and T-cell models by *Streptococcus thermophilus*: comparison with *Bifidobacterium* sp. and *Lactobacillus bulgaricus*[J]. J Food Prot, 1998,61(7):859-864.

[184] Ko E J, Goh J S, Lee B J, et al. *Bifidobacterium bifidum* exhibits a lipopolysaccharide-like mitogenic activity for murine B lymphocytes[J]. J Dairy Sci, 1999,82(9):1869-1876.

[185] 吴利先，王国富，高峰．两歧双歧杆菌抗福氏痢疾杆菌感染的机制研究 [J]．大理学院学报：综合版，2010, 9(6): 16-18.

[186] 陈威，赵良友，郑世民．双歧杆菌质粒载体的研究进展 [J]．黑龙江畜牧兽医，2008, (2): 28-29.

[187] 马永平，钟贞，易发平，等．一株携带质粒的人两歧双歧杆菌的分离与鉴定 [J]．中国微生态学杂志，2004, 16(3): 132-134.

[188] 王国富，高峰，吴利先．幽门螺杆菌重组 Bb-hpaA-vacA 疫苗的构建 [J]．中国人兽共患病学报，2012, 28(2): 131-134.

[189] 周必英，陈雅棠，李文桂，等．细粒棘球绦虫重组 Bb-Eg95-EgA31 融合基因疫苗构建及鉴定 [J]．中国人兽共患病学报，2009, 25(6): 502-506.

[190] 傅晓超，胡明明．保健食品——BB 乳的研究 [J]．食品与发酵工业，1990, (4): 26-34.

[191] 胡援，张宝元，阎春，等．双歧杆菌发酵乳的研究及临床效果观察 [J]．食品工业科技，1994, (2): 3-7.

[192] 马钢，刘英华，姜莹，等．双歧杆菌酸奶的研制 [J]．食品与发酵工业，1992, (1): 13-18.

[193] 姚腾云，于锦香，杜亚军，等．双歧杆菌分离筛选及其制备两豆（大豆，绿豆）奶发酵剂研究 [J]．食品工业科技，1996, (4): 34-36.

[194] 余佳泽．婴儿双歧杆菌对鼻咽癌组织乏氧区的靶向性研究 [D]．泸州泸州医学院，2010.

[195] 练光辉，卢放根，刘小新，等．肠道青春双歧杆菌体外传代稳定性研究 [J]．临床和实验医学杂志，2008, 7(7): 12-14.

[196] Arboleya S, Watkins C, Stanton C, et al. Gut bifidobacteria populations in human health and aging [J]. Frontiers in microbiology, 2016, 7: 1204.

[197] van den Broek L A, Hinz S W, Beldman G, et al. *Bifidobacterium* carbohydrases—their role in breakdown and synthesis of (potential) prebiotics [J]. Molecular nutrition & food research, 2008, 52(1): 146-163.

[198] Amaretti A, Tamburini E, Bernardi T, et al. Substrate preference of *Bifidobacterium adolescentis* MB 239: compared growth on single and mixed carbohydrates [J]. Applied microbiology and biotechnology, 2006, 73(3): 654-662.

[199] 李兰娟. 感染微生态学 [J]. 北京：人民卫生出版社, 2002, 422.

[200] 郭俊杰. 双歧杆菌细胞壁的免疫调节和抑瘤作用研究 [D]. 淮南：安徽理工大学，2006.

[201] van den Broek L A, Lloyd R M, Beldman G, et al. Cloning and characterization of arabinoxylan arabinofuranohydrolase-D3 (AXHd3) from *Bifidobacterium adolescentis* DSM20083[J]. Appl Microbiol Biotechnol, 2005,67(5):641-647.

[202] 黄耀坚，郑忠辉，宋思扬，等. 双歧杆菌质粒的检测及其对抗生素敏感性[J]. 中国微生态学杂志，1997(03):10-12.

[203] Han S K, Kim J K, Joo M K, et al. *Lactobacillus reuteri* NK33 and *Bifidobacterium adolescentis* NK98 Alleviate *Escherichia coli*-Induced depression and Gut Dysbiosis in Mice[J]. J Microbiol Biotechnol, 2020,30(8):1222-1226.

[204] Fan L, Qi Y, Qu S, et al. *B. adolescentis* ameliorates chronic colitis by regulating Treg/Th2 response and gut microbiota remodeling[J]. Gut Microbes, 2021,13(1):1-17.

[205] 王佳岱，张璇，林莉. 牙周炎症微环境对牙龈上皮屏障影响研究进展[J]. 中国实用口腔科杂志，2021,14(02):229-233.DOI:10.19538/j.kq.2021.02.021.

[206] 周丹梅，刘兵，芦志芳. 青春双歧杆菌辅助治疗牙周炎的疗效及对常见致病菌和炎性因子水平的影响[J]. 中国微生态学杂志，2020, 32(1):5.

[207] 陈璐，周中银. 溃疡性结肠炎发病机制的研究进展[J]. 疑难病杂志，2016, 15(06):650-654.

[208] 韩桂华，遇常红，孙雪丹，等. 青春双歧杆菌对溃疡性结肠炎患者血清相关因子的影响[J]. 中国老年学杂志，2016, 36(04):888-889.

[209] Fang Z, Li L, Zhao J, et al. *Bifidobacteria adolescentis* regulated immune responses and gut microbial composition to alleviate DNFB-induced atopic dermatitis in mice[J]. Eur J Nutr, 2020, 59(7): 3069-3081.

[210] Kim Y, Lee D, Kim D, et al. Inhibition of proliferation in colon cancer cell lines and harmful enzyme activity of colon bacteria by *Bifidobacterium adolescentis* SPM0212[J]. Arch Pharm Res, 2008, 31(4):468-473.

[211] Lee D K, Jang S, Kim M J, et al. Anti-proliferative effects of *Bifidobacterium adolescentis* SPM0212 extract on human colon cancer cell lines[J]. BMC Cancer, 2008,8:310.

[212] Li X, Fu G F, Fan Y R, et al. *Bifidobacterium adolescentis* as a delivery system of endostatin for cancer gene therapy: selective inhibitor of angiogenesis and hypoxic tumor growth[J]. Cancer Gene Ther, 2003, 10(2):105-111.

[213] Ishihara K. Clinical effects induced by intratumoral administration of anti-cancerous drugs in skin malignant tumors[J]. Gan To Kagaku Ryoho, 1989, 16(2):173-179.

[214] Lee D K, Kang J Y, Shin H S, et al. Antiviral activity of *Bifidobacterium adolescentis* SPM0212 against Hepatitis B virus[J]. Arch Pharm Res, 2013, 36(12):1525-1532.

[215] Kim M J, Lee D K, Park J E, et al. Antiviral activity of *Bifidobacterium adolescentis* SPM1605 against Coxsackievirus B3[J]. Biotechnol Biotechnol Equip, 2014, 28(4):681-688.

[216] Olaya G N, Ulloa R J, Velez R F, et al. *In vitro* antiviral activity of *Lactobacillus casei* and *Bifidobacterium adolescentis* against rotavirus infection monitored by NSP4 protein production[J]. J Appl Microbiol, 2016, 120(4):1041-1051.

[217] 刘韩，关宏，杨文钦，等. 青春双歧杆菌凝固型酸奶研制及选择性培养基比较[J]. 东北农业大学学报，2011,42(05):36-40+145.DOI:10.19720/j.cnki.issn.1005-9369.2011.05.007.

[218] 刘国荣，王成涛，孙宝国. 长寿老人源双歧杆菌BL-8产细菌素的提纯及其分子特性[J]. 中国食品学报，2018,18(05):115-121.DOI:10.16429/j.1009-7848.2018.05.014.

[219] Yu Z T, Chen C, Kling D E, et al. The principal fucosylated oligosaccharides of human milk exhibit prebiotic properties on cultured infant microbiota[J]. Glycobiology, 2013,23(2):169-177.

[220] Masi A C, Embleton N D, Lamb C A, et al. Human milk oligosaccharide DSLNT and gut microbiome in preterm infants predicts necrotising enterocolitis[J]. Gut, 2021,70(12):2273-2282.

[221] Barratt M J, Nuzhat S, Ahsan K, et al. *Bifidobacterium infantis* treatment promotes weight gain in Bangladeshi infants with severe acute malnutrition[J]. Sci Transl Med, 2022,14(640):k1107.

[222] Suligoj T, Vigsnaes L K, Abbeele P, et al. Effects of human milk oligosaccharides on the adult gut microbiota and barrier Function[J]. Nutrients, 2020,12(9).

[223] Nolan L S, Rimer J M, Good M. The role of human milk oligosaccharides and probiotics on the neonatal microbiome and risk of necrotizing enterocolitis: a narrative review[J]. Nutrients, 2020,12(10).

[224] Huda M N, Ahmad S M, Alam M J, et al. *Bifidobacterium* Abundance in early infancy and vaccine response at 2 years of Age[J]. Pediatrics, 2019,143(2).

[225] 王茗悦，朱德全，高峰，等. 婴儿双歧杆菌ATCC15697Sec途径分泌脂蛋白预测和功能分析[J]. 中国科技信息，2017(13):93-94.

[226] Ruiz L, Florez A B, Sanchez B, et al. *Bifidobacterium longum* subsp. *infantis* CECT7210 (*B. infantis* IM-1(R)) displays *in vitro* activity against some intestinal pathogens[J]. Nutrients, 2020,12(11).

[227] Escribano J, Ferre N, Gispert-Llaurado M, et al. *Bifidobacterium longum* subsp *infantis* CECT7210-supplemented formula reduces diarrhea in healthy infants: a randomized controlled trial[J]. Pediatr Res, 2018,83(6):1120-1128.

[228] 李迎雪，王立生. 双歧杆菌作为基因治疗转移载体的研究进展 [J]. 中国微生态学杂志，2006, 18(1): 76-77.

[229] 付艳茹. 婴儿双歧杆菌完整肽聚糖生产工艺及其抗肿瘤作用机理的研究 [D]. 呼和浩特：内蒙古农业大学，2009.

[230] 麻宁一，吴敬波. 肿瘤乏氧与放化疗抵抗及厌氧菌载体靶向研究进展[J]. 实用医院临床杂志，2008(03):120-122.

[231] Mao S H, Ji L L, Liu H, et al. Cloning and prokaryotic expression of *Bifidobacterium infantis*-mediated sKDR and its effect on proliferation of vascular endothelial cells [J]. Sichuan Da Xue Xue Bao Yi Xue Ban, 2009,40(5):784-786, 802.

[232] 喻备. 婴儿双歧杆菌介导 HSV-TK/GCV 治疗大鼠膀胱癌的实验研究 [D]；重庆医科大学，2013.

[233] 易成，郭志英，黄英，等. 婴儿双歧杆菌介导的CD/5-FC自杀基因系统对黑色素瘤的抑瘤实验[J]. 四川大学学报（医学版），2005(02):165-168.

[234] 任启伟，郭志英，王立赞，等．携带重组胞嘧啶脱氨酶基因的婴儿双歧杆菌对鼠黑色素瘤B16-F10细胞的杀伤效应研究[J]．济宁医学院学报，2004(04):1-5.
[235] 安丽娜，李著华，岳扬，等．婴儿双歧杆菌介导的 CD 和 UPRT 联合 5-FC 基因疗法对黑色素瘤的体外治疗实验研究 [J]．四川大学学报：医学版，2007, 38(1): 27-30.
[236] 郭晓敏，杨桂连，王春凤．益生菌的免疫调节作用及其在肠道疾病治疗中应用的研究进展 [J]．吉林大学学报：医学版，2013, 39(4): 859-862.
[237] 郭琦．复方鳖甲软肝片及其联合婴儿双歧杆菌抗肝纤维化的实验研究 [D]．郑州：郑州大学，2016.
[238] 肖丽霞，王慧晶，顾瑞霞，等．乳酸菌对小鼠急性酒精性肝损伤的保护作用 [J]．扬州大学学报：农业与生命科学版，2008, 29(4): 37-41.
[239] Zuo L, Yuan K-T, Yu L, et al. *Bifidobacterium infantis* attenuates colitis by regulating T cell subset responses [J]. World Journal of Gastroenterology: WJG, 2014, 20(48): 18316.
[240] 吴敏，胡颖，罗爱平，等．含婴儿双歧杆菌的铜仁花生酸奶的加工工艺研究[J]．安徽农业科学，2011, 39(22):13516-13520.
[241] Ferretti P, Pasolli E, Tett A, et al. Mother-to-infant microbial transmission from different body sites shapes the developing infant gut microbiome[J]. Cell Host Microbe, 2018,24(1):133-145.
[242] 刘泉波，刘作义．双歧杆菌与儿童腹泻关系的研究进展[J]．中国微生态学杂志，2005(03): 240-241. DOI:10.13381/j.cnki.cjm.2005.03.047.
[243] 姜秀菊．合生元治疗小儿迁延性腹泻的临床评价[C]//第六届全国儿科微生态学学术会议暨儿科微生态学新进展学习班资料汇编．2008:150-153.
[244] 王淑霞．微生态疗法对腹泻患儿的临床作用[J]．临床医学研究与实践，2017, 2(22):107-108.

第五章

乳酸杆菌的分子生物学

第一节 嗜酸乳杆菌

嗜酸乳杆菌（*Lactobacillus acidophilus*）广泛存在于人类生存的外环境和肠道内环境，是一种重要的有益微生物，也是微生态制剂中最常用菌种之一。定植于肠道中的嗜酸乳杆菌能释放乳酸和抑制有害菌生长的抗生素类物质，对肠道致病菌产生拮抗作用，对维护整个肠道的微生态平衡、维持肠道的生理功能具有重要作用[1]。嗜酸乳杆菌最初由奥地利的Moro从母乳喂养的婴幼儿粪便中分离出来，1972年开始正式用于商业生产[2]。嗜酸乳杆菌具有很强的宿主特异性，从某一类动物体内分离到的菌株只对该种动物的消化道具有较强的黏附性，而对其他种类的动物则表现低黏附性[2, 3]。

一、嗜酸乳杆菌的特性

嗜酸乳杆菌属乳杆菌科中的乳杆菌属，革兰氏阳性，显微镜下观察为无芽孢的细长杆菌，两端较圆，无鞭毛，无荚膜，无运动性，形态为单生、成对生或短链状[3]。嗜酸乳杆菌是兼性厌氧菌，在无氧或氧分较低环境下生长，5%～10%二氧化碳可促进嗜酸乳杆菌的增殖[3]。用MRS固体培养基培养嗜酸乳杆菌，菌落应为灰白色，表面缺少光泽感，菌落平面呈微微凸起的状态，菌落边缘呈锯齿状，直径1～2 mm左右，培养基中加入吐温80后菌落由粗糙变为光滑。菌落在深层的培养基中应出现放射状或分枝状。

嗜酸乳杆菌细胞壁中含有肽聚糖（peptidoglycan，PG)、脂多糖（LPS）、磷壁酸及表层蛋白等组分，细胞壁肽聚糖为L-赖氨酸-D-天冬氨酸盐型。嗜酸乳杆菌最适生长环境为35～38℃，初始生长pH值为5.5～6.0。有些菌株可发酵单糖，通常情况下发酵较弱，有些菌株可发酵蜜二糖、棉子糖或二者兼可发酵，对其他碳水化合物的发酵能力通常不足10%[3]，嗜酸乳杆菌属同类型发酵，通常产生DL-乳酸。嗜酸乳杆菌具有耐酸、耐渗透压、耐胆汁盐、同化胆固醇以及水解蛋白质等生物学特性，能够在其他乳酸菌不能生长的环境中生长繁殖，因此可以利用这些培养特性对嗜酸乳杆菌进行筛选和鉴定，同时这些特性也促进了嗜酸乳杆菌在发酵食品中的应用[2]。

二、嗜酸乳杆菌的生理功能及机理

1．抗菌及改善胃肠道功能

嗜酸乳杆菌在肠道具有较强的生存优势，对维持人类肠道生态平衡具有潜在的优势。当肠道中定植的嗜酸乳杆菌数量达到一定水平时，其分泌的乳酸能改善和调节肠道的微生物菌群平衡，减少肠道内有害物质的产生。同时其可通过与有害菌竞争生态位来阻止有害菌的入侵和定植，从而增强机体的抗菌能力。研究表明嗜酸乳杆菌对食源性微生物和肠道类病原菌的拮抗作用十分显著，主要原因是嗜酸乳杆菌能够产生大量的细菌素。细菌素是一类天然的杀菌剂，具有蛋白质特性，能够杀死致病菌，是一类热稳定性好且分子量较小的多肽。许多种嗜酸乳杆菌产生的细菌素都具有抑菌作用，嗜酸乳杆菌TSI是一株分离自发酵酸奶的乳酸菌，其所产生的细菌素能够广泛抑制大肠杆菌、粪肠球菌、金黄色葡萄球菌和伤寒沙门菌的生长[4]。也有研究者从海虾肠道内分离了一株嗜酸乳杆菌，其能产生具有广泛抗菌性的细菌素，能够抑制多种病原微生物的生长[5]。嗜酸乳杆菌GP1B能够产生一种分子质量约为4kDa的细菌素acidocin 1B，能够对病原菌产生较强的抑制作用。这种细菌素活性较强，在4℃条件保存30d仍具有67%的活性，在25℃和37℃条件下保存30d，活性仍可保留50%[6]。大量实验表明，嗜酸乳杆菌主要通过以下途径在宿主体内和食物中发挥作用：黏附在宿主消化道内生长繁殖，形成生物屏障，一方面防止毒素等有害物质的吸收，消耗有毒物质；另一方面抑制病原菌在消化道黏膜上的黏附效应，借助细菌素杀死病原菌，并与病原菌竞争营养物质抑制病原菌的生长起到保护肠道的作用。

2．降低胆固醇

胆固醇是人体不可或缺的物质，但不合理的膳食结构可导致胆固醇过高，可严重危害人体健康，诱发冠心病、动脉粥样硬化及其他心血管疾病。有研究发现嗜酸乳杆菌能够在生长过程中去除培养基中的胆固醇，即使嗜酸乳杆菌处于休眠状态甚至热灭活状态，仍具有一定的脱除能力[7-11]。目前，嗜酸乳杆菌降低胆固醇的作用机理还没有明确，主要有三个观点：一是嗜酸乳杆菌能够直接吸收利用胆固醇从而降低胆固醇含量；二是嗜酸乳杆菌能够释放胆盐水解酶，该物质能使结合态的胆盐转变为脱结合状态并与胃肠道中的胆固醇发生共沉淀作用从而降低胆固醇含量；三是嗜酸乳杆菌生长过程中的某些产物会抑制胆固醇合成途径中的β-羟基-β-甲基戊二酸单酰辅酶A还原酶，从而降低血清胆固醇的含量[12, 13]。尽管人们对嗜酸乳杆菌降低人体血清中胆固醇含量的机理还有争议，但嗜酸乳杆菌能降低人体血清中胆固醇含量是毫无疑问的。

3．促进乳糖消化吸收，缓解乳糖不耐症

乳糖是人体内重要的营养源，具有重要的生理功能，在牛乳及人乳中平均含量分别为4.8%和7.0%。乳糖只有在乳糖酶的作用下水解成葡萄糖和半乳糖才能被人体转化吸收。若缺乏乳糖酶将会导致摄入的乳糖不能被及时水解，而没有被水解的乳糖会在肠道内进行发酵，产生二氧化碳、甲烷、氢气等气体以及有机酸，这些气体滞留在肠道内会引起肠鸣、胃肠胀气、腹痛等乳糖不耐症症状[14]。嗜酸乳杆菌能促进人体对奶质中乳糖的吸收，从而缓解乳糖不耐症的症状，服用含有2×10^6CFU/mL嗜酸乳杆菌的发酵奶，7d后呼出气体中氢气的含量明显降低，乳糖的综合利用率明显增加[15]。食用含有嗜酸乳杆菌等活性益生菌的制品可从以下两个方面有效缓解乳糖不耐症的症状，一是嗜酸乳杆菌产生的乳糖酶能够水解乳糖，从而降低肠道中的乳糖含量，二是嗜酸乳杆菌在肠道内胆盐作用下释放出细胞内的β-半乳糖苷酶，该酶能够促进肠道内乳糖的消化[16]。

4．增强机体免疫力

嗜酸乳杆菌可与肠黏膜免疫系统相互协调作用，可以控制炎症相关淋巴细胞因子的发生。研究表明嗜酸乳杆菌能使小鼠腹腔黏膜巨噬细胞INF-α产生量明显上升；通过食用嗜酸乳杆菌发酵食品可以显著增强人体血液中单核巨噬细胞的吞噬活性，刺激全身免疫系统应答。嗜酸乳杆菌及其产物可促进细胞分裂、刺激免疫器官的发育、增强机体的细胞免疫和体液免疫功能、增强血清中的免疫因子及特异性抗体的水平。Wagner等[17]证明嗜酸乳杆菌NCFM对免疫缺陷小鼠具有诱导产生抗体和细胞免疫反应的功能。Tejada-Simon等[18]研究表明含有嗜酸乳杆菌的酸奶或者发酵制剂可以对霍乱毒素免疫小鼠腹腔黏膜系统的IgG、IgA水平产生影响，食用这种制剂的小鼠肠道和血清中IgA和IgG的水平较高。Perdigon等提出，嗜酸乳杆菌增加了小鼠小肠中sIgA的产生和抗体生成细胞的数量，而且这种作用具有剂量-效应关系。Perdigon等还发现，用经干酪乳杆菌和嗜酸乳杆菌或同时经这两种菌发酵的牛奶饲喂小鼠8d，利用绵羊红细胞对小鼠进行刺激，小鼠腹腔巨噬细胞的体内和体外吞噬活性，以及血清抗体产生量都有所增加[19]。近年来的研究也表明嗜酸乳杆菌是一些Th1型细胞免疫因子（IL-12、IFN-γ）的诱导剂[20, 21]。有研究者将嗜酸乳杆菌LASW1作为口蹄疫VP1 DNA疫苗的口服佐剂，结果也发现嗜酸乳杆菌能够刺激小鼠脾脾脏产IFN-γ的细胞的增殖及更高浓度IFN-γ的产生[22]。

5．对肠炎的治疗作用

研究证实乳酸菌对溃疡性肠炎有一定的治疗作用[23-27]，桑云华等人通过 DSS（葡聚糖硫酸钠）建立小鼠结肠炎模型，用不同剂量的嗜酸乳杆菌进行实验，结果发现嗜酸乳杆菌对急性期实验性结肠炎小鼠有治疗作用，疗效与剂量呈正相关；且部分机制可能与抑制转录因子STAT1的激活，进而减少结肠黏膜趋化因子RANTES和MCP-1的表达有关[25]。李云燕等人通过DSS建模后用不同剂量的嗜酸乳杆菌进行实验，检测结肠黏膜MUC2的表达，结果是随着嗜酸乳杆菌的增加，其对DSS建模小鼠的治疗作用也相应增加，推测嗜酸乳杆菌与结肠黏膜细胞结合后能够诱导MUC2因子的表达，同时还能诱导黏液细胞的分化[26]。另外，任科雨等利用嗜酸乳杆菌对建模的结肠炎小鼠进行治疗，结果发现建模结肠炎小鼠的炎症明显得到改善，推测嗜酸乳杆菌能够使STAT1、T-bet信号分子处于失活状态从而使Th1型免疫反应得到抑制[27]。使用嗜酸乳杆菌治疗结肠炎可能是一种行之有效的办法。

6．抑癌作用

胃肠道中的腐败性细菌可以利用食物成分和胆汁酸盐类物质，生成亚硝基化合物、胆固醇、胆汁酸的代谢物，以及氨基酸代谢产物（酚类、吲哚、硫化氢）等有机致癌物质[28]。嗜酸乳杆菌能改善、平衡肠道菌群，抑制腐败微生物的生长，抑制致突变酶的活性，减少致癌物质的形成并分解致癌物质，从而起到抗肿瘤的作用。王红艳等人通过研究还发现，经热灭活的嗜酸乳杆菌与HeLa细胞作用后能够促进CD80和CD86的表达，同时能诱导并提高CTL和NK细胞对HeLa细胞的杀伤作用[29]。史晓艳等发现，嗜酸乳杆菌的灭活菌液、代谢产物以及无细胞提取物均可抑制TCA8113细胞的增殖[30]。此外人体的衰老主要与体内某些氨基酸代谢产物（吲哚、硫化氢）有关，而人体肠道内的某些有害细菌产生的有害腐败产物如硫化氢、吲哚、酚类、胺等很大程度上导致了人的衰老。而嗜酸乳杆菌不仅不会产生类似硫化氢之类的有害产物，相反，嗜酸乳杆菌在生长发酵过程中产生的乳酸使得环境中的pH降低，同时，其产生的细菌素等能够抑制有害细菌的生长，从而延缓机体的衰老。

三、嗜酸乳杆菌的分子生物学

1．嗜酸乳杆菌的基因组学研究

嗜酸乳杆菌NCFM是一株商用益生菌,被广泛用作膳食添加剂及牛奶和其他乳制品的发酵剂。该菌最初于1970年从人体肠道中分离，其特性得到广泛的研究[31]。为了更好地了解其发挥益生菌功能的分子机制，2005年对其进行了全基因组测序[32]。嗜酸乳杆菌NCFM基因组测序结果表明，基因组大小为2.0Mb，具有1862个开放阅读框，具有强大的转录系统，并且有37个糖苷水解酶参与碳代谢[32, 33]。Barrangou等[34]利用DNA芯片技术对NCFM进行研究，发现NCFM为适应肠道的营养组成，在代谢水平上具有一定的负转录调控能力。这种代谢的灵活性确保NCFM能够在营养匮乏的竞争环境下生存。随后，Majumder等建立了嗜酸乳杆菌NCFM的蛋白参考图谱，并利用蛋白质组学技术研究了嗜酸乳杆菌对乳糖醇等益生素的利用机制[35]。近年来嗜酸乳杆菌ATCC4356、嗜酸乳杆菌La-14等一些嗜酸乳杆菌的基因组序列不断被破译[36-39]。对上述测序的嗜酸乳杆菌进行序列比对分析，结果表明La-14、NCFM和ATCC4356序列相似度非常高，ATCC4356的基因组与NCFM的相似度达到99.96%[36]，与La-14的相似度达到99.97%[36]。La-14和NCFM的GC含量均为34.7%，ATCC4356的GC含量为34.6%。上述基因组测序的完成，促进了嗜酸乳杆菌益生菌特性研究。基因组测序结果也表明嗜酸乳杆菌的基因组具有高度的保守性，蛋白质编码序列的变异非常小。虽然不同嗜酸乳杆菌分离菌株在表型和生化特征上表现出有多样性[40, 41],但是嗜酸乳杆菌在基因组上的变异却非常小，遗传性能比较稳定，具有很好的遗传同一性[42, 43]。嗜酸乳杆菌能够广泛用于商业生产，也与其基因组的稳定性有重要关系，有利于维持菌种批间稳定性。

2．嗜酸乳杆菌基因敲除系统的建立

要更好地探索一些重要基因的功能，最有效的方法就是将该基因失活，并对功能缺失后的菌株表型和生理生化特征进行分析。因此有效的基因失活和替换系统对于研究嗜酸乳杆菌基因与表型之间的关系，了解益生特性相关功能特征，具有非常重要的意义。最初有研究者利用pORI质粒为基本骨架，建立了嗜酸乳杆菌插入失活重组载体TRK669，可以将待缺失基因的同源臂定向克隆至该穿梭载体，并转化到嗜酸乳杆菌中，通过同源重组可将含抗性筛选基因的同源重组臂插入到待缺失的基因上，从而造成基因功能失活[44]。TRK669是一个温度诱导表达质粒，可以在相对较高温度下开启质粒复制，低温条件下质粒不进行复制，将发生重组的嗜酸乳杆菌在低温条件下培养，可自然消除菌株体内的TRK669，此基因敲除系统建立后被广泛用于基因功能研究[7,33, 45-47]。但是这种发生单次交换的同源重组系统，需要利用一个抗性基因对插入失活突变体进行筛选，因此无法在一个菌株内进行多位点基因突变。并且如果插入失活的特异性靶基因含有操纵子，可能会对下游基因的表达产生影响。因此研究者进一步在嗜酸乳杆菌中成功构建了无痕缺失的基因敲除系统。该系统由两部分组成，一是尿嘧啶磷酸核糖基转移酶（UPP）缺失的嗜酸乳杆菌NCFM突变株，二是以pORI质粒作为基本骨架构建的反向整合载体pTRK935,该载体中含有红霉素抗性基因,并含有高表达的*upp*基因。该基因平行置换系统的工作原理大致如下。野生型NCFM菌株含有尿嘧啶磷酸核糖基转移酶,并且该基因在嗜酸乳杆菌体内组成型高表达，因而导致野生型NCFM对5-氟尿嘧啶（5-FU）敏感，培养基中5-FU含量超过100μg/mL，菌株不能存活。而*upp*基因缺失的突变株则可以在

含有5-FU的培养基上存活。通过PCR扩增，将待缺失基因的同源臂扩增到反向整合质粒pTRK935的多克隆位点，并转化*upp*基因缺失的突变株，通过第一次同源重组将带有同源臂的质粒整合到菌株染色体上，利用菌株能在红霉素抗性培养基上存活的特性来筛选重组质粒。发生二次同源重组后质粒和待缺失基因从菌株的染色体上移除，菌株会在含有5-FU的培养基上存活。研究者利用该基因敲除系统成功构建了*slpX*基因缺失突变株，并对其功能进行了初步研究[48]。

3．嗜酸乳杆菌基因工程菌可作为活疫苗载体

嗜酸乳杆菌是一种具有益生作用的乳酸菌，是人体和动物肠道中的重要微生物，其对酸和胆盐有较强的抵抗力，是一种理想的黏膜疫苗递送载体[49]。乳酸菌作为表达外源基因的受体菌株，具有一定的优势，乳酸菌仅有一层细胞膜，目的蛋白可在信号肽的引导下直接分泌进入上清液，从而容易获得目的蛋白。嗜酸乳杆菌作为黏膜疫苗递送载体具有独特的优势：首先，嗜酸乳杆菌具有黏附并定植在黏膜表面的能力，可以更有效地向黏膜处淋巴组织递呈抗原蛋白；其次，嗜酸乳杆菌被证明具有较强的抗酸和抗胆盐的能力，有利于保护黏膜载体疫苗。嗜酸乳杆菌可以通过树突状细胞（DC）特异性胞内黏附分子3（ICAM-3）-捕获非整合蛋白（DC-SIGN）与DC相互作用，促进吞噬细胞的吞噬和抗原递呈，调节免疫应答[50]。此外多株嗜酸乳杆菌基因组序列已经测定完成[32, 36-39]，便于黏膜疫苗的设计，也是发展嗜酸乳杆菌黏膜疫苗载体的另一个关键优势。

pMG36e是乳酸菌通用表达质粒，是一个经典的人工构建的组成型表达载体，是以乳酸乳球菌乳脂亚种蛋白酶基因的转录和翻译信号为表达起始位点，由一个强启动子P32启动，可在多种细菌中表达外源蛋白。pMG36e是常用于乳酸菌的一种表达型质粒载体，可在大肠杆菌、乳酸菌、枯草杆菌中进行复制，具有广泛宿主性。随着乳酸菌基因工程菌株的改造以及口服疫苗的开发等，pMG36e载体已成为乳酸菌基因工程研究的重要工具质粒之一，已经开始用于细菌素作用机制的研究，以及其他外源蛋白的表达[51]。pMG36e表达外源蛋白时不需诱导，可在菌体存活期持续不断地表达外源基因，从而简化了操作过程，且具有相对较高的安全性，因此更适合在实际生产中应用。国内有研究者利用携带红霉素抗性基因的穿梭质粒pMG36e，构建高效组成型表达幽门螺杆菌保护性抗原黏附素的嗜酸乳杆菌菌株，免疫小鼠后，可激发有效的黏膜免疫，产生高效价的SIgA，初步研究表明可有效抑制幽门螺杆菌的黏附定植[52, 53]。也有研究将猪源嗜酸乳杆菌LASW1作为口蹄疫DNA疫苗载体，结果表明嗜酸乳杆菌具有一定的免疫佐剂功能，可以激活体液免疫和细胞免疫[54]。

含有抗性基因的基因工程菌并不适宜投放到环境或人与动物体内，因为抗性因子的转移将带来生物安全性的严重问题，也很难进入临床试验。为了避免使用抗生素抗性标记所引起的危害，最好的办法是建立食品级选择性标记的载体，即用对人体安全的食品级筛选标记替代抗生素抗性标记。乳酸菌食品级高效组成型表达系统的构建和应用已成为研究前沿和热点。目前研制的嗜酸乳杆菌食品级表达系统主要依据营养缺陷原理构建。嗜酸乳杆菌在乳糖中生长需要乳糖操纵子编码的完整酶系，其中包括*lacF*基因编码的可溶性载体酶IIAk。因此，有研究者利用嗜酸乳杆菌ATCC4356的*lacF*基因作为选择性标记基因，建立乳糖诱导的嗜酸乳杆菌表达系统，此表达系统由两部分组成：一是*lacF*基因突变的半乳糖苷酶缺陷型嗜酸乳杆菌（$lacF^-$突变株），二是*lacF*基因作为筛选标记的半乳糖苷酶互补型质粒（$lacF^+$质粒）。$lacF^-$突变株在乳糖作为唯一碳源的培养基上培养时，由于半乳糖苷酶的缺陷，细菌无法利用乳糖，而不能生长，当克隆有*lacF*基因的质粒导入时，提供了功能互补作用，$lacF^-$突变株可恢复其原有的表型，能在乳糖培养基上生长繁殖，进而保证载体质粒在没有抗生素选择压力下，能在嗜酸乳杆菌表达系统中稳定地存在[55]。也有研究者利用基于尿嘧啶磷酸核糖基转移酶基因（*upp*）的反向筛选基因敲除系统将报告基因*gusA3*整合到嗜酸乳杆菌的染色体上，构建了直接在染色体上表达外源基因的食品级抗原递送系统[56]。研究中将报告基因*gusA3*[编码*β*-葡萄糖醛酸酶（GusA3）的基因]整合到嗜酸乳杆菌编码半乳糖苷酶的基因（*lacZ*）的下游特定位点，而插入点处并没有DNA缺失。*lacZ*可以在乳糖的诱导下高表达，从而开启*gusA3*基因表达。可以通过4-甲基伞形酮-*β*-D-葡萄糖苷酸（MUG）的活性来鉴别*gusA3*基因的表达情况。通过这种方法构建的食品级表达载体系统，可以将外源基因稳定而有效地整合到嗜酸乳杆菌的染色体上[56]。

Smit等将嗜酸乳杆菌S-层蛋白A（SlpA）的C末端123个氨基酸残基与GFP融合表达，将其锚定到嗜酸乳杆菌细胞壁表面，构建了嗜酸乳杆菌的表面展示系统[50]。嗜酸乳杆菌的S-层蛋白（S-layers）是一种细胞壁表面非糖基化蛋白，在细胞内合成，由信号肽介导穿过细胞膜，并通过与细胞壁上的磷壁酸非共价结合，锚定到细胞表面。S-层蛋白（Slap）由单一蛋白质组成并有规律地排列在细胞壁外，是生物进化过程中最简单的一种生物膜，在细菌表面大量存在，这些特质使Slap成为发展乳酸菌细胞壁表面展示技术的最佳锚定基序之一[50]，SlpA含有两个功能区：负责自身组装区域（N末端）和细胞壁锚定区域（C末端）。并且S-层蛋白的锚定结构域的功能不受融合的外源蛋白影响。除了上述表面展示系统外，多种嗜酸乳杆菌表面展示系统已经被报道用于展示细菌或病毒的抗原蛋白[49, 57, 58]。Kajikawa等人用非共价结合锚定结构域（PrtP）和共价结合蛋白锚定结构域（Mub）将伤寒杆菌鞭毛抗原（FliC）展示到嗜酸乳杆菌NCFM的细胞壁表面。不同锚定方法的两种嗜酸乳杆菌均可以活化DC，刺激细胞因子的产生[49]。Moeini利用乳酸乳球菌的铺定结构域AcmA将鸡传染性贫血病毒的VP1蛋白展示到嗜酸乳杆菌表面，口服免疫SPF鸡，免疫鸡的血清中检测到中等水平的中和抗体，脾淋巴细胞出现VP1特异性淋巴细胞增殖反应，免疫组的Thl细胞因子（包括IL-2、IL-12和IFN-γ）水平明显升高，证明了嗜酸乳杆菌作为禽类黏膜疫苗递送载体的可行性[58]。

四、应用与展望

随着人们对嗜酸乳杆菌认识的加深，嗜酸乳杆菌开始越来越广泛地应用于人们生活和生产的许多环节中。许多食品中都添加了嗜酸乳杆菌，最常见的是酸奶及其制品[2]。牛奶经嗜酸乳杆菌发酵后产生酸奶，酸奶中乳糖含量比较低，可供乳糖不耐受人群食用。添加至牛奶中的嗜酸乳杆菌在5～7℃条件下可存活28d左右。嗜酸乳杆菌也被添加到各种干酪制品、豆酱面，以及一些大豆发酵食品。在豆奶中添加嗜酸乳杆菌的历史也比较久远。早在1933年，嗜酸乳杆菌发酵的豆奶在美国就成为深受欢迎的商品，并用其治疗结肠炎和消化紊乱。利用嗜酸乳杆菌发酵豆奶能明显改善豆奶风味，发酵豆奶中蔗糖含量提高4%，并且去除了豆腥味[2]。

此外嗜酸乳杆菌也被添加到蔬菜汁、果汁、冰激凌甜点以及谷类制品中[59]。乳酸菌在发酵代谢过程中会产生多种代谢产物，经乳酸菌发酵的制品中氨基酸、维生素等物质的种类和含量增加，从而提高了食品的营养价值。例如，经嗜酸乳杆菌发酵的胡萝卜汁，在保持胡萝卜本身营养成分的同时，又使得发酵产物中乳酸含量增加，增加制品的口感，使之成为一种较为理想的风味饮料[60]。乳酸菌不但能使其发酵制品产生新的风味，还可以利用乳酸菌发酵的特点来消除食物中的某些杂味或异味[2]。许多嗜酸乳杆菌产生的细菌素具有抑菌功能[4-6]，可开发成抑菌产品，添加于各种制品中，因而嗜酸乳杆菌有很大的潜力被开发成食品防腐剂，延长食品的保质期。

嗜酸乳杆菌也属于微生态制剂的研究热点。胶囊制剂可以保护嗜酸乳杆菌免受极端环境的破坏，从而有助于其定植于肠道内。有企业将嗜酸乳杆菌与双歧杆菌联合制备成口服双歧四联活菌片（商品名称普乐拜耳）。嗜酸乳杆菌制剂与抗生素同时服用，能显著降低服用抗生素造成的胃肠道副作用。Shamir等人[61]的研究证实嗜酸乳杆菌及其微生态制剂能够治疗婴幼儿急性腹泻，且不良反应少。

近年来，乳酸菌分子生物学研究取得长足进步，随着乳酸菌各类表达调控元件的分离，相继发展了一系列适用于乳酸菌的克隆载体、表达载体、整合载体，可以利用嗜酸乳杆菌表达一些有价值的基因，例如生物活性蛋白、酶和疫苗等。将特定的保护性抗原基因在乳酸杆菌中表达，就可以将乳酸菌的生物学功能和外源抗原基因的特异性免疫功能相结合，还可以起到防治炎症、抑制其他有害菌生长的作用。乳酸菌开始作为基因工程菌在食品工业、医药及保健品行业广泛应用。

五、小结

嗜酸乳杆菌被广泛用作食品添加剂，作为一种可以食用的益生菌，可以降低血液中胆固醇，缓解心肌炎等疾病，同时也能改善便秘、腹泻和乳糖不耐症。肠道中定植的嗜酸乳杆菌当其数量达到一定的水平时，其分泌的乳酸能改善和调节肠道的微生物菌群平衡，从而增强机体的抗菌能力，减少癌症的发生率。嗜酸乳杆菌在生长代谢过程中所产生的代谢产物及细菌素对环境中其他菌群，如致病性大肠杆菌、金黄色葡萄球菌以及炭疽杆菌等致病菌具有较好的拮抗作用，起到抵抗病原菌的效果。此外这些细菌素可以开发成抑菌剂直接添加到食品中，用于杀灭微生物，因而嗜酸乳杆菌有很大的潜力被开发成食品级防腐剂。随着基因工程技术的发展，也有研究者开发了食品级嗜酸乳杆菌表达载体，并广泛用于黏膜疫苗的研制。

（张影 编，徐子瑛 校）

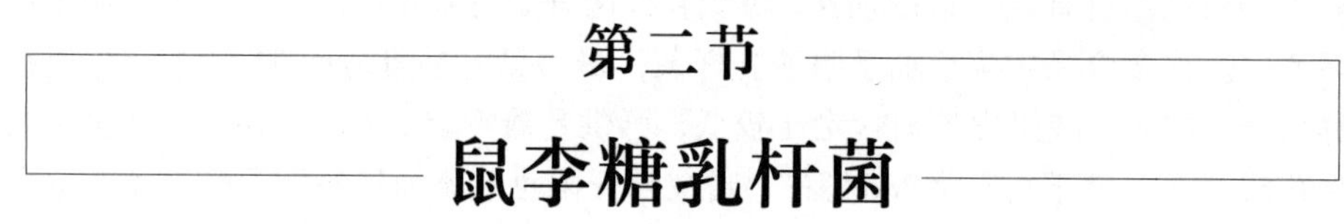

第二节 鼠李糖乳杆菌

鼠李糖乳杆菌（*Lactobacillus rhamnosus*）属于乳杆菌属，它有调节微生态平衡、增强宿主肠道抵抗力、预防和治疗腹泻、消除过敏的功能，若干动物和人体试验显示该菌有一定的抑菌效果和加强免疫系统的功效，能保证肠道菌群的健康。该菌株的人体摄入安全性可由若干体外和动物临床研究所保证。它可用于各种食品、保健食品和微生态制品或药品。

目前已分离出多种鼠李糖乳杆菌，其中LGG（*Lactobacillus rhamnosus* GG）是最著名的鼠李糖乳杆菌，属于乳杆菌属、鼠李糖乳杆菌种，革兰氏阳性菌，无质粒，不能利用乳糖，但可代谢单糖。20世纪80年代，由两位美国科学家Gorbach和Goldin从健康人的肠道中分离而得，并命名为鼠李糖乳杆菌LGG。近年来，国外的科学家通过大量的动物实验和人体临床试验证明LGG能够耐受动物消化道环境，并能够在人和动物肠道内定植，起到调节肠道菌群、预防和治疗腹泻、排除毒素、预防龋齿和提高机体免疫力等作用。目前，已经有大量的含鼠李糖乳杆菌LGG的益生菌制剂和食品进入各国市场，并受到广大消费者的青睐。

一、鼠李糖乳杆菌的生物学特性

鼠李糖乳杆菌形态呈短小的双杆状，为革兰氏阳性菌，不产芽孢，不运动。菌落粗糙，灰白色，有时呈微黄色。兼性厌氧，耐酸，最适pH通常为5.5～6.2，一般在pH5或更低的情况下也可生长。生长温度范围2～53℃，最适温度一般是30～40℃。鼠李糖乳杆菌生长所需营养物质较多，如牛肉膏、葡萄糖、酵母膏、蛋白胨、Mg^{2+}、Mn^{2+}、Na^{+}等以及多种氨基酸。鼠李糖乳杆菌在肠道中不产毒素，不具有致病性。鼠李糖乳杆菌能针对多种糖类进行发酵，如鼠李糖、果糖、葡萄糖、半乳糖、纤维二糖、麦芽糖等等，但是不能发酵木糖、棉子糖等少量糖类。

LGG可溶性蛋白的电泳模式和干酪乳杆菌鼠李糖亚种相似，但它不同于那些不发酵乳糖、麦芽糖或蔗糖的亚种。LGG产生少量乙酸和大量乳酸，抗生素敏感性测试表明LGG对青霉素、氯林可霉素、红霉素、万古霉素、四环素和氯霉素敏感，而对甲硝唑有抗性。LGG在LBS番茄汁琼脂和MRS琼脂培养基中生长呈现特定的形态学特征，这使其易于辨认，在这两种培养基中LGG为大的、奶油白色、不透明菌落，且散发奶油味。

LGG短暂地生活在胃肠道，可以平衡肠道菌群，加强对感染的自然防御，对改善多种肠道疾病有积极作用。在目前所知的益生菌中，LGG有着最可靠、最深入的科学研究背景。由于得到不同国家的权威（官方）许可，使用LGG的产品可以标注明确的保健功能，LGG产品有着良好的市场前景。在已知的益生菌中，只有极少数的商品化益生菌株拥有临床试验证明，大多数的益生菌株没有临床试验证明。

二、鼠李糖乳杆菌的生理功能及机理

（一）在人类肠道中的存活和定植

益生菌只有黏附于宿主的肠上皮细胞，进而定植、繁殖，才能发挥其维护微生态系群落结构及功能平衡、保护生物屏障作用，否则只能是过路菌，不能长期在肠道内存在，也就无法持续对宿主机体产生益生作用。

对于鼠李糖乳杆菌在人体内的黏附和定植能力，人们也做了大量的研究。Alander等通过让志愿者连续服用以LGG发酵的乳清饮料12d，检查受试者活体肠道内容物和粪便样品，并对其中的菌落进行形态学检验、乳糖发酵实验和PCR检测，结果显示，样品中都含有LGG菌株，证实了LGG能够在活体肠道内定植并存活[62]。

1998年，Kaila等在治疗轮状病毒引起的5～28月大的婴幼儿腹泻时，给29名患儿分别口服含LGG的制剂和普通牛乳，结果在服用LGG婴儿的粪便中检出LGG菌株，说明即便是在宿主患急性胃肠炎期间，LGG仍能够促进肠道菌群的平衡[63]。其他的实验也证实了LGG能够抵御消化道环境的不利影响并在人体的肠道内定植。

在Kirjavainen等人进行的实验中测定了不同益生菌对人体肠黏膜的结合能力，结果发现，LGG无论对于成年人还是婴儿，均有较高的黏着率；其中，对成人黏膜的黏着率均高于对婴儿黏膜的黏着率[64]。这可能是由于婴儿肠道环境不成熟，可以提供的黏着位点较少。

（二）提高机体免疫力

人体的免疫系统分为先天和适应性免疫系统，前者包括巨噬细胞、淋巴细胞和自然杀伤细胞等，是机体的“第一道防线”；当有先天免疫系统无法识别入侵的微生物时，适应性免疫系统开始发生作用。二者共同构成了人体的免疫屏障。当宿主发生创伤、感染或变态反应时，机体的免疫系统会引发急性或慢性炎症，严重时会威胁生命[65]。

食物中一些致病性的革兰氏阴性菌分泌的脂多糖会诱导机体产生非特异性免疫，并释放出前炎症细胞因子（proinflammatory cytokines），如肿瘤坏死因子α（TNF-α）、白细胞介素-6（IL-6）以及白细胞介素-10（IL-10）等。

大量实验表明，乳酸菌及其细胞壁成分能够促进人体外周血单核细胞分泌TNF-α、IL-6和IL-10，激活人体的免疫系统。Miettinen等在实验中发现，通过LGG等乳酸菌与血液中细胞因子的反应，能够抑制食物中革兰氏阴性致病菌引起的免疫功能失调，并能诱导产生较多的TNF-α、IL-6和IL-10[66]。

Pena等报道了LGG能够调节TNF-α等细胞因子的分泌。其进行的鼠肠道微生物菌群体外实验结果显示，LGG能够防止巨噬细胞分泌过量的TNF-α，起到预防和治疗结肠炎的作用，但未发现对IL-10有明显影响[67]。

其他大量的临床试验和体外实验也证实了LGG具有在炎症初期激发机体自身非特异性免疫应答的功效，有效地抵御外源性抗原对宿主机体的威胁，能够起到提高宿主自身免疫力的作用。

（三）减少或消除体内和食物中的毒素

在食品卫生的污染因素中，生物毒素对食品的污染是最重要的污染之一，而黄曲霉毒素则因其对人、畜肝脏的剧烈损害而名列各毒素之首。黄曲霉毒素（aflatoxins）是由某些存在于粮食和饲料上的真菌所产生的有毒代谢产物，是最常见的一类真菌毒素，它可引起家畜、动物和人类的多种疾病。有资料记载，黄曲霉毒素B1的毒性为剧毒化学药品氰化钾的10倍以上。尽管经过几十年的研究，黄曲霉毒素的化学结构、性质、对人畜的损害机理已研究得比较透彻，世界各国也都对其在食品中的污染进行了严格的规定，并采取多种方法来消除黄曲霉毒素的危害，例如添加山梨酸、苯甲酸及其盐类等，但效果并不理想，且这些化学防霉剂可能对人和动物产生不良影响。于是，人们在不断研究物理分离、热灭活处理、辐射处理和溶剂提取等去毒方法的同时，考虑能否利用微生物来降低黄曲霉毒素的危害。

Haskard等通过酶联免疫吸附实验证实LGG能够吸附黄曲霉毒素B1。进一步的实验表明，在与人体内环境相似的条件下（4～37℃，pH2～10），利用高压和超声波降解法都不能使黄曲霉毒素B1从LGG菌体表面脱离[68]。同年，Kankaanpää和Tuomola等也报道了LGG在Caco-2结肠细胞模型中对黄曲霉毒素的吸附作用[69]。

此外，El-Nezami等还报道LGG对玉米赤霉烯酮（一种由粉红镰刀菌等产生的霉菌毒素）的吸附作用[70]；Halttunen等的实验证实了LGG能够去除食物中的重金属镉[71]。

（四）抑制肠道内有害菌的生长

大量的微生物存在于人体的肠道内，这些微生物共同构成了人体肠道的微生态环境。正常的肠道菌群微生态平衡应具有以下4方面的特征：①不同微生物的正常菌群在空间所处的位置基本固定；②所存在的微生物的种属固定不变；③不同部位的各类微生物菌群和成员的数量基本固定，是维持微生态平衡的关键之一；④微生物和宿主的种属具有特异性，源自不同宿主的微生物可能会在其他宿主体内引起不良反应[72]。

人体的微生态平衡受宿主的种类、年龄、应激反应、感染、疾病，以及食物、抗生素、辐射等外界因素的影响，会发生失衡。近年来，由食源性致病菌导致人体微生态失衡，引发疾病的事故呈上升趋势。

益生菌调节人体肠道菌群平衡的功效已被世人所认可。有研究给9名健康志愿者和8名对牛乳敏感的患者服用LGG制剂，4星期后，发现牛乳敏感患者粪便中的肠道厌氧菌群与健康人的接近，同时，对牛乳敏感的症状基本消失；另外，健康组样本中的双歧杆菌数量显著提高。大量的实验结果表明，LGG具有调整体内菌群的功效，能保持宿主肠道内微生态平衡。

Silva等对LGG产生的抑菌物质进行了研究，结果表明，LGG在厌氧条件下对*E. coli*的抑制作用比在有氧条件下明显，而对其他的乳杆菌无抑制活性[73]。

（五）预防和治疗腹泻

病毒、细菌、寄生虫及其产生的毒素引起肠黏膜炎症时会使宿主出现腹泻，另外，由于滥用抗生素也会引起腹泻。早在1990年，芬兰的Oksanen和Salminen等就报道了LGG对腹泻的治疗作用。他们将820名旅游者分成两组并进行跟踪调查，分别服用LGG制剂和空白安慰剂。对比结果发现，LGG能够有效地预防腹泻的发生，而且未发现有副作用[74]。

同年，有科学家报道了以LGG发酵的酸奶对由抗生素引起的腹泻的治疗作用。在不发达地区，营养不良是引起婴幼儿急性腹泻的主要原因之一。秘鲁的研究者也报道了LGG对秘鲁儿童急性腹泻具有明显的预防作用。204名6～24月的营养不良的婴儿通过服用含LGG的制剂，可以缩短其腹泻的持续时间，并且粪便中的腺病毒大大减少。

大量的临床研究证实，LGG能够有效地治疗腹泻。特别对于经济欠发达地区，婴儿的母乳喂养率较低，新生儿和婴儿腹泻发病率较高，服用LGG制剂或LGG发酵食品，能够大大缓解这一症状。

三、鼠李糖乳杆菌的分子生物学

（一）鼠李糖乳杆菌基因组

鼠李糖乳杆菌是一类兼性厌氧异型发酵的乳酸细菌，常见于健康人群的胃肠道黏膜。2009年，日本东京大学的科学家对一株来自健康人肠道的鼠李糖乳杆菌ATCC 53103进行了全基因组测序分析并发表了其全基因组序列[75]，其基因组全长约为3000kb，如图5-1。

ATCC 53103包含2834个预测的蛋白质编码基因，其中1939个（68%）蛋白质编码基因功能已知，其余610个（22%）蛋白质编码基因为保守基因，285个（10%）蛋白质编码基因为新发现基因。与其他肠道分离乳酸菌株相比，ATCC 53103具有更多的基因参与碳水化合物、氨基酸的代谢和转运以及防御机制。该基因组编码28个完整的磷酸烯醇式丙酮酸-糖磷酸转移酶型转运系统（PTSs）和25个糖基化水解酶，并被分成12个糖解酶活性家族（http://www.cazy.org/）。

在这12个家族中，α-L-岩藻糖苷酶和α-甘露糖苷酶是在肠道乳酸细菌中LGG独有的。28个PTSs中的12个编码基因临近糖基化水解酶基因和转录调控基因，受到局部的转录调控。ATCC 53103携带22个多耐药ABC转运子，8个抗生素肽段ABC转运子和7个β-内酰胺，这反映了其潜在的广谱抗生素耐药性。ATCC 53103基因组包含17个完整的双组分调节系统，在已测序的乳酸杆菌中比较常见。在这17个感应-反映对中，1个与细菌素的生成相关，7个毗邻多耐药ABC转运子。此外，ATCC 53103基因组包含超过90%已知的调控子。

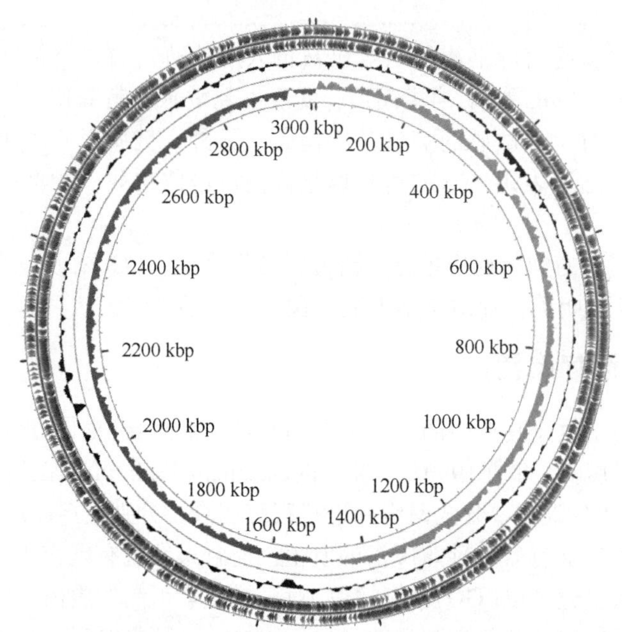

图 5-1　鼠李糖乳杆菌 ATCC 53103 基因组环形示意图（见彩图）

同样在2009年，来自芬兰和荷兰的科学家发表了ATCC 53103菌株的原始株也就是人们熟知的LGG以及LC705的全基因组序列。LGG基因组长度为3010kb（无质粒），而LC705基因组长度约为3030kb（含质粒）。其编码基因数量分别为2944和2992[76]。

（二）鼠李糖乳杆菌基因组的多样性

尽管LGG是鼠李糖乳杆菌中最著名也是目前应用最广泛的菌株，但是就鼠李糖乳杆菌本身而言，具有广泛的基因多态性。

2008年，一项针对鼠李糖乳杆菌的随机扩增多态DNA分析研究表明，不同菌株间存在显著的基因多态性，不同来源的分离株的相似系数在0.581～0.935之间[77]。

2013年，研究人员针对100株不同来源的鼠李糖乳杆菌菌株进行了基因组水平的测序，并以LGG菌株作为参考基因组进行了图谱描绘和功能分析[78]。系统进化分析表明100株鼠李糖乳杆菌聚类分成了多个不同的组别（图5-2）。基因组水平上存在约17个高度变异的区域，这些区域在生物学功能上涵盖碳水化合物的转运与代谢、胆汁盐耐受、前噬菌体适应性免疫等方面。2017年，芬兰与荷兰的科学家在2005—2011年间从医院的菌血症患者的血液样本中分离了16株鼠李糖乳杆菌菌株，然后通过与LGG菌株进行比较，分析了它们在基因组学以及免疫学特性上的异同点。基因组水平上，16株临床分离株与LGG菌株表现出明显的差异，但所有的这些菌株仍然都可以被人体的补体系统识别[79]。

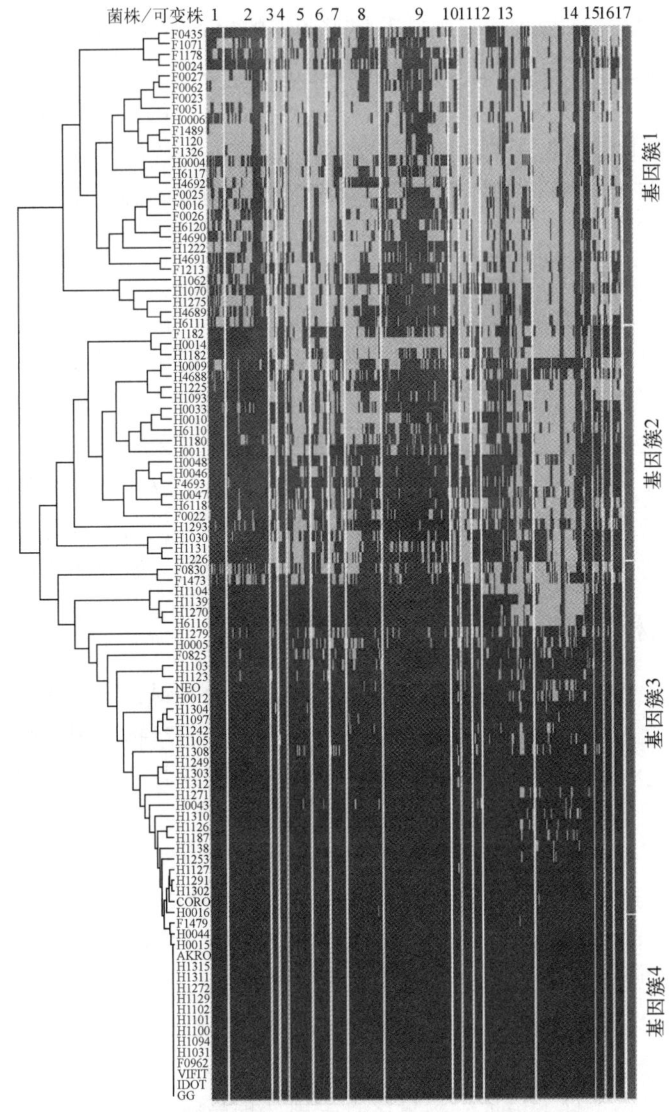

图 5-2　100 株鼠李糖乳杆菌菌株 Solid 测序基因组系统进化分析（见彩图）

基因组数据和表型研究提示，鼠李糖乳杆菌菌株可以在不同的生理条件下生存。这也表现为不同的菌株可能会出现多种不同的生物学特性。实验表明LR12和LR76分离株是两株新发现的具有较强抗氧化性的鼠李糖乳杆菌，其中前者的抗氧化能力强于LGG，后者略低于LGG。老鼠体内注射LA68分离株可以有效地改善肥胖实验老鼠体重、血脂等临床指标[80]。

（三）鼠李糖乳杆菌的表面工程

2015年的一项研究对鼠李糖乳杆菌LGG和Lc705的细胞表面蛋白进行了鉴定和比较。通过液相色谱-串联质谱法（LC-MS/MS），该研究分别在LGG和Lc705的表面发现了102和198个各自特有的蛋白，Msp1、Msp2和丝氨酸蛋白酶HtrA特异性地表达于LGG表面，Lc705特异性蛋白包括PⅡ型蛋白酶前体lactocepin以及一系列兼职功能蛋白（moonlighting proteins）。利用鼠李糖乳杆菌抗血清进行2-DE免疫印迹分析表明，检测到的抗原几乎都是细菌表面蛋白或表面释放蛋白，这些蛋白质大多为兼职蛋白，其功能涵盖黏附、病原体排斥以及免疫调节等[81]。

2014年，研究人员同样对两株分离自人类胃肠道的鼠李糖乳杆菌E/N和PEN细胞膜组分和特性进行了研究。通过透射电子显微镜技术和傅里叶转换红外光谱等技术，研究者发现E/N和PEN膜外组分的区别主要在于胞外多糖和特异性膜蛋白。PEN菌株的肠道黏附和自身集聚能力优于E/N菌株，其原因在于其表面含有特异性蛋白以及特异性脂肪酸，且其并不合成胞外多糖。胞外多糖似乎遮蔽了表面蛋白受体从而阻碍了细菌的黏附和集聚能力[82]。

四、应用

从国际乳酸生产研究发展上看，应用乳杆菌进行L-乳酸生产已成为趋势。优良的产乳酸菌一般须具备乳酸产量高、乳酸纯度高、环境压力的耐受力高、营养要求低等条件，因为野生型菌株不可能完全具备上述条件，所以必须通过对野生型菌株进行选育工作才能实现。鼠李糖乳杆菌能生产L-乳酸，转化率高，产品光学纯度高，已成为研究者关注的热点[83-88]。

鼠李糖乳杆菌的育种技术包含了自然选育、诱变育种、代谢控制育种、基因工程育种，以及基因组改组技术等多种手段，分子手段育种日益成为当下研究的热点。

（一）基因工程育种

广义的基因工程育种包括所有利用DNA重组技术将外源基因导入生物细胞，使后者获得前者的某些优良性状或者利用后者作为表达场所来生产目的产物。因为利用基因工程育种可以按照人们事先设计和控制的方法进行育种，所以在鼠李糖乳杆菌菌种的选育研究中也得到广泛应用。

2010年，研究人员采用原生质体电转化和PEB电转化方法向鼠李糖乳杆菌LA-04-01中导入外源基因。在培养过程中使用甘氨酸和青霉素辅助溶菌酶处理细胞制备原生质体，得到300个/μg的转化子。使用PEB缓冲液处理细胞，使转化率稳定达到6×10^5个/μg，建立了针对鼠李糖乳杆菌简便高效的转化方法，为进一步的基因操作提供了便利。

2013年，研究者采用全局转录机器工程（gTME），通过易错PCR在σ^{70}因子的表达框中引入突变，构建重组载体并导入受体菌株获得转录突变库，通过压力筛选获得耐乳酸鼠李糖乳杆菌，高浓度乳酸钠条件下最大生物量比野生菌株提高将近一倍[89]。

（二）诱变育种

诱变育种是获得工业生产优良性状菌株的有力工具。2008年，研究者以鼠李糖乳杆菌菌株ATCC 11443为基础，采用诱变的方法获得了耐受高葡萄糖并且提高L-乳酸产量的新型菌株[90]。鼠李糖乳杆菌菌株ATCC 11443经过紫外线照射及亚硝基胍处理突变后，原生质体进行递推式多次融合。所有的突变体在含有高浓度葡萄糖（400g/L）和2% $CaCO_3$的YE平板上培养和检测，直至筛选出高葡萄糖耐受并且高L-乳酸产量的新型菌株。

五、小结

益生菌类产品的研究和开发在欧美、日本等发达国家和地区已经发展了很多年。而在亚洲一些发展中国家和地区，LGG的功能和安全性方面的实验研究和科研资料相对缺乏。我国对于 LGG的研究起步较晚，产品的开发较慢且数量较少，随着居民生活水平的提高和保健意识的增强，对LGG的研究开发也得到了重视，有待进一步对其功能特性进行研究及开发新产品。

（李喆 张影 编，袁静 校）

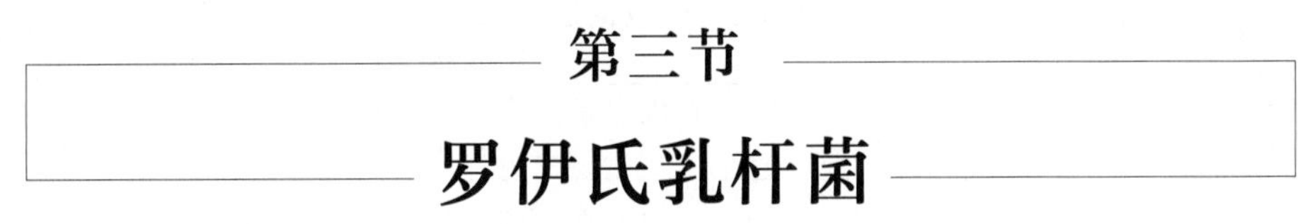

第三节 罗伊氏乳杆菌

一、罗伊氏乳杆菌的特性

Lactobacillus reuteri，中文译名为罗伊氏乳杆菌，其记录最早可以追溯到20世纪初，最初被错误地划分为发酵乳杆菌（*Lactobacillus fermentum*）。1960年，德国微生物学家Gerhard Reuter从人的粪便和肠道样品中分离出罗伊氏乳杆菌，并将其与*L. fermentum*分开，命名为*L. fermentum* Ⅱ型[91]。Kandler等（1980）年将罗伊氏乳杆菌作为单独的菌种进行分类鉴定，并命名为*L. reuteri*[92]。随后，新的技术进一步支持将罗伊氏乳杆菌和发酵乳杆菌分开。自此，罗伊氏乳杆菌作为乳酸杆菌属的独特菌种被分离出来。

罗伊氏乳杆菌属于革兰氏阳性菌，不形成芽孢，不能运动，产乳酸，为轻微不规则、末端圆形的弯曲杆菌，大小为（0.7～1.0）μm×（2.0～3.0）μm，通常呈单个、成对或小簇存在。最适生长温度37～42℃，最适pH为6.5（pH 4.5以下不生长），是一种兼性厌氧菌[93]。

罗伊氏乳杆菌属专性异型发酵乳酸杆菌，可以通过磷酸戊糖途径利用糖类[94]。无氧条件下，发酵糖产生CO_2、乳酸、乙酸和乙醇，每发酵1mol葡萄糖产生1mol的ATP。此外，罗伊氏乳杆菌的本质特征是可以利用甘油[95]。

罗伊氏乳杆菌是目前已报道的几乎天然存在于所有脊椎动物肠道内的乳酸菌，它是人和动物肠道微生物的主要成员，对维持宿主的胃肠道健康有积极的意义[96]。到目前为止，罗伊氏乳杆菌是乳酸杆菌属中唯一已被证实与所有宿主之间都有共生关系的菌种[94]。与此同时，从不同宿主分离的所有罗伊氏乳杆菌菌株对宿主均具有益生效果，进而强有力地支持其作为益生菌。目前已报道较多的罗伊氏乳杆菌菌株见表5-1。

异型发酵的乳酸菌均对万古霉素具有耐药性，但是该耐药基因是固有的并被认为不会转移。*L. reuteri* ATCC 55730对一系列抗生素表现出固有耐药性，然而对四环素和林可霉素的耐药性是质粒编码的，并且罗伊氏乳杆菌的一半菌株均对β-磺胺类抗生素具有耐药性[97]。欧洲食品安全局要求，乳酸菌进入食物链不能携带可转移的抗生素基因。消除*L. reuteri* ATCC 55730中两个对四环素和林可霉素耐药的质粒，得到了姐妹菌株*L. reuteri* DSM 17938并保留了菌株的益生特性[98]。罗伊氏乳杆菌是国际上公认的益生乳酸菌菌种之一，已经被大量的动物试验和临床试验所证实，具有很高的理论研究和生产应用价值。我国卫生部于2003年批准了罗伊氏乳杆菌可作为保健食品中的微生物菌种，《饲料添加剂品种目录（2013）》（农业部公告第2045号）将罗伊氏乳杆菌列为养殖动物的饲料添加剂品种。

表5-1 已报道的主要罗伊氏乳杆菌菌株及其益生特征

菌株	生存环境	来源	特征	参考文献
ATCC 55730 (SD2112)	人母乳	秘鲁	作为食品添加剂被广泛用来改善人的肠道健康，可以在肠道存活，显著降低不同类型的腹泻发病率和严重程度，降低肠道疾病和感染率，减轻老年人便秘	[99-101]
DSM 17938	人母乳	秘鲁	ATCC 55730 改造菌株，不含耐药基因；显著缓解婴儿肠绞痛	[98,102]
ATCC PTA 4659	人母乳	芬兰	在一定程度上预防饮食引起的肥胖，可能是通过诱导肝脏表达 *Cpt1a*	[103]
ATCC PTA 6475	人母乳	芬兰	改善肠出血性大肠杆菌感染小鼠的临床症状	[104]
ATCC PTA 5289	女性口腔	日本	改善口臭，减少牙周致病菌数目	[105,106]
DPC16	人粪便	新西兰	产罗伊氏菌素（Reuterin）	[107]
RC-14	人阴道	—	黏附膀胱、阴道和肠细胞，抑制致病菌黏附，抑制葡萄球菌超抗原蛋白的表达，改善阴道菌群结构，减轻白色念珠菌引起的炎症；调节宿主免疫	[108-111]
DSM 20016	人粪便	欧洲	产 Reuterin	[112]
JCM 1112	人粪便	日本	产 Reuterin 和维生素 B_{12}，对人的肠道细胞具有黏附能力	[113]
I5007	猪肠道	中国	提高仔猪生长性能，缓解断奶应激，改善机体氧化状态，调节肠道菌群结构和免疫功能	[114-117]
NCIMB 30242	猪	加拿大	降低胆固醇，抑制甾醇吸收；显著改善肠道健康状态，改善腹泻症状；增加体内循环的25-羟维生素 D 浓度	[118-121]
ATCC 53608	猪	欧洲	不明确	[122]
100-23	鼠	澳大利亚	刺激调节性 T 细胞的发育；短暂激活肠上皮细胞，促进肠道菌群建立	[123,124]
GMN-32	—	中国	口服可以调节糖尿病大鼠血液葡萄糖水平，保护心肌细胞，预防糖尿病心肌病变	[125]
GMNL-263 (Lr263)	—	中国	降低高果糖饲喂大鼠胰岛素抗性，减少肝脂肪变性，保护链脲佐菌素诱导糖尿病大鼠高血糖引起的肾脏纤维化	[126,127]
TD1	鼠	美国	不产 Reuterin，与1型糖尿病发病相关	[128]
BR11	豚鼠阴道	澳大利亚	抗氧化特性，有治疗结肠炎的潜力	[129]
CRL1098	面肥	阿根廷	产维生素 B_{12}	[130]
LTH2584	SER 酸面团	—	产 Reutericyclin	[131]
Pg4	鸡肠道	中国	耐酸、耐胆盐，抑制致病菌，黏附上皮细胞，改善鸡的生长性能	[132]

注：“—”表示不明确。

二、罗伊氏乳杆菌的生理功能及作用机理

（一）罗伊氏乳杆菌的生理功能及应用

大量的文献已经证实罗伊氏乳杆菌具有优异的益生特性（表5-1），包括：①调节肠道菌

群平衡，改善腹泻、疝气、腹痛、便秘以及肠炎等肠道疾病症状；②降低胆固醇，减少心血管疾病发生率；③抗过敏；④维护口腔健康；⑤提高动物生长性能等。

1．改善腹泻、疝气、腹痛、便秘以及肠炎等肠道疾病

罗伊氏乳杆菌已被证实可以改善婴幼儿腹泻、院内腹泻、婴儿疝气、便秘、反胃、腹痛以及坏死性肠炎等肠道相关的病症症状[133]。Gutierrez等（2014）选择336名6～36月龄的墨西哥儿童，每天摄入*L. reuteri* DSM 17938持续3个月，与安慰剂组相比，摄入罗伊氏乳杆菌组小孩发生腹泻的次数、每个孩子发生腹泻的频率以及腹泻持续的时间显著降低；研究者持续进行了3个月的随访记录，结果发现摄入罗伊氏乳杆菌的小孩呼吸道感染的发病率显著下降[134]。Shornikova等（1997）针对6～36月龄患有急性腹泻的儿童（其中75%的患儿腹泻是由轮状病毒引起）进行研究，结果发现罗伊氏乳杆菌组水样腹泻的持续时间是1.7d，而安慰剂组是2.9d；罗伊氏乳杆菌治疗后第二天腹泻未愈人数的比例为26%，而安慰剂组为81%，从而证实罗伊氏乳杆菌对儿童轮状病毒腹泻有良好的治疗效果[99]。另外，Shornikova等还证实罗伊氏乳杆菌治疗腹泻的功效是剂量依赖型的[100]。

Indrio等（2010）研究报道让患有功能性肠道回流症的儿童口服*L. reuteri* DSM 17938，可减轻其肠道膨胀，加速肠道排空，同时可明显地降低其肠道食物反流的频率[135]。Savino等（2007）通过实验证明罗伊氏乳杆菌对婴儿疝气具有显著疗效，其通过每天向婴儿早餐中添加10^8CFU剂量的*L. reuteri* DSM 17938，可大大改善婴儿疝气的症状[136]。罗伊氏乳杆菌对缓解由肠道菌群失调所引起的便秘也同样具有良好的效果。Coccorullo等（2010）证明，儿童通过口服*L. reuteri* DSM17938可促进肠道蠕动，明显改善儿童慢性便秘的症状[137]。

罗伊氏乳杆菌能够改善肠道的炎症反应，保护肠道的健康。很多研究在不同的肠道炎症模型上证实了罗伊氏乳杆菌的作用效果。Mao等（1996）研究发现罗伊氏乳杆菌有助于缓解由甲氨蝶呤诱导产生的大鼠小肠结肠炎，减轻由细菌转移引起的肠道通透性损伤[138]；并且还发现添加罗伊氏乳杆菌可以显著增加回肠和结肠sIgA水平，同时提高$CD4^+$和$CD8^+$的数量[139]。Fabia等（1992）发现罗伊氏乳杆菌可以阻止由乙酸诱导的大鼠溃疡性结肠炎的发展[140]。Oliva等（2012）通过临床试验研究了罗伊氏乳杆菌对远端溃疡性结直肠炎患者的作用效果，结果发现直肠灌注*L. reuteri* ATCC 55730可以显著降低梅友评分（Mayo score）、组织学评分，增加黏膜组织IL-10水平，降低IL-1β、TNF-α以及IL-8水平[141]。

2．降低胆固醇

胆固醇在人体生理活动中起着重要作用，随着人们生活水平的提高，不合理的饮食造成体内胆固醇含量的增加，从而极易导致冠心病、高脂血症等心血管疾病的发生。有研究报道，罗伊氏乳杆菌可以降低胆固醇，抑制甾醇吸收。*L. reuteri* NCIMB 30242在体外可以表达胆盐水解酶，该酶能水解结合胆盐形成氨基酸和游离胆汁酸，使得从肠道吸收的胆固醇减少，降低血清中胆固醇含量[142, 143]。给血胆固醇过高的成人每天口服两次5×10^9 CFU的*L. reuteri* NCIMB 30242，连续口服6周，低密度脂蛋白胆固醇降低8.92%，总胆固醇降低4.81%[142]。另有研究报道，每天口服两次2.9×10^9 CFU的*L. reuteri* NCIMB 30242，持续6周，低密度脂蛋白胆固醇降低11.64%，总胆固醇降低9.14%，载脂蛋白B100的水平降低8.41%[119]。

3．抗过敏

过敏反应是人类常见的自身免疫性疾病。罗伊氏乳杆菌在预防过敏反应方面也有相关报道。给过敏性气道炎症模型小鼠口服罗伊氏乳杆菌，可以减弱哮喘反应的主要特征，主要包括显著降低嗜酸性粒细胞流入气管管腔和实质，降低TNF-α、MCP-1、IL-5以及IL-13的水平，降低过敏原引起的气道高反应，并且是依赖TLR9以及增加吲哚胺2,3-双加氧酶活性发挥作用[144]。另有研究发现罗伊氏乳杆菌缓解过敏性气道炎症与小鼠脾脏组织$CD4^+CD25^+Foxp3^+$调节性T细胞扩增有关[145]。虽然罗伊氏乳杆菌在动物模型上被证实可以缓解过敏反应，但是有研究在临床上得到不同结果。对过敏高危险群孕妇及其新生儿口服10^8 CFU的*L. reuteri* ATCC 55730，从预产期前一个月开始持续到婴儿1岁，其后代继续口服七年，结果在哮喘、鼻炎、湿疹和皮肤点刺试验反应等发生率上没有显著差异[146]。

4．改善口腔健康

口腔内大约有600种不同类型的微生物，这些微生物对于维持口腔的健康至关重要。当口腔菌群平衡被破坏时，口腔中致病菌过量增长，出现口臭，造成龋齿，其中变形链球菌（*Streptococcus mutants*）是造成龋齿的常见致病菌。有研究报道每天咀嚼含有2×10^8 CFU罗伊氏乳杆菌（*L. reuteri* ATCC 55730和ATCC PTA 5289）的口香糖12周，能够增加唾液中*L. reuteri* ATCC PTA 5289的数量[147]。另外有研究发现*L. reuteri* ATCC 55730通过药片或吸管（避免与口腔直接接触）给药3周以后，可以减少变形链球菌在口腔内的定植[148]。

5．在动物上的应用

L. reuteri I5007（最初命名为*L. fermentum* I5007）能提高仔猪生产性能，改善肠道健康。对断奶仔猪日粮中添加活菌数分别为3.2×10^6CFU/g、5.8×10^7CFU/g和2.9×10^8CFU/g，结果发现，日粮中添加5.8×10^7 CFU/g *L. reuteri* I5007可提高断奶仔猪的生产性能和抗卵清白蛋白抗体的水平，改善胃肠道微生物菌群组成、肠道黏液MUC2和MUC3的表达及肠道黏膜免疫功能[114]。应用蛋白质组学方法比较研究金霉素和*L. reuteri* I5007对早期断奶仔猪空肠黏膜蛋白表达产生的影响，结果发现，*L. reuteri* I5007能够降低与细胞凋亡和应激相关蛋白质的表达，增加抗细胞毒性蛋白的表达；同时，I5007可提高参与能量代谢、脂类代谢、细胞结构及活力、蛋白质合成及免疫增强等相关蛋白质的表达水平，缓解断奶应激[116]。另有研究表明，灌服9×10^9 CFU/d *L. reuteri* I5007可提高新生仔猪试验末重及日增重，并降低仔猪腹泻率；同时发现，早期灌服I5007可以影响新生仔猪肠道菌群结构及形成过程，提高肠道有益菌如乳酸菌和双歧杆菌属数量，降低肠道潜在致病菌肠杆菌及梭菌属数量并相应降低肠道pH，增强肠道对炎症反应的抗性。灌服时间对肠道菌群结构及代谢过程的影响存在差异，仔猪新生期灌服*L. reuteri* I5007可以降低参与炎症反应Th1型细胞因子的表达，并增强与Treg细胞型相关细胞因子的表达，促进了仔猪肠黏膜免疫耐受[149]。*L. reuteri* I5007具有一定的抗氧化作用。研究发现，*L. reuteri* I5007在体外对过氧化氢有较强的耐受能力，对1,1-二苯基苦基苯肼、羟自由基和超氧阴离子自由基的清除能力随着乳酸杆菌浓度的升高而增加；日粮中添加*L. reuteri* I5007能提高生长/育肥期的猪部分不饱和脂肪酸含量和抗氧化酶活性，降低丙二醛含量[115]。另外研究表明，腹腔注射敌草快造成了断奶仔猪的氧化应激，口服*L. reuteri* I5007提高了断奶仔猪的生长性能，改善了机体的抗氧化防御系统，缓解了氧化应激造成的氧化损伤[150]。

（二）罗伊氏乳杆菌的作用机理

总的来说，罗伊氏乳杆菌发挥益生作用主要有以下几个方面原因：①罗伊氏乳杆菌能够在宿主口腔、消化道以及生殖道内定植并且存活下来形成生物屏障，并通过与病原菌竞争营养物质抑制病原菌的生长，同时可以防止毒素等有害物质的吸收和中和有毒物质，这也是该菌发挥益生作用的前提；②罗伊氏乳杆菌可以代谢产生有机酸、细菌素等抑菌、杀菌物质，有效地抑制有害菌的生长繁殖，减轻肠道炎症，治疗抗生素等引起的腹泻；③罗伊氏乳杆菌可以产生维生素B_{12}、叶酸、维生素D等营养素；④罗伊氏乳杆菌菌体表面的表面蛋白、磷壁酸以及胞外多糖作为微生物相关分子模式（microorganism-associated molecular patterns，MAMPs）可识别宿主肠上皮细胞、树突状细胞、M细胞等肠细胞上特定的模式识别受体（pattern recognition receptors，PRRs），产生级联免疫信号，调节免疫功能。但是具体的调节机制仍不明确[151]。

1．罗伊氏乳杆菌能够在消化道定植

在动物和人体上，已证实在出生和护理过程中罗伊氏乳杆菌主要通过乳腺由母体传给婴儿或新生动物[94]。另外，罗伊氏乳杆菌可以承受胃酸和胆汁的作用到达肠道，黏附于肠黏液和肠上皮细胞上，在宿主肠道定植[91, 94]。然而，不同宿主来源的罗伊氏乳杆菌表现出宿主特异性，一些菌株不可以在其他宿主肠道内定植[152]。

罗伊氏乳杆菌对宿主的肠上皮细胞具有强大的黏附能力[153, 154]。罗伊氏乳杆菌表现出的较强的黏附能力与其细菌表面的黏附素相关，主要包括表面蛋白、磷壁酸和胞外多糖等。*L. reuteri* 104R编码一种表面蛋白，即黏液黏附促进蛋白（mucus adhesion-promoting protein，MapA），不仅可以参与肠黏膜黏液的黏附，而且参与肠上皮细胞的黏附[153]。*L. reuteri* 1063编码一种358kDa的蛋白质，这种蛋白质可促进*L. reuteri* 1063与黏膜黏液的黏附[154]。另外，*L. reuteri* 100-23编码大分子表面蛋白，其突变株黏附能力下降[155]。*L. reuteri* 100-23编码的D-烷化的脂磷壁酸影响细菌细胞生物膜的形成[156]。另有研究发现敲除*L. reuteri* TMW1.106编码的与糖代谢相关的菊粉蔗糖酶基因（*inu*）或葡萄糖基转移酶基因（*gtfA*）可降低其在鼠肠道的竞争黏附能力[157]。

2．罗伊氏乳杆菌产生抗菌物质

罗伊氏乳杆菌除了可以通过异型发酵途径产生乳酸、乙酸以及一些短链脂肪酸发挥抗菌作用外，还可以合成一些罗伊氏乳杆菌特有的杀菌物质，包括Reuterin、Reutericin 6、Reutericyclin以及AP48-MapA。①Reuterin（罗伊氏菌素）是一种非蛋白质类广谱抗菌物质，是由小分子水溶性中性物质组成的混合物，主要成分是3-羟基丙醛（3-hydroxypropionaldehyde，3-HPA）的单体、水合物和环化二聚体[158]，它的抑菌活性不会被核酸酶、蛋白酶和脂肪酶所破坏，具有更强的稳定性[159]。Reuterin是缺乏能量的细菌细胞在厌氧条件下甘油代谢的主要产物，罗伊氏菌素是一种广谱有效的抗菌物质，能抑制部分革兰氏阳性菌、革兰氏阴性菌、真菌（如曲霉和镰刀霉）生长，其作用机制是抑制核糖核酸酶的活性[160]。研究表明，罗伊氏菌素浓度在15～30μg/mL时，可抑制革兰氏阳性菌和阴性菌、真菌及原生动物的生长；更高浓度罗伊氏菌素可以杀死乳酸菌[94, 161]。罗伊氏菌素作为抗菌物质的优越性已引起人们越来越多的关注，也因其独特的生化特性及对人和动物安全无毒而具有十分广阔的应用前景。②Reutericyclin最早是从*L. reuteri* LTH2584中分离得到的1,3-二酰基吡咯烷-2,4-二酮类化合物，它分子质量为349 Da，对广谱革兰氏阳性菌如金黄色葡萄球菌、沙门菌和幽门螺杆菌有抑制作用，对革兰氏阴性菌无效[131]。其作用机制是Reutericyclin作为质子载体，将质子释放到细胞质内导致酸化和跨膜pH梯度消散[162]。然而产Reuterin的罗伊氏乳杆菌菌株通常不能合成Reutericyclin[163]。③细菌素Reutericin 6属于class Ⅱ型细菌素，主要对革兰氏阳性菌有抗性[164]，Reutericin 6最早是在来源于婴儿粪便的*L. reuteri* LA6菌株中分离发现的[165]，纯化的Reutericin 6具有疏水性，分子质量为5.6 kDa[166]。Reutericin 6对共生细菌包括*L. acidophilus*、*L. delbrueckii* subsp. *bulgaricus* 以及*L. delbrueckii* subsp. *lactis*具有杀菌作用，其杀菌机制是在细胞膜上打孔，造成膜去极化，细胞组件外渗导致细胞死亡[164, 166]。

然而，Reutericin 6对蛋白酶和酸性环境敏感[165, 166]。自从发现Reutericin 6以来，由于缺乏稳定的实验结果，对其功能的质疑和争议不断。④AP48-MapA由48个氨基酸组成，等电点为9.63，是一种热稳定性良好的抗菌肽，它是罗伊氏乳杆菌MapA的降解产物[167]。

3．罗伊氏乳杆菌产生营养素

有研究表明，一些罗伊氏乳杆菌菌株，如*L. reuteri* CRL 1098、*L. reuteri* JCM 1112和*L. reuteri* ATCC PTA 6475，可以合成钴胺素（维生素B_{12}）。由于罗伊氏菌素（Reuterin）合成途径第一步所需的甘油脱氢酶依赖于维生素B_{12}，大部分能合成维生素B_{12}的菌株也能合成Reuterin[113, 168, 169]。另外，一些罗伊氏乳杆菌的菌株，如*L. reuteri* JCM 1112和*L. reuteri* I5007可以合成叶酸，目前还没有直接证据表明人摄取罗伊氏乳杆菌之后，该菌在肠道可以通过产生叶酸改善宿主健康。有报道称，给血胆固醇过高的成人每日服用两次2.9×10^9 CFU的*L. reuteri* NCIMB 30242，13周之后，罗伊氏乳杆菌组血清维生素D的水平增加[121]。

4．罗伊氏乳杆菌与肠道上皮细胞相互作用

罗伊氏乳杆菌与宿主之间互利共生，二者之间相互作用，相互影响。Yang等（2007）通过蛋白质组学方法探讨肠道环境对*L. reuteri* I5007全细胞蛋白质组的影响，将I5007放在兔子空肠中孵育4 h，与能量代谢（乳酸脱氢酶、二氢硫辛酸脱氢酶和烟酸磷酸核糖转移酶）和氨基酸代谢（精氨酰-tRNA合成酶和天门冬氨酸半醛脱氢酶）的一些关键酶表达量降低；参与磷酸戊糖途径（6-磷酸果糖酮醇酶）和降解黏蛋白（糖苷水解酶）相关酶的表达量升高。这些关键酶的表达变化有利于I5007在胃肠道生存、适应及黏附。另外，探讨了*L. reuteri* I5007黏附Caco-2细胞后对Caco-2细胞蛋白质组的表达变化的影响。结果表明I5007黏附Caco-2细胞1h后，电压依赖性阴离子通道蛋白、谷胱甘肽转移酶、热应激蛋白gp96前体和低密度脂蛋白等与细胞结构以及免疫功能相关的蛋白质表达量升高，这些蛋白质的表达变化有利于促进肠道上皮细胞的存活、生长与功能的实现[170]。

5．罗伊氏乳杆菌调节免疫反应

罗伊氏乳杆菌菌体表面已被证实是由肽聚糖、磷壁酸、表面蛋白和胞外多糖组成。这些分子包含微生物相关分子模式，可以识别宿主肠黏膜上的特定的模式识别受体，介导产生级联免疫信号，调节肠道屏障功能。另外，罗伊氏乳杆菌产生的细菌素也能发挥免疫调节的作用。不同的罗伊氏乳杆菌菌株对免疫反应的作用不同，有一部分菌株包括*L. reuteri* ATCC PTA 6475和*L. reuteri* ATCC PTA 5289可以抑制炎症反应，而菌株*L. reuteri* ATCC 55730和*L. reuteri* CF48-3A可以刺激TNF-α的产生，激活免疫反应[171]。*L. reuteri* I5007被证实可以显著提高IPEC-J2细胞TLR2、TLR6和TLR9的表达，并且刺激IPEC-J2细胞表达IL-10和TGF-β3（未发表）。

三、罗伊氏乳杆菌的分子生物学

（一）罗伊氏乳杆菌的基因组

目前罗伊氏乳杆菌完成全基因组测序的有*L. reuteri* DSM 20016、*L. reuteri* JCM 112、*L. reuteri* SD2112、*L. reuteri* I5007以及*L. reuteri* TD1，见表5-2。在5株已完成全基因组测序的菌株中，除了*L. reuteri* I5007菌株含有6个质粒以及*L. reuteri* SD2112含有4个质粒以外，其他菌株的基因组仅由1条染色体组成。

表5-2　不同*L. reuteri* 菌株基因组基本信息

菌株	BioProject 登录号	状态	染色体	质粒	大小/Mb	GC 含量/%	基因数	编码蛋白质数
Lactobacillus reuteri DSM 20016	PRJNA58471, PRJNA15766	●	1	0	2.00	38.9	2027	1900
Lactobacillus reuteri SD2112	PRJNA55357, PRJNA30643	●	1	4	2.32	39.0	2425	2300
Lactobacillus reuteri I5007	PRJNA208677, PRJNA206042	●	1	6	2.09	38.9	2141	2054
Lactobacillus reuteri JCM 1112	PRJNA58875, PRJDA19011	●	1	0	2.04	38.9	1901	1820
Lactobacillus reuteri TD1	PRJNA213089, PRJNA211728	●	1	0	2.15	38.8	2061	1945
Lactobacillus reuteri 100-23	PRJNA54165, PRJNA13431	◑	—	—	2.31	38.7	2269	2181
Lactobacillus reuteri ATCC 53608	PRJNA181934, PRJEA63411	◑	—	—	2.02	37.6	1910	1864
Lactobacillus reuteri CF48-3A	PRJNA55541, PRJNA31553	◑	—	—	2.11	38.7	2223	2164
Lactobacillus reuteri MM2-3	PRJNA55885, PRJNA34627	◑	—	—	2.02	38.7	2105	2045
Lactobacillus reuteri MM4-1A	PRJNA55517, PRJNA31511	◑	—	—	2.07	38.8	2226	2095

注：“●”表示完成图，“◑”表示框架图；“—”表示结果未知。

1．基因组结构特点

罗伊氏乳杆菌的基因组大小在2.0～3.2 Mb之间，GC含量在37.6%～39%之间，所编码的基因在1901～2425个之间。以*L. reuteri* I5007为例，该菌株基因组由1条染色体和6个质粒组成（图5-3），其中染色体基因组为环状，平均GC含量为38.99%，长度为1947706bp，含1891个编码序列，6个rRNA操纵子和69个tRNA基因；6个质粒的平均GC含量在36.47%～42.95%之间，长度分别为6.5kb、14.05kb、15.58kb、16.38kb、40.04kb和53.02kb，分别含有8、12、19、17、53和54个编码序列。不同菌株的罗伊氏乳杆菌其基因组所编码的基因数目和种类存在一定的差异。

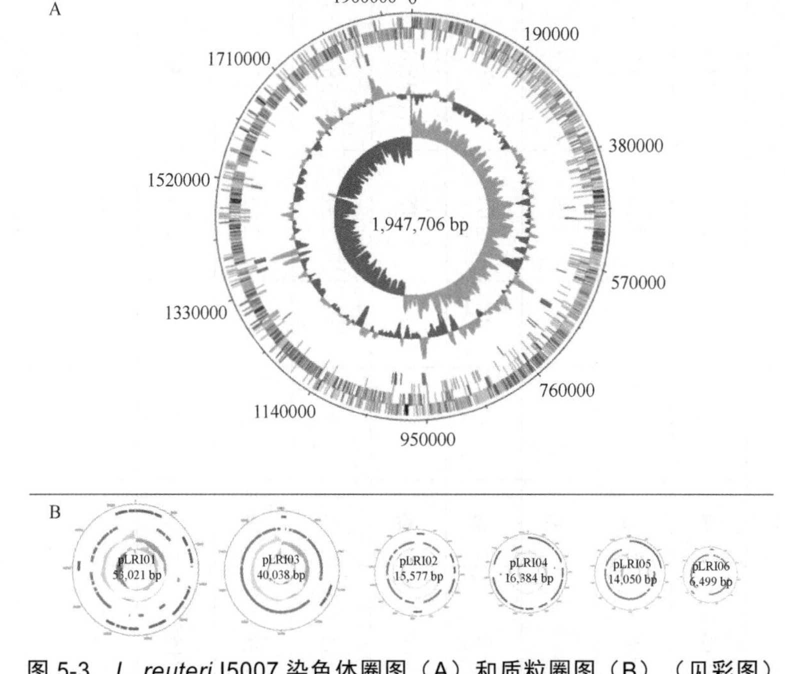

图 5-3　*L. reuteri* I5007 染色体圈图（A）和质粒圈图（B）（见彩图）

A 为 *L. reuteri* I5007 染色体圈图，第一圈是以 bp 为单位的刻度标识，第二圈和第三圈分别是前导链、后随链上编码的基因 COG 功能分类，第四圈为转运蛋白基因，第五圈为 tRNA 基因和 rRNA 操纵子（红色），第六圈为 GC 含量（黄色代表大于平均值，紫色代表小于平均值），第七圈为 GC 偏好；B 为 *L. reuteri* I5007 质粒圈图，第一圈是以 bp 为单位的刻度标识，第二圈表示位于正链（蓝色）或者负链（红色）的编码基因，第三圈为 GC 含量，第四圈为 GC 偏好

2．糖代谢相关的基因

罗伊氏乳杆菌属于专性异型发酵菌，能够发酵糖产生CO_2、乳酸、乙酸和乙醇[113]。以*L. reuteri* I5007为例，其基因组有76个基因参与碳水化合物的转运和代谢。磷酸转移酶系统（phosphotransferase system，PTS）是碳水化合物的主要转运途径。它一般由两部分组成，一部分是参与碳水化合物磷酸化的磷酸转移蛋白合酶Ⅰ，另一部分是具有底物专一性的酶Ⅱ。*L. reuteri* I5007基因组含有一个由两个基因（LRI_0642和LRI_0643）组成的操纵元件，分别编码PTS系统中的磷酸转移蛋白合酶Ⅰ；另外有2个基因编码PTS系统中的酶Ⅱ，包括LRI_0318和LRI_1742。除PTS系统外，*L. reuteri* I5007还编码一个ABC型糖转运系统（LRI_0065）。*L. reuteri* I5007编码α-半乳糖苷酶（LRI_1059），能利用葡萄糖、乳糖、半乳糖、果糖、蔗糖、蜜二糖、甘露糖、棉子糖和水苏糖。*L. reuteri* I5007与*L. reuteri* JCM 1112糖酵解途径缺少磷酸果糖激酶（EC 2.7.1.11）（图5-4），而*L. reuteri* DSM 20016缺乏3-磷酸甘油醛脱氢酶（EC 1.2.1.12）、磷酸甘

油酸激酶（EC 2.7.2.3）以及烯醇化酶（EC 4.2.1.11），其糖酵解的产物丙酮酸，可被乳酸脱氢酶还原成乳酸。*L. reuteri* I5007编码三个L-乳酸菌脱氢酶（LRI_0436、LRI_0694和LRI_1194）和两个D-乳酸脱氢酶（LRI_0357和LRI_1225），因此能产生D型和L型乳酸。除了乳酸脱氢酶外，*L. reuteri* I5007编码丙酮酸脱氢酶E1（EC 1.2.4.1）（LRI_1274和LRI_1275）、二氢硫辛酰基转乙酰基酶E2（EC 2.3.1.12）（LRI_1273）和二氢硫辛酰基脱氢酶E3（EC 1.8.1.4）（LRI_1272），可催化丙酮酸转化成乙酰CoA。另外，乙酰CoA也可以通过LRI_1534编码的磷酸乙酰转移酶（EC 2.3.1.8）催化乙酰磷酸获得。而乙酰磷酸可以通过LRI_0307编码的磷酸酮解酶（EC 4.1.2.9）裂解5-磷酸木酮糖产生或者通过LRI_1356编码的乙酸激酶（EC 2.7.2.1）催化乙酸产生。

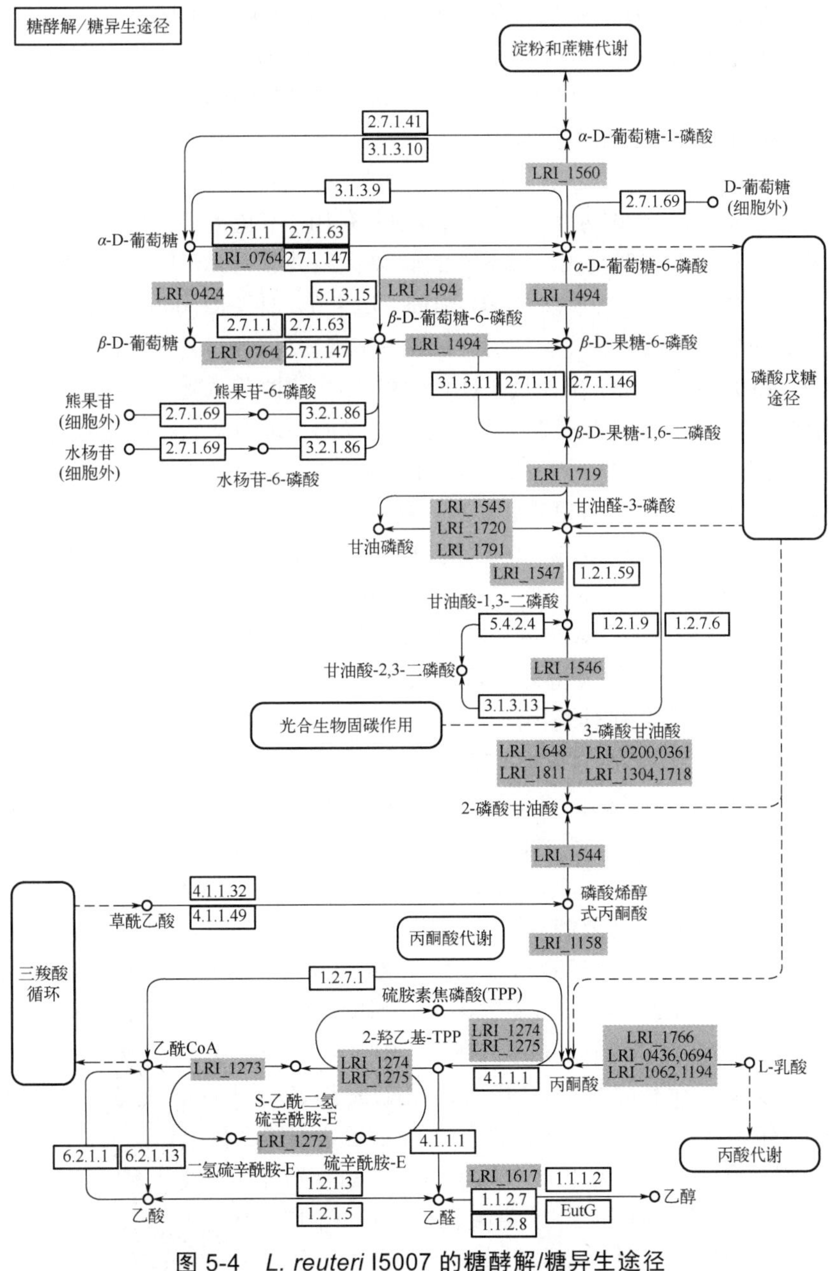

图 5-4　*L. reuteri* I5007 的糖酵解/糖异生途径

深色方框里有多个基因时表示这些基因都编码该酶

罗伊氏乳杆菌的三羧酸循环和磷酸戊糖途径都不完整。以*L. reuteri* I5007为例，其仅编码3个三羧酸循环过程中的酶：延胡索酸水合酶（EC 4.2.1.2），催化延胡索酸转变为苹果酸；琥珀酸脱氢酶（EC 1.3.99.1），催化琥珀酸转变为延胡索酸；柠檬酸裂解酶（EC 4.1.3.6），催化柠檬酸生成草酰乙酸。*L. reuteri* I5007缺少转醛酶（EC 2.2.1.2）和转酮酶（EC 2.2.1.1），不能把磷酸戊糖途径和糖酵解途径联系起来，无法使6-磷酸葡萄糖再生，其终产物是5-磷酸核糖和5-磷酸木酮糖。5-磷酸核糖可以在核糖磷酸焦磷酸激酶作用下转化成5-磷酸核糖-1-焦磷酸（5-phosphoribosyl-1-pyrophosphate，PRPP），进而参与嘌呤、嘧啶等菌体生长必需分子的合成。5-磷酸木酮糖也可裂解成乙酰CoA等小分子。*L. reuteri* I5007磷酸戊糖途径的不完整并不会造成5-磷酸核糖和5-磷酸木酮糖累积，因此不会导致氧化阶段被阻遏。

在淀粉和蔗糖代谢途径，一些罗伊氏乳杆菌（例如*L. reuteri* I5007）还编码果聚糖蔗糖酶（EC 2.4.1.10）和果糖激酶（EC 2.7.1.4），而*L. reuteri* DSM 20016不编码此酶。

3．蛋白质和氨基酸代谢相关的基因

氮源是乳酸菌生长所必需的营养物质，罗伊氏乳杆菌的基因组也编码一定数量的与氮代谢相关的基因。以*L. reuteri* I5007为例，其基因组中共有10个基因编码蛋白酶，包括2个胞外蛋白酶基因（LRI_1218和LRI_1689）。*L. reuteri* I5007基因组共编码36个肽酶（1个编码在质粒上，LRI_2013），其中3个预测的胞外肽酶（LRI_0195、LRI_0422和LRI_0605）可直接分解外界环境的多肽，产生氨基酸通过氨基酸转运系统进入细菌细胞内供细菌利用。LRI_0605属于M23肽酶家族的内肽酶，LRI_0195和LRI_0422属于D-丙氨酰-D-丙氨酸羧肽酶。*L. reuteri* I5007基因组共有122个基因参与氨基酸的转运和代谢，其中包括诸多的ABC型多肽和氨基酸转运系统，包括2个脯氨酸/甜菜碱转运系统（LRI_1773-LRI_1774、LRI_1775-LRI_1776）、1个亚精胺/腐胺转运系统（LRI_0342-LRI_0345）、5个谷氨酰胺转运系统（LRI_0460-LRI_0463、LRI_1183-LRI_1184、LRI_1400-LRI_1402、LRI_1643-LRI_1645和LRI_1861-LRI_1862）和1个蛋氨酸转运系统（LRI_1767-LRI_1769）。另外，还发现*L. reuteri* I5007基因组编码一些氨基酸和二肽、三肽次级主动转运蛋白，包括AAE家族、APC家族、LIV-E家族、LIVCS家族、POT家族和DAACS家族。

罗伊氏乳杆菌具有较强的获得外源氨基酸的能力，因此自身合成氨基酸的能力逐渐退化。以*L. reuteri* I5007为例，在其基因组中一共发现8个氨基转移酶基因，包括6个天冬氨酸氨基转移酶（EC 2.6.1.1）基因（LRI_0052、LRI_0595、LRI_0770、LRI_1164、LRI_1289和LRI_1591），它们可以催化谷氨酸和草酰乙酸反应生成天冬氨酸，或者反方向反应；1个γ-氨基丁酸转氨酶（EC 2.6.1.19）基因（LRI_1757），可以催化γ-氨基丁酸和α-酮戊二酸生成L-谷氨酸；1个天冬氨酸-氨连接酶（EC 6.3.1.1）基因（LRI_0146）可催化天冬氨酸转化为天冬酰胺。从天冬氨酸合成赖氨酸需要9步反应，如图5-5所示，I5007基因组编码9步反应的所有酶（LRI_1288-LRI_1296）。从谷氨酸合成脯氨酸需要4步反应，其中3步反应需要酶的参与，包括谷氨酸5-激酶（EC 2.7.2.11）、γ-谷氨酰磷酸还原酶（EC 1.2.1.41）和吡咯啉-5-羧酸还原酶（EC 1.5.1.2），这3个酶由一个基因簇LRI_1593-LRI_1595编码。另外，LRI_0037基因也编码吡咯啉-5-羧酸还原酶。在精氨酸合成方面，鸟氨酸和氨甲酰磷酸在鸟氨酸氨甲酰转移酶（LRI_1488）的作用下生成L-瓜氨酸，然后在精氨基琥珀酸合酶（LRI_1177）作用下产生L-精氨琥珀酸，最后在精氨酸代琥珀酸裂解酶（LRI_1176）作用下生成精氨酸。由于*L. reuteir* I5007缺乏合成路径上的关键酶，甲硫氨酸、丝氨酸、半胱氨酸、酪氨酸、苯丙氨酸和亮氨酸等氨基酸不能自身合成。另外，基因组中含有一些编码氨基酸消旋酶的基因，包括天冬氨酸消旋酶（EC 5.1.1.13）基因（LRI_1656）、谷氨酸消旋酶（EC 5.1.1.3）基因（LRI_1375）以及丙氨酸消旋酶（EC 5.1.1.1）基因（LRI_1702）。这些基因编码的氨基酸消旋酶可以催化L-氨基酸转化为D-氨基酸，其中转化的D-天冬氨酸和D-谷氨酸是肽聚糖合成的重要前体。

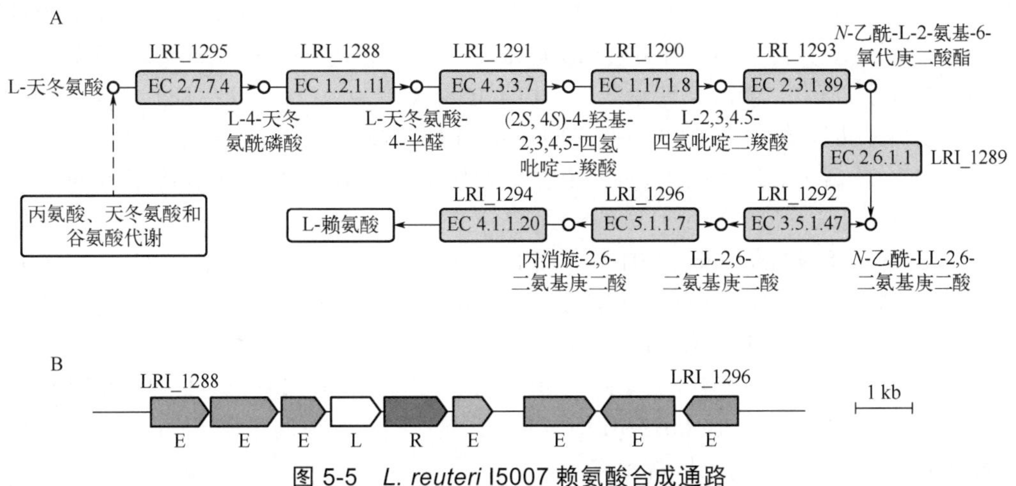

图 5-5　*L. reuteri* I5007 赖氨酸合成通路

A 为 *L. reuteri* I5007 从天冬氨酸起始合成赖氨酸的途径，包括每一步反应所需要的酶以及对应的基因；B 为赖氨酸合成相关基因的结构。基因名称位于基因结构图标的上方，基因 COG 分类位于基因结构图标的下方并且配有不同的灰度，其中 E 代表氨基酸转运和代谢基因，L 代表复制、重组和修复基因，R 代表一般功能基因

4．脂类代谢相关的基因

脂类代谢也是罗伊氏乳杆菌生长所必需的。以*L. reuteri* I5007为例，其基因组含有39个与脂类转运和代谢相关的基因。脂肪酶是一类具有多种催化能力的酶，可以催化三酰甘油酯及其他一些水不溶性酯类的水解、醇解、酯化、转酯化及酯类的逆向合成反应。I5007基因组编码的脂肪酶包括酯酶（LRI_0411和LRI_1647）、磷脂酶B（LRI_0557）和磷脂酶（LRI_1095）。

脂肪酸是细胞生物膜的重要组成成分，因此在细菌体内脂肪酸的合成是必需的。细菌中脂肪酸的合成方式属于脂肪酸合成途径Ⅱ（fatty acid synthesis Ⅱ，FAS Ⅱ），即每一步反应都有一个单独的酶催化[172]。脂肪酸合成的前体是乙酰CoA，脂肪酸的合成是二碳单位的延长过程，它的来源不是乙酰CoA，而是乙酰CoA的羧化产物丙二酸单酰CoA，这是脂肪酸合成的限速步骤，催化酶是乙酰CoA羧化酶。在*L. reuteri* I5007中，乙酰CoA羧化酶由四个独立的蛋白质组成，包括生物素羧化酶（LRI_0985）、生物素羧基载体蛋白（LRI_0983）以及羧基转移酶所必需的两个亚基（LRI_0986和LRI_0987）。罗伊氏乳杆菌I5007具有完整的脂肪酸合成途径。LRI_0978编码3-氧酰基-ACP合酶Ⅲ（FabH）可以催化乙酰CoA生成乙酰-ACP，LRI_0980编码丙二酸单酰CoA-ACP转酰酶（FabD）可以催化丙二酸单酰CoA生成丙二酸单酰-ACP。脂肪酸链的合成是个多轮的酶促反应，每个循环有四步反应，即缩合、还原、脱水和再还原，分别由3-氧酰基-ACP合酶Ⅲ FabH（LRI_0978）、3-氧酰基-ACP还原酶FabG（LRI_0981）、(3*R*)-羟基十四酰基-ACP脱氢酶FabZ（LRI_0984）和烯酰-ACP还原酶FabⅠ（LRI_0988）催化。另外，LRI_1603编码油酰基-ACP硫酯酶（EC 3.1.2.14），可催化油酰-ACP水解生成油酸。

5．无机盐代谢相关的基因

无机盐离子是细菌生长所必需的因子，在罗伊氏乳杆菌的基因组上也存在大量与无机盐转运和代谢相关的基因。以*L. reuteri* I5007为例，其基因组共编码57个与无机盐离子转运和代谢相关的基因。由于无机盐离子的种类不同，*L. reuteri* I5007上的离子转运载体种类很多，主要有以下几类：①ABC型转运载体，主要包括钴胺素/Fe^{3+}载体（LRI_0945、LRI_0947和LRI_0948）、钴离子载体（LRI_0326-LRI_0327和LRI_0519-LRI_0521）、锌/铁转运载体（LRI_1737-LRI_1739）、磷酸盐转运载体（LRI_0388-LRI_0391）；②P-ATPase型转运载体，主要包括铜离子转运载体（LRI_0549和LRI_1483-LRI_1484）和钙离子转运载体（LRI_0749和LRI_1634）；③离子通道型载体，主要包括铵盐转运载体Amt（LRI_0568-LRI_0569）、镁离子转运载体MIT（LRI_0209）和钾离子转运载体VIC（LRI_1088）；④次级转运载体主要包括锰离子/铁离子转运载体Nramp（LRI_0174和LRI_0406）、氯离子转运载体ClC（LRI_0070、LRI_0936、LRI_1142、LRI_1385、LRI_1541和LRI_1771）、氰酸盐转运载体（LRI_0285和LRI_0417）以及硝酸盐转运载体（LRI_0952）；⑤其他转运载体，包括亚铁离子转运载体FeoB（LRI_0360、LRI_0488、LRI_1080、LRI_1145、LRI_1170、LRI_1238、LRI_1255和LRI_1887）和镁离子转运载体MgtE（LRI_0079和LRI_1843）。这些转运载体的存在，使得*L. reuteri* I5007能更好地利用外界环境中的无机盐离子。

6．黏附相关的基因

罗伊氏乳杆菌已被证实具有很强的黏附能力。其中*L. reuteri* I5007对Caco-2细胞和猪肠道黏膜具有较强的黏附能力[173]。基因组分析显示，*L. reuteri* I5007 基因组中含有常见的与黏附肠道上皮细胞相关的基因，包括纤连蛋白结合蛋白（LRI_1035）、黏液结合蛋白（LRI_1680）以及一些细胞壁表面锚定蛋白（LPXTG-motif cell wall anchor domain proteins）。其中一些基因在不同的罗伊氏乳杆菌菌株中也可以找到同源基因，例如纤连蛋白结合蛋白（LRI_1035）在*L. reuteri* JCM1112和DSM 20016中可以找到同源基因。

疏水性是细菌非特异性黏附的重要特性，通常疏水性越强的细菌黏附力越强[174]。有研究表明，菊粉蔗糖酶和葡糖基转移酶参与*L. reuteri* TMW1.106细胞的自动聚集能力[175]。自动聚集能力也可间接地反映黏附能力，菌体细胞表面的物理化学特征主要取决于其表面疏水性，而双歧杆菌的表面疏水性与其黏附能力和自动聚集能力之间都存在较好的相关性[176]。*L. reuteri* I5007基因组上编码菊粉蔗糖酶（LRI_0973）和葡糖基转移酶（LRI_0088和LRI_0089），这两个基因在*L. reuteri* TMW1.106中被证实参与细胞的聚集[157]。磷壁酸（LTA）主要决定着乳酸菌的疏水性，*L. rhamnosus* GG的*dltD*和*L. reuteri* 100-23的*dltA*已被证实影响生物膜形成[156, 177]。*L. reuteri* I5007基因组上同样存在*dlt*基因簇（LRI_1701-LRI_1711）。分拣酶依靠蛋白对植物乳杆菌细胞表面的性能起着决定作用[178]，在*L. reuteri* I5007基因组上同样存在分拣酶家族的蛋白（LRI_1722）。

7．胁迫相关的基因

罗伊氏乳杆菌能够耐受肠道内复杂环境在肠道定植，这预示着其基因组上编码与抵抗酸和胆汁盐等不良环境相关的基因。以*L. reuteri* I5007为例，其基因组中存在抗酸性环境相关的基因。Na^+/H^+逆向转运蛋白几乎存在于所有的细胞中并且能够调节细胞内的pH[179]，*L. reuteri* I5007基因组编码4个Na^+/H^+逆向转运蛋白基因（LRI_0205、LRI_0324、LRI_1479和LRI_1796）。*L. reuteri* I5007基因组编码2个Na^+/H^+交换蛋白（LRI_1478和LRI_1756）和2个阳离子转运ATP酶（LRI_0339和LRI_1482），也在维持细胞内pH稳定中发挥重要作用。基因组上还编码一些氨基酸脱羧酶和氨基酸通透酶，这类酶已被证实对抗酸有重要作用[180]。研究还发现耐酸性膜蛋白（LRI_0663）可以增加菌体的抗酸作用。另外，基因组上还编码3个碱性应激蛋白

（LRI_0786、LRI_0808和LRI_1118），同样的基因也存在于*L. plantarum* WCFS1中[181]，在pH耐受中发挥作用[182]。

几乎所有的乳酸菌对高温应激敏感，不能耐受高温。不同种属以及同一种属但不同株的乳酸菌对热的耐受能力也不尽相同。*L. reuteri* I5007基因组上编码10个与热应激相关的基因，包括热休克蛋白Hsp20（LRI_0660）、Hsp70家族DnaK（LRI_1200）、辅助伴侣DnaJ（LRI_1199）、核苷酸交换因子GrpE（LRI_1201）、热诱导的转录阻遏物HrcA（LRI_1202）、2个热休克蛋白（LRI_1688、LRI_1715）、伴侣蛋白GroEL（LRI_1586）及GroES（LRI_1587）和RNA结合S4域蛋白（LRI_1694）。这些基因大都属于持家基因，在细菌中广泛存在。当细菌受到热应激时，细菌细胞内许多蛋白质会发生部分或全部的变性，而热休克蛋白可识别变性蛋白表面的疏水区域，加速它们的重新折叠，并防止不可逆的凝聚反应发生，有效地保护细菌细胞。大量研究证实，细菌在正常致死温度下存活的能力与热休克蛋白的积累有关[183]。伴侣蛋白GroEL及其辅助伴侣GroES是细菌在任何生长条件下都必需的分子伴侣，在ATP作用下形成大分子空腔，为蛋白质折叠提供合适的微环境[184]。*L. reuteri* I5007基因组上同样编码一些冷应激相关的蛋白，包括冷休克蛋白（LRI_1311）、冷休克DNA结合蛋白家族蛋白（LRI_0469）、SNF2家族DNA/RNA解旋酶（LRI_0543）、ATP-依赖的RNA解旋酶（LRI_0589、LRI_1384和LRI_1713）。冷休克蛋白对于细菌的功能是必不可少的，在细菌适应低温环境和增强抗冻能力方面发挥着重要作用[185]。

罗伊氏乳杆菌已被证实具有一定的抗氧化作用。以*L. reuteri* I5007为例，其基因组中没有发现超氧化物歧化酶基因、过氧化氢酶基因和谷胱甘肽过氧化物酶基因等主要的抗氧化作用基因，但是发现了其他与抗氧化相关的基因，包括3个硫氧还原蛋白还原酶基因（LRI_0332、LRI_0841和LRI_1564）、3个硫氧还原蛋白基因（LRI_0212、LRI_0715和LRI_1377）、4个NADH氧化酶基因（LRI_0078、LRI_1663、LRI_1664和LRI_1675）。其中NADH氧化酶是一类催化NADH和氧气进行氧化反应的酶类，在细菌氧化应激反应中起着重要的作用[186]。

已证实罗伊氏乳杆菌在体外有清除自由基能力，在断奶仔猪体内能抑制自由基产生，缓解氧化应激造成的氧化损伤[115, 187]。肽-蛋氨酸亚砜还原酶是一类可以把氧化的蛋氨酸亚砜还原为蛋氨酸的酶，从而帮助菌体防御氧化损伤，是目前发现的可在生物体内还原逆转蛋白质蛋氨酸残基氧化结构变化和功能损伤的主要抗氧化酶系统[188, 189]。*L. reuteri* I5007基因组可以编码2个蛋氨酸亚砜还原酶（LRI_0773和LRI_1772）。另外，烷基过氧化物还原酶是NADH/NADPH依赖的过氧化物酶，具有清除活性氧（reactive oxygen species，ROS）和过氧化物的作用[190]，*L. reuteri* I5007可以编码烷基过氧化物还原酶（LRI_0840）。另外，*L. reuteri* I5007基因组上还具有编码一些应激蛋白的基因，如LRI_0275、LRI_0313和LRI_1431。

8．与细菌素相关的基因

罗伊氏乳杆菌已被报道能够产生罗伊氏菌素Reuterin和AP48-MapA[167, 191]。其中*L. reuteri* JCM 1112^{T}基因组上含有合成罗伊氏菌素的基因簇（见图5-6），而一些菌株例如*L. reuteri* I5007因缺少合成罗伊氏菌素所必需的甘油脱氢酶基因（*gdh*）和*pdu*基因簇（LAR_1616～1640），而不能合成罗伊氏菌素。

罗伊氏菌素主要成分又称3-羟基丙醛（3-HPA），是甘油两步代谢的中间代谢产物，其代谢路径如图5-6所示。首先甘油在辅酶维生素B_{12}和甘油脱水酶的作用下脱水产生3-羟基丙醛，并进一步通过辅酶NAD^+和氧化还原酶作用还原成1,3-丙二醇，而在水溶液系统中，3-羟基丙醛的聚合和水合作用是可逆的，也就构成了3-羟基丙醛的动态系统。研究人员已分离并纯化出罗伊氏菌素，并通过核磁共振质谱及红外分析等方法，确认罗伊氏菌素是一个以3-羟基丙醛单体为转换中心的复杂的动态混合体系，其成分包括3-羟基丙醛、3-羟基丙醛水合物和3-羟基丙醛的二聚体[113]。

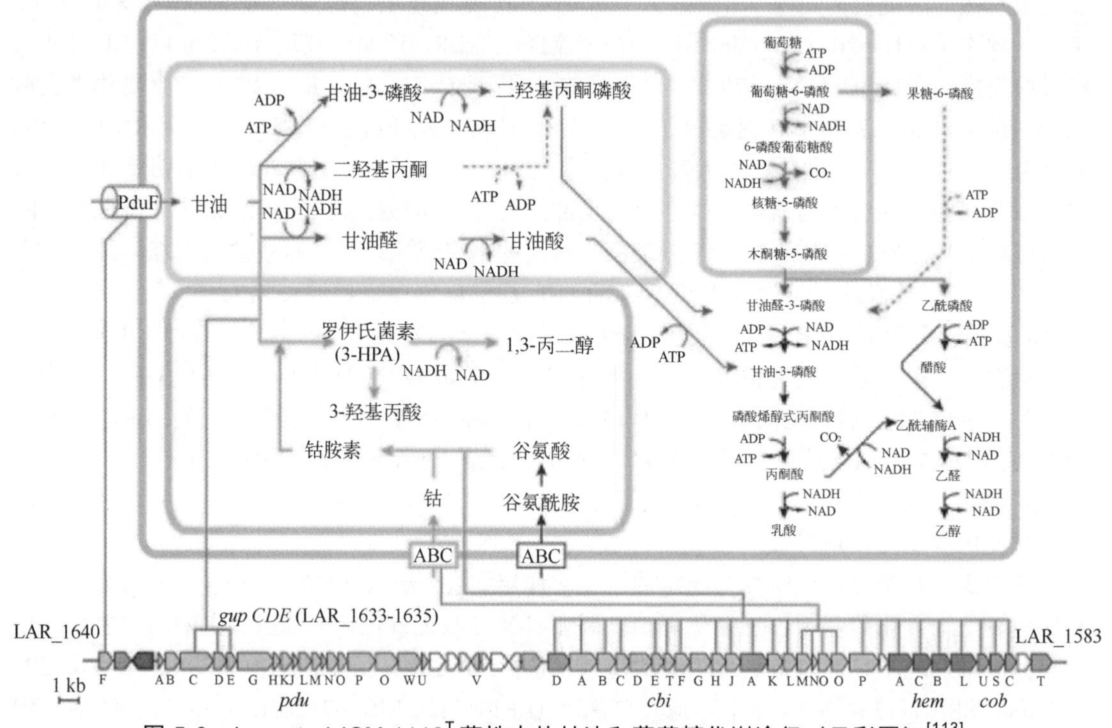

图 5-6　*L. reuteri* JCM 1112^T 菌株中的甘油和葡萄糖代谢途径（见彩图）[113]

蓝色方框内表示甘油代谢，绿色方框内表示合成罗伊氏菌素，红色方框内表示葡萄糖代谢。虚线表示 *L. reuteri* JCM 1112^T 中未确定的酶。底部显示的是菌株中 *pdu-cbi-hem-cob* 基因簇的结构图，箭头方向表示转录的方向，黄色表示 *pdu* 基因包括 *gupCDE* 基因，粉色表示 *cbi* 基因，橙色表示 *cob* 基因，蓝色表示 *hem* 基因，红色表示 *pocR* 基因，绿色表示 *eut* 基因，天蓝色表示转座酶基因，白色表示其他基因。在代谢通路和基因簇之间，通过一些线条相连，红色表示酶，蓝色表示转运蛋白

AP48-MapA是一种由48个氨基酸组成的耐热的抗菌小肽，等电点为9.63，是罗伊氏乳杆菌黏液黏附促进蛋白（MapA）的降解产物[167]。*L. reuteri* I5007基因组上存在与MapA序列相似度99%的序列，预示*L. reuteri* I5007可能产生AP48-MapA。

9．与胞外多糖合成相关的基因

一些罗伊氏乳杆菌菌株可以合成胞外多糖，包括*L. reuteri* 100-23和*L. reuteri* I5007[192, 193]。全基因组分析结果显示*L. reuteri* I5007具有潜在的产胞外多糖的能力，染色体中有两个与胞外多糖合成相关的基因簇（见图5-7），长度分别为28kb（LRI_0601-LRI_0620）和18 kb（LRI_0873-LRI_0891）。*eps1*基因簇由20个基因（LRI_0601-LRI_0620）组成，包括1个调节蛋白RexX、1个寡糖重复单元聚合酶Wzy、1个链长检测蛋白和6个糖基转移酶。*eps2*基因簇由19个基因（LRI_0873-LRI_0891）组成，包括1个转录调节因子、1个转运蛋白、2个胞外多糖合成蛋白和8个糖基转移酶。糖基转移酶的作用底物无法确定，因此不能确定胞外多糖的结构。*eps1*中大部分基因在*L. reuteri* JCM1112和*L. reuteri* DSM 20016中可以找到同源基因，*eps2*基因簇中的16个基因在罗伊氏乳杆菌DSM 20016和JCM 1112株中没找到同源基因。另外，*L.*

reuteri I5007基因组编码菊粉蔗糖酶（LRI_0973）和葡聚糖蔗糖酶（LRI_0915），这两个酶在胞外多糖合成中发挥重要作用[194, 195]。

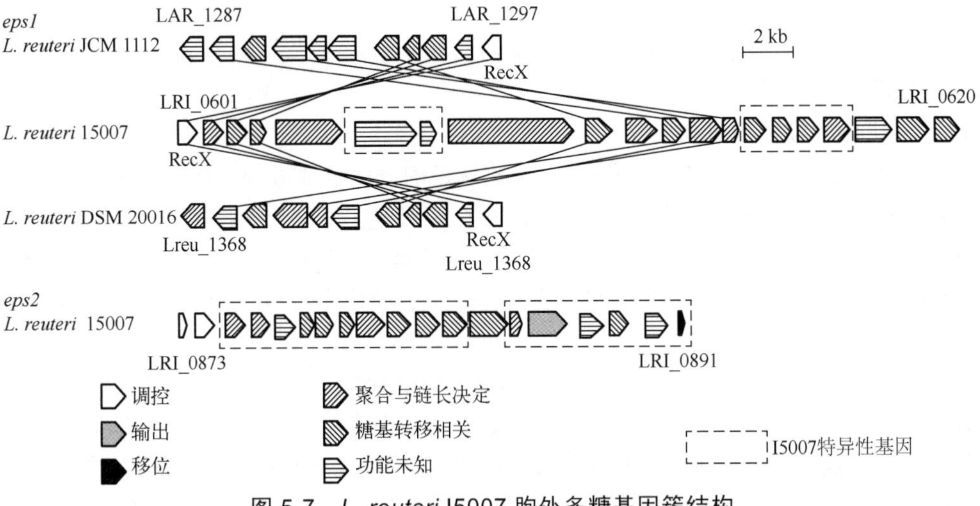

图 5-7　*L. reuteri* I5007 胞外多糖基因簇结构

eps1 基因簇的长度约为 28 kb，*eps2* 基因簇的长度约为 18kb。编码相似功能的基因被标注相同的颜色。*L. reuteri* I5007 胞外多糖基因簇与 *L. reuteri* JCM1112 和 DSM 20016 的胞外多糖基因簇比较，同源基因通过蓝色直线连接，蓝色方框标注的基因表示 I5007 特有的基因

10．与重金属和抗生素抗性相关的基因

研究发现一些罗伊氏乳杆菌基因组上存在与重金属和抗生素抗性相关的基因。以*L. reuteri* I5007为例，其染色体上编码钴/锌/镉抗性蛋白（LRI_1795）、碲抗性蛋白（LRI_0211）、镉抗性蛋白（LRI_0216），编码可转运钴/锌/镉离子的P-ATPase型转运载体（LRI_0548、LRI_1482和LRI_1781）、锰/锌离子转运载体（LRI_0468和LRI_1737-LRI_1739）以及铜离子转运载体（LRI_0549和LRI_1483-LRI_1484）。另外，*L. reuteri* I5007的质粒编码砷抗性蛋白（LRI_1942-LRI_1944和LRI_1953-LRI_1955）和镉抗性蛋白（LRI_1939-LRI_1941和LRI_1951-LRI_1952）。这表明该菌株对锌、镉、碲、砷以及铜等重金属或类金属具有一定的耐受性，另外重金属离子转运蛋白的存在说明*L. reuteri* I5007对这些重金属离子有一定的吸附容量。

细菌耐药可分为固有耐药和获得耐药。固有耐药又称天然性耐药，是染色体介导的、代代相传的固有耐药性。获得耐药是由细菌质粒介导，通过改变自身的代谢途径，使其不被抗生素杀灭。细菌的耐药机制主要包括细菌整合子系统、产生灭活酶或钝化酶、改变靶位结构、细胞壁增厚或细胞膜通透性改变以及加强主动外排系统[196]。*L. reuteri* I5007染色体有5个基因编码β-内酰胺酶，包括3个B组金属酶型的β-内酰胺酶（LRI_0027、LRI_0458和LRI_1257）和两个超广谱β-内酰胺酶（LRI_1474和LRI_1866），该酶可使β-内酰胺酶类抗生素的酰胺键断裂而失去抗菌活性。氨基糖苷类钝化酶主要分为三类：乙酰转移酶、核苷转移酶以及磷酸转移酶，分别通过核苷化作用、乙酰化以及磷酸化作用，抵抗氨基糖苷类抗菌药。*L. reuteri* I5007有4个基因编码磷酸转移酶，18个基因编码乙酰转移酶和2个基因编码核苷转移酶。细菌依靠主动外排泵出机制来减少细菌内药物浓度而导致耐药。*L. reuteri* I5007有12个以ATP水解供能驱动外排泵的ABC家族、21个主要易化超家族（MFS）、1个MOP家族、1个GPH家族、1个RND家族以及4个药物与代谢物转运体家族（DMT）。其中LRI_0168（MFS家族成员）可能跟四环

素耐药相关，DMT可能跟氯霉素的耐药相关。

另外，*L. reuteri* I5007的pLRI04质粒编码两个抗生素耐药基因，包括氯霉素乙酰转移酶（LRI_2025）基因和*TetW*（LRI_2018）。前者能够使氯霉素转变为无活性的代谢物从而对氯霉素产生耐药性[197]。*TetW*是猪消化道内最丰富的四环素耐药基因[198]，*L. reuteri* ATCC 55730菌株质粒上也携带该基因[98]。

11．罗伊氏乳杆菌的进化

最新的研究表明，罗伊氏乳杆菌在脊椎动物肠道的进化呈现宿主特异性（图5-8）[199]。Frese等（2011）利用无菌小鼠研究罗伊氏乳杆菌进化，结果表明罗伊氏乳杆菌在小鼠体内呈现宿主特异性。*L. reuteri* F275分离自人的粪便，该菌不能定植在小鼠肠道，其基因组大小比鼠源的*L. reuteri* 100-23基因组小270 kb，缺少290个基因。比较基因组显示，*L. reuteri* 100-23有633个基因在*L. reuteri* F275中没有找到同源基因，而*L. reuteri* F275有352个基因在*L. reuteri* 100-23中没有找到同源基因。两个基因组中均有100多个基因被注释为转座酶、整合酶和噬菌体相关蛋白，其中大部分是菌株特异性的。对两个菌株的特异基因进行注释显示，这些基因编码细胞壁和细胞膜锚定蛋白、转运蛋白、调节蛋白以及糖基转移酶等。1个辅助蛋白质分泌系统和1个脲酶基因簇是菌株*L. reuteri* 100-23所特有的，而*L. reuteri* F275仅含有*pdu-cbi-cob-hem*基因簇[200]。

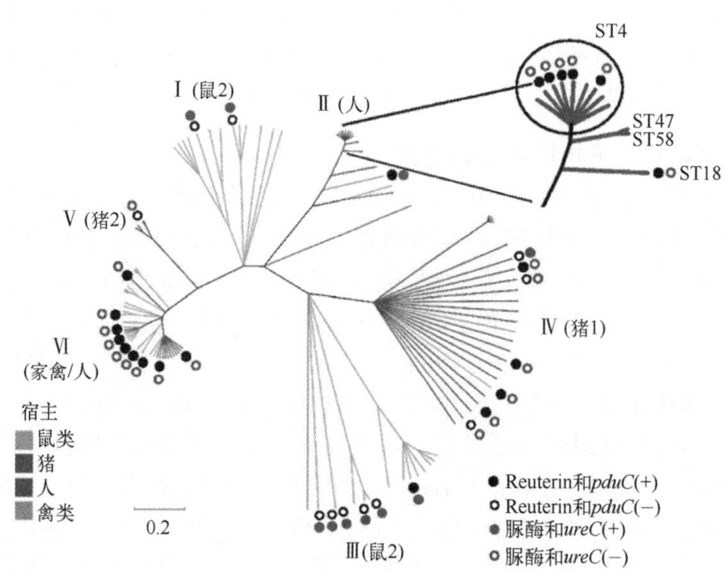

图 5-8　不同宿主来源的罗伊氏乳杆菌进化分析（见彩图）[199]

利用 Clonal Frame 软件中多位点序列分析技术对 116 株罗伊氏乳杆菌的系谱进行推测；进化树分枝的颜色表示菌株的宿主来源，对亚群进行了标注；人源Ⅱ亚群被放大，分为四个序列类型；菌株可以产罗伊氏菌素并携带 *pduC* 基因被表示为实心的黑圈，不产罗伊氏菌素和不携带 *pduC* 基因被表示为空心的黑圈；菌株可以产脲酶和携带 *ureC* 基因被表示为实心的红圈，不产脲酶和不携带 *ureC* 基因被表示为空心的红圈

（二）罗伊氏乳杆菌的遗传修饰

Liu等（2005）在罗伊氏乳杆菌中克隆表达了3个瘤胃微生物纤维素分解酶，即*Neocallimastix patriciarum*的木聚糖酶基因*xynCDBFV*、*Fibrobacter succinogenes*的β-葡聚糖酶（EC 3.2.1.73）基因、*Piromyces rhizinflata*的纤维素酶基因*eglA*。遗传修饰后的罗伊氏乳杆菌不仅具有黏附、

耐酸和胆盐的能力，还获得分解可溶羧甲基纤维素、β-葡聚糖以及木聚糖的能力[201]。张江（2013）成功构建*L. reuteri* I5007表达体系，并且确定P_{ldhL}为*L. reuteri* I5007最高效的启动子。由于*L. reuteri* I5007缺乏过氧化氢酶基因，不能高效清除环境中的过氧化氢，从而对过氧化氢及氧敏感[202]。张江（2013）用重叠PCR的方法将启动子P_{ldhL}与植物乳杆菌的过氧化氢酶基因*katA*连接，克隆到穿梭质粒，构建成表达载体pLK126，转入罗伊氏乳杆菌中后发现，重组过氧化氢酶的罗伊氏乳杆菌清除过氧化氢的能力提高了20倍，并且明显提高了对氧和过氧化氢的敏感性。体内试验发现，重组罗伊氏乳杆菌能缓解葡聚糖硫酸钠诱导小鼠结肠炎造成的氧化应激，同时减轻NF-κB的激活，从而缓解由炎症造成的小鼠黏膜损伤[202]。另外，张江（2013）克隆了枯草芽孢杆菌*Bacillus subtilis* 168的超氧化物歧化酶基因*sodA*，并连接到相关载体构建成表达载体，转化到罗伊氏乳杆菌后，体外测定超氧化物歧化酶发现，重组乳杆菌的酶活是野生型的8倍。体内试验发现重组*L. reuteri* I5007能降低三硝基苯磺酸诱导的结肠炎小鼠疾病活动指数、死亡率、炎症细胞浸润、结肠组织脂质过氧化物酶及髓质过氧化物酶的活性。同时发现，重组*L. reuteri* I5007能通过抑制IκBα磷酸化来抑制NF-κB的激活，降低了IL-1β和IL-8的表达，从而降低了炎症的发生。超氧化物歧化酶在*L. reuteri* I5007中表达能提高其在肠道中的抗氧化能力，缓解氧化应激[202]。Vaidyanathan等（2011）在罗伊氏乳杆菌中表达大肠杆菌乙醇脱氢酶（yqhD），可以提高自身1,3-丙二醇的产生[203]。

（三）罗伊氏乳杆菌作为外源基因的载体

罗伊氏乳杆菌作为肠道内的原籍菌，具有较强的黏附能力和益生作用，是理想的外源基因载体。Wu等（2006）以罗伊氏乳杆菌为受体菌，成功构建了乳链菌肽诱导的系统[204]。Liu等（2007）对一株可以在人生殖道定植并且可以防止微生物感染的益生菌*L. reuteri* RC-14进行遗传改造，让其能够分泌抗艾滋病病毒蛋白，从而阻碍艾滋病病毒进入人外周血单核细胞。具体过程是将艾滋病病毒进入或融合抑制因子和分泌信号子（BspA、Mlp和Sep）整体克隆，插入到*L. reuteri* RC-14菌株的染色体中，*L. reuteri* RC-14以细胞壁相连或分泌形式表达艾滋病病毒的抑制因子。结果，*L. reuteri* RC-14表达的CD4D1D2-抗体-融合蛋白可以结合单个或双嗜性HIV-1毒株[205]。罗伊氏乳杆菌的pTC82质粒上存在一处2.66 kb大小的稳定复制区，该质粒可以作为一个很好的复制子用于载体构建[206]。

（四）罗伊氏乳杆菌有效成分的克隆与表达

Miyoshi等（2006）克隆表达并纯化得到了*L. reuteri* DSMZ 20016^{T}的MapA蛋白，并研究发现该蛋白质可以黏附Caco-2肠上皮细胞[153]。Roos和Jonsson（2002）克隆表达了*L. reuteri* 1063菌株的Mub蛋白，发现该蛋白质分子质量为358 Da，大约由200个氨基酸组成，该蛋白质也可以发挥黏附功能[154]。另外，有学者将罗伊氏乳杆菌的甘露醇-2-脱氢酶（E.C 1.1.1.138）基因、甘油脱水酶基因以及β-半乳糖苷酶基因克隆在大肠杆菌中表达蛋白质并进行酶学研究[207-209]。

四、应用与展望

据报道，罗伊氏乳杆菌是一种几乎存在于所有脊椎动物肠道内的乳酸杆菌，被广泛证实具有益生特性，并且已在功能性食品工业中得到了广泛应用。在我国，罗伊氏乳杆菌早在2003

年就被列为可用于保健食品的益生菌菌种。罗伊氏乳杆菌制备的发酵乳，不仅口感风味俱佳，而且具有调节肠道菌群结构、抗氧化等多项保健功能。

在人的健康方面，一些罗伊氏乳杆菌菌株（如*L. reuteri* DSM 17938）已被用作益生菌调理肠道健康，对腹泻、便秘以及肠绞痛等有明显的治疗效果。在动物饲养方面，罗伊氏乳杆菌被用于饲料添加剂，很多研究已证实了其强黏附能力，可以改善动物的生产性能和肠道健康，降低腹泻率。另外，也有一些报道表明罗伊氏乳杆菌可作为疫苗的佐剂。随着科技的发展和研究的深入，罗伊氏乳杆菌的功能将得到更好的开发应用。

罗伊氏乳杆菌是研究最多的益生菌之一，已有大量的临床试验证实罗伊氏乳杆菌可以调节肠道菌群，预防或治疗肠道相关的疾病，但是关于罗伊氏乳杆菌作用机理的研究目前大都停留在动物模型和体外试验上。随着更多的罗伊氏乳杆菌菌株完成基因组测序以及研究方法的更新和技术的进步，罗伊氏乳杆菌在人和动物体内的作用机制将更加确切。另外，清晰的遗传结构，有助于我们对菌株进行遗传改良，这也将是未来的研究重点。

五、小结

罗伊氏乳杆菌作为应用最为广泛的益生菌之一，其众多益生功能被人们所认可。但目前大多研究都意在发掘该菌的功能和应用开发，尤其在罗伊氏乳杆菌对人和动物健康的调控方面做了大量的工作，而罗伊氏乳杆菌改善宿主健康的分子机制仍不明确。由于宿主肠道环境和机体功能的复杂性，体外细胞试验的结果在活体上存在很多不确定性。另外，关于菌株的遗改良方面的研究仍不足。近年来，基因组学、蛋白质组学、代谢组学和分子生物学等技术的发展，为从体内试验的角度探索罗伊氏乳杆菌的确切作用机制以及遗传改良提供了新的研究手段。

（侯成立 王军军 编，薛冠华 校）

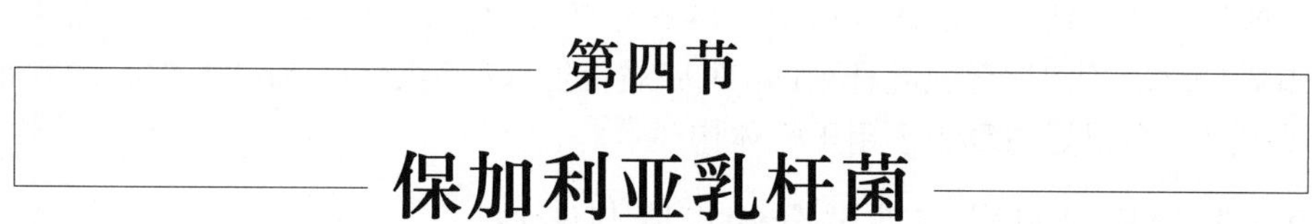

第四节 保加利亚乳杆菌

保加利亚乳杆菌在细菌分类学上隶属于裂殖菌纲真细菌目（Eubacteriales），乳杆菌科（Lactobacillaceae），乳杆菌属（*Lactobacillus*），德氏乳杆菌种（*Lactobacillus delbrueckii*）中的德氏乳杆菌保加利亚亚种（*Lactobacillus delbrueckii* subsp *bulgaricus*, L.b），是一种被冠以国名的细菌，是典型的来自乳的乳酸菌。保加利亚乳杆菌的发现已有100多年历史了。1905年，保加利亚科学家斯塔门•戈里戈罗夫第一次发现并从酸奶中分离出该菌，1984年韦斯等人又将其确认为德氏乳杆菌的亚种。保加利亚乳杆菌繁衍至今已经遍布全世界。保加利亚乳杆菌具有调节胃肠道功能、促进消化吸收、增加免疫功能、抗癌抗肿瘤等重要的生理功能，因此被规定为可用于保健食品的益生菌菌种之一，在食品发酵、工业乳酸发酵、饲料行业和医疗保健领域均有比较广泛的应用，在酸奶发酵中的应用尤其广泛。

一、保加利亚乳杆菌的特性

（一）保加利亚乳杆菌的形态与培养特性

保加利亚乳杆菌属于革兰氏阳性厌氧菌。菌体粗而长，直径0.5～0.8μm，长度约为2～9μm，常以单体长杆状或连接成链状存在，没有运动性，不产孢子，以裂殖方式繁殖。在MRS琼脂平板上，菌落呈白色半透明状，边缘为锯齿状。

保加利亚乳杆菌属于专性同型发酵，发酵产生乳酸，且80%以上为D（+）型乳酸。能发酵的糖有乳糖、葡萄糖、果糖、甘露糖、三梨醇等；不发酵乳酸盐，不液化明胶，不分解酪素，不产生吲哚和硫化氢，触酶阴性，无细胞色素，联苯胺反应阴性[210]。保加利亚乳杆菌对营养要求高，需要氨基酸、肽类、无机盐类、脂肪酸或脂肪酸酯类和碳水化合物[211]，还需要维生素等多种生长因子，尤其是B族维生素，如维生素B_6、维生素B_{12}（钴胺素）、叶酸等。脱脂乳和乳清是最佳培养基。实验室常用培养基为酵母提取液，酵母提取液作为碳源、氮源对保加利亚乳杆菌的生长有较显著的促进作用。另外，培养中缓冲盐也很重要，可以中和菌体生长代谢过程中产生的大量乳酸，稳定pH值，解除乳酸对菌体生长的抑制。

保加利亚乳杆菌最适生长温度为37～45℃。最低生长温度为22℃，低于20℃停止生长；最高生长温度为52.5℃，60℃可致死。保加利亚乳杆菌为耐酸菌，通常生长所需的pH值为5.5～6.2，pH为5或更低的情况下也可生长，但在碱性条件下生长不良或不能生长[212]。

（二）保加利亚乳杆菌产胞外多糖的特性

胞外多糖（exopolysaccharides，EPS）是乳酸菌在生长代谢过程中分泌的一种多糖类物质，一般有两种形式：一种是荚膜多糖，荚膜多糖附着在细胞壁上；另一种称为黏多糖，是分泌到细胞外以黏质多糖形式存在于细胞周边培养基中，它们都是微生物适应环境的产物[213]。胞外多糖通常含有D-葡萄糖、D-半乳糖或L-鼠李糖等，此外一些多糖还存在果糖、甘露糖、*N*-乙酰葡糖胺或*N*-乙酰半乳糖胺等成分[214]。

一般来说，乳杆菌胞外多糖的产量不高，营养成分和培养条件对胞外多糖产量和成分影响较大，甚至不同培养条件可以影响EPS的分子组成，如保加利亚乳杆菌NCFFB2772[215]。影响EPS表达的因素主要包括以下几个方面。①培养基组分：不同菌株的最适碳源不同，不同碳源可影响EPS的表达量[215]；氮源对EPS的表达量也有较大影响，添加蛋白胨和酵母提取物（YE）能提高EPS的产量；矿物质、维生素和氨基酸也是影响乳杆菌胞外多糖的重要因素。②生长阶段与发酵时间：一般来说EPS在乳杆菌对数生长期末期和稳定期产生，如保加利亚乳杆菌CNRZ416和CNRZ1187在稳定期EPS产量更高[216]；目前许多研究倾向于随着发酵时间的延长EPS产量逐渐降低，这可能与酶降解或营养成分减少有关[217]。③pH值：起始pH值和培养过程中pH的控制值都会影响到EPS的产量，如保加利亚乳杆菌NCFB2772生成EPS的最佳起始pH值为6.0，在培养过程中维持较高的pH值，EPS产量随着时间的增加而增加[218]。④培养温度：研究表明，表达EPS的最佳温度比最适生长温度低，低于最适生长温度的培养温度常常可以促进EPS的表达，这可能是因为低温使细菌生长缓慢，延长了对数期和稳定期，同时使更多的营养用于产生EPS。

胞外多糖的重要作用之一在于它是一种天然的增稠剂，可以改善发酵乳制品的流变学特性，同时EPS也是一种物理稳定剂，能够结合水并限制物料脱水收缩，赋予产品吸引人的外观和令人满意的口感。另外，胞外多糖还具有免疫活性、抗肿瘤和抗溃疡等生物活性，而且其在医药领域方面的研究越来越引起人们的兴趣。

（三）保加利亚乳杆菌的产香特性

保加利亚乳杆菌能产生特殊香气，这些香气来源于发酵过程中产生的乙醛、双乙酰（丁二酮）、丙酮、3-羟基丁酮和挥发性酸等100多种相关物质，其中乙醛是发酵乳制品中主要的产香物质。乙醛主要来源于细菌生长过程中的丙酮酸代谢、核苷酸代谢和氨基酸代谢。在形成酸奶独特风味时，并不是产香物质越多越好，而且还需要合适的比例。香味物质在贮存过程中也会发生变化，所以合适的储藏环境也至关重要[219]。不同种属甚至不同菌株的香味物质在种类和含量上有所不同，所以，如今的酸奶发酵都采取组合菌发酵的形式，如保加利亚乳杆菌常常和嗜热链球菌一同发酵。

（四）保加利亚乳杆菌的产酸特性

保加利亚乳杆菌经同型乳酸发酵可将乳糖转化为乳酸等酸性物质，其中乳酸占比可达85%～98%[220]。乳糖是由一分子葡萄糖和一分子半乳糖形成的双糖，在形成乳糖时，葡萄糖和半乳糖要经过两个不同的途径。首先乳糖在β-半乳糖苷酶的作用下被分解为葡萄糖和半乳糖，之后葡萄糖通过糖酵解途径形成2分子丙酮酸，再经乳酸脱氢酶催化，还原生成乳酸；而半乳糖依次转化生成半乳糖-1-磷酸、葡萄糖-1-磷酸、葡萄糖-6-磷酸，最终才能进入糖酵解途径形成乳酸。当乳糖形成乳酸后，导致牛奶的pH值下降。产酸过程可分为两个阶段；前发酵酸化阶段和储存酸化阶段。前发酵酸化阶段是指在正常培养过程中产生乳酸的阶段，在酸奶的储存过程中依然可以产生酸性物质，这就是储存酸化阶段。一般来说，当pH值达到4.5时就会导致酪蛋白的沉淀，形成凝乳状态，随着储存阶段的继续酸化，当pH值达到3.5时细菌新陈代谢受到抑制。

（五）保加利亚乳杆菌的产β-半乳糖苷酶特性

β-半乳糖苷酶是乳酸菌表达的能够将乳糖分解为葡萄糖和半乳糖的一种胞内酶。据统计，全世界70%以上的人口有不同程度的原发或继发性乳糖酶缺乏，我国汉族人口中这一比例更高，达到75%～95.7%[221]。乳酸菌可以将乳糖分解，使酸奶中乳糖含量降低，另外酸奶中的发酵菌在食用时是活菌，可在肠道内定植，并产生内源性的高活力β-半乳糖苷酶，例如保加利亚乳杆菌，这些都可以缓解乳糖不耐症的症状。

二、保加利亚乳杆菌的生理功能和机理

早在公元前3000年，在还未了解乳酸菌这一概念时，人类便已开始利用其生产干酪、面包、啤酒、泡菜等发酵食物。俄国科学家伊力亚·梅契尼科夫也在1908年正式提出了“酸奶长寿”理论。随着健康意识的不断提高和研究的不断深入，人们发现乳酸菌不但能改善食品风味，提高食品营养价值，延长保存时间；而且它还是人肠道中极为重要的有益菌，它还具有多种对人体有益的重要生理功能。保加利亚乳杆菌作为乳杆菌属乳酸菌的典型代表，具有乳酸菌的普遍生理功能。

1．促进益生菌定植，维持肠道微生态平衡

保加利亚乳杆菌是良好的产乳酸菌，可调节肠道pH值在5左右，促进益生菌在肠道内的定植；还可以产生带正电荷的微血凝素，吸附在带负电荷的肠壁上，使益生菌更易于黏附在肠道上；同时它还能为这些益生菌提供营养，促进益生菌的生长。一般来说，肠道内大约有400～500种微生物[222]，益生菌的定植改善了肠道微生态的构成，使微生态系统更加有益健康和稳定。

2．肠道清道夫

保加利亚乳杆菌与其他益生菌协同作用，可增加肠道排出物的量，还可以促进体内消化酶的分泌以促进消化，乳酸、乙酸等有机酸刺激能增强肠道蠕动。在这些因素的作用下，能将有害物质和细菌及时排出体外，抑制有害菌生长，起到了很好的排毒作用。有研究发现服用含有保加利亚乳杆菌的酸奶能有效减轻儿童慢性持续性腹泻[223]，同时对成人溃疡性肠炎、细菌性痢疾有显著治疗效果，并能有效缓解便秘等症状[224]。

3．蛋白水解作用，促吸收

保加利亚乳杆菌具有蛋白水解特性，它能有效地促进乳品中蛋白质水解为易吸收的小分子物质，促进蛋白质的吸收[225]。保加利亚乳杆菌分解蛋白质的特性同样也能增强胃肠道内壁的功能，促进肠黏膜的修复。

4．产生特殊酶系，促进机体健康

乳酸菌可以产生特有的酶类与宿主消化酶形成互补，帮助人体消化不能分解或分解不充分的物质，促进人体对营养物质例如人体必需的维生素、氨基酸以及无机盐类（钙、磷、铁、钴等）等的全面充分吸收。同时，某些酶还具有修饰封闭毒素受体的作用，阻断毒素与肠黏膜受体的结合，促进机体健康[226]。

5．免疫保护作用

乳酸菌抗原及其代谢物可以刺激肠黏膜淋巴结，激发免疫活性细胞，诱导机体产生特异性抗体和致敏淋巴细胞，调节机体的免疫应答，抵抗病原菌侵入，保护机体不受感染。保加利亚乳杆菌的免疫作用主要有以下几点：①可以帮助机体增加白细胞的数量；②刺激T细胞的产生；③诱导机体产生抵抗有害微生物的抗体[227]；④细胞壁成分具有刺激免疫因子的作用；⑤能产生具有广泛抗菌活性的抗菌物质[228]。

6．降低胆固醇

乳酸菌能够直接或间接地改变血脂的组成，从而降低胆固醇含量，主要的机理有：①其代谢物中的一些盐类，如醋酸盐、丙酸盐和乳酸盐等，在脂肪代谢调节中起着重要作用；②其产生的特殊酶类中有降低胆固醇成分，可以抑制内源性胆固醇的合成；③它的代谢能减少肠道对胆固醇的吸收；④其对胆固醇具有吸收与转化能力，最终转化为胆酸盐排出体外。

7．抗肿瘤作用

多项研究发现保加利亚乳杆菌对癌症的发生和发展具有阻碍和抑制作用。如有研究表明保加利亚乳杆菌产生的乳酸能抑制致癌物质产生，并可以保护原癌基因免受损伤；在用含有保加利亚乳杆菌的酸奶饲养化学诱导产生肿瘤的动物时，发现患癌动物的生命明显延长了；在给癌症患者服用保加利亚乳杆菌时，发现它能抑制癌细胞的生长；在动物实验中发现保加利亚乳杆菌能增加血清中肿瘤坏死因子的水平；一些研究表明，保加利亚乳杆菌能增强自我毁灭的化学信号。可能的机制有：增强钙离子、亚油酸化合物的生物活性；对亚硝胺有高的吸收率；抑制肠道内厌氧梭菌等腐败菌群的生长；促进免疫系统产生应答从而保持正常的菌群生态平衡。另外需要说明的是，并不是所有的菌株都有抗肿瘤作用，具有抗肿瘤功能的不同菌株起的作用和方式也不同。

8．改善肝脏功能

保加利亚乳杆菌的代谢产物可能有干预人类肝肠循环的功能。肝肠循环与人体对脂肪的吸收有着非常密切的关系，一旦受干扰，就会降低对脂肪的吸收。研究证实，对脂肪吸收量小的女性，患乳腺癌的可能性要比对脂肪吸收量大的女性低得多；另有动物研究表明乳酸菌对酒精引起的胃肠黏膜损伤有保护作用，并有效改善肝内乙醇代谢，能预防过量饮酒引起的肝损伤和脂肪肝[224, 229]。

9．抗衰老

研究表明，保加利亚人长寿与长期食用酸奶的习惯有密切联系。这是由于乳酸菌能够产生超氧化物歧化酶（SOD），而SOD是一种含有金属离子的酶，其生理功能是清除体内代谢产生的过量超氧阴离子自由基，从而延缓衰老，提高机体对由自由基侵害而诱发的疾病的免疫力[230]。

三、保加利亚乳杆菌的分子生物学

保加利亚乳杆菌具有多种重要的生理功能，为了更好地研究保加利亚乳杆菌的发酵过程和新的乳制品的开发，全面、深入地揭示保加利亚乳杆菌的分子作用机制具有重要的研究意义。如今，对保加利亚乳杆菌的分子水平研究主要集中在基因组研究、基因操作研究、遗传多样性研究、保加利亚乳杆菌相关特性的研究、抗胁迫特性的分子研究等方面。

（一）基因组研究

基因组研究主要是指菌株全基因组的测序，从整体上来看，完整的保加利亚乳杆菌基因组序列并不多，如从保加利亚地区分离并应用的2038菌株[231]，从青海自然发酵牦牛乳中分离的ND02菌株[232]，从中国传统发酵乳中分离得到MNBM-F01菌株[233]，以及其他菌株，大约有5个完整的菌株序列。这些研究主要集中在保加利亚乳杆菌的发酵特性与实际应用上，而很少涉及其代谢机制与调控等方面的研究。

（二）基因操作研究

保加利亚乳杆菌的基因操作研究主要有外源质粒的转化与基因的敲除。如：黄勇等对影响保加利亚乳杆菌（L6302）电转化效率的多种因素进行研究，得出了最优电转化条件[234]；李晨和郭鑫等利用插入序列ISS1插入基因的方法构建了保加利亚乳杆菌胸腺嘧啶合成酶*thyA*基因缺陷型菌株[235, 236]等。这些研究为保加利亚乳杆菌的特性研究、基因功能研究提供了前提，奠定了基础，使该菌的开发和利用更加便利。

（三）遗传多样性研究

到目前为止，人们对于保加利亚乳杆菌的遗传多样性方面的研究仍旧比较少。之前，研究人员利用MLST法从25株保加利亚乳杆菌中分离出15STs和2个血缘体系[237]。之后，研究人员设计了八轨迹MLST方案，从298个保加利亚乳杆菌菌株中确定了251个亚种，6个血缘系统，这就拓宽了遗传多样性的研究范围，可以在整个血缘系统观察不同的重组率和地理分布情况[238]。对菌株的遗传多样性的研究不仅使我们了解了更微妙的进化细节和自然发酵的遗传机制，而且有利于菌株发酵剂在乳制品工业生产中的应用。

（四）保加利亚乳杆菌相关特性的研究

1．产胞外多糖的分子研究

保加利亚乳杆菌具有产胞外多糖的特性，如ATCC11842、ATCCBAA365和ND02等等。有研究人员通过对EPS基因结构进行分析发现，EPS的合成基因簇由14个基因构成（*epsA*～*epsN*），长度为18kb，其中由*epsE*编码糖基转移酶[239]。而Vinogradov等人在对保加利亚乳杆菌17个菌株产细胞壁外多糖（SPS）的基因进行分析时发现，该菌株中含有SPS1和SPS2两种结构的胞外多糖，分别提取分析后发现SPS1由六糖重复单元结构组成，SPS2的主要成分是一种线性D-半乳聚糖与重复单元结构[240]。掌握参与调控多糖的基因结构将有利于我们筛选出高产多糖的发酵菌株。基于这些发现，我们可以通过调节EPS基因表达强度调节多糖分泌的量，同时将有利于我们筛选出多糖产量高的菌株。

2．产香特性的分子研究

保加利亚乳杆菌香味物质对发酵食品的风味起到至关重要的作用。通过乙醛含量表型数据和q-PCR技术分析发现，乙醛含量与*pdc*（丙酮酸脱羧酶）基因、*ald*（乙醛乙醇脱氢酶）基因、*lld*（L-乳酸脱氢酶）基因的表达呈显著正相关；此外*ald*基因和*lld*基因的表达与*pdc*基因也呈现出显著的正相关[241]。另有研究通过MLST系统发育分型方法将保加利亚乳杆菌分为高产菌株（CⅠ）、中产菌株（CⅡ）、低产菌株（CⅢ）、高低结合菌株（CⅣ）4个大的聚类。研究中发现具有乙醛中产能力的菌株（CⅡ）在遗传选择和酸奶环境应激胁迫下，与发酵相关的一些功能基因序列发生了碱基突变或基因重组，这就改变了一些菌株的发酵途径，然后在长时间进化后分化成处于系统发育树节点混合型菌株（CⅣ）；最后在此节点进一步分化，分别形成纯粹的高产菌株（CⅠ）和低产菌株（CⅢ）[242]。此研究从功能基因的遗传进化和系统发育的角度出发，建立了一种筛选乙醛高产优良菌株的新方法。

3．产酸特性的分子研究

酸奶在发酵结束后的储存、运输、销售过程中，会不断发生酸化，严重影响口感。针对这一问题，研究人员进行了研究，刘飞等通过筛选得到H^+-ATPase缺陷型菌株KLDS1.9201-1和KLDS1.9201-4，这两个突变株可降低葡萄糖代谢率和乳酸产量，降低底物的磷酸化水平，导致ATP产量降低，导致突变菌株生长速率降低，最终降低后酸化现象[243]。另有研究人员筛选出了ND06的突变菌株ND06-2，分析发现ND06-2与ND06相比，表现出对酸的敏感性和较低的H^+-ATPase活性；高压液相色谱（HPLC）表明，ND06-2生产乳酸的能力在发酵 或贮存过程中明显低于ND06[244]。由此得出，H^+-ATPase在酸奶发酵过程中和发酵后对产品的酸化负有责任，降低表达量或去除相应基因有助于保证酸奶的品质。

（五）抗胁迫特性的分子研究

保加利亚乳杆菌在遭遇寒冷、干燥和高渗等不利条件时，其细胞膜会损伤和破坏而失去活性或衰亡。乳酸菌在变化的环境中能通过改变自身代谢增强对外界环境的抵抗力，其中碳分解代谢阻遏蛋白（CcpA）能够调控多种应激蛋白，是微生物抗胁迫的重要调控因子。孙金威将ATCC11842的CcpA敲除，研究其功能发现，CcpA突变菌的耐热性和耐冷性显著下降，抗氧化损伤能力显著提高，推断CcpA参与热激蛋白和冷激蛋白的正调控，参与抗氧化蛋白的负调控[245]。汪政煜在对30种保加利亚乳杆菌进行研究后发现，随着保加利亚乳杆菌抗冷冻性增强，菌株中冷应激蛋白的表达量增加，热应激蛋白的表达量减少[246]。另有研究表明低温预处理可以增强菌体抗冻能力，且可以产生冷应激蛋白，推测低温诱导冷应激蛋白的表达抵御了冷冻对保加利亚乳杆菌的伤害[247]。

四、保加利亚乳杆菌的生物工程菌株的应用

保加利亚乳杆菌一直以来都被用于食品发酵方面，如酸奶、奶油、香精以及干酪的生产。在农牧业中也具有广泛应用，如作为饲料添加剂以及发酵生产饲料等。另外在医疗保健领域的应用也越来越多，但应用范围也仅限于保加利亚乳杆菌本身的特性和功能。如今，人们对利用基因工程技术改造原菌株，增强其生理功能或赋予其特定的新的生物学性状以获得性能更好或功能更强的优良菌株产生了极其浓厚的兴趣。

超氧化物歧化酶（superoxide dismutase，SOD）是一类十分重要的金属酶，可以清除生物体产生的超氧自由基，SOD在抗衰老、抗辐射、预防肿瘤等方面具有重要的作用。有研究将大肠杆菌*sodA*基因用PCR扩增后，连接入质粒pMG36e中，之后用电转化的方法将质粒转入保加利亚乳杆菌L6032中表达，经过验证证明SOD的活性表达能增强保加利亚乳杆菌对氧的耐受性，在有氧条件下重组子的生长和存活率都优于原菌。将SOD直接在这些食品级的微生物中表达，使得我们可以开发可直接食用的SOD产品和微生态制剂，这就将保加利亚乳杆菌的保健功能与SOD的生物学效应融为了一体[234]。

尿素酶（urease）蛋白是应用最早、研究最广的幽门螺杆菌（*Helicobacter pylori*）疫苗候选抗原，UreB是其重要的功能亚单位，不仅具有较高免疫原性，而且它还缺乏尿素酶活性，因此是绝佳的疫苗候选抗原。有研究利用PCR技术从*H. pylori*菌株NCTC 11637中扩增出*ureB*基因片段，之后将其连接入质粒pMG36e中构建成表达质粒，最后将质粒电转化转入保加利亚乳杆菌L6032中进行UreB蛋白的表达[248]。将此能表达UreB的保加利亚乳杆菌作为生态制剂的功效因子，不失为一种良好的幽门螺杆菌益生菌制剂调理疗法。

纳豆激酶（nattokinase）是从纳豆中提取出来的一种蛋白酶，是一种效率高、安全性高、造价低、药效长的新一代具有开发潜力的食源性溶栓药物。有研究通过构建纳豆激酶表达质粒pMGthyA-ppNK，电转到保加利亚乳杆菌thyA缺陷型菌株内，实现了纳豆激酶在保加利亚乳杆菌中的食品级表达。研究证明表达菌株可以在肠道内定植，并能表达有活性的纳豆激酶，另外还证明保加利亚乳杆菌异源表达食品级纳豆激酶具有明显的体外溶栓活性[249, 250]。

原生质体融合是一种良好的选育手段，具有遗传稳定、重组频率高、可远缘杂交以及能整合双亲优良性状等特点。嗜热链球菌和保加利亚乳杆菌是酸奶生产的主要菌株。一般将两者混合使用，二者存在互惠共生关系，但也存在拮抗抑制作用。有研究将保加利亚乳杆菌与嗜热链球菌抗噬菌体菌株制备原生质体并融合，筛选出兼具噬菌体抗性和保加利亚乳杆菌优良性状的易于培养的融合子[251]。另有研究利用相同的方法，分别将长双歧杆菌和青春双歧杆菌的原生质体与保加利亚乳杆菌的原生质体进行融合，构建筛选出耐氧的双歧杆菌，用以解决双歧杆菌“活菌数低”以及存活时间短等问题[252, 253]。

五、小结与展望

保加利亚乳杆菌在食品发酵领域的应用日趋广泛，并且乳酸菌的生理保健功能也日益被大家接受。但在分子领域的研究和应用正在发展当中，相信随着生物技术的进一步发展，

保加利亚乳杆菌的生物性能会得到进一步提升和改进，生产的产品质量会更好，口感更美，功能更完善，更符合人们对食品营养、风味、质地的追求。未来的工作主要集中在：广泛收集或筛选优良菌株，建立菌种资源库；结合生产上的需求，利用现代分子生物学技术，对所需的生物学特性进行有针对性的诱导和增强，选育出高效稳定的菌株；优化高密度培养条件，推进其产业化应用。保加利亚乳杆菌市场前景十分诱人，但也会不可避免地存在诸多挑战。

（王磊 编，王恒樑 校）

第五节 干酪乳杆菌

乳酸菌中的干酪乳杆菌（*Lactobacillus casei* group，LCG）在工业上被广泛使用，被用于发酵乳制品的生产，能够改善产品的质地和风味。近年来的许多研究集中在它们对许多疾病的预防、治疗及健康促进上。干酪乳杆菌具有预防和治疗肠道微生物群紊乱相关疾病的潜力[254]。

一、干酪乳杆菌的特性

干酪乳杆菌是一类革兰氏阳性、厌氧或微需氧、规则的无芽孢杆菌。菌体形态多样，呈细长杆状、也有球杆状、弯曲状等多种形态，可单个或成双排列，常呈链状或栅栏状排列。最适生长温度为37℃。菌落通常呈乳白色，表面湿润且光滑。无芽孢、无荚膜，多数不运动，可运动的乳杆菌菌体表面有鞭毛。能够发酵多种糖类，包括葡萄糖、果糖、乳糖、半乳糖等，发酵糖类代谢产生 L-乳酸。干酪乳杆菌广泛分布于自然界，发酵糖类，产生大量乳酸或其他有机酸类。乳杆菌在酸性环境下启动生长，并对酸的耐受能力较强，还可以耐受胆汁酸、蛋白酶的消化作用，可黏附定植到肠壁表面发挥益生作用。

干酪乳杆菌作为一类食源性益生菌，必须抵抗宿主胃肠道内强酸强酶环境，才能进入机体胃肠道增殖，发挥相应的益生作用。因此，一般用于微生态制剂研发的干酪乳杆菌都能够耐受胃肠道内胃酸、胆汁酸与蛋白酶的消化作用。干酪乳杆菌为革兰氏阳性菌，细胞壁结构致密，含有脂磷壁酸、外膜蛋白等大分子物质，对外界环境的抵抗力强，一般可在pH为1.0～5.0，胆盐浓度为0.15%～0.3%的培养基中生长。干酪乳杆菌进入肠道后，必须黏附定植于肠道表面才能防止胃肠蠕动的排出作用。干酪乳杆菌大量增殖，占据肠壁表面的黏附位点，抑制病原菌的增殖。干酪乳杆菌的黏附能力主要与细胞壁中脂磷壁酸、肽聚糖、多糖及表层蛋白有关，不同种干酪乳杆菌的黏附能力不同，同种干酪乳杆菌对不同动物肠壁细胞的黏附能力不同。干酪乳杆菌在代谢过程中产生的乳酸、脂肪酸、细菌素、类抗生素、消化酶等多种代谢产物是其发挥作用的关键：产生的乳酸、乙酸等酸性物质可维持胃肠道处于酸性环境，抑制病原菌的生长；产生的细菌素与类抗生素等大分子抑菌物质能够有效杀灭病原菌，防止疾病的发生；产生的氨基酸、维生素、短链脂肪酸、多种消化酶类，可促进胃肠道对营养物质的吸收，提高生产性能，改善畜禽肉蛋品质[255]。

干酪乳杆菌群由三种基因型和表型相关的兼性异发酵种干酪乳杆菌、副干酪乳杆菌和鼠李糖乳杆菌组成。其中的鼠李糖乳杆菌（LGG）可能是与健康应用相关的研究最多的菌株之一。这些物种的分类在过去已经进行了广泛的研究。干酪乳杆菌的物种具有重要的商业价值，它们之间的关系一直是许多研究的焦点，区分它们对于正确评估文献以及避免混淆具有重要意义。然而，干酪乳杆菌的分类既复杂又具有挑战性。干酪乳杆菌最早是在1971年作为一种新物种被提出的，但这一特征在1996年首次受到质疑[256]。有人提出干酪乳杆菌ATCC 393和鼠李糖乳杆菌ATCC 15820应被重新分类为玉米乳杆菌，因为它们彼此高度相似并且与干酪乳杆菌群的其余种类分离。*L. paracasei*的名称被否定，*L. casei* ATCC 334被建议为该种的新模式菌株。后续研究继续使用更精细的方法，如利用*recA*基因的比较序列分析[257]和23S-5S rRNA基因间隔区[258]对该物种之间的系统发育关系提出新的见解。2002年，有人提议*L.casei* ATCC 393实际上应该被重新归类为*L.zeae*，副链球菌应被重新归类为*L. casei* ATCC 334[259]。2008年，干酪乳杆菌的模式菌株被确认为原始菌株ATCC 393，命名为ATCC 334的菌株被否定，因为它代表了一个独立的分类单元，即副乳酪乳杆菌（*L. paracasei*）。恢复使用的名称*L. zeae*被认为违反了《国际细菌命名法规》第51b（1）和（2）条，后来被*L. casei*取代[260]。目前的研究继续根据已开发的新方法对种群内的已知物种进行比较和重新分类。

二、干酪乳杆菌的生理功能及机理

干酪乳杆菌是被国家允许在食品中添加的益生菌之一，其耐受性良好，对肠上皮细胞的黏附性强，安全性高，能够通过胃活着到达肠道内，定植在肠黏膜上，发挥生理功能。例如从内蒙古自治区的酸马奶中分离鉴定的干酪乳杆菌LCZ具有良好的益生性能，能够较好地耐受胃酸、耐受胆盐，对肠上皮细胞有较好的黏附性，人工胃液模拟作用3h加人工肠液模拟作用24h后的存活率为73.5%，对肠上皮细胞的黏附率达到4.31%[261]。干酪乳杆菌的菌体细胞代谢产生的乳酸和过氧化氢能够抑制常见致病菌的生长繁殖，可以作为生物杀菌剂，预防和治疗乳腺炎[262]，有研究发现干酪乳杆菌能够减少金黄色葡萄球菌在乳房内的定植[263]。干酪乳杆菌作为发酵促进剂发酵的酸奶、乳酪等食品能够调节人体肠道菌群平衡，增加肠道有益菌的数量，抑制大肠杆菌的生长，对便秘和肠道疾病有着积极的治疗效果；干酪乳杆菌还能通过代谢产生胞外多糖激活体液免疫和细胞免疫，增强机体的免疫功能[264]。

干酪乳杆菌已被报道用于各种疾病的治疗，如特应性皮炎甚至癌症。这些细菌直接或间接对人类健康产生有益影响的机制尚不完全清楚，需要进一步研究。潜在的机制包括产生细菌素等抗微生物物质，通过附着增强上皮屏障，竞争致病菌结合位点，或调节免疫系统[265]。干酪乳杆菌在以下六个方面具有益生功能。

1．过敏性疾病

儿童哮喘的发病率正在上升，这与“卫生假说”有关。由于更好的卫生条件，儿童在婴儿期接触的微生物更少，又因抗生素暴露、剖宫产分娩和饮食改变等因素，共同影响肠道微生物群的发展及其在生命早期的免疫刺激。然而，通过调节肠道微生物群，益生菌显示出降低过敏（如特应性皮炎）风险的潜力。例如：与同龄过敏儿童相比，非过敏儿童在生命早期获取乳酸菌（干酪乳杆菌、副干酪乳杆菌、鼠李糖乳杆菌等）的频率更高，且肠道定植更多的乳酸杆菌，这种差别与父母是否过敏无关，提示乳酸菌这类益生菌对儿童过敏具备潜在的保护作用[266]。然而，这项研究最近被重复，发现在两年内对预防过敏无效[267]。但一项荟萃分析表明，益生菌是有益的[268]。

2．脑功能

“精神益生菌”是一种细菌，当给予足够的量时，可以有积极的心理健康益处。干酪乳杆菌曾被用于该领域内的多项重要研究。在一项专注于脑肠轴的研究中，菌株*L. casai* JB1展示了细菌积极影响大脑功能的能力，给予JB1可直接影响大脑中GABA受体的表达，从而降低小鼠的焦虑和抑郁行为[269]。

一项研究采用鼠李糖链球菌R0011和赫氏链球菌R0052的组合，并证明其存在具有影响小鼠模型行为的潜力。这项研究表明，肠道微生物区系的调节可以积极地影响某些动物压力导致的记忆受损。摄取这种益生菌组合使得肠道微生物区系正常化，有助于防治因轮状柠檬酸杆菌感染而引起的行为异常[270]。

在最近的一项研究中，LGG和乳酸双歧杆菌BB12的片剂作为患有躁狂症的住院者的辅助治疗药物，在降低再住院率方面具有效果。值得注意的是，这项研究有许多局限性：益生菌对中枢神经系统微生物群和炎症的直接影响没有被检测，而且新成员服用的药物是因人而异的。它确实强调了微生物治疗精神障碍的潜力，这值得进行进一步投资和研究[271]。

3．肥胖

肥胖是一种复杂的综合征，有多种因素影响其发生。这些因素包括饮食、身体活动和遗传因素，但也会受到肠道微生物群组成的影响。通过使用益生菌来控制微生物群是可以为预防和治疗肥胖提供干预的。在最近的一项研究中，肥胖患者被给予鼠李糖乳杆菌CGMCC1.3724治疗24周。结果显示：男性体重减轻无显著差异，但益生菌组的女性参与者体重减轻显著。这可能与血液瘦素浓度的降低有关[272]。

肥胖也与肠道菌群和免疫指标的变化有关。用含有干酪乳杆菌CRL-431的发酵乳饲喂小鼠能够对微生物群以及与肥胖相关的一些生物标志物产生积极影响。一项研究证实了干酪乳杆菌Shirota对肥胖小鼠具备体重改善作用，并与治疗肥胖的药物奥利司他进行比较，评估其改善能力[273]。

4．癌症

癌症是一个全球关注的问题，人们正致力于研究预防和（或）治愈这种疾病的方法。癌症是指超出正常边界的细胞异常生长，可侵入身体毗邻部位和（或）扩散到其他器官。多项研究证实，益生菌具有辅助治疗和用于癌症微生物治疗的潜力[274]。

一项研究尝试使用干酪乳杆菌种型菌株ATCC 393治疗结肠癌。体内模型显示，喂食活干酪乳杆菌13d的小鼠肿瘤体积减少约80%。这种细菌附着在癌细胞上，降低癌细胞的生存能力并诱导细胞凋亡。虽然其机制尚不完全清楚，但这为干酪乳杆菌用于治疗癌症提供了有希望的证据[275]。干酪乳杆菌菌株也被研究用于晚期结直肠癌（CRC）的预防性治疗。结直肠癌死亡的主要原因是肿瘤向其他器官转移。研究发现来自干酪乳杆菌和鼠李糖乳杆菌的无细胞上清液可降低转移性肿瘤细胞系体外侵袭的能力[276]。

许多研究已经探讨了如何使用益生菌菌株来帮助减少肿瘤的策略。干酪乳杆菌Shirota已经被研究具有与膳食纤维联合使用以减少结直肠癌肿瘤复发的能力，早期研究显示了很好的结果[277]。LGG还被研究为低聚果糖和乳双歧Bb12的合生元。这项有前途的研究表明，合生元能够降低不受控制的肠细胞生长。这被认为是由于合生元的存在增强了黏膜结构，减少了上皮细胞暴露于细胞毒性和基因毒性药物，并减缓了结肠细胞的生长[278]。对癌症患者的治疗方法会给其免疫系统带来很大的负担，并且会引起副作用，例如腹泻，而对于免疫功能低下的个体来说，这可能是致命的。益生菌已被证明可降低癌症治疗期间辐射诱发腹泻的可能性。LGG也被研究作为癌症治疗的辅助治疗手段，以降低腹泻的发生率和严重程度[279]。研究表明，补充LGG胶囊的治疗可减少3/4的腹泻，减少腹部不适[280]。

5．腹泻

根据世界卫生组织的统计，腹泻是导致5岁以下儿童死亡的第二大原因，并且仍然是与抗生素有关的主要问题。抗生素相关艰难梭菌感染是高收入国家所有年龄段腹泻的主要原因。在许多研究中，干酪乳杆菌菌株与改善腹泻症状和持续时间有关。许多干酪乳杆菌菌株预防抗生素相关性腹泻的能力与其在抗生素治疗期间维持个体肠道菌群多样性的能力有关，这可能是由于菌株可直接附着在上皮细胞上，直接或者间接与病原菌竞争[281]。此外，LGG可用于预防或直接竞争治疗肠球菌感染。

6．细菌成分的治疗功能

益生菌的未来不仅在于使用活菌，还在于利用细菌成分调节免疫系统的可能性。干酪乳杆菌菌株通过消化系统存活并潜在地定植于肠道的能力使一些菌株对人类健康产生直接影响。然而，人们也在研究细菌成分的相关的功能。在一项研究中，在小鼠结肠炎模型中使用了热灭活的干酪乳杆菌菌株。热灭活菌株和活菌株均显示对炎症性肠病（IBD）模型具有治疗作用。这种优势是有应用前景的，因为不需要菌株通过肠道时存活，并且可能提供更一致的治疗效果，而不需要定植[282]。

许多细菌可产生胞外多糖（EPS），部分胞外多糖可对人体起到调节免疫等健康促进作用，例如鼠李糖乳杆菌产生的EPS具备免疫抑制能力。干酪乳杆菌作为辅料或发酵剂被长期应用于食品发酵，其也具备产生EPS等优良特性。干酪乳杆菌*L. paracasei* DG具备健康促进的作用，其被用于幽门螺杆菌辅助治疗及肠道微生物群调节等；近期研究认为其在宿主体内产生并覆盖于肠道黏膜上的EPS起到重要作用[283,284]。

人们利用益生菌治疗或预防疾病的兴趣正在增长，这里讨论的研究突出了未来干酪乳杆菌健康相关研究的一些潜在方向。

三、干酪乳杆菌的分子生物学

1．基因组特征

近年来的研究获得了副干酪乳杆菌JCM 8130和干酪乳杆菌ATCC 393的完整基因组序列，以及副干酪乳杆菌COM0101的草图序列，重新注释了鼠李糖乳杆菌ATCC 53103（也称为鼠李糖乳杆菌GG），并将它们与来自干酪乳杆菌菌株的其他可用序列进行了比较。干酪乳杆菌基因组平均编码2800±151个直系同源簇，其中1715是所分析的所有17个菌株（“核心基因组”）共有的。将核心和总体特征的数量（“泛基因组”或一个物种内发现的不同基因的总数）与所测序菌株的数量作图，可以看出核心基因数量的斜率接近渐近线，而全基因组在编译了17个基因组后，基因组仍继续扩大。总体而言，干酪乳杆菌基因组的差异揭示了一个开放的全基因组，该基因组由迄今为止确定的1715个核心和4220个直系同源簇组成，在每个菌株中包括大量独特的直系同源簇（范围：19～326，平均119）。使用二项式混合模型外推这些数据。估计产生了1600个直系同源簇的核心基因组和9072个总直系同源簇的全基因组。这些发现表明干酪乳杆菌的超基因组比单个菌株的平均基因组大约3.2倍，并支持以下假设：一种物种中全基因组的相对大小和含量是遗传可塑性和环境适应潜力的指标。

通过比较基因组分析，在干酪乳杆菌发现了1682个基因的核心，并观察到了广泛的全基因组共线性，特别是对于包含碳水化合物利用基因的基因组。之前在LGG发现的截短形式的spaCBA菌毛基因簇存在于几个副干酪乳杆菌菌株中[285]。这种基因组洞察力在确定群体内的进化关系方面是无价的，并且可能有助于区分传统方法不能确定的菌株。213株乳酸菌比较基因组学研究发现，干酪乳杆菌/鼠李糖乳杆菌分支是含有菌毛最多的物种，这并不令人惊讶，因为众所周知它们定植在肠道[286]。到目前为止，这种泛基因组和核心基因组方法在分类学中很大程度上被忽略了，尽管更多的研究正在进行比较基因组学以确定进化关系，这反过来又为分类学提供了借鉴。泛基因组方法凸显了该群体当前分类的不一致性，比较基因组研究揭示了该群体内高水平的物种内多样性，甚至在来自同一生态位的分离株之间也是如此[287]。

2．分子分类技术

乳酸杆菌属的传统分类主要依赖于形态、生理和生化特性，科学家主要依赖于商业鉴定试剂盒，如API 50 CHL系统[288]。尽管已应用表型测试来确定每种菌株的代谢特征，但干酪乳杆菌成员具有许多共同的特征，这导致了表型非常相似。表型的相似性可能是由于具备大量碳水化合物发酵相关的编码基因，此外菌体可能获取环境中的质粒或丢失本身携带的质粒，这可能会导致横向转移，从而产生具备不典型代谢特征的分离株，使利用表型验证的鉴定方法变得费力且不精确。因此，利用分子分类学的方法来提高乳酸菌菌株的种属鉴定已成为研究者的共识。2008年，国际原核生物系统学委员会（ICSP）的司法委员会指出，干酪乳杆菌的当前分类法由三个密切相关的物种组成：干酪乳杆菌（类型菌株：ATCC-393）、副干酪乳杆菌副干酪亚种（*L. paracasei* subsp. *paracasei*）（类型菌株：ATCC- 25302）、副干酪乳杆菌坚韧亚种（*L.paracasei* subsp. *tolerans*）（类型菌株：ATCC- 25599）以及鼠李糖乳杆菌（*L. rhamnosus*）（类型菌株：ATCC- 7469）。在批准的细菌名称清单中，干酪乳杆菌根据表型特征被描述为具有五个亚种的单一物种：干酪乳杆菌干酪亚种（*L. casei* subsp. *casei*）、干酪乳杆菌无乳亚种（*L. casei* subsp. *alactosus*）、干酪乳杆菌假植物亚种（*L. casei* subsp. *pseudoplantarum*）、干酪乳杆菌坚韧亚种（*L. casei* subsp. *tolerans*）和干酪乳杆菌鼠李糖亚种（*L. casei* subsp. *rhamnosus*）。根据DNA–DNA同源性，该物种被重新分类为三个物种：①干酪乳杆菌（*L. casei*）；②副干酪乳杆菌（*L. paracasei*）［包括两个亚种，即副干酪乳杆菌副干酪亚种（*L. paracasei* subsp. *paracasei*）和干酪乳杆菌假植物亚种（*L. casei* subsp. *pseudoplantarum*）］；③鼠李糖乳杆菌（*L. rhamnosus*）［包括先前分类的干酪乳杆菌鼠李糖亚种（*L. casei* subsp. *rhamnosus*）］[256-258]。

3．分子鉴定技术

对于干酪乳杆菌，RAPD-PCR[289]和瞬时温度梯度凝胶电泳（TGGE）[290]已被用于鉴定干酪乳杆菌菌株。由于DDH（树状DNA杂交技术）作为常规金标准基因型测定法的地位，其长期以来一直被用作描述细菌种类的方法[291]。但是，DDH费力，需要专业的技能操作并且结果不一致。此外，所获得的数据是非累积性的，难以应用于所有微生物。DNA测序技术的最新进展使基因组序列的测定相对便宜，从而为原核生物的分类学研究提供了高质量和适当的生物信息学工具。目前，分析16S rRNA基因的比较测序是细菌鉴定和分类的常用方法。自1994年以来，16S rRNA基因序列相似性超过97%的菌株被认为属于同一物种。在2006年和2014年，物种水平的截断率分别为98.7%和98.65%。但是，在许多情况下，密切相关的物种，例如*Lactobacillus* *buchneri* group（*L. buchneri, L. kefiri, L. parabuchneri, L. parakefiri*）, *L. casei* group (*L. casei, L. paracasei, L. rhamnosus*), *Lactobacillus plantarum* group (*L. fabifermentans, L. plantarum, L. paraplantarum, L. pentosus*)和*Lactobacillus sakei* group (*L. curvatus, L. graminis, L. sakei*)由于16S rRNA基因序列在物种间具有高度相似性（高达99%），使用16S rRNA基因测序无法区分[292]。因此，基本上保守的蛋白质编码基因可用作区分密切相关物种的替代分子靶标。除了PCR-限制性片段长度多态性、种和亚种特异性PCR、MLSA和MALDI-TOF MS等补充技术外，管家序列已成功应用于干酪乳杆菌组内并获得更高的分辨率。

有报告称，由于使用了限制分类分辨率的方法，超过28%的商用益生菌产品在属或种水平上的标签错误。在物种水平上正确识别益生菌菌株对于安全性评估至关重要，因为它与潜在相关的、物种相关的科学和技术信息相联系。因此，商业益生菌产品的管理和质量控制需要一种快速、准确的鉴定菌种的方法。

管家基因表现出高序列变异性，并且在准确分类和鉴定细菌方面是16S rRNA基因的可行替代方案。如，对苯丙氨酰t-RNA合酶α亚基（pheS）和RNA聚合酶α亚基（rpoA）的基因序列分析已用于区分乳杆菌属、肠球菌属、明串珠菌属、片球菌属和魏斯氏菌属的密切相关的LAB物种。迄今为止，许多编码蛋白质的基因，例如*dnaJ*、*dnaK*、*hsp60*、*mutL*、*pheS*、*recA*、*rpoA*、*spxB*、*tuf*和*yycH*，已被用作区分干酪乳杆菌类群物种的系统发育靶点，并表现出令人满意的分辨率和高水平的区分。但是，水平基因转移（HGT）或横向基因转移可能会在基于单个基因的系统树构建中引起问题。几个管家基因的串联可减少HGT的重复和重组。使用MLSA基于三个管家基因（*dnaK*、*pheS*和*yycH*；1627 bp）的串联序列来表征干酪乳杆菌群，并使用Eighbor连接、最大似然和最小进化方法进行系统发育分析。结果表明，一个新种*L. chiayiensis* sp. nov.（菌株BCRC 81062T和BCRC 18859）组成一个独立的簇，明显不同于干酪乳杆菌和玉米乳杆菌。此外，基于5个管家基因（*dnaJ*、*dnaK*、*mutL*、*pheS*和*yycH*；2567 bp）的串联序列进行分裂网络树分析，将干酪乳杆菌群的53株菌株分为三个主要簇：群集A（包含干酪乳杆菌、玉米乳杆菌和*L. chiayiensis* sp. nov. 的5株菌株）；群集B（包括27个副干酪乳杆菌菌株）；群集C（包含鼠李糖乳杆菌的21个菌株）。分裂网络分析显示，群集A包含三个子群集：A-1（干酪乳杆菌）、A-2（玉米乳杆菌）和A-3（*L. chiayiensis* sp. nov.）。因此，对“玉米乳杆菌”序列数据的多位点系统发育分析表明，该微生物可被重新分类为干酪乳杆菌的一个独立种或亚种[293]。

4．干酪乳杆菌的遗传操作技术

（1）传统的同源重组技术

干酪乳杆菌目前使用的基因编辑方法是基于质粒的同源重组，这种方法繁琐，重组效率低，至少需要24d才能成功敲除一个基因。鉴于干酪乳杆菌的工业重要性，寻找一种高效的基因组编辑系统是当务之急。除了基于质粒的同源重组，已经为乳酸菌成员开发了几种工具。双链DNA（dsDNA）重组工程是实现植物乳杆菌基因缺失的有效方法。在前噬菌体衍生的重组酶的辅助下，携带修饰等位基因的dsDNA和选择标记一起被整合到染色体上感兴趣的位置。Cre/loxP重组切除了选择标记，同时在位点留下了“瘢痕”[294]。最近，单链寡核苷酸介导的重组工程[单链DNA（ssDNA）重组工程]被证明能够在乳酸杆菌和乳杆菌中产生点突变。当ssDNA重组工程由recT介导的重组辅助时，诱变以0.4%～19%的效率引入染色体[295]。

（2）CRISPR-Cas技术

成簇的规律间隔的短回文重复序列（CRISPR）和它的相关蛋白（Cas），为一个适应性细菌免疫系统，已经被成功地开发为基因组编辑的一个强大的工具。在天然Ⅱ型CRISPR-Cas系统中，Cas9核酸酶需要CRISPR RNA（crRNA）和反式激活crRNA（tracrRNA）的指导，根据crRNA的指导序列和目标DNA的原间隔基序之间的沃森-克里克碱基配对来识别和破坏目标DNA，其特征是相邻的原间隔相邻基序（PAM）。然后，在宿主修复途径的帮助下，可以将感兴趣的遗传修饰引入断裂位点，失去原间隔区或PAM结构的突变体可能在Cas9/tracrRNA-crRNA复合物的攻击下存活下来。基于CRISPR-Cas9的基因组编辑可以很容易地通过用感兴趣的序列替换原间隔区来重新编程。因此，高度发达的CRISPR-Cas介导的基因组编辑工具已被改造和利用，用于各种真核生物和原核生物，包括干酪乳杆菌。将必需的CRISPR-Cas质粒引入到ssDNA重组的罗伊氏乳杆菌中，消除了大多数未经编辑的细胞，从而显著提高效率至100%。然而，其在乳酸菌中的应用在某些情况下可能受到限制，例如大尺寸缺失（1.0 kb）和染色体插入/替换，这也是与ssDNA重组工程方法相关的限制。到目前为止，*L. reuri*一直是唯一一个利用CRIPSR-Cas9工具进行高效基因组编辑的乳酸菌。在这种情况下，结合ssDNA重组工程使用CRISPR-Cas9系统。将所需的CRISPR-Cas9质粒导入ssDNA重组雷氏酵母中，消除了大部分未编辑的细胞，效率提高到100%[296]。CRISPR-Cas辅助的重组工程系统依赖于噬菌体RECT辅助重组和ssDNA来修复Cas9诱导的染色体DSB（DNA双链断裂）。

（3）pLCNICK系统[297]

pLCNICK系统基于CRISPR-Cas9D10A镍酶介导的染色体单链断裂（nicks）和依赖同源重组的等位基因交换，可用于干酪乳杆菌快速精确的基因组编辑。有研究对四个独立基因进行了框内缺失，以测试pLCNICK系统的效率和适用性。此外，通过用绿色荧光蛋白表达盒替换LC2W_1628基因，实现了增强绿色荧光蛋白的异源表达，这进一步证明了pLCNICK系统的功能。基于质粒的同源重组依赖于高效的转化方法，如pORI系统。对于某些乳杆菌来说，如果必须使用非复制整合质粒，转化效率低是一种遗传障碍。即使通过使用有条件复制的向量可以解决较差的转换，单交叉和随后的双交叉选择的过程仍然是麻烦和耗时的。前噬菌体重组酶辅助双链DNA（dsDNA）重组工程可以有效地用于大片段的缺失和插入。然而，它依赖于选择标记。在切除选择标记后，在修饰部位留下“瘢痕”。ssDNA重组工程在染色体上创造了精确的点突变，与抗生素的选择无关。它需要重组酶β或RecT的诱导表达以及宿主摄取单链寡核苷酸的能力。因此，选择所需的突变可能很费力。在雷氏杆菌中，突变率为0.4%～19%。有研究报道了为干酪乳杆菌建立的pLCNICK利用内源重组机制，并且不依赖于外源重组酶。在建立的系统中，细胞必须经历一个连续的两步转化过程，即允许ssDNA重组工程编辑染色体DNA，然后导入并表达Cas9以选择突变体。如果通过电转化的方法递送靶向质粒来实现pLCNICK基因组编辑，突变率可达65%。基于pLCNICK的编辑过程简化，可实现快速基因组编辑。循环时间不超过9d。

在染色体DNA精确编辑方面，CRISPR辅助重组工程利用单链DNA重组工程的优势，在饱和突变甚至多点突变方面具有潜在的应用前景。pLCNICK能够使基因缺失和稳定的染色体插入基因表达盒，这在*L. casei*中还没有报道。尽管有这些优点，pLCNICK在删除规模和编辑效率方面仍存在一些限制。为了研究删除大小与编辑效率之间的相关性，将删除大小扩展到5kb。编辑质粒pLCNICK-3k和pLCNICK-5k与pLCNICK-2179针对LC2W_2179位点的相同位点，但各自携带作为较大缺失修复供体的Has。如pLCNICK-2179一样，将两种质粒分别导入

LC2W，发现pLCNICK能够以66%的比例介导3kb的缺失，但当缺失大小增加到5kb时，pLCNICK就失败了。研究发现，将pLCNICK-3k导入干酪乳杆菌后，转化子的数量减少到不到10个克隆，而转化效率保持在10^5CFU/g，推测编辑规模与干酪乳杆菌的修复能力有关。另一方面，pLCNICK可以通过增强Cas9D10A和sgRNA的表达来改善pLCNICK，从而提高纯突变体的比例，减少纯突变体解离所需的时间。通过转录组测序或启动子文库筛选来鉴定更强的启动子将有助于实现这一目标。总的来说，这里报道的pLCNICK在基因组编辑方面具有快速、精确和可访问的优势。作为携带所有功能性必需成分的模型质粒，pLCNICK具有作为适用于其他乳杆菌属的骨架的潜力。对于Cas9/sgRNA诱导的DSB引起的高致死率，噬菌体重组酶的表达和dsDNA的引入（可作为修复模板）是一种有希望的方法，它可能有助于挽救细胞和促进重组。

5．干酪乳杆菌应激反应的分子机制

(1) 酸冲击

由于干酪乳杆菌的兼性异源发酵性质，己糖几乎完全发酵为乳酸。因此，干酪乳杆菌对酸性应激具有先天耐受性。益生菌在胃肠道运输过程中也必须面对酸性环境。对酸胁迫的耐受性在益生菌行业中尤其重要。在酸性环境中，酸可以被动地扩散到细胞中，在细胞中酸可以迅速解离成为质子。这降低了细胞内的pH（pHi）并影响跨膜pH梯度和质子动力。低pHi也会导致蛋白质和DNA的损伤。酪蛋白乳杆菌抗酸胁迫的方法包括精氨酸脱亚胺酶途径、F_0-F_1-质子泵、细胞膜改变和受损DNA和蛋白质的修复。氨基酸利用在实验室的pHi控制中也起着生理作用[298]。

干酪乳杆菌可以在酸性条件下利用氨基酸，如精氨酸、组氨酸和天冬氨酸。这通常通过氨基酸的脱氨基和碱性产物从细胞中排出来实现。精氨酸脱亚胺酶途径是在干酪乳杆菌中发现的分解代谢系统，利用精氨酸产生ATP、鸟氨酸、CO_2和NH_3。该系统包括三种酶，即精氨酸脱亚胺酶（ADI）、分解代谢鸟氨酸转氨酶和氨基甲酸酯激酶，以及一种单一的膜转运蛋白。NH_3与质子发生反应，帮助细胞外环境碱化。耐酸干酪乳杆菌可以在酸性条件下过度表达与ADI途径有关的蛋白质。F_0-F_1 ATPase在细菌中普遍存在。这种多组分酶具有双功能：它可以利用质子产生ATP，或者通过水解ATP交替地将质子泵出细胞。在酸性条件下，耐酸干酪乳杆菌的ATP酶活性水平高于酸敏感细胞。有研究表明，干酪乳杆菌在酸性条件下具有比不耐酸放线菌更高的ATP酶活性[299,300]。

细菌也通过改变其膜组成来适应环境变化（压力）[301]。耐酸干酪乳杆菌Zhang可增加肽聚糖合成关键酶MurA和MurG的表达[300]。已经表明，细菌根据酸性条件改变其细胞质膜的脂肪酸组成，但也报道了不同的结果。部分研究者报告不饱和脂肪酸比例增加，另一部分研究报道了相反的结果，即不饱和脂肪酸比例降低。研究表明，当补充不饱和脂肪酸时，*L. johnsonii*对酸胁迫更加敏感。这些矛盾的结果可能是由于使用不同的菌株或不同的实验条件。为了应对DNA损伤，存在涉及碱基切除修复、核苷酸切除修复、错配修复和同源重组的DNA修复蛋白的过量产生。参与一般应激反应的蛋白质（DnaK、DnaJ和Hspl）和伴侣蛋白（GroEL、GrpE）也过度表达。这些蛋白质参与防止不正确的蛋白质折叠和以ATP为代价修复受损蛋白质。细胞对酸胁迫的许多反应是能量依赖性的，因此需要ATP。有人发现，虽然酸胁迫细胞中葡萄糖磷酸转移酶系统（PTS）活性水平显著下降，但仍高于敏感细胞。这反过来又意味着更多的葡萄糖进入糖酵解，细胞也有更多的能量（ATP）来应对酸胁迫。有研究还表明，在酸性条件下，干酪乳杆菌细胞表面表达的与糖酵解途径有关的蛋白质水平增加[302-304]。

（2）冷应激

发酵后，益生菌干酪乳杆菌会以冷藏的形式遇到冷冲击。冷藏的益生菌保持活性才能在人类胃肠道（GIT）中到达目的地。寒冷是一种影响细胞内物理化学性质的物理刺激。它通过影响膜的流动性、扩散速率以及蛋白质、DNA和RNA等大分子的相互作用来实现。冷休克蛋白（CSPs）是由细菌在低于最佳条件的温度下响应生长而产生的。干酪乳杆菌中的CspA和CspB与葡萄糖-PTS系统的EIIA蛋白的C端具有相似的序列。有人认为，Hpr磷酸化这些冷休克蛋白以激活它们来应对冷休克。与在其他糖上生长相比，不能形成Hpr ser-45的干酪乳杆菌突变体在葡萄糖上生长时对冷冻/解冻更为敏感。这表明CSPs在干酪乳杆菌低温下的新陈代谢中起主要作用。更多的冷诱导蛋白（CIPs）在冷休克中表达，通过增加较短和（或）不饱和脂肪酸的比例来维持细胞膜的流动性，并通过减少负超螺旋来维持DNA结构[305]。

（3）胆汁应激

胆汁酸被分泌到哺乳动物的肠道以帮助消化，具有抗菌活性。已知胆汁可影响膜、DNA、RNA和蛋白质的结构。Hamon等[306]采用蛋白质组学方法评估干酪乳杆菌的胆汁耐受性，并提出膜修饰蛋白RmlC、细胞壁合成蛋白NagA和NagB、分子伴侣蛋白ClpP和参与中枢代谢的蛋白是胆汁耐受的关键。胆盐水解酶（BSH）是一种常见于肠道的细菌表达的蛋白质，可去除结合的胆盐，还具有降低血清胆固醇水平和降低宿主肥胖和关节硬化风险的额外积极作用。在干酪乳杆菌中发现了BSH活性，但BSH并不总是存在。关于BSH可增加胆汁盐耐受性的证据相互矛盾，许多研究发现了相关关系，而许多其他研究未能发现BSH活性与胆汁耐受性之间的相关性[307,308]。

（4）氧化应激

氧化应激是指细胞内活性氧（ROS）的产生和积累。ROS包括氧自由基、过氧化氢和羟基自由基。ROS可导致蛋白质、脂质和核苷酸的损害，导致细胞生长停滞和细胞死亡。一些乳酸菌，包括干酪乳杆菌，可以利用有氧条件下的氧气，通过丙酮酸氧化酶、NADH氧化酶、NADH过氧化物酶和丙酮酸激酶等途径产生能量，从而形成ROS。过氧化氢酶是一种能够降解过氧化氢的酶，因此是氧化应激的关键成分。事实上，氧的存在已被证明增加了干酪乳杆菌的活性。干酪乳杆菌中含量很高的锰可以作为有效的O_2清除剂，从而弥补超氧化物歧化酶缺乏的不足，而目前还没有已知的酶来降解羟基自由基[309]。

（5）渗透胁迫

发酵食品中的干酪乳杆菌常常面临高渗透压。与乳酸菌相比，食品腐败细菌和病原体通常对高渗条件更为敏感，因此在发酵过程中，通常添加氯化钠以保护本地或发酵剂中的乳酸菌。盐胁迫导致干酪乳杆菌细胞壁构象发生变化，从而增强其形成生物膜和结合阳离子的能力。高盐条件导致干酪乳杆菌对靶向细胞壁合成的抗菌肽更加敏感[310,311]。

（6）存储

在用作益生菌之前，细菌可能需要长时间储存。冻干法和喷雾干燥法是两种主要的制备方法。在冷冻干燥过程中，细胞受到晶体形成、脱水和渗透应力引起的物理应力。有研究发现，干酪乳杆菌成员最宜在冷藏温度下保存，脱脂牛奶或添加有海藻糖、乳糖的脱脂牛奶是合适的冷冻保护剂[312]。在冷冻干燥期间对干酪乳杆菌细胞进行封装也可以在冷冻干燥后的储存期间对细胞提供保护。

在喷雾干燥过程中，细菌暴露于多种不同类型的应力中，这些应力在储存期间影响细胞的生存能力，包括热、脱水、剪切、渗透和氧化应力。在保护剂中微囊化细胞是提高喷雾干燥期间细胞存活率的主要方法之一。在脱脂牛奶中微囊化的干酪乳杆菌LK-1在储存期间，储存温度也是细胞存活的关键因素。储存温度从−20°C增加到4°C或从4°C增加到25°C会导致干酪乳杆菌LK的失活率增加三倍。与冷藏温度相比，喷雾干燥后室温下鼠李糖乳杆菌GG的失活率也较高[313]。

四、干酪乳杆菌的应用

1．在乳制品中的应用

由于干酪乳杆菌具有分解蛋白质的特性，人们发现将干酪乳杆菌接种到酸奶中发酵，这种新型的功能性酸奶产品在保藏的过程中保持了干酪乳杆菌的活力，酸奶的香气和风味也得到了明显的改善；将双歧杆菌和干酪乳杆菌发酵剂按照合适的比例接种，即可得到富硒酸奶，该酸奶富含硒元素，可用于治疗便秘、慢性腹泻等，对人体非常有益。副干酪乳杆菌能够提高扣碗酪的酸度和乳酸菌活菌总数，改善扣碗酪的质构特性，在短时间凝乳的前提下，得到风味良好、质地紧密、存储稳定的扣碗酪产品；用干酪乳杆菌发酵塑性凝块奶酪，发现干酪乳杆菌发酵成品外表更加光滑，风味更加温和，组织结构良好，与美国进口干酪进行比较，各项指标并不落后。将游离固定化干酪乳杆菌应用在益生菌羊奶干酪生产中，发现与普通奶酪相比具有更好的品质特性。

2．在面制品和果蔬制品中的应用

干酪乳杆菌发酵面制品，既提高了食品品质，同时香气更加浓郁，保藏的时间更久，检测出的有益化合物更多，口感风味俱佳。以干酪乳杆菌发酵小麦麸皮制得的酸麦麸与面粉混合，再以活性干酵母发酵制成酸面团，以此制成的小麦麸酸面包体积、口感、风味、保鲜期和营养品质较普通面包有明显的改善，且具有丰富的营养物质及较高的膳食纤维，提高了酸面包的营养功能特性。采用干酪乳杆菌和植物乳杆菌复合发酵蓝莓果汁时，利用葡萄糖和脱脂乳时生长较好，复合菌株利于蓝莓的发酵，果汁酸甜适口，感官评价较高；而采用干酪乳杆菌和植物乳杆菌复合发酵南瓜汁和火龙果汁，发现两者虽然没有明显的协同作用，但是也不存在拮抗作用，可以用于果蔬汁的发酵。

3．在肠道功能调节中的应用

干酪乳杆菌增加黏附蛋白表达等方式使其和肠黏膜形成天然生物屏障。屏障降低了肠道有害菌繁殖而增加肠道有益菌数量，从而维持肠道菌群平衡，减少内毒素脂多糖含量，同时降低肠上皮细胞渗透性，降低了循环脂多糖含量及其宿主吸收率，降低了炎症细胞因子数量，提高了胰岛素敏感性，改善了胰岛素抵抗。有研究表明，对于术前发生肠道菌群失衡、肠道屏障损伤、细菌易位的患者，术后食用富含干酪乳杆菌的食品可明显改变肠黏膜的通透性，同时显著降低患者术后感染率。因此，干酪乳杆菌对胃肠道肿瘤患者起到了肠道菌群调节作用。

4．在疫苗研究中的应用

干酪乳杆菌因其无致病性，又能在肠道定植生长并可诱导局部黏膜免疫系统表达特异性免疫分子，还可诱导系统免疫，被认为是一种安全的递呈疫苗抗原的活菌载体，广泛用于表达病原抗原。有人构建了能表达猪流行性腹泻病毒中和抗原的重组干酪乳杆菌，并使小鼠口服获得免疫，结果发现，该重组干酪乳杆菌诱导小鼠表达了特异性血清抗体和黏膜分泌型抗体。更进一步地，有人构建了可表达猪流行性腹泻病毒中和抗原和靶向肽的重组干酪乳杆菌，评价小鼠口服后的产生的抗体水平和免疫应答效果，探讨了该重组干酪乳杆菌作为呈递抗原的活菌疫苗的可行性。目前已构建许多表达不同抗原的干酪乳杆菌，将重组干酪乳杆菌免疫小鼠，这种重组干酪乳杆菌被构建成可表达传染性胃肠炎冠状病毒的蛋白，结果发现其能诱导机体产生黏膜免疫反应和系统免疫反应，从而有效地保护了小鼠。

5．在保健食品中的应用

干酪乳杆菌可作益生菌制剂在临床上起到增强肠道屏障等保健功能，还可用于表达对机体具有保健作用的外源性或内源性物质。干酪乳杆菌发酵主要产生L（+）乳酸，广泛应用于制药行业生产乳酸及其衍生物。而乳酸可在临床用作肾透析液成分和肠内清洁消毒剂等，在食品工业用作防腐剂和香味增强剂，也用于化妆品行业。D（+）乳酸在人体中具有毒性作用，无法被代谢，而L（+）乳酸不同于D（+）乳酸，其可直接参与人体代谢。γ-氨基丁酸因其高活性生理功能可作为功能性食品进行补充，干酪乳杆菌可合成γ-氨基丁酸，其产生的γ-氨基丁酸因其天然安全可靠等广泛被应用于保健食品和药物中。人们还构建了干酪乳杆菌载体表达人胰岛素基因，并获得成功。

五、小结

干酪乳杆菌包含鼠李糖乳杆菌、干酪乳杆菌和副干酪乳杆菌。由于它们在食品、生物制药和医疗行业中的适用性，对它们进行了充分的研究。在区分物种方面有着悠久而复杂的分类学历史，但随着测序和新型鉴定方法的发展，围绕干酪乳杆菌的分类学可能会继续引起人们的兴趣并产生挑战。干酪乳杆菌定植于人体肠道并改善代谢，与其抗逆性相关，尽管这些抗性表型是菌株特异性的。干酪乳杆菌如果要在工业上使用，必须能够在多种胁迫条件下生存，包括氧化胁迫、渗透胁迫、低温胁迫、酸胁迫并能长期储存。除了需要在食品加工过程中忍受这些条件外，活菌株还必须能够通过GIT存活下来，以达到促进健康的目的。

干酪乳杆菌的健康促进功能已在几项研究中得到了证明，表明它们在治疗或预防各种疾病中具有真正的潜力。展望未来，至关重要的是，科学家必须弄清楚该菌所涉及的潜在作用机制，以便能够将这些菌株或其细菌成分作为新型治疗方法或预防性干预手段使用。

少数种类的乳酸菌具有显著的生态适应性，可从多种多样的生态环境中生存。例如，干酪乳杆菌已经从发酵乳制品（尤其是干酪，在干酪中它们在成熟过程中往往成为主要的不定或“非淀粉”物种）和植物材料（如葡萄酒、青贮饲料、泡菜等）以及人和动物的口腔和胃肠道中分离出来。

干酪乳杆菌广泛的生态分布反映了其代谢的灵活性，促进了干酪乳杆菌在食品和保健工业中的广泛应用；不同菌株被用作产酸发酵剂，用于牛奶发酵，作为辅助培养物加速或强化细菌成熟奶酪的风味形成，作为益生菌提高人类或动物健康水平。联合国粮农组织和世界卫生组织将益生菌定义为“活的微生物，当给予足够数量的益生菌时，会给宿主带来健康益处”。当然，即使食用量非常大（例如，10^9～10^{10}CFU/剂量），用作发酵剂或益生菌的菌株必须对人类无致病性。因此，干酪乳杆菌广泛的生态分布，是一个特别有趣的研究课题，如研究它的遗传多样性、基因组进化和生活方式适应等。

（柯跃华　编，崔晓虎　校）

第六节 发酵乳杆菌

发酵乳杆菌是乳酸菌属的革兰氏阳性菌，是一种异型发酵型乳酸菌，属于厚壁菌门乳杆菌科[260]。它们栖息于各种各样的环境，包括植物和动物的胃肠道。发酵乳杆菌是人类肠道的主要异种乳酸菌。发酵乳杆菌是发酵食品中的优势微生物，尤其在传统发酵乳制品和发酵果蔬制品中，具有较强的益生特征[314]。

一、发酵乳杆菌的生物学特性

发酵乳杆菌的细胞呈0.5～0.9μm长的杆状，长度不一，经常以单个或者成对的形式存在，无运动能力。在固体培养基上培养时通常厌氧或通过减少氧压来保持生长。接触酶阳性，无细胞色素。营养要求复杂，其生长必需的营养因素包括泛酸钙、烟酸及硫胺素，不需要核黄素、吡哆醛及叶酸。生长最适温度30～40℃。耐酸，最适宜pH值常为5.5～6.2，在中性或初始碱性情况时，通常会降低其生长速率。

对发酵乳杆菌的鉴定，若采用表型、酶联反应和糖发酵试验的方法比较困难，因为在传统的发酵试验中，罗伊氏乳杆菌（*Lactobacillus reuteri*）和发酵乳杆菌表型非常接近，达不到鉴定所要求的菌种特征。与传统理化鉴定方法相比，16S DNA PCR检测更加快速，而且特异性和敏感性更强，目前已得到广泛应用[315]。

二、发酵乳杆菌的生理功能

目前，对发酵乳杆菌益生作用的研究主要集中在胃肠道环境的适应能力、胆固醇的降解或消除能力、有害菌的抗菌能力、免疫调节、抗氧化能力等方面。

（一）代谢产物能抑制腐败微生物的生长

近年来，发酵乳杆菌ME-3已被发现并被鉴定为一种抗菌和抗氧化的益生菌。益生菌的重要特征之一是对消化道条件的耐受性。在不同胆汁浓度下进行的ME-3菌株实验发现，它能够在高浓度胆汁存在的情况下存活。此外，发酵乳杆菌可以耐受pH值的下降，它可以承受pH值从4.0到2.5的下降而不会影响菌落数[314]。

多种乳酸菌被证实产生的代谢产物能抑制其他腐败微生物的生长，常见的代谢物质有乳酸、过氧化氢、细菌素等。因菌种和菌株的不同，抑菌物质产生的种类和数量存在较大的差异。Pascual等[316]研究了发酵乳杆菌L23对大肠杆菌的抑制效果，发现在小鼠阴道中，L23表现出很强的抑制大肠杆菌的能力。Jayashree等[317]研究了发酵乳杆菌8711的体外黏附和抑菌能力，结果发现，发酵乳杆菌8711能很好地黏附在Caco-2细胞上，对金黄色葡萄球菌有很好的抑制作用，且能降低金黄色葡萄球菌在Caco-2细胞上的黏附性能。对传统发酵乳制品中的发酵乳杆菌进行抗菌活性的研究，结果表明：所有筛选的菌株都表现出一定的对不同食物腐败菌或病原菌的抑制能力。其中菌株F6表现出非常强的抑菌能力，对5种指示菌单增李斯特菌（*Listeria monocytogenes*）、鼠伤寒沙门菌（*Salmonella typhimurium*）、大肠杆菌（*Escherichia coli*）、弗氏志贺菌（*Shigella flexneri*）、金黄色葡萄球菌都表现出了很强的抑菌作用[318]。不同来源的发酵乳杆菌菌株都可能具有较强的抑菌能力。从抑菌范围来看，不仅对革兰氏阳性菌株，而且对革兰氏阴性菌株也具有较强的抑菌特性。由于发酵乳杆菌具有耐受肠道环境的能力，因此还能在动物肠道中起到原位杀菌或抑菌的效果。

（二）降低胆固醇

胆固醇是人体的必需物质，但含量过高时会导致人体一些疾病的发生率上升。近些年，众多研究发现发酵乳杆菌有降低胆固醇和甘油三酯的功效，并通过一系列体内外实验得到了验证，一些机理也被挖掘出来。分析认为可能的降脂机制为减少肝脂质沉积和增加了粪脂的排泄。另一个原因是能产生胆盐水解酶（bile salt hydrolase, BSH），BSH能促进体内胆盐的排泄，是降低血液胆固醇的主要因素。

（三）提高人体免疫力

众多研究证实了外源乳酸菌有不同程度提高人体免疫力的作用，目前市面上也出现了许多提高免疫力的益生菌制剂，已被广泛应用。乳酸菌提高免疫力主要是因为乳酸菌能够刺激机体的肠道免疫系统，增强免疫力[319]。Perez-Cano等[320]将自主从人乳中分离的发酵乳杆菌用来干预免疫低下的小鼠，发现能增加免疫低下小鼠的细胞因子和趋化因子量，能够显著增强小鼠的免疫反应能力。

随着对发酵乳杆菌研究的进一步深入，除了上述的益生特性，其抗氧化特性、缓解肝脏和肠道损伤等益生特性也逐渐被证实。

三、发酵乳杆菌的分子生物学

发酵乳杆菌是一种异型发酵乳酸菌，发酵后产生乳酸及较大量的乙酸、乙醇和二氧化碳，经常分离自健康人的黏膜表面。到目前为止，完成基因组测序的发酵乳杆菌共有43株。为了进一步研究与宿主相互作用的关键基因并了解其生理功能，Jiménez等于2010年对发酵乳杆菌CECT5716进行了全基因组测序分析。发酵乳杆菌CECT5716是一株具有良好益生特征的乳酸菌，分离自母乳，经常被用在商业配方奶粉中[321]。该基因组大小为2100499 bp，GC含量为51.49%，没有质粒。它的染色体包含了1109个可以编码蛋白质的基因，有54个编码转运RNA的基因，20个编码核糖体RNA的基因。与发酵乳杆菌IF03956的基因组序列进行比较发现，它们具有高度的相似性，但是有16个编码蛋白质的基因只有发酵乳杆菌CECT5716的基因组序列中存在。这16个特定存在的基因编码的蛋白质主要包括参与嘌呤代谢、氨基酸代谢、脂代谢、糖代谢的一些酶。

传统鉴定发酵乳杆菌的方法是基于培养方法和生化试验，通常是不可靠的。Dickson等人[315]开发了一种可直接检测口腔样本来检测发酵乳杆菌的特异性PCR方法。通过比对细菌16S rRNA基因，针对发酵乳杆菌39个末端序列设计特异性引物来鉴定临床样本。其引物为5′-AATACCGCATTACAACTTTG-3′和5′-GGTTAAATACCGTCAACGTA-3′，该检测方法更快、更特异和更灵敏，已广泛应用于临床样本中发酵乳杆菌的鉴定。

四、发酵乳杆菌的应用

（一）用于食品发酵

乳酸菌是一类以糖为原料，能发酵产生大量乳酸的革兰氏阳性、不产芽孢的球菌或杆菌，是益生菌中最具代表性的菌属[322]。目前常用于食品中的乳酸菌主要包含三个属的乳酸菌：双歧杆菌属（*Bifidobacterium* spp.）、乳杆菌属（*Lactobacillus* spp.）和链球菌属（*Streptococcus* spp.）[323]。其中，乳杆菌属的菌种应用最广泛。

发酵乳杆菌为异型发酵乳酸杆菌，能够代谢乳糖、半乳糖等多种糖类产生乳酸、乙酸、琥珀酸、乙醇等代谢产物。目前的研究证实，发酵乳杆菌是在传统发酵乳制品、肉制品、豆制品、蔬菜制品等食品中的优势微生物，在发酵食品的制作和功效方面发挥其特有的作用[314]。因而有理由相信其在食品发酵和医疗保健领域的应用前景广阔。

豆豉是我国的一种传统发酵食品，主要由少孢根霉发酵制成。传统的豆豉发酵产品中还有多种其他的微生物，有时甚至有致病菌存在。添加乳酸菌则会明显增加豆豉发酵的安全性。然而，不同的乳酸菌适应环境和底物的能力不同，在大豆中生长的菌种不一定能在大麦中生长。Feng[324]等人考察大麦豆豉发酵中植物乳杆菌（*Lb. plantarum*）、发酵乳杆菌（*Lb. fermentum*）、罗伊氏乳杆菌（*Lb. reuteri*）和乳酸乳杆菌（*Lb. lactis*）的生长能力以及其对少孢根霉的影响。少孢根霉ATCC64063分别与4株乳酸菌共接种于大麦中。24h发酵后，植物乳杆菌和发酵乳杆菌菌落数最高，其次是罗伊氏乳杆菌和乳酸乳杆菌。并且这4株菌对少孢根霉的菌丝长度和麦角固醇的含量没有明显影响，说明乳酸菌的生长既没有降低豆豉中少孢根霉的数量，也没有改变其在终产品中的外观，而乳酸菌与少孢根霉的共培养改善了大麦豆豉发酵的安全性和质量。

发酵乳杆菌在传统发酵食品中分布较广。长久以来，传统的发酵食品具备风味，被大众喜爱并广泛食用。由此可见，作为发酵剂的发酵乳杆菌具有安全性及遗传稳定性，而且对传统食品的风味形成具有较大的贡献[267]。而且在食品发酵过程中，发酵乳杆菌因其代谢产物丰富，与其他乳酸杆菌相比，能赋予产品更加丰富的感官感受，产品的风味也更加独特。综上，发酵乳杆菌对多种食品的品质形成都起到促进作用，因此对其功能和特性进行研究能够扩大菌种使用的范围，使发酵食品的种类更加多样化。

（二）抗氧化作用

肠炎是一种慢性消化道疾病，通常有两种病症，一种是溃疡性结肠炎，另一种是克罗恩病。由于炎症性肠病的特征是氧化和抗氧化的微量营养素的失衡，对其治疗的一个基本思想就是添加抗氧化剂。谷胱甘肽是维持黏膜完整性所必需的内生性抗氧化剂，所以能直接产生或促进肠道释放谷胱甘肽的益生菌就有可能用于治疗炎症性肠病。Peran等人[325]考察了产谷胱甘肽的益生菌（发酵乳杆菌）对用三硝基苯磺酸制备的小鼠结肠炎模型的疗效。结果表明口服发酵乳杆菌制剂增加了谷胱甘肽的含量，有助于模型小鼠结肠炎的恢复。

（三）应用于医疗保健

发酵乳杆菌应用于医疗保健品行业，在治疗肠炎、过敏性皮炎、与抗生素相关性腹泻以及女性阴道炎等疾病中发挥重要作用。爱沙尼亚Tere公司发现了发酵乳杆菌*L. fermentum* ME-3具有良好抑菌和抗氧化特性，被誉为爱沙尼亚第一株有益生作用的发酵乳酸杆菌，而且是世界上已证实的唯一一株具有高抗氧化特性的益生菌。后来将其开发成益生菌产品Dr.Hellus ME-3，能够降低经食物传播疾病的发生，抑制肠病原体在奶类产品和人体肠道的增殖，对抗生素相关性疾病也具有一定治疗作用；此外还能有效降低被氧化的低密度脂蛋白水平，减少患动脉粥样硬化的风险，提高低密度脂蛋白的质量和血清抗氧化潜能。生态制剂是治疗肠炎及防止其复发的安全、有效的治疗措施。

五、小结与展望

发酵乳杆菌与传统的抗生素、化学药物相比，具有无毒副作用、安全、高效的优点，因而具有很大的市场潜力和发展优势。同时，由于对发酵乳杆菌在发酵食品中的作用及其益生作用研究不够深入，目前在工业化发酵食品中还很少将发酵乳杆菌作为发酵剂使用。所以随着研究的深入，人类对发酵乳杆菌的了解也将不断向前发展，从而更好地为人类的健康生活服务。

（李鑫 编，王恒樑 校）

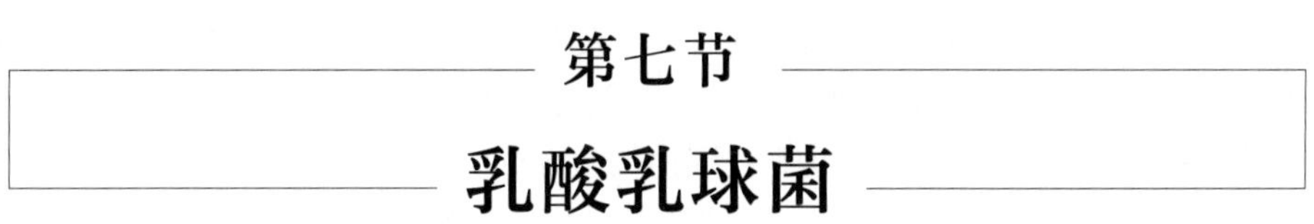

第七节 乳酸乳球菌

乳酸乳球菌（*Lactococcus lactis*）广泛存在于乳制品和植物产品中，在发酵食品中应用十分普遍，特别是在奶酪、酸奶和泡菜等食品的制作中，其应用历史有数百年。该菌株对人和动物无致病性，是公认安全（generally regards as safe，GRAS）的食品级微生物[326]。同时，一些乳酸乳球菌表达和分泌的细菌素具有一定的防腐特性，更拓宽了其在食品工业中的应用范围。另外，经遗传修饰的乳酸乳球菌也被用于预防或治疗人及动物的多种疾病，具有十分重要的用途[327]。

一、乳酸乳球菌的特性

乳酸乳球菌归属于硬壁菌门（Firmicutes）、杆菌纲（Bacilli）、乳杆菌目（Lactobacillales）、链球菌科（Streptococcaceae）、乳球菌属（*Lactococcus*）。一般认为乳酸乳球菌包括三个亚种，其中乳源的有乳酸乳球菌乳酸亚种（*L. lactis* subsp. *lactis*）和乳酸乳球菌乳脂亚种（*L. lactis* subsp. *cremoris*），还有分离自叶蝉的乳酸乳球菌霍氏亚种（*L. lactis* subsp. *hordniae*）。乳酸乳球菌细胞呈球形或卵圆形，革兰氏阳性，兼性厌氧，不产荚膜和芽孢，营养要求复杂，最适宜生长温度为30℃[328]。

二、乳酸乳球菌的生理功能及机理

1．增强免疫力

乳酸乳球菌能够活化树突状细胞，这一类型细胞在天然免疫和获得性免疫过程中都发挥着重要作用。体外实验研究表明，乳酸乳球菌JCM5805能够活化人浆细胞样树突状细胞(pDCs)，并且促进IFN的产生，同时通过这一途径来活化自然杀伤细胞并增强其溶细胞活性，从而达到提高机体免疫力的效果[329]。同时，在随机、安慰剂对照和双盲试验中，以该菌为菌种发酵的酸奶能够活化体内的pDCs，特别是在pDCs功能较低的群体，而且这类人群食用该种酸奶后其产生IFN的能力明显提高。同时，与对照组相比，*L. lactis* JCM5805组试验人群罹患普通感冒的风险大大降低。此结果也在一定程度上表明，乳酸乳球菌JCM5805可能有助于人体抗病毒免疫，而且后续的研究也进一步证明了这一作用[330]。以感染鼠科副流感病毒小鼠模型为对象的研究发现，口服JCM5805能够明显提高小鼠的生存率，体重减轻的情况也明显好于对照组，同时肺部的病理变化程度也较对照组轻。进一步的机制研究表明，乳酸乳球菌JCM5805主要是通过活化肠道的pDCs并促进其在肺部的募集从而达到抗病毒感染的效果[331]。

2．缓解变态反应

变态反应是指已经致敏的机体再次接触到相同的抗原（也称过敏原，如花粉、粉尘、食物、药物、寄生虫等）时所发生的生理功能紊乱或组织损伤，属于异常的或病理性的免疫反应。免疫学认为，变态反应性疾病的发生是由于Th1细胞及Th2细胞的失衡。研究表明，无论是活的还是热灭活的乳酸乳球菌都能够通过增加Th1型免疫应答并减少Th2型免疫应答缓解小鼠的变态反应，从而具有预防或/和治疗变态反应性疾病的潜能[332]。如口服乳酸乳球菌MG1363能够显著减少新生小鼠因给予卵类黏蛋白后引起的变态反应，而卵清蛋白致敏的BALB/c小鼠鼻饲乳酸乳球菌G121后同样能够明显促进Th1/Th2的平衡向Th1型免疫应答倾斜[333]。C57BL/6小鼠口服乳酸乳球菌CV0230菌后，该菌株能通过抑制变应原诱导的P38通路激活，下调尘螨诱导的Th2型细胞免疫应答作用[334]。食物过敏小鼠模型实验也证明口服乳酸乳球菌NCC 2287能明显减轻小鼠的过敏症状，进一步分析表明，该菌株能显著降低小鼠回肠中IL-13、CCL11和CCL17等Th2型免疫应答相关的细胞因子的表达水平，具有明显改善变态反应症状的作用。另外，乳酸乳球菌还能通过减少局部或全身的IL-4和IgE的表达，抑制乙醇引起的变态反应[335]。

3．延缓衰老

骨质疏松是衰老的一个重要标志之一。以SAMP6快速老化小鼠为模型的研究表明，口服经热灭活的乳酸乳球菌H61具有明显的抗衰老效果，如减少脱毛和降低皮肤溃疡的发生率。更重要的是，H61组小鼠骨密度明显高于对照组，二者具有极显著差异（$P<0.01$），也就是说H61抑制了小鼠骨密度的降低，达到延缓衰老的效果[336]。

另外，以常规的C57BL/6J小鼠为模型的研究也显示，给9个月龄大小的雌性小鼠在日常饮食中口服经热灭活的乳酸乳球菌H61后，实验组小鼠听性脑干反应（auditory brainstem response）的阈值显著低于对照组，而且能够抑制耳蜗内与年龄相关的神经元和毛细胞损耗。同时，粪便和血液分析表明口服H61能够增加与小鼠听力相关的乳杆菌属细菌在肠道菌中的比例，影响体内脂肪酸代谢，达到改善听力的效果[337]。

除了影响骨密度和听力，一项以年轻女性（19～21岁）为研究对象的随机双盲的试验表明，食用使用乳酸乳球菌H61发酵的奶制品仅四周后，面部皮肤状况明显改善，而另一项以

31～62岁女性为研究对象的随机双盲的试验表明，每天日常饮食中加服60mg热灭活的H61菌，8周后实验组皮肤弹性明显好于对照组，黑色素沉积现象少于对照组，且身体的其他多项指标也好于对照组，说明H61菌能够在一定程度上改善中老年人的生命质量[338,339]。

4．抗氧化作用

机体在新陈代谢过程中会产生许多活性氧，如羟基自由基、氧自由基、过氧化氢等，当体内自由基含量过高时，其与生物大分子结合可造成机体损伤，可引发癌症、关节炎、心血管疾病等，通过补充抗氧化物质则可以增强机体的抗氧化能力，抵御相关疾病损伤。乳酸乳球菌表面多糖能够增强机体内过氧化氢酶、超氧化物歧化酶（SOD）和谷胱甘肽过氧化物酶（GSH-Px）等重要的起抗氧化作用的酶的活性，并且能降低丙二醛这一毒性物质在体内的浓度水平[340]。另外，除了这种酶相关的机制外，乳酸乳球菌可以通过摄取体内的过渡金属离子，降低体内过渡金属离子浓度。过氧化氢和超氧负离子都需要与这类金属离子通过芬顿（Fenton）反应形成羟自由基等强氧化剂发挥作用。Ozdogan等研究显示，乳酸乳球菌LL27在体外能够清除试验样品中29.5%的过渡金属离子，同时，DPPH自由基清除实验证明该菌株对样品中DPPH自由基的清除率达到75%。这些结果都表明其具有良好的抗氧化作用，能够清除活性氧自由基[341]。

5．缓解炎性肠病症状

炎性肠病（inflammatory bowel diseases，IBDs）是一种慢性肠道炎症性疾病，主要包括克罗恩病和溃疡性结肠炎。IBDs患者不能正常吸收进食的碳水化合物、蛋白质、脂肪、维生素及多种微量元素，会影响小孩正常的生长发育[342]。针对IBDs的主要治疗方法就是使用抗炎药物，但达不到治愈的效果且伴随诸多的副作用。而乳酸乳球菌等益生菌因为其良好的抗炎特性，开始用于IBDs的预防与治疗。临床试验发现，益生菌可用作炎症性肠炎的辅助治疗。乳杆菌可影响肠道微环境，直接或间接影响黏膜免疫，从而调节先天性免疫及获得性免疫[332,343]。以处于结肠炎恢复期的C57BL/6小鼠为模型的研究证明，连续4d口服给予乳酸乳球菌NCDO2118后，与对照相比肠炎症状明显缓和。进一步分析表明，口服乳酸乳球菌NCDO2118后小鼠体内肠系膜淋巴结和脾内分离到的表面表达TGF-β的$CD4^+$的调节型T细胞数量明显增加，这可能就是乳酸乳球菌NCDO2118具有抗炎作用的主要机制[343]。与此同时，小鼠口服乳酸乳球菌FC和热灭活的乳酸乳球菌BF3均得到了类似的结果，而且细胞水平实验证明，这类乳酸乳球菌能够抑制促炎症因子的表达，实现抗炎的目的，进而达到缓解炎性肠病症状的效果[344,345]。

6．降低血压

以高血压大鼠为模型的研究表明，乳酸乳球菌能够降低血压，并同时减少体内LDL胆固醇、甘油三（酸）酯的含量，而且用乳酸乳球菌发酵的牛奶也有类似的效果。乳酸乳球菌能够将谷氨酸转化成γ-氨基丁酸（γ-aminobutyric acid，GABA），而后者已经相关的试验证实，不论是在动物体内，还是在人体内，都能够起到降低血压的作用，而这在一定程度上是由于GABA能够作用于外周神经节（peripheral ganglia）。另外，以高血压大鼠为模型的研究显示，GABA能够通过抑制交感神经末梢分泌去甲肾上腺素的方式来发挥抗高血压的作用[346]。Inoue等以中度高血压患者为随机、安慰剂对照、单盲的临床试验表明，连续12周给予含GABA的乳制品或安慰剂，同时在0、2、4、8、12、14周（停止干预后两周）检测受试者的血压和心率情况。对于接受GABA的中度高血压患者而言，其收缩压平均降低了17.44.3mmHg①，舒

① 1mmHg=133.322Pa。

张压平均降低了7.25.7mmHg，与安慰剂对照组存在明显的区别。同时，两组受试者在心率、体重变化和血液学相关检测中并没有明显的区别，这一结果说明食用含乳酸乳球菌发酵产物GABA的乳制品有助于中度高血压患者控制血压升高[347]。

三、乳酸乳球菌的分子生物学

（一）乳链菌肽的分子基础与调控机制

乳链菌肽（nisin）是乳酸乳球菌乳酸亚种（*Lactococcus lactis* subsp. *lactis*）某些菌株产生的一种小肽，亦称之为乳酸链球菌肽或乳酸链球菌素。它对许多革兰氏阳性菌，包括葡萄球菌（*Staphylococcus*）、梭菌（*Clostridium*）、芽孢杆菌（*Bacillus*）、李斯特菌（*Listeria*）等造成食品严重危害的腐败菌有强烈抑制作用[348-350]。

成熟的乳链菌肽分子式为$C_{143}H_{228}N_{42}O_{37}S_7$，由34个氨基酸组成，活性分子常为二聚体或四聚体。其分子结构的最大特点是含有较多的修饰性氨基酸，成熟的乳链菌肽分子中有13个氨基酸是翻译后加工修饰形成的，包括脱氢丙氨酸、*β*-甲基脱氢丙氨酸、羊毛硫氨酸和*β*-甲基羊毛硫氨酸等稀有氨基酸。目前人们已经发现6种类型的乳链菌肽，分别为A、B、C、D、E和Z型。乳链菌肽合成有关的基因有11个，构成一个约14kb的基因簇*nisA(Z)BTCIPRKFEG*。在大多数产乳链菌肽的乳酸链球菌中，乳链菌肽基因都位于1个大约70kb的接合性乳链菌肽-蔗糖转座子上。该转座子能够以一个特定的首选位点整合进入乳酸菌染色体，除了乳链菌肽合成基因外，还含有编码合成蔗糖、1个或多个噬菌体抗性系统和N^5-（羧乙基）鸟氨酸酶的基因。不同乳酸菌菌株可能具有不同的转座子类型和结构，其中编码乳链菌肽A产生的转座子都含有插入序列IS1068，它能够以同一方向整合于转座子的左端，而且都可以接合转移[350,351]。

乳链菌肽基因簇中有些基因序列已经测定，基因簇中除*nisA/Z*属于乳链菌肽编码基因外，其余几个分别参与乳链菌肽的胞内翻译后修饰（*nisBC*）、转运（*nisT*）和胞外蛋白水解反应（*nisP*），以及参与对乳链菌肽的免疫反应（*nisI*和*nisFEG*）及其生物合成调控（*nisR*和*nisK*）。以nisA合成为例，*nisA*结构基因首先在核糖体中合成57个氨基酸的前乳链菌肽。前乳链菌肽在细胞膜上进行翻译后加工和修饰，经过脱氢和形成硫醚环等形成乳链菌肽前体，其中前23个氨基酸残基组成*N*-端先导序列，分泌到胞外后经蛋白酶切除，剩余34个残基形成成熟的乳链菌肽分子[352]。

许多试验已经证实了乳链菌肽的生物合成是可以通过自身进行调控的，即依靠分泌到细胞外的完全修饰的乳链菌肽通过两组分调控体系进行调控，而不是通过翻译产物直接进行胞内调节。*nisR*和*nisK*编码的蛋白质参与此过程的调控，NisR是反应调控组分，NisK是传感蛋白组氨酸激酶，这两者组成两组分调控体系，通过调控启动子的转录与否调控结构基因的表达。研究表明，乳链菌肽生物合成调控及其后加工成熟大致可以分为以下几个步骤。第1步：培养基中乳链菌肽的存在使NisK发生自身磷酸化。第2步：磷酸基团转移到NisR，而它作为一个信号激活因子激活没有经过修饰的乳链菌肽前体和生物合成蛋白的mRNA和核糖体合成。第3步：前体通过NisB和NisC进行翻译后修饰。第4步：经过加工成熟的乳链菌肽前体通过假定的ABC转移蛋白NisT跨膜转位。第5步：完全修饰的乳链菌肽前体在胞外由NisP进一步加工，释放具有生物学活性的乳链菌肽[353]。

基于乳链菌肽的表达与调控，研究人员开发出了乳链菌肽诱导的基因表达系统（the nisin

controlled expression，NICE），用于外源基因在乳酸乳球菌中的诱导表达。NICE系统主要由3部分构成：宿主菌（含*nisR*和*nisK*基因）、诱导分子乳链菌肽和片段质粒（含有*nisA* 或*nisF*启动子）。启动子*nisA* 或*nisF*是由乳链菌肽诱导的，而靶基因的转录是通过*nisK*和*nisR*基因激活的。*nisA*或*nisF*启动子位于质粒载体上，当目的基因被克隆到这个启动子的下游部位并被转化进含有*nisR*和*nisK*的宿主菌中时，这个基因便可被诱导表达[354]。

（二）乳酸乳球菌的遗传修饰与改造方法

在革兰氏阳性细菌的基因敲除研究中，基于同源重组原理的基因敲除是最常用的方法，其主要原理是携带上下游同源臂和筛选标记的质粒与染色体之间发生重组，目标基因被筛选标记基因替换，从而达到敲除的目的。这一方法同样适用于乳酸乳球菌[355]。一般来说，这种基于质粒的敲除方法可分为两大类。一类是利用在一定条件能够复制的温敏质粒进行实验，Atiles等利用温敏的大肠杆菌-乳酸菌穿梭载体pGhost5（该质粒在37℃时不能复制，但在28℃时能进行滚环复制）作为敲除载体，成功地对乳酸乳球菌LM0230的*ilvE*基因进行了敲除，进而证明了它在氨基酸代谢中的重要作用[356]。另一类则是使用不能复制的整合型质粒，如2014年有研究者把非复制型质粒pNZ5319转化进入乳酸乳球菌进行同源重组双交换，然后引入Cre/loxP系统消除筛选标记氯霉素，成功敲除乳酸乳球菌NZ9000 胸腺嘧啶合成酶基因*thyA*，获得了食品级无筛选标记菌株[357]。

在上述基于同源重组的基因敲除中，缺失目标基因的同时还引入了一个抗性筛选标记，即使是后续利用Cre/loxP系统消除，也会有一个lox位点残留在染色体上，这些都不利于菌株的进一步改造和应用。因此，研究人员又在乳酸乳球菌的遗传修饰和改造过程中引入了反向选择标记，从而最终实现真正的“无痕操作”。2008年Solem等利用乳清酸运输蛋白编码基因*oroP*作为反向选择标记，构建了一个含有反向筛选标记基因*oroP*的载体pCS1966，对乳酸乳球菌IL-1403进行改造，成功把磷酸丙糖异构酶基因（*tpiA*）前的启动子换成不同的人工合成启动子。其原理主要是*oroP*基因存在时，会使细胞对5-氟乳清酸敏感，进而促进细菌通过与只有同源臂的质粒发生重组去掉筛选标记[358]。

另外，近年来随着技术的不断进步，许多新的方法也开始逐渐用于乳酸乳球菌的遗传修饰与改造。如寡核苷酸介导的基因组编辑技术和CRISPR-Cas9介导的基因组编辑技术。

van Pijkeren等在乳酸乳球菌NZ9000中利用质粒pJP005（基于表达载体pNZ8048）表达了罗氏乳杆菌来源的*recT*基因，然后电转化人工合成的单链小分子ssDNA，成功地对菌株的*rpoB*基因进行了单碱基突变，获得了具有利福平抗性的菌株，在没有选择压力的情况下突变效率达到了1%左右，说明该方法具有很重要的应用价值[359]。

Berlec等利用乳链菌肽诱导表达的方式，在乳酸乳球菌NZ9000中表达了有功能的Cas9蛋白和gRNA，并成功地对位于染色体上的*htrA*基因和位于质粒上的*ermR*基因进行了修饰。在此基础上，通过用突变型的dCas9蛋白代替Cas9蛋白，实现了对菌株*upp*基因转录的抑制，在乳酸乳球菌中初步建立了CRISPRi技术平台[360]。

四、应用与展望

1．乳酸乳球菌在食品工业中的应用

研究表明，乳酸乳球菌和乳酸链球菌可以提高动物的免疫力并同时加固肠道黏膜对病原

菌的抵御能力，还可以防治过敏症、癌症等疾病。乳酸链球菌能产生乳酸链球菌素，抑制各种腐败菌的生长，可用于食品加工和保藏；乳酸乳球菌由于其安全性、低免疫原性等特点同时还是一种食品级的基因工程菌株，目前已经有多种食品级别的适用于乳酸乳球菌的表达载体，用以表达各种具有抗菌性能、分解性能或脱毒性能的蛋白质或多肽，以保藏食品并保持食品的营养价值。例如乳酸乳球菌菌株在牛奶和奶酪的发酵生产中是一种比较经济而且比较重要的制备乳品前体的原料[348]。孙大庆等在乳酸乳球菌NZ9000中超表达牛凝乳酶原基因，采用乳链菌肽诱导基因表达系统进行表达，乳酸乳球菌作为发酵剂的同时实现凝乳功能，而且乳链菌肽的加入还能减少加工过程中的腐败菌数量，从而提高乳制品加工的效率[361]。陈俊亮等采用乳酸乳球菌乳酸亚种和乳酸乳球菌乳脂亚种生产切达干酪。研究表明，添加产胞外多糖的菌株（如嗜热链球菌和乳酸乳球菌属的菌株）有助于改善低脂干酪的流变学特性[362]。另外，通过乳酸乳球菌基因工程菌表达β-半乳糖苷酶并应用于奶制品，可提高乳糖的水解率，促进人体对于乳糖的利用，提高其营养价值。顾文亮等利用食品级乳酸乳球菌诱导表达系统实现了植物甜蛋白马宾灵（mabinlinⅡ）在乳酸乳球菌中高效表达，获得的重组乳酸乳球菌有望用于制作那些避免添加糖类物质的功能性食品[310]。

2．作为工程菌用于生物活性物质的表达与递送

乳酸乳球菌另一个突出的应用就是作为一种表达宿主，实现特定蛋白质的重组表达，进而结合其作为益生菌的特性，实现蛋白质等生物活性物质的递送。乳酸乳球菌（*Lactococcus lactis*）是乳酸菌的模式菌株，具有生长迅速、免疫原性弱、自身分泌蛋白数量少等特点，成为表达外源蛋白的理想候选菌。同时，乳酸菌不仅具有食品级安全、益生的特点，而且能通过宿主M细胞激起机体的黏膜免疫，重组乳酸菌能够将各种各样的目标分子递送到机体的黏膜表面，用于一些疾病的治疗和预防。这些分子通常包括DNA、多肽、单链可变区片段、抗原、细胞因子、酶、过敏原等，在疫苗生产、肠炎治疗和抗病毒治疗等方面有广阔的应用前景[363]。

3．构建乳酸乳球菌表达系统

目前利用乳酸乳球菌已成功地建立和发展了一系列克隆和表达系统，重组蛋白表达方式既可以是组成型表达，又可以是诱导型表达。乳酸乳球菌组成型表达最常用的启动子是P45和P32。有研究人员构建了包括P32 强启动子及pWV01复制子的组成型表达载体pMG36e，此载体是目前应用较多的一个组成型表达载体，其能在大肠杆菌、枯草杆菌和乳酸杆菌中复制。目前，采用pMG36e载体已经成功地表达多种外源蛋白[364]。乳酸乳球菌的诱导型表达系统应用最多的是NICE（the nisin controlled expression，乳链菌素控制表达）系统，也就是乳链菌肽诱导的基因表达系统。NICE系统主要由3部分构成：宿主菌（含*nisR*和*nisK*基因）、诱导分子nisin和片段质粒（含有*nisA*或*nisF*启动子）。启动子PnisA或PnisF是由nisin诱导的，而靶基因的转录是通过*nisK*和*nisR*基因激活的。*nisK*基因作为受体蛋白和*nisR*基因作为反应调节子被分离并整合于适当宿主菌的染色体上，而启动子PnisA或PnisF则位于质粒载体上，当目的基因被克隆到这个启动子的下游部位并被转化进含有*nisR*和*nisK*的宿主菌中时，这个基因便可被诱导表达[354]。就NICE系统而言，乳酸乳球菌NZ9000和质粒pNZ8048分别是最常用的诱导表达宿主和质粒，在世界范围内得到了很广泛的应用。另外，由于NICE系统的诱导剂、宿主菌和载体都是安全的（食品级），其应用前景相当广阔，特别是用于食品工业中乳酸乳球菌的改造与优化（表达风味酶、防腐剂和调节蛋白等）。

（1）外源蛋白的分泌表达

乳酸乳球菌表达系统能够以分泌形式表达外源蛋白，有以下几个方面的优势：①外源蛋白可被输送到胞外上清液中，避免被胞内蛋白酶降解。②乳酸乳球菌不产生任何细胞外蛋白酶，有利于保持外源蛋白的完整性和功能性。③可避免如大肠杆菌表达形成包涵体，无须复性处理，表达蛋白能够正确折叠，保持良好的生物学活性。④分泌性表达的蛋白质或酶可以直接与作用对象或肠道黏膜接触，无须下游的蛋白纯化操作，且乳酸乳球菌为肠道益生菌，可在肠道中持续表达。目前，乳酸乳球菌已成为重组治疗蛋白及细胞因子表达载体的研究热点，已有多种细胞因子在乳酸乳球菌中表达[365]。

（2）外源蛋白的呈现表达

外源蛋白表面展示的基础和前提是选择合适载体将外源目的基因及锚定基序以融合形式表达出来，目的蛋白在锚定基序作用下组装至菌体表面。具体来讲，乳酸乳球菌主要有两种不同的锚定方式。一类利用的锚定单元是LPXTG类型细胞壁锚定域（CWA）。该类型具有较强的锚定性能，CWA一般包括分拣信号LPXTG、约30个氨基酸构成的疏水区和C端较短的带正电荷氨基酸尾部。常用于表面呈现的LPXTG类蛋白有金黄色葡萄球菌蛋白A、A族链球菌属M6蛋白、*L. lactis*蛋白水解酶PrtP、保加利亚乳杆菌蛋白水解酶PrtB等。采用该类型锚定序列已成功在*L. lactis*表面展示了多种外源蛋白，如幽门螺杆菌尿素酶B亚基E片段（ureBE）、恶性疟原虫裂殖子芽孢MSA2和布鲁氏菌核糖体蛋白L7/L12等[366]。另一类利用的锚定单元是lysM类型细胞壁锚定域。该类型锚定单元的主要特点有含有数个串联的细菌自溶素基序（lysin motif，LysM）。LysM基序的序列高度保守，在一个蛋白质分子中通常有1～12个拷贝，每个LysM由45个氨基酸残基组成，一般位于结构域的C端和N端。目前在乳酸乳球菌呈现表达应用最多的锚定蛋白为乳酸乳球菌的细胞壁水解酶AcmA，该蛋白作为锚定基序已经被广泛地应用于抗原蛋白等重要生物大分子在乳酸乳球菌表面呈现表达[367]。

4．外源生物分子的递送——活载体疫苗

近些年来，利用重组乳酸乳球菌表达目标抗原构建活载体疫苗的策略越来越受到人们的关注，成为疫苗研究领域的一个热点。通过口服途径免疫，携带目标抗原的乳酸乳球菌能够被派尔集合淋巴结内的M细胞吞噬并携带其通过上皮层将其呈递给树突状细胞等抗原呈递细胞（antigen presenting cells，APC），进而激发宿主针对特定抗原的强烈的免疫应答。而乳酸乳球菌本身免疫原性较弱，因此宿主针对载体产生的免疫应答水平较低，这一点对于载体疫苗来讲是一个十分理想的特性，避免了针对特定抗原的免疫被载体菌的免疫应答所削弱。另外，乳酸乳球菌的遗传操作技术方法日臻成熟，也为菌株修饰和改造提供了重要的工具，加快了其在疫苗载体方面的研究与应用。目前，以乳酸乳球菌作为载体来输送疫苗抗原以激发黏膜免疫的研究比较深入，已有多种细菌、病毒的抗原在乳酸乳球菌中表达并用于口服或鼻黏膜免疫研究[368]。

另外，除了表达和递送目标抗原蛋白，乳酸乳球菌还可作为活菌载体制备DNA疫苗[369]。其主要原理是利用乳酸乳球菌携带能在真核细胞中表达目标产物的穿梭质粒，当菌株被靶细胞吞噬并裂解后，质粒被释放到细胞质中进而入核，最终实现目标抗原基因的表达，最终实现DNA疫苗在体内的递送。相比减毒沙门菌等研究比较多的DNA疫苗载体，乳酸乳球菌有比较明显的优势，它不产生脂多糖LPS，无内毒素，安全性明显更占优势。另外乳酸乳球菌培养简单，遗传操作方便也有助于其发展成一种良好的DNA疫苗载体[370]。

不过乳酸乳球菌虽然是公认安全的，但现在研究的表达系统中的多为质粒载体，且大多具有抗生素筛选标记，这些抗生素标记有可能转移到环境病原菌而带来危害。其中一个解决策略是利用遗传诱变等方法筛选营养缺陷型菌株，并在此基础上设计和构建平衡致死系统，从而在不使用抗生素的情况下保证携带外源抗原的质粒稳定存在并持续表达目标抗原[366]。另一个策略是直接通过遗传重组将目标抗原基因整合到宿主菌染色体上，可以在不加压的情况下实现目标抗原的稳定表达。但是，类似经过遗传修饰的菌株公众认可度较差，很难获得评审机构的批准，因此重组乳酸乳球菌活载体疫苗的研究仍需要进一步探索[370]。

5．制备细菌样颗粒疫苗

传统的利用乳酸乳球菌作为疫苗载体的方法是利用基因工程对菌株进行改造，实现目标抗原的稳定表达。但是经过遗传修饰的微生物存在公众接受度差，而且进行临床使用前要经过十分严格的安全性评价，因此这种经过遗传修饰的乳酸乳球菌急需一种新的方式来改进。一种比较理想的方法是首先热酸处理乳酸乳球菌后得到球形肽聚糖基质（GEM），然后与带有肽聚糖锚定蛋白结构域（protein anchor，PA）的重组融合蛋白混合，后者能够结合到其表面，从而实现目的蛋白展示，制备基于GEM-PA的细菌样颗粒（bacteria-like particles, BLP）疫苗[371]。具体来讲，乳酸乳球菌BLP疫苗的应用研究有以下优势：①抗原呈递量大，且可以用于多价多联疫苗的研究。②GEM颗粒本身就是一种免疫增强剂，从乳酸乳球菌活菌中得到的GEM颗粒可以保持其免疫刺激的特性。③GEM颗粒在室温下十分稳定，而且将装载PA的GEM颗粒制成冻干粉，可以在室温下至少保存一年，PA蛋白不发生降解。④GEM-PA系统中，PA融合蛋白与失活的GEM颗粒结合，避免了传统方式活的乳酸菌细胞表面蛋白酶对PA融合蛋白分泌过程中的降解作用。⑤GEM-PA系统中，PA融合蛋白表达用宿主菌与展示用颗粒的制备宿主菌是完全分开的，避免了展示宿主菌的遗传修饰[372]。

目前这类形式的疫苗在国外研究最好的已经进入了临床试验，并取得了不错的结果。其中研究最成功的是荷兰的Mucosis公司，该公司利用乳酸乳球菌GEM-PA技术构建了一系列针对流感病毒、呼吸道合胞病毒、乙肝病毒、肺炎球菌、志贺氏菌、鼠疫耶尔森氏菌和疟原虫等重要病原体的细菌样颗粒疫苗，其中基于BLP的流感疫苗和呼吸道合胞病毒疫苗目前已经进入临床试验阶段，有希望在数年内成功上市。

五、小结

乳酸乳球菌作为一种益生菌得到了很广泛的应用，乳酸乳球菌和乳酸链球菌可以提高动物的免疫力同时加固肠道黏膜对病原菌的抵御能力，还可以防治过敏症、癌症等疾病。乳酸链球菌能生产乳酸链球菌素，抑制各种腐败菌的生长，可用于食品加工和保藏；同时，乳酸乳球菌以其生长迅速、易于操作等优点成为表达外源蛋白、作为活载体疫苗传递抗原的理想选择，将治疗性蛋白或抗原呈递至黏膜表面，继而同时诱导黏膜免疫和系统免疫。虽然乳酸乳球菌活载体疫苗研究多数处于研究阶段仍没有进入临床研究阶段的成功案例，但相信随着对黏膜免疫机制和乳酸乳球菌基因功能的研究逐渐深入，乳酸乳球菌作为黏膜免疫的活载体疫苗传递外源抗原必将具有广阔的应用前景。

（王艳春 姜娜 编，刘纯杰 校）

参考文献

[1] 张刚．乳酸细菌——基础，技术和应用 [M]．北京：化学工业出版社，2007.

[2] Anjum N, Maqsood S, Masud T, et al. *Lactobacillus acidophilus*: characterization of the species and application in food production [J]. Critical reviews in food science and nutrition, 2014, 54(9): 1241-1251.

[3] 布坎南R E，吉本斯N E．伯杰细菌鉴定手册 [M]．北京：科学出版社，1984.

[4] Maqsood S, Hasan F, Masud T, et al. Preliminary characterisation of bacteriocin produced by *Lactobacillus acidophilus* TS1 isolated from traditional dahi [J]. Annals of microbiology, 2008, 58(4): 617-622.

[5] Karthikeyan V, Santhosh S. Study of bacteriocin as a food preservative and the *L. acidophilus* strain as probiotic [J]. Pak J Nutr, 2009, 8(4): 335-340.

[6] Han K S, Kim Y H, Kim S H, et al. Characterization and purification of acidocin 1B, a bacteriocin produced by *Lactobacillus acidophilus* GP1B [J]. Journal of microbiology and biotechnology, 2007, 17(5): 774-783.

[7] Buck B L, Altermann E, Svingerud T, et al. Functional analysis of putative adhesion factors in *Lactobacillus acidophilus* NCFM [J]. Applied and Environmental Microbiology, 2005, 71(12): 8344-8851.

[8] Ventura M, O'flaherty S, Claesson M J, et al. Genome-scale analyses of health-promoting bacteria: probiogenomics [J]. Nature Reviews Microbiology, 2009, 7(1): 61-71.

[9] Gilliland S, Walker D. Factors to consider when selecting a culture of *Lactobacillus acidophilus* as a dietary adjunct to produce a hypocholesterolemic effect in humans [J]. Journal of dairy science, 1990, 73(4): 905-911.

[10] Lin M Y, Chen T W. Reduction of cholesterol by *Lactobacillus acidophilus* in culture broth [J]. Journal of Food and Drug Analysis, 2000, 8(2): 4.

[11] Tomaro-Duchesneau C, Jones M L, Shah D, et al. Cholesterol assimilation by *Lactobacillus probiotic* bacteria: an in vitro investigation [J]. BioMed research international, 2014.

[12] Roos N, Schouten G, Katan M. Yogurt enriched with *Lactobacillus acidophilus* does not lower blood lipids in healthy men and women with normal to borderline high serum cholesterol levels [J]. European Journal of Clinical Nutrition, 1999, 53: 277-280.

[13] Gilliland S, Nelson C, Maxwell C. Assimilation of cholesterol by *Lactobacillus acidophilus* [J]. Applied and environmental microbiology, 1985, 49(2): 377-381.

[14] Gilliland S E, Kim H. Effect of viable starter culture bacteria in yogurt on lactose utilization in humans [J]. Journal of Dairy Science, 1984, 67(1): 1-6.

[15] Hosoda M, Hashimoto H, He F, et al. Effect of administration of milk fermented with *Lactobacillus acidophilus* LA-2 on fecal mutagenicity and microflora in the human intestine [J]. Journal of dairy science, 1996, 79(5): 745-749.

[16] van der Werf M J, Venema K. Bifidobacteria: genetic modification and the study of their role in the colon [J]. Journal of agricultural and food chemistry, 2001, 49(1): 378-383.

[17] Wagner R D, Pierson C, Warner T, et al. Biotherapeutic effects of probiotic bacteria on candidiasis in immunodeficient mice [J]. Infection and immunity, 1997, 65(10): 4165-4172.

[18] Tejada-Simon M, Lee J, Ustunol Z, et al. Ingestion of yogurt containing *Lactobacillus acidophilus* and Bifidobacterium to potentiate immunoglobulin A responses to cholera toxin in mice [J]. Journal of Dairy Science, 1999, 82(4): 649-660.

[19] Perdigon G, de Macias M, Alvarez S, et al. Systemic augmentation of the immune response in mice by feeding fermented milks with *Lactobacillus casei* and *Lactobacillus acidophilus* [J]. Immunology, 1988, 63(1): 17.

[20] Gackowska L, Michalkiewicz J, Krotkiewski M, et al. Combined effect of different lactic acid bacteria strains on the mode of cytokines pattern expression in human peripheral blood mononuclear cells [J]. J Physiol Pharmacol, 2006, 57(Suppl 9): 13-21.

[21] Zeuthen L H, Christensen H R, Frøkiær H. Lactic acid bacteria inducing a weak interleukin-12 and tumor necrosis factor alpha response in human dendritic cells inhibit strongly stimulating lactic acid bacteria but act synergistically with gram-negative bacteria [J]. Clinical and vaccine immunology, 2006, 13(3): 365-375.

[22] Su J, Li J, Zheng H, et al. Adjuvant effects of *L. acidophilus* LW1 on immune responses to the foot-and-mouth disease virus DNA vaccine in mice [J]. PloS one, 2014, 9(8): e104446.

[23] Fukui M, Fujino T, Tsutsui K, et al. The tumor-preventing effect of a mixture of several lactic acid bacteria on 1, 2-dimethylhydrazine-induced colon carcinogenesis in mice [J]. Oncology reports, 2001, 8(5): 1073-1078.

[24] Castagliuolo I, Galeazzi F, Ferrari S, et al. Beneficial effect of auto-aggregating *Lactobacillus crispatus* on experimentally induced colitis in mice [J]. FEMS Immunology & Medical Microbiology, 2005, 43(2): 197-204.

[25] 桑云华，卢放根，侯恒．嗜酸乳杆菌对实验性结肠炎小鼠肠黏膜趋化因子 RANTES 和 MCP-1 表达的影响 [J]．中国药物与临床，2010, (1): 13-16.

[26] 李云燕，卢放根，侯恒，等．嗜酸乳杆菌对小鼠溃疡性结肠炎黏液细胞的影响 [J]．山西医药杂志：上半月，2009, 38(1): 6-9.

[27] 任科雨，卢放根，吴小平，等．嗜酸乳杆菌对小鼠结肠炎的疗效及结肠黏膜转录因子表达的影响 [J]．世界华人消化杂志，2009, 17(22): 2251-2258.

[28] Goldin B R, Swenson L, Dwyer J, et al. Effect of diet and *Lactobacillus acidophilus* supplements on human fecal bacterial enzymes [J]. Journal of the National Cancer Institute, 1980, 64(2): 255-261.

[29] 王红艳，吴晓燕，张旭艳，等．热灭活嗜酸乳杆菌黏附于 HeLa 细胞后肿瘤细胞免疫学性状的变化 [J]．中国病理生理杂志，2008, 24(8): 1510-1513.

[30] 史晓艳，陈骏，车团结，等．嗜酸乳杆菌对人舌癌细胞增殖的影响 [J]．华西口腔医学杂志，2012, 30(1): 87-92.

[31] Sanders M, Klaenhammer T. Invited review: the scientific basis of *Lactobacillus acidophilus* NCFM functionality as a probiotic [J]. Journal of dairy science, 2001, 84(2): 319-331.

[32] Altermann E, Russell W M, Azcarate-Peril M A, et al. Complete genome sequence of the probiotic lactic acid bacterium *Lactobacillus acidophilus* NCFM [J]. Proceedings of the National Academy of Sciences, 2005, 102(11): 3906-3912.

[33] Barrangou R, Altermann E, Hutkins R, et al. Functional and comparative genomic analyses of an operon involved in fructooligosaccharide utilization by *Lactobacillus acidophilus* [J]. Proceedings of the National Academy of Sciences, 2003, 100(15): 8957-8962.

[34] Barrangou R, Azcarate-Peril M A, Duong T, et al. Global analysis of carbohydrate utilization by *Lactobacillus acidophilus* using cDNA microarrays [J]. Proceedings of the National Academy of Sciences, 2006, 103(10): 3816-3821.

[35] Majumder A, Sultan A, Jersie-Christensen R R, et al. Proteome reference map of *Lactobacillus acidophilus* NCFM and quantitative proteomics towards understanding the prebiotic action of lactitol [J]. Proteomics, 2011, 11(17): 3470-3481.

[36] Stahl B, Barrangou R. Complete genome sequence of probiotic strain *Lactobacillus acidophilus* La-14 [J]. Genome Announcements, 2013, 1(3):1484-1488.

[37] Palomino M M, Allievi M C, Fina Martin J, et al. Draft genome sequence of the probiotic strain *Lactobacillus acidophilus* ATCC 4356 [J]. Genome Announcements, 2015, 3(1): e01421-14.

[38] Oh S, Roh H, Ko H J, et al. Complete genome sequencing of *Lactobacillus acidophilus* 30SC, isolated from swine intestine [Z]. Am Soc Microbiol. 2011

[39] Falentin H, Cousin S, Clermont D, et al. Draft genome sequences of five strains of *Lactobacillus acidophilus*, strain CIP 76.13 T, isolated from humans, strains CIRM-BIA 442 and CIRM-BIA 445, isolated from dairy products, and strains DSM 20242 and DSM 9126 of unknown origin [J]. Genome announcements, 2013, 1(4): e00658-13.

[40] Paineau D, Carcano D, Leyer G, et al. Effects of seven potential probiotic strains on specific immune responses in healthy adults: a double-blind, randomized, controlled trial [J]. FEMS Immunology & Medical Microbiology, 2008, 53(1): 107-113.

[41] Turroni S, Vitali B, Bendazzoli C, et al. Oxalate consumption by lactobacilli: evaluation of oxalyl-CoA decarboxylase and formyl-CoA transferase activity in *Lactobacillus acidophilus* [J]. Journal of Applied Microbiology, 2007, 103(5): 1600-1609.

[42] Bull M J, Jolley K A, Bray J E, et al. The domestication of the probiotic bacterium *Lactobacillus acidophilus* [J]. Scientific Reports, 2014, 4(1): 1-8.

[43] Bull M, Plummer S, Marchesi J, et al. The life history of *Lactobacillus acidophilus* as a probiotic: a tale of revisionary taxonomy, misidentification and commercial success [J]. FEMS microbiology letters, 2013, 349(2): 77-87.

[44] Russell W, Klaenhammer T. Efficient system for directed integration into the *Lactobacillus acidophilus* and *Lactobacillus gasseri* chromosomes via homologous recombination [J]. Applied and Environmental Microbiology, 2001, 67(9): 4361-4364.

[45] Azcarate-Peril M A, Altermann E, Hoover-Fitzula R L, et al. Identification and inactivation of genetic loci involved with *Lactobacillus acidophilus* acid tolerance [J]. Applied and environmental microbiology, 2004, 70(9): 5315-5322.

[46] Duong T, Barrangou R, Russell W M, et al. Characterization of the tre locus and analysis of trehalose cryoprotection in *Lactobacillus acidophilus* NCFM [J]. Applied and environmental microbiology, 2006, 72(2): 1218-1225.

[47] Mcauliffe O, Cano R J, Klaenhammer T R. Genetic analysis of two bile salt hydrolase activities in *Lactobacillus acidophilus* NCFM [J]. Applied and environmental microbiology, 2005, 71(8): 4925-4929.

[48] Goh Y J, Azcárate-Peril M A, O'flaherty S, et al. Development and application of a upp-based counterselective gene replacement system for the study of the S-layer protein SlpX of *Lactobacillus acidophilus* NCFM [J]. Applied and environmental microbiology, 2009, 75(10): 3093-3105.

[49] Kajikawa A, Nordone S K, Zhang L, et al. Dissimilar properties of two recombinant *Lactobacillus acidophilus* strains displaying *Salmonella* FliC with different anchoring motifs [J]. Applied and environmental microbiology, 2011, 77(18): 6587-6596.

[50] Smit E, Oling F, Demel R, et al. The S-layer protein of *Lactobacillus acidophilus* ATCC 4356: identification and characterisation of domains responsible for S-protein assembly and cell wall binding [J]. Journal of molecular biology, 2001, 305(2): 245-257.

[51] 丁寅寅，马会勤，左芳雷，等．乳酸菌载体 pMG36e 的应用现状 [J]．中国生物工程杂志，2009, 29(11): 106-111.

[52] Hongying F, Xianbo W, Fang Y, et al. Oral immunization with recombinant *Lactobacillus acidophilus* expressing the adhesin Hp0410 of *Helicobacter pylori* induces mucosal and systemic immune responses [J]. Clinical and Vaccine Immunology, 2014, 21(2): 126-132.

[53] 朱丽芳，龙北国，罗军，等．高效表达幽门螺杆菌黏附素 Hp0410 的嗜酸乳杆菌重组菌株的构建 [J]．南方医科大学学报，2010, 30(2): 334-337.

[54] Li Y G, Tian F L, Gao F S, et al. Immune responses generated by *Lactobacillus* as a carrier in DNA immunization against foot-and-mouth disease virus [J]. Vaccine, 2007, 25(5): 902-911.

[55] 姜容．肠出血性大肠埃希菌 O157: H7 LAMP 检测方法的建立及嗜酸乳杆菌食品级表达系统的构建 [D]．广州：南方医科大学，2012.

[56] Grace L. Douglas Y J G, Todd R. Strain engineering methods in molecular biology [J]. 2011, 765: 373-387

[57] 高明，崔红玉，王笑梅，等．嗜酸乳杆菌表面锚定展示H5N1亚型禽流感病毒血凝素HA1蛋白的研究 [J]．中国预防兽医学报，2014, 36(8): 4.

[58] Moeini H, Rahim R A, Omar A R, et al. *Lactobacillus acidophilus* as a live vehicle for oral immunization against chicken anemia virus [J]. Applied microbiology and biotechnology, 2011, 90(1): 77-88.

[59] Betoret N, Puente L, Diaz M, et al. Development of probiotic-enriched dried fruits by vacuum impregnation [J]. Journal of food Engineering, 2003, 56(2-3): 273-277.

[60] 王禾，解蕊，李剑虹，等．乳酸发酵胡萝卜汁的研制 [J]．饮料工业，2002(005): 29-32.

[61] Shamir R, Makhoul I R, Etzioni A, et al. Evaluation of a diet containing probiotics and zinc for the treatment of mild diarrheal illness in children younger than one year of age [J]. Journal of the American college of nutrition, 2005, 24(5): 370-375.

[62] Alander M, Satokari R, Korpela R, et al. Persistence of colonization of human colonic mucosa by a probiotic strain, *Lactobacillus rhamnosus* GG, after oral consumption [J]. Applied and environmental microbiology, 1999, 65(1): 351-354.

[63] Kaila M, Isolauri E, Sepp E, et al. Fecal recovery of a human *Lactobacillus* strain (ATCC 53103) during dietary therapy of rotavirus diarrhea in infants [J]. Bioscience and microflora, 1998, 17(2): 149-151.

[64] Kirjavainen P V, Ouwehand A C, Isolauri E, et al. The ability of probiotic bacteria to bind to human intestinal mucus [J]. FEMS microbiology letters, 1998, 167(2): 185-189.

[65] P. M. 利迪亚德，A. 惠兰，M. W. 范杰. 免疫学 [M]. 林慰慈，薛彬，魏雪涛，译. 免疫学，2001.

[66] Miettinen M, Vuopio-Varkila J, Varkila K. Production of human tumor necrosis factor alpha, interleukin-6, and interleukin-10 is induced by lactic acid bacteria [J]. Infection and immunity, 1996, 64(12): 5403-5405.

[67] Pena J A, Versalovic J. *Lactobacillus rhamnosus* GG decreases TNF-α production in lipopolysaccharide-activated murine macrophages by a contact-independent mechanism [J]. Cellular microbiology, 2003, 5(4): 277-285.

[68] Haskard C A, El-Nezami H S, Kankaanpää P E, et al. Surface binding of aflatoxin B1 by lactic acid bacteria [J]. Applied and environmental microbiology, 2001, 67(7): 3086-3091.

[69] Kankaanpää P, Tuomola E, El-Nezami H, et al. Binding of aflatoxin B1 alters the adhesion properties of *Lactobacillus rhamnosus* strain GG in a Caco-2 model [J]. Journal of Food Protection, 2000, 63(3): 412-414.

[70] El-Nezami H, Chrevatidis A, Auriola S, et al. Removal of common Fusarium toxins in vitro by strains of *Lactobacillus* and *Propionibacterium* [J]. Food Additives & Contaminants, 2002, 19(7): 680-688.

[71] Halttunen T, Kankaanpää P, Tahvonen R, et al. Cadmium removal by lactic acid bacteria [J]. Bioscience and microflora, 2003, 22(3): 93-97.

[72] 郭兴华. 益生菌基础与应用 [M] 北京：北京科学技术出版社，2002, 264.

[73] Silva M, Jacobus N, Deneke C, et al. Antimicrobial substance from a human *Lactobacillus* strain [J]. Antimicrobial agents and chemotherapy, 1987, 31(8): 1231-1233.

[74] Oksanen P J, Salminen S, Saxelin M, et al. Prevention of travellers diarrhoea by *Lactobacillus* GG [J]. Annals of medicine, 1990, 22(1): 53-56.

[75] Morita H, Toh H, Oshima K, et al. Complete genome sequence of the probiotic *Lactobacillus rhamnosus* ATCC 53103 [J]. Journal of bacteriology, 2009, 191(24): 7630-7631.

[76] Kankainen M, Paulin L, Tynkkynen S, et al. Comparative genomic analysis of *Lactobacillus rhamnosus* GG reveals pili containing a human-mucus binding protein [J]. Proceedings of the National Academy of Sciences, 2009, 106(40): 17193-17198.

[77] 顾瑞霞，杨振泉，蔡敬敬，等. 不同来源鼠李糖乳杆菌的随机扩增多态 DNA 分析 [J]. 微生物学报，2008, 48(4): 426-431.

[78] Douillard F P, Ribbera A, Kant R, et al. Comparative genomic and functional analysis of 100 *Lactobacillus rhamnosus* strains and their comparison with strain GG [J]. PLoS genetics, 2013, 9(8): e1003683.

[79] Nissilä E, Douillard F P, Ritari J, et al. Genotypic and phenotypic diversity of *Lactobacillus rhamnosus* clinical isolates, their comparison with strain GG and their recognition by complement system [J]. PLoS One, 2017, 12(5): e0176739.

[80] Ivanovic N, Minic R, Dimitrijevic L, et al. *Lactobacillus rhamnosus* LA68 and *Lactobacillus plantarum* WCFS1 differently influence metabolic and immunological parameters in high fat diet-induced hypercholesterolemia and hepatic steatosis [J]. Food & function, 2015, 6(2): 558-565.

[81] Espino E, Koskenniemi K, Mato-Rodriguez L, et al. Uncovering surface-exposed antigens of *Lactobacillus rhamnosus* by cell shaving proteomics and two-dimensional immunoblotting [J]. Journal of proteome research, 2015, 14(2): 1010-1024.

[82] Polak-Berecka M, Waśko A, Paduch R, et al. The effect of cell surface components on adhesion ability of *Lactobacillus rhamnosus* [J]. Antonie Van Leeuwenhoek, 2014, 106(4): 751-762.

[83] Siebold M, Pv F, Joppien R, et al. Comparison of the production of lactic acid by three different lactobacilli and its recovery by extraction and electrodialysis [J]. Process biochemistry, 1995, 30(1): 81-95.

[84] Zayed G, Zahran A. Lactic acid production from salt whey using free and agar immobilized cells [J]. Letters in applied microbiology, 1991, 12(6): 241-243.

[85] Taniguchi M, Kotani N, Kobayashi T. High-concentration cultivation of lactic acid bacteria in fermentor with cross-flow filtration [J]. Journal of Fermentation Technology, 1987, 65(2): 179-184.

[86] Melzoch K, Votruba J, Hábová V, et al. Lactic acid production in a cell retention continuous culture using lignocellulosic hydrolysate as a substrate [J]. Journal of biotechnology, 1997, 56(1): 25-31.

[87] Hujanen M, Linko Y-Y. Effect of temperature and various nitrogen sources on L (+)-lactic acid production by *Lactobacillus casei* [J]. Applied microbiology and biotechnology, 1996, 45(3): 307-313.

[88] Kwon S, Lee P C, Lee E G, et al. Production of lactic acid by *Lactobacillus rhamnosus* with vitamin-supplemented soybean hydrolysate [J]. Enzyme and Microbial Technology, 2000, 26(2-4): 209-215.

[89] 张立伟. 全局转录工程选育耐乳酸鼠李糖乳酸杆菌 [D]. 武汉：华中科技大学，2013.

[90] Yu L, Pei X, Lei T, et al. Genome shuffling enhanced L-lactic acid production by improving glucose tolerance of *Lactobacillus rhamnosus* [J]. Journal of Biotechnology, 2008, 134(1-2): 154-159.

[91] Reuter G. Das vorkommen von laktobazillen in lebensmitteln und ihr verhalten immenschlichen intestinaltrakt [J]. Zentralbl Bakt Hyg I Abt Orig A, 1965, 197(197): 468-487.

[92] Kandler O, Stetter K O, Köhl R. *Lactobacillus reuteri* sp. nov., a new species of heterofermentative Lactobacilli [J]. Zentbl Bakteriol Hyg Abt I Orig Reihe C, 1980, 1(3): 264-269.

[93] Kandler O, Weiss N. Regular, nonsporing Gram-positive rods[M]// Sneath P H A Bergey's Manual of Systematic Bacteriology Baltimore: Williams & Wilkins,1986:1208-1234.

[94] Casas I A, Dobrogosz W J. Validation of the probiotic concept: *Lactobacillus reuteri* confers broad-spectrum protection against disease in humans and animals [J]. Microb Ecol Health D, 2000, 12(12): 247-285.

[95] Lüthi-Peng Q, Dileme F B, Puhan Z. Effect of glucose on glycerol bioconversion by *Lactobacillus reuteri* [J]. Appl Microbiol Biotechnol, 2002, 59(2-3): 289-296.

[96] Bron P A, Molenaar D, De Vos W M, et al. DNA micro-array-based identification of bile-responsive genes in *Lactobacillus plantarum* [J]. J Appl Microbiol, 2006, 100(4): 728-738.

[97] Egervärn M, Danielsen M, Roos S, et al. Antibiotic susceptibility profiles of *Lactobacillus reuteri* and *Lactobacillus fermentum* [J]. J Food Prot, 2007, 70(2): 412-418.

[98] Rosander A, Connolly E, Roos S. Removal of antibiotic resistance gene-carrying plasmids from *Lactobacillus reuteri* ATCC 55730 and characterization of the resulting daughter strain, *L. reuteri* DSM 17938 [J]. Appl Environ Microb, 2008, 74(19): 6032-6040.

[99] Shornikova A V, Casas I A, ISOLAURI E, et al. *Lactobacillus reuteri* as a therapeutic agent in acute diarrhea in young children [J]. J Pediatr Gastr Nutr, 1997, 24(4): 399-404.

[100] Shornikova A V, Casas I A, Mykkanen H, et al. Bacteriotherapy with *Lactobacillus reuteri* in rotavirus gastroenteritis [J]. The Pediatric infectious disease journal, 1997, 16(12): 1103-1107.

[101] Ouwehand A C, Lagstrom H, Suomalainen T, et al. Effect of probiotics on constipation, fecal azoreductase activity and fecal mucin content in the elderly [J]. Ann Nutr Metab, 2002, 46(3-4): 159-162.

[102] Szajewska H, Gyrczuk E, Horvath A. *Lactobacillus reuteri* DSM 17938 for the management of infantile colic in breastfed infants: a randomized, double-blind, placebo-controlled trial [J]. J Pediatr, 2013, 162(2): 257-262.

[103] Fåk, F., Bäckhed F. *Lactobacillus reuteri* prevents diet-induced obesity, but not atherosclerosis, in a strain dependent fashion in Apoe$^{-/-}$ mice [J]. PloS one, 2012, 7(10): e46837.

[104] Eaton K A, Honkala A, Auchtung T A, et al. Probiotic *Lactobacillus reuteri* ameliorates disease due to enterohemorrhagic *Escherichia coli* in germfree mice [J]. Infect Immun, 2011, 79(1): 185-191.

[105] Keller M K, Bardow A, Jensdottir T, et al. Effect of chewing gums containing the probiotic bacterium *Lactobacillus reuteri* on oral malodour [J]. Acta Odontol Scand, 2012, 70(3): 246-250.

[106] Iniesta M, Herrera D, Montero E, et al. Probiotic effects of orally administered *Lactobacillus reuteri*-containing tablets on the subgingival and salivary microbiota in patients with gingivitis. a randomized clinical trial [J]. J Clin Periodontol, 2012, 39(8): 736-744.

[107] Bian L. An *in vitro* antimicrobial and safety study of *Lactobacillus reuteri* DPC16 for validation of probiotic concept [D]. Auckland; Massey University, 2008.

[108] Laughton J M, Devillard E, Heinrichs D E, et al. Inhibition of expression of a staphylococcal superantigen-like protein by a soluble factor from *Lactobacillus reuteri* [J]. Microbiology, 2006, 152(Pt 4): 1155-1167.

[109] Reid G, Charbonneau D, Erb J, et al. Oral use of *Lactobacillus rhamnosus* GR-1 and *L. fermentum* RC-14 significantly alters vaginal flora: randomized, placebo-controlled trial in 64 healthy women [J]. Fems Immunol Med Mic, 2003, 35(2): 131-134.

[110] Martinez R C, Seney S L, Summers K L, et al. Effect of *Lactobacillus rhamnosus* GR-1 and *Lactobacillus reuteri* RC-14 on the ability of Candida albicans to infect cells and induce inflammation [J]. Microbiol Immunol, 2009, 53(9): 487-495.

[111] Lorea Baroja M, Kirjavainen P V, Hekmat S, et al. Anti-inflammatory effects of probiotic yogurt in inflammatory bowel disease patients [J]. Clin Exp Immunol, 2007, 149(3): 470-479.

[112] Amin H M, Hashem A M, Ashour M S, et al. 1,2 Propanediol utilization by *Lactobacillus reuteri* DSM 20016, role in bioconversion of glycerol to 1,3 propanediol, 3-hydroxypropionaldehyde and 3-hydroxypropionic acid [J]. J Genet Eng Biotechnol, 2013, 11(1): 53-59.

[113] Morita H, Toh H, Fukuda S, et al. Comparative genome analysis of *Lactobacillus reuteri* and *Lactobacillus fermentum* reveal a genomic island for reuterin and cobalamin production [J]. DNA Res, 2008, 15(3): 151-161.

[114] Yu H, Wang A, Li X, et al. Effect of viable *Lactobacillus fermentum* on the growth performance, nutrient digestibility and immunity of weaned pigs [J]. J Anim Feed Sci, 2008, 17: 61-69.

[115] Wang A N, Yi X W, Yu H F, et al. Free radical scavenging activity of *Lactobacillus fermentum* in vitro and its antioxidative effect on growing-finishing pigs [J]. J Appl Microbiol, 2009, 107(4): 1140-1148.

[116] Wang X, Yang F, Liu C, et al. Dietary supplementation with the probiotic *Lactobacillus fermentum* I5007 and the antibiotic aureomycin differentially affects the small intestinal proteomes of weanling piglets [J]. J Nutr, 2012, 142(1): 7-13.

[117] Liu H, Zhang J, Zhang S, et al. Oral administration of *Lactobacillus fermentum* I5007 favors intestinal development and alters the intestinal microbiota in formula-fed piglets [J]. J Agric Food Chem, 2014, 62(4): 860-866.

[118] Branton W B, Jones M L, Tomaro-Duchesneau C, et al. *In vitro* characterization and safety of the probiotic strain *Lactobacillus reuteri* Cardioviva NCIMB 30242 [J]. Int J Probiotics Prebiotics, 2011, 6: 1-12.

[119] Jones M L, Martoni C J, Prakash S. Cholesterol lowering and inhibition of sterol absorption by *Lactobacillus reuteri* NCIMB 30242: a randomized controlled trial [J]. Eur J Clin Nutr, 2012, 66(11): 1234-1241.

[120] Jones M L, Martoni C J, Ganopolsky J G, et al. Improvement of gastrointestinal health status in subjects consuming *Lactobacillus reuteri* NCIMB 30242 capsules: a post-hoc analysis of a randomized controlled trial [J]. Expert Opin Biol Ther, 2013, 13(12): 1643-1651.

[121] Jones M L, Martoni C J, Prakash S. Oral supplementation with probiotic *L. reuteri* NCIMB 30242 increases mean circulating 25-hydroxyvitamin D: a post hoc analysis of a randomized controlled trial [J]. J Clin Endocrinol Metab, 2013, 98(7): 2944-2951.

[122] Heavens D, Tailford L E, Crossman L, et al. Genome sequence of the vertebrate gut symbiont *Lactobacillus reuteri* ATCC 53608 [J]. J Bacteriol, 2011, 193(15): 4015-4016.

[123] Livingston M, Loach D, Wilson M, et al. Gut commensal *Lactobacillus reuteri* 100-23 stimulates an immunoregulatory response [J]. Immunol Cell Biol, 2010, 88(1): 99-102.

[124] Hoffmann M, Rath E, Holzlwimmer G, et al. *Lactobacillus reuteri* 100-23 transiently activates intestinal epithelial cells of mice that have a complex microbiota during early stages of colonization [J]. J Nutr, 2008, 138(9): 1684-1691.

[125] Lin C H, Lin C C, Shibu M A, et al. Oral *Lactobacillus reuteri* GMN-32 treatment reduces blood glucose concentrations and promotes cardiac function in rats with streptozotocin-induced diabetes mellitus [J]. Br J Nutr, 2014, 111(4): 598-605.

[126] Hsieh F C, Lee C L, Chai C Y, et al. Oral administration of *Lactobacillus reuteri* GMNL-263 improves insulin resistance and ameliorates hepatic steatosis in high fructose-fed rats [J]. Nutr Metab (Lond), 2013, 10(1): 35.

[127] Lu Y C, Yin L T, Chang W T, et al. Effect of *Lactobacillus reuteri* GMNL-263 treatment on renal fibrosis in diabetic rats [J]. J Biosci Bioeng, 2010, 110(6): 709-715.

[128] Valladares R, Sankar D, Li N, et al. *Lactobacillus johnsonii* N6.2 mitigates the development of type 1 diabetes in BB-DP rats [J]. PloS one, 2010, 5(5): e10507.

[129] Atkins H L, Geier M S, Prisciandaro L D, et al. Effects of a *Lactobacillus reuteri* BR11 mutant deficient in the cystine-transport system in a rat model of inflammatory bowel disease [J]. Dig Dis Sci, 2012, 57(3): 713-719.

[130] Taranto M P, Vera J L, Hugenholtz J, et al. *Lactobacillus reuteri* CRL1098 produces cobalamin [J]. J Bacteriol, 2003, 185(18): 5643-5647.

[131] Gänzle M G, Höltzel A, Walter J, et al. Characterization of reutericyclin produced by *Lactobacillus reuteri* LTH2584 [J]. Appl Environ Microb, 2000, 66(10): 4325-4333.

[132] Yu B, Liu J R, Chiou M Y, et al. The effects of probiotic *Lactobacillus reuteri* Pg4 strain on intestinal characteristics and performance in broilers [J]. Asian-Australas J Anim Sci, 2007, 20(8): 1243-1251.

[133] Urbanska M, Szajewska H. The efficacy of *Lactobacillus reuteri* DSM 17938 in infants and children: a review of the current evidence [J]. European journal of pediatrics, 2014, 173(10): 1327-1337.

[134] Gutierrez-Castrellon P, Lopez-Velazquez G, Diaz-Garcia L, et al. Diarrhea in preschool children and *Lactobacillus reuteri*: a randomized controlled trial [J]. Pediatrics, 2014, 133(4): e904.

[135] Indrio F, Riezzo G, Giordano P, et al. Effect of a partially hydrolysed whey infant formula supplemented with starch and *Lactobacillus reuteri* DSM 17938 on regurgitation and gastric motility[J]. Nutrients, 2017-Oct 28,9(11).

[136] Savino F, Pelle E, Palumeri E, et al. *Lactobacillus reuteri* (American Type Culture Collection Strain 55730) versus simethicone in the treatment of infantile colic: a prospective randomized study [J]. Pediatrics, 2007, 119(1): e124-30.

[137] Coccorullo P, Strisciuglio C, Martinelli M, et al. *Lactobacillus reuteri* (DSM 17938) in infants with functional chronic constipation: a double-blind, randomized, placebo-controlled study [J]. The Journal of pediatrics, 2010, 157(4): 598-602.

[138] Mao Y L, Nobaek S, Kasravi B, et al. The effects of *Lactobacillus* strains and oat fiber on methotrexate-induced enterocolitis in rats [J]. Gastroenterology, 1996, 111(2): 334-344.

[139] Mao Y, Yu J L, Ljungh A, et al. Intestinal immune response to oral administration of *Lactobacillus reuteri* R2LC, *Lactobacillus plantarum* DSM 9843, pectin and oatbase on methotrexate-induced enterocolitis in rats [J]. Microbial ecology in health and disease, 1996, 9(6): 261-269.

[140] Fabia R, Willen R, Ar'rajab A, et al. Acetic acid-induced colitis in the rat: a reproducible experimental model for acute ulcerative colitis [J]. Eur Surg Res, 1992, 24(4): 211-225.

[141] Oliva S, Di Nardo G, Ferrari F, et al. Randomised clinical trial: the effectiveness of *Lactobacillus reuteri* ATCC 55730 rectal enema in children with active distal ulcerative colitis [J]. Alimentary pharmacology & therapeutics, 2012, 35(3): 327-334.

[142] Jones M L, Martoni C J, Parent M, et al. Cholesterol-lowering efficacy of a microencapsulated bile salt hydrolase-active *Lactobacillus reuteri* NCIMB 30242 yoghurt formulation in hypercholesterolaemic adults [J]. The British journal of nutrition, 2012, 107(10): 1505-1513.

[143] Taranto M P, Sesma F, Holgado A P D, et al. Bile salts hydrolase plays a key role on cholesterol removal by *Lactobacillus reuteri* [J]. Biotechnology letters, 1997, 19(9): 845-847.

[144] Forsythe P, Inman M D, Bienenstock J. Oral treatment with live *Lactobacillus reuteri* inhibits the allergic airway response in mice [J]. Am J Respir Crit Care Med, 2007, 175(6): 561-569.

[145] Karimi K, Inman M D, Bienenstock J, et al. *Lactobacillus reuteri*-induced regulatory T cells protect against an allergic airway response in mice [J]. Am J Respir Crit Care Med, 2009, 179(3): 186-193.

[146] Abrahamsson T R, Jakobsson T, Bjorksten B, et al. No effect of probiotics on respiratory allergies: a seven-year follow-up of a randomized controlled trial in infancy [J]. Pediat Allerg Imm-Uk, 2013, 24(6): 556-561.

[147] Sinkiewicz G, Cronholm S, Ljunggren L, et al. Influence of dietary supplementation with *Lactobacillus reuteri* on the oral flora of healthy subjects [J]. Swed Dent J, 2010, 34(4): 197-206.

[148] Caglar E, Cildir S K, Ergeneli S, et al. Salivary mutans streptococci and lactobacilli levels after ingestion of the probiotic bacterium *Lactobacillus reuteri* ATCC 55730 by straws or tablets [J]. Acta odontologica Scandinavica, 2006, 64(5): 314-318.

[149] 刘宏．发酵乳酸杆菌I5007干预新生仔猪肠道菌群形成及黏膜免疫的研究 [D]．北京：中国农业大学，2013.

[150] Wang A N, Cai C J, Zeng X F, et al. Dietary supplementation with *Lactobacillus fermentum* I5007 improves the anti-oxidative activity of weanling piglets challenged with diquat [J]. J Appl Microbiol, 2013, 114(6): 1582-1591.

[151] Bron P A, Van Baarlen P, Kleerebezem M. Emerging molecular insights into the interaction between probiotics and the host intestinal mucosa [J]. Nat Rev Microbiol, 2012, 10(1): 66-78.

[152] Casas I A, Dobrogosz W J. *Lactobacillus reuteri*: an overview of a new probiotic for humans and animals [J]. Microecol Ther, 1997, 25: 221-231.

[153] Miyoshi Y, Okada S, Uchimura T, et al. A mucus adhesion promoting protein, MapA, mediates the adhesion of *Lactobacillus reuteri* to Caco-2 human intestinal epithelial cells [J]. Biosci Biotechnol Biochem, 2006, 70(7): 1622-1628.

[154] Roos S, Jonsson H. A high-molecular-mass cell-surface protein from *Lactobacillus reuteri* 1063 adheres to mucus components [J]. Microbiology, 2002, 148(Pt 2): 433-442.

[155] Walter J, Chagnaud P, Tannock G W, et al. A high-molecular-mass surface protein (Lsp) and methionine sulfoxide reductase B (MsrB) contribute to the ecological performance of *Lactobacillus reuteri* in the murine gut [J]. Appl Environ Microb, 2005, 71(2): 979-986.

[156] Walter J, Loach D M, Alqumber M, et al. D-alanyl ester depletion of teichoic acids in *Lactobacillus reuteri* 100-23 results in impaired colonization of the mouse gastrointestinal tract [J]. Environ Microbiol, 2007, 9(7): 1750-1760.

[157] Walter J, Schwab C, Loach D M, et al. Glucosyltransferase A (GtfA) and inulosucrase (Inu) of *Lactobacillus reuteri* TMW1.106 contribute to cell aggregation, *in vitro* biofilm formation, and colonization of the mouse gastrointestinal tract [J]. Microbiology, 2008, 154(Pt 1): 72-80.

[158] Talarico T L, Dobrogosz W J. Chemical characterization of an antimicrobial substance produced by *Lactobacillus reuteri* [J]. Antimicrob Agents Chemother, 1989, 33(5): 674-679.

[159] El-Ziney M G, Van Den Tempel T, DEBEVERE J, et al. Application of reuterin produced by *Lactobacillus reuteri* 12002 for meat decontamination and preservation [J]. J Food Prot, 1999, 62(3): 257-261.

[160] Lindgren S E, Dobrogosz W J. Method for inhibiting microorganism growth: US-5849289-A. 1998.

[161] Dobrogosz W J, Lindgren S E. Method of determining the presence of an antibiotic produced by *Lactobacillus reuteri*: US-5352586-A. 1994.

[162] Gänzle M G, Vogel R F. Studies on the mode of action of reutericyclin [J]. Appl Environ Microb, 2003, 69(2): 1305-1307.

[163] Gänzle M G. Reutericyclin: biological activity, mode of action, and potential applications [J]. Appl Microbiol Biotechnol, 2004, 64(3): 326-332.

[164] Kabuki T, Saito T, Kawai Y, et al. Production, purification and characterization of reutericin 6, a bacteriocin with lytic activity produced by *Lactobacillus reuteri* LA6 [J]. Int J Food Microbiol, 1997, 34(2): 145-156.

[165] Toba T, Samant S K, Yoshioka E, et al. Reutericin 6, a new bacteriocin produced by *Lactobacillus reuteri* La-6 [J]. Lett Appl Microbiol, 1991, 13(6): 281-286.

[166] Kawai Y, Ishii Y, Arakawa K, et al. Structural and functional differences in two cyclic bacteriocins with the same sequences produced by lactobacilli [J]. Appl Environ Microb, 2004, 70(5): 2906-2911.

[167] Bohle L A, Brede D A, DIEP D B, et al. Specific degradation of the mucus adhesion-promoting protein (MapA) of *Lactobacillus reuteri* to an antimicrobial peptide [J]. Appl Environ Microb, 2010, 76(21): 7306-7309.

[168] Daniel R, Bobik T A, Gottschalk G. Biochemistry of coenzyme B12-dependent glycerol and diol dehydratases and organization of the encoding genes [J]. FEMS Microbiol Rev, 1998, 22(5): 553-566.

[169] Santos F, Spinler J K, Saulnier D M, et al. Functional identification in *Lactobacillus reuteri* of a PocR-like transcription factor regulating glycerol utilization and vitamin B12 synthesis [J]. Microb Cell Fact, 2011, 10: 55.

[170] Yang F, Wang J, Li X, et al. 2-DE and MS analysis of interactions between *Lactobacillus fermentum* I5007 and intestinal epithelial cells [J]. Electrophoresis, 2007, 28(23): 4330-4339.

[171] Jones S E, Versalovic J. Probiotic *Lactobacillus reuteri* biofilms produce antimicrobial and anti-inflammatory factors [J]. BMC Microbiol, 2009, 9: 35.

[172] Rock C O, Jackowski S. Forty years of bacterial fatty acid synthesis [J]. Biochem Biophys Res Commun, 2002, 292(5): 1155-1166.

[173] Li X J, Yue L Y, Guan X F, et al. The adhesion of putative probiotic lactobacilli to cultured epithelial cells and porcine intestinal mucus [J]. J Appl Microbiol, 2008, 104(4): 1082-1091.

[174] Courtney H S, Ofek I, Penfound T, et al. Relationship between expression of the family of M proteins and lipoteichoic acid to hydrophobicity and biofilm formation in *Streptococcus pyogenes* [J]. PloS one, 2009, 4(1): e4166.

[175] Naito Y, Tohda H, Okuda K, et al. Adherence and hydrophobicity of invasive and noninvasive strains of *Porphyromonas gingivalis* [J]. Oral Microbiol Immunol, 1993, 8(4): 195-202.

[176] Del RE B, Sgorbati B, Miglioli M, et al. Adhesion, autoaggregation and hydrophobicity of 13 strains of *Bifidobacterium longum* [J]. Lett Appl Microbiol, 2000, 31(6): 438-442.

[177] Perea Velez M, Verhoeven T L, Draing C, et al. Functional analysis of D-alanylation of lipoteichoic acid in the probiotic strain *Lactobacillus rhamnosus* GG [J]. Appl Environ Microb, 2007, 73(11): 3595-3604.

[178] Malik S, Petrova M I, Claes I J, et al. The highly autoaggregative and adhesive phenotype of the vaginal *Lactobacillus plantarum* strain CMPG5300 is sortase dependent [J]. Appl Environ Microb, 2013, 79(15): 4576-4585.

[179] Sardet C, Counillon L, Franchi A, et al. Growth factors induce phosphorylation of the Na^+/H^+ antiporter, glycoprotein of 110 kD [J]. Science, 1990, 247(4943): 723-726.

[180] Azcarate-Peril M A, Altermann E, Hoover-Fitzula R L, et al. Identification and inactivation of genetic loci involved with *Lactobacillus acidophilus* acid tolerance [J]. Appl Environ Microb, 2004, 70(9): 5315-5322.

[181] Kleerebezem M, Boekhorst J, van Kranenburg R, et al. Complete genome sequence of *Lactobacillus plantarum* WCFS1 [J]. Proc Natl Acad Sci USA, 2003, 100(4): 1990-1995.

[182] Kuroda M, Ohta T, Hayashi H. Isolation and the gene cloning of an alkaline shock protein in methicillin resistant *Staphylococcus aureus* [J]. Biochem Biophys Res Commun, 1995, 207(3): 978-984.

[183] Lindquist S, Craig E A. The heat-shock proteins [J]. Annu Rev Genet, 1988, 22: 631-677.

[184] Fayet O, Ziegelhoffer T, Georgopoulos C. The groES and groEL heat shock gene products of *Escherichia coli* are essential for bacterial growth at all temperatures [J]. J Bacteriol, 1989, 171(3): 1379-1385.

[185]Phadtare S, Alsina J, Inouye M. Cold-shock response and cold-shock proteins [J]. Curr Opin Microbiol, 1999, 2(2): 175-180.

[186] Marty-Teysset C, De La Torre F, Garel J. Increased production of hydrogen peroxide by *Lactobacillus delbrueckii* subsp. *bulgaricus* upon aeration: involvement of an NADH oxidase in oxidative stress [J]. Appl Environ Microb, 2000, 66(1): 262-267.

[187] Wang A, Yu H, Gao X, et al. Influence of *Lactobacillus fermentum* I5007 on the intestinal and systemic immune responses of healthy and *E. coli* challenged piglets [J]. Antonie van Leeuwenhoek, 2009, 96(1): 89-98.

[188] Moskovitz J, Berlett B S, Poston J M, et al. The yeast peptide-methionine sulfoxide reductase functions as an antioxidant *in vivo* [J]. Proc Natl Acad Sci USA, 1997, 94(18): 9585-9589.

[189] Chaillou S, Champomier-Verges M C, Cornet M, et al. The complete genome sequence of the meat-borne lactic acid bacterium *Lactobacillus sakei* 23K [J]. Nat Biotechnol, 2005, 23(12): 1527-1533.

[190] Jacobson F S, Morgan R W, Christman M F, et al. An alkyl hydroperoxide reductase from *Salmonella typhimurium* involved in the defense of DNA against oxidative damage. Purification and properties [J]. J Biol Chem, 1989, 264(3): 1488-1496.

[191] Talarico T L, Casas I A, Chung T C, et al. Production and isolation of reuterin, a growth inhibitor produced by *Lactobacillus reuteri* [J]. Antimicrob Agents Chemother, 1988, 32(12): 1854-1858.

[192] Sims I M, Frese S A, Walter J, et al. Structure and functions of exopolysaccharide produced by gut commensal *Lactobacillus reuteri* 100-23 [J]. ISME J, 2011, 5(7): 1115-1124.

[193] Hou C, Wang Q, Zeng X, et al. Complete genome sequence of *Lactobacillus reuteri* I5007, a probiotic strain isolated from healthy piglet [J]. Journal of biotechnology, 2014, 179: 63-64.

[194] Ozimek L K, Kralj S, van der Maarel M J, et al. The levansucrase and inulosucrase enzymes of *Lactobacillus reuteri* 121 catalyse processive and non-processive transglycosylation reactions [J]. Microbiology, 2006, 152(Pt 4): 1187-1196.

[195] Arskold E, Svensson M, Grage H, et al. Environmental influences on exopolysaccharide formation in *Lactobacillus reuteri* ATCC 55730 [J]. Int J Food Microbiol, 2007, 116(1): 159-167.

[196] Tenover F C. Mechanisms of antimicrobial resistance in bacteria [J]. Am J Med, 2006, 119(6 Suppl 1): S3-10; discussion S62-70.

[197] Shaw W V, Packman L C, Burleigh B D, et al. Primary structure of a chloramphenicol acetyltransferase specified by R plasmids [J]. Nature, 1979, 282(5741): 870-872.

[198] Aminov R I, Garrigues-Jeanjean N, Mackie R I. Molecular ecology of tetracycline resistance: development and validation of primers for detection of tetracycline resistance genes encoding ribosomal protection proteins [J]. Appl Environ Microb, 2001, 67(1): 22-32.

[199] Walter J, Britton R A, Roos S. Host-microbial symbiosis in the vertebrate gastrointestinal tract and the *Lactobacillus reuteri* paradigm [J]. Proc Natl Acad Sci USA, 2011, 108: 4645-4652.

[200] Frese S A, Benson A K, Tannock G W, et al. The evolution of host specialization in the vertebrate gut symbiont *Lactobacillus reuteri* [J]. PLoS Genet, 2011, 7(2): e1001314.

[201] Liu J R, Yu B, Liu F H, et al. Expression of rumen microbial fibrolytic enzyme genes in probiotic *Lactobacillus reuteri* [J]. Applied and environmental microbiology, 2005, 71(11): 6769-6775.

[202] 张江. 抗氧化酶在发酵乳酸杆菌中的表达及其在缓减肠道氧化应激中的作用 [D]. 北京: 中国农业大学, 2013.

[203] Vaidyanathan H, Kandasamy V, Gopal Ramakrishnan G, et al. Glycerol conversion to 1, 3-Propanediol is enhanced by the expression of a heterologous alcohol dehydrogenase gene in *Lactobacillus reuteri* [J]. AMB Express, 2011, 1(1): 37.

[204] Wu C M, Lin C F, Chang Y C, et al. Construction and characterization of nisin-controlled expression vectors for use in *Lactobacillus reuteri* [J]. Biosci Biotech Bioch, 2006, 70(4): 757-767.

[205] Liu J J, Reid G, Jiang Y, et al. Activity of HIV entry and fusion inhibitors expressed by the human vaginal colonizing probiotic *Lactobacillus reuteri* RC-14 [J]. Cell Microbiol, 2007, 9(1): 120-130.

[206] Lin C F, Ho J L, Chung T C. Characterization of the replication region of the *Lactobacillus reuteri* plasmid pTC82 potentially used in the construction of cloning vector [J]. Biosci Biotech Bioch, 2001, 65(7): 1495-1503.

[207] Sasaki Y, Laivenieks M, Zeikus J G. *Lactobacillus reuteri* ATCC 53608 mdh gene cloning and recombinant mannitol dehydrogenase characterization [J]. Applied microbiology and biotechnology, 2005, 68(1): 36-41.

[208] Nguyen T H, Splechtna B, Yamabhai M, et al. Cloning and expression of the beta-galactosidase genes from *Lactobacillus reuteri* in *Escherichia coli* [J]. Journal of biotechnology, 2007, 129(4): 581-591.

[209] Ping L, Liu Z, Xue Y, et al. Cloning and expression of *Lactobacillus reuteri* glycerol dehydratase gene in *Escherichia coil* [J]. Sheng wu gong cheng xue bao = Chinese journal of biotechnology, 2009, 25(12): 1983-1988.

[210] 凌代文, 东秀珠. 乳酸细菌分类鉴定及实验方法 [Z]. 北京: 中国轻工业出版社. 1999.

[211] 杨洁彬. 乳酸菌: 生物学基础及应用 [M]. 北京: 中国轻工业出版社, 1996.

[212] 郭本恒. 益生菌 [M]. 化学工业出版社, 2004.

[213] 张天琪, 杨贞耐, 孔保华. 乳杆菌胞外多糖及其在酸乳中的应用 [J]. 食品科学, 2008, 29(9): 637-642.

[214] De Vuyst L, Degeest B. Heteropolysaccharides from lactic acid bacteria [J]. FEMS microbiology reviews, 1999, 23(2): 153-177.

[215] Grobben G J, Sikkema J, Smith M R, et al. Production of extracellular polysaccharides by *Lactobacillus delbrueckii* ssp. *bulgaricus* NCFB 2772 grown in a chemically defined medium [J]. Journal of Applied Bacteriology, 1995, 79(1): 103-107.

[216] Pham P, Dupont I, Roy D, et al. Production of exopolysaccharide by *Lactobacillus rhamnosus* R and analysis of its enzymatic degradation during prolonged fermentation [J]. Applied and environmental microbiology, 2000, 66(6): 2302-2310.

[217] Gancel F, Novel G. Exopolysaccharide production by *Streptococcus salivarius* ssp. thermophilus cultures. 2. Distinct modes of polymer production and degradation among clonal variants [J]. Journal of Dairy Science, 1994, 77(3): 689-695.

[218] Gassem M, Schmidt K, Frank J. Exopolysaccharide production from whey lactose by fermentation with *Lactobacillus delbrueckii* ssp. bulgaricus [J]. Journal of food science, 1997, 62(1): 171-173.

[219] 王琴，朱小红，任远庆，等. 不同乳酸菌及其组合发酵乳的产香特性分析 [J]. 食品工业科技，2008, (6): 73-76.

[220] 李志成，闫亚美，张连斌，等. 保加利亚乳杆菌和嗜热链球菌产酸产黏特性研究 [J]. 中国乳品工业，2006, 34(5): 8-10.

[221] 吕晓华，刘世贵，高荣. 生物技术在乳糖不耐受防治中的应用 [J]. 中国乳品工业，2002, 30(1): 44-47.

[222] 沈通一，秦环龙. 益生菌对肠微生物生态学影响的研究进展 [J]. 肠外与肠内营养，2004, 11(4): 242-246.

[223] Tejada-Simon M V, Pestka J J. Proinflammatory cytokine and nitric oxide induction in murine macrophages by cell wall and cytoplasmic extracts of lactic acid bacteria [J]. Journal of food protection, 1999, 62(12): 1435-1444.

[224] 张红. 乳酸菌的发酵性质和生物学功能 [J]. 生物学通报，1999, 34(12): 18-20.

[225] Bogdanov I, Dalev P. Antitumour glycopeptides from *Lactobacillus bulgaricus* cell wall [J]. FEBS letters, 1975, 57(3): 259-261.

[226] 赵玲艳，邓放明，杨抚林. 乳酸菌的生理功能及其在发酵果蔬中的应用 [J]. 中国食品添加剂，2004, (5): 77-80.

[227] Pool-Zobel B, Neudecker C, Domizlaff I, et al. *Lactobacillus*-and *Bifidobacterium*-mediated antigenotoxicity in the colon of rats [J]. Nutrition and Cancer, 1996, 26(3): 365-380.

[228] Van De Guchte M, Ehrlich S, Maguin E. Production of growth-inhibiting factors by *Lactobacillus delbrueckii* [J]. Journal of Applied Microbiology, 2001, 91(1): 147-153.

[229] 段钟平，刘青，金学源，等. 乳酸菌对酒精引起的胃黏膜和肝脏损伤的保护作用 [J]. 临床肝胆病杂志，2002, 18(5): 292-294.

[230] 敬思群. 优质乳酸菌的应用 [J]. 中国乳业，2002, (6): 3.

[231] Zheng H, Wang B, Zhang X, et al. The complete genome sequence of *Lactobacillus delbrueckii* subsp. *bulgaricus* 2038 [J]. Trends in Cell and Molecular Biology, Volume 3, 2008: 15-30.

[232] Sun Z, Chen X, Wang J, et al. Complete genome sequence of *Lactobacillus delbrueckii* subsp. *bulgaricus* strain ND02 [Z]. Am Soc Microbiol. 2011

[233]Yang L, Chen Y, Li Z, et al. Complete genome sequence of *Lactobacillus acidophilus* MN-BM-F01 [J]. Genome Announcements, 2016, 4(1): e01699-15.

[234] 黄勇，张德纯. 锰超氧化物歧化酶基因的克隆和在保加利亚乳杆菌中的表达 [J]. 食品科学，2005, 26(5): 92-95.

[235] 李晨，郭鑫，卢海强，等．德式乳杆菌保加利亚亚种*thyA*基因缺陷型菌株的构建 [J]．中国食品学报，2015, (11): 23-28.

[236] 郭鑫．利用插入序列ISS1构建德氏乳杆菌保加利亚亚种突变体 [D]．保定：河北农业大学，2014.

[237] Cebeci A, Gürakan G C. Comparative typing of *L. delbrueckii* subsp. *bulgaricus* strains using multilocus sequence typing and RAPD-PCR [J]. European Food Research and Technology, 2011, 233(3): 377-385.

[238] Song Y, Sun Z, Guo C, et al. Genetic diversity and population structure of *Lactobacillus delbrueckii* subspecies *bulgaricus* isolated from naturally fermented dairy foods [J]. Scientific reports, 2016, 6(1): 1-8.

[239] Nishimura J. Exopolysaccharides produced from *Lactobacillus delbrueckii* subsp. *bulgaricus* [J]. Advances in Microbiology, 2014, 4(14): 1017.

[240] Vinogradov E, Sadovskaya I, Cornelissen A, et al. Structural investigation of cell wall polysaccharides of *Lactobacillus delbrueckii* subsp. *bulgaricus* 17 [J]. Carbohydrate research, 2015, 413: 93-99.

[241] 刘文俊．嗜热链球菌和保加利亚乳杆菌产酸，风味特性及其功能基因分型和表达研究 [J]．内蒙古农业大学，2014.

[242] Liu W, Yu J, Sun Z, et al. Relationships between functional genes in *Lactobacillus delbrueckii* ssp. *bulgaricus* isolates and phenotypic characteristics associated with fermentation time and flavor production in yogurt elucidated using multilocus sequence typing [J]. Journal of Dairy Science, 2016, 99(1): 89-103.

[243] 刘飞，杜鹏，王玉堂，等．保加利亚乳杆菌 H^+-ATPase 缺陷型菌株的筛选 [J]．微生物学报，2009, (1): 38-43.

[244] Dan T, Chen Y, Chen X, et al. Isolation and characterisation of a *Lactobacillus delbrueckii* subsp. *bulgaricus* mutant with low H^+-ATP ase activity [J]. International Journal of Dairy Technology, 2015, 68(4): 527-532.

[245] 孙金威．保加利亚乳杆菌CcpA基因的敲除及其抗胁迫能力的研究 [D]．哈尔滨：东北农业大学，2015.

[246] 汪政煜．保加利亚乳杆菌的抗冷冻性及其相关特性的研究 [D]．呼和浩特：内蒙古农业大学，2017.

[247] 雷雨婷，张英华，霍贵成．保加利亚乳杆菌的冷适应性与冷应激蛋白的研究 [J]．东北农业大学学报，2008, 39(5): 5.

[248] 李月，张德纯．H.pylori尿素酶B亚单位在保加利亚乳杆菌的表达与鉴定 [J]．中国微生态学杂志，2008, (01): 7-9.

[249] 齐少卿．纳豆激酶在保加利亚乳杆菌中食品级表达及分析 [D]．保定：河北农业大学，2015.

[250] 齐少卿，李晨，卢海强，等．保加利亚乳杆菌异源表达纳豆激酶的性质研究 [J]．中国食品学报，2017, 17(4): 51-57.

[251] 王慕华，潘佩平，赵玉明，等．保加利亚乳杆菌与嗜热链球菌抗噬菌体菌株的原生质体制备及融合 [J]．食品科学，2015, 36(23): 189-194.

[252] 张莉滟，张德纯．双歧杆菌与乳杆菌原生质体的融合及筛选 [J]．生物技术，2003, 13(4): 14-15.

[253] 王丽萍，刘健华，郭俊杰，等．青春双歧杆菌原生质体与乳杆菌原生质体的融合 [J]．医学研究通讯，2004, 33(11): 42-44.

[254] Dietrich C G, Kottmann T, Alavi M. Commercially available probiotic drinks containing *Lactobacillus casei* DN-114001 reduce antibiotic-associated diarrhea[J]. World J Gastroenterol, 2014,20(42):

15837-15844.

[255] 耿文超，关今韬，程申，等. 副干酪乳杆菌的功能特性及其应用研究进展[J]. 生物加工过程，2018,16(04): 1-7.

[256] Dicks L M, Du Plessis E M, Dellaglio F, et al. Reclassification of *Lactobacillus casei* subsp. *casei* ATCC 393 and *Lactobacillus rhamnosus* ATCC 15820 as *Lactobacillus zeae* nom. rev., designation of ATCC 334 as the neotype of *L. casei* subsp. *casei*, and rejection of the name *Lactobacillus paracasei*[J]. Int J Syst Bacteriol, 1996,46(1): 337-340.

[257] Felis G E, Dellaglio F, Mizzi L, et al. Comparative sequence analysis of a recA gene fragment brings new evidence for a change in the taxonomy of the *Lactobacillus casei* group[J]. Int J Syst Evol Microbiol, 2001,51(Pt 6): 2113-2117.

[258] Chen H, Lim C K, Lee Y K, et al. Comparative analysis of the genes encoding 23S-5S rRNA intergenic spacer regions of *Lactobacillus casei*-related strains[J]. Int J Syst Evol Microbiol, 2000,50 Pt 2: 471-478.

[259] Dellaglio F, Felis G E, Torriani S. The status of the species *Lactobacillus casei* (Orla-Jensen 1916) Hansen and Lessel 1971 and *Lactobacillus paracasei* Collins et al. 1989. Request for an opinion[J]. Int J Syst Evol Microbiol, 2002,52(Pt 1): 285-287.

[260] Judicial Commission of the International Committee on Systematics of Bacteria.The type strain of *Lactobacillus casei* is ATCC 393, ATCC 334 cannot serve as the type because it represents a different taxon, the name *Lactobacillus paracasei* and its subspecies names are not rejected and the revival of the name '*Lactobacillus zeae*' contravenes Rules 51b (1) and (2) of the International Code of Nomenclature of Bacteria. Opinion 82[J]. Int J Syst Evol Microbiol, 2008,58(Pt 7): 1764-1765.

[261] 张磊，张和平. 益生菌*Lactobacillus casei* Zhang固态发酵培养基及发酵条件的优选[J]. 农产品加工，2009(02): 68-71.

[262] 陈宏伟，姜云，郭雪峰，等. 抑制奶牛乳房炎源金黄色葡萄球菌的乳酸菌的筛选[J]. 中国预防兽医学报，2020,42(02): 128-132.

[263] 李可，杨明，田梦悦，等. 干酪乳杆菌抗LPS诱导的奶牛乳腺上皮细胞炎性损伤作用及机制[J]. 中国兽医学报，2022,42(09): 1805-1809.

[264] Ryan P M, Ross R P, Fitzgerald G F, et al. Sugar-coated: exopolysaccharide producing lactic acid bacteria for food and human health applications[J]. Food Funct, 2015,6(3): 679-693.

[265]Sanders M E, Shane A L, Merenstein D J. Advancing probiotic research in humans in the United States: Challenges and strategies[J]. Gut Microbes, 2016,7(2): 97-100.

[266] Johansson M A, Sjogren Y M, Persson J O, et al. Early colonization with a group of *Lactobacilli* decreases the risk for allergy at five years of age despite allergic heredity[J]. PLoS One, 2011,6(8): e23031.

[267] Cabana M D, Mckean M, Caughey A B, et al. Early probiotic supplementation for eczema and asthma prevention: a randomized controlled trial[J]. Pediatrics, 2017,140(3).

[268] Jiang W, Ni B, Liu Z, et al. The role of probiotics in the prevention and treatment of atopic dermatitis in children: an updated systematic review and meta-analysis of randomized controlled trials[J]. Paediatr Drugs, 2020,22(5): 535-549.

[269] Bravo J A, Forsythe P, Chew M V, et al. Ingestion of *Lactobacillus* strain regulates emotional behavior and central GABA receptor expression in a mouse via the vagus nerve[J]. Proc Natl Acad Sci U S A, 2011,108(38): 16050-16055.

[270] Gareau M G, Wine E, Rodrigues D M, et al. Bacterial infection causes stress-induced memory dysfunction in mice[J]. Gut, 2011,60(3): 307-317.

[271] Dickerson F, Adamos M, Katsafanas E, et al. Adjunctive probiotic microorganisms to prevent rehospitalization in patients with acute mania: A randomized controlled trial[J]. Bipolar Disord, 2018,20(7): 614-621.

[272] Sanchez M, Darimont C, Drapeau V, et al. Effect of *Lactobacillus rhamnosus* CGMCC1.3724 supplementation on weight loss and maintenance in obese men and women[J]. Br J Nutr, 2014,111(8): 1507-1519.

[273] Nunez I N, Galdeano C M, de Leblanc A M, et al. Evaluation of immune response, microbiota, and blood markers after probiotic bacteria administration in obese mice induced by a high-fat diet[J]. Nutrition, 2014,30(11-12): 1423-1432.

[274] So S S, Wan M L, El-Nezami H. Probiotics-mediated suppression of cancer[J]. Curr Opin Oncol, 2017,29(1): 62-72.

[275] Tiptiri-Kourpeti A, Spyridopoulou K, Santarmaki V, et al. *Lactobacillus casei* exerts anti-proliferative effects accompanied by apoptotic cell death and up-regulation of TRAIL in colon carcinoma cells[J]. pLoS One, 2016,11(2): e147960.

[276] Escamilla J, Lane M A, Maitin V. Cell-free supernatants from probiotic *Lactobacillus casei* and *Lactobacillus rhamnosus* GG decrease colon cancer cell invasion in vitro[J]. Nutr Cancer, 2012,64(6): 871-878.

[277] Ishikawa H, Akedo I, Otani T, et al. Randomized trial of dietary fiber and *Lactobacillus casei* administration for prevention of colorectal tumors[J]. Int J Cancer, 2005,116(5): 762-767.

[278] Rafter J, Bennett M, Caderni G, et al. Dietary synbiotics reduce cancer risk factors in polypectomized and colon cancer patients[J]. Am J Clin Nutr, 2007,85(2): 488-496.

[279] Banna G L, Torino F, Marletta F, et al. *Lactobacillus rhamnosus* GG: an overview to explore the rationale of its use in cancer[J]. Front Pharmacol, 2017,8: 603.

[280] Osterlund P, Ruotsalainen T, Korpela R, et al. *Lactobacillus* supplementation for diarrhoea related to chemotherapy of colorectal cancer: a randomised study[J]. Br J Cancer, 2007,97(8): 1028-1034.

[281] Reunanen J, von Ossowski I, Hendrickx A P, et al. Characterization of the SpaCBA pilus fibers in the probiotic *Lactobacillus rhamnosus* GG[J]. Appl Environ Microbiol, 2012,78(7): 2337-2344.

[282] Thakur B K, Saha P, Banik G, et al. Live and heat-killed probiotic *Lactobacillus casei* Lbs2 protects from experimental colitis through Toll-like receptor 2-dependent induction of T-regulatory response[J]. Int Immunopharmacol, 2016,36: 39-50.

[283] Bleau C, Monges A, Rashidan K, et al. Intermediate chains of exopolysaccharides from *Lactobacillus rhamnosus* RW-9595M increase IL-10 production by macrophages[J]. J Appl Microbiol, 2010,108(2): 666-675.

[284] Balzaretti S, Taverniti V, Guglielmetti S, et al. A novel rhamnose-rich hetero-exopolysaccharide isolated from *Lactobacillus paracasei* DG activates THP-1 human monocytic cells[J]. Appl Environ Microbiol, 2017,83(3).

[285]Toh H, Oshima K, Nakano A, et al. Genomic adaptation of the *Lactobacillus casei* group[J]. PLoS One, 2013,8(10): e75073.

[286] Sun Z, Harris H M, Mccann A, et al. Expanding the biotechnology potential of lactobacilli through comparative genomics of 213 strains and associated genera[J]. Nat Commun, 2015,6: 8322.

[287] Stefanovic E, Mcauliffe O. Comparative genomic and metabolic analysis of three *Lactobacillus paracasei* cheese isolates reveals considerable genomic differences in strains from the same niche[J]. BMC Genomics, 2018,19(1): 205.

[288] Boyd M A, Antonio M A, Hillier S L. Comparison of API 50 CH strips to whole-chromosomal DNA probes for identification of *Lactobacillus* species[J]. J Clin Microbiol, 2005,43(10): 5309-5311.

[289] Daud K A, Neilan B A, Henriksson A, et al. Identification and phylogenetic analysis of *Lactobacillus* using multiplex RAPD-PCR[J]. FEMS Microbiol Lett, 1997,153(1): 191-197.

[290] Cocolin L, Manzano M, Cantoni C, et al. Development of a rapid method for the identification of *Lactobacillus* spp. isolated from naturally fermented italian sausages using a polymerase chain reaction-temperature gradient gel electrophoresis[J]. Lett Appl Microbiol, 2000,30(2): 126-129.

[291] Jarocki P, Komon-Janczara E, Glibowska A, et al. Molecular routes to specific identification of the *Lactobacillus casei* group at the species, subspecies and strain level[J]. Int J Mol Sci, 2020,21(8).

[292] Wuyts S, Wittouck S, De Boeck I, et al. Large-Scale phylogenomics of the *Lactobacillus casei* group highlights taxonomic inconsistencies and reveals novel clade-associated features[J]. mSystems, 2017,2(4).

[293] Huang C H, Li S W, Huang L, et al. Identification and classification for the *Lactobacillus casei* group[J]. Front Microbiol, 2018,9: 1974.

[294] Xin Y, Mu Y, Kong J, et al. Targeted and repetitive chromosomal integration enables high-level heterologous gene expression in *Lactobacillus casei*[J]. Appl Environ Microbiol, 2019,85(9).

[295] Van Pijkeren J P, Neoh K M, Sirias D, et al. Exploring optimization parameters to increase ssDNA recombineering in *Lactococcus lactis* and *Lactobacillus reuteri*[J]. Bioengineered, 2012,3(4): 209-217.

[296] Huang H, Song X, Yang S. Development of a RecE/T-assisted CRISPR-Cas9 toolbox for *Lactobacillus*[J]. Biotechnol J, 2019,14(7): e1800690.

[297] Song X, Huang H, Xiong Z, et al. CRISPR-Cas9(D10A) nickase-assisted genome editing in *Lactobacillus casei*[J]. Appl Environ Microbiol, 2017,83(22).

[298] Fernandez M, Zuniga M. Amino acid catabolic pathways of lactic acid bacteria[J]. Crit Rev Microbiol, 2006,32(3): 155-183.

[299] Bender G R, Marquis R E. Membrane ATPases and acid tolerance of *Actinomyces viscosus* and *Lactobacillus casei*[J]. Appl Environ Microbiol, 1987,53(9): 2124-2128.

[300] Wu C, Zhang J, Chen W, et al. A combined physiological and proteomic approach to reveal lactic-acid-induced alterations in *Lactobacillus casei* Zhang and its mutant with enhanced lactic acid tolerance[J]. Appl Microbiol Biotechnol, 2012,93(2): 707-722.

[301] Zhang Y M, Rock C O. Membrane lipid homeostasis in bacteria[J]. Nat Rev Microbiol, 2008,6(3): 222-233.

[302] Wu C, Zhang J, Du G, et al. Aspartate protects *Lactobacillus casei* against acid stress[J]. Appl Microbiol Biotechnol, 2013,97(9): 4083-4093.

[303] Wu R, Zhang W, Sun T, et al. Proteomic analysis of responses of a new probiotic bacterium *Lactobacillus casei* Zhang to low acid stress[J]. Int J Food Microbiol, 2011,147(3): 181-187.

[304] Wu C, Zhang J, Wang M, et al. *Lactobacillus casei* combats acid stress by maintaining cell membrane functionality[J]. J Ind Microbiol Biotechnol, 2012,39(7): 1031-1039.

[305] Monedero V, Maze A, Boel G, et al. The phosphotransferase system of *Lactobacillus casei*: regulation of carbon metabolism and connection to cold shock response[J]. J Mol Microbiol Biotechnol, 2007,12(1-2): 20-32.

[306] Hamon E, Horvatovich P, Bisch M, et al. Investigation of biomarkers of bile tolerance in *Lactobacillus casei* using comparative proteomics[J]. J Proteome Res, 2012,11(1): 109-118.

[307] Moser S A, Savage D C. Bile salt hydrolase activity and resistance to toxicity of conjugated bile salts are unrelated properties in lactobacilli[J]. Appl Environ Microbiol, 2001,67(8): 3476-3480.

[308] Bustos A Y, Saavedra L, de Valdez G F, et al. Relationship between bile salt hydrolase activity, changes in the internal pH and tolerance to bile acids in lactic acid bacteria[J]. Biotechnol Lett, 2012,34(8): 1511-1518.

[309] van de Guchte M, Serror P, Chervaux C, et al. Stress responses in lactic acid bacteria[J]. Antonie Van Leeuwenhoek, 2002,82(1-4): 187-216.

[310] Piuri M, Sanchez-Rivas C, Ruzal S M. Cell wall modifications during osmotic stress in *Lactobacillus casei*[J]. J Appl Microbiol, 2005,98(1): 84-95.

[311] Palomino M M, Allievi M C, Grundling A, et al. Osmotic stress adaptation in *Lactobacillus casei* BL23 leads to structural changes in the cell wall polymer lipoteichoic acid[J]. Microbiology (Reading), 2013,159(Pt 11): 2416-2426.

[312] Jofre A, Aymerich T, Garriga M. Impact of different cryoprotectants on the survival of freeze-dried *Lactobacillus rhamnosus* and *Lactobacillus casei/paracasei* during long-term storage[J]. Benef Microbes, 2015,6(3): 381-386.

[313] Soukoulis C, Singh P, Macnaughtan W, et al. Compositional and physicochemical factors governing the viability of *Lactobacillus rhamnosus* GG embedded in starch-protein based edible films[J]. Food Hydrocoll, 2016,52: 876-887.

[314] Mikelsaar M, Zilmer M. *Lactobacillus fermentum* ME-3–an antimicrobial and antioxidative probiotic [J]. Microbial ecology in health and disease, 2009, 21(1): 1-27.

[315] Dickson E, Riggio M, Macpherson L. A novel species-specific PCR assay for identifying *Lactobacillus fermentum* [J]. Journal of Medical Microbiology, 2005, 54(3): 299-303.

[316] Pascual L, Ruiz F, Giordano W, et al. Vaginal colonization and activity of the probiotic bacterium *Lactobacillus fermentum* L23 in a murine model of vaginal tract infection [J]. Journal of medical microbiology, 2010, 59(3): 360-364.

[317] Jayashree S, Karthikeyan R, Nithyalakshmi S, et al. Anti-adhesion property of the potential probiotic strain *Lactobacillus fermentum* 8711 against methicillin-resistant *Staphylococcus aureus* (MRSA) [J]. Frontiers in microbiology, 2018, 9: 411.

[318] Bao Y, Zhang Y, Zhang Y, et al. Screening of potential probiotic properties of *Lactobacillus fermentum* isolated from traditional dairy products [J]. Food control, 2010, 21(5): 695-701.

[319] 陆文伟，陆静，杨震南，等. 发酵乳杆菌 PCC 及干酪乳杆菌 431 对免疫低下型小鼠的免疫调节作用研究 [J]. 中国乳品工业，2017, 45(12): 9-14.

[320] Perez-Cano F J, Dong H, Yaqoob P. In vitro immunomodulatory activity of *Lactobacillus fermentum* CECT5716 and *Lactobacillus salivarius* CECT5713: two probiotic strains isolated from human breast milk [J]. Immunobiology, 2010, 215(12): 996-1004.

[321] Jiménez E, Langa S, Martín V, et al. Complete genome sequence of *Lactobacillus fermentum* CECT 5716, a probiotic strain isolated from human milk [J]. Journal of bacteriology, 2010, 192(18): 4800.

[322] 许飞利. 我国食品工业常用益生乳酸菌菌种分型与溯源数据库的研究 [D]. 杭州: 浙江大学, 2011.

[323] Çataloluk O, Gogebakan B. Presence of drug resistance in intestinal lactobacilli of dairy and human origin in Turkey [J]. FEMS microbiology letters, 2004, 236(1): 7-12.

[324] Feng X M, Eriksson A R, Schnürer J. Growth of lactic acid bacteria and *Rhizopus oligosporus* during barley tempeh fermentation [J]. International Journal of Food Microbiology, 2005, 104(3): 249-256.

[325] Peran L, Camuesco D, Comalada M, et al. *Lactobacillus fermentum*, a probiotic capable to release glutathione, prevents colonic inflammation in the TNBS model of rat colitis [J]. International journal of colorectal disease, 2006, 21(8): 737-746.

[326] Bahey-El-Din M. *Lactococcus lactis*-based vaccines from laboratory bench to human use: an overview [J]. Vaccine, 2012, 30(4): 685-690.

[327] Azizpour M, Hosseini S D, Jafari P, et al. *Lactococcus lactis*: A new strategy for vaccination [J]. Avicenna journal of medical biotechnology, 2017, 9(4): 163.

[328] 杨洁彬，郭兴华，张篪，等. 乳酸菌：生物学基础及应用 [J]. 中国轻工业出版社，1996.

[329] Suzuki H, Ohshio K, Fujiwara D. *Lactococcus lactis* subsp. lactis JCM 5805 activates natural killer cells via dendritic cells [J]. Bioscience, Biotechnology, and Biochemistry, 2016, 80(4): 798-800.

[330] Sugimura T, Jounai K, Ohshio K, et al. Immunomodulatory effect of *Lactococcus lactis* JCM5805 on human plasmacytoid dendritic cells [J]. Clinical immunology, 2013, 149(3): 509-518.

[331] Jounai K, Sugimura T, Ohshio K, et al. Oral administration of *Lactococcus lactis* subsp. *lactis* JCM5805 enhances lung immune response resulting in protection from murine parainfluenza virus infection [J]. PloS one, 2015, 10(3): e0119055.

[332] 杜芳，杨金生，杨桂连，等. 乳酸菌在疾病预防中的应用 [J]. 吉林农业：学术版，2011, (5): 3.

[333] Debarry J, Garn H, Hanuszkiewicz A, et al. Acinetobacter lwoffii and *Lactococcus lactis* strains isolated from farm cowsheds possess strong allergy-protective properties [J]. Journal of Allergy and Clinical Immunology, 2007, 119(6): 1514-1521.

[334] Rupa P, Schmied J, Wilkie B. Prophylaxis of experimentally induced ovomucoid allergy in neonatal pigs using *Lactococcus lactis* [J]. Veterinary immunology and immunopathology, 2011, 140(1-2): 23-29.

[335] Alvarenga D M, Perez D A, Gomes-Santos A C, et al. Previous ingestion of *Lactococcus lactis* by ethanol-treated mice preserves antigen presentation hierarchy in the gut and oral tolerance susceptibility [J]. Alcoholism: Clinical and Experimental Research, 2015, 39(8): 1453-1464.

[336] Kimoto-Nira H, Suzuki C, Kobayashi M, et al. Anti-ageing effect of a lactococcal strain: analysis using senescence-accelerated mice [J]. British Journal of Nutrition, 2007, 98(6): 1178-1186.

[337] Oike H, Aoki-Yoshida A, Kimoto-Nira H, et al. Dietary intake of heat-killed *Lactococcus lactis* H61 delays age-related hearing loss in C57BL/6J mice [J]. Scientific reports, 2016, 6(1): 1-9.

[338] Kimoto-Nira H, Nagakura Y, Kodama C, et al. Effects of ingesting milk fermented by *Lactococcus lactis* H61 on skin health in young women: a randomized double-blind study [J]. Journal of Dairy Science, 2014, 97(9): 5898-5903.

[339] Kimoto-Nira H, Aoki R, Sasaki K, et al. Oral intake of heat-killed cells of *Lactococcus lactis* strain H61 promotes skin health in women [J]. Journal of nutritional science, 2012, 1.

[340] 刘洋, 郭宇星, 潘道东. 4 种乳酸菌体外抗氧化能力的比较研究 [J]. 食品科学, 2012, 33(11): 25-9.

[341] Ozdogan D K, Akcelik N, Aslim B, et al. Probiotic and antioxidative properties of *L. lactis* LL27 isolated from milk [J]. Biotechnology & Biotechnological Equipment, 2012, 26(1): 2750-2758.

[342] De Leblanc A D M, Del Carmen S, Chatel J-M, et al. Evaluation of the biosafety of recombinant lactic acid bacteria designed to prevent and to treat colitis [J]. Journal of Medical Microbiology, 2016, 65: np.

[343] Luerce T D, Gomes-Santos A C, ROCHA C S, et al. Anti-inflammatory effects of *Lactococcus lactis* NCDO 2118 during the remission period of chemically induced colitis [J]. Gut pathogens, 2014, 6(1): 1-11.

[344] Nakata T, Hirano S, Yokota Y, et al. Protective effects of heat-killed *Lactococcus lactis* subsp. *lactis* BF3, isolated from the intestine of chum salmon, in a murine model of DSS-induced inflammatory bowel disease [J]. Bioscience of Microbiota, Food and Health, 2016, 35(3): 137-140.

[345] Nishitani Y, Tanoue T, Yamada K, et al. *Lactococcus lactis* subsp. *cremoris* FC alleviates symptoms of colitis induced by dextran sulfate sodium in mice [J]. International immunopharmacology, 2009, 9(12): 1444-1451.

[346] Rodríguez-Figueroa J, González-Córdova A, Astiazaran-García H, et al. Antihypertensive and hypolipidemic effect of milk fermented by specific *Lactococcus lactis* strains [J]. Journal of Dairy Science, 2013, 96(7): 4094-4099.

[347] Inoue K, Shirai T, Ochiai H, et al. Blood-pressure-lowering effect of a novel fermented milk containing γ-aminobutyric acid (GABA) in mild hypertensives [J]. European journal of clinical nutrition, 2003, 57(3): 490-495.

[348] 倪珊珊，黄丽英．乳酸链球菌素和乳酸乳球菌在食品工业中的应用 [J]．食品工业，2015, 36(11): 244-247.

[349] 崔建超，张柏林，郝凌宇，等．Nisin 的研究现状 [J]．河北农业大学学报，2001, 24(4): 104-109.

[350] 蒋昱，张朝晖，周晓云．乳链菌肽研究进展 [J]．科技通报，2010, 26(3): 358-361.

[351] 姜延龙，霍贵成．Nisin 生物合成相关基因分析 [J]．生物技术，2005, 15(2): 79-81.

[352] 肖长清，周洁．乳链菌肽 Nisin 的生物合成及表达调控机制 [J]．生物学杂志，2010, (5): 88-90.

[353] 周绪霞，李卫芬，许梓荣．乳链菌肽生物合成及其调控 [J]．中国食品学报，2005, 5(1): 86-92.

[354] 王永刚，孙尚琛，宋莉，等．乳酸乳球菌表达系统的研究进展 [J]．粮油加工：电子版，2015, (10): 45-51.

[355] 杜胜阳，王斌斌，冯佳，等．乳酸菌基因敲除技术的研究进展 [J]．食品与发酵工业，2016, 42(1): 244.

[356] Atiles M W, Dudley E G, Steele J L. Gene cloning, sequencing, and inactivation of the branched-chain aminotransferase of *Lactococcus lactis* LM0230 [J]. Applied and Environmental Microbiology, 2000, 66(6): 2325-2329.

[357] Zhu D, Zhao K, Xu H, et al. Construction of *thyA* deficient *Lactococcus lactis* using the Cre-loxP recombination system [J]. Annals of microbiology, 2015, 65(3): 1659-1665.

[358] Solem C, Defoor E, Jensen P R, et al. Plasmid pCS1966, a new selection/counterselection tool for lactic acid bacterium strain construction based on the oroP gene, encoding an orotate transporter from *Lactococcus lactis* [Z]. Am Soc Microbiol. 2008

[359] van Pijkeren J-P, Britton R A. High efficiency recombineering in lactic acid bacteria [J]. Nucleic acids research, 2012, 40(10): e76-e.

[360] Berlec A, Škrlec K, Kocjan J, et al. Single plasmid systems for inducible dual protein expression and for CRISPR-Cas9/CRISPRi gene regulation in lactic acid bacterium *lactococcus lactis* [J]. Scientific reports, 2018, 8(1): 1-11.

[361] 孙大庆，秦兰霞，姚丽燕，等. 牛凝乳酶原基因在乳酸乳球菌中的表达 [J]. 微生物学报，2010, 5: 628-633.

[362] 陈俊亮，田芬，霍贵成，等. 乳酸乳球菌对切达干酪成熟过程中质构和风味的影响 [J]. 食品科学，2013, 34(21): 163-167.

[363] 顾文亮，夏启玉，姚晶，等. 重组植物甜蛋白马宾灵的食品级乳酸乳球菌诱导表达系统的构建 [J]. 中国农学通报，2012, 28(30): 196-200.

[364] 曲晓军，沙长青，李思明，等. 重组乳酸乳球菌的应用进展 [J]. 黑龙江科学，2013, (4): 34-6.

[365] van de Guchte M, van der Vossen J, Kok J, et al. Construction of a lactococcal expression vector: expression of hen egg white lysozyme in *Lactococcus lactis* subsp. lactis [J]. Applied and environmental microbiology, 1989, 55(1): 224-228.

[366] Song A A L, In L L, Lim S H E, et al. A review on *Lactococcus lactis*: from food to factory [J]. Microbial cell factories, 2017, 16(1): 1-15.

[367] 刘淑杰，李永明，徐子伟. 重组乳酸乳球菌表达外源蛋白的研究进展 [J]. 中国预防兽医学报，2014, 36(3): 246-50.

[368] Visweswaran G R R, Leenhouts K, Van Roosmalen M, et al. Exploiting the peptidoglycan-binding motif, LysM, for medical and industrial applications [J]. Applied microbiology and biotechnology, 2014, 98(10): 4331-4345.

[369] 刘晓锐，张晓红，吴洁. 乳酸乳球菌在疫苗递呈载体中的应用 [J]. 药物生物技术，2014, 21(1): 75-80.

[370] Pontes D S, De Azevedo M S P, Chatel J-M, et al. *Lactococcus lactis* as a live vector: heterologous protein production and DNA delivery systems [J]. Protein expression and purification, 2011, 79(2): 165-175.

[371] Zadravec P, Štrukelj B, Berlec A. Heterologous surface display on lactic acid bacteria: non-GMO alternative? [J]. Bioengineered, 2015, 6(3): 179-183.

[372] Bosma T, Kanninga R, Neef J, et al. Novel surface display system for proteins on non-genetically modified gram-positive bacteria [J]. Applied and environmental microbiology, 2006, 72(1): 880-889.

第六章

链球菌

链球菌（*Streptococcus*）是化脓性球菌的一类常见细菌，广泛存在于自然界和人及动物粪便还有健康人鼻咽部，引起各种化脓性炎症、猩红热、丹毒、新生儿败血症、脑膜炎、产褥热以及链球菌变态反应性疾病等。根据链球菌在血液培养基上生长繁殖后是否溶血及其溶血性质可分为三类。①α-溶血性链球菌：菌落周围有1～2mm宽的草绿色溶血环，也称甲型溶血性链球菌，这类链球菌多为条件致病菌。②β-溶血性链球菌：菌落周围形成一个2～4mm宽、界线分明、完全透明的无色溶血环，也称乙型溶血性链球菌，这类菌亦称为溶血性链球菌，该菌的致病力强，常引起人类和动物的多种疾病。③γ-链球菌：不产生溶血素，菌落周围无溶血环，也称为丙型或不溶血性链球菌，该菌无致病性，常存在于乳类和粪便中，偶尔也引起感染。根据链球菌细胞壁中多糖抗原性不同将链球菌分为A～H及K～V等20个族。对人有致病作用的链球菌90%属于A族，A族链球菌常引起各种类型的化脓性感染，故又称为化脓性链球菌。

有益生作用的链球菌主要包括乳酸链球菌（*Streptococcus lactis*）、嗜热链球菌（*Streptococcus thermophilus*）、屎链球菌（*Streptococcus faecium*）等。

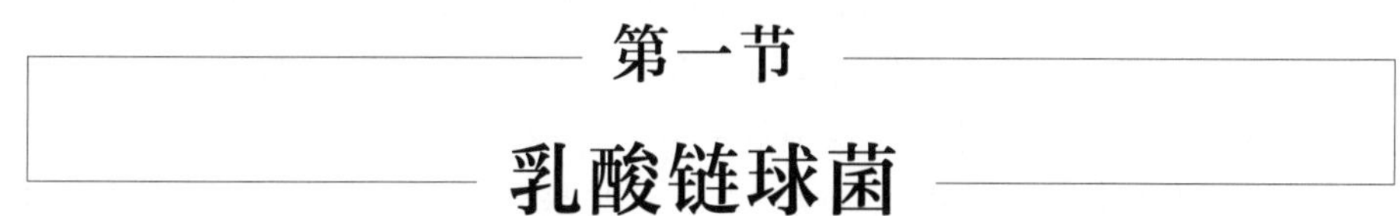

第一节 乳酸链球菌

一、乳酸链球菌的特性

乳酸链球菌是链球菌的一种，球形或卵圆形，直径0.6～1.0μm，呈链状排列，菌链短者由4～8个细菌组成，菌链长者由20～30个细菌组成。无芽孢，无鞭毛，革兰氏染色阳性。需氧或兼性厌氧，营养要求较高。最适生长温度37℃，最适pH7.4～7.6，血琼脂平板上形成灰白、光滑、圆形突起小菌落。

二、乳酸链球菌的生理功能及机理

（一）乳酸链球菌素的抑菌作用

乳酸链球菌通过产生乳链菌肽（nisin）来发挥作用。乳链菌肽也称乳酸链球菌素，是某些乳酸链球菌产生的一种多肽物质，由34个氨基酸残基组成[1]，为灰白色固体粉末，能有效抑制引起食品腐败的大部分革兰氏阳性细菌如分枝杆菌、葡萄球菌、乳杆菌、棒杆菌、李斯特菌等的生长繁殖[2, 3]，特别是对产芽孢的细菌如芽孢杆菌、梭状芽孢杆菌有很强的抑制作用。通常，产芽孢的细菌耐热性很强，如鲜乳采用135℃、2s超高温瞬时灭菌，非芽孢细菌的死亡率为100%，芽孢细菌的死亡率为90%，还有10%的芽孢细菌不能被杀灭。若鲜乳中添加0.03～0.05g/kg乳链菌肽就可抑制芽孢杆菌和梭状芽孢杆菌孢子的发芽和繁殖。乳链菌肽对革兰氏阴性菌、酵母菌和霉菌一般无效。但在一定条件下，如冷冻、加热、降低pH值、EDTA（乙二胺四乙酸）处理等，乳链菌肽亦可抑制一些革兰氏阴性菌，如沙门菌、大肠杆菌、假单胞菌等的生长。

（二）安全性

食用后在人体的生理pH条件和α-胰凝乳蛋白酶作用下很快水解成氨基酸，不会改变人体肠道内正常菌群以及产生如其他抗生素所出现的抗性问题，更不会与其他抗生素出现交叉抗性，是一种高效、无毒、安全、无副作用的天然食品防腐剂[4, 5]。

乳链菌肽的耐酸、耐热性良好。在pH6.5的脱脂牛奶中，经85℃巴氏灭菌15min后活性仅损失15%。溶于pH3的HCl中经121℃、15min高温灭菌仍能保持100%的活性。

目前由乳链菌肽和氯化钠等成分复配的制剂作为防腐剂已广泛应用于食品行业，可降低食品灭菌温度，缩短食品灭菌时间，提高食品品质，减少食品营养破坏，延长食品保藏时间。

（三）作用机制

乳链菌肽就像一个表面活性剂，它对细菌的营养细胞及芽孢都有作用，它对营养细胞的主要作用点是细胞膜，抑制细胞壁中肽聚糖的生物合成，使质膜和磷脂化合物合成受阻，进而造成细胞内容物外泄，引起细胞裂解。对芽孢的作用是在芽孢出现膨胀的起始阶段抑制其发芽。当杀菌过程完成后，乳链菌肽仍保持一定的活力。而且乳链菌肽可提高芽孢对热的敏感性，这些残留的乳链菌肽也能抑制芽孢的发芽。经121℃热处理3min后存活下来的芽孢比未经加热损伤的芽孢对乳链菌肽敏感10倍以上，这也是乳链菌肽特别适用于热加工食品防腐保鲜的重要原因。

乳链菌肽的抑菌机制为：吸附于敏感菌的细胞膜上，其C末端侵入膜内形成通透孔道，允许分子质量小于0.5kDa的亲水分子流入，而导致细胞膜去极化及ATP的泄漏，细胞自溶而死亡[6, 7]。乳酸链球菌的乳链菌肽抗性具有两个来源：对于携带乳链菌肽抗性基因的乳酸链球菌菌株，*nisI*基因在乳链菌肽免疫中有重要的作用[8, 9]；不携带乳链菌肽抗性基因的乳酸链球菌，含有能编码乳链菌肽抗性的质粒[10]。

三、乳酸链球菌的分子生物学

乳链菌肽基因都位于1个大约70kb的接合性乳链菌肽-蔗糖转座子上[11]。乳链菌肽生物合成十分复杂，涉及11个基因[12]，以*nisA/Z*、*nisB*、*nisT*、*nisC*、*nisI*、*nisP*、*nisR*、*nisK*、*nisF*、*nisE*、*nisG*的顺序成簇排列在乳链菌肽-蔗糖转座子左端约14 kb的DNA片段上。除*nisA/Z*属于乳链菌肽编码基因外，其余几个分别参与乳链菌肽的胞内翻译后修饰（*nisB*、*nisF*、*nisC*）、转运（*nisE*、*nisF*、*nisT*）和胞外蛋白水解反应（*nisP*），以及参与对乳链菌肽的免疫反应（*nisI*

和*nisE*、*nisF*、*nisG*）及其生物合成调控（*nisR*和*nisK*）[13]，如表6-1所示。

表6-1 nisin基因簇功能及编码氨基酸数目

基因簇	氨基酸数目/个	功能	参考文献
nisA/Z	57	编码结构基因	[14]
nisB	825	参与乳链菌肽前体的酶修饰，Ser、Thr的脱水	[15]
nisT	600	参与蛋白质转运	
nisC	414	与*nisB*协同参与乳链菌肽的修饰	
nisI	245	与乳链菌肽免疫性有关	
nisP	682	编码丝氨酸蛋白酶，切除前导肽	
nisR	228	编码调控蛋白	
nisK	446	编码组氨酸激酶，参与调控	
nisF	225	参与蛋白质转运，与免疫性相关	[16]
nisE	241	参与蛋白质转运，与免疫性相关	
nisG	214	编码疏水蛋白，参与乳链菌肽通道形成	

乳链菌肽的生物合成过程，首先由*nisA/Z*编码乳链菌肽前体57个氨基酸，称为前乳链菌肽（prenisin）。然后由胞外的信号激活位于膜上的组氨酸激酶（*nisK*编码），NisK自身磷酸化作用之后，转移磷酸基到相关的调节因子NisR，NisR引导前肽分子至膜上由修饰复合蛋白质NisB和NisC进行修饰，修饰肽与转运蛋白NisT相结合，随后被转运至膜外，附在膜外表面的NisP将前导序列切除，释放有活性的乳链菌肽分子。NisI通过脂蛋白锚定在细胞膜上，在膜上浮动并与乳链菌肽分子作用，赋予细胞抗性，阻止孔洞形成。另外，ABC转运蛋白质通道（由NisF/NisE和NisG构成）还对乳酸链球菌起到保护作用[16]。

根据Kleerebezem[17]提出的生物合成模型，在核糖体中合成的乳链菌肽前体与蛋白因子B/C/T组成一个膜脂锚定（membrane-anchored）的多聚复合物，此前体的加工由蛋白酶NisP完成，它能切去前导序列，释放出有活性的成熟乳酸链球菌素。其中*nisB*编码一个膜结合蛋白，由993个氨基酸组成，*nisC*编码的是NisB协同功能蛋白。NisB的功能是将丝氨酸加工成脱氢丙氨酸[18]，NisC可能参与脱水残基与半胱氨酸产生硫醚键的过程。释放的乳酸菌肽作为肽信息素（peptide pheromone）能被相应的感受器的接收区域感受到，然后由传送区域将磷酸基团转移给应答调节物的接收区域使其活化，活化后的应答调节物的输出区域就可结合到nis_box，从而激活转录，导致下游基因的表达。

四、应用与展望

乳链菌肽作为一种目前应用最为广泛的天然食品防腐剂，在食品保藏、活性食品包装材料、农业饲料、避孕药物等领域均有着良好的应用前景。乳链菌肽是一种多肽物质，食用后可在消化道内被消化分解为氨基酸，不会改变肠道内的正常菌群，也不会出现抗药性问题。但乳链菌肽的抗菌谱主要局限于革兰氏阳性食品腐败菌，这在一定程度上限制了乳链菌肽的应用范围和效果。最近发现乳链菌肽与其他防腐剂联合使用能增强其抑菌作用，获得较宽的抑菌谱[19]。乳链菌肽和乳酸合用能抑制肉中的金黄色葡萄球菌和沙门菌。乳链菌肽与螯合剂合用时能有效地减少革兰氏阴性菌的数量。乳链菌肽与柠檬酸盐、磷酸盐合用也能提高其对革兰氏阴性菌的抑制效果。这些无疑为乳链菌肽的研究和应用开拓了更为广阔的发展前景。

乳链菌肽不仅可以用作食品防腐剂，而且在口腔保健、兽医和药用领域具有很大的潜力，如用于口腔漱口液可以防止产生龋齿和牙龈炎，也可用于治疗牛乳腺炎和人胃溃疡等。

五、小结

乳酸链球菌通过产生乳链菌肽来发挥作用，乳链菌肽可被人体消化吸收，对人体无毒，而且稳定性高，其作为一种高效、无毒、安全、无副作用的天然食品防腐剂已经得到了广泛应用。

（赵红庆 编，崔晶花 校）

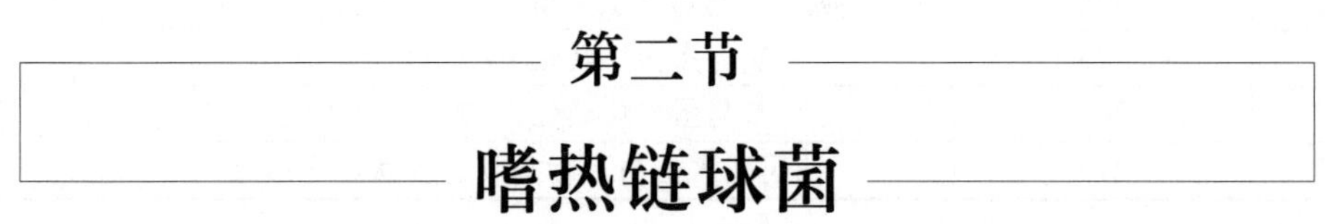

第二节 嗜热链球菌

嗜热链球菌（*Streptococcus thermophilus*）是发酵乳制品制作中经典菌种之一[20]，其重要性被认为仅次于第一位的乳酸乳球菌。鉴于其在乳制品发酵工业中悠久的运用历史及广泛认证的安全性，欧洲食品安全局认定其具备食品安全资格[21]。除了在食品领域的运用，近些年发现嗜热链球菌对糖尿病等疾病具有预防、治疗及健康促进等功能，在预防和治疗肠道微生物群紊乱等疾病方面具备运用潜力[22]。

一、嗜热链球菌的特性

嗜热链球菌隶属于链球菌属，革兰氏染色呈阳性。单菌呈圆形或椭圆形，直径约为0.7～0.9μm，常成对或者链条状排列。嗜热链球菌无芽孢和鞭毛，无运动性，属兼性厌氧菌，接触酶反应阴性。嗜热链球菌的最适生长温度为38～43℃，最适生长pH值为6.0～7.0，其在不同的培养温度和环境下菌体形态有较大区别：在15℃时不能生长，在30℃原乳中多数菌株形成双球菌，45℃的原乳培养时形成链状，在高酸度乳中培养菌体的形态为长链状[23]。

嗜热链球菌缺乏分解淀粉和其他大分子碳水化合物的酶系，因而不能利用大分子物质作碳源，可利用葡萄糖等单糖和某些寡糖。此外，其对营养的需求更为复杂，不仅需要基础营养成分（如水分、碳源、氮源），还需要加入氨基酸、维生素、肽类等生长辅助因子。嗜热链球菌具有耐酸和嗜热的特性，能在pH值较低的基质中和较高温度下生长。

嗜热链球菌生长速度快、发酵酸化活力高、可产胞外多糖、可分解蛋白质和脂类物质产生诸多风味物质，并且具有良好的后熟特性等优良性状。其中高生长速度、高酸化活性、胞外多糖高产能力也是促使其被选为乳制品发酵剂的重要特性，尤其是在大规模的工业生产之中[24]。其次，嗜热链球菌几乎不产生针对人体有害的毒力因子，具备发酵应用最基本的安全性[25]。

嗜热链球菌与人体健康具有密切的关系，与其他益生菌联用，可以恢复因喂养方式、饮食习惯、慢性疾病等因素导致的肠道菌群紊乱，促进生命早期菌群的建立与肠道功能的成熟；

维持肠道菌群的平衡，调节胃肠功能与预防疾病[26-28]；其对腹泻[29, 30]、肠易激综合征[31, 32]、慢性便秘[33]等胃肠疾病具备一定的治疗效果；可以缓解与控制特应性皮炎[34]、阴道炎[35, 36]等皮肤黏膜疾病；对非酒精性脂肪肝[37, 38]、慢性肾衰[39, 40]等疾病可作为辅助治疗手段，起到降低或控制相关指标的作用。此外，嗜热链球菌与其他益生菌可联合通过“肠-脑轴”起到调节大脑活动的作用[41]。

二、嗜热链球菌的生理功能及机理

随着分子生物学领域的突破和基因组学、蛋白质组学领域的发展，嗜热链球菌的生物学特性及医疗保健作用被深入研究。嗜热链球菌的定植对宿主起到健康促进作用，并且存在辅助治疗某些疾病的运用潜力。

（一）改善肠道黏膜功能，减轻有害菌造成的损害

肠道中存在数量巨大的共生微生物，这些微生物对黏膜免疫系统的发育与平衡起到至关重要的作用。当病原菌侵入肠道，上皮细胞可非常迅速地产生活性氧类和一氧化氮，并改变氯的分泌，诱发炎症；也可以通过损伤肠道黏膜上皮细胞的细胞骨架、破坏紧密连接蛋白，从而损害肠道的屏障功能，进而诱发强烈的腹泻[42]；此外，病原体分泌的外毒素可导致肿瘤坏死因子、白介素等促炎因子释放，诱发强烈的炎症反应，从而损伤肠道黏膜细胞[43]。2003年，Resta-Lenert[44]等人证实嗜热链球菌等益生菌可干扰病原体黏附和侵袭，可维持或增强肌动蛋白、ZO-1等细胞骨架蛋白功能，促进紧密连接蛋白的磷酸化；嗜热链球菌与其代谢产物本身对氯的分泌无影响，但能逆转病原菌引起的泌氯增加。2006年，该团队[45]亦证实嗜热链球菌可以减轻促炎因子（肿瘤坏死因子、干扰素等）对上皮功能的有害作用。此外，嗜热链球菌等益生菌分泌的代谢物也具备抗炎特性，可帮助肠道维持基本稳态[46]。

（二）调节肠道菌群结构，降低生命早期死亡率

生命早期的微生物定植与胃肠道本身的成熟是相互平行且相互依赖的，被认为是健康发育的关键步骤之一[47]。喂养方式与营养来源是生命早期微生物定植的关键因素，母乳喂养被公认为是最佳的喂养方式。使用婴儿配方奶粉人工喂养的小婴儿肠道菌群结构与母乳喂养婴儿相比存在较大差异[48]，并缺乏黏膜免疫相关的sIgA[49]。2021年，Béghin等人[50]证实，添加嗜热链球菌、短双歧杆菌及其发酵产物的婴儿配方奶粉是安全的，并且可以使人工喂养婴儿肠道菌群向母乳喂养的肠道菌群结构转化；可诱发黏膜免疫，促使sIgA的产生。此外，2013年，Jacobs等人的临床试验证实，使用嗜热链球菌等益生菌可降低早产儿、极早产儿坏死性小肠结肠炎的死亡率[51]。

（三）产生具有抑癌作用的蛋白质，减少肿瘤的发生

肠道菌群的改变与癌症的发生发展具备一定的相关性，部分细菌甚至可以促进肿瘤的发生、发展与转移；部分细菌也具备早期诊断生物学标志物的潜在应用价值。2018年，Dai等人[52]进行了结直肠癌基因组的多队列分析，发现结直肠癌患者相较于健康人，肠道菌群缺失嗜热链球菌。2021年，Li等[53]证实外源口服补充嗜热链球菌可降低诱发型结直肠癌小鼠模型的肿瘤发病率；其抑癌作用依赖其产生的β-半乳糖苷酶，该酶通过影响半乳糖合成干扰了能量平

衡，激活氧化磷酸化，下调了HIPPO通路，从而介导了嗜热链球菌的直接抗癌作用。此外，该酶还可以增加小鼠肠道内已知益生菌（如双歧杆菌、乳杆菌）的丰度，维持健康的菌群结构。

（四）分泌胞外多糖，抑制致病菌的繁殖，减轻肠道炎症

大部分乳酸菌可以合成胞外多糖，除了在乳制品发酵质地与风味方面起作用，胞外多糖还可以起到抑制有害菌繁殖、减轻炎症等作用[54]。2016年，Zhang等人[55]提取、纯化嗜热链球菌的胞外多糖，该提取物具有对大肠杆菌、鼠伤寒沙门菌和金黄色葡萄球菌等常见致病菌的抑制活性；对胞外多糖进行硫酸化后，硫酸化的胞外多糖显示出更强的抑制活性。2019年，Chen等人[56]证实，嗜热链球菌产生的胞外多糖可以降低葡聚糖硫酸钠诱导的实验性小鼠结肠炎中的肠道肿瘤坏死因子-α、白细胞介素-6和干扰素-γ等促炎因子的水平，从而减轻肠道炎症造成的损害。

（五）代谢物可辅助维持健康的黏膜环境

人体皮肤与黏膜稳态与定植在该部位的菌群存在较强的相关性，例如：女性阴道微生物主要由乳杆菌等益生菌以及瞬时或共生的厌氧和需氧细菌组成，其中以乳杆菌为代表的益生菌可以竞争性地拮抗病原体的定植；同时可以产生细菌素、过氧化氢等物质，降低阴道环境的pH值，提高黏膜固有的免疫能力[57]。2018年，Laue等人[35]组织的临床试验证实，在治疗细菌性阴道炎时，额外摄入含有嗜热链球菌等益生菌菌株的酸奶，可以提高阴道炎的恢复率，并改善相应的症状，此外，还可以改善阴道微生物结构。

除上述功能之外，嗜热链球菌还具有降低胆固醇、调节血压、减轻乳糖不耐等作用。随着对益生菌所具备的生理功能与治疗潜力的不断挖掘与深入认识，科研人员对益生菌作用的研究不再只停留于表型层面，细菌定植对肠道或黏膜等器官组织的免疫调节作用、细菌代谢物及衍生物的药理学运用潜力、发挥生理或治疗作用的具体机制等方向成了益生菌与健康领域的新热点。

三、嗜热链球菌的分子生物学

（一）嗜热链球菌基因组学研究

1．基因组特征

2001年，第一株乳酸菌全基因组测序工作完成，到2008年，已有20余株乳酸菌全基因序列被公开报道，其中包括嗜热链球菌CNRZ 1066、LMG 13811和LMD-9[58]。截至2014年底，已将全基因组序列上传至美国国家生物技术信息中心（National Center for Biotechnology Information）网站的嗜热链球菌共有7株，见表6-2[59]。综合分析可知，嗜热链球菌基因组大小约1.85Mb，不含或含少量质粒，GC含量相对较低，含有2000余个编码基因，不同嗜热链球菌的基因组在碱基水平上的相似度约95%。嗜热链球菌拥有多套与营养物质转运、物质代谢相关的基因，还存在以串联形式出现的操纵子等基因元件，具备高效转移、迅速表达的基因基础，也为其组学研究创造了有利条件。

表6-2　七株嗜热链球菌的全基因组信息

名称	染色体数	质粒数	碱基数/Mb	GC 含量/%	基因数	编码蛋白质种类	GenBank 登录号
MN-ZLW-002	1	—	1.84852	39.10	2046	1910	CP003499
ND 03	1	—	1.83195	39.00	2038	1919	CP002340
JM 8232	1	—	1.92990	38.90	2230	2145	FR875178
LMD-9	1	2	1.86418	39.09	2008	1715	CP000419
CNRZ 1066	1	—	1.79623	39.10	2000	1915	CP000024
LMG 13811	1	—	1.79685	39.10	2973	1888	CP000023
ASCC 1275	1	—	1.84550	39.10	1962	1700	CP006819

注：“–”表示无相关数据。

2．比较基因组学研究

嗜热链球菌是被人类用于制作发酵乳制品的最早的几种乳酸菌之一，通过比较基因组学可以了解其随着人类活动出现的基因进化详情；不同菌株间的基因组学比较可以明确其在生物合成、生长繁殖等方面的特性，更有利于人们理解与利用该菌株。

从酸奶中分离出的嗜热链球菌CNRZ 1066与LMG 13811是最早完成全基因组测序的嗜热链球菌，其序列特征见表6-3[59]。一方面，这两株菌约80%的基因序列与其他链球菌属存在一定的同源性，说明嗜热链球菌在系统发育学上应该为链球菌属种之下的独立分支；另一方面，这两株菌之间也存在90%以上的同源序列，依照系统发育学理论，这两株菌可能来源于同一祖先。这也与人类制作发酵乳制品的历史进程一致。

2005年，Hols等人[25]的分析发现，嗜热链球菌存在基因退化的情况：其中10%的假基因与糖代谢相关，推测该现象是由于长期被用于乳制品发酵，糖含量相对匮乏（只含有乳糖），菌株在漫长的进化过程中对其产生适应的基因退化。此外与其他链球菌属的细菌基因组相比，嗜热链球菌缺少诸多致病基因，这从基因组层面证实了嗜热链球菌的安全性。

表6-3　嗜热链球菌CNRZ 1066和LMG 13811的基因组特征

特征	CNRZ 1066	LMG 18311
基因组大小/bp	1796226	1796846
GC 含量/%	39.10	39.10
编码序列	1915	1890
存在于两个基因组中的编码序列	1785（93.2%）	1785（94.4%）
假基因	182	180
插入-缺失（indels）区域的数量（>50bp）	25	30
总 indels 的碱基数/bp	72180	71692
单核苷酸多态性（ANPs）碱基数	2905	2905
小型（1～3 个碱基）替换序列	362	362
原噬菌体	1	—
CRISPR 基因座数（每个基因座中重复数）	1（42）	2（34、5）

3．基因组内的水平转移

不同菌株之间存在广泛而具有一定作用的基因水平转移，该现象也出现在嗜热链球菌中，并与其多糖合成、细菌素产生、宿主防御系统等功能相关。2011年，Delorme等人[60]报道一株嗜热链球菌，其基因组中存在长度为129kb的特异性序列，包含胞外多糖基因簇、限制/修饰系统、抗氧化代谢相关基因等特异性序列，大多数序列两侧存在移动元件，提示该区域是通过基因水平转移至嗜热链球菌基因组上并发挥作用。同时期，Goh等人[61]发现嗜热链球菌菌株LMD-9也拥有一段长度为114kb的特异性序列，其中包括宿主防御机制等相关基因，也是通过水平转移整合至菌株基因组上的。

（二）嗜热链球菌代谢研究

嗜热链球菌具有酸化能力、蛋白质水解能力、高产胞外多糖能力等发酵特性，这些特性可直接或间接影响发酵乳制品的质量。菌株的酸化能力与糖代谢能力密切相关；酪蛋白是诸多风味物质的重要前体，因此蛋白质降解能力在一定程度上决定了乳制品的风味；此外，胞外多糖在改善乳制品的黏度、质地和口感方面发挥着重要作用[62]。

1．糖代谢

众多研究工作表明，嗜热链球菌可利用葡萄糖、乳糖和果糖进行代谢，但在半乳糖、甘露糖、蔗糖、麦芽糖等糖类代谢中存在不同结论。嗜热链球菌更倾向以乳糖作为主碳源。当该菌处在乳糖环境中，乳糖通过乳糖操纵子控制着乳糖的运输和水解，并诱导产生乳糖渗透酶（Lacs）和β-半乳糖苷酶（LacZ）。乳糖可被LacZ分解成葡萄糖和半乳糖。葡萄糖被葡萄糖激酶磷酸化为葡萄糖-6-磷酸，然后进入糖酵解途径而被利用。半乳糖是通过Leloir途径转化为葡萄糖-1-磷酸，该途径由调节因子GalR、半乳糖激酶（Galk）、半乳糖-1-磷酸尿苷转移酶（GALT）、UDP-葡萄糖-4-异构酶（GALE）和半乳糖磺酸酶（Galm）组成。半乳糖的利用是用于工业乳制品发酵的菌株的理想特性。半乳糖的积累会导致乳制品中不需要的乳酸菌的生长，并导致奶酪在烘焙过程中变色。半乳糖阳性嗜热链球菌能够抑制不需要的乳酸菌的生长，防止褐变缺陷[62]。此外，部分研究发现糖代谢可在嗜热链球菌在大鼠肠道内的定植过程中起重要作用[63]。

2．蛋白质代谢

牛乳中游离氨基酸的含量较低，限制了发酵菌株的生长。而用于发酵的菌株可将酪蛋白降解为肽类和氨基酸，以满足其快速生长对氮源的需求。乳酸菌蛋白质水解系统主要含有三个组分：胞外蛋白酶、肽转运系统、胞内肽酶[64]。嗜热链球菌的蛋白质水解酶系统由20多种蛋白质水解酶组成，包括细胞壁结合蛋白质水解酶、内肽酶、二肽酶、三肽酶以及脯氨酸肽酶[65]。同一种属不同的菌株具备不同的蛋白酶水解活性，2009年，Galia等人[66]评估了30株发酵乳制品来源的嗜热链球菌的蛋白酶活性，其中12株具备胞外蛋白酶活性，3株显示出微弱活性，还有15株无胞外酶活性；具有高度酸化能力的菌株均具有蛋白酶水解活性。

3．胞外多糖合成代谢

胞外多糖（exopolysaccharides, EPS）是由糖或糖衍生物的分支、重复单元组成的长链多糖。大多数嗜热链球菌都具备EPS合成能力[67]，形成的EPS主要由半乳糖、葡萄糖和鼠李糖以不同的比例组成[68]。EPS的生物合成受EPS基因簇的调控和决定，乳酸乳杆菌中EPS的产生与质粒有关，而嗜热链球菌所有EPS基因簇都位于基因组上。一般来说，EPS基因簇包含调控EPS产生（*epsA*、*epsB*）、决定EPS链长（*epsC*、*epsD*）、形成重复单位（*epsE*、*epsF*、*epsG*、*epsH*和*epsi*），以及EPS聚合和输出（*epsK*，*epsL*和*epsM*）的基因[62]。EPS在改善乳制品的黏度、质地和口感方面具有重要作用，但一般来说，嗜热链球菌产生的EPS水平较低，在牛奶培养基中的浓度为50～400mg/L，因此寻找和改造产生高产胞外多糖的嗜热链球菌对于发酵行业是具备转化意义的研究方向[69]。

4．风味物质发酵

酸奶中含有百余种风味化合物，其中乳酸、乙醛、双乙酰、丙酮和异丁酮是重要的风味物质，是酸奶的典型香气和风味来源。酪蛋白是牛乳中各类风味化合物的主要前体物质。酪蛋白被分解产生各种游离氨基酸，一部分被菌体利用用于生长繁殖，另一部分通过转氨化途径转化为醛、醇和酯等风味物质。嗜热链球菌基因组中存在一些与转氨基途径有关的酶，包括支链氨基转移酶（BCAT）、谷氨酸脱氢酶（GDH）、乙醇脱氢酶（AlcDH）、酮酸脱氢酶复合体、磷酸转酰酶（PTA）、L-羟基酸脱氢酶（L-HycDH）和酯酶A（ESTA）。此外，嗜热链球菌还具有谷氨酸脱氢酶活性，可以利用谷氨酸产生α-酮戊二酸，从而能够在没有α-酮戊二酸添加的情况下分解反应介质中的氨基酸[70]。

5．细菌素合成代谢

当前，已对嗜热链球菌的抗菌性和抗菌谱展开了较为广泛的研究。研究表明，该菌部分菌株可产生细菌素，并且抗菌谱存在差异。嗜热链球菌产生的细菌素thermophilins可以抑制病原菌和腐败细菌，例如李斯特菌、金黄色葡萄球菌、酪丁酸梭菌等。许多细菌素已经被纯化、测序并进行了功能验证。研究发现，由*thmA*和*thmB*基因编码的二肽细菌素thermophilin 13[71]以及*tepA*基因编码的羊毛硫抗菌肽thermophilin 1277[72]表现出广谱的抗菌能力。

四、应用与展望

嗜热链球菌在发酵乳制品的生产领域的重要性仅次于第一位的乳酸乳球菌，利用其发酵的乳制品每年的市场份额约为400亿美元。作为最经典的酸奶发酵剂菌种，嗜热链球菌常与保加利亚乳杆菌（*Lactobacillus bulgaricus*）一起用于酸奶生产，通过共生作用，二者相互促进，大大提高生长速度并改善酸奶品质。除此之外，近些年的研究发现，嗜热链球菌在健康促进、疾病预防与治疗方面存在广泛应用前景。

（一）嗜热链球菌在发酵乳中的应用

嗜热链球菌被认为是重要的乳制品发酵剂工业菌种之一，它与保加利亚乳杆菌存在良好的共生作用，保加利亚乳杆菌的蛋白质水解能力较强，可水解乳中的蛋白质释放氨基酸和短肽，这些氨基酸是嗜热链球菌生长所需要的物质。另一方面随着嗜热链球菌的生长，嗜热链球菌中的脲酶分解尿素产生CO_2，与生长过程中产生的甲酸为保加利亚乳杆菌的生长提供了条件。混合发酵可产生优质的酸奶、奶酪等奶制品。

嗜热链球菌在发酵过程中具有产酸、产香和产黏的特性，主要表现在发酵过程中可以产生乳酸、胞外多糖和乙醛、双乙酰等风味物质。近些年，许多研究学者致力于嗜热链球菌产生胞外多糖（EPS）的研究，胞外多糖作为增稠剂、胶凝剂增加了发酵乳的黏度并改善了发酵乳的品质，但是大部分嗜热链球菌胞外多糖产量并不高，因此筛选高产胞外多糖的嗜热链球菌，通过基因工程改造嗜热链球菌胞外多糖相关基因，是该领域的研究热点。发酵乳的风味物质除原料乳中自带的滋味和香味成分外，还源于发酵过程中产生的风味物质，研究表明发酵过程中产生的风味物质主要有乙醛和双乙酰等挥发性脂肪酸，其中嗜热链球菌是这些风味物质的产生菌。

（二）嗜热链球菌在医疗保健及医药方面的应用

近二十年中，进行了诸多嗜热链球菌为治疗补充剂的临床试验，证实了嗜热链球菌在疾病预防、缓解与治疗方面的作用。此外，随着分子生物学、多组学技术等的发展，嗜热链球菌与人类健康之间的关系在微观层面得到验证。

嗜热链球菌与其他益生菌联用，可以促进人体健康，如前文所述。

作用机制方面，嗜热链球菌可以拮抗有害菌定植，同时改善肠道黏膜功能，直接或间接减轻肠道炎症，降低腹泻发生率；在生命早期补充嗜热链球菌可以改善肠道菌群结构，使人工喂养婴儿肠道菌群向母乳喂养婴儿菌群方向转化，诱导黏膜固有免疫，产生分泌性的sIgA；补充嗜热链球菌可对早产儿坏死性结肠炎起到部分治疗作用，降低生命早期死亡率。嗜热链球菌还可以产生具有抑癌作用的蛋白质（β-半乳糖苷酶），直接与间接减少结直肠癌的发生。此外，嗜热链球菌代谢物与细菌素可以抑制致病菌的繁殖，减轻肠道炎症，辅助维持健康的黏膜环境。

五、小结

嗜热链球菌有缓解乳糖不耐症、抗肿瘤发生、调节肠道菌群等能力。了解嗜热链球菌的生物学特性，改良其生物学性能，获得优良的嗜热链球菌菌株，更好地开发和利用嗜热链球菌的益生特性，已成为未来研究的重点之一。现代生物技术的发展促进人们更加深入地了解和利用嗜热链球菌的生长代谢特性，同时基因组学、比较基因组学、蛋白质组学等领域的发展，使得人们可以从分子水平更好地认识嗜热链球菌本身的特性、其随着人类活动的进化轨迹以及被选作发酵工具菌的微观原因。目前，围绕嗜热链球菌如何提高产胞外多糖、产生风味、共生机制等性能，如何利用最新的生物技术并结合多学科加速行业的发展，成为发酵乳制品的研究重点之一；此外，进一步探索和研究嗜热链球菌等益生菌与人类健康之间的关系成了生命健康领域的风口。

（崔晓虎 编，袁静 校）

参考文献

[1] Carr F J, Chill D, Maida N. The lactic acid bacteria: a literature survey[J]. Crit Rev Microbiol, 2002,28(4): 281-370.

[2] Brand A M, de Kwaadsteniet M, Dicks L M. The ability of nisin F to control *Staphylococcus aureus* infection in the peritoneal cavity, as studied in mice[J]. Lett Appl Microbiol, 2010,51(6): 645-649.

[3] Garcia P, Martinez B, Rodriguez L, et al. Synergy between the phage endolysin LysH5 and nisin to kill *Staphylococcus aureus* in pasteurized milk[J]. Int J Food Microbiol, 2010,141(3): 151-155.

[4] Cleveland J, Montville T J, Nes I F, et al. Bacteriocins: safe, natural antimicrobials for food preservation[J]. Int J Food Microbiol, 2001,71(1): 1-20.

[5] Delves-Broughton J, Blackburn P, Evans R J, et al. Applications of the bacteriocin, nisin[J]. Antonie Van Leeuwenhoek, 1996,69(2): 193-202.

[6] Breukink E, Wiedemann I, van Kraaij C, et al. Use of the cell wall precursor lipid Ⅱ by a pore-forming peptide antibiotic[J]. Science, 1999,286(5448): 2361-2364.

[7] Smith L, Hasper H, Breukink E, et al. Elucidation of the antimicrobial mechanism of mutacin 1140[J]. Biochemistry, 2008,47(10): 3308-3314.

[8] Brotz H, Bierbaum G, Leopold K, et al. The lantibiotic mersacidin inhibits peptidoglycan synthesis by targeting lipid Ⅱ[J]. Antimicrob Agents Chemother, 1998,42(1): 154-160.

[9] Martinez B, Bottiger T, Schneider T, et al. Specific interaction of the unmodified bacteriocin Lactococcin 972 with the cell wall precursor lipid II[J]. Appl Environ Microbiol, 2008,74(15): 4666-4670.

[10] Takala T M, Saris P E. A food-grade cloning vector for lactic acid bacteria based on the nisin immunity gene *nisI*[J]. Appl Microbiol Biotechnol, 2002,59(4-5): 467-471.

[11] Holck A, Axelsson L, Birkeland S E, et al. Purification and amino acid sequence of sakacin A, a bacteriocin from *Lactobacillus sake* Lb706[J]. J Gen Microbiol, 1992,138(12): 2715-2720.

[12] 陈秀珠，张振中，贾士芳，等．乳链菌肽的生物合成及其分子结构与功能的关系[J]．微生物学报，2002(05): 628-633.

[13] 周绪霞，李卫芬，许梓荣．乳链菌肽生物合成及其调控[J]．中国食品学报，2005(01): 89-95.

[14] Buchman G W, Banerjee S, Hansen J N. Structure, expression, and evolution of a gene encoding the precursor of nisin, a small protein antibiotic[J]. J Biol Chem, 1988,263(31): 16260-16266.

[15] Piard J C, Kuipers O P, Rollema H S, et al. Structure, organization, and expression of the lct gene for lacticin 481, a novel lantibiotic produced by *Lactococcus lactis*[J]. J Biol Chem, 1993,268(22): 16361-16368.

[16] Severina E, Severin A, Tomasz A. Antibacterial efficacy of nisin against multidrug-resistant Gram-positive pathogens[J]. J Antimicrob Chemother, 1998,41(3): 341-347.

[17] Kleerebezem M. Quorum sensing control of lantibiotic production; nisin and subtilin autoregulate their own biosynthesis[J]. Peptides, 2004,25(9): 1405-1414.

[18] Joerger M C, Klaenhammer T R. Characterization and purification of helveticin J and evidence for a chromosomally determined bacteriocin produced by *Lactobacillus helveticus* 481[J]. J Bacteriol, 1986,167(2): 439-446.

[19] 王立国．乳酸链球菌素(Nisin)在食品中的应用[J]．食品研究与开发，2008(10): 177-180.

[20] Sieuwerts S, Molenaar D, van Hijum S A, et al. Mixed-culture transcriptome analysis reveals the molecular basis of mixed-culture growth in *Streptococcus thermophilus* and *Lactobacillus bulgaricus*[J]. Appl Environ Microbiol, 2010,76(23): 7775-7784.

[21] Bernardeau M, Vernoux J P, Henri-Dubernet S, et al. Safety assessment of dairy microorganisms: the *Lactobacillus* genus[J]. Int J Food Microbiol, 2008,126(3): 278-285.

[22] Kok C R, Hutkins R. Yogurt and other fermented foods as sources of health-promoting bacteria[J]. Nutr Rev, 2018,76(Suppl 1): 4-15.

[23] 于洁．中国、俄罗斯和蒙古国地区传统发酵乳制品中嗜热链球菌的多位点序列分型研究[D]．内蒙古农业大学，2013.

[24] 陆嘉诚，关成冉，张臣臣，等．嗜热链球菌发酵特性比较与分析[J]．中国乳品工业，2019,47(05): 13-17.

[25] Hols P, Hancy F, Fontaine L, et al. New insights in the molecular biology and physiology of *Streptococcus thermophilus* revealed by comparative genomics[J]. FEMS Microbiol Rev, 2005,29(3): 435-463.
[26] Beghin L, Tims S, Roelofs M, et al. Fermented infant formula (with *Bifidobacterium breve* C50 and *Streptococcus thermophilus* O65) with prebiotic oligosaccharides is safe and modulates the gut microbiota towards a microbiota closer to that of breastfed infants[J]. Clin Nutr, 2021,40(3): 778-787.
[27] Swarte J C, Eelderink C, Douwes R M, et al. Effect of high versus low dairy consumption on the gut microbiome: results of a randomized, cross-over study[J]. Nutrients, 2020,12(7).
[28] Wang M C, Zaydi A I, Lin W H, et al. Putative probiotic strains isolated from kefir improve gastrointestinal health parameters in adults: a randomized, single-blind, placebo-controlled study[J]. Probiotics Antimicrob Proteins, 2020,12(3): 840-850.
[29] Velasco M, Requena T, Delgado-Iribarren A, et al. Probiotic yogurt for the prevention of antibiotic-associated diarrhea in adults: a randomized double-blind placebo-controlled Trial[J]. J Clin Gastroenterol, 2019,53(10): 717-723.
[30] Saavedra J M, Bauman N A, Oung I, et al. Feeding of *Bifidobacterium bifidum* and *Streptococcus thermophilus* to infants in hospital for prevention of diarrhoea and shedding of rotavirus[J]. Lancet, 1994,344(8929): 1046-1049.
[31] Skrzydlo-Radomanska B, Prozorow-Krol B, Cichoz-Lach H, et al. The effectiveness and safety of multi-strain probiotic preparation in patients with diarrhea-predominant irritable bowel syndrome: a randomized controlled study[J]. Nutrients, 2021,13(3).
[32] Yoon J S, Sohn W, Lee O Y, et al. Effect of multispecies probiotics on irritable bowel syndrome: a randomized, double-blind, placebo-controlled trial[J]. J Gastroenterol Hepatol, 2014,29(1): 52-59.
[33] Yoon J Y, Cha J M, Oh J K, et al. Probiotics ameliorate stool consistency in patients with chronic constipation: a randomized, double-blind, placebo-controlled study[J]. Dig Dis Sci, 2018,63(10): 2754-2764.
[34] Drago L, De Vecchi E, Toscano M, et al. Treatment of atopic dermatitis eczema with a high concentration of *Lactobacillus salivarius* LS01 associated with an innovative gelling complex: a pilot study on adults[J]. J Clin Gastroenterol, 2014,48 Suppl 1: S47-S51.
[35] Laue C, Papazova E, Liesegang A, et al. Effect of a yoghurt drink containing *Lactobacillus* strains on bacterial vaginosis in women - a double-blind, randomised, controlled clinical pilot trial[J]. Benef Microbes, 2018,9(1): 35-50.
[36] Ya W, Reifer C, Miller L E. Efficacy of vaginal probiotic capsules for recurrent bacterial vaginosis: a double-blind, randomized, placebo-controlled study[J]. Am J Obstet Gynecol, 2010,203(2): 120-121.
[37] Manzhalii E, Virchenko O, Falalyeyeva T, et al. Treatment efficacy of a probiotic preparation for non-alcoholic steatohepatitis: a pilot trial[J]. J Dig Dis, 2017,18(12): 698-703.
[38] Liu J E, Zhang Y, Zhang J, et al. Probiotic yogurt effects on intestinal flora of patients with chronic liver disease[J]. Nurs Res, 2010,59(6): 426-432.
[39] Borges N A, Stenvinkel P, BERGMAN P, et al. Effects of probiotic supplementation on trimethylamine-*N*-oxide plasma levels in hemodialysis patients: a Pilot Study[J]. Probiotics Antimicrob Proteins, 2019,11(2): 648-654.
[40] Campieri C, Campieri M, Bertuzzi V, et al. Reduction of oxaluria after an oral course of lactic acid bacteria at high concentration[J]. Kidney Int, 2001,60(3): 1097-1105.

[41] Tillisch K, Labus J, Kilpatrick L, et al. Consumption of fermented milk product with probiotic modulates brain activity[J]. Gastroenterology, 2013,144(7): 1394-1401, 1401.

[42] Resta-Lenert S, Barrett K E. Enteroinvasive bacteria alter barrier and transport properties of human intestinal epithelium: role of iNOS and COX-2[J]. Gastroenterology, 2002,122(4): 1070-1087.

[43] Lu J, Wang A, Ansari S, et al. Colonic bacterial superantigens evoke an inflammatory response and exaggerate disease in mice recovering from colitis[J]. Gastroenterology, 2003,125(6): 1785-1795.

[44] Resta-Lenert S, Barrett K E. Live probiotics protect intestinal epithelial cells from the effects of infection with enteroinvasive *Escherichia coli* (EIEC)[J]. Gut, 2003,52(7): 988-997.

[45] Resta-Lenert S, Barrett K E. Probiotics and commensals reverse TNF-alpha- and IFN-gamma-induced dysfunction in human intestinal epithelial cells[J]. Gastroenterology, 2006,130(3): 731-746.

[46] Menard S, Candalh C, Bambou J C, et al. Lactic acid bacteria secrete metabolites retaining anti-inflammatory properties after intestinal transport[J]. Gut, 2004,53(6): 821-828.

[47] Wopereis H, Oozeer R, Knipping K, et al. The first thousand days - intestinal microbiology of early life: establishing a symbiosis[J]. Pediatr Allergy Immunol, 2014,25(5): 428-438.

[48] Harmsen H J, Wildeboer-Veloo A C, Raangs G C, et al. Analysis of intestinal flora development in breast-fed and formula-fed infants by using molecular identification and detection methods[J]. J Pediatr Gastroenterol Nutr, 2000,30(1): 61-67.

[49] Gutzeit C, Magri G, Cerutti A. Intestinal IgA production and its role in host-microbe interaction[J]. Immunol Rev, 2014,260(1): 76-85.

[50] Béghin L, Tims S, Roelofs M, et al. Fermented infant formula (with *Bifidobacterium breve* C50 and *Streptococcus thermophilus* O65) with prebiotic oligosaccharides is safe and modulates the gut microbiota towards a microbiota closer to that of breastfed infants[J]. Clin Nutr, 2021,40(3): 778-787.

[51] Jacobs S E, Tobin J M, Opie G F, et al. Probiotic effects on late-onset sepsis in very preterm infants: a randomized controlled trial[J]. Pediatrics, 2013,132(6): 1055-1062.

[52] Dai Z, Coker O O, Nakatsu G, et al. Multi-cohort analysis of colorectal cancer metagenome identified altered bacteria across populations and universal bacterial markers[J]. Microbiome, 2018,6(1): 70.

[53] Li Q, Hu W, Liu W X, et al. *Streptococcus thermophilus* inhibits colorectal tumorigenesis through secreting beta-galactosidase[J]. Gastroenterology, 2021,160(4): 1179-1193.

[54] Prete R, Alam M K, Perpetuini G, et al. Lactic acid bacteria exopolysaccharides producers: a sustainable tool for functional foods[J]. Foods, 2021,10(7).

[55] Zhang J, Cao Y, Wang J, et al. Physicochemical characteristics and bioactivities of the exopolysaccharide and its sulphated polymer from *Streptococcus thermophilus* GST-6[J]. Carbohydr Polym, 2016,146: 368-375.

[56] Chen Y, Zhang M, Ren F. A role of exopolysaccharide produced by *Streptococcus thermophilus* in the intestinal inflammation and mucosal barrier in caco-2 monolayer and dextran sulphate sodium-induced experimental murine colitis[J]. Molecules, 2019,24(3).

[57] Mei Z, Li D. The role of probiotics in vaginal health[J]. Front Cell Infect Microbiol, 2022,12: 963868.

[58] Mayo B, van Sinderen D, Ventura M. Genome analysis of food grade lactic Acid-producing bacteria: from basics to applications[J]. Curr Genomics, 2008,9(3): 169-183.

[59] 田辉，梁宏彰，霍贵成，等. 嗜热链球菌的特性与应用研究进展[J]. 生物技术通报，2015,31(09): 38-48.

[60] Delorme C, Bartholini C, Luraschi M, et al. Complete genome sequence of the pigmented *Streptococcus thermophilus* strain JIM8232[J]. J Bacteriol, 2011,193(19): 5581-5582.

[61] Goh Y J, Goin C, O'flaherty S, et al. Specialized adaptation of a lactic acid bacterium to the milk environment: the comparative genomics of *Streptococcus thermophilus* LMD-9[J]. Microb Cell Fact, 2011,10 Suppl 1: S22.

[62] Cui Y, Xu T, Qu X, et al. New Insights into Various Production Characteristics of *Streptococcus thermophilus* Strains[J]. Int J Mol Sci, 2016,17(10).

[63] Thomas M, Wrzosek L, Ben-Yahia L, et al. Carbohydrate metabolism is essential for the colonization of *Streptococcus thermophilus* in the digestive tract of gnotobiotic rats[J]. PLoS One, 2011,6(12): e28789.

[64] Iyer R, Tomar S K, Maheswari T U, et al. *Streptococcus thermophilus* strains: Multifunctional lactic acid bacteria[J]. International Dairy Journal, 2010,20(3): 133-141.

[65] Savijoki K, Ingmer H, Varmanen P. Proteolytic systems of lactic acid bacteria[J]. Appl Microbiol Biotechnol, 2006,71(4): 394-406.

[66] Galia W, Perrin C, Genay M, et al. Variability and molecular typing of *Streptococcus thermophilus* strains displaying different proteolytic and acidifying properties[J]. International Dairy Journal, 2009,19(2): 89-95.

[67] Broadbent J R, Mcmahon D J, Walker D L, et al. Biochemistry, genetics, and applications of exopolysaccharide production in *Streptococcus thermophilus*: a review.[J]. Journal of Dairy Science, 2003,86(2): 407-423.

[68] Laws A, Gu Y, Marshall V. Biosynthesis, characterisation, and design of bacterial exopolysaccharides from lactic acid bacteria[J]. Biotechnology Advances, 2001,19(8): 597-625.

[69] 陈海燕，李嘉雯，李婷，等. 高产胞外多糖嗜热链球菌的筛选及胞外多糖的结构分析[J]. 中国食品学报，2021,21(04): 286-294.

[70] Helinck S, Le Bars D, Moreau D, et al. Ability of thermophilic lactic acid bacteria to produce aroma compounds from amino acids[J]. Appl Environ Microbiol, 2004,70(7): 3855-3861.

[71] Marciset O, Jeronimus-Stratingh M C, Mollet B, et al. Thermophilin 13, a nontypical antilisterial poration complex bacteriocin, that functions without a receptor[J]. J Biol Chem, 1997,272(22): 14277-14284.

[72] Kabuki T, Kawai Y, Uenishi H, et al. Gene cluster for biosynthesis of thermophilin 1277-a lantibiotic produced by *Streptococcus thermophilus* SBT1277, and heterologous expression of TepI, a novel immunity peptide[J]. J Appl Microbiol, 2011,110(3): 641-649.

第七章

芽孢杆菌及酵母菌

第一节 丁酸梭状芽孢杆菌

一、丁酸梭状芽孢杆菌的特性

丁酸梭菌（*Clostridium butyricum*）（全称丁酸梭状芽孢杆菌），又名宫入菌、酪酸梭菌，细菌学分类属于梭菌属（*Clostridium*），是一种厌氧的革兰氏阳性芽孢杆菌，培养后期细菌的革兰氏染色呈阴性。丁酸梭菌是人和动物肠道的正常菌群，也广泛存在于土壤、奶酪和天然酸奶中。菌体呈直杆状或稍有弯曲，单个或成对，灰白色，细菌大小为（0.5～1.7）×（2.4～7.6）μm，两端钝圆，周生鞭毛，具运动性；芽孢偏心或次端生（内生），呈圆形或椭圆形，无孢外壁和附属丝，形成芽孢后一端膨大呈鼓槌状，或中部膨大呈梭状或纺锤状。在琼脂平板上形成白色或奶油色的不规则圆形菌落，稍突，表面湿润光滑，不透明，略有酸臭味[1-4]。

丁酸梭菌具有抵抗外界相对恶劣环境的能力。经80℃、30min和90℃、10min热处理不会失活，最适生长温度为36℃，最高和最低起始生长温度为44℃和16℃；pH1.0时仍能存活，其最适起始生长pH为7.2，最高和最低起始生长pH为10.6和4.6；最适起始氧化还原电位为-21 mV[5]。在体内丁酸梭菌能耐受胃液、胆汁酸和消化液的作用，在室温下具有良好的储存性与稳定性；丁酸梭菌只对新生霉素、万古霉素和四环素等少数抗生素敏感，对其他多种抗生素具有很强的耐药性，具有良好的应用前景。

二、丁酸梭状芽孢杆菌的生理功能及机理

（一）调节肠道微生态平衡

丁酸梭菌具有防止病原菌及腐败菌在肠道内的异常增殖和促进肠道有益菌群增殖、发育的双重作用，从而纠正肠道菌群紊乱，减少肠毒素的产生。丁酸梭菌对艰难梭菌具生物拮抗作用，初步证实是通过细胞紧密接触抑制毒性蛋白的表达，其抑制机理仍待深入研究。两种菌在体外共培养时，艰难梭菌的毒性大幅度降低甚至消失。这主要是因为丁酸梭菌芽孢萌发

与扩增的速率是艰难梭菌的两倍，产生的短链脂肪酸更有效地抑制艰难梭菌芽孢的萌发及其生长。陈秋红等[6]研究表明丁酸梭菌具有较强的耐高温、耐酸和耐胆盐的生物学特性，对肠道致病菌大肠杆菌、沙门菌和志贺菌具较强的抑制作用，同时显著促进肠道有益菌的生长，丁酸梭菌发酵提取物分别使试验组嗜酸乳杆菌、双歧杆菌和粪链球菌的活菌数比对照组提高了100%、93.3%和81.3%（$P<0.05$）。

（二）增强免疫功能，促生长

在临床应用中，用热灭活的丁酸梭菌制成的疫苗具有激活巨噬细胞和NK细胞的作用，口服丁酸梭菌显著增加了血清中IgA和IgM含量[1]。利用丁酸梭菌发酵动物饲料能降低饲料中的抗营养因子，提高氨基酸、维生素、有机酸和有机磷等营养物质含量，改善适口性、摄入量和利用率；添加到动物饲料具有替代抗生素预防和治疗相关动物疾病的潜力，抑制内源性疾病的发生，且增强机体免疫和血液中白细胞（$CD4^+$）的数量，以及改善动物的生产性能和产品质量，减少抗生素用量，提高经济效益[7]。张彩云等[8]在断奶仔猪的日粮中添加0.1%的丁酸梭菌，显著提高了仔猪的平均日增重，添加0.3%的丁酸梭菌能显著提高仔猪饲料的转化效率，添加0.3%和0.5%的丁酸梭菌，其免疫机能、抗病力均明显提高，其中添加0.5%丁酸梭菌组的血清乳酸脱氢酶的活性显著低于抗生素对照组，IgG水平、C3水平显著高于抗生素对照组。在鮸鱼饲料中添加一定量的丁酸梭菌[9]，鮸鱼血清酚氧化酶活力、酸性磷酸酶活力显著高于对照组（$P<0.05$），血清与体表黏液中的溶菌酶活性、IgM水平以及其生长速率均显著提高，故丁酸梭菌能调节鮸鱼的体液免疫应答和改善其生长性能。

（三）产生益生物质

丁酸梭菌的主要代谢产物是丁酸，而丁酸是结肠上皮细胞的能量代谢和正常生长主要的营养物质[10]，能量供应的不充分是导致结肠炎的主要因素之一，而结肠上皮细胞70%的能量一般是从丁酸盐中获得，葡聚糖硫酸酯能抑制丁酸氧化而对葡萄糖代谢没有影响，通过给老鼠口服葡聚糖硫酸酯可引发结肠炎[11]。存在于肠上皮细胞的TOLL样受体能识别诸多细菌及细菌产物并被其激活，丁酸梭菌激活的是TOLL样受体2（TLR2）调节的骨髓分化因子88（MyD88）的非依赖性途径，即TLR2接受刺激后导致适量NF-κB、IL-8、IL-6及TNF-α的分泌，以抵抗病原菌的感染且防止了自身免疫紊乱，而非依赖于MyD88激活NF-κB，进而导致IL-8、IL-6及TNF-α的过度分泌[12]。丁酸具有抗炎症效应，体现在能改变肠道pH而抑制部分NF-κB转移因子的活力，自然降低炎症细胞因子（IL-8、IL-6）的过度表达[13]。丁酸盐还具有促进癌细胞凋亡和在体外抑制癌细胞的增殖，从而在体内发挥抵抗癌症的积极作用[14, 15]。从丁酸梭菌中抽提并纯化的脂磷壁酸，能抑制拜氏梭菌和大肠杆菌对人结肠癌细胞以及肠道细胞的黏附[16]，从其芽孢中分离的脂质部分能在一定程度上抑制白血病淋巴细胞、胸腺癌和肺癌细胞中尿激酶的合成[17]。Arimochi等[18]利用丁酸梭菌发酵大豆蛋白，发酵液中存在着诱导细胞凋亡的物质且能在体外诱导HCT116结肠癌细胞的死亡，从而得出肠道菌能够利用食物源性蛋白产生抗肿瘤物质的结论。丁酸梭菌还产生乙酸和丙酸等短链脂肪酸，培养基中添加1%的抗性淀粉时，丁酸梭菌产生的乙酸、丙酸、丁酸的物质的量之比为1.8∶1∶1[19]。在胃肠道中，短链脂肪酸在产生部位直接被吸收，同时刺激肠道蠕动，改善肠道微环境，调节微生态平衡，治疗相关疾病。丁酸梭菌产生的氨基酸、B族维生素和维生素K，能促进维生素E的吸收，补充必要的营养物质；分泌淀粉酶、糖苷酶以及降解饲料的果胶酶、葡聚糖酶，产生促双歧杆菌发育的因子，对机体产生各种保健功能。丁酸梭菌还能分解胺类、吲哚类、硫化氢等有害物质，减少癌症的发生率和改善粪便的恶臭，从而提高健康质量和改善环境。此外，在临床应用方面，丁酸梭菌制剂或与其他益生菌、中药提取物和抗生素联合使用，能有效治疗腹泻、肠炎、肠易激综合征和新生儿黄疸、手足口病等诸多疾病，且疗效显著。在再生能源开发方面，因丁酸梭菌可发酵碳水化合物产氢气而备受关注。Plangklang 等[20]利用甘蔗渣做支撑材料固定丁酸梭菌，使发酵甘蔗汁产氢气的速率提高了20%，最佳优化条件下每消耗1 mol己糖便产生1.52mol氢气。丁酸梭菌还是生产1，3-丙二醇很好的发酵菌，产生的1，3-丙二醇用于生产轻化工产品。

三、丁酸梭状芽孢杆菌的应用

人肠道菌群的建立始于新生儿被分娩的过程，出生后的婴儿则从母亲的皮肤及乳汁、身边的物体、周围的空气等环境中得到细菌“种子”，而某些“种子”的缺乏将导致微生态调节机制不健全，同时由于新生儿机体功能不健全，诸如儿童营养不良、早产儿喂养不耐受、新生儿高胆红素血症等相关疾病具有较高的发病率。在丁酸梭菌防治早产儿喂养不耐受[21]和治疗儿童营养不良[22]的临床应用中，证实了丁酸梭菌活菌散能加速肠黏膜上皮细胞的生长和早产儿肠道发育成熟，促进肠蠕动，恢复肠动力；产生多种消化酶和叶酸、B族维生素等，促进食物的消化、吸收和补充营养物质从而有效治疗儿童营养不良和早产儿喂养不耐受。在预防治疗新生儿黄疸[23]中，丁酸梭菌产生的丁酸，降低了β-葡萄糖醛酸苷酶的活性，竞争性地阻止结合胆红素分解为非结合胆红素，减少肝肠循环，同时促进肠蠕动加快，促进排便，增加胆红素的排泄，从而有效地减轻新生儿黄疸的程度、降低高胆红素血症的发生率。

宿主的神经性、功能性或器质性的改变，或致病性细菌、病毒乃至霉菌的入侵，或服用抗菌药物等都会导致正常菌群失调而引起小儿急性腹泻、小儿秋冬季腹泻、继发性腹泻、病毒性腹泻、抗生素相关性腹泻、肠易激综合征等相关疾病；肠道有害菌移位产生的内源性感染、先天性免疫失调引发的免疫紊乱等，都将导致肠道局部黏膜受损，进而引发相关的肠道炎症（慢性末端回肠炎、溃烂性结肠炎和坏死性小肠结肠炎等）。而丁酸梭菌产生的丁酸能抑制去乙酰化酶活性，产生的叶酸参与基因的甲基化和去甲基化，调节宿主的基因表达，从而预防和治疗肠炎、肠癌。目前，丁酸梭菌制剂的临床应用于治疗正常菌群失调引起的相关疾病的疗效显著，具有统计学意义，且无不良反应。抗生素相关性腹泻是幽门螺杆菌根治治疗过程中导致肠道微生态功能失调的副作用，而在幽门螺杆菌根治治疗进行的同时，服用一定剂量的丁酸梭菌制剂，结果在治疗组未发现腹泻的情况，亦没有检测到艰难梭菌毒素A[24]。丁酸梭菌制剂治疗慢性末端回肠炎疗效显著（有效率97.5%），大便性状、腹部疼痛、肠鸣音得到明显改善[25]，其机理是TOLL样受体4（TOLL-like receptor 4, TLR4）能够识别丁酸梭菌导致IL-10的分泌，而IL-10在抵消机体过度免疫应答方面起重要作用[26]，丁酸梭菌产生的丁酸能加强肠黏膜的能量、营养代谢，抑制炎症因子的过度表达，修复胃黏膜，提高机体免疫。

四、展望

丁酸梭菌制剂作为新一代的芽孢益生菌剂，具备良好的生理、生化特性，较非芽孢益生菌剂耐储存、活菌数稳定，且能与抗生素联合使用。但丁酸梭菌的发酵需严格的厌氧条件，对培养基成分及设备要求较高，故低成本的发酵工艺仍待深入研究。随着丁酸梭菌与其他益生菌共生关系的建立，利用固态混菌发酵技术生产丁酸梭菌制剂具有培养基简单且来源广泛、投资少、能耗低、污染环境较轻等优点，较液态纯培养具诸多优势，这将使丁酸梭菌益生菌制剂的大规模制备成为可能。在动物饲料中的应用方面，为确保经济效益、产品的质量和减少抗生素的使用，应进一步提高丁酸梭菌在胃肠道内的活性研究和加强其在饲料加工过程中对多种外加条件的承受能力，在此基础之上研究生产高效稳定的丁酸梭菌制剂及生产工艺；在饲料制备过程中，应关注与其他菌的共生发酵，以提高饲料的适口性、营养、转化率和降低成本，同时，需研究丁酸梭菌与其他药物的协同作用，目的在于有效治疗动物疾病、降低死亡率。再者，应当针对不同的动物和不同的生长阶段，添加不同剂量的丁酸梭菌制剂，以保证在畜牧业、禽业、渔业等方面发挥其最大的作用。在临床应用方面，丁酸梭菌及其代谢产物具有重要的生理功能，对人和动物的健康产生各种影响且效果显著，然而其中诸多有利于健康的影响并非决定性的，丁酸梭菌及其代谢产物的作用机制、益生原理有待于深入研究，尤其是在维持微生态平衡、治疗炎症和癌症方面，应深入研究为丁酸梭菌制剂的应用提供必要的理论依据。另一方面，不同的益生菌各有其功效，丁酸梭菌对多种抗生素具有很强的耐药性，其与其他益生菌、益生素在体外或体内的协同作用有待于发现。此外，丁酸梭菌的其他功效以及与新技术的结合更有待于研究。

（程伟伟 编，范政 校）

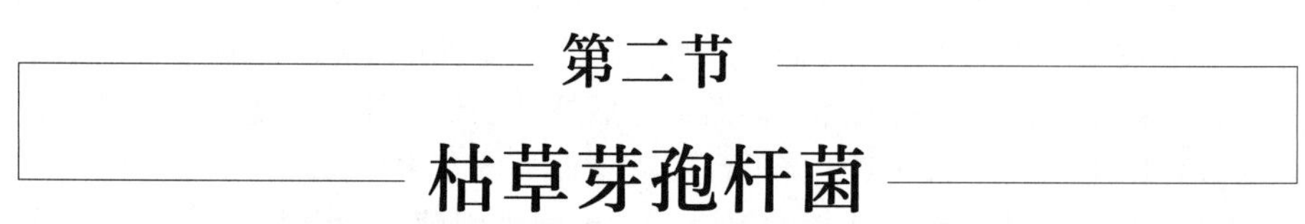

第二节 枯草芽孢杆菌

一、枯草芽孢杆菌的特性

枯草芽孢杆菌（*Bacillus subtilis*）是一类广泛分布于各种不同生活环境中的革兰氏阳性杆状好氧型细菌，可以产生内生芽孢，耐热抗逆性强，在土壤和植物的表面普遍存在，同时还是植物体内常见的一种内生菌，对人畜无毒无害，不污染环境。由于枯草芽孢杆菌生长速度快、营养需求简单，易于存活、定植与繁殖，无致病性，并可以分泌多种酶和抗生素，而且还具有良好的发酵基础，用途十分广泛。国内外有众多研究单位和学者对此菌进行了大量研究，也积累了丰富的研究资料。该菌生理特征多样，在自然界中分布广泛，易于分离培养，能分泌多种酶类和抑菌肽等活性物质，具有良好的发酵和抗逆能力，用途十分广泛[27]。从生物学特性来讲，枯草芽孢杆菌具有典型的芽孢杆菌特征，其细胞呈直杆状，大小为（0.8～1.2）μm×（1.5～4.0）μm，单个，革兰氏染色阳性，着色均匀，可产荚膜，能运动（周生鞭毛）；芽孢中生或近中生，小于或等于细胞宽，呈椭圆至圆柱状；菌落粗糙，不透明，扩张，污白色或微带黄色；能液化明胶，胨化牛奶，还原硝酸盐，水解淀粉，为典型好氧菌。

二、枯草芽孢杆菌的生理功能

（一）生物降解活性

枯草芽孢杆菌在代谢繁殖过程中能够产生蛋白酶、α-淀粉酶、纤维素酶、β-葡聚糖酶、植酸酶、果胶酶、木聚糖酶[28]等十几种酶，具有很强的降解活性。雷元培等[29]研究表明，枯草芽孢杆菌产生的胞外酶能高效降解黄曲霉毒素B1、黄曲霉毒素G1和黄曲霉毒素M1，且具有很强的抗菌性和抗逆性。石慧等[30]筛选到一株枯草芽孢杆菌P3，可降解90%以上的大豆抗原蛋白。另外，枯草芽孢杆菌能够降解一些有机物，方世纯等[31]从油田中分离出一株能高效降解有机物萘的枯草芽孢杆菌HBS-4，能降解50%以上的萘。此外，枯草芽孢杆菌对土壤中受试农药甲基对硫磷具有较强的降解能力，对土壤残留农药的降解去除率可达80%以上[32]，其高效性及强特异性等特点具有广泛的应用前景。

（二）增强免疫活性

枯草芽孢杆菌本身作为非特异性免疫因子，能通过菌体或细胞壁刺激宿主细胞，从而激活巨噬细胞，可作为非特异性免疫反应的免疫佐剂[33]；且芽孢能进入淋巴结和肠系膜淋巴结，从而产生体液免疫[34]。此外，枯草芽孢杆菌可增加血液中免疫球蛋白的分泌，纠正机体的负氮平衡，增强肝脏合成免疫蛋白的能力，提高机体免疫识别能力；刺激抗原呈递细胞，诱导T细胞、B细胞产生细胞因子，通过淋巴活化全身免疫系统，总体提高动物机体的免疫力[35]。刘晓勇等[36]通过在杂交鲟幼鱼日粮中添加枯草芽孢杆菌，发现枯草芽孢杆菌使血清溶菌酶、碱性磷酸酶、超氧化物歧化酶的活性及总抗氧化能力显著升高，从而增强鲟幼鱼机体对疾病的抵抗能力，有效提高了鲟幼鱼的存活率。

（三）抗氧化活性

研究表明，微生物的诸多产物，如维生素C、维生素E、胡萝卜素、多糖、谷胱甘肽和超氧化物歧化酶（SOD）等都具有很高的抗氧化活性[37, 38]。余东游等[39]发现通过添加枯草芽孢杆菌，肉鸡血清及肝脏GSH-Px、SOD等抗氧化酶活性和抗超氧阴离子活性明显增加，从而显著提高总抗氧化能力。文静等[40]将枯草芽孢杆菌B10添加到小鼠日粮中，能够显著提高小鼠不同组织中部分抗氧化酶的活力，在肝脏组织中表现尤为明显，缓解高脂日粮引起的小鼠氧化应激反应。因此，枯草芽孢杆菌作为微生物抗氧化剂具有一定的应用潜力。

（四）抑菌活性

枯草芽孢杆菌能分泌抗菌肽表面活性素、伊枯草菌素、芬枯草菌素等多种抗菌肽和细菌素类抑菌活性物质[41, 42]。吴瑞方等[43]发现从泡桐内生枯草芽孢杆菌JDB-1发酵液中粗提的枯草菌素能够抑制大肠杆菌K12、恶臭假单胞杆菌As1.1003、赤霉菌JSD-2、赤霉菌JSD-7和白色念珠菌ATCC 10123的生长。罗楚平等[44]从枯草芽孢杆菌Bs916发酵液中提取的脂肽类化合物 bacillomycin L对水稻纹枯病菌、西瓜枯萎病菌、番茄早疫病菌、油菜菌核病菌、稻瘟病菌、番茄灰霉病菌6种常见植物病原真菌都具有较强的抑菌活性。由此可见，枯草芽孢杆菌抗菌能力强、高效广谱，对于利用枯草芽孢杆菌开发生防菌剂具有重要的理论意义和生产价值。

（五）其他活性

研究表明，枯草芽孢杆菌还具有降低表面张力、乳化和发泡等活性。陈蓉明等[45]研究发现枯草芽孢杆菌ATCC 2233能产生表面活性素，它是已发现的最强的一类生物表面活性剂，在洗涤剂制造、油类回收、感光乳剂稳定、植物病害控制和细胞破碎等领域具有潜在应用价值。

三、枯草芽孢杆菌的分子生物学

枯草芽孢杆菌是一种存在于动物肠道中的有益菌，参与维持肠道内环境的平衡与稳定，且可刺激机体释放分泌型免疫球蛋白，有利于肠道黏膜的局部免疫，进而增强机体免疫力。因其对体液免疫和细胞免疫的诱发特性，其菌体成为当今制备黏膜免疫疫苗的一种理想的疫苗载体。枯草芽孢杆菌具有的独特优势，使其能作为便于推广的疫苗载体进行研究。

（一）枯草芽孢杆菌对肠道黏膜免疫的作用机制

益生菌进入消化道后有 2 种代谢途径：①在肠道黏附定植调节肠道菌群的平衡；②被肠黏膜上的派尔集合淋巴结（Peyer's patches）内特有的M细胞摄取[46]，传递给抗原递呈细胞，低剂量的抗原诱导T 细胞产生IL-4、IL-10和转移生长因子-β（TGF-β），抑制Th1细胞的分化，使机体产生口服耐受，Th2细胞刺激B细胞分泌IgE。高剂量的抗原可导致克隆无能，T 细胞处于细胞不应答状态，T细胞不能分泌IL-2和增殖[47]。最适剂量的抗原能促进Th0细胞向Th1细胞的分化，Th1细胞可促进B细胞分泌sIgA，抑制IgE的分泌，产生IL-2、IFN-α、IFN-β和TNF-α细胞因子，可抑制肿瘤和病毒的生长[48]。免疫治疗的主要目标是促使T 细胞特异性免疫反应由Th2向Th1转变。枯草芽孢杆菌刺激机体黏膜产生分泌型免疫球蛋白A（sIgA），sIgA为机体产生量最多的免疫球蛋白。sIgA主要由肠黏膜固有层中的IgA^+浆细胞分泌[49]，是一种非炎性物质。吴国豪[50]给无菌动物喂服双歧杆菌使其肠道内产生IgA，表明细胞IgA的生成在肠道抗原刺激下逐渐增加，从而发挥免疫调节作用，增强机体免疫功能。Medici等[51]用益生菌鲜奶酪灌喂BALB/c小鼠，发现在小肠和大肠中IgA^+浆细胞的数量明显增多，从而为黏膜表面提供特殊的免疫屏障。Vinderola等[52]用瑞士乳杆菌灌喂小白鼠发现在小肠中$sIgA^+$细胞的量有所增加，从而得出益生菌能够通过竞争机制在肠道内定植，从而刺激肠道淋巴细胞发挥免疫保护作用的结论。

有研究者[53]用含有益生菌的发酵乳灌喂小鼠，发现分泌TNF-α、IFN-γ和IL-2等细胞因子的细胞数量显著增加，肠道固有层中$CD4^+$和$CD8^+$ T 淋巴细胞和对照组相比也显著增加，表明在日常饮食中加入益生菌，对肠黏膜免疫细胞活性的调节和细胞因子的分泌都有影响，可通过细胞因子网络来调节机体的免疫系统，来抵御进入机体的病原体。近年来，人们对细菌芽孢的免疫特性及免疫系统之间的相互作用作了深入研究。芽孢对局部的巨噬细胞具有很高的亲和力，并可被快速有效地吞噬。当含有芽孢的巨噬细胞迁移到淋巴结时，细胞内的芽孢萌发成营养细胞并在细胞内增殖，巨噬细胞裂解后营养细胞释放到血液中。对萌发芽孢在动物体内的归宿研究结果表明，巨噬细胞的活性决定营养细胞能否成活。当芽孢萌发时致死因子在巨噬细胞中合成，并随着细胞的裂解而释放。巨噬细胞是体内的致死毒素（PA+LF，LeTx）作用的结果。Duc等[54]对枯草杆菌芽孢的免疫特性及其在细胞内的归宿研究结果显示，芽孢可诱导机体产生局部免疫和系统免疫反应，并在体内萌发成营养细胞。

（二）枯草芽孢杆菌作为投递载体系统的研究

1．作为疫苗投递载体

芽孢作为疫苗投递载体，可以通过口服、舌下给药、鼻腔给药等简单的方式进行免疫，从而激发机体的黏膜免疫，增加抗原的递呈机会，这使机体能对芽孢本身或芽孢上呈现的外源抗原产生较好的免疫应答。用芽孢作为疫苗投递载体，国外的研究主要集中在枯草芽孢杆菌（*B. subtilis*）形成芽孢上，同时也有用减毒炭疽芽孢杆菌（*B. anthracis*）进行相关研究的成

研究的成功报道。枯草芽孢杆菌已作为黏膜疫苗载体开始应用于病原微生物疫苗的研制[55]。Duc等[56]用*B. subtilis*的芽孢采用2种不同的表达方式表达炭疽的保护性抗原PA及PA的片段，研究相应的炭疽芽孢杆菌疫苗，并以A/J小鼠为动物模型进行相关的免疫学研究，结果表明，当PA以分泌表达的形式从萌发后的活菌表达和展示在芽孢表面上时，均能引起机体的保护性免疫应答。Isticato等[57]和Mauriello等[58]用破伤风毒素C片段（TTFC，51.8kDa）及大肠杆菌肠毒素B亚单位（LTB，12kDa）基因*tetC*和*eltB*与编码枯草芽孢衣壳蛋白CotB或CotC的基因融合，利用CotB或CotC启动子表达融合蛋白。融合蛋白在芽孢表面稳定地成功表达，研究结果显示融合表达并未影响抗原的保护性，也没有破坏芽孢的特性。重组芽孢口服免疫小鼠能引起针对TTFC或LTB的系统免疫和局部免疫反应。疫苗评价研究结果表明，CotB-TTFC芽孢口服免疫小鼠后，血清IgG显著高于对照组，能抵抗20倍TTFC的攻击感染。Hoang等[59]将产气荚膜梭菌α毒素C末端融合到谷胱甘肽S转移酶（glutathione-S-transferase，GST），并将融合片段Cpa247-370和枯草芽孢杆菌芽孢蛋白CotB融合表达，同时将融合片段GST-Cpa247-370用启动子rrno表达于枯草杆菌繁殖体。口服和滴鼻免疫小鼠后，能在血清中检测到anti-GST-Cpa247-370特异性的IgG，提示为Th2型免疫。小鼠唾液、粪便、肺脏组织中均能检测到sIgA抗体水平升高。攻击试验结果表明，该口服疫苗有一定的保护效果。Zhou等[60]用肝吸虫3个表膜蛋白与芽孢*cotC*基因融合，用枯草杆菌6个蛋白酶敲除菌株WB600成功表达融合蛋白，口服免疫大鼠能引起粪便中特异性IgA的升高，并对肝吸虫囊蚴的攻击有一定的保护作用。李志会等[61]用枯草芽孢杆菌制备肠道病毒71型的结构蛋白VP1（EV71VP1）黏膜疫苗有效地刺激机体产生特异性黏膜免疫反应。Amuguni等[62]利用枯草杆菌制备破伤风毒素C的疫苗舌下和滴鼻免疫小猪，证明其具有较好的免疫原性。随着生物技术的发展，人们试图研制新型的疫苗及其疫苗载体。可溶性抗原的口服免疫产生不太明显的免疫反应，其原因在于抗原在胃肠道内被降解，耐受性差，吸收有限。枯草芽孢杆菌芽孢具有良好的抗逆性，储存时间长，可顺利通过胃肠屏障，报道枯草芽孢杆菌能耐受模拟的胃肠道环境（pH2.0盐酸胃蛋白酶模拟胃液环境），且芽孢载体抗原能直接靶向抗原提呈细胞及周围淋巴器官，诱导并调节机体特异性免疫反应[63]。

2．作为免疫佐剂改善免疫反应

芽孢能与抗原提呈细胞（APC）相互作用，诱导前炎性因子的产生，且具有免疫刺激性，这些使芽孢成为一个值得关注的疫苗载体，通过其将相关的抗原提呈给APC和其他二级淋巴器官。枯草芽孢杆菌孢子作为免疫佐剂在炭疽、白喉、百日咳等人类疾病上有相关的报道，作为减毒抗原佐剂能有效地刺激机体产生免疫应答。Song等[64]利用灭活的枯草芽孢杆菌孢子作为免疫佐剂制备H5N1疫苗。枯草芽孢杆菌的孢子作为佐剂与破伤风毒素片段C免疫小鼠，结果显示孢子不仅能增强抗体和T细胞的应答，而且增加特异性抗原$CD4^+$和$CD8^+$ T淋巴细胞应答[65]。李丽等[66]以日本血吸虫GST蛋白为模式蛋白，在枯草芽孢杆菌中进行重组表达，证实芽孢对蛋白质的吸附作用，用吸附蛋白的芽孢滴鼻免疫小鼠能引起强烈的黏膜反应，在肺脏组织、粪便、唾液中均检测出较高水平的特异性sIgA的分泌。同时，也能激发小鼠系统免疫反应，IgG亚类提示为以Th1占主导的Th1/Th2混合型免疫反应。利用此免疫反应诱导的均衡Th1和Th2反应，有利于提高日本血吸虫免疫保护作用，证实了芽孢作为新型黏膜疫苗佐剂，能提高机体特异性和非特异性免疫水平，能调节免疫反应类型[67]。

3．作为表达系统生产蛋白质类物质

枯草杆菌分泌大约300种分泌蛋白，其中绝大多数由Sec途径分泌。经由该途径分泌的蛋白质前体N端含有Sec类型信号肽，蛋白质其前体信号肽由第1类信号肽酶（Type Ⅰ SPase）切割，蛋白质前体在生成后与胞内的信号识别颗粒或分子伴侣定植到细胞膜附近，然后通过分子马达蛋白质将前体链N端信号肽输出到胞膜外侧，再由信号肽酶将信号肽从前体链上切割下来，而其余肽链部分输出外膜后，在细胞膜、细胞壁界面空间中加工折叠成熟，然后穿过细胞壁输出到周围环境。表达产物可溶、可正确折叠并具有生物活性；同时表达产物与胞内蛋白分离，无须破碎细胞，利于分离纯化，简化工艺，是极具潜在应用前景的基因表达宿主。许多异源基因在枯草芽孢杆菌中都获得了表达，在开发和使用枯草芽孢杆菌作为克隆和表达系统方面已经取得了一些成果。有研究者采用枯草芽孢杆菌表达系统实现链激酶的高效表达，以及用枯草芽孢杆菌表达系统对地衣芽孢杆菌α-淀粉酶进行了有效表达。石英等[68]应用穿梭芽孢杆菌口服疫苗载体表达HIV P24蛋白。也有研究者[65]用枯草芽孢杆菌分泌表达了具有生物活性的人β-干扰素。

四、展望

枯草芽孢杆菌是具应用潜力的菌种之一。它不但易繁殖，无毒害，分布广泛，抗逆性强，且能生成丰富的活性酶系和活性物质。其抑菌活性可抑制某些病原菌的繁殖，有效促进有益微生物的生长，已成功应用到药品生产、畜禽生产、植物生防、工业制造等各个领域，并取得了较好的成果。但在实际应用中仍存在一些问题，需要进一步研究和探讨。在今后的研究与开发中，有望结合基因工程等新技术，表达出活性更好、抗逆性强、无危害、目标产物产量高的新型菌株，促进工业化生产，拓宽其应用范围。随着现代生物技术的广泛应用，基因组学和蛋白质组学的发展，以及先进的仪器设备的应用，枯草芽孢杆菌对植物病害的生防作用研究及其开发应用也会出现新的发展。例如，枯草芽孢杆菌制剂可以与化学农药复配，实现优势互补、用量减少、防效增强的目的；并可与其他拮抗菌混合使用，实现多种抗生菌功能互补、多种病害兼防、作用持久的协同防治的效果。这两方面均有很广的发展潜力。同时枯草芽孢杆菌表达系统在分泌和表达活性蛋白质上的优点逐渐引起人们的关注，被认为是一种较为有效安全的异源蛋白质表达系统。设计热稳定和非注射疫苗，便于疫苗的使用。枯草芽孢杆菌疫苗载体的研究为新型疫苗的研究提出新思路。作为一种新型的口服疫苗载体，枯草芽孢杆菌芽孢可采用口服的方式免疫，抵抗胃酸的破坏，可低成本高效生产，存储和运输无冷冻或低温要求，非常有利于发展中国家的使用。枯草芽孢杆菌芽孢疫苗具有良好的应用前景，相信不久的将来，枯草芽孢杆菌芽孢疫苗将广泛应用于临床感染性疾病的预防和控制。

（程伟伟 编，闫超 校）

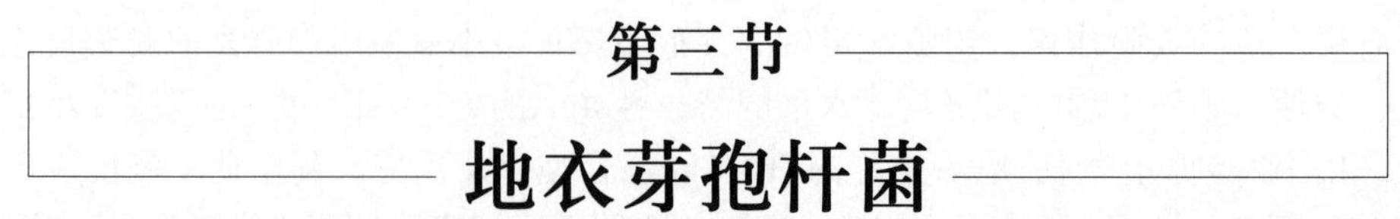

第三节 地衣芽孢杆菌

地衣芽孢杆菌为中生芽孢的革兰氏阳性需氧菌，是目前芽孢杆菌中较具有应用潜力的菌种之一，具有调节动物微生态平衡、促进肠道有益菌生长、降低病原菌的数量、增加动物机体的抗病力、提高机体免疫的功能。地衣芽孢杆菌具有营养要求简单、对不良环境有极强抵抗能力、产酶种类多且产量高、耐热性强、抑制致病菌以及安全无毒等诸多优良特性。因此比较适合用于工业生产，已经被多个国际机构认定为GRAS工业菌株[69]。地衣芽孢杆菌应用范围较广，能有效预防水产动物肠炎、分解水中有毒有害物质，能促进饲料中营养素降解、能调整肠道菌群失调、减少肠道细菌感染[70]，能产生抗性物质从而抑制致病菌生长繁殖，因此地衣芽孢杆菌在水产业、畜牧业、林业、食品工业和医药行业均有广泛的应用[71]。

一、地衣芽孢杆菌的特性

地衣芽孢杆菌培养菌落呈圆形，表面不光滑。镜检菌株为直杆状，两端呈圆形，芽孢有运动能力。能利用丙酸盐是地衣芽孢杆菌具有的生化特征，地衣芽孢杆菌还具有水解淀粉、利用柠檬酸盐、液化明胶、还原硝酸盐以及精氨酸脱水等能力。根据以上生理生化特征结合16S rDNA序列可以对地衣芽孢杆菌进行鉴定[72]。地衣芽孢杆菌最适生长温度大约为50℃，但也能在更高的温度下存活。酶分泌的最适温度为37℃。可以孢子形式存在，从而能抵抗恶劣的环境；在良好环境下，则可以生长态存在。地衣芽孢杆菌是我国农业部2003年318号公告批准使用的饲料级菌株之一。与传统的益生菌、双歧杆菌和乳酸菌相比，地衣芽孢杆菌的活菌成分是芽孢休眠体，并具有耐高温、耐干燥、耐酸、耐胆盐和耐人工胃液等特点[73]。

二、地衣芽孢杆菌的生理功能及作用机理

（一）生物夺氧

地衣芽孢杆菌为需氧菌，在生长过程中消耗大量的氧气，使得肠道内氧气浓度降低，为肠道内的生理性厌氧菌如双歧杆菌、乳酸杆菌、消化链球菌、类杆菌等菌的生长繁殖创造有利条件。同时使得需氧的有害病原菌（如致病性大肠杆菌）的生长由于缺氧受到抑制。通过支持生理性厌氧菌的增殖，抑制致病菌的生长，使菌群失调得以调整，使肠道功能得以恢复，最终使胃肠道的微生态体系处在健康平衡的状态，动物的免疫力得到提高[71]。

（二）生物拮抗

体外试验表明，地衣芽孢杆菌对葡萄球菌、白色念珠菌有很强的拮抗作用。地衣芽孢杆菌在生长代谢过程中能产生多种抗菌物质，如短杆菌肽、枯草菌素、多黏菌素、制霉菌素和头孢菌素C等。因此，其对常见的致病性大肠杆菌、沙门菌和金黄色葡萄球菌均有较强的抑制作用。

（三）产生多种酶类和营养物质

地衣芽孢杆菌在生长过程中，可分泌蛋白酶、淀粉酶和脂肪酶等多种有助于消化吸收的酶类，此外，在降低和消除抗营养因子上也发挥了重要作用。地衣芽孢杆菌DSM 13含有高度保守的蛋白分泌系统，没有聚酮体合成体系，但能形成脂肽性地衣素。已经确定的胞外酶有淀粉酶、β-半乳糖苷酶、纤维素酶、几丁质酶、果聚糖酶、麦芽糖淀粉酶、多聚糖降解酶、碱性蛋白酶、锌蛋白酶等。目前，已经从地衣芽孢杆菌不同菌株中克隆出的有关重要酶编码基因有：青霉素酶、α-淀粉酶、果胶裂解酶、多酚氧化酶、γ-谷氨酰转肽酶、β-1,3-1,4-葡聚

糖酶、蛋白酶、纤维素酶、β-半乳糖苷酶、碱性磷酸酶等编码基因[69]。这些酶可以降解饲料中复杂碳水化合物，如果胶、葡聚糖、纤维素等。

地衣芽孢杆菌在一定条件下能产生抗逆性内生孢子，可以产生脂肽类、肽类、磷脂类、多烯类和氨基酸类等多种抗生素，对多种病原菌起到很好的抑制作用。地衣芽孢杆菌能同时产生多种营养物质，如维生素、氨基酸、有机酸、促生长因子等，参与动物机体新陈代谢，为机体提供营养物质[74]。

（四）增强机体免疫功能

地衣芽孢杆菌对生长条件要求低，繁殖快，能迅速定植在肠黏膜上，在短时间内成为肠道的优势菌群。能调节动物肠道菌群平衡，改善肠道微生态环境，促进动物生长，减少动物肠道疾病的发生，提高动物机体的抗病力；同时其还具有免疫抑制、竞争性吸附及合成抑菌物质等多方面的作用。地衣芽孢杆菌能刺激动物免疫器官的生长发育，激活淋巴细胞，提高免疫球蛋白和抗体水平，增强细胞免疫和体液免疫功能，提高机体免疫力[75]。有试验发现，仔兔饲喂地衣芽孢杆菌20d及40d后，其免疫器官生长发育较对照组迅速，成熟快，并且胸腺、脾脏质量等显著提高[76, 77]。刘阳[78]研究了地衣芽孢杆菌KL6对鲤鱼生产性能及消化酶活性的影响，研究发现，地衣芽孢杆菌KL6对金黄色葡萄球菌有较明显的抑制作用，但对大肠杆菌和沙门菌抑制效果不明显。地衣芽孢杆菌活菌数随模拟胃液pH下降而下降，经肠液处理4h，地衣芽孢杆菌KL6的存活率为84.4%，当菌剂添加量为0.5%时，鲤鱼食糜蛋白酶活性比对照组提高了43.26%，食糜淀粉酶活性比对照组提高了5.45%，胰脏蛋白酶活性提高了15.32%，菌剂添加量为2.0%时，肠组织蛋白酶活性比对照组提高了25.59%，说明地衣芽孢杆菌KL6增强了鲤鱼机体消化酶活性，可促进其生长。地衣芽孢杆菌的免疫促进作用的机理是：口服芽孢杆菌后，其作用于肠道集合淋巴结的抗原结合位点或通过调整动物的微生物菌群，尤其是增加双歧杆菌菌群数量，从而间接地发挥免疫赋活的作用，提高机体的局部或整体防御功能，从而达到抗应激、防病和抗病的作用。

三、地衣芽孢杆菌的分子生物学

地衣芽孢杆菌是常用的工业微生物生产菌种，在纸浆发酵、高温淀粉酶生产、蛋白酶生产和氨基酸生产等领域发挥重要作用。地衣芽孢杆菌的功能基因，比如纤维素酶、蛋白酶、α-淀粉酶、谷氨酸脱氢酶等都得到了克隆表达。由于地衣芽孢杆菌具有安全性高、生长快速以及抗逆能力强等特点，被广泛用于动物饲料添加剂和酶制剂行业[79]。中华人民共和国农业部2006年第658号公告也把地衣芽孢杆菌列入《饲料添加剂品种目录（2006）》。目前具有肠道免疫调节功能的地衣芽孢杆菌菌剂胶囊已经上市。芽孢杆菌属种类较多，位于芽孢杆菌属第二群[80]的一些物种与地衣芽孢杆菌表型及生理生化特征非常接近。尤其是一些有毒的种或未证明安全性的种，用单纯的表型分类方法不易与地衣芽孢杆菌区分，运用分子生物学方法快速有效区分地衣芽孢杆菌和相近物种显得非常重要。有人运用16S rRNA基因系统对CICC保藏的30株地衣芽孢杆菌进行系统发育分析。同时，比较了16S rRNA基因5′端500bp、3′端500bp以及16S rRNA全基因序列系统发育树，结果显示：24株菌株位于地衣芽孢杆菌系统发育分支；3株菌株位于蜡样芽孢杆菌-苏云金芽孢杆菌系统发育分支；1株菌株位于枯草芽孢杆菌系统发育分支；2株菌株与其他地衣芽孢杆菌菌株间序列同源性为96.4%～97.4%，明显低于其他地衣芽孢杆菌菌株间同源性，分类地位不明确，有待进一步讨论。通过比较分析16S rRNA基因5′端500bp、3′端500bp以及其全基因的系统发育树，表明16S rRNA基因5′端500 bp可以很好地代表全基因序列进行系统发育研究，可用于区分地衣芽孢杆菌、枯草芽孢杆菌以及蜡样芽孢杆菌分支。

四、结语与展望

地衣芽孢杆菌具有丰富的产酶性能，而且其能产生丰富的抗菌物质，能调节动物肠道功能，提高动物机体的免疫功能，减少农作物病害的发生。因此在食品工业方面有较广泛的应用。关于地衣芽孢杆菌抗菌的作用机理的研究虽然有一些报道，但其作用的抗菌物质的结构以及其与致病菌的相互作用的机制的研究还不够深入。在未来可以从以下方面入手：①研究地衣芽孢杆菌产生抗菌物质的氨基酸序列，并对其结构进行预测及验证；②研究地衣芽孢杆菌抗菌物质与致病菌中致病因子的相互作用机制；③研究地衣芽孢杆菌促进机体免疫功能的作用物质，并研究其作用机理及相关的作用途径；④深入研究地衣芽孢杆菌分泌的蛋白酶的作用机理并进一步研究其在食品工业上的广泛应用。

（程伟伟　编，袁静　校）

第四节　布拉氏酵母菌的分子生物学

1923年法国微生物学家Henri Boulard从荔枝和山竹等水果中分离得到一株耐高温的单细胞真菌，可有效缓解霍乱弧菌感染所引起的腹泻症状，经鉴定认为该菌属于酵母菌属，是酿酒酵母菌的一个亚种，因此将其命名为布拉氏酵母菌（*Saccharomyces cerevisiae* var *boulardii*，简称*S. boulardii*）[81, 82]。布拉氏酵母菌是酿酒酵母的一个变种，是经过差异分化后而产生的一株新菌，在分子特性上更具多样化[83]。布拉氏酵母从被发现以来，一直被认为是有益的微生物。布拉氏酵母菌在预防和治疗细菌感染引起的腹泻、抗生素引起的腹泻及幼儿腹泻等方面具有一定的疗效[84-86]。在欧美、非洲等国家和地区，布拉氏酵母菌已经作为微生态制剂广泛用于预防和治疗婴幼儿腹泻、旅行者腹泻，用于肠道术后恢复及肠道环境平衡的调节。布拉氏酵母菌已经成为最有价值的益生菌之一。

一、布拉氏酵母菌的特性

布拉氏酵母菌是野生型的菌株，染色体为二倍体、无营养缺陷型，不能形成孢子[87, 88]。布拉氏酵母可以利用葡萄糖和蔗糖，但不能利用乳糖，在氮源缺乏时可以形成假菌丝。布拉氏酵母菌细胞壁较厚，适应能力强，生长范围广，对低pH、高浓度胆汁盐及消化系统中的各种酶都具有较好的耐受性。布拉氏酵母菌在25～40℃范围内都可以生长。有研究表明布拉氏酵母菌在沙氏葡萄糖培养基上（YPD），37℃温度下培养48h后，呈现表面光滑的米白色圆形菌落，在光学显微镜下菌体为椭圆形，表明布拉氏酵母菌在37℃条件下生长良好。40℃时，该菌生长缓慢，菌体形态变大、变圆甚至无规则化，但放回37℃条件下培养一段时间后其菌体形态又可恢复到正常状态[89]。布拉氏酵母菌在pH2.0～8.0范围内都可以生长，对酸碱有一定的耐受性，但在pH5.5时生长状态最好。

随着分子生物学技术的发展，研究者通过分子分类技术、基因组学和蛋白质组学等技术将布拉氏酵母菌归类于酿酒酵母的分支[87, 90-92]。其基因组和分类学特性更接近酿酒酵母的葡萄酒株[83]。对比分析酿酒酵母和布拉氏酵母菌全基因组学，研究人员发现布拉氏酵母菌和酿酒酵母细胞壁合成和组装的相关基因有很大不同；扫描电镜观察发现布拉氏酵母菌细胞壁厚度显著大于酿酒酵母细胞壁厚度。与酿酒酵母相比，布拉氏酵母菌具有更好的应激耐受力和更高的抗氧化活性。Datta等研究发现，布拉氏酵母在37℃和39℃下1h的存活率明显高于酿酒酵母，对胃酸环境和胆盐环境具有更好的耐受性[93]。因此细胞壁是布拉氏酵母菌具益生作用的一个重要决定因素[87, 94]。

二、布拉氏酵母菌的生理功能及机理

（一）缓解腹泻及辅助治疗肠炎

口服布拉氏酵母能够对多种原因引起的腹泻有良好疗效，布拉氏酵母菌对成人及儿童急性胃肠炎、食物相关腹泻和旅行者腹泻、抗生素相关腹泻（AAD）、艾滋病患者慢性腹泻、肠道致病菌感染导致的慢性腹泻等均具有较好的疗效，同时对肠易激综合征（irritable bowel syndrome，IBS）、炎性肠病（inflammatory bowel，IBD）、克罗恩病等也具有辅助治疗的作用[95-97]。Szajewska等针对5项随机对照临床试验进行荟萃分析，结果表明服用布拉氏酵母后，AAD发病显著降低，从17.2%到6.7%，且无副作用报告[98]。Kurugöl等对200名肠胃炎住院儿童的研究发现，服用布拉氏酵母后能明显减少平均大便次数，降低腹泻的持续时间，减少住院天数[99]。动物实验及临床试验均表明布拉氏酵母菌对IBD有很好的缓解作用。Garrido-Mesa等人通过研究发现布拉氏酵母可明显促进盐酸土霉素对小鼠IBD症状的缓解。布拉氏酵母主要通过减少结肠内浸润性$CD4^+$ T细胞的数量，抑制促炎细胞因子IFN-γ的产生而发挥作用[100]。

（二）抑制体内病原微生物生长

布拉氏酵母菌在肠道中可以抑制病原细菌和寄生虫的生长。布拉氏酵母菌可缓解艰难梭菌、霍乱弧菌及其他肠道致病菌感染导致的慢性腹泻[95-97]，降低肠道弓蛔虫病患病率，明显抑制阿米巴虫对红细胞的黏附作用[101]。布拉氏酵母菌可以分泌一些蛋白酶，中和致病菌所产生的毒素，从而发挥抑制病原菌生长的作用。有研究表明布拉氏酵母菌能分泌一种约54kDa的蛋白酶，可消化分解艰难梭菌的毒素蛋白A和B，从而减弱艰难梭菌的致病性[102]。布拉氏酵母菌还能产生63kDa的磷酸蛋白酶，破坏大肠杆菌的内毒素，从而防治大肠杆菌感染[102, 103]。布拉氏酵母菌液体培养基的上清液含有一种约120kDa的蛋白质，可直接作用于肠道细胞，通过抑制腺苷酸环化酶的活性来减少氯化物以及肠道细胞cAMP产物的分泌[104]，从而抑制霍乱弧菌的生长。有研究者发现，布拉氏酵母菌与哺乳动物的霍乱肠毒素受体在结构和功能上类似，因此霍乱肠毒素B亚单位在体内可与布拉氏酵母菌结合，而减少了与肠道上皮细胞受体结合的概率。布拉氏酵母菌细胞壁具有黏附致病菌的作用，可阻止致病菌与肠上皮特异性受体的结合，进而抑制致病菌的生长，并减弱其所引起的宿主损伤[105, 106]。布拉氏酵母能抑制猪幽门螺杆菌诱导的胃淋巴滤泡的形成，因而对于根除幽门螺杆菌治疗中的副作用可起到一定的效果[84, 101]。

（三）提供营养及保护肠道黏膜

布拉氏酵母菌可通过释放多胺类物质，促进肠上皮细胞及结肠黏膜的修复，从而发挥治疗作用。布拉氏酵母菌还会促进产生一些短链脂肪酸和增加多种二糖水解酶（乳糖酶、麦芽糖酶、蔗糖酶、转化酶）的产量和活性，从而刺激肠道细胞的增殖和分化，降低被病原菌感染的细胞数量[101, 107]，从而防止正常细胞凋亡，减少TNF-α分泌，减轻黏膜炎症[105, 108]。在结肠上皮细胞表面，布拉氏酵母菌可以促进特异性蛋白酶的产生，恢复结肠上皮细胞的代谢活力[109, 110]。另外，布拉氏酵母菌能够分泌促细胞增殖因子，提高细胞的抵抗性[111]。布拉氏酵母菌能够促进小肠黏膜酶的释放，并刺激产生相关糖蛋白和多胺。布拉氏酵母菌能够将结肠中短链脂肪酸的浓度稳定在正常水平，加强肠上皮屏障功能[109]，减少结肠炎中隐窝的破坏和细胞损伤，来降低肠道渗透性[106]。布拉氏酵母菌还能够拮抗紧密连接蛋白ZO-1的损伤，延迟肠道上皮细胞凋亡。

（四）增强机体免疫力

布拉氏酵母菌还能促进肠道中sIgA的分泌，从而提高黏膜免疫力[109]。在艰难梭菌感染中，布拉氏酵母菌能够刺激免疫系统，产生IgG和sIgA，中和毒素A和B，布拉氏酵母菌还可以定植于NIH-Swiss小鼠体内，诱导产生IFN-γ、IL-12，刺激产生调节T细胞[112]。布拉氏酵母菌还会增强促炎因子的信号通路，例如抑制NF-kB，阻断胞外信号调节激酶和丝裂原激活蛋白激酶的激活。布拉氏酵母菌还会参与调节肠道细胞一些促炎和抗炎细胞因子的表达，如IL-10、IL-1B、IL-23A、TNF-a、IL-12b、INF-γ、IL-17A。布拉氏酵母菌可以增加机体IgA和IgG水平，而参与免疫调节[94]。

三、布拉氏酵母菌的分子生物学

（一）布拉氏酵母菌的基因组学研究

2013年，印度昌迪加尔微生物技术研究所的研究人员首次绘制了布拉氏酵母菌EDRL株的基因组测序草图[113]。2014年，巴西和美国的科学家合作绘制了布拉氏酵母菌ATCC MYA-796株的基因组测序草图[114]。2017年，印度昌迪加尔微生物技术研究所研究人员完成了2株布拉氏酵母菌基因组测序（Biocodex株和unique28株），同时绘制了3株布拉氏酵母菌基因组测序草图[92]，结果见图7-1。

布拉氏酵母基因组长度在12Mbp左右，由16条长短不一的染色体组成。以Biocodex株为例，最短的染色体长度为168027 bp，而最长的染色体长度为1514906 bp。除染色体基因组外，布拉氏酵母菌内还存在质粒形式的DNA，长度为6318bp。在所有已测序的布拉氏酵母菌中发现的质粒序列完全相同，而且与酿酒酵母*Sc* YJM993株含有的质粒高度同源，二者*rep2*基因仅存在两个碱基的差异。

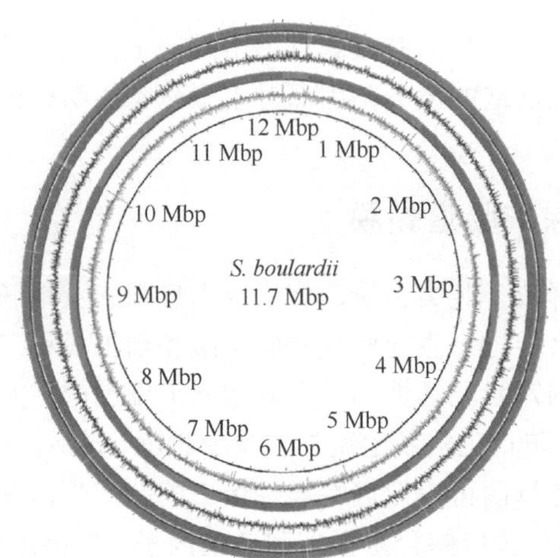

图 7-1　Biocodex 株和 unique28 株布拉氏酵母菌基因组测序完成图（见彩图）[92]

圆环（由里到外）：环 1（GC 含量），环 2（参考序列 Sc S288C 完成图染色体，交替的红色与蓝色代表不同的染色体），环 3（GC 偏移），环 4（Sb-biocodex 完全图染色体），环 5（Sb-unique28 完全图染色体）

布拉氏酵母基因组大约含有5500个蛋白质编码区以及300个tRNA。所有这些蛋白质编码区都在酵母基因组数据库（http://www.yeastgenome.org）中进行了注释[115]。在已发现的布拉氏酵母蛋白组中，约有5140种蛋白质在不同菌种间是一致的，200种蛋白质是具有菌株间差异的同源性蛋白。通过基于酿酒酵母和布拉氏酵母182个同源蛋白基因构建的系统进化树，也验证了二者间高度的同源性（图7-2），布拉氏酵母菌可以看作是酿酒酵母内部的一个分支。

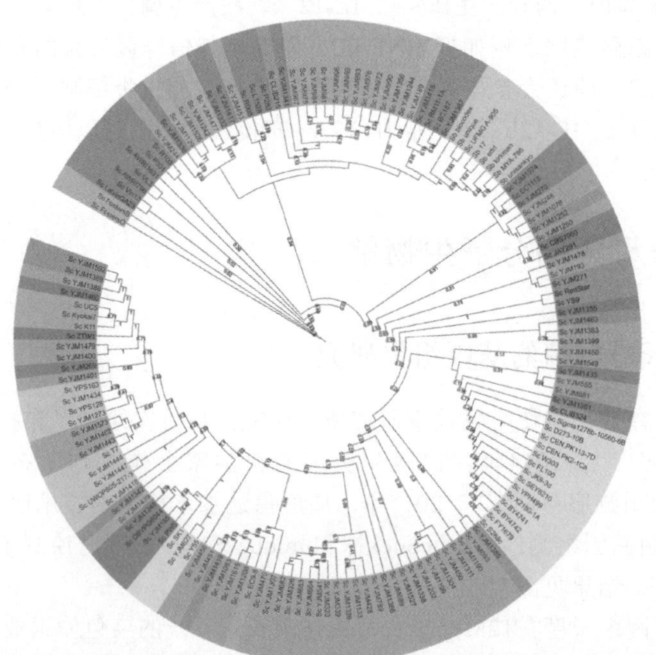

图 7-2　基于酿酒酵母和布拉氏酵母 182 个同源蛋白基因构建的系统进化树（见彩图）

库德里阿兹威氏酵母作为外围参考株，不同的颜色表明不同的菌株群。布拉氏酵母——金色；其他为酿酒酵母的不同分类，如水果酵母——浅肉色，酿酒酵母——亮粉色，烘焙酵母——深橙色，啤酒酵母——绀蓝色，实验室菌株——淡橘黄色，生物乙醇酵母——桦茶色，临床菌株——若绿色，环境样品——菊蓝色

尽管二者基因组和蛋白质组具有很高的同源性，但通过与酵母数据库中已有的酿酒酵母基因组比较，发现了一些布拉氏酵母基因组缺失的基因，如麦芽糖利用基因*MAL1*和*1MAL13*，己糖转运蛋白基因*HXT9*和*HXT11*，天门冬酰胺代谢基因*ASP3-1*、*ASP3-2*、*ASP3-3*和*ASP4-4*，异麦芽酮糖利用基因*IMA2*、*IMA3*和*IMA4*，膜糖蛋白基因*VTH1*和*VTH2*以及*ARN2*、*REE1*、*AYT1*、*AIF1*、*COS10*、*ENB1*和*BDS1*等基因。某些基因的缺失反而促进了布拉氏酵母菌对特定环境的耐受。己糖转运蛋白基因家族包含了*HXT1-HXT17*[116]、*HXT9*和*HXT11*，是布拉氏酵母菌所缺失的。而研究表明，*HXT9*和（或）*HXT11*基因缺失的酿酒酵母菌突变体可以耐受农药放线菌酮、甲磺隆、4-硝基喹啉-*N*-氧化物，这提示布拉氏酵母菌同样可以耐受这些化学物质[117]。基因组中某一基因拷贝数量的变化可以引起表型或者生理功能的差异[118]。布拉氏酵母菌基因组中也存在某些种类基因多拷贝的现象。如PAU蛋白基因，在基因组中约有18～20个拷贝，*gag-pol*融合基因，在基因组中约有15个拷贝。此外*THI13*、*IMD3*和*COS3*也存在多拷贝的现象。IMD3可以催化胞内GTP的合成[119]，COS3参与盐耐受的过程[120]。这些多拷贝基因多编码压力相关蛋白、延长因子、激酶、转运蛋白等，从而帮助布拉氏酵母更好地适应哺乳动物体内严苛的生存环境。基因组学研究还表明布拉氏酵母菌中的凝集基因重复序列较多，这可能与酵母菌的黏附能力有关[92]。

（二）布拉氏酵母菌基因敲除系统的建立

将目的基因失活，并对功能缺失后的菌株表型和生理生化特征进行相关性分析是探索基因功能的最有效的方法。因此开发有效的基因失活和替换系统对于研究布拉氏酵母菌基因与表型之间的关系，了解益生特性相关功能特征具有非常重要的意义。国内有研究者改造了Cre/loxP系统，建立了适合布拉氏酵母菌的基因敲除系统[121]。Cre/loxP系统是广泛用于酿酒酵母等真菌的基因敲除系统，主要原理是通过同源重组将loxP序列引入酵母菌基因组，再转入可诱导表达Cre酶的质粒，该质粒经乳糖诱导表达Cre酶，可特异性识别loxP序列，从而将引入酵母基因组的抗性基因置换掉。因为布拉氏酵母菌是野生型二倍体，所以需要进行两轮基因敲除。而Cre/loxP的优势是可实现筛选标记的重复利用，因而可通过设计长、短两对同源臂，最终实现两个等位基因的敲除。研究者以含有loxP-潮霉素B（hph）-loxP基因组件的pZC1质粒为基本骨架，引入多克隆位点，改造成布拉氏酵母菌的基因敲除质粒pSbGD，利用该质粒，分别构建含有长、短同源臂的两个同源重组序列。首先将含有短同源臂的同源重组构件转入布拉氏酵母中，通过同源重组可将含*loxP*序列和抗性筛选基因*hph*的同源重组臂插入酵母染色体，替换掉一条等位基因。然后将可诱导表达Cre酶的pSbCre质粒转染至已敲除一条等位基因的酵母转染子中，pSbCre是一个乳糖诱导表达质粒，可以在乳糖作用下开启质粒复制，诱导Cre酶表达。Cre酶识别*loxP*序列，可成功切除作为筛选标记的抗性基因，实现筛选标记的重复利用。之后再转染含有待敲除目的基因长同源臂的同源重组序列，进行第二次基因交换，替换掉第二条等位基因。除了在目的基因处残留34个碱基的*loxP*序列外，外源基因都可以从酵母菌内删除。布拉氏酵母菌基因敲除系统的成功构建，为从分子水平上研究布拉氏酵母菌的作用机理、基因调控通路和机理提供了强有力的手段。

四、应用与展望

布拉氏酵母菌被广泛作为食物添加剂来改善肠道微生物平衡，治疗感染性胃肠炎和服用抗生素所引起的腹泻。近年来，布拉氏酵母菌分子生物学研究取得长足进步，随着分子生物学技术在布拉氏酵母菌中成功应用，人们可实现对布拉氏酵母菌表型改造，因而布拉氏酵母菌开始更加广泛地应用于临床和生产的许多环节中。

（一）通过分子生物学技术增强布拉氏酵母菌的益生性

随着适用于布拉氏酵母菌的Cre/loxP基因敲除系统的成功改造，研究人员开始尝试利用该系统对布拉氏酵母菌进行基因功能改造，王龙江以Cre/loxP系统为基础，通过同源重组技术成功敲除*MCD4*基因，发现*MCD4*基因缺失的突变株细胞壁β-葡聚糖含量升高[121]。何菲菲敲除了*THP1*基因，成功构建了β-葡聚糖含量提高的菌株[122]。上述研究均通过分子生物学技术实现了对布拉氏酵母菌的成功改造，进而促进其更有效地发挥其益生作用。之后，又有研究者成功敲除布拉氏酵母菌*VRP1*基因，构建了β-葡聚糖含量升高的缺失变异菌株[123]。*VRP1*基因缺失后的布拉氏酵母菌（*Sb-vrp1*），β-葡聚糖占酵母菌细胞壁组成的50%以上，从而提高了布拉氏酵母菌的益生效果。与野生型布拉氏酵母菌相比，*Sb-vrp1*总细胞壁、甘露聚糖单层厚度、葡聚糖单层厚度均有不同程度增加，在胆汁盐中的存活率明显增加，在小鼠体内滞留时间延长约12h。研究者通过DSS肠炎小鼠模型研究发现*Sb-vrp1*是一种很好的天然免疫增强剂，能提高机体的非特异性和特异性免疫作用，能够下调DSS结肠炎疾病活动指数，减轻结肠病理组织损伤，缓解结肠病变。在DSS结肠炎中，*Sb-vrp1*可有效下调肠系膜淋巴结中B淋巴细胞群和$CD4^+$、$CD25^+$ T淋巴细胞群比例，上调T淋巴细胞、$CD8^+$ T淋巴细胞亚群和$CD4^+$ T淋巴细胞亚群比例来维持免疫系统平衡和稳定。

（二）在食品发酵中的应用

布拉氏酵母菌因其益生特性被广泛用于食品发酵中。首先，布拉氏酵母菌具有抗菌特性，发酵食品中的布拉氏酵母菌进入机体后，会与肠道内的微生物竞争营养，通过离子交换、产生有机酸等机制适应肠道内pH的改变。其次，布拉氏酵母菌在发酵食物的过程中可以释放一些次生代谢物，从而提高发酵食物的流变特性、感官特性及营养特性，布拉氏酵母菌在不同的培养条件下产生不同的酶活性物质，这些酶活性物质相互协作或循序工作而产生不同的发酵效果，例如，布拉氏酵母菌可以发酵单糖，将单糖氧化生成二氧化碳、水和乙醇，还可以把多肽类物质、氨基酸、糖类物质转化成可口的混合物。最后，布拉氏酵母菌可以产生一些生物活性物质，如氨基丁酸（一种非蛋白质氨基酸）和B族维生素（如硫胺素、核黄素、生物素和吡哆醇）；布拉氏酵母菌发酵过程会增加叶酸和其他B族维生素的生物利用度，并减少了植物类的抗营养素如植酸的浓度[124, 125]。利用布拉氏酵母菌发酵食物，不仅可产生上述多种营养物质，增加食物的营养价值，还能够催化膳食植酸盐的降解，从而大大提高了对这些基本矿物质的生物利用度。布拉氏酵母菌培养物中含有丰富的多酚代谢物：香草酸、肉桂酸、苯乙醇（玫瑰油）、红霉素、安非他明和维生素B_6。Datta等人[93]比较研究了酿酒酵母和布拉氏酵母的抗氧化能力，发现布拉氏酵母培养后的细胞外的抗氧化组分相对增加了6～10倍，总酚类和类黄酮含量则分别增加了70倍和20倍。

布拉氏酵母菌可在pH较低的环境下生存，因而可与益生性细菌共同发酵食品，布拉氏酵母菌能促进共发酵食物pH的稳定，从而为细菌生长创造理想的环境，提高其自身及伴生细菌的功能。布拉氏酵母已被用于与乳酸菌联合发酵牛奶，研究表明布拉氏酵母菌与乳酸菌共发酵牛奶可加速发酵过程，促进乳酸菌的稳定，进而使发酵后的酸奶更加稳定，可显著增加发酵酸奶中的葡萄糖、半乳糖和有机酸，使酸奶的口感更易被接受[124]。但是布拉氏酵母菌因不能利用乳糖而不能在牛奶中生长，所以不能同时利用乳酸菌和布拉氏酵母菌进行发酵，需要利用乳酸菌先发酵牛奶，再加入布拉氏酵母菌。乳酸菌可将牛奶中乳糖发酵成葡萄糖，并进一步转化成乳酸。布拉氏酵母菌则可以利用乳酸或其他有机酸进行代谢，从而维持了pH的稳定，既创造有利于乳酸菌生长的环境，也维持了酸奶的口感。

也有一些研究者利用布拉氏酵母菌发酵低活性谷物类原材料，利用布拉氏酵母菌发酵由糙米和黑豆等制备成的米浆，结果米浆的pH值没有受到显著影响，但功能性增强，主要表现在其中的叶酸和核黄素含量增加[125]。Gutierrez-Osnaya等人[126]在大麦麦芽汁中添加布拉氏酵母菌并分析其中的功能性寡糖含量，布拉氏酵母菌的生长动力学表明，它非常适合在麦芽汁中生长，酵母菌体内的酶能够水解或转化糖的混合物，使其更简单，具有前生物效应。不仅如此，布拉氏酵母菌也被用于其他产品，如谷物棒的发酵，进一步开发益生性食品。

（三）作为生物抑菌剂

Silva等人[127]研究表明布拉氏酵母菌（CNCM-17）能抑制霉菌的孢子生成，同时对霉菌细胞也有较好的抑制作用，因而具有一定抑制微生物生长的特性，Silva在研究中发现布拉氏酵母菌的存在改变了寄生菌的颜色，但没有改变孢子形态。进一步的研究表明布拉氏酵母菌株可显著降低黄曲霉毒素的产量，并且布拉氏酵母菌与德氏乳杆菌共同作用效果更好，即使经过300d的储存，两种益生菌在花生颗粒中仍然具有抑制微生物生长能力。Heling等人[128]分析了布拉氏酵母对有机香蕉炭疽病的防治作用。首先对香蕉进行消毒处理，在每个水果中选择三个位点将酿酒酵母、布拉氏酵母菌和香蕉炭疽菌共同接种，添加酿酒酵母菌和布拉氏酵母菌后，48h内香蕉炭疽病的发病率降低了35%，作者得出结论，这些酵母菌可作为抑制有害微生物生长的生物制剂。

（四）优化包装策略提高布拉氏酵母菌作为益生性食品的稳定性

微生物添加于食品和饮料中需要符合一定的技术标准。除了要保证消费者的健康，微生物在产品的货架期不能产生副作用，或者改变食物感官性状。如何对布拉氏酵母菌进行包装，增加其添加至各种食物材料中的可行性受到广泛重视。将布拉氏酵母菌添加到食物和饮料的过程中，要从技术上对益生性布拉氏酵母菌的生长期、pH、盐分残留、酶活性等质量相关参数进行严格控制，同时也要保证布拉氏酵母菌与肠道黏膜有很好的黏附性，以及布拉氏酵母菌在产品的货架期的存活率（10^6～10^7CFU/g）[97]。因此，生产企业必须保证布拉氏酵母菌经过消化道的极端环境后能够存活，最终能到达结肠，并在那里繁殖和发挥益生作用[129-131]。将布拉氏酵母菌添加到食品中时，一般推荐添加一些辅料进行保护，有研究者将布拉氏酵母菌与藻酸盐、菊粉等混合，从而对布拉氏酵母菌进行微胶囊化处理，并将处理后的布拉氏酵母菌用于奶酪、酸奶的制作，以提高这些食品益生菌特性。这些新包装技术被研究学者用于冻干酸奶的制作，结果发现，微胶囊技术增加了布拉氏酵母菌的存活力，产品功效维持时间得到延长。Arslan等[132]提出利用明胶和阿拉伯胶对布拉氏酵母菌进行微胶囊化处理，在较高温度下进行微胶囊化处理可导致布拉氏酵母在模拟胃部环境下有更好的存活能力。这两种物质都可以在125℃条件下进行微胶囊化处理，基于上述研究进展，将布拉氏酵母菌进行包装处理后用作益生制剂添加至食品中将会成为今后的发展趋势。

（五）布拉氏酵母菌在微生态制剂开发中的应用

布拉氏酵母菌自1953年首次注册为药物以来，一直属于微生态制剂的研究热点。世界胃肠道组织推荐布拉氏酵母菌用于治疗胃肠功能紊乱时，活菌数应达到5×10^9CFU。布拉氏酵母菌的细胞壁比较厚，增加了该菌抵抗胃肠pH极端环境的能力[133]，另外布拉氏酵母菌能够耐受机体的37°C，能够耐受胃酸和胆汁，并且能够很好地黏附到胃壁上，进而在机体内可具有较高的存活能力，这些特性促使布拉氏酵母菌能够完全满足上述世界胃肠道组织的要求，因而促进了布拉氏酵母菌用作微生态制剂的研发。法国BIOCODEX公司研制的布拉氏酵母菌散（商品名称：亿活），于2003年首次在中国申报注册，可用于治疗成人或儿童急性感染或非特异性腹泻；预防和治疗抗生素诱发的结肠炎和腹泻；与万古霉素或甲硝唑配合使用，治疗梭状芽孢杆菌导致疾病的复发；预防由管饲引起的腹泻；治疗肠易激综合征。由于布拉氏酵母菌具有调节肠道菌群的作用，不仅可以抑制致病性大肠杆菌、沙门菌等致病菌的生长，还可以促进乳酸杆菌、双歧杆菌在肠道内的定植，因此将布拉氏酵母菌与益生性细菌搭配，开发复合型微生态制剂将是益生菌制品未来的发展方向。

五、小结

布拉氏酵母菌作为一种可以食用的益生菌，被广泛用作食品添加剂，用于缓解各种腹泻；布拉氏酵母菌可黏附致病性大肠杆菌，抑制其黏附到肠道上皮[103]。布拉氏酵母菌能影响病原菌的组织移位，中和细菌毒素，抑制毒素与受体的结合作用[103]，使毒素不能发挥毒性作用从而达到预防和治疗作用。布拉氏酵母菌还能增加肠道中免疫性IgA的分泌。布拉氏酵母菌可以抑制多种细菌的生长，因而可以开发成抑菌剂直接添加到食品中，用于抑制微生物的生长，因而有很大的潜力被开发成食品级防腐剂。随着基因工程技术的发展，研究者实现了对布拉氏酵母菌的定向改造，进一步增加了布拉氏酵母菌的益生特性和其他用途。但是，布拉氏酵母菌用作生物治疗制剂的安全性问题也一直广受关注，布拉氏酵母菌禁止用于健康状况较差、免疫功能紊乱等重症患者，及中央静脉导管有问题的患者，但是这些报道中均没有提及食物中添加布拉氏酵母菌后引起真菌血症的报道。

（张影　李喆　编，袁静　校）

参考文献

[1] 易中华．饲用微生态制剂丁酸梭菌的研究与应用进展 [J]．饲料研究，2012, (2): 4.

[2] 李雄彪，马庆英，崔云龙．酪酸梭状芽孢杆菌研究进展 [J]．中国微生态学杂志，2006, 18(4): 5.

[3] 赵建新，张灏，田丰伟．丁酸菌的分离、鉴定及筛选 [J]．无锡轻工大学学报：食品与生物技术，2002.

[4] Buchanan RE G N, Altschul S F, Gish W, et al. Bergey's s Manual of Determinative Bacteriology [J]. 1984.

[5] 马庆英．酪酸梭菌：肠道健康的卫士 [M]．酪酸梭菌：肠道健康的卫士，2008.

[6] 陈秋红，孙梅，施大林，等．益生菌酪酸菌CB-7发酵培养基及培养条件的研究 [J]. 饲料研究，2009, (4): 5.

[7] 李维炯．微生态制剂的应用研究 [M]. 微生态制剂的应用研究，2008.

[8] 张彩云，刘来亭，杜灵广，等．酪酸芽孢杆菌对断奶仔猪生产性能和血清生化指标的影响 [J]. 中国畜牧杂志，2009, (13): 3.

[9] Song Z F, Wu T X, Cai L S, et al. Effects of dietary supplementation with *Clostridium butyricum* on the growth performance and humoral immune response in *Miichthys miiuy* [J]. J Zhejiang Univ Sci B, 2006, 7(7): 596-602.

[10] Pryde S E, Duncan S H, Hold G L, et al. The microbiology of butyrate formation in the human colon [J]. FEMS Microbiol Lett, 2002, 217(2): 133-139.

[11] Segain J P, Raingeard De La Bletiere D, Bourreille A, et al. Butyrate inhibits inflammatory responses through NFkappaB inhibition: implications for Crohn's disease [J]. Gut, 2000, 47(3): 397-403.

[12] Gao Q, Qi L, Wu T, et al. *Clostridium butyricum* activates TLR2-mediated MyD88-independent signaling pathway in HT-29 cells [J]. Mol Cell Biochem, 2012, 361(1-2): 31-37.

[13] Hague A, Elder D J, Hicks D J, et al. Apoptosis in colorectal tumour cells: induction by the short chain fatty acids butyrate, propionate and acetate and by the bile salt deoxycholate [J]. Int J Cancer, 1995, 60(3): 400-406.

[14] Ahmad M S, Krishnan S, Ramakrishna B S, et al. Butyrate and glucose metabolism by colonocytes in experimental colitis in mice [J]. Gut, 2000, 46(4): 493-499.

[15] Shinnoh M, Horinaka M, Yasuda T, et al. *Clostridium butyricum* MIYAIRI 588 shows antitumor effects by enhancing the release of TRAIL from neutrophils through MMP-8 [J]. Int J Oncol, 2013, 42(3): 903-911.

[16] Gao Qx W T, Wang JB, et al. Inhibition of bacterial adhesion to HT-29 cells by lipoteichoic acid extracted from *Clostridium butyricum* [J]. African Journal of Biotechnology, 2013, 10（39）: 7633-7639.

[17] Gaenko Gp K S. Inhibition of urokinase synthesis in a tumor cell culture by the lipid fraction from the spores of the anaerobic bacterium *Clostridium butyricum* [J]. Microbiology, 2010, 79（4）: 435-438.

[18] Arimochi H, Morita K, Nakanishi S, et al. Production of apoptosis-inducing substances from soybean protein by *Clostridium butyricum*: characterization of their toxic effects on human colon carcinoma cells [J]. Cancer Lett, 2009, 277(2): 190-198.

[19] Purwani E Y, Purwadaria T, Suhartono M T. Fermentation RS3 derived from sago and rice starch with *Clostridium butyricum* BCC B2571 or *Eubacterium rectale* DSM 17629 [J]. Anaerobe, 2012, 18(1): 55-61.

[20] Plangklang P, Reungsang A, Pattra S. Enhanced bio-hydrogen production from sugarcane juice by immobilized *Clostridium butyricum* on sugarcane bagasse [J]. International Journal of Hydrogen Energy, 2012, 37(20): 15525-15532.

[21] 刘丽丽，李晶，谢丹，等．酪酸梭菌活菌散在防治早产儿喂养不耐受方面的应用 [J]. 中国微生态学杂志，2011, 23(4): 2.

[22] 卓文娟，罗青明，陈育红．四磨汤口服液联合酪酸梭菌活菌散辅助治疗儿童营养不良的临床观察 [J]. 中国妇幼保健，2012, 27(7): 3.

[23] 金巧英，柳锡永．酪酸梭菌活菌散剂对新生儿黄疸的影响 [J]. 全科医学临床与教育，2010, 8(2): 2.

[24] Imase K, Takahashi M, Tanaka A, et al. Efficacy of *Clostridium butyricum* preparation concomitantly with *Helicobacter pylori* eradication therapy in relation to changes in the intestinal microbiota [J]. Microbiol Immunol, 2008, 52(3): 156-161.

[25] 姚佳，陈星，汪嵘，等．酪酸梭菌活菌胶囊治疗慢性末端回肠炎疗效评价 [J]．中国微生态学杂志，2011, 23(12): 3.

[26] Gao Q, Qi L, Wu T, et al. An important role of interleukin-10 in counteracting excessive immune response in HT-29 cells exposed to *Clostridium butyricum* [J]. BMC Microbiol, 2012, 12: 100.

[27] 李晶，杨谦．生防枯草芽孢杆菌的研究进展 [J]．安徽农业科学，2008, 36(1): 106 -111.

[28] 袁小平，王静，姚惠源．枯草芽孢杆菌内切木聚糖酶的纯化与性质研究 [J]．食品与发酵工业，2004, 30(8): 5.

[29] 雷元培，赵丽红，马秋刚，等．降解黄曲霉毒素枯草芽孢杆菌的解毒性，抗菌性及抗逆性研究 [J]．饲料工业，2011, 32(24): 5.

[30] 石慧，赵述淼，梁运祥．降解大豆抗原蛋白枯草芽孢杆菌的筛选及发酵条件 [J]．湖北农业科学，2011, 50(10): 3.

[31] 方世纯，郝瑞霞，鲁志强．枯草芽孢杆菌(*Bacillus subtilis*)降解萘的动力学研究 [J]．高校地质学报，2007, 13(4): 6.

[32] 王连祥，闫燊，袁方曜，等．不同微生物菌剂降解土残农药的研究 [J]．山东农业科学，2010, (4): 4.

[33] 谭荣炳．枯草芽孢杆菌制剂在肉鹅饲粮中的应用效果研究 [D]．武汉：武汉工业学院，2008.

[34] 邓露芳．日粮添加纳豆枯草芽孢杆菌对奶牛生产性能，瘤胃发酵及功能微生物的影响 [D]．北京：中国农业科学院，2009.

[35] 张灵启，李卫芬，余东游．芽孢杆菌制剂对断奶仔猪生长和免疫性能的影响 [J]．黑龙江畜牧兽医，2008, 000(003): 37-38.

[36] 刘晓勇，张颖，齐茜，等．枯草芽孢杆菌对杂交鲟幼鱼生长性能、消化酶活性及非特异性免疫的影响 [J]．中国水产科学，2011, 18(6): 6.

[37] Tk A, Mz A, Mm B, et al. Two antioxidative lactobacilli strains as promising probiotics - ScienceDirect [J]. International Journal of Food Microbiology, 2002, 72(3): 215-224.

[38] Talwalkar A, Kailasapathy K, Hourigan J, et al. An improved method for the determination of NADH oxidase in the presence of NADH peroxidase in lactic acid bacteria [J]. J Microbiol Methods, 2003, 52(3): 333-339.

[39] 余东游，毛翔飞，秦艳，等．枯草芽孢杆菌对肉鸡生长性能及其抗氧化和免疫功能的影响 [J]．中国畜牧杂志，2010, (3): 4.

[40] 文静，林志伟，周绪霞，等．枯草芽孢杆菌B10对饲喂高脂日粮小鼠抗氧化功能的影响 [J]．中国兽医学报，2012.

[41] Leclere V, Bechet M, Adam A, et al. Mycosubtilin overproduction by *Bacillus subtilis* BBG100 enhances the organism's antagonistic and biocontrol activities [J]. Applied & Environmental Microbiology, 2005, 71(8): 4577.

[42] Stein T. *Bacillus subtilis* antibiotics: structures, syntheses and specific functions: *Bacillus subtilis* antibiotics [J]. Molecular Microbiology, 2005, 56(4): 845-857.

[43] 吴瑞方，龚凤娟，杨镒蔓，等．泡桐内生枯草芽孢杆菌JDB-1草菌素的抑菌活性及其spaS基因的克隆 [J]．吉首大学学报：自然科学版，2011, (4): 7.

[44] 罗楚平，王晓宇，陈志谊，等. 枯草芽孢杆菌Bs916中脂肽抗生素Bacillomycin L的操纵子结构及生物活性 [J]. 中国农业科学，2010, 43(22): 11.

[45] 陈蓉明，林跃鑫，黄谚谚. 枯草芽孢杆菌ATCC2233产生表面活性素的研究 [J]. 福建轻纺，2000, (12): 4.

[46] Brandtzaeg P, Farstad I N, Haraldsen G. Regional specialization in the mucosal immune system: primed cells do not always home along the same track [J]. 1999.

[47] 陆扬，姚文，朱伟云. 益生菌——新型免疫调节剂 [J]. 微生物学通报，2005.

[48] Isolauri E, Salminen S, Ouwehand A C. Microbial-gut interactions in health and disease. Probiotics [J]. Best Practice & Research Clinical Gastroenterology, 2004, 18(2): 299-313.

[49] Vaerman J P, Langendries A, Pabst R, et al. Contribution of serum IgA to intestinal lymph IgA, and vice versa, in minipigs [J]. Veterinary Immunology & Immunopathology, 1997, 58(3-4): 301.

[50] 吴国豪. 肠道屏障功能 [J]. 肠外与肠内营养，2004, 11(1): 44-47.

[51] Medici M, Vinderola C G, Perdigón G. Gut mucosal immunomodulation by probiotic fresh cheese [J]. International Dairy Journal, 2004, 14(7): 611-618.

[52] Vinderola G, Matar C, Perdigón G. Milk fermented by *Lactobacillus helveticus* R389 and its non-bacterial fraction confer enhanced protection against *Salmonella enteritidis* serovar *Typhimurium* infection in mice [J]. Immunobiology, 2007, 212(2): 107-118.

[53] Le Blanc A de M,Chaves S,Carmuega E, et al. Effect of long-term continuous consumption of fermented milk containing probiotic bacteria on mucosal immunity and the activity of peritoneal macrophages [J]. Immunobiology, 2008, 213(2): 97-108.

[54] Duc L H, Hong H A, Uyen N Q, et al. Intracellular fate and immunogenicity of *B. subtilis* spores [J]. Vaccine, 2004, 22(15-16): 1873-1885.

[55] Barák I, Ricca E, Cutting S M. From fundamental studies of sporulation to applied spore research [J]. Molecular Microbiology, 2010, 55(2): 330-338.

[56] Duc L H, Hong H A, Atkins H S, et al. Immunization against anthrax using *Bacillus subtilis* spores expressing the anthrax protective antigen [J]. Vaccine, 2007, 25(2): 346-355.

[57] Isticato R, Cangiano G, Tran H T, et al. Surface display of recombinant proteins on *Bacillus subtilis* spores [J]. Journal of Bacteriology, 2001, 183(21): 6294.

[58] Mauriello E, Le H D, Isticato R, et al. Display of heterologous antigens on the *Bacillus subtilis* spore coat using CotC as a fusion partner [J]. Vaccine, 2004, 22(9-10): 1177-1187.

[59] Hoang T H, Hong H A, Clark G C, et al. Recombinant *Bacillus subtilis* expressing the *Clostridium perfringens* alpha toxoid is a candidate orally delivered vaccine against necrotic enteritis [J]. Infection and immunity, 2008, 76(11): 5257-5265.

[60] Zhou Z, Xia H, Hu X, et al. Oral administration of a *Bacillus subtilis* spore-based vaccine expressing *Clonorchis sinensis* tegumental protein 22.3 kDa confers protection against Clonorchis sinensis [J]. Vaccine, 2008, 26(15): 1817-1825.

[61] 李志会，岳盈盈，李鹏，等. EV71VP1黏膜疫苗制备及其诱导黏膜免疫的实验研究 [J]. 山东医药，2011, 51(43): 2.

[62] Amuguni H, Lee S, Kerstein K, et al. Sublingual immunization with an engineered *Bacillus subtilis* strain expressing tetanus toxin fragment C induces systemic and mucosal immune responses in piglets [J]. Microbes and Infection, 2012, 14(5): 447-456.

[63] 周珍文，胡旭初，邓秋连，等. 枯草杆菌芽孢抵抗胃肠道环境的耐性评估 [J]. 热带医学杂志，2008, 8(3): 4.

[64] Song M, Hong H A, Huang J M, et al. Killed *Bacillus subtilis* spores as a mucosal adjuvant for an H5N1 vaccine [J]. Vaccine, 2012, 30(22): 3266-3277.

[65] Barnes A G C, Cerovic V, Hobson P S, et al. *Bacillus subtilis* spores: A novel microparticle adjuvant which can instruct a balanced Th1 and Th2 immune response to specific antigen [J]. European Journal of Immunology, 2007, 37(6): 1538–1547.

[66] 李丽，谯士彦，祝发明，等. 蜜蜂抗菌肽Abaecin在枯草杆菌中的分泌表达 [J]. 畜牧兽医学报，2009, 40(11): 1681-1685.

[67] 李丽. 芽孢型益生菌黏膜疫苗平台的构建与生物学特性研究 [D]；中山大学，2009.

[68] 石英，周育森，郭彦，等. 梭状芽孢杆菌口服疫苗载体表达HIVp24蛋白的研究 [C]. 武汉现代病毒学国际研讨会，F, 2007.

[69] 牛丹丹，石贵阳，王正祥. 分泌高效蛋白的地衣芽孢杆菌及其工业应用 [J]. 生物技术通报，2009, (6): 6.

[70] 周殿元，潘令嘉. 肠道菌群失调及治疗进展 [J]. 胃肠病学，2001, 006(004): 附2-附4.

[71] 唐娟，张毅，李雷雷，等. 地衣芽孢杆菌应用研究进展 [J]. 湖北农业科学，2008, 47(3): 351-354.

[72] 胡桂林，王德良，张雪峰，等. 用Biolog微生物自动分析系统鉴定大曲中地衣芽孢杆菌的研究 [J]. 酿酒，2007.

[73] 刘燕，王静慧. 微生态学理论和我国动物微生态制剂研究现状 [J]. 中国兽药杂志，2002, 36(8): 4.

[74] Kim Y, Cho J Y, Kuk J H, et al. Identification and antimicrobial activity of phenylacetic acid produced by *Bacillus licheniformis* isolated from fermented soybean, Chungkook-Jang [J]. Current Microbiology, 2004, 48(4): 312-317.

[75] Duc L H, Hong H A, Barbosa T M, et al. Characterization of bacillus probiotics available for human use [J]. Applied and Environmental Microbiology, 2004, 70(4): 2161-2171.

[76] 潘康成. 地衣芽孢杆菌对家兔细胞免疫功能的影响 [J]. 四川农业大学学报，1997, 15(3): 4.

[77] 潘康成，何晴清. 地衣芽孢杆菌对家兔体液免疫功能的影响研究 [J]. 中国微生态学杂志，1998, 10(4): 3.

[78] 刘阳. 地衣芽孢杆菌KL6对鲤鱼生产性能及消化酶活性的影响 [D]. 天津：天津师范大学，2012.

[79] 王海丰，张义正. 地衣芽孢杆菌HX-12-5的鉴定及中性蛋白酶性质的研究 [J]. 四川大学学报（自然科学版），2002, 39(5): 948-951.

[80] Carol, Ash, Fergus, et al. Molecular identification of rRNA group 3 bacilli (Ash, Farrow, Wallbanks and Collins) using a PCR probe test [J]. Antonie van Leeuwenhoek, 1993.

[81] Buts J P. Twenty-five years of research on *Saccharomyces boulardii* trophic effects: updates and perspectives [J]. Dig Dis, 2009, 54(1): 15-18.

[82] Hatoum R, Labrie S, Fliss I. Antimicrobial and probiotic properties of yeasts: from fundamental to novel applications [J]. Frontiers in Microbiology, 2012, 3.

[83] Tomicic Z, Colovic R, Cabarkapa I, et al. Beneficial properties of probiotic yeast *Saccharomyces boulardii* [J]. Food and Feed Research, 2016, 43(2): 103-110.

[84] Yang X Y, Zhang R M, Tian S Q, et al. *Saccharomyces boulardii* administration can inhibit the formation of gastric lymphoid follicles induced by *Helicobacter suis* infection [J]. Pathogens and disease[electronic], 2017, 75(1).

[85] Kelesidis T, Pothoulakis C. Efficacy and safety of the probiotic *Saccharomyces boulardii* for the prevention and therapy of gastrointestinal disorders [J]. Therapeutic Advances in Gastroenterology, 2012, 5(2).

[86] Sharif M R, Kashani H H, Ardakani A T, et al. The effect of a yeast probiotic on acute diarrhea in children [J]. Probiotics & Antimicrobial Proteins, 2016, 8(4): 211-214.

[87] LP/GAS, GROUP. Energy transfer partners closes on TXU fuel acquisition [J]. LP/Gas, 2004, 64(7): 40.

[88] Mcfarland L V. *Saccharomyces boulardii* is not *Saccharomyces cerevisiae* [J]. Clinical Infectious Diseases An Official Publication of the Infectious Diseases Society of America, 1996, (1): 200-201.

[89] 肖永友，方志逸，陈倩婷，等. 布拉氏酵母菌特性及培养条件的研究 [J]. 饲料研究，2010, (3): 3.

[90] Edwards-Ingram, L. C. Comparative genomic hybridization provides new insights into the molecular taxonomy of the *Saccharomyces* sensu stricto complex [J]. Genome Research, 2004, 14(6): 1043-1051.

[91] Posteraro B, Sanguinetti M, Romano L, et al. Molecular tools for differentiating probiotic and clinical strains of *Saccharomyces cerevisiae* [J]. International Journal of Food Microbiology, 2005, 103(3): 295-304.

[92] Khatri I, Tomar R, Ganesan K, et al. Complete genome sequence and comparative genomics of the probiotic yeast *Saccharomyces boulardii* [J]. Scientific Reports, 2017, 7(1): 371.

[93] Datta S, Timson D J, Annapure U S. Antioxidant properties and global metabolite screening of the probiotic yeast *Saccharomyces cerevisiae* var. *boulardii* [J]. Journal of the Science of Food & Agriculture, 2016, 97(9): 3039.

[94] Hudson L E, Mcdermott C D, Stewart T P, et al. Characterization of the probiotic yeast *Saccharomyces boulardii* in the healthy mucosal immune system [J]. PLoS ONE, 2016, 11(4): e0153351.

[95] Czerucka D, Piche T, Rampal P. Review article: yeast as probiotics — *Saccharomyces boulardii* [J]. Alimentary Pharmacology & Therapeutics, 2010, 26(6): 767-778.

[96] Ryan E P, Heuberger A L, Weir T L, et al. Rice bran fermented with *Saccharomyces boulardii* generates novel metabolite profiles with bioactivity [J]. Journal of Agricultural and Food Chemistry, 2011, 59(5): 1862-1870.

[97] Cassanego D B, Dos Santos Richards N S P, Mazutti M A, et al. Yeasts: diversity in kefir, probiotic potential and possible use in ice cream [J]. Ciencia e Natura, 2015, 37: 175-186.

[98] Szajewska H, Skórka A, Dylag M. Meta-analysis: *Saccharomyces boulardii* for treating acute diarrhoea in children [J]. Alimentary Pharmacology & Therapeutics, 2007, 25(3).

[99] Kurugöl Z, Koturoğlu G. Effects of *Saccharomyces boulardii* in children with acute diarrhoea [J]. Acta Paediatrica, 2005, 94(1): 44-47.

[100] Garrido-Mesa, Natividad, Rodriguez-Nogales, et al. A new therapeutic association to manage relapsing experimental colitis: Doxycycline plus *Saccharomyces boulardii* [J]. Pharmacological research: The official journal of The Italian Pharmacological Society, 2015.

[101] Profir A-G, Buruiana C-T, Vizireanu C. Effects of *S. cerevisiae* var. *boulardii* in gastrointestinal disorders [J]. J Agroaliment Proc Technol, 2015, 21(2): 148-155.

[102] Castagliuolo I, Lamont J T, Nikulasson S T, et al. *Saccharomyces boulardii* protease inhibits *Clostridium difficile* toxin A effects in the rat ileum [J]. Infection and immunity, 1996, 64(12): 5225-5232.

[103] Buts J-P, De Keyser N. Effects of *Saccharomyces boulardii* on intestinal mucosa [J]. Digestive diseases and sciences, 2006, 51(8): 1485-1492.

[104] Brandão R L, Castro I M, Bambirra E A, et al. Intracellular signal triggered by cholera toxin in *Saccharomyces boulardii* and *Saccharomyces cerevisiae* [J]. Applied and environmental microbiology, 1998, 64(2): 564-568.

[105] Czerucka D, Dahan S, Mograbi B, et al. *Saccharomyces boulardii* preserves the barrier function and modulates the signal transduction pathway induced in enteropathogenic *Escherichia coli*-infected T84 cells [J]. Infection and immunity, 2000, 68(10): 5998-6004.

[106] Wu X, Vallance B A, Boyer L, et al. *Saccharomyces boulardii* ameliorates *Citrobacter rodentium*-induced colitis through actions on bacterial virulence factors [J]. American Journal of Physiology-Gastrointestinal and Liver Physiology, 2008, 294(1): G295-G306.

[107] Swidsinski A, Loening–Baucke V, Verstraelen H, et al. Biostructure of fecal microbiota in healthy subjects and patients with chronic idiopathic diarrhea [J]. Gastroenterology, 2008, 135(2): 568-79. e2.

[108] Dalmasso G, Loubat A, Dahan S, et al. *Saccharomyces boulardii* prevents TNF-α-induced apoptosis in EHEC-infected T84 cells [J]. Research in microbiology, 2006, 157(5): 456-465.

[109] Zanello G, Meurens F, Berri M, et al. *Saccharomyces boulardii* effects on gastrointestinal diseases [J]. Current issues in molecular biology, 2009, 11(1): 47-58.

[110] Czerucka D, Rampal P. Experimental effects of *Saccharomyces boulardii* on diarrheal pathogens [J]. Microbes and infection, 2002, 4(7): 733-739.

[111] Canonici A, Siret C, Pellegrino E, et al. *Saccharomyces boulardii* improves intestinal cell restitution through activation of the α2β1 integrin collagen receptor [J]. PloS one, 2011, 6(3): e18427.

[112] Czerucka D, Piche T, Rampal P. Review article: yeast as probiotics–*Saccharomyces boulardii* [J]. Alimentary pharmacology & therapeutics, 2007, 26(6): 767-778.

[113] Khatri I, Akhtar A, Kaur K, et al. Gleaning evolutionary insights from the genome sequence of a probiotic yeast *Saccharomyces boulardii* [J]. Gut pathogens, 2013, 5(1): 1-8.

[114] Batista T, Marques J R E, Franco G, et al. Draft genome sequence of the probiotic yeast *Saccharomyces cerevisiae* var. *boulardii* strain ATCC MYA-796 [J]. Genome announcements, 2014, 2(6): e01345-14.

[115] Cherry J M, Adler C, Ball C, et al. SGD: *Saccharomyces* genome database [J]. Nucleic acids research, 1998, 26(1): 73-79.

[116] Boles E, Hollenberg C P. The molecular genetics of hexose transport in yeasts [J]. FEMS microbiology reviews, 1997, 21(1): 85-111.

[117] Nourani A, Wesolowski-Louvel M, Delaveau T, et al. Multiple-drug-resistance phenomenon in the yeast *Saccharomyces cerevisiae*: involvement of two hexose transporters [J]. Molecular and cellular biology, 1997, 17(9): 5453-5460.

[118] Landry C R, Oh J, Hartl D L, et al. Genome-wide scan reveals that genetic variation for transcriptional plasticity in yeast is biased towards multi-copy and dispensable genes [J]. Gene, 2006, 366(2): 343-351.

[119] Hyle J W, Shaw R J, Reines D. Functional distinctions between IMP dehydrogenase genes in providing mycophenolate resistance and guanine prototrophy to yeast [J]. Journal of Biological Chemistry, 2003, 278(31): 28470-28478.

[120] Mitsui K, Ochi F, Nakamura N, et al. A novel membrane protein capable of binding the Na^+/H^+ antiporter (Nha1p) enhances the salinity-resistant cell growth of *Saccharomyces cerevisiae* [J]. Journal of Biological Chemistry, 2004, 279(13): 12438-12447.

[121] 王龙江．布拉氏酵母菌基因敲除系统的构建及初步应用 [D]．泰安：山东农业大学，2014.

[122] 何菲菲．布拉氏酵母菌细胞壁高含量 β-葡聚糖菌株的构建及功能的研究 [D]．泰安：山东农业大学，2015.

[123] 韩子强．布拉酵母菌 VRP1 基因缺失株构建及其益生功能的研究 [D]．泰安：山东农业大学，2017.

[124] Lazo-Vélez M, Serna-Saldívar S, Rosales-Medina M, et al. Application of *Saccharomyces cerevisiae* var. *boulardii* in food processing: a review [J]. Journal of Applied Microbiology, 2018, 125(4): 943-951.

[125] Chandrasekar Rajendran S, Chamlagain B, Kariluoto S, et al. Biofortification of riboflavin and folate in idli batter, based on fermented cereal and pulse, by *Lactococcus lactis* N8 and *Saccharomyces boulardii* SAA 655 [J]. Journal of applied microbiology, 2017, 122(6): 1663-1671.

[126] Gutierrez-Osnaya L, Román-Gutiérrez A, Gutierrez-Nava M. Evaluación del mosto de cebada para la obtención de oligosacáridos funcionales [J]. P€ ADI Bolet ın Cient ıfico de Ciencias B asicas e Ingenier ıas del ICBI, 2017, 4(1).

[127] Silva J F M D, Peluzio J M, Prado G, et al. Use of probiotics to control aflatoxin production in peanut grains [J]. The scientific world journal, 2015.

[128] Heling A L, Kuhn O J, Stangarlin J R, et al. Controle biológico de antracnose em pós-colheita de banana “Maçã” com *Saccharomyces* spp [J]. Summa Phytopathologica, 2017, 43: 49-51.

[129] Zamora-Vega R, Montañez-Soto J L, Martínez-Flores H E, et al. Effect of incorporating prebiotics in coating materials for the microencapsulation of *Sacharomyces boulardii* [J]. International journal of food sciences and nutrition, 2012, 63(8): 930-935.

[130] Zamora-Vega R, Martínez-Flores H E, Montañez-Soto J L, et al. Viabilidad de *Saccharomyces boullardii* en queso fresco bajo condiciones de acidez “in vitro” [J]. Nova scientia, 2015, 7(15): 68-80.

[131] Rodriguez E, Flores H, Lopez J, et al. Survival rate of *Saccharomyces boulardii* adapted to a functional freeze-dried yogurt: Experimental study related to processing, storage and digestion by Wistar rats [J]. Funct Foods Health Dis, 2017, 7: 98-114.

[132] Arslan S, Erbas M, Tontul I, et al. Microencapsulation of probiotic *Saccharomyces cerevisiae* var. *boulardii* with different wall materials by spray drying [J]. LWT-Food Science and Technology, 2015, 63(1): 685-690.

[133] Ivanova G, Momchilova M, Rumyan N, et al. Effect of *Saccharomyces boulardii* yeasts addition on the taste and aromatic properties of kefir [J]. Journal of the University of Chemical Technology and Metallurgy, 2012, 47(1): 59-62.

第八章
益生元的研究进展

第一节
引言

近年来，越来越多的人关注到肠道微生物对机体健康的重要性。人们发现，肠道微生物的组成与宿主的胖瘦相关[1,2]；肠道中的双歧杆菌和乳杆菌数量的变化，会影响人体的健康状况和胃肠道的消化功能[3]；在肠道疾病患者或患病动物的治疗中，补充有益的肠道菌，有利于机体的康复和病症的减轻[4-6]；人们还发现，肠道中的某些细菌（如艾克曼菌）可以增强癌症免疫治疗的效果[7]。这些重要的发现，使人们认识到了肠道微生物对人类健康的重要性。

益生元（prebiotics）作为一种膳食补充剂，是肠道微生物的调节剂，也会对健康产生重要的影响。大部分的益生元是难以消化的碳水化合物，它们不被人类的胃肠道所消化吸收，因此能够很顺利地到达结肠。同时，在结肠中聚集了大量不同种类的细菌，一些细菌能够选择性地利用这些碳水化合物而生长，从而形成生长优势。这些细菌通过特定的代谢产物来改变胃肠环境，促进正常的消化功能，促进黏膜屏障的完整性，维护宿主的健康状况。

双歧杆菌、乳杆菌、普氏栖粪杆菌、罗斯氏菌等被人们认为是肠道中的有益细菌。这些细菌体内含有特定的水解酶和底物转运系统，能有效地识别、转运和水解益生元，从而获得生长的能量。同时，它们的代谢产物通过互饲的方式，提供给其他的肠道微生物进一步利用，促进肠道微生物形成一个完整的益生元利用“梯队”。益生元经肠道微生物梯队利用后，被分解代谢成为短链脂肪酸（比如乙酸、丙酸和丁酸等），或作为能量底物提供给肠道上皮细胞，或参与组蛋白的翻译后修饰，或参与免疫耐受以及肠道炎症的控制……可见这类短链脂肪酸发挥着促进健康的作用。因此，益生元的作用机制就是利用其特殊的组成结构，从肠道为数众多的细菌中，有选择性地筛选出能够降解它们的微生物，而这些微生物多数是有益于人体的益生菌。

随着人们对益生元研究的逐步深入，益生元的定义也进行了多次修改完善[8, 9]。

一、益生元定义的研究进展

早在1921年，雷特格和切普林描述了他们的实验：当人类服用一些碳水化合物后，消化道内乳杆菌的数量增多。他们发现，肠道中含有大量的厌氧微生物，它们中有的专门利用食物中还未被消化的物质来进行发酵，获取生长所需要的能量。该发现为微生物组学的研究和发展奠定了重要的基础。

1995年，“益生元之父”，英国雷丁大学食品微生物学教授格林·吉布森就提出：益生元是指一种难以消化的食物成分，它能够选择性地刺激宿主结肠中的一种或有限的几种细菌的生长和其活性，从而为宿主的健康带来益处。

时隔9年，即2004年，吉布森教授和他的研究团队又重新定义了益生元的概念：“一种选择性可发酵的成分，它能特异性地改变胃肠道菌群的组成和（或）活性，从而为宿主的健康和幸福带来益处。”因此，益生元需要满足三个条件：①能够耐受宿主的消化（比如胃酸、哺乳动物消化道的酶类的水解，以及胃肠道的吸收）；②能够被肠道中的细菌发酵；③能选择性地刺激那些能为宿主带来健康效应的肠道细菌的生长和活性。

到2008年，益生菌与益生元国际科学协会（International Scientific Association for Probiotics and Prebiotics，ISAPP）第6次会议给益生元作出如下定义：饮食中的益生元是一种选择性可发酵的成分，它能带来一些特异性的改变，引起胃肠道内的微生物菌群的组成和（或）活性的变化，从而为宿主的健康带来益处。

2016年12月，ISAPP召集了微生物学、营养和临床研究领域专家组成专门小组，对益生元的定义和范围进行了重新定义：“益生元是指可以被宿主体内的微生物选择性利用，从而为宿主健康带来益处的一种底物。”这个定义是专家们结合益生元领域最新的研究进展而制定的，它不仅拓宽了益生元的种类，还拓宽了益生元的作用位点，相比起以前益生元的概念改动非常大。

二、益生元定义修订的原因

益生元领域的研究初期，主要通过分离肠道中的可培养微生物来确定肠道可培养微生物的数量和种类，因此人们对益生元的重点考察指标主要集中在“能引起双歧杆菌和（或）乳杆菌的特异性增殖”上。1995年对益生元的定义就清晰地反映了这一点。随着微生物组学和宏基因组学的发展，研究人员从胃肠道样品中获取了大量微生物的信息，包括能被培养的微生物和不能被培养的微生物、已知微生物和未知微生物的信息等。这就极大拓宽科研人员的认知领域，使人们意识到益生元带来的微生物增殖效应不仅仅局限在一种或几种细菌上，而是某一类群或某些类群微生物增殖的集体效应上。因此，从2004年的定义开始，就没有再对益生元带来的细菌增殖效应进行种类、数量上的限制，但是对“选择性”的限制还是有必要的。这是因为益生元调整的是宿主体内的微生物菌群的组成比例，使有益菌的数量增加而有害菌的数量相对减少，而不是刺激所有的细菌的增殖和活性，导致益生效应丧失。

2016版益生元的定义，首次没有限定益生元的作用部位。以往在益生元的定义中，无一例外地将胃肠道作为益生元的唯一作用位点来进行考察。专家们认为，除了胃肠道以外，人体的皮肤、口腔、尿道和阴道等部位，也聚居着大量的微生物菌群，也是益生元可以发挥作用的靶位点。

2016版“益生元定义”的解释包括以下几方面。

① 它阐明了益生元的作用范围超出了刺激双歧杆菌和乳酸菌的生长和（或）活性，并认识到健康益处也可以从促进其他有益的微生物群类中获得，包括（但不限于）罗斯氏菌属

(*Roseburia*)、真杆菌属（*Eubacterium*)、栖粪菌属（*Faecalibacterium*）等。

②“一种底物”是指微生物可以利用它作为营养物来生长，因此其不包括活的微生物（如益生菌）和抗菌制剂（比如抗生素），也不包括矿物质和维生素。

③ 益生元依赖于微生物的代谢。非微生物效应不符合目前对益生元的定义范围。

④ 与酶或生物活性化学试剂不同，益生元可以选择性地被宿主利用。益生元的实际效应可能是由微生物代谢产物所引起，因此在研究益生元时，需要将微生物菌群的改变和代谢产物一起研究，共同作为“健康”的输出信号。

⑤ 此定义允许一种益生元对任意的宿主微生物生态系统进行改变，而不仅仅只是肠道微生物生态系统。然而，食物来源的益生元有不能被宿主消化，而是被宿主体内的微生物所利用的要求。

⑥ 虽然没有在定义中提到益生元的安全性和使用剂量，但益生元的使用剂量最好能够发挥其益生效果，不能太高，以免产生过多的气体或刺激非选择性利用。适用剂量依据不同的微生物生态系统和代谢影响而有所不同。

从2016版益生元定义的解释中可以看出，益生元效应研究已经进入微生物组、宏基因组、代谢组研究等海量信息的收集和分析阶段，益生效应是一个总体的效应，这些效应关乎着健康。另外，考虑到肠道微生物构成的复杂性和环境的特异性不是体外实验所能够模拟和代表的，因此人们对益生效应的考察更看重体内效应而非体外效应。

三、益生元的功能

人体中生活着大量的细菌，它们分布在消化道、口腔、皮肤、阴道、尿道等处，其中消化道内的细菌数量最为庞大。这些细菌对人类的健康和疾病的发生都起到非常关键的作用。这些细菌有不同的底物嗜好，这主要是跟细菌基因组中编码的水解酶及相关的转运蛋白功能相关。益生元作为一种可被发酵的底物，不能被人体利用，却能选择性地被一类或几类有益微生物所利用，从而使这些类别的有益微生物的数量提升，通过有益微生物的生长和代谢，为宿主带来健康效应。

虽然2016版定义的益生元不仅仅局限在胃肠道效应上，但由于关于食品益生元对胃肠道的益生效应的研究最多，本部分着重于对有关这方面的研究进行阐述。

益生元以温和的方式调整微生态系统中菌群的组成，抑制胃肠功能紊乱，让服用者从抗生素治疗及菌群失调中恢复过来。此外，益生菌利用益生元进行发酵的时候，会产生一系列的代谢产物如短链脂肪酸，这些代谢脂肪酸可以直接或间接改善胃肠道的环境，促进矿物质的吸收、维生素的产生、肠上皮层细胞的修复等，从而促进宿主的健康。

因此，益生元通过选择性刺激宿主体内微生态系统中特定微生物的生长和（或）活性，从而产生了靶向生理和病理指标的益生效果。比利时鲁汶大学的马瑟•罗伯弗洛尔德等研究人员总结了食品益生元的功能[9]，包括：改善和（或）稳定肠道菌群的组成；改善肠道功能（促进粪便膨胀、大便规律性、大便一致性）；增加矿物质的吸收和骨骼健康的改善（提高骨钙含量及骨密度）；调节胃肠肽的产生、能量代谢和饱腹感；启动（出生后）/调节免疫功能；改善肠道屏障功能，减少代谢内毒素血症发生；减少肠道感染的风险；初步减少肥胖、2型糖尿病、代谢综合征等患病风险；减少肠道炎症风险，并提升肠道自我调节能力；降低患结肠癌的风险。

四、益生元的种类

益生元多属于难消化碳水化合物（indigestible carbohydrates），主要包括以下几种。

（1）低聚糖类

低聚糖由单糖分子组合而成，它们的聚合度很低，约含2～10个单糖分子。这些单糖分子通过化学键连在一起，它们不能被人体的消化系统消化，但微生物基因组中具备水解这些化学键的能力，从而利用这些低聚糖来生长。已被人们确定为益生元的低聚糖有两个种类：低聚果糖（fructooligosaccharides，FOSs）和低聚半乳糖（galactooligosaccharides，GOSs）[10]。它们都能在体内的代谢中选择性地刺激有益菌双歧杆菌、乳杆菌等的生长。目前，有很多属于FOSs和GOSs的产品被开发，大多用作膳食补充剂，改善肠胃功能，调节血糖、增强抵抗能力。人们还研究开发出了三种新型的益生元候选品种——低聚葡萄糖（glucooligosaccharides）、低聚木糖（xylooligosaccharides, XOSs）[11]，以及从人乳中提炼出来的人乳低聚糖（human milk oligosaccharides, HMOs）。其中HMOs得到越来越多的认可，一些婴儿奶粉生产厂家在他们的产品中添加了HMOs作为双歧因子去改善婴儿的肠胃功能，以及解决传统的奶粉引起婴儿排便困难的问题。此外，正在被开发研究、具备益生元潜质的品种还有：低聚异麦芽糖（isomalto-oligosaccharides，IMOs）[12]、大豆低聚糖（soybean oligosaccharides , SBOSs）[13]、低聚乳果糖（lactosucrose）[14, 15]以及帕拉金糖[palatinose，又名异麦芽酮糖（isomaltulose）]等[16, 17]。

（2）多糖类

除了聚合度低的低聚糖类以外，益生元成员中还包含聚合度高的多糖类物质，比如菊粉（inulin）和抗性淀粉（resistant starch，RS）。菊粉是比低聚果糖的聚合度更高的果糖多聚物，其聚合度在20～100之间。大量的科学研究证实，菊粉也属于功能性的益生元，它很早就被开发作为膳食补充剂。由于菊粉来源于菊苣等植物，开发成本低于低聚果糖，但功效却与低聚果糖类似，因此菊粉类果聚糖的市场占有份额很大。抗性淀粉聚合度在30～200之间，能被肠道菌群利用，产生代谢产物丁酸盐——一种有利于肠道健康的物质。此外，它还能够选择性地促进有益菌的生长[18, 19]。因此它具备益生元的潜质。

（3）多元醇

具备益生元潜质的还有一类物质叫多元醇，其代表是木糖醇（xylitol）和乳糖醇（lactitol）。在粪便菌群的体外研究实验中发现，肠道细菌可以发酵木糖醇产生短链脂肪酸如丁酸盐[20, 21]；乳糖醇可以调节高脂肪饮食的大鼠的餐后代谢和体重，恢复大鼠的健康指标[22]。此外，木糖醇和乳糖醇还添加到食品中，作为糖尿病患者的甜味剂及添加到口香糖中。因为它们不会被口腔内的微生物发酵产生酸，不会破坏牙齿的牙釉质，所以可以预防食用甜食带来的龋齿。

五、益生元与益生菌的相互关系

益生元作为膳食补充剂，进入人体后被肠道菌群选择性利用，那些能代谢益生元的有益菌会显现出生存优势。益生元调整的是肠道菌群的组成结构，通过提高有益菌的数量，降低有害菌的数量，从而调整肠道代谢产物的类型以及肠道环境。因此，益生元的直接作用靶标就是肠道益生菌。益生元主要通过益生菌的选择性生长优势来体现益生效应。

那如果直接采用口服益生菌的方式，可不可以替代各种益生元产品呢？我们知道，评价益生效应很重要的指标是考察双歧杆菌和乳杆菌的数量的增加。但根据肠道微生物研究进展，有益菌群的概念已经延伸了，除了这两种公认的肠道有益菌以外，还有栖粪杆菌、罗斯氏菌、真杆菌等类别的一些细菌。而且，双歧杆菌的种类也很庞大，比如我们熟悉的两歧双歧杆菌、青春双歧杆菌、长双歧杆菌、婴儿双歧杆菌等，乳杆菌中被人们所熟悉的菌种也包含保加利亚乳杆菌、约氏乳杆菌、瑞士乳杆菌、干酪乳杆菌、副干酪乳杆菌等。益生菌的添加不可能做到同时让整个菌群的结构发生改变，而只能是指定的一种或有限的几种有益菌的增加。从引发的益生效应来看，益生元添加可以让有益菌群中众多种类的成员的绝对数量提高。因此，益生元引发的益生效应更全面、更广泛，而益生菌引发的益生效应指标性更强，相对单一和明确。

合生元（synbiotics）是指益生菌和益生元的复合制剂，该概念的引入也很好地注释了益生元和益生菌之间的关系。根据文献报道，同时引入益生菌和益生元的试验组，往往比单一引入益生元或益生菌的组别有更好的促进健康的益生效果。这可能是因为益生元进入体内后，能够优先被配伍的益生菌所利用，在时间上比其他肠道菌群占据了出发优势。在合生元的服用期间，这种优势会一直保持。而单一引入益生菌，由于缺乏配套的物质能量支持，它们在肠道中会逐渐丧失竞争优势；而单一引入益生元，肠道菌群中有益菌的绝对数量很低，逐步积累数量上的优势需要时间，而肠道菌群又很复杂，在益生元的利用上相互牵制，不能在短时间显现出优势。所以合生元是比益生元更好的服用方式。

综上所述，益生元主要通过促进益生菌的生长优势来发挥益生效应，而益生菌的优势生长需要益生元的补充来维系，因此，二者协同促进益生效应。

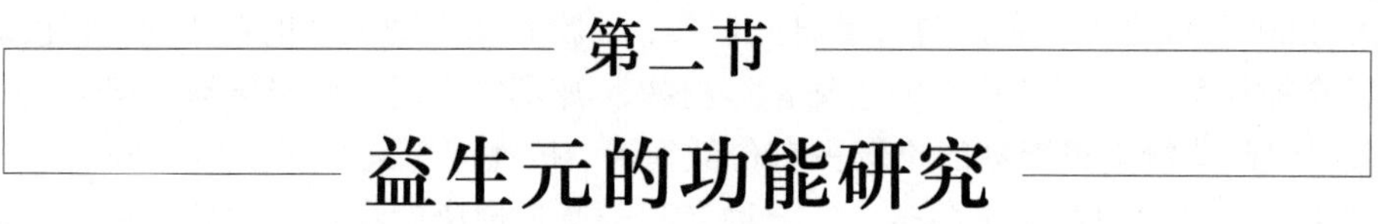

第二节 益生元的功能研究

在2016年版的益生元最新定义中，确定了益生元类物质主要是通过被身体中的微生物菌群利用，从而促进有益细菌的生长，产生相应的益生功能。因此，要探讨益生元的功能，离不开益生菌相关的代谢功能研究。

一、益生元可以促进有益菌群的生长

1．益生菌对低聚果糖的代谢

（1）低聚果糖的组成

低聚果糖主要由果糖单元组成，聚合度较低，果糖单元的数量不超过10个（见图8-1）。低聚果糖主要存在于可食用的植物比如菊芋块茎、菊苣根和菊粉中。低聚果糖的商业化生产主要通过两种方式：一种是利用菊粉内切酶，水解果聚糖的聚合物菊粉，可以获得FF_n型低聚果糖；另一种是利用蔗糖为原料来合成GF_n型低聚果糖。蔗糖是一分子葡萄糖和一分子果糖脱水缩合形成，在此基础上，利用β-呋喃果糖苷酶（β-fructofuranosidase，β-FFases）或β-D-

果糖基转移酶，进行转糖基的作用来合成低聚果糖。

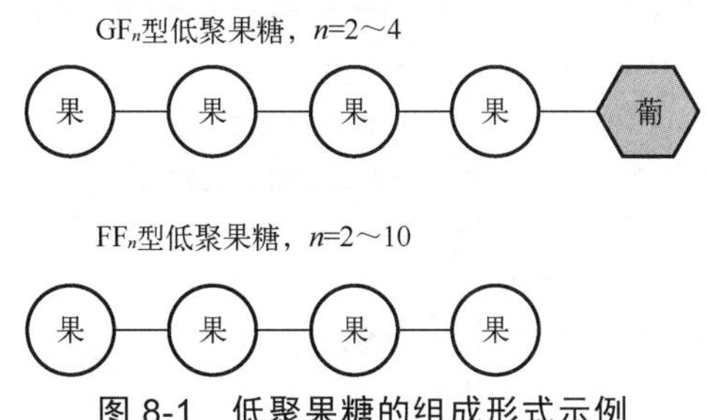

图 8-1　低聚果糖的组成形式示例

（2）双歧杆菌对低聚果糖的代谢[10]

大多数双歧杆菌都可以利用低聚果糖，主要的方式是：利用细菌膜上转运系统，将低聚果糖运输至胞内——该过程多为主动运输，当低聚果糖进入细菌体内后，随即被胞内的β-呋喃果糖苷酶降解，从而释放出单糖被细菌进一步利用。

双歧杆菌能够利用低聚果糖，却不能很好地利用聚合度更高的菊粉（长链的果聚糖），说明双歧杆菌对底物具有选择性，它们更愿意利用聚合度小于8个单糖的短链低聚果糖。这种选择性主要是由底物转运系统决定的。双歧杆菌拥有专门的转运蛋白，负责将低聚果糖从胞外运输到胞内。其中一类转运蛋白是ABC转运蛋白，它是ATP依赖的结合盒转运蛋白（ATP-dependent binding cassette-type transporter, ABC），其功能是利用ATP的能量来协助底物完成跨膜运输，属于主动运输；第二类转运蛋白为促进者超家族转运蛋白（major facilitator superfamily, MFS），如渗透酶（permease），它利用胞内胞外的离子浓度差驱动运输，也属于主动运输。

多数双歧杆菌都能合成β-呋喃果糖苷酶，此酶属于胞内水解酶，可以水解运输到胞内的低聚果糖。研究人员已经在青春双歧杆菌、长双歧杆菌、短双歧杆菌、乳双歧杆菌中找到了编码β-FFases的*cscA*基因，该基因产物专门水解GF_n类型的低聚果糖，将葡萄糖和果糖分子之间的β-2,1-糖苷键断裂，释放出葡萄糖分子；*cscA*基因产物不能水解FF_n型低聚果糖。

Rossi等研究人员考察了21种双歧杆菌对低聚果糖和菊粉的利用情况（图8-2），发现它们全都拥有β-FFases，能够在以低聚果糖为唯一碳源的培养基上生长；但其中只有4种双歧杆菌拥有胞外水解果聚糖的能力，2种能够利用菊粉[23]。利用菊粉的菌种包括嗜热双歧杆菌ATCC 25826和青春双歧杆菌ALB1。研究人员利用高效阴离子交换色谱-脉冲电流检测器检测这两种菌对菊粉的发酵情况，发现嗜热双歧杆菌ATCC 25826能利用聚合度稍低一些的菊粉，而青春双歧杆菌ALB1能利用链长更长的菊粉。这项研究结果充分反映了在双歧杆菌中存在能利用低聚果糖的共性，但对聚合度高的菊粉类果聚糖，反映出菌种的特异性和基因组信息的多样性。虽然到目前为止，双歧杆菌中能够代谢长链菊粉类果聚糖的机制还没有被详细报道，但我们知道，双歧杆菌与肠道微生物存在互饲关系。它们可以以其他肠道微生物（也包括少数双歧杆菌）对聚合度高的菊粉类果聚糖的初步水解释放的产物为底物，再进行代谢。这种互饲关系是各类肠道微生物共存的根本原因。

研究人员发现，双歧杆菌的基因组上，编码具有低聚果糖转运功能的蛋白质的基因和编码水解低聚果糖的水解酶的基因通常位于一个操纵子中，受共同的信号调节。比如研究人员发现在短双歧杆菌UCC2003的基因组中，编码β-FFases的基因*fosC*和一个假定的蔗糖透过酶基因*fosB*（属于MFS超家族）共同处于一个GF_n型低聚果糖和蔗糖诱导的操纵子中[24]。

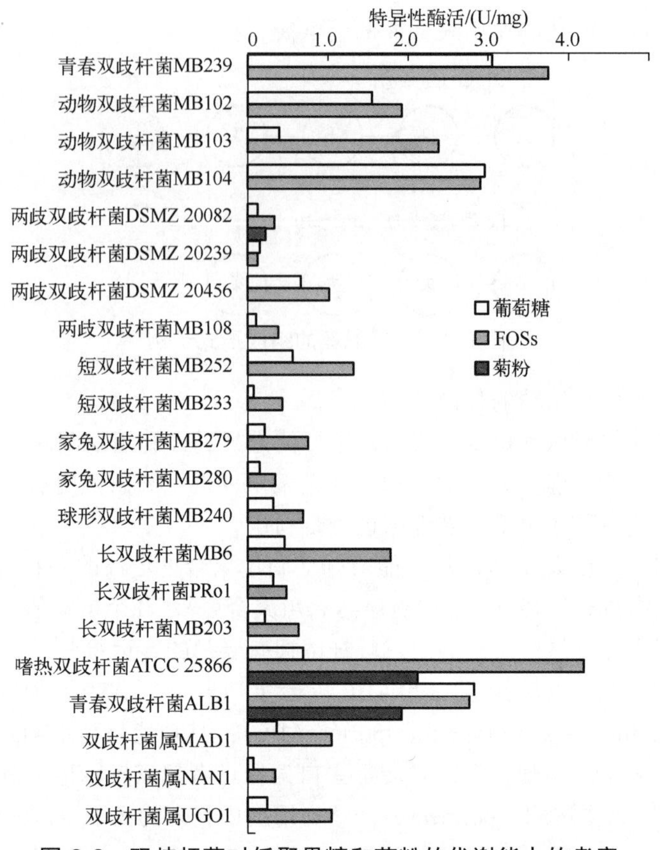

图 8-2　双歧杆菌对低聚果糖和菊粉的代谢能力的考察

酶活单位定义为：每分钟释放 1μmol 还原糖所需的酶量

此外，帕切等人发现，双歧杆菌的基因组中具备多种转运蛋白，这些转运蛋白可以转运包括低聚果糖在内的多种碳水化合物。这体现了双歧杆菌对底物运输的多能性。比如，他们考察了长双歧杆菌对FF$_n$型低聚果糖利用时所涉及的转运蛋白基因[25]。利用芯片转录组技术分析表明，长双歧杆菌专一性利用FF$_n$型低聚果糖时，涉及了9个糖转运系统的诱导，其中包括7个ABC转运蛋白和2个MFS超家族透过酶。这些转运系统不仅会被低聚果糖诱导表达，而且还能在其他底物（如乳糖、麦芽糖等）存在时诱导表达，这说明长双歧杆菌的转运系统在底物特异性方面具有多样性（不是严格的底物专一性），能让细菌相对灵活地利用环境中的碳水化合物，并且节省自己的基因信息。

从以上资料可以看出，双歧杆菌对低聚果糖的利用主要靠不同类型的转运蛋白，将不同形式的底物转运进体内，再利用特有的胞内水解酶对底物进行分解代谢，获取所需要的能量。

（3）乳杆菌对低聚果糖的代谢

随着基因组测序技术和转录组芯片技术的应用，研究人员已经揭示出乳杆菌对低聚果糖的代谢方式。同双歧杆菌一样的是，乳杆菌拥有GH32家族的胞内的β-FFases，能够水解低聚合度的低聚果糖。但乳杆菌还拥有定位于胞外膜上的GH32家族的β-FFases，能够对底物进行胞外水解。这说明乳杆菌对底物的水解可以不拘泥于转运系统的专一性，可以在胞外将长链的底物先进行水解，然后再将聚合度降低的水解产物转运到胞内进行彻底降解。乳杆菌也拥有自己的专属运输蛋白系统，负责运输不同种类的低聚果糖底物。

研究人员已经找到在乳杆菌中存在的多种利用低聚果糖和菊粉类果聚糖的代谢途径，分别是*pts1BCA*、*fos*和*msm*操纵子编码的代谢途径。

第一种代谢途径是以植物乳杆菌WCSF1为代表的*pts1BCA*操纵子。这个代谢途径的特点是通过PTS系统将底物运送到胞内，再利用胞内水解酶将底物进一步代谢。PTS系统全称为“蔗糖磷酸烯醇式丙酮酸依赖的磷酸转运酶系统”，它利用磷酸烯醇式丙酮酸作为能量，对底物进行主动运输，运输的过程中将底物磷酸化，确保其不会在进入胞内后又通过扩散的方式跨膜出去，植物乳杆菌WCSF1中正是存在这样的PTS系统[26]，可以将GF_n型低聚果糖磷酸化后运输进胞内，再通过胞内的β-FFases对底物进行水解，水解产物6-磷酸葡萄糖可以直接进入糖酵解途径，而果糖分子则在同一个操纵子编码基因果糖激酶的作用下，转变成6-磷酸果糖，从而也进入糖酵解途径。研究人员通过芯片分析发现，在低聚果糖的诱导下，该菌PTS编码基因BIIBCA，以及位于同一个操纵子中的β-FFases编码基因、果糖激酶基因、蔗糖操纵子阻遏蛋白基因和α-葡萄糖苷酶基因表达明显上调；而形成鲜明对比的是，其他糖类专有的PTS如甘露糖PTS转运系统的表达则大幅度下调。

第二种代谢途径是以副干酪乳杆菌以及植物乳杆菌P14和P76为代表的*fos*操纵子类型。此类*fos*操纵子编码基因产物的代谢特点是编码定位在膜上具有胞外水解功能的β-果糖苷酶，它可以水解聚合度高的菊粉类果聚糖。同时，该操纵子内具有PTS系统，可以将水解产物运送到胞内进行下一步代谢。Makras等的研究工作显示，副干酪乳杆菌8700:2能够有效地利用菊粉类长链的果聚糖发酵，而且这种对底物的降解作用存在于胞外[27]。Goh等研究人员利用DNA微阵列的方法，考察了副干酪乳杆菌1195对于低聚果糖代谢的应答反应。他们发现了一个长约7.6kb的*fos*操纵子，由*fosABCDXE*基因组成，其中FosABCDX组成了果糖/甘露糖PTS系统，*fosE*是一种带有信号肽的β-果糖苷酶编码基因[28]。使*fosE*失活，则副干酪乳杆菌不能在低聚果糖以及以β-果糖连接的其他碳水化合物平板上生长，说明该基因对菊粉类果聚糖和低聚果糖的利用非常重要。研究人员还发现，低聚果糖的降解活性存在于膜提取物上而不是上清液和胞内提取物中，这进一步证实了副干酪乳杆菌是先在体外对菊粉类果聚糖进行降解，再利用PTS转运系统将降解产物运送到体内。

第三种代谢途径是以嗜酸乳杆菌NCFM为代表的*msm*操纵子代谢类型[29]。该操纵子具有ABC蛋白转运系统*msmEFGK*，负责将低聚果糖转运至胞内；一个LacI家族的转录调节蛋白msmR；一个编码胞内水解酶β-FFases的*bfrA*基因，可以水解蔗糖、菊粉类果聚糖和菊粉；还有一个蔗糖磷酸化酶。此操纵子可以被低聚果糖和蔗糖诱导。值得注意的是*msm*操纵子类型在乳杆菌不同菌种中分布广泛，表明这些菌种都可以以*msm*操纵子代谢类型利用低聚果糖。

除了以上三种代谢类型之外，研究人员在瘤胃乳杆菌（人分离株）ATCC 25644中还发现了一种新的代谢类型：低聚糖H^+同向传递体MFS与一个β-FFases编码基因（其产物为BfrA）组合型。研究人员发现，瘤胃乳杆菌牛分离株27782在低聚果糖培养基中生长较弱，而瘤胃乳杆菌人分离株ATCC 25644则能很好地生长，比较它们的基因组信息，研究人员发现了一个在瘤胃乳杆菌人分离株中存在而在牛分离株中没有的低聚果糖操纵子，该操纵子包括一个MFS超家族中低聚糖H^+同向传递体（OHS）透过酶，一个能够进行胞内水解果糖苷键的BfrA水解酶[30]。推测该菌除了能利用PTS转运系统之外，还能利用透过酶运载底物进行代谢。

从以上资料可以看出，乳杆菌中能够利用低聚果糖的酶类包含细胞膜上锚定的β-果糖苷酶，以及胞内的β-呋喃果糖苷酶；乳杆菌中转运低聚果糖的转运系统包含ABC转运系统、PTS转运系统以及MSF转运系统。但是，对特定的一种乳杆菌菌株而言，并不含有上述所有的水解酶和转运系统。对肠道菌而言，互饲共生是一种很好的生存方式。

2．益生菌对低聚半乳糖的代谢

（1）低聚半乳糖的组成

低聚半乳糖是除了低聚果糖之外另一个被人们认可的益生元。低聚半乳糖通常是由乳糖作为还原性末端，然后再连接1至6个半乳糖单元；有的低聚半乳糖的组成单位全部是半乳糖分子（见图8-3），也不排除有半乳糖分子组成的分支结构。因此，根据分子组成、长度单位和分支结构的不同，低聚半乳糖的结构多种多样，生物利用度也不一样。

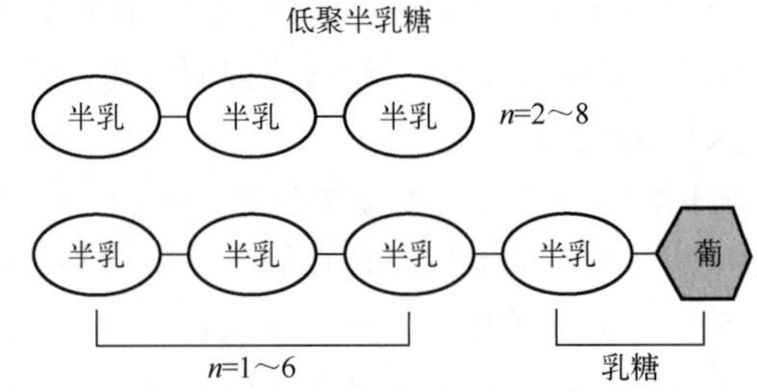

图 8-3　低聚半乳糖的组成形式示例

（2）双歧杆菌对低聚半乳糖（GOSs）的代谢

不同的双歧杆菌，会倾向于利用不同聚合度的低聚半乳糖。比如短双歧杆菌和长双歧杆菌更能有效地利用聚合度为3～8的低聚半乳糖；而青春双歧杆菌则更有效地利用聚合度为3～5和3～6的低聚半乳糖。底物利用的差异性显示了双歧杆菌体内GOSs代谢系统的差异。

长双歧杆菌和短双歧杆菌拥有一种细胞膜结合的内切半乳聚糖酶GalA，它属于糖苷水解酶家族GH53，锚定在胞外膜上，可以将链长>3的半乳聚糖或低聚半乳糖水解，释放半乳三糖；同时，双歧杆菌膜上锚定着多种转运蛋白，包括属于ABC转运蛋白类型的GalCDE，它负责将半乳三糖转运到双歧杆菌胞内，再由胞内的GH42 β-半乳糖苷酶（GalG）对底物进一步水解。双歧杆菌除了GalA-GalCDE-GalG这个代谢低聚半乳糖的途径之外，还存在另外几条代谢低聚半乳糖的途径：其一是LacS-LacZ途径，LacS是一个透过酶，属于MFS超家族中的半乳糖苷-戊糖苷-己糖醛（GPH）阳离子同向转运蛋白家族成员，而LacZ则是GH2家族的胞内β-半乳糖苷酶；其二是GosDEC-GosG途径，GosDEC属于ABC转运蛋白，而GosG属于GH42家族的β-半乳糖苷酶。这些低聚半乳糖的代谢途径的确定主要采用了基因敲除（或失活）的方法：如果使某个途径上的相关蛋白和水解酶失活，细菌的生长仅会受影响但却还能生长，则说明存在另外的代谢底物的途径；如果敲除某个途径以后，细菌完全不能生长，则说明该途径是细菌唯一的底物利用途径。

对短双歧杆菌UCC2003菌株的DNA微阵列分析表明，当菌株生长在纯的半乳聚糖培养基中时，有四个基因簇的表达有明显上升，分别是：①半乳聚糖的代谢途径中的6个基因，它们主要负责水解聚合度高的半乳聚糖；②LacS-LacZ途径的3个基因，负责低聚合度的半乳聚糖的胞内转运和水解；③GOS代谢途径中的5个基因，负责低聚半乳糖的胞内转运和水解；④半乳糖双歧途径，双歧杆菌特有的利用半乳糖进行分解代谢的途径[31]，见表8-1。

表8-1　短双歧杆菌UCC2003对低聚半乳糖的基因组应答（转录水平）

代谢途径	基因标签	假定功能	上调倍数
半乳聚糖代谢途径	Bbr_0417_*galC*	可溶性结合蛋白	285.61
	Bbr_0418_*galD*	糖透过酶	9.08
	Bbr_0419_*galE*	糖透过酶	10.17
	Bbr_0420_*galG*	*β*-半乳糖苷酶 GH42 家族	99.99
	Bbr_0421_*galR*	转录调节蛋白，LacI 家族	6.43
	Bbr_0422_*galA*	内切半乳聚糖酶	45.25
LacS-LacZ 代谢途径	Bbr_1551_*lacS*	半乳糖苷酶同向转运蛋白	174.68
	Bbr_1552_*lacZ*	*β*-半乳糖苷酶 GH2 家族	128.14
	Bbr_1553_*lacI*	转录调节蛋白，LacI 家族	2.9
GOS 代谢途径	Bbr_0526_*gosR*	转录调节蛋白，LacI 家族	5.62
	Bbr_0527_*gosD*	糖透过酶	8.75
	Bbr_0528_*gosE*	糖透过酶	9.99
	Bbr_0529_*gosG*	*β*-半乳糖苷酶 GH42 家族	6.33
	Bbr_0530_*gosC*	可溶性结合蛋白	5.83
半乳糖双歧途径	Bbr_0491_*galT*	半乳糖-1-磷酸尿苷酰转移酶	3.51
	Bbr_0492_*galK*	半乳糖激酶	3.22

Andersen等人在转录组水平分析了乳双歧杆菌Bl-04的基因组中能对低聚半乳糖的诱导产生应答，从而提高其转录水平的功能基因。他们发现，有两个操纵子产生了明显的应答[32]，一个操纵子是由MFS乳糖透过酶转运蛋白与GH2类糖苷水解酶的*β*-半乳糖苷酶组成，类似于短双歧杆菌中LacS-LacZ代谢基因簇；一个操纵子是由ABC转运蛋白与GH42家族的*β*-半乳糖苷酶组成，类似于短双歧杆菌中的GOS代谢途径基因簇。乳双歧杆菌和短双歧杆菌对应的两种利用半乳糖的操纵子虽然基因的同源性不是非常高，但它们有着同样的基因模块组合。

从以上资料可以看出，双歧杆菌拥有胞外水解半乳聚糖的能力，而目前该类水解酶仅在长双歧杆菌和短双歧杆菌中发现；同时也拥有胞内水解低聚半乳糖的能力。转运蛋白则主要涉及ABC转运蛋白系统和MFS超家族透过酶转运系统。

（3）乳杆菌对低聚半乳糖的代谢

乳杆菌对低聚半乳糖的转运，并不像在低聚果糖中那样，能依赖主动运输的三个种类的转运体系。乳杆菌转运低聚半乳糖主要依靠LacS透过酶转运系统，这是此菌利用低聚半乳糖最大的特点。

Andersen等人利用全基因组寡核苷酸微阵列分析了嗜酸乳杆菌NCFM在受到低聚半乳糖诱导后的基因表达情况，从而考察该菌低聚半乳糖的运输和代谢相关基因。他们发现，在一个*gal-lac*基因簇内，存在半乳糖苷-戊糖苷-己糖醛透过酶（属于MFS超家族中GPH家族）编码基因*lacS*；另外存在两个半乳糖苷酶基因——GH42家族的*lacA*和GH2家族的*lacLM*；此基因簇中还涉及勒卢瓦尔半乳糖代谢途径（Leloir pathway）中的酶。当研究人员将*lacS*基因失活，细菌将不再能利用低聚半乳糖、乳糖和乳糖醇，这充分说明了*lacS*基因对该菌利用低聚半乳糖类物质起着十分关键的作用，是这些底物唯一的转运蛋白[33]。

对嗜酸乳杆菌的*gal-lac*基因簇进行了序列测定，发现它和利用低聚半乳糖的其他乳杆菌比如卷曲乳杆菌、约氏乳杆菌、瑞士乳杆菌等相比在结构上具有保守性。另外，在罗伊氏乳杆菌、植物乳杆菌、发酵乳杆菌中，虽然该基因簇的组成结构有变化，但是关键的两个基因——透过酶基因*lacS*和半乳糖苷酶基因*lacA*还是存在的，说明*lacS*与GH42家族*β*-半乳糖苷酶是共进化的关系。

在人来源的瘤胃乳杆菌ATCC 26544中，发现了两个能利用*β*-半乳糖苷底物的操纵子，其基因结构中都含有GPH家族的乳糖透过酶基因*LacY*和*β*-半乳糖苷酶基因*LacZ*。但是在牛来源的瘤胃乳杆菌中却没有找到利用*β*-半乳糖苷底物的操纵子和相关基因，说明在牛的食物中缺乏*β*-半乳糖苷类底物，菌株已经通过长期进化失去了相关的代谢基因[30]。

根据以上资料进行总结，乳杆菌对低聚半乳糖的利用主要通过胞内水解的方式进行，发挥运输作用的主要是GPH家族的透过酶，尤其是LacS；而胞内水解主要依赖GH42家族的*β*-半乳糖苷酶。相比起双歧杆菌存在的多种多样的水解途径和运输蛋白，乳杆菌对低聚半乳糖的利用形式相对简单。

3．益生菌对低聚木糖的利用

（1）低聚木糖（XOSs）的结构

低聚木糖是由一个个木糖单位组成的线性分子，聚合度为2～6。研究人员利用内切木聚糖酶对木聚糖进行水解，可以得到木二糖、木三糖、木四糖等低聚木糖[34]。有时其中的一个木糖单位被阿拉伯糖取代，会形成阿拉伯低聚木糖（AXOSs）（见图8-4）。阿拉伯低聚木糖会专一性地被双歧杆菌利用。

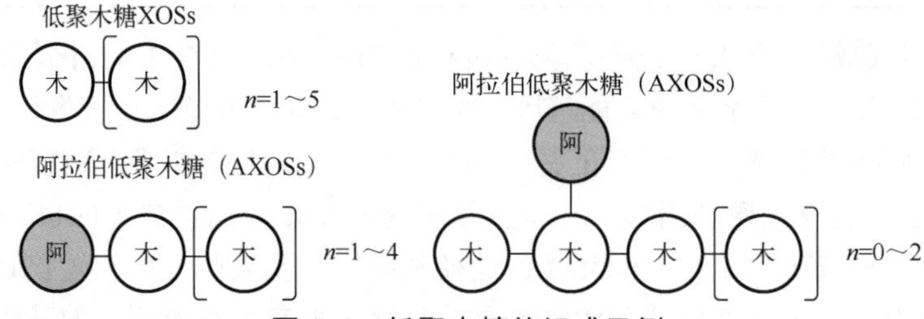

图 8-4　低聚木糖的组成示例

（2）双歧杆菌对低聚木糖的代谢

许多实验数据已经证明，低聚木糖的代谢可以产生明显的双歧效应，说明双歧杆菌能够比其他肠道微生物甚至比其他益生菌更好地利用低聚木糖。因此，双歧杆菌对低聚木糖的利用已经成为益生元领域的研究热点。研究人员已经在多种双歧杆菌比如短双歧杆菌、乳双歧杆菌、青春双歧杆菌、两歧双歧杆菌中发现靶向低聚木糖和阿拉伯低聚木糖的GH家族的水解酶，还发现负责转运低聚木糖的ABC转运蛋白在双歧杆菌中普遍存在。比如有研究人员对动物双歧杆菌亚种乳双歧杆菌BB-12的转录组和蛋白质组分析表明，当该细菌在低聚木糖的培养基上生长时，ABC转运蛋白的表达量提高，这初步说明低聚木糖是通过胞内降解的途径进行代谢的。根据研究人员的分析，聚合度为2～6的低聚木糖通过ABC转运蛋白运输到胞内，再由胞内的*β*-1,4-木聚糖酶或*β*-木糖苷酶进行水解。其中*β*-1,4-木聚糖酶可以从底物分子内部随机切割糖苷键；而*β*-木糖苷酶通过外切的方式从非还原性末端水解低聚木糖产生D-木糖。但是*β*-1,4-木聚糖酶仅在双歧杆菌属的长双歧杆菌中发现，但对它的研究资料目前很少，仅从基因水平和酶活水平证明了它的存在[35]。但是，关于ABC转运系统、*β*-

木糖苷酶等在低聚木糖代谢中的作用却研究得非常充分。另外，阿拉伯低聚木糖因为具备明显的双歧效应，也日益受到人们的重视。研究人员发现了在低聚木糖代谢操纵子内部有一种水解酶——β-呋喃阿拉伯糖苷酶（Abf），它可以水解掉阿拉伯低聚木糖上的呋喃阿拉伯糖苷，得到低聚木糖的骨架结构。此低聚木糖经过β-木糖苷酶的水解，得到单分子的D-木糖。D-木糖再由木糖异构酶转换成5-磷酸木酮糖，从而进入到6-磷酸果糖分支代谢途径进行代谢。

Ejby等研究人员证明了在乳双歧杆菌Bl-04中，转运低聚木糖和阿拉伯-低聚木糖都是通过ABC转运蛋白系统，其中负责结合底物的蛋白质为BIAXBP。BIAXBP蛋白可以转运阿拉伯糖修饰或不修饰的低聚木糖。研究人员进行了BIAXBP蛋白的晶体学分析，此蛋白质的底物识别部位根据底物不同而具有可塑性，比如它可以结合木四糖、木三糖、阿拉伯木三糖、阿拉伯木二糖等，而且允许底物有不同的朝向。该转运系统底物结合域充分展示了多能转运的潜力，是双歧杆菌能有效利用低聚木糖的重要原因[36]。比较其他的双歧杆菌的基因组，发现BIAXBP蛋白的基因非常保守（见图8-5）。

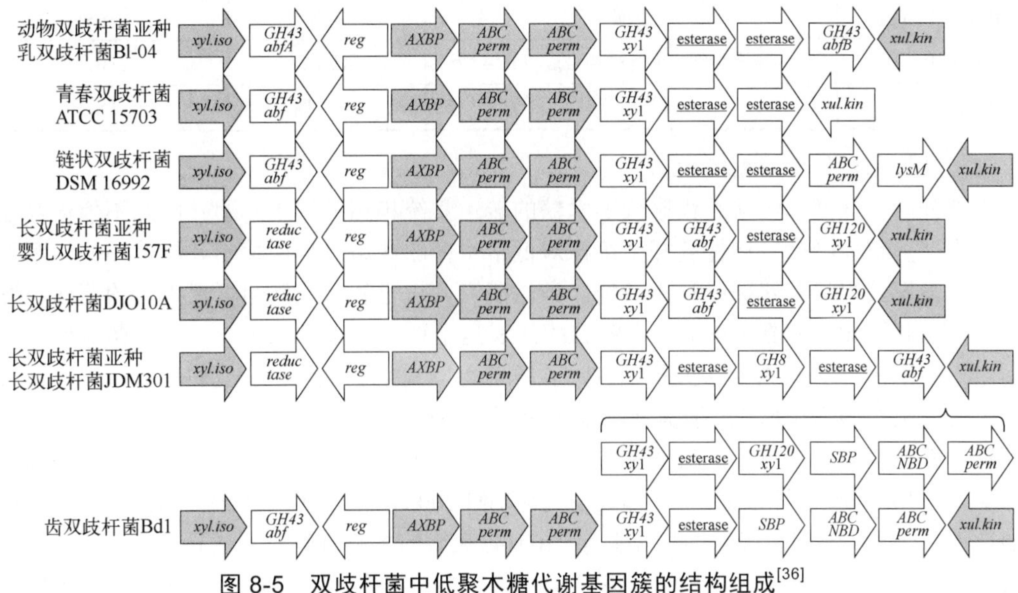

图 8-5　双歧杆菌中低聚木糖代谢基因簇的结构组成[36]

Andersen等则分析了乳双歧杆菌代谢低聚木糖和阿拉伯低聚木糖的操纵子组成和各组件的功能[32]，他们发现，该操纵子内包括一个ABC转运蛋白系统（含透过酶单元和结合单元），一个GH43家族的β-木糖苷酶，2个GH43家族的呋喃阿拉伯糖苷酶，以及将水解产物D-木糖进行双歧途径代谢的相关酶类（见表8-2以及图8-5）。从各种双歧杆菌低聚木糖代谢操纵子的基因组成元件可以看出，转运组件、水解酶组件、双歧途径代谢组件是相对固定的。乳杆菌中存在的这种代谢低聚木糖的操纵子结构在其他双歧杆菌中普遍存在，但却很难在其他肠道菌群中发现。因此，低聚木糖的利用是双歧杆菌属的一个特点。

从以上资料可以看出，双歧杆菌普遍能利用低聚木糖的各种底物，它们主要通过胞内水解这条途径，通过膜上的ABC转运系统将低聚木糖底物转运到体内，再利用呋喃阿拉伯糖苷酶、β-木糖苷酶等水解底物成为D-木糖，再利用木糖异构酶将底物导入到双歧途径中加以利用，从而有效地利用了低聚木糖。

表8-2 乳双歧杆菌Bl-04基因组中低聚木糖代谢相关基因[32]

开放阅读框	基因注释	最强诱导底物	转录水平上调倍数
Balac_0511	木糖异构酶	XOSs	13.8
Balac_0512	α-L-呋喃阿拉伯糖苷酶，GH43	XOSs	6.8
Balac_0513	转录调节蛋白（LacI 型）	木二糖	3.0
Balac_0514	ABC 转运蛋白，低聚糖结合蛋白	XOSs	9.0
Balac_0515	ABC 转运蛋白，透过酶单位	XOSs	16.8
Balac_0516	ABC 转运蛋白，透过酶单位	XOSs	18.3
Balac_0517	β-木糖苷酶，GH43	XOSs	17.9
Balac_0518	假定的碳水化合物酯酶	XOSs	14.2
Balac_0519	酯酶	XOSs	6.9
Balac_0520	α-L-呋喃阿拉伯糖苷酶，GH43	XOSs	10.2
Balac_0521	木酮糖苷酶	木二糖	18.2

（3）乳杆菌对低聚木糖的代谢

大部分的乳杆菌体内缺乏代谢低聚木糖的转运系统和相关的水解酶，因此不能很好地利用低聚木糖。有人考察了15株乳杆菌菌株对低聚木糖的利用（其中植物乳杆菌13株，短乳杆菌2株），发现其中只有四株能利用底物。虽然研究人员也从这些利用低聚木糖的菌株中发现了底物代谢基因比如木聚糖酶和β-木糖苷酶的表达上调，但总体水平上，乳杆菌对低聚木糖的利用效率不高。Xu等人的研究证明，短乳杆菌可以利用低聚木糖。他们先利用类芽孢菌作用于玉米秆来源的木聚糖，由于类芽孢菌中有至少7种木聚糖酶，可以将木聚糖水解成低聚木糖。这些低聚木糖产物再用于培养短乳杆菌，可以让短乳杆菌很好地生长并利用底物代谢产生乙酸[37]。Michlmayr等人则研究了短乳杆菌DSM 20054基因组中的低聚木糖水解相关酶类。他们发现，DSM 20054基因组中存在假定的GH43家族的木糖苷酶，经过异源表达，此酶可以有效地水解低聚木糖；基因组中还存在GH51家族的呋喃阿拉伯糖苷酶（Abf3），它可以从阿拉伯低聚木糖底物中水解释放呋喃阿拉伯糖苷。但是作者通过研究乳杆菌目中相关基因的分布发现，GH43家族的木糖苷酶和GH51家族的呋喃阿拉伯糖苷酶在同型乳酸发酵的乳杆菌中很少存在，它们主要存在于异型乳酸发酵的乳杆菌中[38]。

针对乳杆菌对低聚木糖的代谢相关的研究很少，所以对低聚木糖是胞外水解还是胞内水解，有没有特定的转运蛋白，这些研究资料还很缺乏。

4．益生菌对低聚葡萄糖的利用

（1）低聚葡萄糖类底物的结构

低聚葡萄糖并不是一种物质，而是葡萄糖单元组成的益生类物质的统称，它们包括聚葡萄糖（polydextrose, PDX）、低聚异麦芽糖（isomalto-oligosaccharides, IMOs）和潘糖（panose）等（见图8-6）。我们知道，人体对淀粉类葡萄糖聚合物的利用度很高，这是因为无论是直链淀粉，还是支链淀粉，α-1,4-糖苷键是所有葡萄糖单元的主要的连接方式；人们熟悉的麦芽糖，它是由两个葡萄糖分子通过α-1,4-糖苷键连接而成，因而也能被很好地利用，转变成为两个分子的葡萄糖；而异麦芽糖，是两个葡萄糖分子通过α-1,6-糖苷键连接的物质，人体缺乏水解此类糖苷键的酶类，就不能利用它。所以，以异麦芽糖为组成结构的潘糖和低聚异麦芽糖，都属于结肠菌群的食物，只有肠道微生物能够利用它们进行发酵。而聚葡萄糖则是一类具有独特结构的葡萄糖分子组合体，特点是分支多，连接键种类多，据文献报道，聚葡萄糖的平均聚合度为12，连接形式包括α型和β型的1,2-糖苷键、1,3-糖苷键、1,4-糖苷键和1,6-糖苷键，并且以α型和β型的1,6-糖苷键为多[39]，故聚葡萄糖属于膳食纤维，研究人员正在对它的益生效果进行研究。

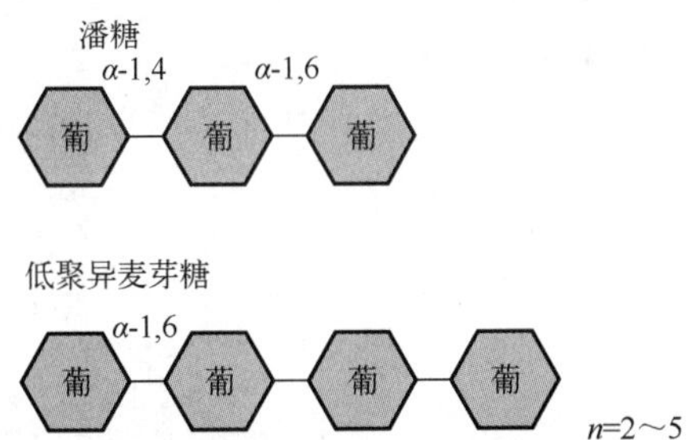

图 8-6　潘糖和低聚异麦芽糖的结构组成示例

（2）双歧杆菌对低聚葡萄糖的代谢

糖苷水解酶家族GH13的大部分成员都可以水解α-葡聚糖底物，而在双歧杆菌中，也存在GH13家族水解酶。Andersen等分析乳双歧杆菌对不同的低聚糖的利用时发现，能诱导乳双歧杆菌水解α-1,6-葡萄糖苷的水解酶基因与水解α-1,6-半乳糖苷的水解酶基因位于同一个操纵子中（见图8-7），也就是说这个操纵子可以由低聚异麦芽糖底物和α-1,6-半乳糖苷底物共诱导。此操纵子内部还有ABC转运蛋白基因，说明了这个操纵子中的ABC转运蛋白具有潜在的双特异性[32]，它既可以转运α-1,6-半乳糖苷底物，也可以转运α-1,6-葡萄糖苷底物。

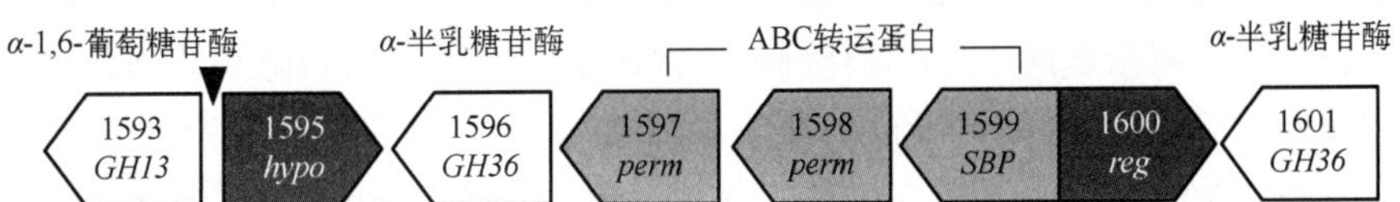

图 8-7　乳双歧杆菌中降解 α-1,6-半乳糖苷底物和 α-1,6-葡萄糖苷底物的功能基因位于同一个操纵子内

Ejby等研究人员解析了乳双歧杆菌Bl-04转运潘糖的转运蛋白系统中底物结合蛋白*Bl*G16BP的结构。乳双歧杆菌通过ABC转运蛋白系统来转运α-1,6-葡萄糖苷底物，同时也转运α-1,6-半乳糖苷底物比如棉子糖（raffinose）。研究团队通过对*Bl*G16BP的结构进行解析，阐明了该蛋白质底物结合结构域的组成具有一定的弹性，可以根据底物的不同而调整适配氨基酸残基，其本质是识别非还原性的α-1,6-双糖苷底物（见图8-8）[40]。

潘糖是一个三糖分子，由一个麦芽糖分子以α-1,6-糖苷键与一分子葡萄糖连接；而棉子糖也是三糖分子，是一个蔗糖分子再以α-1,6-糖苷键与一分子半乳糖连接。所以二者在结构上有不同之处，也存在共同的结构：α-1,6-糖苷键。所以*Bl*G16BP结合蛋白在选择运输的底物时，既能保证底物特异性，也存在适应环境而进化出来的底物多样性。此外，作者比较了*Bl*G16BP结合蛋白类似物在肠道菌群中的分布，他们发现，该类ABC转运蛋白系统主要存在于双歧杆菌中，另外一些厚壁菌门的肠道菌也存在这样的转运系统，而在大部分的肠道菌中，该转运系统是缺失的。所以，*Bl*G16BP类ABC转运蛋白是双歧杆菌能够利用α-1,6-糖苷键底物的关键。

短双歧杆菌UCC2003体内至少有四种可以水解α-1,6-葡萄糖苷底物的酶，分别是Agl1、Agl2、Agl3和MelD，它们都属于GH13家族。其中，研究人员发现Agl3水解酶的强大功能，它能水解α-1,2-葡萄糖苷键、α-1,3-葡萄糖苷键、α-1,4-葡萄糖苷键、α-1,5-葡萄糖苷键和α-1,6-葡萄糖苷键，只是不能水解β型的葡萄糖苷键[41]。

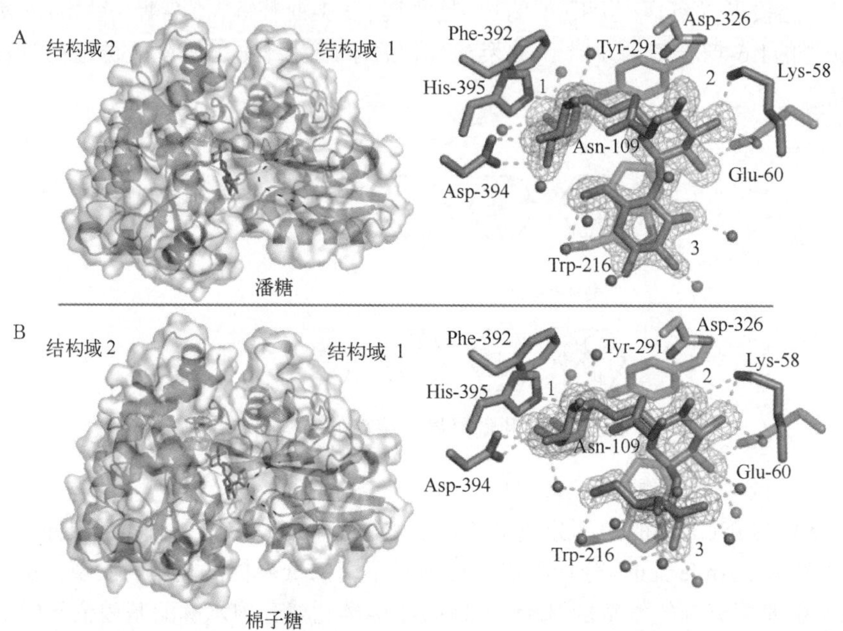

图 8-8　乳双歧杆菌 Bl-04 ABC 转运系统底物结合蛋白 BlG16BP 的结构解析[40]（见彩图）

A 为 *Bl*G16BP 与潘糖的结合；B 为 *Bl*G16BP 与棉子糖的结合

从以上资料可以看出，对于聚合度较小的低聚葡萄糖底物，双歧杆菌主要采取ABC转运系统转运至胞内，再利用水解α-1,6-糖苷键的水解酶进行分解，使之降解成葡萄糖分子，然后进入双歧途径发酵。然而，对聚合度高一些的聚葡萄糖，双歧杆菌又是怎样对它进行利用呢？

有文献报道，聚葡萄糖能够使人体产生双歧效应，即刺激肠道中的双歧杆菌数量的增加，但具体的代谢机制并不清楚。在O'Connell的一篇研究论文中，提到了短双歧杆菌UCC2003具有一种定位在细胞膜上的支链淀粉酶ApuB。此酶全长（包括信号肽）1708个氨基酸，是一个典型的双功能酶，其N端结构域具有水解α-1,4-葡萄糖苷的淀粉酶活性；而C端具有水解α-1,6-葡萄糖苷的支链淀粉酶的活性[42]。因此可以推测，聚合度较高的聚葡萄糖可以在胞外被支链淀粉酶ApuB部分水解，释放低聚合度产物，再经特异性的转运系统内在化后被进一步地水解。但他们的研究并没有将聚葡萄糖作为检测ApuB活性的底物，因此聚葡萄糖胞外水解的途径还有待进一步确定。聚葡萄糖的利用更可能是肠道微生物相互协作，在胞外环境中将聚合度高的底物水解成低聚合度产物，再被双歧杆菌最终分解。

（3）乳杆菌对低聚葡萄糖的代谢

Andersen等报道了嗜酸乳杆菌NCFM对低聚葡萄糖的利用。他们通过差异转录组和功能基因组分析，发现低聚葡萄糖类底物可以诱导该微生物体内的PTS转运系统和ABC蛋白转运系统组件的上调表达。在不同的低聚葡萄糖底物的诱导下，对应的糖苷水解酶家族成员的表达也对应上调，其中包括：①PTS转运系统EIIABC——6-磷酸-β-葡萄糖苷酶（GH1家族水解酶），此途径运输和水解β-类型的葡萄糖苷键（比如聚葡萄糖和纤维二糖中含有此类糖苷键）；

②PTS转运系统EIIABC——麦芽糖-6-磷酸-葡萄糖苷酶（GH4家族水解酶），此途径可以磷酸化α-1,6型葡萄糖苷键底物（比如异麦芽糖和潘糖）并运输入胞内进行水解。同时，他们发现，聚葡萄糖可以诱导低聚果糖-ABC转运系统的表达提升，因此推断低聚果糖的ABC转运系统同时也可以进行聚葡萄糖底物的运输，这也说明了乳杆菌中的ABC转运系统的底物结合蛋白对底物的识别原则也兼具特异性与多样性[43]。

Møller等研究人员利用生物信息学数据分析发现，GH13家族中有一个亚家族31（GH13_31），这类亚家族成员包含了α-1,6-葡萄糖苷酶，能够水解含此糖苷键的底物如低聚异麦芽糖和潘糖。这类GH13_31家族水解酶广泛分布在乳杆菌和双歧杆菌中，从而支持了这些低聚葡萄糖底物能够有效刺激乳杆菌和双歧杆菌生长的观点。这类水解酶家族成员是否可以在胞外水解聚合度更大的底物分子呢？为了了解GH13家族的胞外α-聚葡萄糖水解酶活性在乳杆菌属成员中的分布，Møller等人利用美国国家生物技术信息中心（NCBI）提供的保守结构域数据库（CDD），分析了乳杆菌属和双歧杆菌属中GH13家族的假定胞外水解酶的数量。根据他们的比对分析，从这两个属中共发现了9个假定的胞外水解酶，其中包括前文中提及的短双歧杆菌中的支链淀粉酶ApuB。根据研究人员的分析，这9个序列仅占已登记的这两类微生物的GH13家族水解酶总量的2.9%[44]。说明能利用聚合淀粉底物的菌种只占少数，而大部分乳杆菌和双歧杆菌都不能在胞外水解聚合度高的葡萄糖聚合物。这充分体现了肠道微生物菌群的分工，乳杆菌和双歧杆菌能更好地利用其他肠道菌群利用不了的低聚合度底物。

因此，乳杆菌对低聚葡萄糖底物的利用研究得比较清楚的代谢途径是利用PTS系统将底物磷酸化后运输入胞内，再利用多能的GH1、GH4或GH13家族水解酶对底物进行降解，最终使分解产物进入糖酵解途径。此外，乳杆菌中也存在ABC转运蛋白，这类转运蛋白的底物识别单元同时还可以识别低聚果糖类底物，使同一种转运系统能够发挥更广泛、灵活的作用。

5．益生菌对人乳低聚糖的代谢

（1）人乳低聚糖的组成结构

人乳低聚糖（human milk oligosaccharides, HMOs）在人乳中的含量非常丰富。它属于难消化的低聚糖类，组成结构中包含5种类型的单糖：D-葡萄糖、D-半乳糖、*N*-乙酰葡萄糖胺、L-岩藻糖和唾液酸（*N*-乙酰神经氨酸）。所有的人乳低聚糖成分中都含有乳糖分子，位于还原性末端。人乳低聚糖的糖骨架是乳糖-乳-*N*-二糖，而唾液酸和岩藻糖是骨架糖上的修饰糖基。当乳糖分子不连接乳-*N*-二糖时，乳糖分子被唾液酸化或岩藻糖化，形成最简单的人乳三糖，比如岩藻糖基乳糖。常见的分子结构是乳糖分子通过β-1,6键和（或）β-1,3键与乳-*N*-二糖的多个重复单元连接，并形成多个分支，每一个分支上又点缀着唾液酸或岩藻糖，形成复杂的糖分子[45]，如图8-9所示。

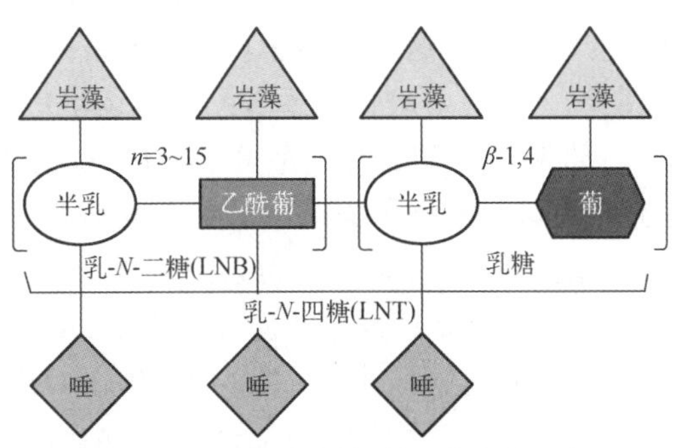

图 8-9　人乳低聚糖的组成结构示例

人乳低聚糖虽然在母乳中含量丰富，但婴儿配方奶粉中却不含有此类低聚糖。因为人乳低聚糖能够被婴儿体内的肠道微生物很好地代谢，产生明显的双歧效应，改善婴儿的消化吸收能力和肠道健康状况，所以配方奶粉的生产商也开始重视在配方奶粉中添加人乳低聚糖。添加的人乳低聚糖主要是通过生物合成的方法获得，产品聚合度低，结构简单，因此服用效果没有天然的人乳低聚糖好。

（2）双歧杆菌对人乳低聚糖的代谢

人们对双歧杆菌代谢人乳低聚糖研究得非常透彻。

在2005年，Kitaoka等研究人员在长双歧杆菌NCC2705中发现了一个新型的半乳糖操纵子，它的功能是代谢半乳-*N*-二糖/乳-*N*-二糖[46]。其中半乳-*N*-二糖是半乳糖-*N*-乙酰半乳糖胺（GNB），它是黏蛋白中的组成结构；乳-*N*-二糖是乳糖-*N*-乙酰葡萄糖胺（LNB），它是人乳低聚糖的组成结构。此操纵子内含有一个ABC型蛋白转运系统，一个GNB/LNB磷酸化酶（GLNBP），以及当底物被降解成单糖后，进一步代谢的相关酶类。GNB/LNB类物质代谢的途径为：ABC转运系统采取主动运输的方式将GNB或LNB转运入胞内，接着GNB/LNB磷酸化酶可将GNB降解，释放出1分子磷酸化半乳糖和1分子的*N*-乙酰半乳糖胺，也可以将LNB降解，释放出磷酸化半乳糖和*N*-乙酰葡萄糖胺。1-*P*-半乳糖再通过同一个操纵子中的尿苷酸转移酶、差向异构酶等，生成尿苷二磷酸葡萄糖，进入糖代谢途径。

Gonza'lez等则考察了上述乳-*N*-二糖代谢途径是否受到人乳底物的诱导。他们通过比较发现，相比起配方奶粉，利用人乳作为培养基的确可以诱导长双歧杆菌中GNB/LNB代谢相关基因簇基因的转录表达集体上调，说明这个GNB/LNB代谢基因簇能够受人乳低聚糖的诱导[47]。

不是所有的双歧杆菌都能很好地利用人乳低聚糖。比如有人证明，利用人乳低聚糖结构单位中的乳-*N*-二糖作为唯一的碳源时，从婴儿粪便中分离到的长双歧杆菌、短双歧杆菌和两歧双歧杆菌能生长；而从成人体内分离的链状双歧杆菌、齿双歧杆菌、角双歧杆菌、乳双歧杆菌、嗜热双歧杆菌等不能生长。研究人员发现，双歧杆菌基因组中存在GNB/LNB磷酸化酶（GLNBP），它能将乳-*N*-二糖分解成为*N*-乙酰葡萄糖胺和1-*P*-半乳糖。扩增这些双歧杆菌基因组中编码GLNBP的基因*lnpA*，发现*lnpA*的存在是乳-*N*-二糖利用的关键[47]。也就是说，那些不能以乳-*N*-二糖为唯一碳源的双歧杆菌，其基因组中不含有*lnpA*基因。在考察对象中只有假链状双歧杆菌例外，虽然从其基因组中扩增不到*lnpA*基因，但该菌却能在乳-*N*-二糖培养基中生长良好。研究者认为该菌不是以磷酸化的形式而是以水解酶的形式来降解乳-*N*-二糖。

Asakuma等考察了长双歧杆菌亚种婴儿双歧杆菌利用人乳低聚糖的功能基因在基因组上的分布。该菌代谢人乳低聚糖的特点是运输进胞内再降解，它的基因组中存在着一个庞大的基因簇，叫HMO-基因簇1，全长43kb。这个基因簇具备代谢复杂结构的HMOs的各种酶类和所需的转运蛋白，如图8-10所示。婴儿双歧杆菌通过ABC转运蛋白把各种HMOs吸收到体内，再利用胞内的β-半乳糖苷酶、岩藻糖苷酶、唾液酸酶等将HMOs逐渐水解，最终将此低聚糖分解为单糖利用[48]，而且胞内的这些水解酶类对利用聚合度≤7的HMOs更具有偏好性。有人在婴儿双歧杆菌基因组HMO-基因簇1之外很远的位置发现了一个能优先利用乳-*N*-四糖的基因Blon_2016，它特异性地编码一个新型的β-半乳糖苷酶Bga42A（属于GH42家族），此酶对乳-*N*-四糖的选择性高于对乳-*N*-二糖的选择性（见图8-9中的HMOs的骨架结构）。发现者给这个酶命名为乳-*N*-四糖-β-1,3-半乳糖苷酶。这可能部分解释了Asakuma等观察到的实验现象，即短双歧杆菌和长双歧杆菌亚种的长双歧杆菌只能利用乳-*N*-四糖。这可能是因为这些菌种拥有乳-*N*-四糖-*β*-1,3-半乳糖苷酶，但是却缺少HMO-基因簇1。Asakuma等还证明了双歧杆菌中存在胞外水解人乳低聚糖的代谢途径，比如两歧双歧杆菌，它可以通过分泌种类各异的水解糖苷酶，包括乳-*N*-二糖酶、1,2-*α*-岩藻糖苷酶、1,3-1,4-*α*-岩藻糖苷酶、*β*-半乳糖苷酶、*β*-*N*-乙酰己糖胺酶等，在胞外将人乳低聚糖降解成为乳-*N*-二糖和其他单糖[48]。随后，乳-*N*-二糖再通过上文描述的GNB/LNB操纵子中的转运蛋白运输到体内，GNB/LNB磷酸化酶对其进行降解，降解生成的磷酸化单糖产物进入糖代谢途径进一步代谢。

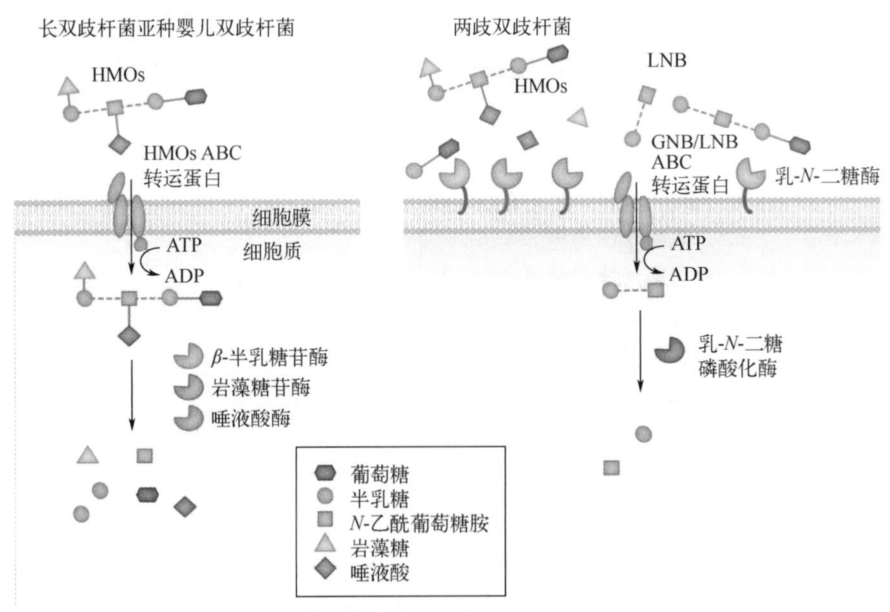

图 8-10　婴儿双歧杆菌和两歧双歧杆菌对 HMOs 的代谢

以上这些代谢途径的介绍充分说明了双歧杆菌能够通过多样的代谢途径和各种工具酶来利用人乳低聚糖。它们具备其他微生物所不具备的利用复杂人乳低聚糖的功能，在婴儿的肠道中占据优势生长的地位，为婴儿的肠道创造出一个健康的环境。

（3）乳杆菌对人乳低聚糖的代谢

Ward等研究人员已经报道，肠道内的乳杆菌并不能利用纯的人乳低聚糖进行代谢生长[49]。Schwab等考察了嗜酸乳杆菌、植物乳杆菌、发酵乳杆菌、罗伊氏乳杆菌等对人乳低聚糖和半乳低聚糖的利用[50]。他们发现，这些乳杆菌不能利用复杂的HMOs，但可以利用HMOs的组成成分比如*N*-乙酰葡萄糖胺等；这些菌也能利用半乳低聚糖。Thongaram等考察了12株乳杆菌和12株双歧杆菌对人乳低聚糖的利用情况。他们的研究工作表明，在考察的12株双歧杆菌中，只有婴儿双歧杆菌和短双歧杆菌能够发酵乳-*N*-新四糖（lacto-*N*-neotetraose，LNnT,）。乳-*N*-新四糖也是人乳低聚糖的组成成分之一，它的组成结构是*β*-Gal-1,4-*β*-GlcNAc-1,3-*β*-Gal-1,4-Glc；而前述提到的乳-*N*-四糖的组成结构为*β*-Gal-1,3-*β*-GlcNAc-1,3-*β*-Gal-1,4-Glc，与乳-*N*-新四糖就有一个糖苷键的连接不同。他们在对乳杆菌的考察中发现，只有嗜酸乳杆菌NCFM能够利用乳-*N*-新四糖，原因是它拥有一个胞外的*β*-半乳糖苷酶，可以将乳-*N*-新四糖的半乳糖末端水解下来，留下一个乳-*N*-三糖分子[51]。

从以上资料可以看出，乳杆菌对人乳低聚糖的利用率很低，相关文献研究资料很少。

6．双歧杆菌和乳杆菌利用各种益生元的小结

从表8-3我们可以看出，对常见的益生元，双歧杆菌都能很好地利用。双歧杆菌体内存在的转运系统主要包括ABC转运系统和MFS透过酶超家族转运系统。它们具备多种多样的底物特异性，能够满足不同益生元底物的转运要求。双歧杆菌对益生元的降解主要以胞内为主，通过转运系统将益生元从外环境中转运至细菌体内，再利用其基因组中多种水解酶家族的成员，将益生元底物进行完全降解，从而满足双歧杆菌生长过程中的营养需求和能量需求。

表8-3　双歧杆菌和乳杆菌对不同益生元的利用能力比较

低聚糖种类	双歧杆菌	乳杆菌
FOSs	ABC 转运蛋白、MFS 透过酶超家族 胞内降解为主 存在胞外降解途径	ABC 转运蛋白、PTS 转运系统、MFS 透过酶超家族 胞内降解为主 存在胞外降解途径
GOSs	ABC 转运蛋白、MFS 透过酶超家族 胞内降解为主 存在胞外降解途径	MFS 透过酶超家族 胞内降解为主
XOSs	ABC 转运蛋白 胞内降解为主	研究资料较少
IMOs	ABC 转运蛋白 胞内降解为主	ABC 转运蛋白、PTS 转运系统 胞内降解为主
HMOs	ABC 转运蛋白 胞内降解为主 存在胞外降解途径	研究资料少

乳杆菌对益生元的利用与双歧杆菌相比有一定的局限性，表现在它对低聚木糖类底物和人乳低聚糖底物利用效率低。但是，乳杆菌能充分利用低聚果糖、低聚半乳糖和低聚葡萄糖类底物。乳杆菌自身拥有多种蛋白转运系统，包括ABC转运系统、PTS转运系统和MFS透过酶超家族转运系统，这些转运系统都被它动员起来运输各种益生元底物进入胞内，从而进行有效的水解和利用。此外，乳杆菌中还存在低聚果糖类物质的胞外水解途径，说明乳杆菌对低聚果糖和菊粉类果聚糖的代谢能力很强。

从以上益生菌对益生元的代谢特点可以看出，益生菌主要利用聚合度低的那些低聚糖类物质。在肠道菌群中，最先接触食物的是胃内和小肠内的微生物。因为胃内的环境为酸性，所以其中的微生物种类少。在小肠中，聚集了大量的微生物，它们可选择的食物类型很多，因此只要将食物进行初步降解，就能获得促进自身生长的能量和物质。利用不了的食物残渣和水解产物再进入大肠，大肠内环境是各种厌氧微生物聚集最多的地方，这些微生物利用自身的基因产物，逐步对食物残渣和难消化的碳水化合物再一次分解利用。大肠内的微生物通常采取互饲的方法，利用自身的水解酶在一定程度上水解底物，将可以利用的部分充分利用，剩下的部分提供给其他微生物，让它们再进行下一步分解。双歧杆菌和乳杆菌都属于食物链上的末端微生物，它们能利用聚合度较低但难以被其他微生物利用的碳水化合物来生长。这些碳水化合物种类多、结构复杂，人体和大部分肠道微生物难以水解。幸好这两类微生物具备与生俱来的强大的基因信息，具有多种类型的糖苷水解酶和膜转运系统，将这些底物一一运输进体内消化掉,从而转化成具有它们自己特色的一些代谢终产物比如乳酸和短链脂肪酸；

而这些代谢终产物，反过来改善了大肠内环境，阻止了有害微生物的入侵，将健康的肠道环境回馈给食物的供应者——人类。

二、益生元可以促进肠道菌群产生短链脂肪酸

人体的消化道功能很强大，可以消化多种糖类、脂肪、蛋白质，充分地吸收食物中的营养。食物首先要经受口腔的咀嚼和唾液淀粉酶（salivary amylase）的初步消化，变成食糜进入胃中。胃的蠕动可以将食糜与胃液充分混合，使胃蛋白酶更好地作用于食物中的蛋白质物质，将它们水解成为肽。食物进入小肠后，会受到三种腺体分泌的消化液的消化作用。一是胰腺分泌的胰液的消化作用：胰液排向十二指肠，其含有的碳酸氢钠可以中和胃酸；含有的胰蛋白酶、脂肪酶、淀粉酶等，帮助食物的消化分解。二是胆囊分泌的胆汁，胆汁排向十二指肠，主要帮助脂肪的消化吸收。三是小肠分泌的肠液，含有的消化酶类包括氨肽酶、蔗糖酶、乳糖酶、麦芽糖酶、核酸分解酶、卵磷脂酶、磷酸（酯）酶等，它们能分解糖类、脂肪、蛋白质成为可吸收的物质，比如单糖、氨基酸、甘油和脂肪酸等。小肠壁上存在丰富的绒毛和微绒毛，极大地增大了消化吸收的面积，食物在这里被充分地消化，释放出来的单分子营养物质经过肠道上皮细胞的吸收，进入血液中供给身体的需要。剩下的食物残渣进入大肠中，大肠液含有氨肽酶、二肽酶、淀粉酶等消化酶类，可将食物中残留营养成分进行最后的分解和有效利用。

从以上介绍可知，饮食来源的营养物质经过消化道的充分消化和吸收，到达大肠（特别是远端结肠）时，留给肠道微生物的营养物质已经非常匮乏了。结肠中的微生物是最多的，它们可以利用人体消化不了的食物来进行发酵，供给自身的生长需求，此外它们还可以产生代谢产物如维生素K，以及短链脂肪酸等物质，为结肠细胞提供额外的营养，降低结肠的pH值，保护结肠健康。如果食物中缺乏膳食纤维，结肠菌群结构会进行调整，方便利用食物残渣中的氨基酸或内源性蛋白质，以及脂肪类物质进行发酵，这些底物发酵后产生的短链脂肪酸含量很少，但会产生支链脂肪酸比如异丁酸、2-甲基丁酸和异戊酸等，这些物质与胰岛素抵抗功能相关，此外，还会产生苯酚、吲哚和氨等不良代谢产物。

益生元食品主要是碳水化合物，它们能抵抗人体中各种消化酶类的消化而完整地到达结肠中。益生元的发酵不仅可以改善结肠中蛋白质或脂类底物的不良发酵，还可以促进结肠中的有益细菌比如双歧杆菌、乳杆菌的数量增加，调整肠道菌群的结构，使之更有利于益生元的代谢和短链脂肪酸的产生。有越来越多的证据表明，肠道微生物产生的短链脂肪酸如乙酸、丙酸和丁酸等能促进人体的健康，帮助人类抵御疾病。

1．双歧杆菌分解代谢益生元产生乳酸和乙酸

早期开发的益生元产品都是以能促进双歧杆菌的生长为重要的益生指标，这些益生元食品包括低聚果糖、菊粉类果聚糖、低聚半乳糖、低聚木糖、低聚葡萄糖、人乳低聚糖等。前面已经提到，双歧杆菌体内存在为数众多的编码碳水化合物水解酶的基因，还存在多种具有底物专一性的主动运输系统，因此可以担当起分解益生元食品的责任，将聚合度不等的益生元类低聚糖最终水解成为单糖，再通过发酵这些单糖类物质，获得生长所需要的能量。此外，严格厌氧的双歧杆菌也拥有自己独特的糖代谢途径，不同于糖酵解途径（EMP），它利用双歧途径进行发酵。在此途径中，2分子的葡萄糖可以最终产生2分子的乳酸，3分子的乙酸和5分子的ATP。

$$2葡萄糖 + 5Pi + 5ADP \longrightarrow 2乳酸 + 3乙酸 + 5ATP$$

双歧途径中最具有特征的两个酶分别是：6-磷酸果糖酮解酶和5-磷酸木酮糖磷酸酮解酶。前者可以将6-磷酸果糖分解成为4-磷酸赤藓糖和乙酰磷酸，后者可以将5-磷酸木酮糖分解成为3-磷酸甘油醛和乙酰磷酸（见图8-11）。乙酰磷酸可以代谢形成乙酸，而3-磷酸甘油醛可以生成乳酸。双歧杆菌利用单糖代谢产生的乙酸和乳酸可以进一步被肠道其他菌群所利用，用于丁酸盐的合成。下面简单介绍一下不同的益生元食品是如何进入双歧途径被代谢的。

① 低聚果糖被双歧杆菌分解成为果糖和葡萄糖。其中的葡萄糖可以直接进入双歧途径（见图8-11），而果糖则通过果糖激酶生成6-磷酸果糖，从而进入双歧途径。

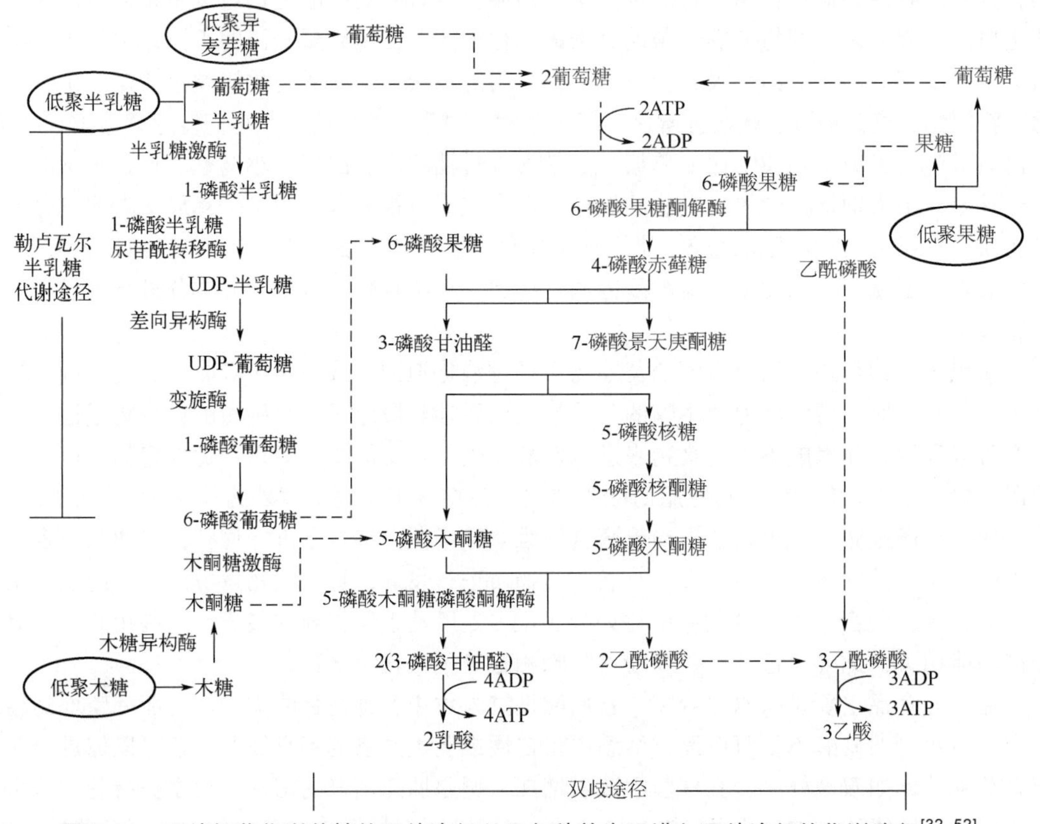

图 8-11　双歧杆菌代谢单糖的双歧途径以及各种益生元进入双歧途径的代谢路径[32, 52]

② 低聚半乳糖的分解产物要进入双歧途径代谢则需要更多的步骤。低聚半乳糖可以被细菌分解为葡萄糖和半乳糖单分子。葡萄糖直接进入双歧途径，而半乳糖则需要通过勒卢瓦尔半乳糖代谢途径（Leloir pathway）来进行变构。该代谢途径包含1个半乳糖激酶，它可以将半乳糖磷酸化，形成1-磷酸半乳糖；之后依次经过尿苷酰转移酶、差向异构酶、变旋酶的作用，变成6-磷酸葡萄糖，从而进入双歧途径。

③ 低聚木糖首先被双歧杆菌水解成为木糖单分子，经过木糖异构酶的作用变成木酮糖，再经过激酶的作用生成5-磷酸木酮糖，从而进入双歧途径。

④ 低聚葡萄糖类物质比如异麦芽糖、潘糖等，其水解产物均为葡萄糖，因而可以直接进入双歧途径。

⑤ 人乳低聚糖的分解途径研究得比较清楚的是乳-*N*-二糖（LNB）的分解。双歧杆菌胞内的GNB/LNB磷酸化酶可将LNB降解，释放出1-磷酸半乳糖和*N*-乙酰葡萄糖胺。1-磷酸半乳糖可以经过勒卢瓦尔半乳糖代谢途径，转变成6-磷酸葡萄糖，从而进入双歧途径。

通过研究双歧杆菌的糖类代谢操纵子可以发现，能够被相关益生元诱导的操纵子通常含有一整套配套的相关基因，用于代谢该益生元。比如Andersen等考察乳双歧杆菌Bl-04基因组中低聚木糖代谢的一个操纵子时，发现该基因簇中包含一个调节蛋白、一个运输低聚木糖的ABC转运蛋白系统（含两个透过酶功能单位和一个低聚糖结合单位）、水解低聚木糖的呋喃阿拉伯糖苷酶和木糖苷酶，还含有负责将木糖单分子带入双歧途径的木糖异构酶、木酮糖激酶等[32]。Kitaoka等在研究长双歧杆菌NCC2705对乳-*N*-二糖的利用时，发现了基因组中一个新的半乳糖操纵子，它含有ABC糖转运蛋白系统，包括GNB/LNB磷酸化酶、1-磷酸半乳糖尿苷酰转移酶、UDP-葡萄糖4-差向异构酶等[46]。这些研究表明，双歧杆菌对低聚木糖和乳-*N*-二糖的利用能力，是以完整操纵子的形式而存在的。该操纵子转录表达产物，覆盖了该益生元从转运、水解到酵解等关键步骤。Andersen等比较了不同的双歧杆菌低聚木糖代谢的操纵子的结构，发现转运组件、水解酶组件、双歧途径代谢组件是相对固定的。这反映了双歧杆菌在共同进化过程中传递并保留了代谢低聚木糖的基因组模块，从而保留了利用该底物的能力，体现了“一个操纵子对应一种功能”的生物遗传信息组成原理[43]。

从双歧杆菌对糖类代谢的特点来看，双歧杆菌能够有效地代谢低聚形式的糖类，将它们水解成单糖，并利用工具酶将这些单糖转化成为双歧途径能够利用的单糖形式，最终进入双歧途径分解产生乳酸和乙酸，并从中获得它们生长所需要的能量。

2．乳杆菌利用益生元产生乳酸

葡萄糖是生物利用度最高的单糖，在葡萄糖存在的情况下，微生物会优先利用葡萄糖，经过糖酵解途径，将一分子葡萄糖转化为2分子丙酮酸和2分子ATP（图8-12）。在有氧情况下，丙酮酸会经过呼吸链氧化，最终变成CO_2和H_2O；而在无氧情况下，丙酮酸经过酵解，接受来自NADH的H，生成乳酸。厌氧微生物可以利用葡萄糖进行乳酸发酵，如果产物全部是乳酸，则为同型乳酸发酵，反应式为：

$$\text{葡萄糖} + 2Pi + 2ADP \longrightarrow 2\text{乳酸} + 2ATP + 2H_2O$$

乳杆菌能够利用多种益生元食品，比如低聚果糖、低聚葡萄糖和低聚半乳糖等，将它们进行胞内水解，转化为单糖类物质。乳杆菌对单糖类物质进行厌氧发酵，最终产生代谢产物乳酸盐。那乳杆菌是如何分解各种低聚糖类的水解产物的呢?

（1）乳杆菌对低聚果糖的最终分解

乳杆菌不同种类个体中含有多种能够转运低聚果糖的转运系统，它们包含ABC转运系统、PTS转运系统以及MSF转运系统。而且乳杆菌种属中既存在细胞膜上锚定的β-果糖苷酶，能够在胞外将低聚果糖进行部分水解；又有胞内的β-呋喃果糖苷酶，能够将低聚分子彻底水解为单糖分子。虽然特定的一株乳杆菌不一定同时含有所有的低聚果糖转运系统和所有的低聚果糖水解酶类，但乳杆菌对低聚果糖的利用是非常有效的。当GF_n型低聚果糖被PTS系统运输到体内以后，可以被蔗糖-6-磷酸水解酶水解，水解产物6-磷酸葡萄糖可以直接进入糖酵解途径；而果糖单糖分子则被果糖激酶转化为6-磷酸果糖，再通过磷酸果糖激酶转化为1,6-二磷酸果糖，从而进入糖酵解途径。而FF_n型低聚果糖可以经过胞外水解酶FosE的作用被水解成为单糖分子，水解产物果糖被PTS系统转运至胞内后，变成1-磷酸果糖；该产物再经过6-磷酸果糖激酶的作用转变成1,6-二磷酸果糖，从而进入糖酵解途径[53]。

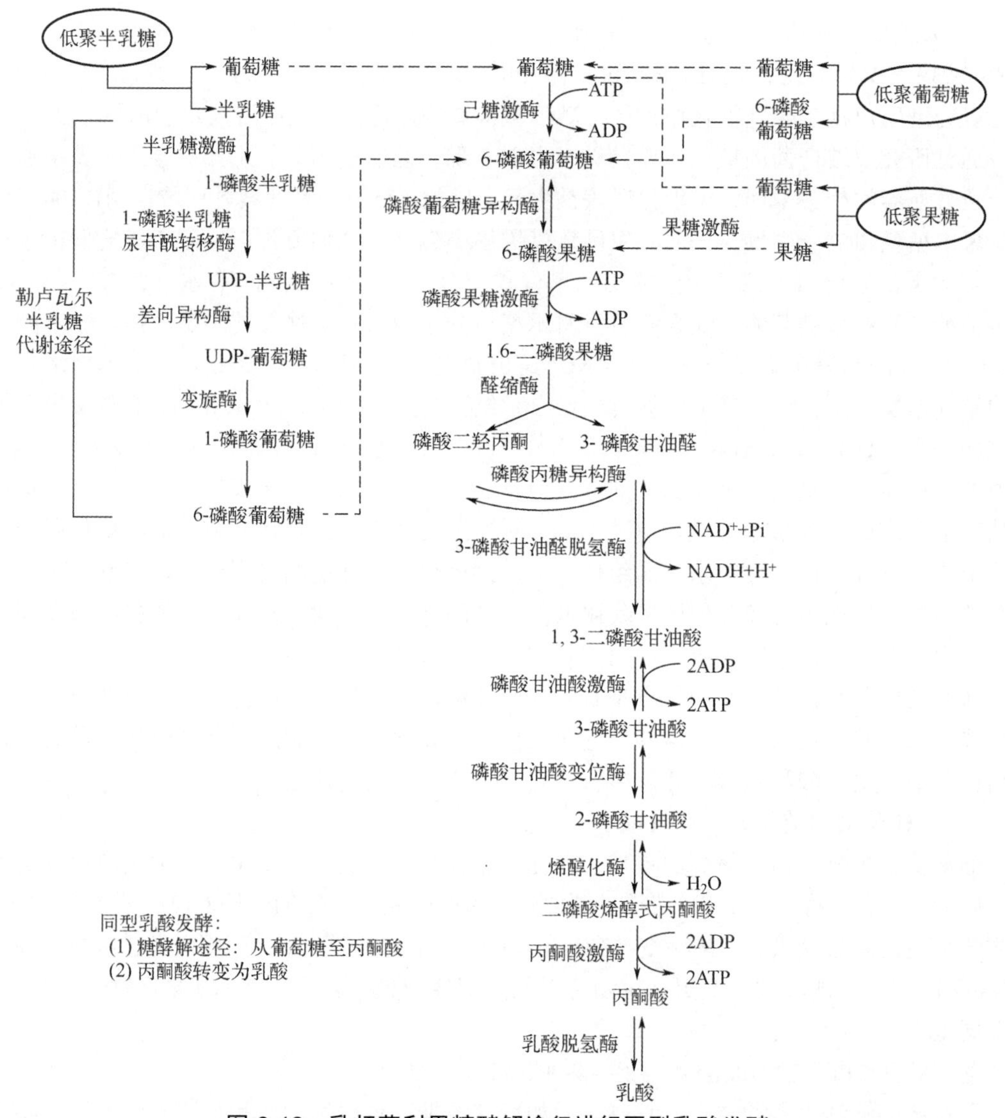

图 8-12　乳杆菌利用糖酵解途径进行同型乳酸发酵

（2）乳杆菌对低聚半乳糖的最终分解

乳杆菌和双歧杆菌一样，通过勒卢瓦尔半乳糖代谢途径将半乳糖转变为能被乳杆菌利用的6-磷酸葡萄糖。Fortina等人证明，瑞士乳杆菌中乳糖代谢基因簇中包含β-半乳糖苷酶基因*lacL*、*lacM*，调节基因*lacR*，转运蛋白*lacS*，以及与*lacM*紧邻的下游基因*galM*（编码UDP-半乳糖差向异构酶）。而*galM*的活性是半乳糖在勒卢瓦尔半乳糖代谢途径中非常关键的。而且与*lacL*和*lacM*不同的是，*galM*不受调节基因*lacR*的控制，在葡萄糖和半乳糖存在的情况下，*galM*可以由自身的启动子启动转录，表明它是组成型表达。这也说明瑞士乳杆菌可以高效代谢半乳糖，并且不受葡萄糖存在的抑制[54]。

此外，在前文中我们提到过，嗜酸乳杆菌NCFM的*gal-lac*基因簇内，存在半乳糖苷-戊糖苷-己糖醛透过酶编码基因*lacS*，存在半乳糖苷酶基因——GH42家族的*lacA*和GH2家族的*lacL*和*lacM*（*lacL*和*lacM*分别编码半乳糖苷酶的大小亚基），此基因簇中还涉及勒卢瓦尔半乳糖代谢途径中的酶。这些酶包括*galM*、*galK*、*galT*、*galE*，分别编码变旋酶、半乳糖激酶、半乳糖-1-磷酸尿苷酰转移酶以及UDP-半乳糖-4-差向异构酶。这些代谢半乳糖的功能基因，让半乳糖分子能够一步步变成1-磷酸葡萄糖，最后以6-磷酸葡萄糖的形式进入糖酵解途径[33]。

（3）乳杆菌对低聚葡萄糖底物的最终分解

对低聚葡萄糖的代谢，研究较为清楚的是乳杆菌利用PTS系统将底物磷酸化后运输入胞内，再利用多能的GH1、GH4或GH13家族水解酶对底物进行降解，最终使分解产物进入糖酵解途径。Andersen等利用转录组分析了嗜酸乳杆菌NCFM对低聚葡萄糖的利用。对于纤维二糖（两个葡萄糖分子以β-1,4糖苷键连接）和龙胆二糖（两个葡萄糖分子以β-1,6糖苷键连接），嗜酸乳杆菌会采用不同的PTS转运系统，对它们进行运输，比如龙胆二糖是由基因编号为0227的PTS转运蛋白运输，转运蛋白将底物变为6-磷酸龙胆二糖运输至胞内，再通过基因编号为0225的GH1家族的6-磷酸-β-葡萄糖苷酶将底物水解成为1分子的6-磷酸葡萄糖和1分子的葡萄糖。而纤维二糖是由基因编号为0725的PTS转运系统运输，将纤维二糖磷酸化后转运至胞内，接着再通过基因编号为0726的GH1家族的6-磷酸-β-葡萄糖苷酶将底物水解成为1分子的6-磷酸葡萄糖和1分子的葡萄糖。研究人员还发现了异麦芽糖、异麦芽酮糖、潘糖及聚葡萄糖的代谢途径，这些底物通过基因编号为0606的PTS转运蛋白运输进胞内，转化成相应的磷酸化形式，再通过基因编号为1689的GH4家族的异麦芽糖-6-磷酸水解酶将底物水解成6-磷酸葡萄糖和麦芽糖，麦芽糖分子再通过GH65家族的麦芽糖磷酸化酶水解成6-磷酸葡萄糖和葡萄糖。总之，低聚葡萄糖通过PTS转运途径转运和水解以后，均变成葡萄糖或葡萄糖的磷酸化形式，从而进入糖酵解途径[43]。

从以上的介绍可以看出，低聚果糖、低聚半乳糖和低聚葡萄糖类益生元物质，经过乳杆菌的代谢，可以转化为单糖类物质，它们在不同的环节进入糖酵解途径，最后经过乳酸发酵产生乳酸（见图8-12）。

双歧杆菌和乳杆菌对益生元物质的利用，一方面可以通过代谢这些低聚糖类物质得到能量；而另一方面，双歧杆菌和乳杆菌水解低聚糖类物质生成的单糖或代谢产物乳酸和乙酸是结肠中许多微生物的能量来源，这些微生物以益生元水解产物——单糖类物质或乳酸进行发酵，最终生成不同类型的短链脂肪酸比如乙酸、丙酸、丁酸。故益生元经过双歧杆菌和乳杆菌的代谢，可以直接转化为乙酸，也可以通过益生菌与其他肠道菌群的互饲，为其他微生物提供单糖及乳酸作为能量来源，从而产生更多的短链脂肪酸。

3．结肠微生物通过互饲的方式发酵益生元类物质生产短链脂肪酸

黏蛋白（mucin）是以多肽链为骨架的糖蛋白类物质，其糖链的结构组成与人乳低聚糖的结构组成近似。黏蛋白由胃肠消化道的黏液细胞和杯状细胞产生，其作用是维持消化道黏膜屏障的完整性。但大量脱落的黏蛋白可以被肠道微生物中的双歧杆菌利用，使之代谢成为短链脂肪酸，发挥新的作用。在Bunesova等的报道中，两歧双歧杆菌可以利用黏蛋白为底物，以胞外水解的方式，释放*N*-乙酰半乳糖胺、*N*-乙酰葡萄糖胺、L-岩藻糖、唾液酸及半乳糖等单糖分子。而这些单糖分子则进一步被双歧杆菌利用，比如：己糖可以通过双歧途径代谢生成乙酸和乳酸；而L-岩藻糖则被代谢成甲酸、乙酸、乳酸、丙二醇等物质，而丙二醇则是细菌代谢生成丙酸盐物质的前体。霍氏真杆菌（*Eubacterium hallii*）是公认的丁酸盐产生菌，其本身不能利用黏蛋白，但它与两歧双歧杆菌共同生长的时候，会利用两歧双歧杆菌水解黏蛋白生成的单糖物质发酵，产生丙酸盐、丁酸盐等物质，而这些代谢产物并不能从单培养的两歧双歧杆菌中发现[55]。这充分说明了双歧杆菌的多样糖苷水解酶基因库赋予其强大的碳水化合物的代谢能力，并通过互饲的方式对肠道微生物的生长和短链脂肪酸的产生发挥了主导作用。

Duncan等从粪便样品中分离了9株能利用乳酸发酵产丁酸的肠道微生物，其中的4株属于霍氏真杆菌，2株属于粪厌氧棒状菌（*Anaerostipes caccae*），剩下的3株菌属于吲哚梭菌（*Clostridium indolis*）。体外发酵实验观察到，霍氏真杆菌和粪厌氧棒状菌都可以发酵D-乳酸和L-乳酸，而吲哚梭菌只能发酵D-乳酸。当前两种细菌分别与青春双歧杆菌在以抗性淀粉为碳源的培养基中共培养时，检测不到青春双歧杆菌代谢产物L-乳酸，但能检测到丁酸的存在。说明青春双歧杆菌与霍氏真杆菌，青春双歧杆菌与粪厌氧棒状菌存在互饲关系，丁酸产生菌可以利用青春双歧杆菌水解并代谢抗性淀粉的能力进行乳酸发酵生长产生丁酸等物质，从而降低环境中乳酸的积累[56]。

Moens等人则考察了乳杆菌和结肠中的丁酸产生菌的互饲情况。他们发现，在低聚果糖培养基中共培养嗜酸乳杆菌IBB801和粪厌氧棒状菌DSM 17630时，竟然不能实现乳酸的完全转化，原因是粪厌氧棒状菌在将乳酸转化为丁酸的过程中，会消耗乙酸作为质子驱动力（proton-motive force），由此才能从乳酸转化为丁酸的过程中获得ATP；但嗜酸乳杆菌利用低聚果糖为底物进行同型乳酸发酵，代谢产物只有乳酸而没有乙酸，因此生成的乳酸就不能很好地被粪厌氧棒状菌所利用。因此，要实现这两种细菌的互饲，外源添加乙酸是必不可少的。但如果在乳杆菌-丁酸产生菌的系统中添加双歧杆菌，由于双歧杆菌代谢菊粉或低聚果糖可以进行双歧途径发酵产生乙酸，则这“三体”系统可以很有效地利用菊粉或低聚果糖产生丁酸[57]。

以上所举出的例子说明，益生元类物质能够在结肠中通过肠道微生物的互饲，代谢成为多种短链脂肪酸。

肠道微生物种类繁多，代谢单糖分子和乳酸分子的途径也多种多样。Koh等[58]在2016年的《细胞》杂志上总结了肠道微生物利用膳食纤维生产短链脂肪酸的代谢途径，内容如下。

乙酸的生成有两种方式，一种是丙酮酸-乙酰辅酶A-乙酸途径。这是许多肠道细菌比如嗜黏蛋白艾克曼菌（*Akkermansia muciniphila*）、拟杆菌属（*Bacteroides*）、双歧杆菌属（*Bifidobacterium*）、普氏菌属（*Prevotella*）、瘤胃球菌属（*Ruminococcus*）等所采用的方式。乙酸的另一种产生方式是通过Wood-Ljungdahl途径，此途径被称为乙酰辅酶A还原通路，它利用H作为电子供体，利用CO_2作为电子受体，将CO_2还原成为CO和甲酸，甲酸再通过变成甲酰-四氢叶酸、甲基-钴铁硫蛋白的过渡形式，再与CO和辅酶A结合生成乙酰辅酶A。代表的细菌有产乙酸菌*Blautia hydrogenotrophica*、梭菌属（*Clostridium*）、链球菌属（*Streptococcus*）等。

丙酸盐的产生则有三种不同的途径。一条是磷酸烯醇式丙酮酸-琥珀酸盐-丙酸途径，利用该途径的微生物包括拟杆菌、琥珀酸考拉杆菌（*Phascolarctobacterium succinatutens*）、小杆菌属（*Dialister*）、韦荣球菌属（*Veillonella*）。第二条途径是磷酸烯醇式丙酮酸-乳酸盐-丙烯酸盐-丙酸途径，利用该途径的微生物包括埃氏巨球形菌（*Megasphaera elsdenii*）、灵巧粪球菌（*Coprococcus catus*）等。第三条途径是丙二醇途径，即肠道微生物采用脱氧己糖（如岩藻糖和鼠李糖）作为底物，将底物从脱氧己糖转化为乳醛，再至丙二醇、丙酰辅酶A，最后产生丙酸的代谢途径。利用该途径的细菌包括沙门菌、罗斯氏菌属的*Roseburia inulinivorans*、卵形瘤胃球菌（*Ruminococcus obeum*）等。

丁酸盐的产生也有两条途径。第一条是经典途径，即两分子的乙酰辅酶A经过缩合，还原形成丁酰辅酶A，再转化成丁酸，此途径需要磷酸转丁酰酶和丁酸激酶。利用该途径发酵的细菌有陪伴粪球菌（*Coprococcus comes*）、规则粪球菌（*Coprococcus eutactus*）等。第二条途径是丁酰辅酶A-乙酰辅酶A转移酶途径，这是许多肠道菌合成丁酸的常用途径，它们能利用乳酸和乙酸来进行丁酸的发酵，从而避免乳酸在肠道中的堆积。其中厌氧棒状菌（*Anaerostipes*）和霍氏真杆菌既能利用乳酸又能利用乙酸来发酵；灵巧粪球菌、直肠真杆菌（*Eubacterium rectale*）、普氏栖粪杆菌（*Faecalibacterium prausnitzii*）、罗斯氏菌（*Roseburia*）等则利用乙酸来发酵生产丁酸。

相关代谢途径详见图8-13。

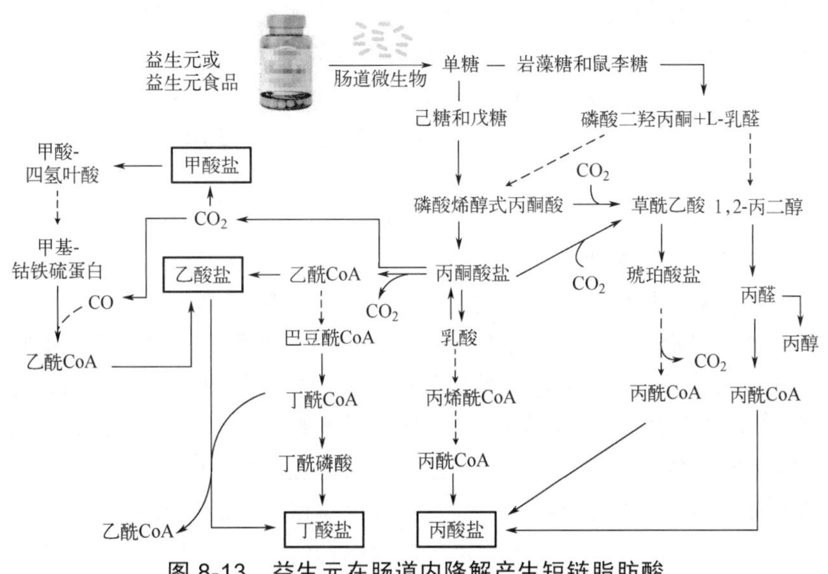

图 8-13　益生元在肠道内降解产生短链脂肪酸

来自丹麦奥胡斯大学等研究机构的Lamichhane等研究人员通过同位素^{13}C标记聚葡萄糖，检测其被肠道微生物的代谢情况。研究人员发现，这种益生元加到人粪便接种物中，培养1～2d，通过核磁共振光谱法可以检测到，聚葡萄糖的代谢产物大部分为乙酸、丁酸、丙酸和戊酸。此外，除了这些短链脂肪酸以外，还产生了^{13}C标记的乳酸、甲酸、琥珀酸和乙醇[59]。同位素标记的方法很好地跟踪了检测物质的去向和存在形式，有力地证明了益生元物质可以在肠道菌群的作用下产生大量的短链脂肪酸。

从以上的介绍可以看出，肠道菌通过互饲的方式，通过各种代谢途径，可以将益生元类物质降解代谢为短链脂肪酸。那短链脂肪酸究竟对肠道和宿主有哪些益处呢？

三、益生元的代谢产物——短链脂肪酸对肠道的益生作用

已经有许多研究证据表明，碳水化合物类益生元可以在结肠内被代谢成不同的短链脂肪酸，它们包括：乙酸、丙酸、丁酸和戊酸。其中被人们研究得最多的就是乙酸和丁酸。

1．提供感染保护作用

日本理化研究所过敏与免疫研究中心等多家研究机构于2011年在《自然》上发表了一篇论文，阐述了双歧杆菌可以通过产生乙酸来阻止病原微生物对肠道的感染[4]。

研究者发现，无菌小鼠会死于肠出血大肠杆菌O157：H7的攻击，但如果事先在无菌小鼠的肠道中定植了长双歧杆菌长双歧亚种（用BN代表），这样的小鼠在对抗O157的攻击中，存活率会大大提高。但在无菌小鼠中定植青春双歧杆菌（用BA代表），却不具有这样的保护效

果。经过全基因组测序及蛋白BLAST比较，发现前者在基因组水平上多了5个同线基因座(syntenic loci)，这是无保护效果的双歧杆菌BA基因组上没有的。这5个基因座都编码ABC转运蛋白系统，它们具有不同的碳水化合物底物的转运特异性，能帮助双歧杆菌BN更有效地转运碳水化合物底物如乳糖、甘露糖、果糖、低聚果糖等，从而生成更多的乙酸。作者发现另外两种具有保护效果的双歧杆菌BF和BL，其基因组上也拥有这样5个ABC转运蛋白基因座；而两种无保护效果的双歧杆菌BA和BT则在基因组水平上没有这样的基因座。为了证明ABC转运蛋白系统与乙酸产生的相关性，他们敲除了BN基因组上其中一个转运果糖的ABC转运蛋白系统（BL0033-BL0036），结果发现基因敲除后不仅果糖的利用减弱，而且在以果糖为碳源时极大地影响了乙酸的生成，该敲除株因而不能给予小鼠对O157攻击的有效保护；相应地，在双歧杆菌BA中异源性表达果糖的ABC转运蛋白系统（BL0033-BL0036），发现果糖的利用效率提高，乙酸盐的产生量增加，而且该重构菌株对小鼠的保护效果明显好于出发菌株；此外，当作者采用乙酰化淀粉作为双歧杆菌BA的碳源时，BA可以在小鼠结肠中水解乙酰化淀粉产生大量的乙酸盐，这也能使无菌小鼠抵抗O157的攻击。这些实验说明碳水化合物底物的有效转运和代谢能使双歧杆菌产生更多的乙酸盐，给予小鼠肠道更多的保护。

那么乙酸盐是如何给小鼠提供感染保护的？研究者在细胞水平上发现，乙酸盐的浓度提高会促进结肠上皮细胞系Caco-2中与能量代谢和抗炎功能相关的基因*apoe*、*c3*、*pla2g2a*等的表达水平提高。在动物体内发现，虽然O157在感染不同组小鼠后，其毒力基因比如志贺毒素、紧密黏附素、Ⅲ型分泌系统组成成分等的表达并没有明显变化，但双歧杆菌BN组小鼠血清中的志贺毒素浓度比对照组下降了90%以上，对应该组小鼠的盲肠内容物pH值比其他组略有下降。这些实验初步说明乙酸的生成能阻止肠出血大肠杆菌O157产生的志贺毒素从肠腔到血液中的转移[4]，如图8-14。

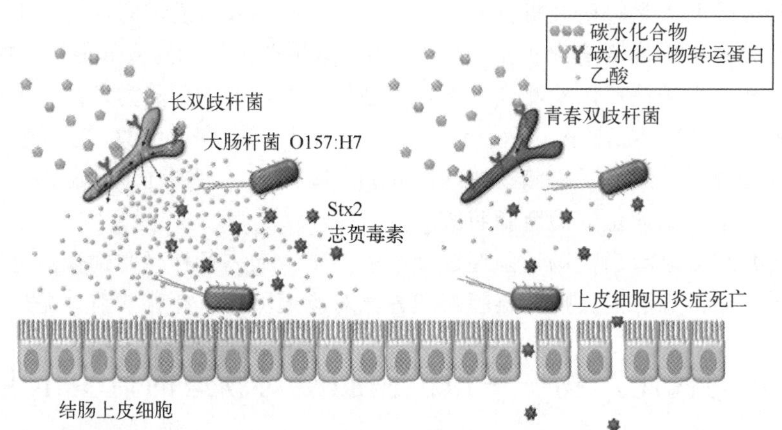

图 8-14　充足的 ABC 转运系统赋予长双歧杆菌代谢更多碳水化合物产生乙酸抵抗 O157 感染（见彩图）[4]

志贺氏菌是一种肠道病原菌，进入人体消化道以后，通过分泌志贺毒素引起人体严重腹泻，甚至会导致患儿的昏迷。来自孟加拉国国际腹泻病研究中心和瑞典卡罗林斯卡医学院的研究学者发现，在志贺菌感染的兔子动物模型中，采用丁酸进行处理，会减轻志贺菌病的症状，降低结肠的炎症，减少粪便中志贺菌的数量。他们发现，丁酸可以显著提高结肠上皮细胞中抗菌肽CAP-18的表达量，而这些CAP-18分泌到粪便中，可以抑制或杀死志贺菌。如果用CAP-18和丁酸联合，可以在体外更有效地抑制志贺菌的繁殖。因此，该研究表明丁酸可以通过促进结肠上皮细胞分泌抗菌肽CAP-18来减轻志贺菌感染患者的病症[60]。

2. 为结肠细胞提供能量

早在1980年，Roediger通过研究已经发现，结肠细胞对肠道中的短链脂肪酸（尤其是丁酸）的利用度很高，将SCFA作为主要的能量物质。作者比较了结肠细胞对各种能源物质的利用情况，发现结肠黏膜的上皮细胞对能量物质的优先利用度为SCFA >酮体 >氨基酸 >葡萄糖。通过将分离的结肠上皮细胞与能量物质共孵育，研究能量物质的利用、代谢产物的生成以及耗氧情况，他们发现，结肠上皮细胞可以消耗氧气，将丁酸氧化成乙酰乙酸，之后进入三羧酸循环产生能量，最后以CO_2的形式排放。也就是说，丁酸在结肠细胞中先氧化生成了酮体，再通过代谢释放能量供细胞使用。作者还发现，小肠黏膜上皮细胞对丁酸的依赖程度不高，因为它们有别的能量物质可以利用，比如谷氨酰胺。而结肠细胞则倾向于优先利用丁酸，且比较近端结肠和远端结肠的上皮细胞对能量物质的利用情况，发现丁酸对远端结肠细胞来说更为重要，是其主要的能量来源[61]。

3. 参与组蛋白的翻译后修饰，从而参与基因表达调控

组蛋白（histone）是在真核生物的细胞核中，与DNA结合存在的碱性蛋白质，它富含精氨酸和赖氨酸等碱性氨基酸。组氨酸的翻译后修饰包括甲基化、乙酰化、磷酸化等，这些修饰都与基因的表达调控密切相关。2018年来自英国剑桥巴布拉汉姆研究所（Babraham Institute）的Fellows等研究人员在《自然通讯》杂志上发表了一篇文章，介绍了肠道代谢物短链脂肪酸与组蛋白的一种翻译后修饰物组蛋白H3氨基酸序列第18位上的赖氨酸残基的巴豆酰化的关系[62]。

以前的研究者发现了组蛋白的翻译后修饰——巴豆酰化与细胞代谢和基因调控相关联，但是调节机制不是很清楚。而Fellows等人[62]发现，在小肠的隐窝细胞和结肠细胞中，组蛋白H3的赖氨酸18位上的巴豆酰化非常活跃，而这与细胞周期调控密切相关。而且他们鉴定到了三种与巴豆酰化相关的组蛋白脱乙酰酶（histone deacetylases, HDAC），分别是HDAC1、HDAC2和HDAC3，它们主要负责组蛋白的脱巴豆酰化（见图8-15A）。而短链脂肪酸的存在会抑制组蛋白脱乙酰酶的功能，从而维护并促进了组蛋白上的巴豆酰化修饰（见图8-15B）。如果通过抗生素杀灭或抑制肠道微生物，则小鼠肠腔中相应的短链脂肪酸的合成减少，导致结肠中组蛋白巴豆酰化发生大范围的改变，则肠道细胞的周期调控和基因表达调控都会受到影响。

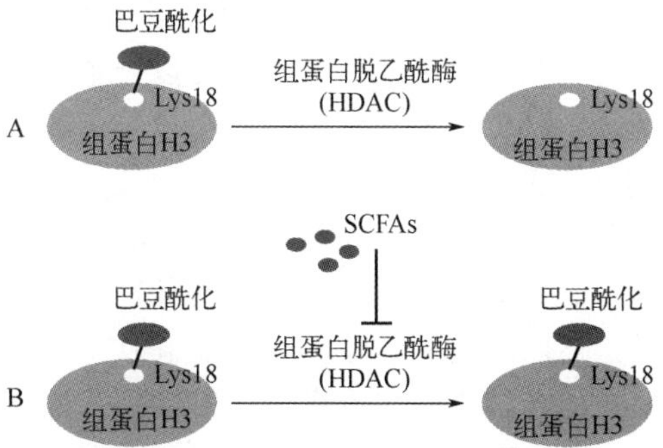

图 8-15　短链脂肪酸通过抑制 HDAC 促进组蛋白的翻译后修饰

以上工作说明，肠道微生物可以通过它们的代谢产物短链脂肪酸抑制组蛋白脱乙酰酶的功能，从而促进组蛋白的巴豆酰化，稳定细胞周期。因此，肠道微生物通过其代谢产物短链脂肪酸，影响肠上皮细胞的周期调控和基因表达调控。

4．参与免疫耐受以及控制结肠炎症和肿瘤的发生和发展

人们通过研究发现，结肠细胞中有两种专门转运短链脂肪酸的转运蛋白，一种是SLC16A1（也被称作MCT1），另一种是Slc5a8（也被称作SMCT1）。其中前者是H^+偶联的转运蛋白，对短链脂肪酸的转运亲和力弱，但效率高，它主要在短链脂肪酸含量丰富的时候发挥作用；后者是一个Na^+偶联的转运蛋白，对短链脂肪酸的转运亲和力高，但效率低一些，它主要在短链脂肪酸含量不足的情况下发挥功能。也就是说，在膳食纤维充足的时候，生成的短链脂肪酸浓度高，SLC16A1转运蛋白可以高效地将短链脂肪酸转运到结肠细胞内，供细胞利用。而在膳食纤维供应缺乏时，结肠中的短链脂肪酸浓度低，这就需要亲和力高的Slc5a8转运蛋白来将低浓度的短链脂肪酸转运到细胞内。既然细胞中存在应对不同浓度下运输短链脂肪酸的转运蛋白，那可见短链脂肪酸对于细胞的重要性。

短链脂肪酸进入结肠细胞中，可以通过调节组蛋白的脱巴豆酰化作用，从而调控细胞周期和基因的表达。除此之外，来自美国乔治亚摄政大学乔治亚医学院的研究人员Gurav等人发现，短链脂肪酸可以诱导树突状细胞产生免疫抑制的酶，从而发挥免疫抑制作用[63]。机体对上万亿细菌组成的肠道菌群存在黏膜免疫系统的耐受现象，这个现象与短链脂肪酸中的丁酸有关。结肠肠腔中的树突状细胞表面存在Slc5a8转运蛋白，当树突状细胞暴露于丁酸中，就会表达对免疫反应进行抑制的酶类——吲哚胺2,3-双加氧酶（IDO1）和乙醛脱氢酶1A2（Aldh1A2），它们促进肠黏膜初始T细胞转变成为具有免疫抑制功能的$FoxP3^+$抑制性T细胞（Treg），从而抑制初始T细胞变成产生IFN-γ的前炎性细胞。在不表达Slc5a8的树突状细胞中，不会针对丁酸的刺激，诱导IDO1和Aldh1A2的产生，因此不会产生Treg细胞或抑制IFN-γ产生的T细胞。这说明丁酸通过Slc5a8转运蛋白转运到树突状细胞中，调控树突状细胞产生抑制免疫应答的相关酶类，从而获得了免疫耐受。

Gurav等人[63]还发现，短链脂肪酸中的丁酸可以通过Slc5a8转运蛋白，产生对抗肠炎和结肠肿瘤的能力。他们首先获得了$Slc5a8^{-/-}$的转基因小鼠，这种基因敲除小鼠意味着在肠腔低丁酸浓度下转运丁酸的能力丧失。然后通过药物制造了野生小鼠和$Slc5a8^{-/-}$转基因小鼠的急性肠炎模型。当给这些患急性肠炎的小鼠饲喂富含膳食纤维的食物的时候，小鼠保持了上皮屏障完整性，肠出血症状轻、死亡率非常低；但是如果给这些患肠炎的小鼠饲喂不含膳食纤维的食物，野生型小鼠保持了轻的肠出血症状和低死亡率，而$Slc5a8^{-/-}$的转基因小鼠肠上皮屏障完整性受到破坏，出现严重的肠出血现象和很高的死亡率。作者对这些实验现象的解释是：①当饲喂富含膳食纤维的食物时，通过肠道微生物的代谢可以产生高浓度的短链脂肪酸（特别是丁酸），这时，对浓度要求不高的MCT1型转运蛋白可以发挥高效的转运作用，将丁酸快速转运到树突状细胞中，从而诱导树突状细胞产生免疫抑制酶类，保持机体的肠道菌群的免疫耐受；同时，结肠细胞也能获得足够的丁酸，维持对组蛋白脱乙酰化酶的抑制作用，从而维持细胞周期的稳定和基因的有序调控。②当饲喂不含膳食纤维的食物时，野生型小鼠通过启动亲和力高的Slc5a8转运蛋白，将低浓度的丁酸转运到细胞内，维持免疫耐受功能和细胞周期稳定的功能，从而保证病程的稳定和病症的恢复；而$Slc5a8^{-/-}$的转基因小鼠，因为缺失亲和力高的转运蛋白Slc5a8来进行低浓度丁酸的转运，所以结肠细胞不再具备吸收丁酸的能力，小鼠肠道中的免疫耐受逐渐被解除，而且组蛋白脱乙酰化酶失去抑制剂，从而造成结肠细胞脱巴豆酰化，细胞周期平衡被打破，细胞的基因调控也失去平衡，这些效应累积起来，会造成因为丁酸缺失而引起的肠炎症状的恶化和小鼠的快速死亡。

同样，研究人员用药物制造了小鼠的结肠癌模型，他们观察到在Slc5a8$^{-/-}$的转基因小鼠中，由于缺乏细胞内的丁酸，小鼠模型不仅有更严重的肠炎、肠出血现象，息肉的数量也有明显的增加。

因此，短链脂肪酸可以通过转运蛋白运送到结肠细胞中，发挥其免疫耐受功能和基因调控功能，从而有利于结肠的健康，缓解肠道疾病的发展。

5．短链脂肪酸通过促进肠源性激素GLP-1和PYY控制肥胖和糖尿病

人体消化道是一个重要的内分泌器官，肠道中存在少量内分泌细胞，具有不同的种类，能分泌多种激素。在这些肠源性激素中，包含酪酪肽（PYY）和胰高血糖素样肽-1（GLP-1）。PYY可以抑制食欲，通常在进食以后分泌，抑制人体对食物的过量摄入；GLP-1则可以促进胰岛素的分泌，发挥降血糖的作用。因此，这两种激素与控制肥胖和糖尿病有关。此外，这两种激素可以从同一种亚群的肠道内分泌细胞中同时分泌，这类内分泌细胞叫作L-细胞。

许多研究已经表明，肠道中短链脂肪酸可以正向调节PYY以及GLP-1的水平。

艾登布鲁克斯医院的科研人员发现，短链脂肪酸可以刺激鼠结肠原代培养物分泌GLP-1。而且他们通过定量PCR实验发现，肠道内分泌细胞中负责分泌GLP-1的L-细胞上的G蛋白偶联受体GPR41和GPR43在受到短链脂肪酸的刺激以后表达量提高。而*ffar3*（即*gpr41*）和*ffar2*（即*grp43*）基因敲除小鼠的肠道原代培养物在受到短链脂肪酸刺激以后，不会增加GLP-1的表达量，因此对葡萄糖不耐受。这说明短链脂肪酸通过与其在肠道中的G蛋白偶联受体结合，从而发挥调节血糖的功能[64]。

Christiansen等人则通过大鼠结肠灌注模型，发现短链脂肪酸如乙酸和丁酸可以显著地增加GLP-1的分泌水平，也可以少量增加PYY的分泌水平[65]。但他们利用GPR41和GPR43的激动剂和抑制剂来研究短链脂肪酸对GLP-1以及PYY的分泌影响，发现无论是GPR41和GPR43的激动剂，还是其抑制剂，对GLP-1的分泌量都没有直接的影响。他们的研究表明，短链脂肪酸可能通过增加结肠中GLP-1和PYY的分泌来控制糖尿病和肥胖症，而肠道中的G蛋白偶联受体GPR41和GPR43与该效应无关。

英国剑桥大学研究人员Larraufie等发现，丙酸和丁酸显著增强了人类肠腺癌细胞系和肠原代培养模型中PYY和GLP-1的表达量，他们通过实验证明丁酸等是通过发挥组蛋白脱乙酰化酶的抑制剂功能来提升PYY的水平[66]。

首都医科大学附属北京儿童医院齐可民研究组则利用高脂饮食诱导肥胖小鼠模型（DIO）来研究短链脂肪酸对肥胖的调控作用[67]。他们发现食用高脂肪含量的食物容易引起体重的增加，但如果在食物中同时补充短链脂肪酸，可以抑制体重的增加。他们研究发现，补充短链脂肪酸可以增加G蛋白偶联受体GPR41和GPR43在脂肪组织中的表达，促进白色的脂肪组织转变成米色的脂肪组织，并促进线粒体的生物合成。在人体中，白色的脂肪组织用于储备能量，而米色的脂肪组织细胞中含有线粒体，可以燃烧细胞内的脂肪用于人体所需。所以白色脂肪向米色脂肪的转变意味着脂肪的消耗和降低体重。线粒体生物合成表明线粒体的拷贝数和线粒体物质增加，同时合成的ATP的数量也大大增加，这是为了应对人体对能量的消耗而作出的反应。因此，短链脂肪酸的添加可以通过激活G蛋白偶联受体GPR41和GPR43的表达，促进脂肪的氧化和能量的消耗，从而降低高脂食物引发的肥胖。另外他们还发现，补充短链脂肪酸可以下调GPR43在结肠组织中的表达。

从以上研究资料我们可以看出：①从不同细胞系、动物模型的研究中得出一致的结论是短链脂肪酸可以促进GLP-1以及PYY的分泌，因此可以调控肥胖和血糖。②具体的调控机制还有待更多的研究资料表明。有的研究者认为，短链脂肪酸是通过G蛋白偶联受体GPR41和GPR43来传递信号，从而激活GLP-1和PYY的表达；但有的研究者认为短链脂肪酸促进肠道细胞分泌GLP-1和PYY是不依赖G蛋白偶联受体的；有的研究者认为短链脂肪酸是通过发挥抑制组蛋白脱乙酰化酶的活性，从而调控GLP-1和PYY的表达。因此，到底短链脂肪酸是以配体的方式在胞外与L-细胞上的G蛋白偶联受体GPR41和GPR43结合引发信号传递的，还是通过扩散或主动运输进入细胞内部，通过抑制组蛋白脱乙酰化酶活性的方式，调控GLP-1和PYY的表达，现在还没有非常明确的结论。

澳大利亚莫纳什大学等研究机构的科学家发现，短链脂肪酸的存在可以缓解1型糖尿病病症。1型糖尿病是一种胰岛素依赖型糖尿病，它是体内胰岛素分泌绝对不足而引起的，治疗时必须使用胰岛素。1型糖尿病的病因包括自身免疫系统疾病、遗传因素或者病毒感染，这些因素会影响身体中胰岛素的合成能力。比如自身免疫系统疾病会导致自身免疫抗体的出现，比如胰岛细胞抗体（ICA）等，损伤人体胰岛中分泌胰岛素的β细胞的功能，从而出现糖尿病症状。Mariño等科学家[68]在研究非肥胖型糖尿病小鼠的模型中发现，肠道微生物的代谢产物——乙酸和丁酸在血液和粪便中的浓度与糖尿病的严重性呈逆相关性，也就是说乙酸和丁酸有助于非肥胖型糖尿病病症的缓解。因此，他们向这些患糖尿病的小鼠投喂特殊食物，比如乙酰化的高直链淀粉或丁酰化的高直链淀粉，这些食物经过肠道微生物的代谢降解以后会产生乙酸和丁酸，这样的特殊食物会保护小鼠，减轻或治愈糖尿病。那么这些代谢产物的保护机理是怎么样的？研究人员发现，乙酸可以作用于B细胞，并限制它们扩增成为自身反应性T细胞，从而降低淋巴组织中自身反应性T细胞数量（意味着减少能攻击胰岛β细胞的T细胞），发挥了免疫抑制的作用，从而减轻了糖尿病症状；此外，乙酸盐还能降低血清中致糖尿病的细胞因子IL-21的浓度。而丁酸则通过过表达Foxp3蛋白，从而使原初的Foxp3^{-} T细胞转变成为Foxp3^{+} T_{reg}细胞，提升了调节性T细胞的数量和功能。

那么乙酸和丁酸是通过什么信号通路在发挥这些免疫调节功能的呢？研究者发现，在G蛋白偶联受体GPR43被敲除的非肥胖小鼠中，乙酰化食物的添加使得对糖尿病的保护效果消失；而丁酰化食物的添加则维持了对GPR43基因敲除糖尿病小鼠的保护效果。这说明：乙酸盐通过G蛋白偶联受体GPR43这一信号通路来发挥其免疫抑制功能；而丁酸盐则可以通过别的G蛋白偶联受体（比如GPR41或GPR109A）来发挥其提升Foxp3^{+}T_{reg}细胞数量的功能。研究人员还欣喜地发现如果在糖尿病小鼠的食物中添加乙酰化和丁酰化高直链淀粉的混合物，则对糖尿病的保护效果非常明显，甚至可以使病症完全消失。

6．短链脂肪酸维持肠上皮细胞的屏障功能

肠上皮细胞的功能是促进营养物质的转运，并保护宿主不受病原微生物的侵害。肠上皮细胞之间通过紧密连接和黏着连接，形成顶端连接复合物，再与胞内交联的细胞骨架相结合，形成完整的上皮屏障，是细胞间通透性和屏障功能的关键。美国科罗拉多大学安舒茨医学校区的研究人员Glover等人发现，缺氧诱导转录因子（HIF）可以通过影响肌酸激酶来调节肠道上皮的屏障作用[69]。胞内的肌酸激酶以HIF依赖的方式表达到胞外，定位到顶端肠上皮细胞黏着连接处，通过磷酸肌酸-肌酸激酶（PCr/CK）系统来快速实现ATP的产生，对细胞间的连接组装和肠上皮层的完整性非常关键。而他们的同事Kelly等则证明了肠道中发酵产生的丁酸可以通过消耗肠道中的氧气来稳定缺氧诱导转录因子，从而有助于维持肠道上皮的屏障功能。丁酸是结肠上皮细胞主要的能量来源，结肠细胞需要消耗氧气来将丁酸氧化成为乙酰乙酸才能进入三羧酸循环产生能量。因此，短链脂肪酸特别是丁酸被细胞代谢是耗氧的，从而维护

了肠腔中的厌氧环境，稳定了缺氧诱导转录因子。研究人员采用了慢病毒短发夹核糖核酸（shRNA）干扰载体，敲低了缺氧诱导转录因子的表达水平，发现该转录因子对靶基因——肌肉型肌酸激酶（CKM）的诱导作用丧失了。广谱抗生素处理小鼠以后，结肠中的丁酸含量会降低，同时缺氧诱导转录因子的水平也降低。但如果补充丁酸物质以后，这些现象会回复。因此，这些研究结果将丁酸代谢与稳定缺氧诱导转录因子与维护屏障功能联系在一起，揭示了短链脂肪酸对肠上皮屏障完整性的调控机理。

Mariño等科学家在研究非肥胖型糖尿病小鼠的模型中也检测到，如果在糖尿病小鼠的食物中添加乙酰化或丁酰化高直链淀粉，则代表肠道稳态的细胞因子IL-22（具有维持肠黏膜屏障完整性的功能）在血清中的浓度会有明显的提升[67]。而且给糖尿病小鼠饲喂丁酰化高直链淀粉，还可以显著增加雌性小鼠中肠上皮紧密连接蛋白occludin的表达，这也说明短链脂肪酸（特别是丁酸）对肠上皮黏膜屏障的完整性具有积极的促进作用。

7．短链脂肪酸可以促进肠道对矿物质的吸收

老年人对钙的吸收能力下降，骨骼的密度随之下降，容易患上骨质疏松症。所以需要研究清楚肠道对钙的吸收机制，才能更好地解决老年人缺钙的问题，否则，单纯补钙可能达不到预期的效果。

科研人员发现，菊粉和低聚果糖可以促进年轻大鼠的骨骼发育和骨骼健康，但是大鼠的盲肠被切除以后，益生元物质不能充分发酵，钙的吸收率下降，这说明钙的吸收不是直接由益生元物质介导的，而是由益生元物质的代谢产物短链脂肪酸介导。短链脂肪酸可以促进年轻大鼠骨骼中的矿物质含量的增加，并且降低卵巢切除大鼠的骨质丢失。进一步的研究表明，短链脂肪酸可以促进肠上皮细胞对Ca^{2+}的转运。这主要是通过两个方面来影响：一是降低肠腔中的pH值，使Ca^{2+}从其他的阴离子化合物（比如草酸盐、植酸盐等）中释放出来，变成游离的Ca^{2+}，从而增加肠上皮细胞接触Ca^{2+}的概率[70, 71]（见图8-16）。

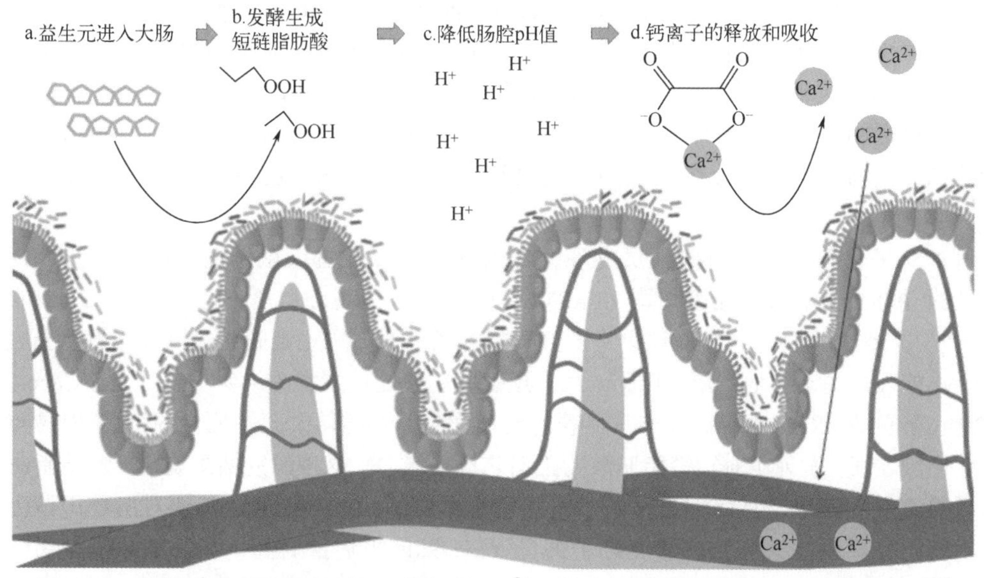

图 8-16　短链脂肪酸降低肠腔 pH 值促进 Ca^{2+}从不溶性化合物中的释放（见彩图）[70]

短链脂肪酸还可以促进肠上皮中的钙转运蛋白的表达量升高，从而增强钙运输能力。Mineo等人利用大鼠的盲肠和结肠上皮制作了尤斯室（尤斯室可以理解为研究上皮组织转运功能的一种技术方法)，用于观察短链脂肪酸促进肠道上皮细胞对Ca^{2+}的转运。研究人员发现，Ca^{2+}的转运方向为腔面到基底膜一侧，乙酸、丙酸和丁酸的加入都可以增强Ca^{2+}的转运。但是加入盐酸，虽然可以降低pH，但不会增加跨上皮细胞的Ca^{2+}的转运效率[72]，如图8-17所示。所以短链脂肪酸促进Ca^{2+}的吸收，还涉及跨上皮细胞转运机制。

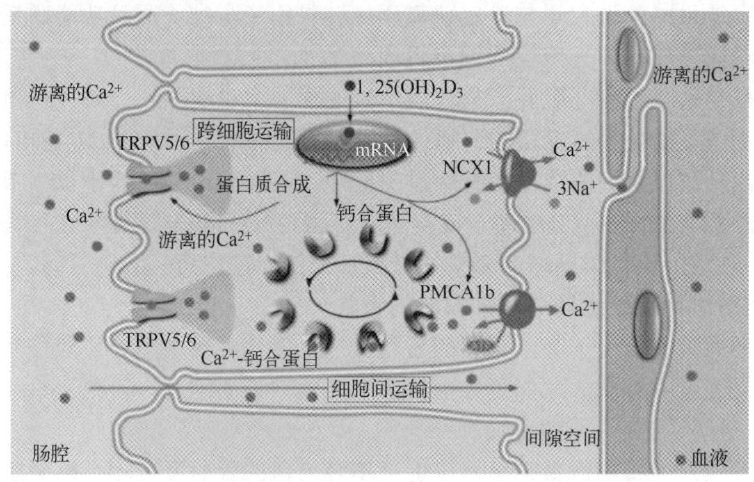

图 8-17　Ca^{2+}跨上皮组织的转运机制（见彩图）[71]

肠腔中Ca^{2+}的转运主要通过两种方式，第一种是跨细胞运输（transcellular transport），钙离子需要从上皮细胞的腔面一侧进入，再从上皮细胞的基底膜一侧排出，从而进入血液中，被身体吸收，这是对Ca^{2+}的主动吸收过程。第二种是细胞间运输，钙离子通过细胞之间的间隙，利用钙离子的浓度梯度差，进行被动扩散（见图8-17）。

钙离子跨细胞运输已经被研究得非常清楚，肠道上皮细胞表面有Ca^{2+}的特异性转运蛋白瞬时受体电位香草酸亚型6型（transient receptor potential vanilloid type 6，TRPV6），它负责捕获肠腔中的Ca^{2+}并将它们转运到细胞内部（TRPV6的同源类似物TRPV5，主要在肾脏上皮组织中发挥吸收钙离子的作用）；再通过细胞中钙合蛋白D9K的搬运，将Ca^{2+}转移到基底膜一侧；最后由ATP依赖型Ca^{2+}-ATP酶1b（plasma membrane calcium-ATPase 1b，PMCA1b）负责将Ca^{2+}从细胞内部转移到血液中。通过这三个接力步骤，肠腔上皮组织完成了对钙离子的吸收。

日本女子营养大学的研究人员发现，低聚果糖可以促进大鼠结肠中的钙合蛋白D9K、诱导瞬时受体电位香草酸亚型6型（TRPV6）的表达量提高，但是不能诱导PMCA1b的表达增高[73, 74]。研究人员进一步发现，是低聚果糖的肠代谢产物短链脂肪酸诱导了钙合蛋白D9K及TRPV6的表达提高。他们用2.0 mmol/L的短链脂肪酸处理人类的结肠上皮细胞系Caco-2，发现TRPV6蛋白的mRNA水平提高非常显著。他们在TRPV6的转录起始位点的上游-71位点到翻译起始位点之间，发现了对短链脂肪酸的正向响应区域[74]。这些研究结果说明，短链脂肪酸可以激活TRPV6的转录，从而促进钙离子的膜转运蛋白的表达量提高，加快对肠腔中游离的钙离子的转运；而且短链脂肪酸还促进了钙合蛋白D9k的表达量提高，从而加速了钙离子通过细胞内部空间的转运，到达细胞的基底膜一侧。

因此，短链脂肪酸促进肠道上皮组织对钙的吸收主要通过两个方面来进行：一是降低肠腔环境中的pH值，从而有利于钙离子以游离的方式被上皮细胞捕获；二是通过增强肠上皮细胞钙离子转运蛋白的表达水平，提升上皮细胞对钙离子的转运效率。

8．短链脂肪酸的功能分析探讨

我们从以上的资料可以看出，益生元可以在动物肠道中（尤其是在结肠中）被发酵，产生各种短链脂肪酸，而短链脂肪酸最重要的作用有以下几个。一是直接作为结肠上皮细胞的营养底物，给结肠上皮细胞的生长和更新提供能量，从而对其生理功能的发挥起到了非常积极的促进作用。二是通过直接或间接的作用，刺激抗菌肽的产生，从而抵抗致病微生物的入侵和繁殖。三是作为信号分子，要么通过细胞上的相应受体，产生影响细胞功能和机体功能的信号转导；要么通过特异性的转运系统进入上皮细胞，控制细胞的基因组蛋白修饰，从而对部分基因表达进行有益的调控。所以我们看到，短链脂肪酸具有控制糖尿病、维持肠上皮细胞的屏障功能、改善免疫系统、提高肠道的抗感染能力、促进矿物质如钙的吸收等方面的积极作用。

但是，我们也要注意到，短链脂肪酸的功能研究多以小鼠或大鼠模型进行，或以结肠上皮细胞系进行。这些研究数据受到研究对象和研究方法所限，并不能够完全反映人体内的效应。比如给小鼠饲喂乙酰化或丁酰化的高直链淀粉，特定的食物占比相对固定而且含量高，所以短链脂肪酸的产生量相对普通食物组会多很多，故能明显观察到其促进肠上皮黏膜屏障的完整性等一系列益生功能。但是在人群的临床试验中却做不到这一点，因为益生元物质仅仅是膳食补充剂，试验者除了服用益生元食品之外，还要进食一日三餐，因此，益生效果可能被干扰和稀释，观察到的益生效应可能会大打折扣。而且，实验动物的遗传背景相同或近似，在模建出相同的病症下，用益生元或短链脂肪酸对该疾病的改善效果也相对一致；而人群患者则不同，遗传背景复杂多样，生活习惯和健康状况也因人而异，疾病的成因和发展情况也有所不同。因此，在研究益生元功能的时候，可能这些背景因素会严重干扰对试验者益生效果的判断。

所以，上述对短链脂肪酸的作用机制研究，揭示了益生元益生效应的产生机制，为临床研究者提供了人群测试指标和考察依据。但我们也关心，人群临床试验中，益生元的益生效果如何？是被人体复杂的生理、病理反应掩盖，还是会产生明显的益生效果，改善人群的健康指标，真正受到潜在消费人群以及临床医生的重视？所以接下来我们考察了近些年来的益生元临床试验数据，客观评价益生元对人体健康的作用。

四、益生元的相关临床研究

临床研究试验多为随机、双盲、安慰剂对照试验，因此在设计上体现了科学的严谨性，试验结果具有明确的说服力，是医疗药品上市之前最重要的试验。关于益生元的临床研究资料很多，我们根据试验人群的不同对这些资料进行了分类。

（一）益生元对婴儿健康的影响

婴儿的主食就是奶粉，因此在配方奶粉中添加益生元，能够比较明显地观察到益生效果。美赞臣公司在2012年发表了一篇研究论文，考察益生元添加到婴儿配方奶粉中的意义。他们考察的益生元为聚葡萄糖（PDX）和低聚半乳糖（GOSs），或单独或混合，在奶粉中的添加量均为4g/L。他们为此进行了为期四个月的多中心、双盲、随机、对照的临床试验。临床分组情况为：配方奶粉组100人；混合益生元配方奶粉组97人；低聚半乳糖配方奶粉组90人。考察指标主要为婴儿的生长情况、情绪、产气、粪便特点。他们的研究数据表明，这三个组在婴儿体重增加上，无组间差别；在“不安”和“产气”指标上同样无组间差别；只有粪便状态有差异，益生元组婴儿的软便、稀便比例高于配方奶粉组。此项研究说明添加益生元，改善了婴儿的肠道菌群，起到了软化婴儿粪便的作用[75]。

西班牙马拉加妇幼医院的研究人员考察了低聚半乳糖的添加是否对婴儿有益生作用[76]。该试验中，低聚半乳糖的添加量为：婴儿配方奶粉中为4.4g/L；在较大婴儿配方奶粉中为5.0g/L。他们希望考察在婴儿第一年内益生元添加到配方奶粉中是否会通过改善肠道菌群，从而降低感染以及减轻过敏症状。试验分组情况为：配方奶粉组，177人；益生元配方奶粉组，188人。考察期从婴儿小于8周一直考察到12月龄。考察指标包括粪便的pH值，分泌型免疫球蛋白A、丁酸浓度，双歧杆菌数量，粪便特征（大便频率和柔软度），感染性疾病发生率，过敏性疾病发生率。研究人员在试验中发现，益生元组的大便pH值更低；双歧杆菌数量增加；大便频率更高，柔软度更好。此外，作者发现，两个考察组的婴儿粪便中短链脂肪酸的比例有所不同，益生元组的婴儿粪便中乙酸的比例更高，而配方奶粉组的婴儿粪便中丁酸的比例更高。这说明益生元带来的双歧效应产生了更多的乙酸，这与母乳喂养的婴儿效果是一致的。而肠道菌群中，有更多的拟杆菌和梭菌，发酵奶粉产生的丁酸多。因此，低聚半乳糖添加到配方奶粉中，可以产生明显的益生效应，改变肠道菌群的组成，改变粪便的成分和状态。但研究人员发现，低聚半乳糖对婴儿的过敏症状和感染性疾病的发生率没有明显影响。

意大利那不勒斯费德里科二世大学转化医学科学系等研究机构考察了益生元对婴儿先天性过敏症和呼吸道感染的影响[77]。他们的考察目的是验证婴儿时期，配方奶粉中添加益生元是否能通过改变肠道的微生物群，从而影响婴儿患先天性过敏症以及呼吸系统感染性疾病的概率。研究人员将入围的婴儿分成三个组：益生元配方奶粉组（201人）、常规配方奶粉组（199人）以及母乳喂养组（140人），展开了为期24个月的随机、双盲、安慰剂对照的临床试验。其中益生元为低聚半乳糖和聚葡萄糖1∶1的混合物，在配方奶粉中的添加量为4g/L。他们发现，在过敏性皮炎的发生以及强度和耐受度上，三个组之间没有统计学意义上的不同；但在呼吸系统感染率以及反复感染率上，益生元组婴儿的患者数比常规组明显降低。比如在婴儿48周龄内，呼吸系统感染率益生元组为33%，而常规组为48%；在呼吸道反复性感染率上，益生元组为20%，而常规组为31%。虽然益生元组比常规组在呼吸道感染的概率上有明显降低，但与母乳组的感染率数据接近，说明益生元通过改善婴儿肠道微生物群的组成，起到了与母乳组相近似的健康作用。而且研究人员比较益生元组婴儿和常规组婴儿的肠道菌群，发现益生元组中双歧杆菌和梭状芽孢杆菌属群1的数量有明显增加，这些明显的菌群比例的改变可能与呼吸道感染的保护作用相关。

另外，Pärtty等研究了益生元是否会改善早产儿的烦躁和哭闹。研究人员观察了从2月龄起至12月龄的早产儿，发现益生元组（半乳糖+多聚葡萄糖）及益生菌组（鼠李糖乳杆菌）比安慰剂对照组哭闹的孩子明显减少（分别为19%，19%，47%，p=0.02）[78]。

Paganini等则发现益生元的添加可以促进对婴儿贫血症的治疗。在非洲，通常采用含铁的营养粉来治疗婴儿的贫血症。但铁的存在会影响正常的肠道菌群生长，增加肠道病原微生物的感染和腹泻等。在含铁营养粉中添加低聚半乳糖，可以大大缓解铁离子带来的肠道副作用，毒力毒素基因的丰度明显下降（P<0.01）[79]。

Boyle等则发现益生元可以调节患有湿疹的婴儿体内的免疫应答。研究人员挑选了有家族过敏史的婴儿入围该临床试验，研究发现，牛奶配方奶粉中添加低聚半乳糖和果聚糖，虽然对改善婴儿的湿疹没有明显的作用，但益生元组婴儿的牛奶特异性IgG1水平降低，调节性T细胞数量增加，浆细胞样树突状细胞数量增加[80]。

Panigrahi等在印度进行的临床试验表明，由益生元和益生菌组成的合生元可以预防婴儿的败血症。败血症（sepsis）是指由感染引起的全身炎症反应综合征。研究人员在印度招募了4556个婴儿，考察他们服用以植物乳杆菌和低聚果糖组成的合生元对婴儿败血症的预防效果，考察期为2个月。结果显示，在分组人数相同的情况下，安慰剂对照组得败血症的婴儿人数为202人，而合生元组为117人，差异非常显著[81]。

从这些文献介绍来看，给婴儿服用的益生元主要以低聚半乳糖（GOSs）、聚葡萄糖（PDX）以及低聚果糖（FOSs）为主。益生元起到的作用主要包括：改善婴儿的大便情况，调节肠道菌群，调节肠道的免疫应答。由此增进肠道健康，增强婴儿对感染性疾病（比如肠道微生物感染）的抵抗能力。

（二）益生元对孕妇健康的影响

慕尼黑路德维希-马克西米利安大学等研究机构在2007年发表了一篇研究论文，提到给孕妇添加益生元可以使肠道菌群产生双歧杆菌效应。他们采用的益生元是低聚半乳糖和长链低聚果糖的混合物，口服量是3g/次，一天服3次。安慰剂对照采用的是麦芽糖糊精。入选孕妇共48人，但因为试验的进行排除了15人，所以益生元组最终人数17人，安慰剂对照组最终人数16人。他们的试验结果表明，孕妇的粪便样品中双歧杆菌的数量比安慰剂对照组有了显著的提升（P=0.026），但是乳杆菌的数量却没有明显的变化。他们还测定了新生儿粪便中双歧杆菌和乳杆菌的数量，发现新生儿的粪便样品并没有因为母体服用益生元而增加相应益生菌的数量。而且，他们还检测了胎儿的辅助性T细胞和杀伤性T细胞的数量，与安慰剂对照组相比，没有明显的区别。这说明，益生元给孕妇带来双歧杆菌效应的同时，没有将该效应传递到婴儿身上[82]。

日本明治公司食品科学的研究实验室等研究机构考察了该公司生产的益生元——低聚果糖对怀孕的妇女的健康影响，发现母体摄入益生元可以增加怀孕妇女粪便中的双歧杆菌数量，但是却不能增加新生儿粪便中的双歧杆菌数量。这个临床试验结果与Shadid等人的实验结论是一致的。在明治公司的临床试验中，共招募了84个怀孕的妇女，随机分成两个组：益生元组和对照组。排除考察期间擅自减服或服用另外的益生元药剂的孕妇后，益生元组完成考察人数35人，安慰剂组完成考察人数29人。益生元组的怀孕妇女从怀孕的第26周开始，每天服用8g的低聚果糖（4g/次，共两次），一直服用到生产后一个月。而对照组怀孕母亲则服用等量的安慰剂——蔗糖。双歧杆菌等粪便菌群的检测主要通过提取粪便中的细菌总DNA，然后通过定量PCR的方法来确定。研究人员在检测怀孕36周时的试验者的粪便菌群时发现，益生元组试验者的粪便样品中无论是双歧杆菌的总数，还是长双歧杆菌的数量，都比安慰剂对照组有明显的提升（分别为安慰剂组的2.3倍和2.4倍）。但她们的新生儿的粪便中双歧杆菌的数量却没有明显的差异。研究人员认为益生元引发的肠道菌群的结构调整效应只涉及服用益生元的母体，而对她们生下的孩子则影响较小[83]。

但日本千叶大学医学研究生院儿科系发表的临床数据则显示，益生元可以通过激活肠道有益微生物，调节免疫系统，从而增加母乳中表达免疫调节性细胞因子IL-27的细胞数量，并增加人乳中IL-27的蛋白表达水平。此项临床试验与上文中明治公司的孕妇临床试验是同时开展的，一样的候试者，只是由不同机构完成不同的检测指标。受试者分为两个组，益生元组

（35人）和安慰剂对照组（29人）。研究人员发现，服用益生元——低聚果糖之后，在初乳样品中和分娩后一个月采集的母乳样品中，IL-27的蛋白含量有了明显的提升；而且在分娩后一个月的母乳样品中，通过对提取出来的细胞进行微阵列分析表明，益生元组样品中的IL-27的mRNA的表达量是安慰剂对照组的3倍。不仅如此，在初乳中有5个基因的表达量发生了至少3倍量的变化；而分娩后一个月的母乳中，则有14个基因发生了至少三倍水平的变化。这充分说明了益生元可以通过影响肠道菌群的构成，在一定程度上调节免疫应答的类型和强弱，并通过母乳的方式传递给孩子。

因为孕妇群体的特殊性，所以有关益生元临床试验的数据并不是很多。而且检测指标非常少，影响了对益生元效应的全面、准确的判断。我们从已有的资料得出的结论是孕妇对益生元是可耐受的，而且会引发显著的双歧效应，该效应可能会通过调节免疫应答对孕妇产生有益的健康效应。但这种健康效应对新生儿的影响有限。

（三）益生元对老年人群健康的影响

众所周知，人体的免疫能力随着年龄的增长而不断下降，因此老年人群在应对感染性疾病的时候，表现出更高的死亡率。研究学者试图利用益生元的调节来增进老年人群的免疫能力，更好地应对感染性疾病。英国罗汉普顿大学怀特朗学院的研究学者们进行了这样一项临床研究：将可溶性玉米纤维（SCF）作为候选益生元，探究当它单独使用，或与鼠李糖乳杆菌一道以合生元的方式给老年人服用时，对老年人肠道菌群、代谢、免疫系统以及血脂的影响[84]。此项实验为随机、双盲、安慰剂对照，以及交叉性研究试验。他们选择与益生元搭配的益生菌为鼠李糖乳杆菌GG以及缺失纤毛的鼠李糖乳杆菌GG-PB12。入选老年人一共40人，年龄为60～80岁，分为四个组，分别是GG+SCF组、GG-PB12 +SCF组、SCF组和安慰剂组。服用样品持续时间为三周，之后，再停服三周时间以清除药物影响；再将这些老人编入另一个样品组，服用该样品持续三周；接着，利用三周时间来清除药物影响；第五个三周内，老人服用第三种药物；第七个三周内，老人服用第四种药物。这样，保证每种药物的服用人群都能达到40人。实验结果表明，鼠李糖乳杆菌和益生元组成的GG +SCF组提升了老年女性体内自然杀伤细胞的活性。此外，两个合生元组还显著增加了粪便菌群中的副拟杆菌（*Parabacteroides*）和瘤胃球菌的数量。合生元组可以降低本底较高的志愿者的总胆固醇和低密度胆固醇的水平，以及C-反应蛋白和前炎性细胞因子IL-6的水平。因此，该项研究的结论是益生元和鼠李糖乳杆菌搭配，可以用于调节老年人群的免疫系统和肠道微生物的结构。

益生元可以调节肠道微生物，从而对脂代谢、血糖以及胰岛素的敏感性有重要的调节作用。加拿大曼尼托巴大学医学微生物学系的研究人员试图利用一项前瞻性临床试验考察益生元MSPrebiotic（一种抗消化性淀粉）在健康的中年人和老年人群中的耐受度以及该益生元调节葡萄糖和胰岛素的能力[85]。该临床试验为前瞻性、双盲、安慰剂对照试验，预先排除前期糖尿病患者和2型糖尿病患者。他们共招募了老年组人群42人，中年组人群42人。其中，老年人群的年龄均大于70岁，而中年组人群年龄为30～50岁。这些招募者先服用2周的安慰剂，然后他们经过随机分配，或服用益生元，或继续服用安慰剂，服药时间持续12周。对人群的采样分析数据显示，服用益生元以后，老年人群血液中的葡萄糖水平有明显的下降，而中年组则不明显；与此同时，老年人群的益生元组胰岛素分泌水平有明显的下降，而且对胰岛素的抵抗指数下降。而中年人群这几个指标则没有明显的变化。因此，该文的结论是：服用益生元MSPrebiotic对老年人群降低胰岛素抵抗是一种有效的策略。

曼尼托巴大学医学微生物学系的研究人员还考察了抗消化性淀粉MSPrebiotic对老年人群的肠道微生物组成的影响。他们发现，年龄大于70岁的老年人群中，肠道微生物中变形菌门的细菌数量显著高于中年人群；而在服用三个月的抗消化性淀粉之后，肠道菌群中双歧杆菌的数量有了明显的上升，而且粪便中属于短链脂肪酸的丁酸含量也发生了小幅度但显著的提升。因此研究者认为抗消化性淀粉MSPrebiotic能缓解老年人群的肠道中由于变形菌门的细菌数量的增加引起的生态失调[85]。

绝经后的妇女由于雌激素分泌匮乏，会造成钙的快速流失。因此，服用钙片和维生素D，是防止更年期钙流失的主要方法。美国普渡大学等机构的研究学者发现，可溶性玉米纤维可以增加绝经后妇女的骨骼钙的存留[86]。研究者招募了14名绝经后妇女（平均年龄为59岁），采用随机、交叉、双盲的试验设计开展了该临床试验。他们建立了一种同位素示踪法来跟踪钙的流失和钙的存留。研究人员先给受试者静脉注射^{41}Ca，然后等待100d以上的时间，让这些钙的同位素进入身体的骨骼中，达到一种钙的平衡状态。之后，受试者开始服用益生元。通过考察她们尿液中流失的^{41}Ca来计算钙的存留。测试结果表明，当这些妇女每天服用10g可溶性玉米纤维以后，钙的留存提高了4.8%；如果每天服用20g该益生元，钙的留存可以提高7%。因此，研究人员认为，可溶性玉米纤维可以帮助绝经后妇女留住骨骼中的钙，从而缓解骨质疏松症；而且该益生元的服用剂量与钙的存留存在剂量依赖关系。

从以上的临床研究试验中，我们可以发现，服用益生元对老年群体的健康有一定的促进作用，这其中包括：调节老年人群的免疫系统；调节肠道微生物群体的结构，缓解肠道菌群失调；降低血液中葡萄糖水平，降低胰岛素抵抗，预防糖尿病；减少更年期妇女的钙流失，缓解骨质疏松症。

（四）益生元对少年儿童健康的影响

儿童时期的超重很容易持续到成年，患上肥胖相关的疾病风险更大。因此，在儿童时期控制体重，进行早期干预显得尤为重要。已经有研究表明，益生元的补充对儿童控制体重和增强对钙的吸收都有积极的作用。卡尔加里大学的研究人员则在此基础上，细致地记录了儿童人群服用益生元后体重变化的具体数据。他们选择的试验者年龄在7～12岁之间，分为益生元组（22人）和安慰剂对照组（20人），其中益生元组每天服用8g菊粉类果聚糖，每天一次，服用时间持续16周，而安慰剂对照组每天服用等量的麦芽糖糊精。研究人员发现，益生元组儿童的体重Z评分有了明显的下降（下降3.1%），身体脂肪比例下降了2.4%，皮下脂肪的比例下降了3.8%；而安慰剂对照组的儿童体重Z评分增加了0.5%，身体脂肪比例增加了0.05%，皮下脂肪的比例下降了0.3%。益生元组儿童IL-6的水平与他们的基础值相比，下降了15%，而安慰剂对照组则比他们的基础值增加了25%。而且益生元组儿童血清中甘油三酯的含量下降了19%。定量PCR检测结果显示，益生元组粪便中双歧杆菌的数量有明显的提升，而普通拟杆菌的数量有明显的下降。因此，该文的结论是儿童人群服用菊粉类果聚糖，可以有效地降低肥胖指数，控制体重，并降低前炎性细胞因子IL-6的水平[87]。

针对同一个临床试验，该研究团队还分析了儿童体重下降的原因。他们通过“饮食行为”的问卷调查发现，益生元组的孩子饱腹感的比例显著提高（P=0.04），而且对自助早餐的消费预期更低（P=0.03）。研究人员发现，益生元组11～12岁孩子对自助早餐的能量摄取明显降低（P=0.04）[88]。这说明益生元的服用可以增强饱腹感，降低能量食物的摄取，从而在不影响健康的情况下控制体重。

西班牙的塔拉戈纳琼二十三世大学医院的研究人员考察了菊粉类果聚糖对2～5岁经常便秘的孩子有没有帮助。他们将17个符合条件的试验者分为2组，其中益生元组8人，对照组9人。益生元组的孩子每天服用两次益生元，每次服用2g，共服6周。对照组的孩子则服用麦芽糖糊精作为安慰剂。试验发现，服用菊粉类果聚糖的孩子的大便明显变软，而安慰剂对照组的孩子则未发现粪便状态的明显变化。该试验证明菊粉类果聚糖益生元可以帮助学龄前儿童改善粪便的软硬度[89]。

美国普渡大学的研究学者采用双稳定同位素示踪技术，发现可溶性玉米纤维可以在短期内提高青春期少年对钙的吸收。青春期是骨骼发育最重要的时期，增强对钙的吸收，有助于预防青少年骨骼的快速生长导致的骨质疏松，进而预防运动性骨折。青少年对牛奶的消费比少儿时期要少，因此钙的来源缺少了重要的一环。如何增加对食物中钙的吸收就显得非常重要。益生元物质在体内发酵产生短链脂肪酸，给肠道提供一个酸性的环境，促进钙的可溶性；短链脂肪酸还可以促进肠上皮中的钙转运蛋白的表达量升高，从而增强钙运输能力。美国普渡大学的研究学者曾经比较在生长期大鼠模型中，哪种益生元对钙的吸收和存留的促进效果最明显。他们发现可溶性玉米纤维对促进钙的吸收效果比较突出。因此，他们将可溶性玉米纤维的功效考察应用到青少年身上，通过临床试验考察该益生元对青春期少年钙的吸收和存留是否有影响。他们的测试对象为24名12～15岁的青少年，分为对照组和益生元组。受试对象在接受考察药物的同时，摄入指定的低钙食物。研究结果显示，与对照组相比，益生元组钙的吸收比对照组高12%。但是在钙的存留方面，研究人员通过计算（摄入的钙总量减去排泄掉的钙总量，即为存留的钙）发现益生元组的少年排泄掉的钙也相应增加，导致总的钙的存留并没有增加。所以研究人员指出，对钙存留应该有一个更长的考察期，才能准确地记录钙的存留和骨转换。此外，研究人员发现，益生元可以带来肠道菌群的变化，使双歧杆菌的数量显著增加，拟杆菌的数量显著增加。该研究结果说明每天摄入可溶性玉米纤维，可以帮助低钙饮食的青少年在短期内增加钙的吸收[90]。

上述研究团队在2016年发表了一篇文章，介绍了可溶性玉米纤维可以增加青春期少女对钙的吸收。与2014年发表的研究论文不同的是，这次选择的受试者均为青春期的少女（11～14岁），共28名，而且试验方案为随机、双盲、交叉试验。每名受试者都会随机经历对照药物、低剂量益生元和高剂量益生元三个考察阶段，每个阶段中间有3周清除时间。由于可以与自身相比，受试者的食物不再是指定食物，她们可以随自己的生活习惯选择每天的食物，但是需要记录下来。研究钙的吸收采用的方法是：受试者口服含^{44}Ca的牛奶，并静脉注射^{43}Ca。这两种钙的同位素都非常稳定。研究人员通过检测尿液中这些钙同位素的含量，确定被身体吸收的钙的量。他们发现，服用益生元的确可以增加青春期少女对钙的吸收，与对照组相比，钙的吸收量提高13%左右。同时他们发现，益生元可以使粪便中的副拟杆菌的数量显著增加，而且梭菌的增加与钙的吸收量成正相关[90]。

从儿童及青少年人群的益生元临床资料来看，益生元可以通过调节肠道菌群的结构，改善儿童的排便状况；并通过增强饱腹感，从而降低儿童的食欲，达到控制体重的目的；可溶性玉米纤维还有助于增强青少年的钙吸收，有助于骨骼的发育。

（五）益生元对特殊群体健康的影响

1．益生元对胃肠病患者的影响

来自美国斯坦福医学院的研究学者在中美洲的尼加拉瓜进行了一次随机、双盲、安慰剂对照试验，主要考察多酚类益生元对急性胃肠炎患者的症状改善情况。他们所采用的益生元为多酚类益生元，商品名为aliva。共有200名患者参加了益生元组；而有100名患者参加了安慰剂对照组。研究人员发现，服用益生元aliva以后，患者在2h左右就停止了腹泻；而安慰剂对照组则需要接近3d时间才能停止腹泻。同时，益生元组患者腹痛和腹胀的持续时间也比安慰剂对照组明显缩短。因此，研究人员认为益生元aliva可以有效地缓解急性胃肠炎患者的症状[91]。

中国人民解放军海军军医大学等研究机构的科研人员考察了果胶治疗腹泻型肠易激综合征的临床疗效[92]。果胶是以半乳糖醛酸为主链的杂多糖，也是公认的益生元之一。在该临床试验中，一共招募87名符合罗马Ⅲ诊断标准的患者，将他们随机分为果胶组和安慰剂组。果胶组每天服用3次果胶粉，每次8g。安慰剂组服用相同剂量的麦芽糖糊精。徐琳等人发现，连续服用6周的益生元以后，患者的粪便性状评分明显降低，肠易激综合征症状的评分也明显降低，双歧杆菌的数量上升而梭菌属的数量下降。IL-10/IL-12的比值则显著上升（注：IL-10主要起免疫抑制作用，而IL-12则起免疫促进作用，二者比值升高代表身体的炎症反应程度下降）。这些考察指标说明果胶可选择性刺激患者体内双歧杆菌生长，恢复肠道微生态，改善腹泻型肠易激综合征的症状，减轻机体炎性反应。

来自英国帝国理工大学的研究学者也试图利用益生元来改善肠易激综合征患者的病症。他们对44名罗马Ⅱ型的肠易激综合征的患者进行了单中心、平行交叉控制的临床试验，考察低聚半乳糖对患者是否有改善大肠菌群、改善病症的效用。患者随机被分到三个组中，分别为低剂量益生元组（3.5g/d）、高剂量益生元组（7.0g/d）和安慰剂对照组。药物服用时间为4周，清除时间为2周。他们发现，两个益生元组的粪便双歧杆菌数量明显增加，而且低剂量益生元组在大便状态的改变、胃肠胀气、腹胀、症状综合评分、主观整体评估等指标上有显著的改善。而高剂量组在主观整体评估以及焦虑评分上得到显著改善。这篇研究论文说明，益生元对肠易激综合征的治疗有潜在的帮助[93]。

但是益生元也不总是给胃肠病患者带来好消息。英国伦敦国王学院营养科学系的研究人员发现，益生元应用到克罗恩病患者时，似乎对病情的改善没有帮助。他们的临床试验共招募了103个患者，最终有85名完成该试验。克罗恩病又叫局限性肠炎，是一种肠道炎症性疾病。研究人员发现，克罗恩病患者每天服用15g的低聚果糖，连续服用四周以后，除了直肠活检取样得到的固有层单核细胞中IL-6阳性的树突状细胞有所减少，IL-10阳性的树突状细胞增多以外，没有发现其他指标的显著性变化。肠道中的双歧杆菌以及普氏栖粪杆菌的数量与对照组比较，也无显著变化[94]。

那么益生元是否能改善胃肠病患者的病症呢？我们从以上临床试验资料中，发现这些试验因为病症不同、采用的益生元种类不同、服用剂量不同、持续考察时间不同、试验方案不同，得出的结论也不同。因此，当对同类型的疾病采用一致的益生元治疗方案时，这些资料才具有借鉴意义；否则，对不同的胃肠疾病，对不同的益生元，其治疗效果可能需要更多的临床数据来综合分析和研究。

2．益生元对肥胖人群及糖尿病患者的影响

针对妊娠期糖尿病患者，苏州大学第二附属医院开展了一项临床试验，考察大豆低聚糖是否对妊娠期糖尿病症状有改善作用。参加试验的患者共97人，分为益生元组和对照组。对照组除了以胰岛素治疗外，不服用任何额外的药物；而益生元组则在胰岛素治疗之外，服用大豆低聚糖。研究结果表明，大豆低聚糖可以降低妊娠妇女体内的氧化应激效应，缓解病患的胰岛素抵抗症状[94]。

身体质量指数（BMI）反映了一个人的肥胖情况，BMI超过正常范围，意味着肥胖指数增加，肥胖者往往内脏的脂肪含量增加，会损害胰岛β细胞的功能，发展成为2型糖尿病。因此2型糖尿病的患病率与肥胖在一定程度上呈正相关。

对2型糖尿病患者，益生元是否具有改善病症的功效呢?

伊朗大布里士医科大学的研究人员考察了患2型糖尿病的肥胖妇女服用益生元后，血糖指数、身体的炎症情况、内毒素血症是否得到改善。在他们的临床试验中，52名肥胖女性患者分为两个组：益生元组和安慰剂对照组。益生元组服用10g/d的菊粉，而安慰剂对照组服用麦芽糖糊精。服药8周以后，研究人员发现，益生元组的空腹血清葡萄糖的水平显著下降；糖化血红蛋白以及IL-6、TNF-α、血清脂多糖等的水平也明显降低。因此该研究报告表明，给2型糖尿病妇女适度服用菊粉，有利于调节身体中的炎症和抗炎症的生物标志物。

Roshanravan等人发现，丁酸钠或菊粉可以给2型糖尿病患者带来健康状况的改善。在他们的随机、双盲、安慰剂对照的临床试验（约15人/组，共4组）中，给2型糖尿病患者服用丁酸钠或者菊粉，或丁酸钠和菊粉的混合物，都可以促进肠道中的一种益生菌——嗜黏蛋白艾克曼菌（*Akkermansia muciniphila*）的生长，而且明显降低肿瘤坏死因子TNF-α的mRNA的表达水平。此外，超敏C-反应蛋白以及反映脂质过氧化的特征分子——丙二醛在血清中的水平也明显下降（$P<0.05$）。因此，从该研究看出，丁酸钠和菊粉的服用可以帮助2型糖尿病患者显著改善炎症和氧化应激反应，改善高血压的状况[95]。

但一些以低聚半乳糖为考察药物的临床试验却发现，该益生元对2型糖尿病的病症改善没有明显的作用。比如日本Kantoh Rosai医院的研究人员考察了低聚半乳糖对日本2型糖尿病患者的病情是否有改善作用。研究人员发现，2型糖尿病患者的肠道菌群中，双歧杆菌的丰度比健康人群低；而在服用低聚半乳糖以后，体内的双歧杆菌数量明显回复。但他们进行了另外两项指标的检测：一是脂多糖LPS的结合蛋白LBP（它是一个炎症指征分子），二是葡萄糖的耐受。他们在该试验中，并未检测到这两项指标发生了明显的改善。因此研究人员认为，低聚半乳糖仅仅可以缓解糖尿病患者的菌群失调状况[96]。英国萨里大学的研究人员也通过临床试验发现，低聚半乳糖对2型糖尿病患者的治疗帮助不大[97]。

那么益生元对肥胖人群减肥或保持健康是否具有功效呢?

加拿大卡尔加里大学的相关临床研究结果表明，益生元无益于肥胖人群的减肥。他们通过研究发现，给肥胖人群服用菊粉类果聚糖，可以降低试验者的食欲，减轻饥饿感，肠道菌群的组成也发生了变化，双歧杆菌的数量明显增加。但在考察的12周内，这些变化并未带来体重的减轻[98]。

荷兰瓦格宁根食物和营养高级研究所的Canfora等考察了低聚半乳糖对肥胖人群的健康影响。他们的研究结果显示，低聚半乳糖对肥胖人群的肠道菌群有一定调节作用，有益细菌双歧杆菌的数量增加；但益生元对肥胖人群的代谢和健康影响有限[99]，包括短链脂肪酸含量、对胰岛素的敏感性等指标都没有明显的改变。

从以上资料可以看出，益生元对2型糖尿病患者的病症改善效果不一。似乎在这些病例中，使用低聚果糖类益生元比低聚半乳糖类益生元更有可能取得积极的效果。但是这些还需要更多的临床数据的支持。至于益生元是否能够对肥胖人群产生积极的健康影响，主要取决于肥胖人群的饮食和日常生活，益生元发挥的作用似乎不大。

3．益生元治疗乳糖不耐受症

益生元中的低聚半乳糖还有改善人体乳糖不耐受的功效。乳糖不耐受并不是一种病，而是人体的肠道菌群中缺乏能够分解乳糖的细菌。美国北卡罗来纳大学的研究人员发现，补充短链的低聚半乳糖，能够显著地改善人体对乳糖的消化，减轻乳糖不耐受症。研究人员招募了85名乳糖不耐受的志愿者，随机分为益生元组和安慰剂对照组。其中益生元组主要服用商品名为RP-G28的低聚半乳糖（半乳糖分子聚合度多为三糖和四糖）。益生元的服用剂量从每天1.5g开始，每5d增加一个剂量，直到每天服用15g。在服用该种益生元的36d以后停止服用，并鼓励志愿者每天服用含乳糖的食物（比如牛奶）。研究发现，益生元组人群粪便中的双歧杆菌、栖粪菌、乳杆菌的数量显著增加，而这些细菌都能帮助人体代谢乳糖。在益生元组，有50%对乳糖严重不耐受（服用乳糖食品腹痛）的志愿者在益生元疗程完成之后，不再因为服用乳糖食品而感到腹痛。因此，服用低聚半乳糖类的益生元，可以促进人群对乳糖食物的耐受，扩大可接受食物的范围[100]。

（六）益生元的其他功效

Maretti等研究人员报道，采用由副干酪乳杆菌与几种益生元（包括阿拉伯半乳聚糖和低聚果糖等）组成的合生元，可以改善少弱精子症患者的症状，提高精子的质量。该临床试验共招募了41名男性，其中合生元组20人，对照组21人[101]。

Jung等研究人员则发现益生元有美容防皱功能。他们采用的益生元为乳果糖和低聚半乳糖的混合物，测试对象为健康的中老年女性，平均年龄为51～53岁。在服用了8周的益生元以后，与对照组相比，益生元组的皱纹严重等级（wrinkle severity rating scale）降低了（-0.86），而对照组则增加了（0.14），两组的差别$P<0.001$，而且益生元组的女性整体美感有所提升[102]。

（七）益生元临床应用注意事项

益生元属于功能性膳食补充剂，因为它可以定向调整结肠中的微生物代谢，带来菌群组成结构的变化，因此会改变人体的健康指标。这些指标有的对健康有益，但有的也会对健康带来负面影响。比如南方医科大学的研究人员试图在健康成年人的临床试验中，通过测定肠道微生物组的变化，探讨两种益生元——低聚果糖和低聚半乳糖对人体肠道菌群的影响。他们发现，两个益生元组都存在这样的问题，尽管粪便样品中双歧杆菌的丰度明显增加，但丁酸产生菌的数量却明显下降。研究人员发现，测试者在短期内服用高剂量的益生元低聚果糖或低聚半乳糖后，其“空腹血糖”和“口服糖耐量”检测值都明显偏高，表明益生元的服用对葡萄糖的代谢有一定的副作用。同时粪便中的丁酸含量分别下降了46.1%和31.2%。高通量肠道微生物组成的测定结果表明，低聚果糖组的丁酸产生菌——考拉杆菌属的数量减少了；而低聚半乳糖组的丁酸产生菌——瘤胃球菌的数量减少了。他们的试验表明，对益生元的健康考察需要更全面的评估[103]。

比利时鲁汶大学的研究学者在对克罗恩病患者进行的益生元临床试验中，因为给患者服用的益生元剂量为10g/次，2次/d，在31名菊粉组患者中，有10名因为益生元的副作用而退出了该临床试验[104]。这说明对胃肠道患者而言，他们的消化能力已经被削弱，服用益生元可能会因为肠道菌群的变化而产生不适，所以不能用健康人群的服用剂量来套用。

这些信息说明，益生元在带来健康益处的同时，也需要监测其有无副作用。此外，患者服用益生元的种类和剂量应该经过慎重考察，首先保证患者对该益生元的可接受度，其次才是服用效果的考察。

（八）从益生元的临床试验结果看益生元的前景

益生元的优势在于，它作为功能性膳食补充剂，没有毒性，副作用也小，适用于各类人群（比如对婴儿和孕妇都没有限制）；但它又能通过调节肠道菌群，发挥类似药物的作用，能给不同的人群带来健康状况的改善。已经有大量文献为益生元及其代谢产物——短链脂肪酸的作用机制进行了注解，帮助人们明确益生元的功效。而且从大量的人群临床数据来看，益生元对健康的促进作用是明显的。在婴幼儿人群中，益生元可以改善粪便的一致性，防止婴幼儿便秘，并通过调节肠道中的免疫应答，增强婴儿对感染性疾病（比如肠道微生物感染）的抵抗能力。在儿童人群中，益生元可以改善粪便的状况；同时通过增加孩子的饱腹感，降低他们对食物的摄取量，从而达到控制体重的目的；益生元还可以通过肠道菌群代谢产生短链脂肪酸，提高肠道对钙的吸收。在孕妇人群中，益生元可以引发显著的双歧效应，该效应可能会通过调节免疫应答对孕妇产生有益的健康效应。在老年人群中，益生元可以调节肠道微生物群体的结构，缓解肠道菌群失调；调节老年人群的免疫系统；同时也具有一定的降低血液中葡萄糖水平，降低胰岛素抵抗，预防糖尿病的功效；益生元还可以减少更年期妇女的钙流失，缓解骨质疏松症。此外，益生元能够缓解急性胃肠炎患者的症状；缓解腹泻型肠易激综合征患者的临床症状。对妊娠期的糖尿病患者，益生元可以降低氧化应激效应，缓解胰岛素抵抗症状；帮助2型糖尿病患者改善炎症和氧化应激反应，改善高血压的状况。乳糖不耐受的人群也可以通过服用益生元慢慢调整肠道菌群，增加利用乳糖的细菌数量，缓解乳糖不耐受症状。因此，人体试验证明益生元有促进健康的作用。

我们仔细分析这些临床数据，发现不同的人群需要选择不同的益生元，才能带来更明显的健康效应。比如，给婴幼儿选择人乳低聚糖（HMOs）、低聚半乳糖等可以产生明显的双歧效应，这种效应类似于母乳喂养，增加了肠道中双歧杆菌的数量，使婴儿的粪便变得更柔软，改善了便秘的情况，并通过提高乙酸的产生量，来预防肠道病原菌的感染。

对于2型糖尿病患者，也许低聚半乳糖并不是很好的选择。有多项研究都表明，2型糖尿病患者服用低聚半乳糖以后，除了产生显著的双歧效应以外，对他们病情相关的各项健康指标却没有明显的改进作用。而菊粉类低聚果糖物质的选用，则可能对改善炎症和氧化应激反应更有帮助。

因此，对不同的受试人群采用不同的益生元可以得到不同的测试效果。这主要与益生元的结构和服用剂量，以及人群的健康状况有密切的关系。益生元的结构组成决定了利用它的肠道细菌的种类，而这些不同种类的肠道细菌分布在肠道的不同位置，对食物的消化具有不同的贡献；益生元的服用剂量决定了益生元靶向的肠道菌的数量，该类肠道菌增殖越多，肠道菌群的结构就会有更大的改变，从而带来的代谢影响更凸显；同时，益生元的代谢产物——短链脂肪酸会根据不同的菌群、不同的代谢途径而不同，或以乙酸的产生为主，或以丙酸或丁酸的产生为主，这些短链脂肪酸由于作用的部位和作用机制的不同，所带来的健康效应也各异。人群的健康状况则决定他们肠道菌群的本底、消化能力及代谢特征。因此，对于是否能够耐受受试的益生元，多高水平的效应物才能产生益生效应，益生效应是否能够弥补受试者健康状况出现的短板而显现其有效性，不同的临床方案，不同的受试人群，会得到不同试验结果。

总之，益生元给人体和试验动物带来的健康效应是明确的，也有非常多的基础研究能够支持和解释这些临床数据。比如通过研究不同肠道细菌的代谢基因，发现了代谢益生元所需要的基因水平上功能元件配置，从而揭示了益生元为什么能提高双歧杆菌、乳杆菌等有益细菌的数量。而益生效应则主要通过肠道微生物对益生元的分解利用产生短链脂肪酸，进而作为信号分子或环境改良剂来实现。比如短链脂肪酸与病原微生物的感染、免疫调节、钙的吸收等益生效应。

因此，益生元作用机制基础研究的深入开展，为我们的益生元临床试验指明了方向，使研究者能够尽量选择更具有代表性的效应分子进行检测，从而更准确地评估益生元进入人体以后在哪个（些）方面进行了调节。所以，我们在今后的益生元研究领域中，应该有针对性地检测更详细的指标，才能准确地评估益生元的作用，才能为最需要它的人群找到最适合的益生元。

益生元临床研究领域，存在两个问题。一是益生元的作用机制决定了其如果作为药物，存在靶向不明确的缺点。虽然它靶向的是结肠中的有益微生物如双歧杆菌、乳杆菌等，但结肠微生物其实是庞大的一群微生物，益生元带来的增殖效应是复杂的、群体性的。比如福建农林大学张怡研究团队发现，给小鼠饲喂莲子抗性淀粉后，小鼠肠道菌群微生物如乳杆菌、双歧杆菌、毛螺旋菌、瘤胃球菌和梭菌的数量上升，理研菌科和紫单胞菌科微生物数量减少。南方医科大学的研究人员在健康成年人的临床试验中发现，服用低聚果糖之后，试验者肠道菌群的结构产生了变化：双歧杆菌属的丰度有明显的增加，拟杆菌属、萨特氏菌属、艾克曼菌属等比例也相应增加；服用低聚半乳糖之后，双歧杆菌属的丰度增加，栖粪杆菌属、巨球菌属、梭菌属、萨特氏菌属等比例也相应增加（详见图8-18）[103]。肠道菌群体性的增殖效应，导致代谢途径也多种多样，效应分子短链脂肪酸的产生也会受到影响，或许达不到健康效应所需要的剂量水平，使健康效应趋向于被淹没。所以比起靶点明确的药物，益生元除了公认的带来双歧效应（双歧杆菌数量的增加）、改善便秘以外，其余的健康效应都存在“有效”或“无效”的报道及争论。

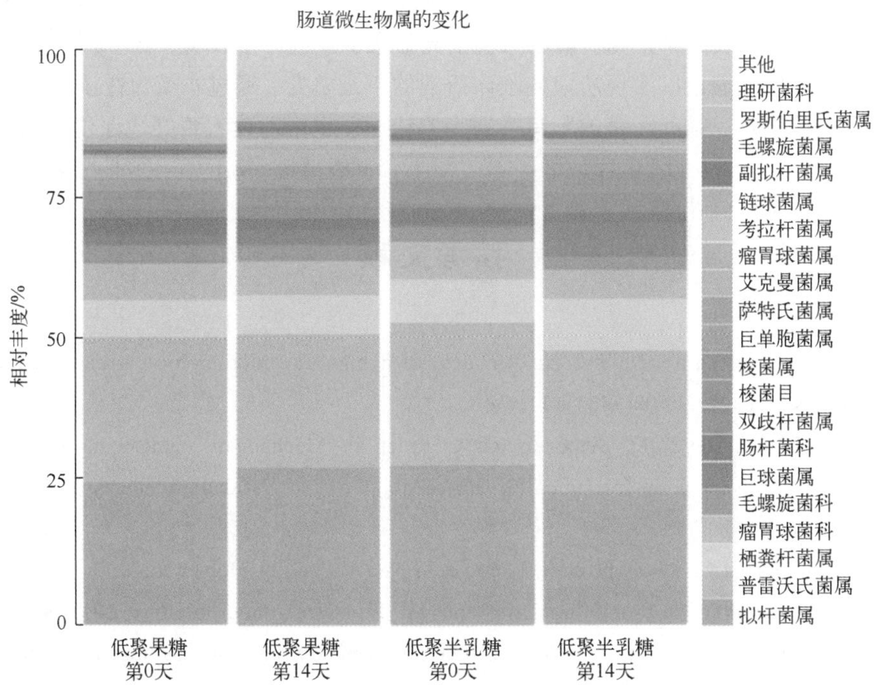

图 8-18　服用低聚果糖和低聚半乳糖后肠道菌群的数量变化（见彩图）[103]

现阶段益生元临床研究存在的主要问题之二，在于临床数据很难统一。世界各国的研究人员，选择不同的益生元，不同条件的受试人群，不同的临床试验方案，不同的测定指标，导致的结果是这些临床数据虽然具有参考价值，却不能很好地统一在一起，成为更有说服力的证据。

其实第二个存在的问题，可能究其原因也与益生元的作用特点有关，即靶标不明确，除了产生肠道效应（比如检测到有益细菌的增殖）以外，缺乏新的、突出的适应证。因此，目前益生元的临床试验多为小规模的、以开发新产品或新用途为前提的研究型课题。

益生元领域今后的发展，除了需要更多临床数据来补充支持现有的研究成果以外，可以尝试采用联合益生菌，以“合生元”的方式来靶向一些适应证。比如Panigrahi通过大规模的临床试验证明，采用植物乳杆菌和低聚果糖组成的合生元可以预防印度的婴儿患上败血症。他们的结果显示，在分组人数相同的情况下（每组2000人以上），安慰剂对照组得败血症的婴儿人数为202人，而合生元组为117人，差异非常显著[81]。英国罗汉普顿大学怀特朗学院的研究学者们发现，将可溶性的玉米纤维（SCF）与鼠李糖乳杆菌一道以合生元的方式给老年人服用时，比单独采用益生元能够更有效地调节老年人群的免疫系统和肠道微生物的结构[84]。但是合生元与益生元临床功效的比较数据在现阶段还比较缺乏，因此该研究领域也需要更多试验数据的补充。

五、本章小结

本章主要介绍了益生元的最新定义和主要的益生元成员，它们的结构组成及微生物对它们的利用方式。本章还详细阐述了益生元在体内通过怎样的代谢途径被转变成为短链脂肪酸。之后，通过介绍短链脂肪酸在抗微生物感染、营养结肠上皮细胞、增强钙的吸收、维持肠上皮细胞的屏障功能、促进组蛋白的巴豆酰化、控制肠源性激素的水平等方面的作用机制研究，为益生元的健康调节作用找到了依据。最后对益生元临床试验进行了分类介绍，客观分析并总结了临床试验取得的研究成果以及现阶段的临床研究的不足之处。通过本章，让读者对“什么是益生元”以及“益生效应是怎么来的”有了初步的认识，也帮助读者更好地评价益生元的功效。

（袁盛凌 陶好霞 刘纯杰 编，袁静 校）

参考文献

[1] Le Chatelier E, Nielsen T, Qin J, et al. Richness of human gut microbiome correlates with metabolic markers [J]. Nature, 2013, 500(7464): 541-546.

[2] Bäckhed F, Manchester J K, Semenkovich C F, et al. Mechanisms underlying the resistance to diet-induced obesity in germ-free mice [J]. Proceedings of the National Academy of Sciences, 2007, 104(3): 979-984.

[3] Linares D M, Gómez C, Renes E, et al. Lactic acid bacteria and bifidobacteria with potential to design natural biofunctional health-promoting dairy foods [J]. Frontiers in microbiology, 2017, 8: 846.

[4] Fukuda S, Toh H, Hase K, et al. Bifidobacteria can protect from enteropathogenic infection through production of acetate [J]. Nature, 2011, 469(7331): 543-547.

[5] Principi N, Cozzali R, Farinelli E, et al. Gut dysbiosis and irritable bowel syndrome: The potential role of probiotics [J]. Journal of Infection, 2018, 76(2): 111-120.

[6] Rossi G, Pengo G, Caldin M, et al. Comparison of microbiological, histological, and immunomodulatory parameters in response to treatment with either combination therapy with prednisone and metronidazole or probiotic VSL# 3 strains in dogs with idiopathic inflammatory bowel disease [J]. PloS one, 2014, 9(4): e94699.

[7] Routy B, Le Chatelier E, Derosa L, et al. Gut microbiome influences efficacy of PD-1–based immunotherapy against epithelial tumors [J]. Science, 2018, 359(6371): 91-97.

[8] Gibson G R, Hutkins R, Sanders M E, et al. Expert consensus document: the international scientific association for probiotics and prebiotics (ISAPP) consensus statement on the definition and scope of prebiotics [J]. Nature reviews Gastroenterology & hepatology, 2017, 14(8): 491-502.

[9] Roberfroid M, Gibson G R, Hoyles L, et al. Prebiotic effects: metabolic and health benefits [J]. British Journal of Nutrition, 2010, 104(S2): S1-S63.

[10] Goh Y J, Klaenhammer T R. Genetic mechanisms of prebiotic oligosaccharide metabolism in probiotic microbes [J]. Annual review of food science and technology, 2015, 6: 137-156.

[11] Childs C E, Röytiö H, Alhoniemi E, et al. Xylo-oligosaccharides alone or in synbiotic combination with *Bifidobacterium animalis* subsp. *lactis* induce bifidogenesis and modulate markers of immune function in healthy adults: a double-blind, placebo-controlled, randomised, factorial cross-over study [J]. British Journal of Nutrition, 2014, 111(11): 1945-1956.

[12] Goffin D, Delzenne N, Blecker C, et al. Will isomalto-oligosaccharides, a well-established functional food in Asia, break through the European and American market? The status of knowledge on these prebiotics [J]. Critical reviews in food science and nutrition, 2011, 51(5): 394-409.

[13] Ma Y, Wu X, Giovanni V, et al. Effects of soybean oligosaccharides on intestinal microbial communities and immune modulation in mice [J]. Saudi journal of biological sciences, 2017, 24(1): 114-121.

[14] Ohkusa T, Ozaki Y, Sato C, et al. Long-term ingestion of lactosucrose increases *Bifidobacterium* sp. in human fecal flora [J]. Digestion, 1995, 56(5): 415-420.

[15] Kishino E, Takemura N, Masaki H, et al. Dietary lactosucrose suppresses influenza A (H1N1) virus infection in mice [J]. Bioscience of Microbiota, Food and Health, 2015.

[16] Takeda E, Yamanaka-Okumura H, Taketani Y, et al. Effect of nutritional counseling and long term isomaltulose based liquid formula (MHN-01) intake on metabolic syndrome [J]. Journal of Clinical Biochemistry and Nutrition, 2015, 57(2): 140-144.

[17]Tan W S K, Tan S-Y, Henry C J. Ethnic variability in glycemic response to sucrose and isomaltulose [J]. Nutrients, 2017, 9(4): 347.

[18] Bird A, Conlon M, Christophersen C, et al. Resistant starch, large bowel fermentation and a broader perspective of prebiotics and probiotics [J]. Beneficial microbes, 2010, 1(4): 423-431.

[19] Zi-Ni T, Rosma A, Napisah H, et al. Characteristics of metroxylon sagu resistant starch type Ⅲ as prebiotic substance [J]. Journal of food science, 2015, 80(4): H875-H82.

[20] Mäkeläinen H, Mäkivuokko H, Salminen S, et al. The effects of polydextrose and xylitol on microbial community and activity in a 4-stage colon simulator [J]. Journal of Food Science, 2007, 72(5): M153-M9.

[21] Sato T, Kusuhara S, Yokoi W, et al. Prebiotic potential of L-sorbose and xylitol in promoting the growth and metabolic activity of specific butyrate-producing bacteria in human fecal culture [J]. FEMS Microbiology Ecology, 2017, 93(1).

[22] Olli K, Saarinen M T, Forssten S D, et al. Independent and combined effects of lactitol, polydextrose, and *Bacteroides thetaiotaomicron* on postprandial metabolism and body weight in rats fed a high-fat diet [J]. Frontiers in nutrition, 2016, 3: 15.

[23] Rossi M, Corradini C, Amaretti A, et al. Fermentation of fructooligosaccharides and inulin by bifidobacteria: a comparative study of pure and fecal cultures [J]. Applied and environmental microbiology, 2005, 71(10): 6150-6158.

[24] Ryan S M, Fitzgerald G F, Van Sinderen D. Transcriptional regulation and characterization of a novel β-fructofuranosidase-encoding gene from *Bifidobacterium breve* UCC2003 [J]. Applied and environmental microbiology, 2005, 71(7): 3475-3482.

[25] Parche S, Amon J, Jankovic I, et al. Sugar transport systems of *Bifidobacterium longum* NCC2705 [J]. Microbial Physiology, 2007, 12(1-2): 9-19.

[26] Saulnier D M, Molenaar D, De Vos W M, et al. Identification of prebiotic fructooligosaccharide metabolism in *Lactobacillus plantarum* WCFS1 through microarrays [J]. Applied and Environmental Microbiology, 2007, 73(6): 1753-1765.

[27] Makras L, Van Acker G, De Vuyst L. *Lactobacillus paracasei* subsp. *paracasei* 8700: 2 degrades inulin-type fructans exhibiting different degrees of polymerization [J]. Applied and Environmental Microbiology, 2005, 71(11): 6531-6537.

[28] Goh Y J, Zhang C, Benson A K, et al. Identification of a putative operon involved in fructooligosaccharide utilization by *Lactobacillus paracasei* [J]. Applied and environmental microbiology, 2006, 72(12): 7518-7530.

[29] Barrangou R, Altermann E, Hutkins R, et al. Functional and comparative genomic analyses of an operon involved in fructooligosaccharide utilization by *Lactobacillus acidophilus* [J]. Proceedings of the National Academy of Sciences, 2003, 100(15): 8957-8962.

[30] O'Donnell M M, Forde B M, Neville B, et al. Carbohydrate catabolic flexibility in the mammalian intestinal commensal *Lactobacillus ruminis* revealed by fermentation studies aligned to genome annotations; proceedings of the Microbial cell factories, F, 2011 [C]. Springer.

[31] O'Connell Motherway M, Kinsella M, Fitzgerald G F, et al. Transcriptional and functional characterization of genetic elements involved in galacto-oligosaccharide utilization by *Bifidobacterium breve* UCC 2003 [J]. Microbial biotechnology, 2013, 6(1): 67-79.

[32] Andersen J M, Barrangou R, Hachem M A, et al. Transcriptional analysis of oligosaccharide utilization by *Bifidobacterium lactis* Bl-04 [J]. BMC genomics, 2013, 14(1): 1-14.

[33] Andersen J M, Barrangou R, Abou Hachem M, et al. Transcriptional and functional analysis of galactooligosaccharide uptake by lacS in *Lactobacillus acidophilus* [J]. Proceedings of the National Academy of Sciences, 2011, 108(43): 17785-11790.

[34] A Linares-Pasten J, Aronsson A, Nordberg Karlsson E. Structural considerations on the use of endo-xylanases for the production of prebiotic xylooligosaccharides from biomass [J]. Current Protein and Peptide Science, 2018, 19(1): 48-67.

[35] Delcenserie V, Lessard M-H, Lapointe G, et al. Genome comparison of *Bifidobacterium longum* strains NCC2705 and CRC-002 using suppression subtractive hybridization [J]. FEMS microbiology letters, 2008, 280(1): 50-56.

[36] Ejby M, Fredslund F, Vujicic-Zagar A, et al. Structural basis for arabinoxylo-oligosaccharide capture by the probiotic *Bifidobacterium animalis* subsp. *lactis* Bl-04 [J]. Molecular microbiology, 2013, 90(5): 1100-1112.

[37] Xu Z, Zhang S, Mu Y, et al. Paenibacillus panacisoli enhances growth of *Lactobacillus* spp. by producing xylooligosaccharides in corn stover ensilages [J]. Carbohydrate polymers, 2018, 184: 435-444.

[38] Michlmayr H, Hell J, Lorenz C, et al. Arabinoxylan oligosaccharide hydrolysis by family 43 and 51 glycosidases from *Lactobacillus brevis* DSM 20054 [J]. Applied and environmental microbiology, 2013, 79(21): 6747-6754.

[39] Röytiö H, Ouwehand A. The fermentation of polydextrose in the large intestine and its beneficial effects [J]. Beneficial microbes, 2014, 5(3): 305-313.

[40] Ejby M, Fredslund F, Andersen J M, et al. An ATP binding cassette transporter mediates the uptake of *α*-(1, 6)-linked dietary oligosaccharides in *Bifidobacterium* and correlates with competitive growth on these substrates [J]. Journal of Biological Chemistry, 2016, 291(38): 20220-20231.

[41] Kelly E D, Bottacini F, O'Callaghan J, et al. Glycoside hydrolase family 13 α-glucosidases encoded by *Bifidobacterium breve* UCC2003; a comparative analysis of function, structure and phylogeny [J]. International journal of food microbiology, 2016, 224: 55-65.

[42] O'Connell Motherway M, Fitzgerald G F, Neirynck S, et al. Characterization of ApuB, an extracellular type Ⅱ amylopullulanase from *Bifidobacterium breve* UCC2003 [J]. Applied and environmental microbiology, 2008, 74(20): 6271-6279.

[43] Andersen J M, Barrangou R, Hachem M A, et al. Transcriptional analysis of prebiotic uptake and catabolism by *Lactobacillus acidophilus* NCFM [J]. 2012.

[44] Møller M, Goh Y, Viborg A, et al. Recent insight in α-glucan metabolism in probiotic bacteria [J]. Biologia, 2014, 69(6): 713-721.

[45] Bode L, Jantscher-Krenn E. Structure-function relationships of human milk oligosaccharides [J]. Advances in Nutrition, 2012, 3(3): 383S-391S.

[46] Kitaoka M, Tian J, Nishimoto M. Novel putative galactose operon involving lacto-N-biose phosphorylase in *Bifidobacterium longum* [J]. Applied and Environmental Microbiology, 2005, 71(6): 3158-3162.

[47] González R, Klaassens E S, Malinen E, et al. Differential transcriptional response of *Bifidobacterium longum* to human milk, formula milk, and galactooligosaccharide [Z]. Am Soc Microbiol. 2008.

[48] Asakuma S, Hatakeyama E, Urashima T, et al. Physiology of consumption of human milk oligosaccharides by infant gut-associated bifidobacteria [J]. Journal of Biological Chemistry, 2011, 286(40): 34583-34592.

[49] Ward R E, Niñonuevo M, Mills D A, et al. In vitro fermentation of breast milk oligosaccharides by *Bifidobacterium infantis* and *Lactobacillus gasseri* [J]. Applied and environmental microbiology, 2006, 72(6): 4497-4499.

[50] Schwab C, Gänzle M. Lactic acid bacteria fermentation of human milk oligosaccharide components, human milk oligosaccharides and galactooligosaccharides [J]. FEMS microbiology letters, 2011, 315(2): 141-148.

[51] Thongaram T, Hoeflinger J L, Chow J, et al. Human milk oligosaccharide consumption by probiotic and human-associated bifidobacteria and lactobacilli [J]. Journal of dairy science, 2017, 100(10): 7825-7833.

[52] Fushinobu S. Unique sugar metabolic pathways of bifidobacteria [J]. Bioscience, biotechnology, and biochemistry, 2010: 1010282237.

[53] Buntin N, Hongpattarakere T, Ritari J, et al. An inducible operon is involved in inulin utilization in *Lactobacillus plantarum* strains, as revealed by comparative proteogenomics and metabolic profiling [J]. Applied and environmental microbiology, 2017, 83(2): e02402-16.

[54] Fortina M G, Ricci G, Mora D, et al. Unusual organization for lactose and galactose gene clusters in *Lactobacillus helveticus* [J]. Applied and Environmental Microbiology, 2003, 69(6): 3238-3243.

[55] Bunesova V, Lacroix C, Schwab C. Mucin cross-feeding of infant bifidobacteria and *Eubacterium hallii* [J]. Microbial ecology, 2018, 75(1): 228-238.

[56] Duncan S H, Louis P, Flint H J. Lactate-utilizing bacteria, isolated from human feces, that produce butyrate as a major fermentation product [J]. Applied and environmental microbiology, 2004, 70(10): 5810-5817.

[57] Moens F, Verce M, De Vuyst L. Lactate-and acetate-based cross-feeding interactions between selected strains of lactobacilli, bifidobacteria and colon bacteria in the presence of inulin-type fructans [J]. International Journal of Food Microbiology, 2017, 241: 225-236.

[58] Koh A, de Vadder F, Kovatcheva-Datchary P, et al. From dietary fiber to host physiology: Short-chain fatty acids as key bacterial metabolites. Cell, 2016, 165(6): 1332-1345.

[59] Lamichhane S, Yde C C, Jensen H M, et al. Metabolic fate of 13C-labeled polydextrose and Impact on the gut microbiome: a triple-phase study in a colon simulator [J]. Journal of proteome research, 2018, 17(3): 1041-1053.

[60] Raqib R, Sarker P, Bergman P, et al. Improved outcome in shigellosis associated with butyrate induction of an endogenous peptide antibiotic [J]. Proceedings of the National Academy of Sciences, 2006, 103(24): 9178-9183.

[61] Roediger W. Role of anaerobic bacteria in the metabolic welfare of the colonic mucosa in man [J]. Gut, 1980, 21(9): 793-798.

[62] Fellows R, Denizot J, Stellato C, et al. Microbiota derived short chain fatty acids promote histone crotonylation in the colon through histone deacetylases [J]. Nature communications, 2018, 9(1): 1-15.

[63] Gurav A, Sivaprakasam S, Bhutia Y D, et al. Slc5a8, a Na^+-coupled high-affinity transporter for short-chain fatty acids, is a conditional tumour suppressor in colon that protects against colitis and colon cancer under low-fibre dietary conditions [J]. Biochemical journal, 2015, 469(2): 267-278.

[64] Tolhurst G, Heffron H, Lam Y S, et al. Short-chain fatty acids stimulate glucagon-like peptide-1 secretion via the G-protein-coupled receptor FFAR2 [J]. Diabetes, 2012, 61(2): 364-371.

[65] Christiansen C B, Gabe M B N, Svendsen B, et al. The impact of short-chain fatty acids on GLP-1 and

PYY secretion from the isolated perfused rat colon [J]. American Journal of Physiology-Gastrointestinal and Liver Physiology, 2018, 315(1): G53-G65.

[66] Larraufie P, Martin-Gallausiaux C, Lapaque N, et al. SCFAs strongly stimulate PYY production in human enteroendocrine cells [J]. Scientific reports, 2018, 8(1): 1-9.

[67] Lu Y, Fan C, Li P, et al. Short chain fatty acids prevent high-fat-diet-induced obesity in mice by regulating G protein-coupled receptors and gut microbiota [J]. Scientific reports, 2016, 6(1): 1-13.

[68] Mariño E, Richards J L, Mcleod K H, et al. Gut microbial metabolites limit the frequency of autoimmune T cells and protect against type 1 diabetes [J]. Nature immunology, 2017, 18(5): 552-562.

[69] Glover L E, Bowers B E, Saeedi B, et al. Control of creatine metabolism by HIF is an endogenous mechanism of barrier regulation in colitis [J]. Proceedings of the National Academy of Sciences, 2013, 110(49): 19820-19825.

[70] Scholz-Ahrens K E, Schrezenmeir J. Inulin, oligofructose and mineral metabolism—experimental data and mechanism [J]. British Journal of Nutrition, 2002, 87(S2): S179-S86.

[71] Whisner C M, Castillo L F. Prebiotics, bone and mineral metabolism [J]. Calcified Tissue International, 2018, 102(4): 443-479.

[72] Mineo H, Hara H, Tomita F. Short-chain fatty acids enhance diffusional Ca transport in the epithelium of the rat cecum and colon [J]. Life sciences, 2001, 69(5): 517-526.

[73] Ohta A, Motohashi Y, Ohtsuki M, et al. Dietary fructooligosaccharides change the concentration of calbindin-D9k differently in the mucosa of the small and large intestine of rats [J]. The Journal of nutrition, 1998, 128(6): 934-939.

[74] Fukushima A, Aizaki Y, Sakuma K. Short-chain fatty acids induce intestinal transient receptor potential vanilloid type 6 expression in rats and Caco-2 cells [J]. The Journal of nutrition, 2009, 139(1): 20-25.

[75] Ashley C, Johnston W H, Harris C L, et al. Growth and tolerance of infants fed formula supplemented with polydextrose (PDX) and/or galactooligosaccharides (GOS): double-blind, randomized, controlled trial [J]. Nutrition journal, 2012, 11(1): 1-10.

[76] Sierra C, Bernal M-J, Blasco J, et al. Prebiotic effect during the first year of life in healthy infants fed formula containing GOS as the only prebiotic: a multicentre, randomised, double-blind and placebo-controlled trial [J]. European journal of nutrition, 2015, 54(1): 89-99.

[77] Ranucci G, Buccigrossi V, Borgia E, et al. Galacto-oligosaccharide/polidextrose enriched formula protects against respiratory infections in infants at high risk of atopy: a randomized clinical trial [J]. Nutrients, 2018, 10(3): 286.

[78] Pärtty A, Luoto R, Kalliomäki M, et al. Effects of early prebiotic and probiotic supplementation on development of gut microbiota and fussing and crying in preterm infants: a randomized, double-blind, placebo-controlled trial [J]. The Journal of pediatrics, 2013, 163(5): 1272-1277.

[79] Paganini D, Uyoga M A, Kortman G A, et al. Prebiotic galacto-oligosaccharides mitigate the adverse effects of iron fortification on the gut microbiome: a randomised controlled study in Kenyan infants [J]. Gut, 2017, 66(11): 1956-1967.

[80] Boyle R J, Tang M K, Chiang W C, et al. Prebiotic-supplemented partially hydrolysed cow's milk formula for the prevention of eczema in high-risk infants: a randomized controlled trial [J]. Allergy, 2016, 71(5): 701-710.

[81] Panigrahi P, Parida S, Nanda N C, et al. A randomized synbiotic trial to prevent sepsis among infants in rural India [J]. Nature, 2017, 548(7668): 407-412.

[82] Shadid R, Haarman M, Knol J, et al. Effects of galactooligosaccharide and long-chain fructooligosaccharide supplementation during pregnancy on maternal and neonatal microbiota and immunity—a randomized, double-blind, placebo-controlled study [J]. The American journal of clinical nutrition, 2007, 86(5): 1426-1437.

[83] Jinno S, Toshimitsu T, Nakamura Y, et al. Maternal prebiotic ingestion increased the number of fecal bifidobacteria in pregnant women but not in their neonates aged one month [J]. Nutrients, 2017, 9(3): 196.

[84] Costabile A, Bergillos-Meca T, Rasinkangas P, et al. Effects of soluble corn fiber alone or in synbiotic combination with *Lactobacillus rhamnosus* GG and the pilus-deficient derivative GG-PB12 on fecal microbiota, metabolism, and markers of immune function: a randomized, double-blind, placebo-controlled, crossover study in healthy elderly (Saimes Study) [J]. Frontiers in Immunology, 2017, 8: 1443.

[85] Alfa M J, Strang D, Tappia P S, et al. A randomized placebo controlled clinical trial to determine the impact of digestion resistant starch MSPrebiotic® on glucose, insulin, and insulin resistance in elderly and mid-age adults [J]. Frontiers in Medicine, 2018, 4: 260.

[86] Jakeman S A, Henry C N, Martin B R, et al. Soluble corn fiber increases bone calcium retention in postmenopausal women in a dose-dependent manner: a randomized crossover trial [J]. The American journal of clinical nutrition, 2016, 104(3): 837-843.

[87] Nicolucci A C, Hume M P, Martínez I, et al. Prebiotics reduce body fat and alter intestinal microbiota in children who are overweight or with obesity [J]. Gastroenterology, 2017, 153(3): 711-722.

[88] Hume M P, Nicolucci A C, Reimer R A. Prebiotic supplementation improves appetite control in children with overweight and obesity: a randomized controlled trial [J]. The American journal of clinical nutrition, 2017, 105(4): 790-799.

[89] Closa-Monasterolo R, Ferré N, Castillejo-Devillasante G, et al. The use of inulin-type fructans improves stool consistency in constipated children. A randomised clinical trial: pilot study [J]. International journal of food sciences and nutrition, 2017, 68(5): 587-594.

[90] Whisner C M, Martin B R, Nakatsu C H, et al. Soluble maize fibre affects short-term calcium absorption in adolescent boys and girls: a randomised controlled trial using dual stable isotopic tracers [J]. British journal of nutrition, 2014, 112(3): 446-456.

[91] Noguera T, Wotring R, Melville C R, et al. Resolution of acute gastroenteritis symptoms in children and adults treated with a novel polyphenol-based prebiotic [J]. World Journal of Gastroenterology: WJG, 2014, 20(34): 12301.

[92] 徐琳, 虞文魁, 姜军, 等. 果胶治疗腹泻型肠易激综合征的临床疗效 [J]. 中华胃肠外科杂志, 2015, 18(3): 267-271.

[93] Silk D, Davis A, Vulevic J, et al. Clinical trial: the effects of a trans-galactooligosaccharide prebiotic on faecal microbiota and symptoms in irritable bowel syndrome [J]. Alimentary pharmacology & therapeutics, 2009, 29(5): 508-518.

[94] Benjamin J L, Hedin C R, Koutsoumpas A, et al. Randomised, double-blind, placebo-controlled trial of fructo-oligosaccharides in active Crohn's disease [J]. Gut, 2011, 60(7): 923-929.

[95] Roshanravan N, Mahdavi R, Alizadeh E, et al. The effects of sodium butyrate and inulin supplementation on angiotensin signaling pathway via promotion of *Akkermansia muciniphila* abundance in type 2 diabetes; A randomized, double-blind, placebo-controlled trial [J]. Journal of cardiovascular and thoracic research, 2017, 9(4): 183.

[96] Gonai M, Shigehisa A, Kigawa I, et al. Galacto-oligosaccharides ameliorate dysbiotic Bifidobacteriaceae decline in Japanese patients with type 2 diabetes [J]. Beneficial microbes, 2017, 8(5): 705-716.

[97] Pedersen C, Gallagher E, Horton F, et al. Host-microbiome interactions in human type 2 diabetes following prebiotic fibre (galacto-oligosaccharide) intake [J]. British Journal of Nutrition, 2016, 116(11): 1869-1877.

[98] Reimer R A, Willis H J, Tunnicliffe J M, et al. Inulin-type fructans and whey protein both modulate appetite but only fructans alter gut microbiota in adults with overweight/obesity: a randomized controlled trial [J]. Molecular nutrition & food research, 2017, 61(11): 1700484.

[99] Canfora E E, Van Der Beek C M, Hermes G D, et al. Supplementation of diet with galacto-oligosaccharides increases bifidobacteria, but not insulin sensitivity, in obese prediabetic individuals [J]. Gastroenterology, 2017, 153(1): 87-97.

[100] Azcarate-Peril M A, Ritter A J, Savaiano D, et al. Impact of short-chain galactooligosaccharides on the gut microbiome of lactose-intolerant individuals [J]. Proceedings of the National Academy of Sciences, 2017, 114(3): E367-E375.

[101] Maretti C, Cavallini G. The association of a probiotic with a prebiotic (Flortec, Bracco) to improve the quality/quantity of spermatozoa in infertile patients with idiopathic oligoasthenoteratospermia: a pilot study [J]. Andrology, 2017, 5(3): 439-444.

[102] Jung E Y, Kwon J I, Hong Y H, et al. Evaluation of anti-wrinkle effects of duoligo, composed of lactulose and galactooligosaccharides [J]. Preventive Nutrition and Food Science, 2017, 22(4): 381.

[103] Liu F, Li P, Chen M, et al. Fructooligosaccharide (FOS) and galactooligosaccharide (GOS) increase *Bifidobacterium* but reduce butyrate producing bacteria with adverse glycemic metabolism in healthy young population [J]. Scientific reports, 2017, 7(1): 1-12.

[104] Joossens M, De Preter V, Ballet V, et al. Effect of oligofructose-enriched inulin (OF-IN) on bacterial composition and disease activity of patients with Crohn’s disease: results from a double-blinded randomised controlled trial [J]. Gut, 2012, 61(6): 958.

第九章

益生菌的应用

第一节 益生菌作为食品级的添加剂

功能性食品被定义为不以治疗为目的且具有超越自身营养价值的健康有益的食品，它能够调节机体功能，促进健康，且安全无害。随着生活水平的不断提高，人们对健康的关注也越来越多。由于良好的健康功效，益生菌作为一种新的食品添加剂被广泛接受。早期益生菌主要用于发酵乳制品的生产，后来被逐步用于开发各种功能食品添加剂，如果汁、糖果、冰激凌、酸奶等，其中在奶制品中的添加最为普遍也最受欢迎。

功能性食品具有潜在的积极影响，而益生菌作为活的细菌，之所以被引入食品中主要是因为它们在保证安全的同时有助于维持肠道内的微生物菌群，从而有利于机体健康。人体消化系统中的微生物有500～1000种，而这些微生物的良好分布及种群数量对防止病原细菌栖息以及保持肠道平稳健康状态具有积极的影响。一个理想的益生菌首先必须对人类无害且对生理功能具有积极意义，而作为工业生产及食品的添加物，还需要益生菌在储存和装运的条件下具有较好的稳定性，能够抵抗肠道中的低pH环境和胆汁盐，从而在宿主体内持续、有效地附着，并且对宿主有益（如增强免疫力）。

应用于功能性食品的常见益生菌主要指两大类乳酸菌群：一类为双歧杆菌，该类乳酸菌为全球公认有益菌，尚未有不利于人体健康的报道，常见的有婴儿双歧杆菌、长双歧杆菌、短双歧杆菌、青春双歧杆菌等；另一类为乳杆菌，如嗜酸乳杆菌、干酪乳杆菌、鼠李糖乳杆菌、植物乳杆菌和罗伊氏乳杆菌等。食品级益生菌在应用方面主要考虑加工过程及货架期的损失，以及在使用时能否高效到达肠道而不被胃酸杀死。因此在使用时除了考虑菌株本身特性外，同时还需考虑相关的关键参数如水分含量、氧含量、碳水化合物、pH、温度和机械压力等。

国家食品药品监督管理局于2005年7月1日发布的《益生菌类保健食品申报与审评规定（试行）》中规定，可用于保健食品的益生菌包括两歧双歧杆菌（*Bifidobacterium bifidum*）、婴儿双歧杆菌（*Bifidobacterium infantis*）、长双歧杆菌（*Bifidobacterium longum*）、短双歧杆菌（*Bifidobacterium breve*）、青春双歧杆菌（*Bifidobacterium adolescentis*）、德氏乳杆菌保加利亚亚种（*Lactobacillus delbrueckii* subsp.*bulgaricus*）、嗜酸乳杆菌（*Lactobacillus acidophilus*）、干酪乳杆菌干酪亚种（*Lactobacillus casei* subsp.*casei*）、嗜热链球菌（*Streptococcus thermophilus*）

以及罗伊氏乳杆菌（*Lactobacillus reuteri*）。2010年4月，卫生部发布了《可用于食品的菌种名单》，其中包含双歧杆菌属、乳杆菌属以及链球菌属细菌等20余种菌。2011年10月卫生部进一步规定，婴幼儿食品中只批准使用六株菌。

工业用益生菌的一般标准如下。

① 生物安全：一般认为益生菌是安全的（如乳酸菌、双歧杆菌、肠球菌）。

② 起源：益生菌最好应来源于健康人体的肠道。

③ 在体内和体外条件下的耐受性：益生菌应耐受宿主体内的防御机制、pH值、胆汁和胰腺条件。

④ 黏附：益生菌应附着于肠上皮并定植以生存较长时间。

⑤ 抗菌活性：益生菌的一个重要标准是它们能有效地保护宿主免受病原体的侵害。因此，它们应该表现出一定的拮抗性质。例如，乳酸杆菌属（*Lactobacillus* spp.）是广泛使用的一类益生菌，可产生抑制剂（如细菌素），降低氧化还原电位，产生过氧化氢，通过产生乳酸降低pH，从而防止有害微生物对宿主造成损伤。

过去的二十年中，大量的研究和开发集中于益生菌在许多传统食品中的应用。由于益生菌被普遍接受，在食品及其工业生产中具有很大的应用价值。人们越来越清楚意识到含益生菌的功能性食品对健康的意义。据市场报道，多达93%的北美洲消费者认为疾病的风险可以通过功能性食品的消费减少。欧睿国际数据显示，2019年全球益生菌市场价值约400亿欧元，中国益生菌市场平均年增速约为15%。其中亚太地区益生菌产品的增长率最高，之后是欧洲。益生菌已被证明能给人类、动物和植物带来各种健康益处。而在生产过程中，必须确保益生菌在加工条件及最终产品状态下保持活性和活力。

一、强化乳制品

乳制品由于其固有的有利于益生菌生长及在贮藏期保持其稳定的特点，被认为是益生菌的良好载体。益生菌在乳制品中的应用，必须关注特定的参数（如酸度、pH值、溶解氧含量、氧化还原电位和过氧化氢效应），以满足益生菌性能、健康效应和法规的基本要求。要达到较好的效果，通常认为乳制品中的益生菌浓度应为每毫升10^6～10^7 CFU，这可以通过微囊化细胞减少溶解氧水平来维持。

益生菌乳饮是第一个商业化的功能饮料，在世界范围内以多种产品的形式大量销售，包括牛奶、酸奶和饮料产品。鼠李糖乳杆菌是在乳品行业最广泛使用的益生菌，主要是由于其在人类的肠道具有较好的活力和良好的耐酸能力。

（一）益生菌牛奶

牛奶是将益生菌传递给人体的主要食物。在牛奶中最广泛使用的益生菌是嗜酸乳杆菌，该菌在牛奶中生长缓慢且稳定性高，此外另一个常用的益生菌是两歧双歧杆菌。为了使嗜酸乳杆菌生长，培养基必须保持酸性pH值（5.5～6）。然而，牛奶的发酵通常会导致pH值下降到低于这些水平，从而导致细菌数量减少。

生产嗜酸乳杆菌牛奶的过程包括热处理、接种和发酵。最初，95℃加热1h或者在125℃加热15min，使牛奶蛋白变性并释放多肽，以刺激嗜酸乳杆菌的生长。然后将牛奶冷却至37℃，保持3～4h，使芽孢萌发，之后灭菌并破坏所有细胞后冷却至37℃，之后加入嗜酸乳杆菌至

2%～5%，发酵直到pH值降至5.5～6.0或大约含有1%的乳酸。在18～24h的发酵过程中，活嗜酸乳杆菌会增加到（2～3）×10^9CFU/mL，但数量会随着时间的推移而减少。在生产中常常将其与嗜热链球菌和乳酸菌联合培养。最后，将产品迅速冷却至7℃以下。

含有双歧杆菌的双歧牛奶的生产与嗜酸乳杆菌牛奶相似。双歧牛奶中乳酸和醋酸的比例常常为2∶3，天然条件下为酸性。此外还可以生产同时含有嗜酸乳杆菌和双歧杆菌的益生菌牛奶，这种牛奶有一种独特的香气，呈弱酸性。

发酵牛奶和非发酵牛奶的蛋白质含量相似，但嗜酸乳杆菌牛奶中含有较多的游离氨基酸。也可以通过添加钙、铁和维生素使其营养更加丰富。此外，乳糖可以被嗜酸乳杆菌中的β-半乳糖苷酶水解，使乳糖不耐受的个体同样可以饮用。然而，由于酸含量高，其酸味可影响其市场销售，继而又有了甜嗜酸乳杆菌牛奶。当包装后储存在小于10°C时，益生菌在乳制品中可以存活14d，而据报道，甜嗜酸乳杆菌牛奶冷冻干燥后在4℃时可以保存23d，因此，冷冻产品在益生食品的生产中受到了广泛的关注。

（二）益生菌奶酪

奶酪是另一种支持益生菌生存的乳制品，因此也被认为是益生菌运输的良好载体。嗜酸乳杆菌和双歧杆菌都是奶酪制品中常见的益生菌，并在多种奶酪如切达奶酪、高德干酪、白纹奶酪等的生产中发挥重要作用。

切达奶酪是益生菌进入胃肠道的有效载体。某些微生物菌株如粪肠球菌在切达奶酪中的存活率、稳定性和活性均优于其他乳酪。同时有报道在pH为2的胃液环境下，切达奶酪的保护作用比酸奶更强。切达奶酪是在控制细菌的条件下生产以减少污染。标准制备方法首先是加入发酵剂和益生菌，之后再加入凝乳酶。凝乳在39℃的温度下煮熟和研磨，pH值保持在6.1。同时加入盐使其最终质量分数为2.8%。然后将凝固物放在模板模具中，并加压（200～400kPa）然后真空包装。建议将包装好的奶酪储存在8℃或以下，以保持益生菌培养的活力。

对益生菌奶酪生产的研究有许多预防措施和见解，从而产生了更好的产品。有人建议在包装前必须对益生菌奶酪的含氧量和水分活性进行评估。有报道称，可以通过冷却产品来提高益生微生物的存活率和稳定性。此外，低温也可抑制益生菌和奶酪成分之间的相互作用。奶酪中益生菌的微妙相互作用取决于提供糖的种类和数量、牛奶蛋白质和脂质的水解程度、游离氨基酸和短链脂肪酸的可得性。

益生菌和奶酪中的启动菌之间的拮抗作用也有报道，这主要是由细菌蛋白、多肽或具有抗生素特性的蛋白质引起的，这些被认为是生产中的限制因素。这种拮抗作用也可能是由其他成分，如过氧化氢、苯甲酸、生物胺和乳酸引起。这些效应也取决于益生菌是在发酵前还是发酵后添加的。降低温度（<8 °C）可以减少相互作用和代谢活动。

益生菌奶酪的最终口感和风味主要受益生菌的蛋白质水解和脂解特性影响，切达干酪由于其致密的固体结构和脂肪含量，有助于保护益生菌，被认为是将这些益生菌带到人体胃肠道的有力载体。此外，较低的pH值可在其周围创造一个缓冲环境，从而为益生菌的生存提供有利条件。

（三）益生菌酸奶

酸奶是最受欢迎的益生菌产品，因其营养价值、健康效益和各种治疗效果而受到大众青睐。随着益生菌的重要性不断被人们认可，益生菌酸奶成为大多数饮品店的常见产品。传统生产中，酸奶是以保加利亚乳酸杆菌和唾液链球菌作为发酵剂。然而，它们不能在胃肠道环境中存活，因此不能作为益生菌用于发酵产品。而嗜酸乳杆菌和双歧杆菌由于其实用价值和本身的生存能力成了添加的首选益生菌。

益生菌酸奶的生产类似于传统的酸奶制造，但需要额外接种益生菌。首先，在经过热处理的同质化牛奶（蛋白质含量3.6%～3.8%）中添加发酵剂（保加利亚乳酸杆菌和唾液链球菌），在45℃下培养3.5h或在37℃下培养9h。益生菌要么与发酵剂一起添加，要么在第一次发酵后添加。产品包装前冷却至4℃。益生菌的活性取决于多个因素，包括碳水化合物组成、发酵培养基、拮抗作用、培养条件、溶解氧（特别是双歧杆菌），以及储存温度和持续时间。

据报道，益生菌特别是双歧杆菌在冷藏温度下，由于拮抗作用其生存能力降低。解决这一问题的方法之一是单独培养双歧杆菌，之后去掉游离的代谢物，再将其添加到益生菌酸奶中。双歧杆菌的性质是高度厌氧的，因此牛奶中的高溶解氧含量是制约其生长的关键因素。为了解决这个问题，一种高氧利用细菌嗜热杆菌，已与双歧杆菌一起使用以保持酸奶中低水平的溶氧。另外酸奶必须在低温下储存，以保持益生菌更好的活性。

二、基于乳清（蛋白质）的益生菌产品

乳清以及基于乳清的产品由于其具有高营养低热值、解渴以及较果汁更低的酸度，近年来备受关注。乳清的营养价值主要取决于其来源的牛奶，其中包括乳糖（70%）、蛋白质（β-乳球蛋白、α-乳白蛋白、血清白蛋白）和一些矿物质，以及某些维生素（大部分为B族维生素）。大量研究集中于乳清制品对健康的意义，此外还有报道使用乳清能够增加猪和犊牛的体重并使腹泻发生率降低。

乳清中高乳糖含量有利于益生菌的生长。乳清通过提高环境中的pH值来保护益生菌对抗胃肠道的高酸性环境，并促进益生菌的存活，提高其生存能力。因此，乳清被认为是益生菌运输至肠道的有效载体。此外，乳清在低温贮藏期间为益生菌的存活提供了有利的介质。有研究通过改变乳清益生菌饮料储存时的微生物计数、pH值和滴定酸度，发现在4℃下贮藏30d，产品参数无变化，尽管轻微酸化，但仍保持其风味。乳酸菌和双歧杆菌广泛应用于乳清制品，不仅提高乳清制品的风味和质地，还提供营养和各种健康方面的益处，含嗜酸乳杆菌的乳清益生菌饮料对儿童腹泻有预防作用。乳清益生菌产品的局限性之一是液体乳清占据了大量的运输成本。然而这一点是可以通过蒸发、反渗透或超滤浓缩等方法在保证具有相同的相对成分的前提下减小体积。

第二节　益生菌作为药物

随着微生态学的蓬勃发展，肠道菌群与人类健康及疾病的关系日益受到重视，已经成为目前医学研究的热点之一，由此出现的益生菌药物也越来越多地得到了广大医生的认可。日

本进行的一项针对儿童胃肠炎的处方调查发现，益生菌是使用频率最高的处方药，1997—2007年，其使用率由30.6%增至63.3%，而抗生素的应用则逐年减少。

目前用于益生菌药物的菌株主要分为两类。一类由乳酸菌组成，能够消化乳糖，将其转化为乳酸，从而降低微环境的pH值。乳酸菌群包括链球菌、肠球菌、乳酸杆菌和双歧杆菌等。还有一类为非乳酸菌群，包括芽孢杆菌（如地衣芽孢杆菌和蜡样芽孢杆菌等）和酵母菌（如布拉氏酵母菌）等，而两组菌在作用机制、代谢机制和对抗生素的敏感性等方面也各不相同。前一组也包括肠道原籍菌，作为肠道有益菌，可以直接发挥作用，另外一类来源于肠道以外，酵母菌与肠道菌类似，而芽孢杆菌进入肠道后主要通过大量耗氧，提高肠道厌氧环境，促进肠内厌氧性有益菌的生长与增殖。

益生菌药物用于治疗和预防疾病的机制包括：①通过占位效应，营养竞争，分泌抑菌或杀菌物质，产生有机酸，刺激分泌型免疫球蛋白（sIgA）分泌等阻止致病菌及毒素黏附，抑制或拮抗致病菌和其他微生物生长，从而纠正菌群失调；②通过构成生物（菌膜）屏障，刺激和促进黏蛋白表达与分泌，增强肠道黏膜屏障功能，降低肠道通透性，防止肠道细菌和内毒素移位；③促进出生后肠道黏膜免疫系统和全身免疫系统的激活、发育与成熟，参与机体对食物和正常肠道菌群的免疫耐受；④通过对肠道上皮细胞和免疫细胞的作用，维持细胞因子平衡，特别是致炎症因子的合成与释放，从而调节肠道黏膜过度的免疫炎症反应，甚至调节肠道以外的全身性免疫应答反应；⑤参与维生素B_1、维生素B_2、维生素B_6、维生素B_{12}、维生素K、烟酸和叶酸等维生素的合成，参与蛋白质、胆汁酸和胆固醇等的代谢。经胃肠道使用的益生菌药物在体内存在的过程比较简单，摄入后一般在肠道存在1周左右即随粪便排出。因此，这类药物不会对机体造成明显的毒副反应。

然而益生菌由于其作用和疗效具有菌株特异性和剂量依赖性，并且个体的肠道菌群受种族、饮食、生活环境、不同疾病和所使用药物，特别是抗生素等因素的影响，使得在临床上很难全面客观地评价某种益生菌药物的作用和疗效。大量的研究已经评估了益生菌在预防或治疗某些临床疾病中的作用，然而结果喜忧参半。目前作用比较明确的疾病有：抗生素相关性腹泻、儿童感染性腹泻、炎症性肠病（特别是在维持、缓解溃疡性结肠炎）以及慢性肠炎。报道肯定了益生菌对这些疾病的积极治疗效果，但也有阴性结果报道。

一、腹泻病

腹泻病是所有益生菌使用的最主要的适应证，也是目前益生菌应用和研究最为深入、最为广泛的疾病，尤其在儿科患者中。益生菌在不同类型的腹泻的预防、治疗或恢复中可发挥积极作用，但一些结果依然具有争议。

1．抗生素相关性腹泻（antibiotic-associated diarrhea，AAD）

腹泻是应用抗生素的常见副作用，在门诊患者中发生率约10%～30%，住院患者高达39%。包括艰难梭菌相关腹泻（*Clostridium difficile*-associated antibiotic diarrhea，CDAD）和非艰难梭菌相关腹泻（non-*Clostridium difficile*-associated antibiotic diarrhea，NCDAD）。NCDAD多定义为良性、自限性腹泻，通常发生在口服抗菌药物后（尤其是阿莫西林/克拉维酸盐），症状通常在服药后24h出现，一般并无病原体存在，腹泻发生多由于肠道菌群的组成和功能发生改变，大多数患者在停用抗生素及支持治疗后好转。相反，CDAD通常指微生物产生的毒素导致的腹泻病，抗生素如氟喹诺酮类、头孢菌素类、碳青霉烯类或克林霉素等的使用[1]导致结肠菌群紊乱，梭状芽孢杆菌入侵并释放毒素，引起肠道黏膜损伤和炎症，甚至引起严重结肠炎。CDAD约占AAD的10%～25%，并且强毒株的出现加重了疾病的严重程度。

在儿童中的研究显示益生菌对预防AAD发生有重要意义，其中鼠李糖乳杆菌和布拉氏酵母菌是最有效的。然而在CDAD的治疗方面，目前没有充分证据表明益生菌的有效性。CDAD常常在初始治疗后约30%患者会复发，而二次或多次复发患者复发率高达60%，复发性CDAD通常难治且易多次复发，而随着有毒菌株（NAP1/027/B1）的出现，治疗的失败率更高。因此对复发性CDAD的预防非常重要，而益生菌中布拉氏酵母菌通过临床试验已证明其在预防复发性CDAD中的有效性，可作为预防复发的辅助手段。

2014年耶鲁大学/哈佛大学工作组提出了预防和治疗AAD的实践指南[2]，益生菌在预防AAD有效性方面为A级推荐，其中最有效的菌株包括布拉氏酵母菌、鼠李糖乳杆菌及乳酪杆菌DN114 G01、保加利亚乳杆菌和嗜热链球菌联用；预防CDAD，益生菌为B/C级证据，其中鼠李糖乳杆菌和布拉氏酵母菌最有效；预防复发性CDAD，布拉氏酵母菌、鼠李糖乳杆菌及粪便细菌移植为B/C级证据。在儿童治疗方面，依然强调益生菌在预防方面的效果，如2010年美国儿科学会关于益生菌疗法建议中提到：确实有证据支持使用益生菌预防AAD，但是没有证据显示其对治疗有益[3]。而在2013年的指南中提到：因为在儿童中缺乏对照研究，益生菌并不推荐用于预防或治疗难辨梭菌感染。

2．儿童急性感染性腹泻

儿童常常会发生感染性腹泻，包括细菌感染和病毒感染，而益生菌在感染性腹泻的治疗方面是有限的，如针对轮状病毒相关腹泻，在早期给予益生菌进行治疗后具有良好的效果，而在另外一些感染中效果却不明显。益生菌的使用与急性感染性腹泻治疗效果之间的相关性并不强，此外益生菌的选择和使用剂量在治疗中非常重要，有证据显示一定剂量的鼠李糖乳杆菌、布拉氏酵母菌等菌株在感染性腹泻治疗中有效。对成人而言在缩短腹泻时间、减少大便次数方面缺乏有效的数据。

2014年耶鲁大学/哈佛大学工作组推荐益生菌（如布拉氏酵母菌、鼠李糖乳杆菌、罗伊氏乳杆菌SD2112）在治疗儿童感染性腹泻方面为A级证据，在预防感染方面为B级证据[2]。美国儿科学会2010年提出关于益生菌和益生元的使用建议：在健康的婴幼儿中，有一些证据支持在急性病毒性胃肠炎腹泻早期使用益生菌，并且益生菌的使用可减少1天的病程。然而，现有的证据并不支持常规使用益生菌预防传染性腹泻，除非有特殊情况[3]。

3．旅行者腹泻（traveler's diarrhea，TD）

旅行者腹泻是旅行过程中最常见的疾病之一，具有较高的发生率，大部分发生在最初2周并持续大约4d，其中大多由细菌（如大肠杆菌）感染引起，约有10%的旅行者患上TD后会进展为持续性腹泻，约10%患者最终进展为感染后肠易激综合征。目前关于益生菌在预防TD方面没有相关指南，对益生菌在治疗旅行者腹泻中的有效性方面是存在争议的，如一些研究认为布拉氏酵母菌及嗜乳酸杆菌、双歧杆菌混合最有效[4]。相反，还有研究认为并没有研究结果显示益生菌在预防TD方面有效[5]。益生菌在预防TD有效性方面的临床资料相当有限，然而，预防TD仍然是益生菌在欧洲最大的市场之一。

二、炎症性肠病

炎症性肠病（inflammatory bowel disease，IBD）包括两大类疾病，溃疡性结肠炎（ulcerative colitis，UC）和克罗恩病（Crohn's disease，CD），该类疾病主要特征为肠道黏膜慢性、不受控制的炎症，其发生与基因、饮食及肠道菌群的改变有关。与普通炎症反应相比，IBD患者无法对这些炎症反应进行调节，从而导致肠道慢性炎症。尽管肠道菌群失调被认为在IBD发病中扮演重要角色，但其到底是病因还是结果仍有待确定。研究表明，IBD患者肠道中能合成抗炎的短链脂肪酸丁酸酯的微生物显著减少，而能产生对结肠上皮有毒性作用的硫化氢的降硫细菌大量繁殖，宏基因组学研究也表明，IBD的功能改变也可能起致病作用[6]。因此基于上述改变，可选择适当的益生菌进行IBD治疗。这类益生菌需要能够在肠道很好地寄居，并且在作用部位产生高水平的丁酸盐，因此常常选择不同的益生菌进行联合使用。

1．益生菌治疗UC方面的研究

两种特定益生菌已被证明对UC的治疗有效，分别为VSL#3和大肠杆菌Nissle 1917，其中VSL#3是一种混合益生菌，包括短双歧杆菌、长双歧杆菌、婴儿双歧杆菌、嗜乳酸杆菌、植物乳杆菌、副干酪乳杆菌、嗜热链球菌、保加利亚乳杆菌。研究发现，轻到中度活动性UC患者VSL#3联用美沙拉嗪时效果可达到最好。且多个研究均没有不良临床事件的报告，同样VSL#3在儿童UC患者中具有诱导和维持缓解的效用。在UC患者中，益生菌能降低疾病活动度，增加诱导缓解率，预防疾病复发，效果同美沙拉嗪相当。尽管上述研究结果令人振奋，然而2011年发布的一项Cochrane分析认为目前仍无充足证据证明益生菌在维持缓解UC方面的有效性[7]。

除此之外，益生菌疗法还能降低UC术后患者结肠袋炎的发生发展。对难治性UC患者外科治疗方式主要为全结直肠切除并回肠储袋肛管吻合术（ileal pouch-anal anastomosis，IPAA），术后最常见的长期并发症是回肠储袋炎症，称为结肠袋炎。常见临床表现包括排便频率增加，直肠出血，便急，里急后重，便失禁以及腹痛。IPPA术后约有一半的患者至少经历一次结肠袋炎，约60%的患者有超过一次的复发，其中5%～32%发展为慢性结肠袋炎，最终有10%的患者需行储袋切除术。由于抗生素治疗通常有效，这提示肠道微生物的改变可能与发病相关，而用益生菌治疗可能有效，结肠袋炎发生时菌群失调主要表现为厌氧菌与好氧菌比例下降，粪便中乳酸杆菌和双歧杆菌含量降低。一些小规模的随机对照研究和Meta分析提示益生菌在预防结肠袋炎方面有效，其中VSL#3被研究得最广泛，益生菌在结肠袋炎方面最大益处在于预防和维持缓解，而对于急性结肠袋炎的治疗方面效果不十分明显。

2．益生菌治疗CD方面的研究

不同于UC，关于益生菌在CD诱导缓解方面作用评价的研究相对较少，尽管研究发现益生菌对IBD患者诱导或维持缓解方面有作用，但多项研究发现对CD患者无明显效果，此外使用益生菌后CD患者回盲部切除术后其内镜下或临床复发率并没有明显变化。

2014年耶鲁大学/哈佛大学提出益生菌治疗IBD的指南，益生菌在UC患者诱导缓解方面为B级证据，在维持缓解方面为A级证据，最有效的为Nissle 1917大肠杆菌和VSL#3；在UC患者结肠袋炎的预防和维持缓解方面为A级证据，诱导缓解方面为C级证据（VSL#3为最广泛研究的益生菌）；由于大部分研究对于益生菌在CD维持缓解方面证据不足，益生菌在CD的使用为

C级证据。2011年《世界胃肠病学组织全球指南》对于IBD这三种临床情况给予Ib级推荐：①维持UC缓解（Nissle 1917大肠杆菌活菌5×10^{10}CFU，每日两次）；②治疗轻度活动性UC或结肠袋炎[VSL#3，2×10^{11}～9×10^{11}CFU，每日两次]；③结肠袋炎患者预防和维持缓解[VSL#3，2×10^{11}～4.5×10^{11}CFU，每日两次][8]。

三、肠易激综合征

肠易激综合征（irritable bowel syndrome，IBS）是一种世界范围内的多发病，西方国家人群患病率达10%～20%，我国的一项流行病学调查显示社区人群IBS患病率为5.7%，其中22%曾因IBS症状而就诊。IBS主要表现为腹部不适或腹痛伴随排便习惯改变，持续3个月，每个月至少3天，排除器质性疾病，其诊断并非依靠客观检查或生物标志物，完全取决于临床依据。IBS通常分为腹泻型、便秘型及混合型。尽管IBS不会导致严重疾病，但会显著影响生活质量。临床症状主要与肠道动力紊乱导致痉挛、内脏高敏感性、中枢感觉异常、应激和潜在精神障碍（如焦虑）相关。通过对IBS患者粪便培养证实有肠道菌群改变，肠道微生物的不稳定性反映了宿主无法维持一个“健康”的肠道微生物群的稳态。腹泻型与健康人微生物种群差异最大，便秘型差异最小。通过功能分析可能提供更多微生物与临床症状之间关系的信息，如大量产有机酸或硫化物的微生物更易引起腹痛和腹胀。

益生菌用于IBS的实验起始于2000年，但随后开展的大量临床研究并没有统一的标准，在实验设计、使用剂量以及益生菌株选择方面各不相同，导致最终结果混乱。此外，由于在研究过程中经常出现大量安慰剂反应，解释结果很困难。因此对于益生菌在IBS治疗中是否有效并不明确。有一些关于益生菌在IBS的Meta分析显示：大部分提供的证据表明益生菌对腹痛和胃肠胀气有益，而对腹胀作用不明确；益生菌混合制剂对改善疼痛具有效果，常见的为双歧杆菌和乳酸杆菌，其中双歧杆菌是构成益生菌组合中的活性成分；婴儿双歧杆菌35624能显著改善腹痛、腹部不适、腹胀、排便困难，其他益生菌未显示对改善IBS症状有益。尽管一些研究显示具备上述效果，但目前尚无充分证据推荐益生菌用于IBS患者。2014年美国胃肠病学会撰写的专著提出益生菌能改善IBS患者整体症状、腹胀和胃肠胀气，然而其正相关性并不强，而且只有部分患者有应答。2014年耶鲁大学/哈佛大学团队提出在IBS治疗中婴儿双歧杆菌B35624和VSL#3为B级证据，动物双歧杆菌与植物乳杆菌299V为C级证据。2010年美国儿科学会指南提出，使用益生菌治疗IBS等疾病的持续或长期益处需要进一步研究，目前不推荐儿童使用[3]。

四、变态反应性疾病

过敏（变态反应性疾病）包括特应性皮炎、过敏性哮喘、过敏性鼻炎和食物过敏等。这些疾病在儿童和成人中相当普遍。2013年一项儿童哮喘和过敏研究发现，13～14岁年龄组哮喘、鼻结膜炎和湿疹的全球患病率分别为14.1%、14.6%和7.3%，而6～7岁年龄组患病率为11.7%、8.5%。和7.9%[9]。基于早期感染与过敏性疾病之间的反向关联的证据，斯特拉坎于1989提出了卫生假说，即指在儿童早期的感染越少，则日后发展出过敏性疾病的机会愈大。这种假说已得到了大量的证实，然而，也有人认为卫生假说不可能是过敏性疾病的唯一解释，因为在西方国家儿童和成人哮喘患病率已经开始下降，但很少有证据表明这些国家的卫生状况在下降。

胃肠道通常是最初过敏的途径，而有证据表明益生菌在防治过敏性疾病方面具有积极意义，易感人群因为膳食中抗原引起局部肠道反应，导致肠道渗出，而益生菌可减少致敏物质的肠道吸收，促进免疫耐受。益生菌已被作为预防过敏（即一级预防）和减轻致敏后症状（二级预防）的手段。通过母乳喂养可以降低湿疹和哮喘的风险和严重程度，这被认为与母乳中的共生细菌通过母乳的传递有关，进而有助于建立和维持肠屏障完整性。一项儿科研究表明，在发育的最初几周内发生过敏反应后，肠道内双歧杆菌、梭状芽孢杆菌和粪便中的脂肪酸谱均发生了变化[10]。

美国儿科学会（American Academy of Pediatrics，AAP）关于益生菌的指南指出，尽管一些研究支持在怀孕期和哺乳期以及对有特应性疾病风险的婴儿早期（前6个月）预防性使用益生菌，但在建议常规使用之前，仍需要有进一步的确证证据。AAP还指出益生元和益生菌通常被认为对健康婴儿和儿童是安全的，然而在使用的安全性得到保障之前，不应给予患有严重疾病或慢性病的儿童服用益生菌。益生菌在预防婴儿早期变态反应中的长期健康益处仍有待证实，关于益生菌给药的最佳持续时间以及优选的微生物剂量和种类仍然是存在的问题，还需要确定在怀孕和哺乳期间，与来自含益生菌的婴儿配方奶粉的潜在生物益处比较益生菌的使用是否有显著的生物效益。2014年耶鲁大学/哈佛大学团队给予益生菌治疗与牛乳过敏相关的特应性湿疹A级评级，其中鼠李糖乳杆菌和乳双歧杆菌是最有效的。

五、动脉粥样硬化

动脉粥样硬化是冠心病、脑梗死、外周血管病等心血管疾病的最重要病因，也是全世界引起死亡的主要原因之一。动脉粥样硬化早期，由于血管内皮损伤，单核细胞进入血管内皮下间隙转化为巨噬细胞，巨噬细胞和平滑肌细胞摄入的脂质形成了泡沫细胞，这两种泡沫细胞聚集形成脂纹，这是动脉粥样硬化早期的病理表现。其形成的其中一个假设是肠道微生物对高脂食物代谢终产物所导致，该假说的主要特征包括：长期摄入高脂肪饮食的个体的肠道微生物群发生改变，这种改变有利于将这些高脂饮食中的磷脂酰胆碱等合成三甲胺（trimethylamine，TMA）；而TMA随后经肝代谢为三甲胺-*N*-氧化物（trimethylamine-*N*-oxide，TMAO），从而增加心血管事件发生的风险[11]。TMAO致动脉粥样硬化机制可能与其抑制巨噬细胞反向转运胆固醇相关。动物试验数据表明干酪乳杆菌的使用能降低TMAO水平，从而提示益生菌可以通过针对这一途径有效预防动脉粥样硬化。

通过评估含有微胶囊化胆盐水解酶活性的罗伊氏乳杆菌NCIMB 30242的酸奶制剂的降胆固醇效果，发现在高胆固醇血症成年人中，食用含5×10^9CFU的剂量的益生菌酸奶后低密度脂蛋白胆固醇（LOL-C）、非高密度脂蛋白胆固醇、动脉粥样硬化性载脂蛋白ApoB-100均显著降低；在另一项研究中，2.9×10^9CFU罗伊氏乳杆菌NCIMB 30242，每日服用两次，经过六周的治疗发现可同时降低LDL-C（11.64%）和总胆固醇（9.14%），此外还降低了载脂蛋白ApoB100（8.41%）。罗伊氏乳杆菌NCIMB 30242最能满足治疗方式改变的饮食需求，在被公认安全的同时，能够显著降低低密度脂蛋白胆固醇和总胆固醇。因此，罗伊氏乳杆菌NCIMB 30242对于高胆固醇血症患者可作为未来的饮食研究和潜在的饮食建议。尽管益生菌在预防和治疗心血管疾病的方面有希望，但目前还没有指南支持它们的使用。

六、细菌性阴道病与外阴阴道念珠菌病

正常阴道黏膜主要是由乳酸杆菌（如脆弱乳杆菌、詹氏乳杆菌、格氏乳杆菌、发酵乳杆菌和阴道乳杆菌等）以及其他数量较低的细菌定植。然而，阴道微生物群的数量并不是恒定的，菌群分布取决于年龄、妊娠、性活动和药物（如抗生素）等。这些变化可能导致“阴道失调”，引起相应临床症状如细菌性阴道病（bacterial vaginosis，BV）和外阴阴道念珠菌病（vulvovaginal candidiasis，VVC）。

BV是指通常存在于阴道内的几种细菌中的一种过度生长，从而扰乱自然平衡（阴道失调）。如加德纳菌属和阿托波菌属等与BV有关。BV主要见于绝经前妇女，尤其是在怀孕期间。与VVC不同，BV无炎症反应。然而，在这两种情况下症状往往重叠。据报道BV发病率在5%至50%之间，常见的局部症状包括阴道分泌物增多、排尿困难和瘙痒，更严重的并发症包括上行感染（例如盆腔炎性疾病）、产科并发症（例如绒毛膜羊膜炎和早产）以及尿路感染。BV通常通过口服或阴道外用抗生素（例如甲硝唑）治疗，但常发生治疗失败和高复发率。BV在3个月内复发率高达40%，在抗生素治疗开始后6个月内复发率高达50%。VVC是阴道中过度生长的酵母菌引起的刺激反应。急性和复发性VVC都是常见的。VVC的流行是难以确定的，因为临床诊断通常是基于症状，而不是通过显微镜检查或培养证实。许多妇女有VVC的可识别原因，例如使用抗生素、妊娠、无控制的糖尿病或免疫抑制。然而，1/3～1/2的复发性VVC病例没有明显的原因。

研究观察到，患有BV或VVC的妇女阴道中具有较低的乳酸杆菌水平，可通过口服或阴道内使用益生菌乳酸杆菌进行治疗和预防。口服益生菌的机制被认为是在直肠排泄后进入阴道。益生菌栓剂阴道内给药可通过益生菌直接替代不健康阴道菌群。益生菌的作用机制是多因素的，涉及产生乳酸（保持低pH）、细菌素和过氧化氢。

使用益生菌治疗BV的两种方法是：单独使用益生菌或在常规抗生素治疗方案（辅助治疗）下施用益生菌。大多数使用益生菌治疗的研究给予患者含有各种乳杆菌的阴道栓剂5天到4周时间，最常见的是嗜酸乳杆菌、鼠李糖乳杆菌或罗伊氏乳杆菌RC-14。当使用益生菌作为辅助治疗时，通过随访发现最好的结果发生在1～6个月，BV症状治愈率更好，复发率降低。与BV相比，目前尚缺乏对乳酸杆菌治疗VVC有效性好的研究。

总之，在BV和VVC的治疗中，益生菌的首选给药途径是阴道内给药。虽然支持治疗VVC时使用益生菌的证据不如BV那么强，但益生菌的经验性使用可以考虑在VVC频繁复发或有抗真菌药物禁忌证的妇女中使用。2014年耶鲁大学关于益生菌使用的研讨会上给出了使用益生菌（嗜酸乳杆菌、鼠李糖乳杆菌和罗伊氏乳杆菌）治疗BV的C级推荐[2]。2012年英国在治疗BV的指南中建议益生菌可用以治疗复发BV，但未提出任何建议。

七、结直肠癌

结直肠癌（colorectal cancer，CRC）发病率在西方国家和很多发展中国家都在上升，特定类型的结肠癌有遗传基础，但散发性CRC更常见，约占85%～90%，环境因素如过多摄入动物脂肪（特别是红肉、加工过的肉）而膳食纤维和鱼肉摄入过少在CRC发病中起重要作用。近期研究提示肠道菌群失调与CRC相关，因此有人提出，结直肠癌是否是一类细菌相关疾病。

与健康对照人群相比，CRC患者粪便中含有包括厌氧菌在内的更大量的细菌，如拟杆菌、梭菌属细菌和硫还原细菌，肠球菌、大肠杆菌、志贺菌、克雷伯杆菌、链球菌和消化链球菌在CRC患者粪便中也有增加的趋势。高水平的粪便胆汁酸与人类高CRC风险相关，细菌基因组测序技术为CRC与正常肠道微生物群的改变之间相关增加了更多的证据。

目前饮食在CRC的发展中的作用已被广泛认识，通过给予小鼠高脂肪饮食导致肠道菌群失调从而促进了肠道癌变，而不依赖于肥胖。高饱和脂肪摄入可能改变肠道微生物，从而有利于产生有遗传毒性和促进突变的细菌代谢物（如硫化氢、氨、活性氧等）。

许多种类的产乳酸菌已被证明具有预防癌症的特性，动物研究已经证实了乳酸菌阻止或减缓CRC进展的机制，潜在的机制包括减少异常隐窝病灶、增强受损细胞凋亡、使致癌化合物失活、与病原微生物竞争、改善宿主免疫应答、发酵未消化食物、抑制酪氨酸激酶信号转导以及抗氧化作用[12]。罗伊氏乳杆菌可能通过下调NF-κB依赖性基因产物调节细胞增殖和存活来防止CRC。乳杆菌和双歧杆菌含有胆汁盐水解酶，其抑制高脂导致的胆汁酸的致癌作用。CRC的动物模型表明益生菌在预防肿瘤发生方面的作用是不同的，取决于给药时间，益生菌在致癌物产生之前给予或早期用药会产生最佳效果。膳食纤维和益生元（特别是菊粉和低聚果糖）也对CRC的发展起到抑制作用，可能的机制包括减少粪便在肠道中的转运时间，减少胆汁盐和细菌毒素的吸收以及益生元代谢物丁酸盐的抗癌作用。

由于研究之间的异质性，关于益生菌预防或治疗CRC的数据较难以解释。在临床研究中已有证据支持益生菌或合生元用于预防CRC，减少术后并发症，减少治疗相关的毒性，并改善生活质量。意大利酸奶试验研究了酸奶预防CRC的潜在有益作用[13]。这项试验是对45000名意大利裔志愿者进行的一项大型前瞻性研究。他们完成了包括关于酸奶摄入的饮食问卷调查，研究人员发现酸奶摄入量与CRC风险呈负相关，CRC在酸奶摄入量最高与最低三分位数的危险比值为0.62，酸奶对男性的保护作用比对女性强，结论是高酸奶摄入量显著降低CRC风险，提示酸奶应该是饮食的一部分以防止疾病。

总之，有大量的动物和人类试验证据表明饮食诱导的肠道菌群有助于CRC的发展。此外，体外研究和动物模型表明益生菌、益生元和合生元在预防和治疗CRC方面具有潜力。然而从人类研究获得的数据还不足以证明并推荐这些药物应用于预防或治疗CRC或其他胃肠道恶性肿瘤。目前还没有指南建议使用益生菌预防或治疗CRC。

八、重症疾病

在器官移植、腹部大手术和严重创伤情况中，益生菌的使用已被作为改善结果的手段进行研究（尤其是通过益生菌的使用减少医院获得性感染）。益生菌的使用可能通过改善屏障功能和恢复肠壁正常通透性来获益；也可能通过产生抗菌分子，通过形成乳酸降低肠腔pH，或对细菌病原体中的菌群感应进行干扰来产生有益作用。在重症疾病中，大多数研究利用不同种类的乳酸杆菌进行益生菌的研究。然而目前尚不清楚哪一类菌株更有效，因为现有的研究往往是小样本、不同的ICU患者构成并使用不同的管理技术。

益生菌已被广泛研究的一个领域是预防机械通气患者呼吸道感染，呼吸机相关性肺炎（ventilator-associated pneumonia，VAP）使高达30%的危重患者的临床病程复杂化，是ICU住院时间增加的主要原因，也是成本增加的主要原因。作为VAP预防性措施的益生菌的随机对照研究已经使用了多种益生菌，大多数含有乳杆菌（如植物乳杆菌、鼠李糖乳杆菌和干酪乳杆菌），大部分试验显示益生菌组VAP发生率呈下降趋势，但只有少数有显著性差异。

Meta分析也提供了不同的结果。一些结果表明益生菌治疗在降低VAP的发生率、ICU住院时间和铜绿假单胞菌呼吸道定植方面是有益的。然而在ICU死亡率、住院死亡率或机械通气持续时间方面没有发现差异。而另一些结果也发现益生菌的使用与医院感染发生率下降、VAP和ICU住院时间的减少有关，但对降低死亡率没有作用。正如以前的荟萃分析，临床和统计的异质性导致目前尚没有明确推荐。益生菌也被作为预防术后感染的手段，最令人振奋的结果是在接受肝移植或择期上消化道手术的患者中，围手术期给予益生菌和合生元使术后感染率降至1/3。

尽管益生菌已被证明在健康人中是安全的，但研究者对益生菌在危重患者、免疫受损患者（包括移植）和早产儿中使用的安全性提出了关注。理论上的风险包括播散和全身感染以及转移抗生素抗性基因的潜力。

《加拿大临床实践指南》建议危重患者使用益生菌[14]，然而除了布拉氏酵母菌以外没有推荐使用剂量或特定使用类型。该指南还指出，肠内营养添加益生菌与全身感染并发症的减少和VAP发病率的减少有关。《ASPEN重症患者营养治疗指南（2009）》提出，给予益生菌能改善预后，最常见的是减少特定危重患者群体的感染如移植、腹部大手术和严重创伤（C级证据）。然而由于缺乏一致的效果，目前没有推荐给普通ICU患者使用益生菌，该指南还补充说，基于文献中的证据差异和所使用的细菌菌株的异质性，目前尚不推荐在重症急性坏死性胰腺炎患者中使用益生菌。

九、非酒精性脂肪性肝病

非酒精性脂肪性肝病（non-alcoholic fatty liver disease，NAFLD）是指除酒精和其他明确的因素所致的肝损伤外，以弥漫性肝细胞大泡性脂肪变性以及脂质代谢紊乱为主要特征的临床病理综合征，是西方国家最常见的肝病病因。随着糖尿病和肥胖患者的增加，NAFLD的患病率迅速上升，越来越多的证据支持其与代谢综合征有关联。报道的NAFLD患病率在20%和30%之间，而病态肥胖患者可接近90%。NAFLD的发病机制在很大程度上与肥胖和胰岛素抵抗有关，游离脂肪酸（free fatty acids，FFA）大量涌入肝脏，这些FFA形成甘油三酯，导致肝脏脂肪堆积。FFA可通过增加氧化应激和激活炎症途径而导致肝毒性，从而导致脂肪性肝炎。

一些研究结果证明肥胖与胰岛素抵抗的肠道菌群变化和NAFLD之间的相关性。实验证据表明生态失调通过直接影响紧密连接或由于失去保护性共生菌（如双歧杆菌）导致肠上皮屏障通透性增加。这反过来增加促炎性分子通过门静脉循环进入肝脏。肝脏炎症似乎是由炎性体介导的，它是在肝细胞中表达的，调节细胞抗病原体免疫和应激反应的蛋白复质合物。炎性体和IL-18可能影响从NAFLD到脂肪性肝炎的进展，它们也诱导肠道微生物群的变化，促进代谢综合征的发展[15]。

用益生菌和益生元调节肠道微生物群已被认为是NAFLD的一种治疗方法。使用益生菌的理论来源于它们维持肠上皮屏障完整性和减少促炎细胞因子产生的能力。NAFLD或酒精性肝硬化患者中，在用VSL#3治疗后血浆转氨酶水平明显改善；对患NAFLD的肥胖儿童进行益生菌的研究，鼠李糖乳杆菌能够显著降低丙氨酸氨基转移酶（alanine aminotransferase，ALT）的水平；成人NAFLD患者（通过肝活检确诊）中，给予保加利亚乳杆菌、嗜热链球菌或安慰剂3个月，发现益生菌治疗能降低NAFLD患者肝的转氨酶[如ALT、天冬氨酸氨基转移酶（aspartate aminotransferase，AST）和γ-氨基转移酶]的水平。此外还发现益生菌治疗可以降低NAFLD患者的肝氨转氨酶、总胆固醇、TNF的水平，并改善胰岛素抵抗。

然而，美国胃肠病学协会、美国肝病研究协会和美国胃肠病学学院发布的实践指南没有提及益生菌作为NAFLD的治疗剂，因此很难对NAFLD的治疗中益生菌的效用提出可靠的治疗建议。未来的证实性研究可能会加强对益生菌作为NAFLD治疗剂的建议。

十、放射性肠炎

盆腔恶性肿瘤通常采用根治性放射治疗（radiation therapy，RT），其中超过70%的患者在治疗后发生急性胃肠道副作用，而高达30%的患者经历慢性效应，尤其是腹泻。RT可引起肠道菌群失调、营养吸收减少、肠道转运时间缩短。用通过评估妇科肿瘤中盆腔RT对肠道微生物的组成和变化的影响发现RT显著降低了肠道微生物种群数量以及每个群落的丰度，包括与健康相关的厚壁菌门和梭杆菌门的微生物。

益生菌治疗的主要益处可能是改善腹泻和减少抗腹泻药物的使用，有许多关于评估益生菌预防放射性肠炎疗效的Meta分析，同样支持益生菌的使用。一些随机对照证实给予益生菌（包括VSL#3、鼠李糖乳杆菌以及嗜酸乳杆菌和双歧杆菌的复合物）治疗能够有效改善RT症状[16, 17]。此外益生菌给予时间（如在RT之前的1至2周）和治疗的持续时间对达到良好的治疗效果是非常重要的。耶鲁大学/哈佛大学工作组2014年推荐益生菌预防放射性肠炎为C级证据（首选药物：VSL#3、嗜乳酸杆菌）。

第三节 益生菌作为表达宿主

乳酸乳球菌是最常用的异源蛋白表达菌株，在人类胃肠道（gastro-intestinal tract，GIT）中仅存活几个小时，而一些乳酸菌的存活时间可达到7d。乳酸菌菌株最终在GIT中死亡，不能在环境中传播，且乳酸菌在食品领域已经使用了很长时间，被认为是安全的，而且一些乳酸菌特别是乳杆菌属的成员具有促进健康的特性。乳酸菌对恶劣环境的强烈抵抗力、无害的活性和有益的特性，使其成为向GIT黏膜输送疫苗或细胞因子等活性分子的理想选择。

一、表达抗原

益生菌如乳酸菌（lactic acid bacteria，LAB）除了其本身益生的特性外，还具有佐剂效果，激活宿主免疫系统。作为黏膜递送载体，相比于共生菌和病原细菌，益生菌具有更高的安全性和更小的副作用。乳酸乳球菌在食品发酵安全性及通过胃肠道时的存活能力（2～3d）方面具有很大的优势。同时并不会在宿主黏膜细胞表面定植或者侵入。此外，由于没有内毒素不会引起机体产生强烈的免疫反应。随着基因编辑技术及全基因组测序的不断发展，人们能够对其基因进行编辑并表达各种蛋白质，通过口服、生殖道以及鼻腔等途径投递到宿主黏膜表面。

LAB作为活载体投递蛋白质或者DNA方面具有重要意义，一个显著的特点在于通过基因工程改造LAB经黏膜免疫后可激发黏膜和全身免疫反应。其中最具潜力的是乳酸乳球菌，主要在于：①乳酸乳球菌中多种遗传途径的建立，②全基因组测序的完成，③其安全性已经被证明[18]。在过去十几年的研究中，LAB成功地递送了多种病原体如HPV-16（人乳头瘤病毒16型）、禽流感病毒以及多种寄生虫的抗原。

目前，目标抗原可表达在LAB的三种不同位置：细胞内、细胞外、细胞壁锚定。细胞内定位可以保护抗原不受胃肠道中苛刻条件的影响，但抗原只有在细胞裂解后才能与靶细胞相互作用。分泌型和表面锚定蛋白更易降解，但可直接与外部环境相互作用，宿主细胞更易获得。一些研究中比较了LAB中不同部位抗原的产生，并评估了随后的免疫效果，这些研究表明，锚定在LAB的表面抗原免疫效果最好，因此目前大多数LAB疫苗研究均将抗原暴露在其表面。

基于LAB的疫苗研究最多的为HPV疫苗。HPV是宫颈癌的病原体，其中肿瘤细胞中表达的E7蛋白被认为是一个有效的抗原。目前已有许多关于利用E7开发针对HPV的疫苗的研究。E7已成功地展示在乳酸菌的表面并通过鼻腔免疫小鼠，诱导E7特异性免疫反应[19, 20]。之后，通过使用乳酸链球菌素诱导的启动子来控制E7的表达，导致E7表达量更高并产生更好的免疫反应。在后续研究中，在乳酸乳球菌菌株表面表达E7的同时分泌促炎性白细胞介素12（interleukin-12，IL-12），免疫反应明显增强[21]。而研究表明在小鼠实验中共表达这两种蛋白质对HPV-16引起的肿瘤具有治疗效果[22]。抗原的定位影响免疫反应。不同重组表达E7的小鼠的免疫反应比较表明，与细胞内表达或分泌的E7相比，细胞壁锚定E7在鼻腔给药时产生了较高的抗原特异性免疫反应，可能与细胞壁中的蛋白质多糖具有佐剂效果有关。表达表面锚定E7的乳酸菌是少数已经进行了临床研究评价的菌株之一。通过口服热灭活的表面锚定E7抗原的干酪乳杆菌可引发E7特异性黏膜免疫反应，治疗安全，未见不良反应[23]。

此外，通过鼻腔或者支气管肺泡灌洗接种表达布氏杆菌铜-锌超氧化物歧化酶（SOD）的重组乳酸乳球菌，可产生SOD特异性的IgM和sIgA，并在小鼠模型中表现出针对布氏杆菌毒株的保护效果。口服或者鼻腔接种表达马红球菌毒力相关蛋白VapA的乳酸乳球菌可产生特异性的具有保护作用的黏膜免疫反应。口服表达金黄色葡萄球菌肠毒素B的乳酸乳球菌可产生特异性的细胞及系统性的免疫反应并提高了针对金黄色葡萄球菌攻击的存活率。小鼠鼻内免疫表达鼠疫耶尔森菌低钙反应V抗原的重组乳酸乳球菌能够产生特异的全身和黏膜抗体及针对鼠疫耶尔森菌的细胞免疫应答。

轮状病毒是世界各地的儿童腹泻的主要原因，有研究表明通过口服表达轮状病毒VP7的重组乳酸乳球菌可产生全身的IgG为主的免疫保护，另外研究表明通过M6细胞壁将轮状病毒VP8抗原锚定在乳酸乳球菌表面，在小鼠肠道及全身均可诱导分泌特异性抗体。而在细胞内表达VP8时产生的抗体只有黏膜分泌的IgA[24]，这表明将抗原暴露在表面是最有效的。

在寄生虫方面，通过构建胞内表达、细胞表面锚定以及外分泌的利什曼原虫抗原LACK的乳酸乳球菌，并共表达IL-12，口服后，只有分泌抗原和共表达IL-12的菌株可诱导对寄生虫的保护，而皮下免疫共表达IL-12的外分泌和表面锚定LACK的菌株可诱导产生免疫保护[25]。这种差别可能是由于构建的突变菌株细胞壁受损影响了细胞壁强度及锚定能力，从而使LACK表面锚定的菌株在口服时无效。

为了开发针对蓝氏贾第鞭毛虫的疫苗，将蓝氏贾第鞭毛虫囊壁蛋白2表达在乳酸乳球菌细胞内，锚定在表面或者使之外分泌，小鼠试验表明表面锚定的菌株可引起特异性的黏膜IgA反应，同时攻毒试验表明小鼠免疫重组菌株后对蓝氏贾第鞭毛虫具有部分的保护性[26]。

二、表达治疗基因

益生菌表达治疗性基因进行治疗主要应用在消化道疾病方面，尤其在炎症性肠病（inflammatory bowel diseases，IBD）方面研究最多。IBD为累及回肠、直肠、结肠的一种特发性肠道炎症性疾病，易反复发作，包括溃疡性结肠炎（ulcerative colitis，UC）和克罗恩病（Crohn's disease，CD），症状包括严重或慢性腹痛、血性腹泻、体重减轻、发热、疲劳和食欲不振。然而目前尚未找到有效的根治方法，治疗上常常以对症治疗为主。有研究表明蛋白酶及其内源性抑制剂与包括IBD在内的慢性炎症疾病的病理过程有关。事实上，CD和UC患者的肠道组织可出现较高的蛋白水解酶活性，这种异常高的蛋白水解酶活性可能是由于蛋白酶表达上调，或是由于内源性蛋白酶抑制剂的功效或表达降低，或两者兼而有之。弹力素是人体肠道中发现的内源性蛋白酶抑制剂，具有在黏膜表面抗炎作用[27]。研究发现在小鼠IBD模型中，弹力素可以有效防止肠炎的发生，表明内源的抗蛋白酶如弹力素对肠道炎症具有预防作用，这种蛋白质可以保护肠道免于发生炎症，可是其在炎性肠病患者的肠道中是不存在的。益生菌通过口服可以有效抵达肠道，因此通过构建表达弹力素的重组乳酸乳球菌和干酪乳杆菌，经口服后可在肠道中表达和分泌弹力素，达到治疗的目的。在小鼠实验中，弹力素成功在肠道表达并通过黏膜愈合和肠道稳态的重建而预防炎症的发生。此外当培养的人肠上皮细胞中加入这两种LAB分泌的弹力素时可有效防止细胞炎症损伤。事实上，尽管通过将上皮细胞暴露于肿瘤坏死因子或者IBD患者活检上清液中，其通透性明显增加，但这种通透性的变化在上皮细胞中加入可分泌弹力素的LAB后被抑制。同样，炎症患者的上皮细胞可通过给予分泌弹力素的LAB，从而免受细胞因子或趋化因子的影响[28]。因此这种通过益生菌的弹力素递送方式具有很好的临床潜力，事实上，这种方法成本较低，可作为IBD长期治疗和其他肠道炎症疾病治疗的选择方案。

IBD常与氧化应激和上皮损伤有关，氧化应激被认为是体内氧化与抗氧化作用失衡，IBD中，氧化应激主要是由于反复异常的炎症伴随中性粒细胞、巨噬细胞以及炎性介质如蛋白酶、细胞因子与活性氧（reactive oxygen species，ROS）的浸润。正常的肠黏膜含有大量的抗氧化酶，如过氧化氢酶（catalase，CAT）、谷胱甘肽过氧化物酶（glutathione peroxidase，GSH）、谷胱甘肽还原酶（glutathione reductase，GR）、谷胱甘肽-S-转移酶（glutathione-S-transferase，GST）以及SOD。通过调节这些酶的活力来保持低和持续的ROS稳态水平，然而这些酶的水平在IBD患者中经常异常低。因此一种具有潜力的预防和治疗IBD的策略是利用抗氧化物酶来降低ROS水平。有一些研究表明，包括乳杆菌在内的益生菌可能有助于防治IBD[29, 30]，因此通过益生菌基因工程原位传递抗氧化酶有可能用于治疗IBD。例如，转基因植物乳杆菌及乳酸乳球菌能产生和释放SOD，在小鼠结肠炎模型中发挥抗炎作用。同样，一种BL23干酪乳酸菌株也能减轻葡聚糖硫酸钠（dextran sodium sulfate，DSS）在小鼠体内诱导的中度结肠炎。另外，加氏乳杆菌或植物乳杆菌重组菌株已用于生产和提供生物活性锰超氧化物歧化酶，来治疗IL-10缺陷小鼠结肠炎及TNBS诱导的大鼠结肠炎。有研究将锰依赖SOD从乳酸乳球菌转移至干酪乳杆菌来评价其对抗ROS的保护效应[31]：在3%DSS诱导的小鼠结肠炎模型中，他们比较了单独使用干酪乳杆菌SOD灌胃及联合使用干酪乳杆菌CAT的效果，组织学分析显示，不管是单独应用干酪乳杆菌SOD还是同时联合使用干酪乳杆菌CAT，盲肠和结肠炎症均显著减轻，而添加干酪乳杆菌CAT并未使炎症减轻更明显。随后，LeBlanc等人的研究显示干酪乳杆菌SOD及CAT均能显著减轻TNBS在小鼠诱导的炎症损伤，表现为更高的生存率、低的体重减轻量、较少发生的细菌移位至肝脏以及预防大肠损伤[32]。此外还有一项不同的研究，一种加氏乳杆菌株产生的锰依赖SOD在IL-10缺陷小鼠体内有明显的抗炎及降低结肠炎严重程度的作用[33]。

三、表达抗体

虽然益生菌表达抗原制备疫苗的策略被广泛研究，同样利用乳酸杆菌直接表达抗体可以提供被动免疫，为机体提供更快的免疫保护。2002年首次证明了通过改造LAB表达抗体可建立有效被动免疫。通过工程改造玉米乳杆菌可成功表达针对链球菌突变体SA Ⅰ/Ⅱ抗原的单链抗体片段（ScFv），通过构建分泌型和不同锚定序列的细胞壁锚定的ScFv表达菌株，对免疫效果进行比较后发现较长锚定序列时效果最好，并在大鼠龋齿发生模型中发现龋齿及口腔中链球菌突变体明显减少[34]。此外，牙龈卟啉单胞菌是造成牙周炎的主要原因，利用副干酪乳杆菌表达ScFv并锚定在其表面，可成功靶向牙龈卟啉单胞菌RgpA蛋白酶，同时菌株可与牙龈卟啉单胞菌发生凝集[35]。

在这些单链抗体的成功表达基础上，利用益生菌表达抗体在处理生物恐怖主义威胁方面还具有潜在用途。炭疽芽孢杆菌保护性抗原PA可产生有效的中和抗体。研究发现，利用LPxTG锚定或基于SLP样结构域的非共价锚定，在副干酪乳杆菌中可将抗PA的ScFv进行分泌表达过锚定于细胞壁，体外研究表明，当巨噬细胞暴露于致死剂量的毒素时，加入表达ScFv的副干酪乳杆菌几乎可以产生完全的保护。而小鼠体内实验表明表达后抗体的定位对免疫效果具有重要影响，其中表达后通过非共价连接在细胞表面的菌株效果最好，可能与连接方式导致同时存在游离和锚定ScFv有关[36]。

已上市的英夫利昔单抗是治疗IBD最有效的药物之一，为靶向TNF-α的重组抗体。而已有研究成功得到了一种靶向重组体（包括了TNF-α的亲和结构域和肽聚糖结合结构域AcmA）并将其展示在乳酸杆菌的表面，但该研究中并未报道有关体内外实验结果。而另一项研究证明，分泌MT1（一种与TNF-α结合的纳米体）的乳酸杆菌重组菌株对DSS诱导的结肠炎和IL-10敲除小鼠均有效，而且研究还发现只需要少量的抗体就可以诱导保护作用，而且这种保护作用甚至在结肠炎发展的早期阶段就已经出现[37]。

四、表达促进与宿主相互作用的蛋白质

为了获得对LAB表达的治疗分子的强烈反应，可以利用某些因子修饰细菌从而增加细菌与宿主细胞的相互作用。因此，一些研究探索了在LAB中添加这些因子的可能性，包括单独表达黏附因子（如纤维连接蛋白结合蛋白）以及与治疗蛋白融合表达。

纤维连接蛋白A（fibronectin-binding protein A，FnBPA）是来源于金黄色葡萄球菌的表面黏附素和毒力因子，能够使细菌黏附于宿主细胞，促进细菌内化。FnBPA可与多种真核细胞的胞外基质中产生的纤连蛋白结合[38]。另一种促进结合和内化的蛋白质是来自单核李斯特

菌的内蛋白A（internalin A，InlA）。InlA与人E-cadherin特异性结合，后者存在于上皮细胞，而与小鼠E-cadherin的亲和性较低。目前已经发现了一种InlA（mInlA）突变形式，增加了与小鼠E-cadherin的亲和性。FnBPA和mInlA均已在乳酸乳球菌表面成功表达并通过使用LPxTG结构域实现表面锚定。此外，有研究表明，与野生型菌株相比，表面含有mInlA或FnBPA的乳球菌更容易被caco-2细胞内化[39]。

此外，有研究显示野生型乳酸乳球菌能够以较低的速率将质粒转移到真核细胞中，这为基因治疗提供了可能性[40]。通过转入含有真核启动子（如人巨细胞病毒启动子）的目标基因的cDNA，从而诱发宿主细胞对目的蛋白的表达。利用基因转移监测内吞，小鼠体内外实验均已经证明FnBPA或mInlA在乳杆菌表面的表达增加了细菌的内吞效果。而许多的蛋白质，如牛奶过敏原、β-乳球蛋白、绿色荧光蛋白或IL-10，均能够通过LAB实现真核细胞的基因转移并成功表达[41-43]。这些初步的研究清楚地显示了利用LAB传递cDNA以便后续在宿主细胞内产生具有医学意义的目标蛋白质的潜力。

在另一项同样针对基因转移的研究中，乳杆菌被用来表达一种被称为aDec的ScFv，可靶向树突状细胞表面的受体Dec205[44]。采用树状锚定策略：共价锚定细胞膜（脂盒），通过LPxTG共价锚定细胞壁，使用LysM结构域非共价锚定细胞壁。该研究揭示了锚定策略之间的明显差异。抗体的表面定位只能在有细胞壁锚定（CWA和LysM）的菌株中得到验证，并且只有这两株菌株在体外实验中显示出对DCs（树突状细胞）的摄取增加，以及从乳酸菌向DCs转移的质粒增加。有趣的是，在小鼠实验中，aDec与细胞膜（脂盒）结合的菌株的质粒转移率最高。可以想象，在脂盒锚定的情况下，aDec更多地嵌在细胞壁中，因此能使其更加耐受胃肠道中的恶劣环境。不同锚定策略对功能影响在另一个研究中得到了进一步验证，在对假结核杆菌侵袭素（invasin，Inv）在乳酸菌中的表达的研究中，Inv通过LPxTG的共价结合或与LysM或脂锚结构域融合在细胞表面表达。体外实验显示，脂筏上融合有完整Inv胞外结构域的细胞诱发NF-κB应答的效率最高[45]。

褶皱细胞又称M细胞，位于小肠上皮膜的上皮层。这类细胞可以从管腔中提取抗原和细菌，然后通过一种称为胞吞作用的过程，将抗原和细菌转移到集合淋巴结。Sigma C是来自禽呼肠孤病毒的一种蛋白质，可特异性地与M细胞结合，因此可用于靶向这些细胞。有研究通过将Sigma C蛋白和禽传染性支气管炎病毒（一种用于疫苗接种的已知抗原）的spike蛋白亚片段与来自乳球菌AcmA的LysM结构域融合，探索能否通过结合M细胞从而调节免疫。在大肠杆菌中产生这两种蛋白并使用His标记进行纯化后，他们用一种或两种LysM锚定蛋白对非致病性屎肠球菌进行修饰。小鼠体外和体内实验均表明，携带这两种蛋白的肠球菌细胞对病毒的免疫反应比仅携带spike亚片段的细菌更好[46]。因此，靶向M细胞以增强免疫反应似乎是一个有希望的策略。

五、本章小结

越来越多的研究表明，从食品到药物，益生菌发挥着重要的作用，从食品角度看，益生菌在碳水化合物发酵过程中产生乳酸作为主要的最终产物，乳酸菌在食品中的应用已有数千年的历史，其发酵特性促进了食品的自然保存和口感。大多数LAB菌株都能在胃肠道的恶劣条件下存活下来，有些菌株还能在某些条件下定植肠组织。作为食品添加剂，常常添加在奶制品中，不仅可以提高奶制品风味，还可以改善肠道微生物，起到肠道菌群调节的作用，越来越受到大众的欢迎。而作为治疗目的，目前用于肠道疾病治疗，主要在于一些益生菌株可以分泌抗菌分子，增强黏膜屏障，增加天然免疫分子的产生，促进细胞因子释放等。尽管一些研究由于样本采集等各方面原因存在不同的结果，但整体而言，益生菌对一些胃肠道疾病的治疗是有益的，而在临床试验中，为得到更为可靠的结果，仍需要大量的患者参与到益生菌的预防和治疗作用的研究中。而由于益生菌所具备的独特的黏膜投递优势，逐渐发展的以益生菌作为宿主菌进行外源蛋白的表达在消化道疾病的预防和治疗方面发挥着重要的作用，一些产品已进入了临床试验并取得了不错的结果。相信随着对益生菌研究的不断深入，未来益生菌的应用也会不断地拓展。

（潘超 编，袁静 校）

参考文献

[1] Mizock B A. Probiotics [J]. Disease-a-month : DM, 2015, 61(7): 259-290.

[2] Floch M H. Recommendations for probiotic use in humans-a 2014 update [J]. Pharmaceuticals, 2014, 7(10): 999-1007.

[3] Thomas D W, Greer F R, et al. Probiotics and prebiotics in pediatrics [J]. Pediatrics, 2010, 126(6): 1217-1231.

[4] Mcfarland L V. Meta-analysis of probiotics for the prevention of traveler's diarrhea [J]. Travel medicine and infectious disease, 2007, 5(2): 97-105.

[5] Takahashi O, Noguchi Y, Omata F, et al. Probiotics in the prevention of traveler's diarrhea: meta-analysis [J]. Journal of clinical gastroenterology, 2007, 41(3): 336-337.

[6] Morgan X C, Tickle T L, Sokol H, et al. Dysfunction of the intestinal microbiome in inflammatory bowel disease and treatment [J]. Genome biology, 2012, 13(9): R79.

[7] Naidoo K, Gordon M, Fagbemi A O, et al. Probiotics for maintenance of remission in ulcerative colitis [J]. The Cochrane database of systematic reviews, 2011, (12): CD007443.

[8] Guarner F, Khan A G, Garisch J, et al. World gastroenterology organisation global guidelines: probiotics and prebiotics October 2011 [J]. Journal of clinical gastroenterology, 2012, 46(6): 468-481.

[9] Mallol J, Crane J, Von Mutius E, et al. The international study of asthma and allergies in childhood (ISAAC) phase three: a global synthesis [J]. Allergologia et immunopathologia, 2013, 41(2): 73-85.

[10] Kalliomaki M, Kirjavainen P, Eerola E, et al. Distinct patterns of neonatal gut microflora in infants in whom atopy was and was not developing [J]. The Journal of allergy and clinical immunology, 2001, 107(1): 129-134.

[11] Wang Z, Klipfell E, Bennett B J, et al. Gut flora metabolism of phosphatidylcholine promotes cardiovascular disease [J]. Nature, 2011, 472(7341): 57-63.

[12] Uccello M, Malaguarnera G, Basile F, et al. Potential role of probiotics on colorectal cancer prevention [J]. BMC surgery, 2012, 12 Suppl 1: S35.

[13] Pala V, Sieri S, Berrino F, et al. Yogurt consumption and risk of colorectal cancer in the Italian European prospective investigation into cancer and nutrition cohort [J]. International journal of cancer, 2011, 129(11): 2712-2719.

[14] Dhaliwal R, Cahill N, Lemieux M, et al. The Canadian critical care nutrition guidelines in 2013: an update on current recommendations and implementation strategies [J]. Nutrition in clinical practice : official publication of the American Society for Parenteral and Enteral Nutrition, 2014, 29(1): 29-43.

[15] Henao-Mejia J, Elinav E, Jin C, et al. Inflammasome-mediated dysbiosis regulates progression of NAFLD and obesity [J]. Nature, 2012, 482(7384): 179-185.

[16] Demers M, Dagnault A, Desjardins J. A randomized double-blind controlled trial: impact of probiotics on diarrhea in patients treated with pelvic radiation [J]. Clinical nutrition, 2014, 33(5): 761-767.

[17] Giralt J, Regadera J P, Verges R, et al. Effects of probiotic *Lactobacillus casei* DN-114 001 in prevention of radiation-induced diarrhea: results from multicenter, randomized, placebo-controlled nutritional trial [J]. International journal of radiation oncology, biology, physics, 2008, 71(4): 1213-1219.

[18] Azizpour M, Hosseini S D, Jafari P, et al. *Lactococcus lactis* : A New Strategy for Vaccination [J]. Avicenna journal of medical biotechnology, 2017, 9(4): 163-168.

[19] Bermudez-Humaran L G, Langella P, Miyoshi A, et al. Production of human papillomavirus type 16 E7 protein in *Lactococcus lactis* [J]. Applied and environmental microbiology, 2002, 68(2): 917-922.

[20] Cortes-Perez N G, Bermudez-Humaran L G, Le L Y, et al. Mice immunization with live lactococci displaying a surface anchored HPV-16 E7 oncoprotein [J]. FEMS microbiology letters, 2003, 229(1): 37-42.

[21] Bermudez-Humaran L G, Langella P, Cortes-Perez N G, et al. Intranasal immunization with recombinant *Lactococcus lactis* secreting murine interleukin-12 enhances antigen-specific Th1 cytokine production [J]. Infection and immunity, 2003, 71(4): 1887-1896.

[22] Bermudez-Humaran L G, Cortes-Perez N G, Lefevre F, et al. A novel mucosal vaccine based on live Lactococci expressing E7 antigen and IL-12 induces systemic and mucosal immune responses and protects mice against human papillomavirus type 16-induced tumors [J]. Journal of immunology, 2005, 175(11): 7297-7302.

[23] Kawana K, Adachi K, Kojima S, et al. Oral vaccination against HPV E7 for treatment of cervical intraepithelial neoplasia grade 3 (CIN3) elicits E7-specific mucosal immunity in the cervix of CIN3 patients [J]. Vaccine, 2014, 32(47): 6233-6239.

[24] Marelli B, Perez A R, Banchio C, et al. Oral immunization with live *Lactococcus lactis* expressing rotavirus VP8 subunit induces specific immune response in mice [J]. Journal of virological methods, 2011, 175(1): 28-37.

[25] Hugentobler F, Di Roberto R B, Gillard J, et al. Oral immunization using live *Lactococcus lactis* co-expressing LACK and IL-12 protects BALB/c mice against Leishmania major infection [J]. Vaccine, 2012, 30(39): 5726-5732.

[26] Lee P, Faubert G M. Expression of the Giardia lamblia cyst wall protein 2 in *Lactococcus lactis* [J]. Microbiology, 2006, 152(Pt 7): 1981-1990.

[27] Schmid M, Fellermann K, Fritz P, et al. Attenuated induction of epithelial and leukocyte serine antiproteases elafin and secretory leukocyte protease inhibitor in Crohn's disease [J]. Journal of leukocyte biology, 2007, 81(4): 907-915.

[28] Motta J P, Bermudez-Humaran L G, Deraison C, et al. Food-grade bacteria expressing elafin protect against inflammation and restore colon homeostasis [J]. Science translational medicine, 2012, 4(158): 622-632.

[29] Gosselink M P, Schouten W R, Van Lieshout L M, et al. Delay of the first onset of pouchitis by oral intake of the probiotic strain *Lactobacillus rhamnosus* GG [J]. Diseases of the colon and rectum, 2004, 47(6): 876-884.

[30] Mimura T, Rizzello F, Helwig U, et al. Once daily high dose probiotic therapy (VSL#3) for maintaining remission in recurrent or refractory pouchitis [J]. Gut, 2004, 53(1): 108-114.

[31] Watterlot L, Rochat T, Sokol H, et al. Intragastric administration of a superoxide dismutase-producing recombinant *Lactobacillus casei* BL23 strain attenuates DSS colitis in mice [J]. International journal of food microbiology, 2010, 144(1): 35-41.

[32] LeBlanc J G, Del Carmen S, Miyoshi A, et al. Use of superoxide dismutase and catalase producing lactic acid bacteria in TNBS induced Crohn's disease in mice [J]. Journal of biotechnology, 2011, 151(3): 287-293.

[33] Carroll I M, Andrus J M, Bruno-Barcena J M, et al. Anti-inflammatory properties of *Lactobacillus gasseri* expressing manganese superoxide dismutase using the interleukin 10-deficient mouse model of colitis [J]. American journal of physiology gastrointestinal and liver physiology, 2007, 293(4): G729-738.

[34] Kruger C, Hu Y, Pan Q, et al. In situ delivery of passive immunity by lactobacilli producing single-chain antibodies [J]. Nature biotechnology, 2002, 20(7): 702-706.

[35] Marcotte H, Koll-Klais P, Hultberg A, et al. Expression of single-chain antibody against RgpA protease of *Porphyromonas gingivalis* in *Lactobacillus* [J]. Journal of applied microbiology, 2006, 100(2): 256-263.

[36] Andersen K K, Marcotte H, Alvarez B, et al. In situ gastrointestinal protection against anthrax edema toxin by single-chain antibody fragment producing lactobacilli [J]. BMC biotechnology, 2011, 11: 126.

[37] Vandenbroucke K, De Haard H, Beirnaert E, et al. Orally administered *L. lactis* secreting an anti-TNF Nanobody demonstrate efficacy in chronic colitis [J]. Mucosal immunology, 2010, 3(1): 49-56.

[38] Wann E R, Gurusiddappa S, Hook M. The fibronectin-binding MSCRAMM FnbpA of *Staphylococcus aureus* is a bifunctional protein that also binds to fibrinogen [J]. The Journal of biological chemistry, 2000, 275(18): 13863-13871.

[39] Innocentin S, Guimaraes V, Miyoshi A, et al. *Lactococcus lactis* expressing either *Staphylococcus aureus* fibronectin-binding protein A or *Listeria monocytogenes* internalin A can efficiently internalize and deliver DNA in human epithelial cells [J]. Applied and environmental microbiology, 2009, 75(14): 4870-4878.

[40] Guimaraes V D, Innocentin S, Lefevre F, et al. Use of native lactococci as vehicles for delivery of DNA into mammalian epithelial cells [J]. Applied and environmental microbiology, 2006, 72(11): 7091-7097.

[41] Del Carmen S, De Moreno De Leblanc A, Martin R, et al. Genetically engineered immunomodulatory *Streptococcus thermophilus* strains producing antioxidant enzymes exhibit enhanced anti-inflammatory activities [J]. Applied and environmental microbiology, 2014, 80(3): 869-877.

[42] de Azevedo M, Karczewski J, Lefevre F, et al. In vitro and in vivo characterization of DNA delivery using recombinant *Lactococcus lactis* expressing a mutated form of *L. monocytogenes* Internalin A [J]. BMC microbiology, 2012, 12: 299.

[43] Pontes D, Innocentin S, Del Carmen S, et al. Production of Fibronectin Binding Protein A at the surface *of Lactococcus lactis* increases plasmid transfer in vitro and in vivo [J]. PloS one, 2012, 7(9): e44892.

[44] Michon C, Kuczkowska K, Langella P, et al. Surface display of an anti-DEC-205 single chain Fv fragment in *Lactobacillus plantarum* increases internalization and plasmid transfer to dendritic cells in vitro and in vivo [J]. Microbial cell factories, 2015, 14: 95.

[45] Fredriksen L, Kleiveland C R, Hult L T, et al. Surface display of *N*-terminally anchored invasin by *Lactobacillus plantarum* activates NF-kappaB in monocytes [J]. Applied and environmental microbiology, 2012, 78(16): 5864-5871.

[46] Lin K H, Hsu A P, Shien J H, et al. Avian reovirus sigma C enhances the mucosal and systemic immune responses elicited by antigen-conjugated lactic acid bacteria [J]. Vaccine, 2012, 30(33): 5019-5029.

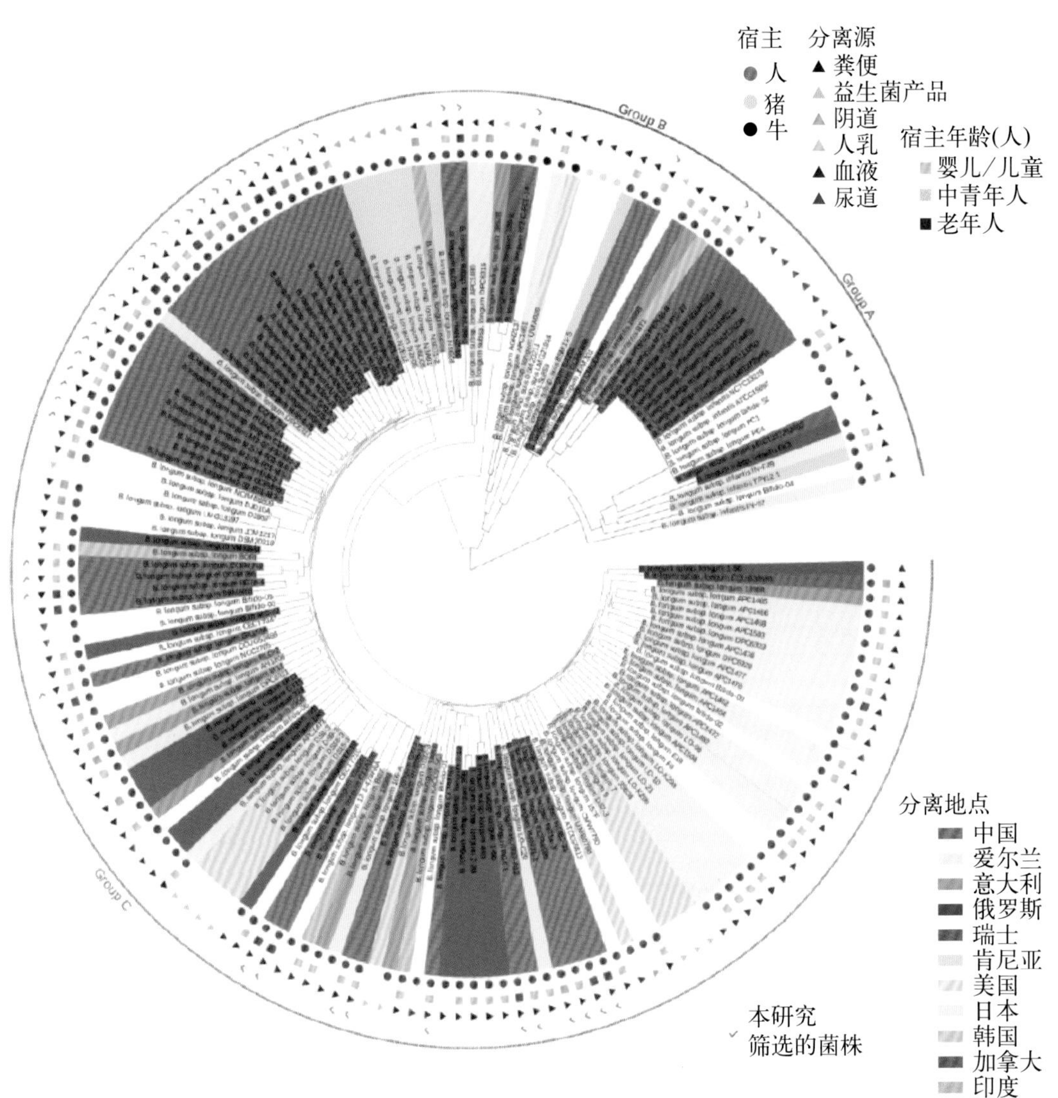
宿主
人
猪
牛
分离源
粪便
益生菌产品
阴道
人乳
血液
尿道
宿主年龄(人)
婴儿/儿童
中青年人
老年人
Group A
Group B
Group C
分离地点
中国
爱尔兰
意大利
俄罗斯
瑞士
肯尼亚
美国
日本
韩国
加拿大
印度
本研究
筛选的菌株

图 4-2

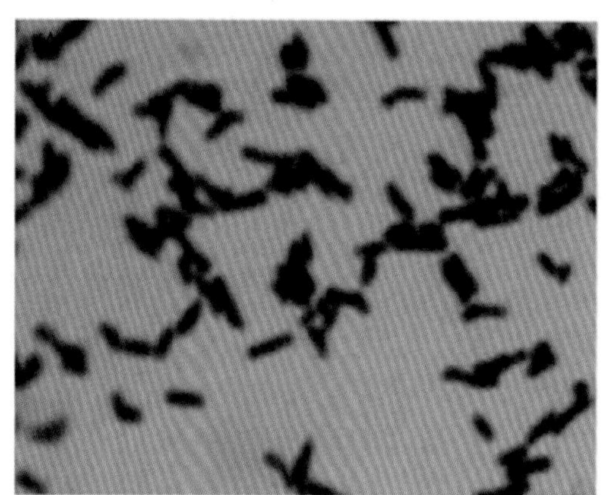

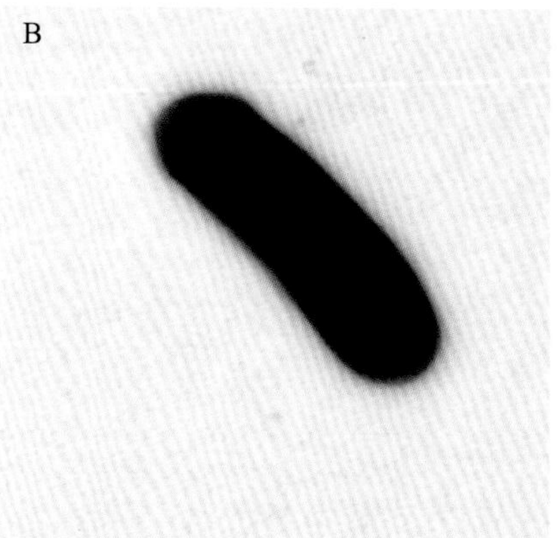
B

图 4-6

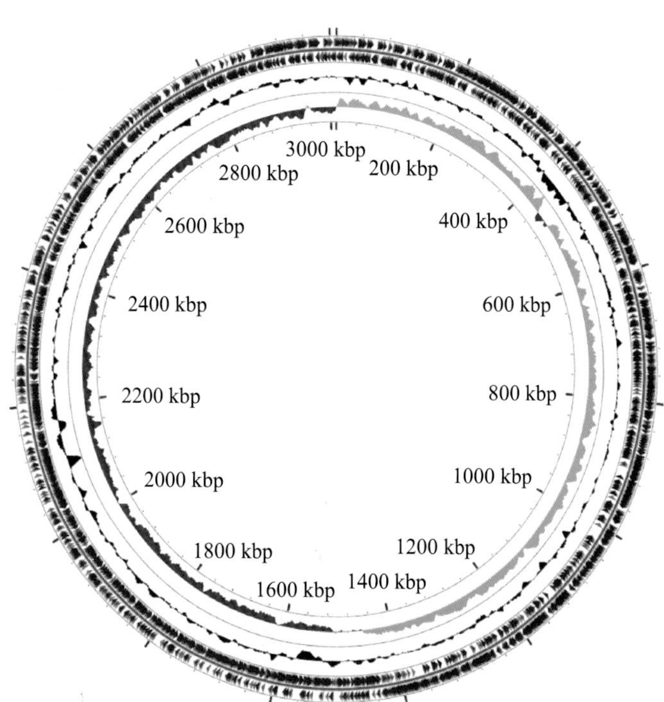
3000 kbp
200 kbp
400 kbp
600 kbp
800 kbp
1000 kbp
1200 kbp
1400 kbp
1600 kbp
1800 kbp
2000 kbp
2200 kbp
2400 kbp
2600 kbp
2800 kbp

图 5-1

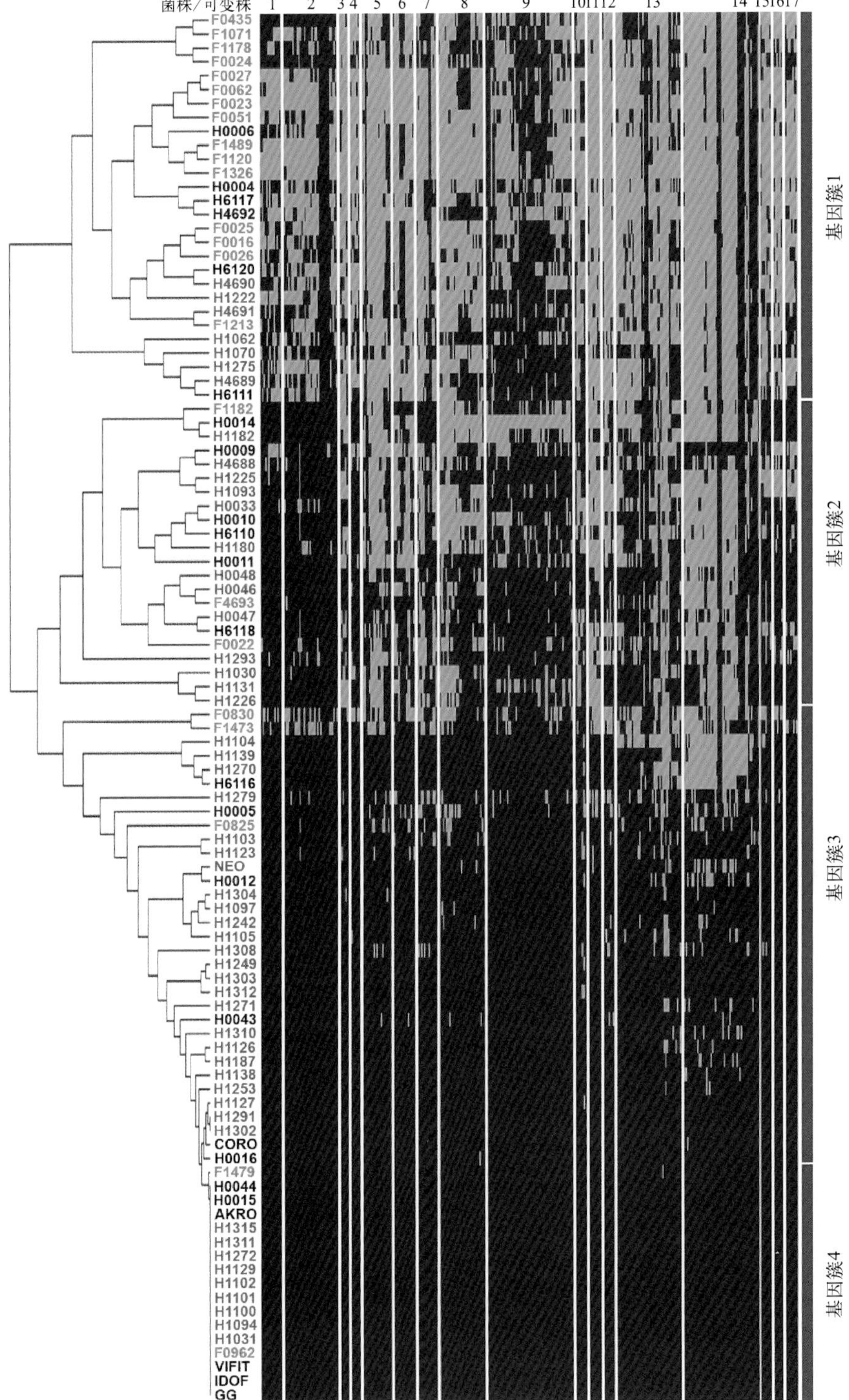

图 5-2

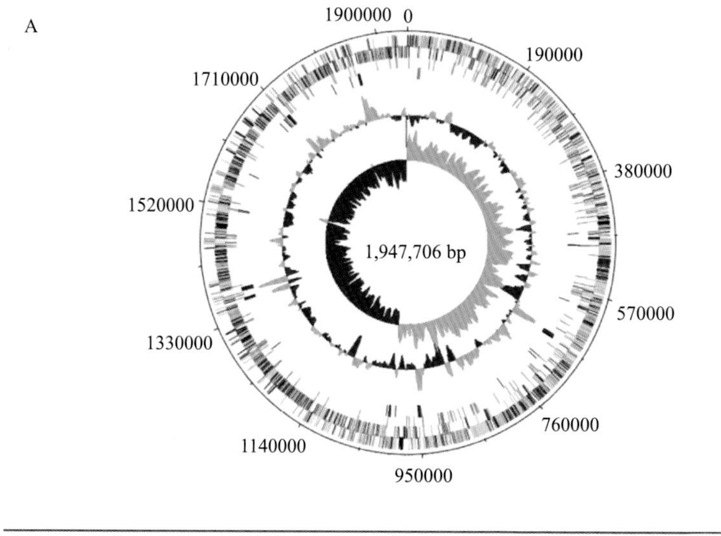
A
1900000
0
190000
380000
570000
760000
950000
1140000
1330000
1520000
1710000
1,947,706 bp

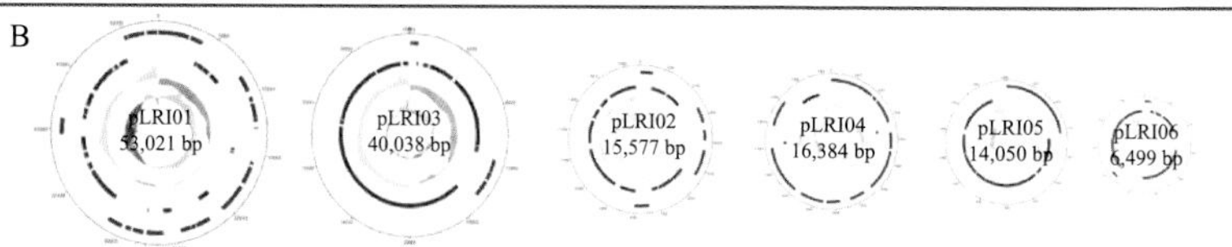
B
pLRI01
53,021 bp
pLRI03
40,038 bp
pLRI02
15,577 bp
pLRI04
16,384 bp
pLRI05
14,050 bp
pLRI06
6,499 bp

图 5-3

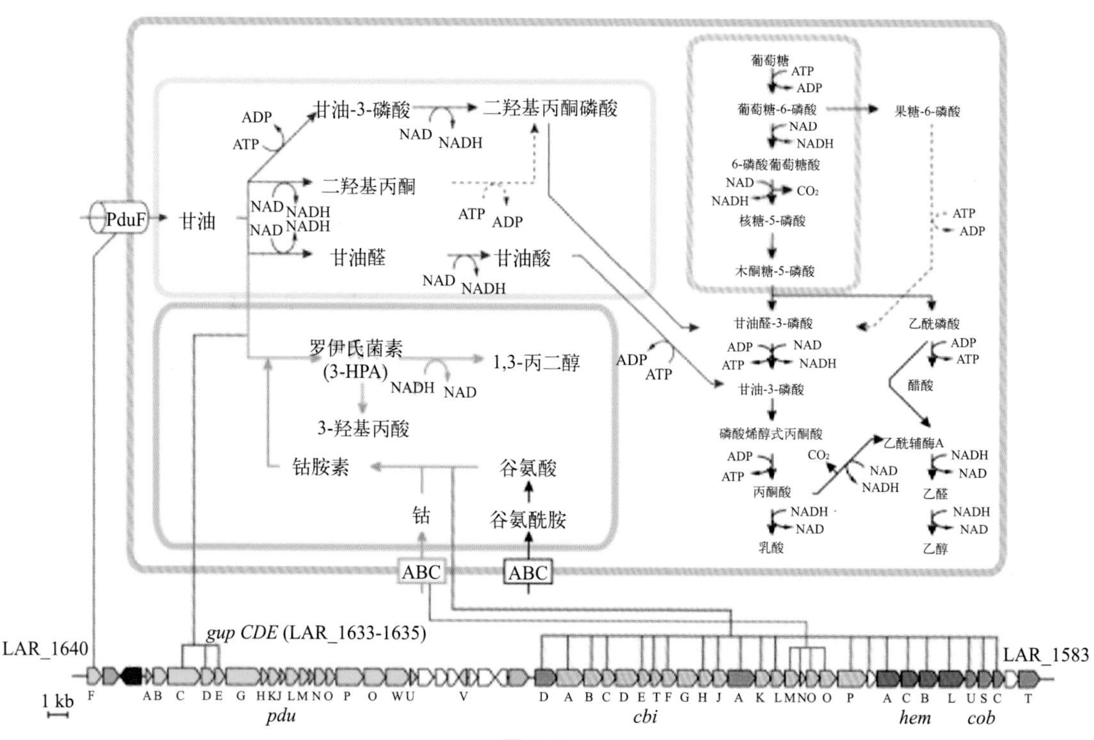
葡萄糖
ATP
ADP
葡萄糖-6-磷酸
果糖-6-磷酸
NAD
NADH
6-磷酸葡萄糖酸
NAD
NADH
CO_2
核糖-5-磷酸
木酮糖-5-磷酸
ATP
ADP
甘油-3-磷酸
二羟基丙酮磷酸
ADP
ATP
NAD
NADH
二羟基丙酮
ATP
ADP
PduF
甘油
NAD
NADH
NAD
NADH
甘油醛
甘油酸
NAD
NADH
甘油醛-3-磷酸
乙酰磷酸
ADP
ATP
NAD
NADH
ADP
ATP
醋酸
甘油-3-磷酸
磷酸烯醇式丙酮酸
乙酰辅酶A
ADP
ATP
丙酮酸
CO_2
NAD
NADH
NADH
NAD
乙醛
NADH
NAD
乳酸
NADH
NAD
乙醇
罗伊氏菌素
(3-HPA)
1,3-丙二醇
NADH
NAD
ADP
ATP
3-羟基丙酸
钴胺素
谷氨酸
钴
谷氨酰胺
ABC
ABC
gup CDE (LAR_1633-1635)
LAR_1640
LAR_1583
1 kb
F
AB
C
DE
G
HKJ
LMNO
P
O
WU
V
pdu
D
A
B
C
D
E
T
F
G
H
J
A
K
LMNO
O
P
cbi
A
C
B
L
U
S
C
T
hem
cob

图 5-6

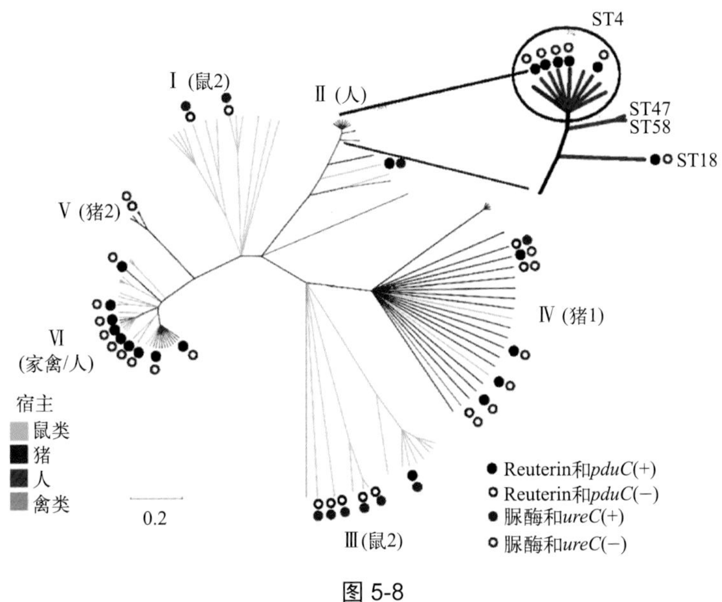
ST4
Ⅰ (鼠2)
Ⅱ (人)
ST47
ST58
ST18
Ⅴ (猪2)
Ⅳ (猪1)
Ⅵ
(家禽/人)
宿主
鼠类
猪
人
禽类
0.2
Ⅲ(鼠2)
Reuterin和pduC(+)
Reuterin和pduC(−)
脲酶和ureC(+)
脲酶和ureC(−)

图 5-8

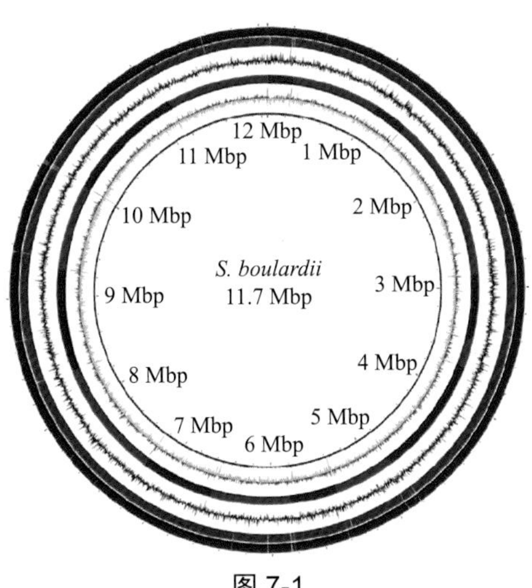
12 Mbp
1 Mbp
11 Mbp
2 Mbp
10 Mbp
S. boulardii
11.7 Mbp
9 Mbp
3 Mbp
4 Mbp
8 Mbp
5 Mbp
7 Mbp
6 Mbp

图 7-1

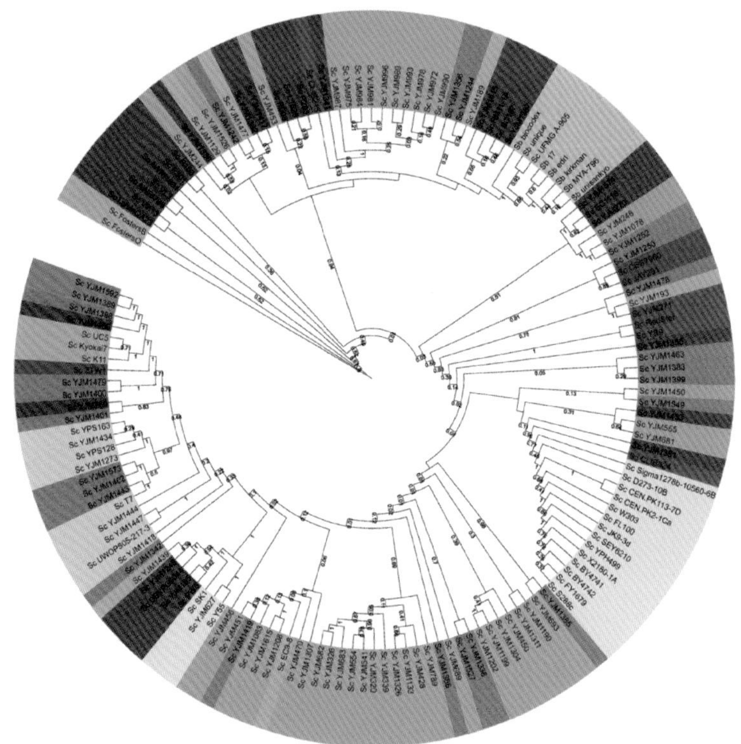

图 7-2

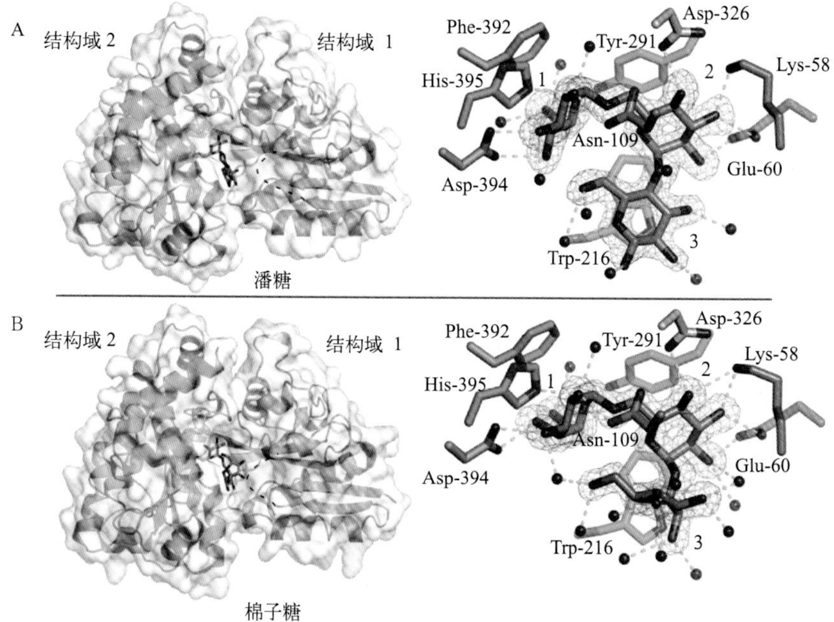
A
结构域 2
结构域 1
潘糖
Phe-392
Tyr-291
Asp-326
His-395
1
2
Lys-58
Asn-109
Glu-60
Asp-394
Trp-216
3
B
结构域 2
结构域 1
棉子糖
Phe-392
Tyr-291
Asp-326
Lys-58
His-395
1
2
Asn-109
Glu-60
Asp-394
Trp-216
3

图 8-8

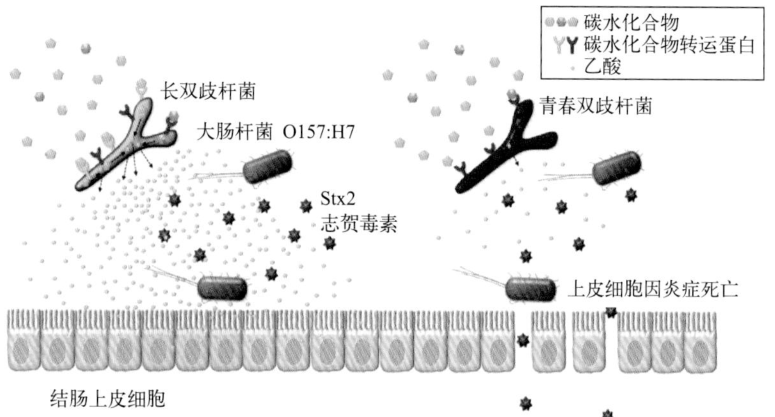
碳水化合物
碳水化合物转运蛋白
乙酸
长双歧杆菌
大肠杆菌 O157:H7
Stx2
志贺毒素
青春双歧杆菌
上皮细胞因炎症死亡
结肠上皮细胞

图 8-14

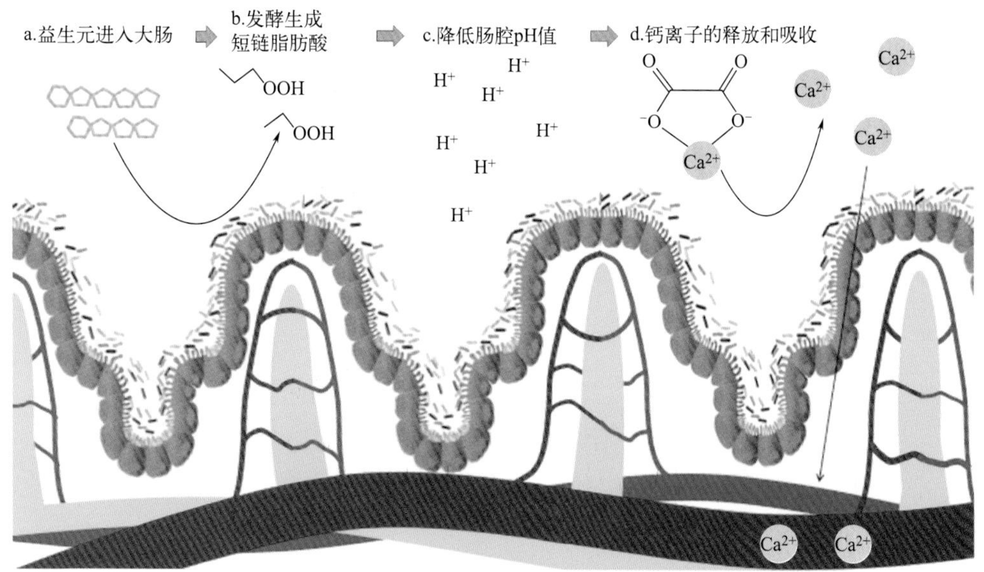
a.益生元进入大肠
b.发酵生成
短链脂肪酸
c.降低肠腔pH值
d.钙离子的释放和吸收
OOH
OOH
H^+
O
O
^-O
O^-
Ca^{2+}

图 8-16

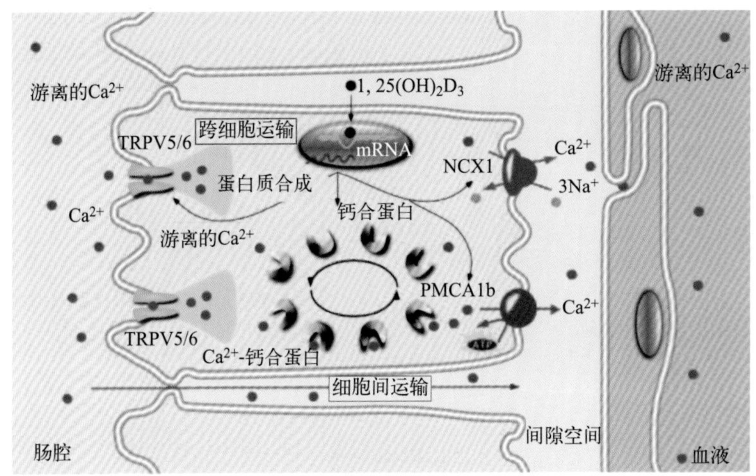

游离的Ca2+
1, 25(OH)2D3
跨细胞运输
TRPV5/6
mRNA
蛋白质合成
钙合蛋白
NCX1
Ca2+
3Na+
Ca2+
游离的Ca2+
PMCA1b
Ca2+
TRPV5/6
Ca2+-钙合蛋白
细胞间运输
肠腔
间隙空间
血液
游离的Ca2+

图 8-17

肠道微生物属的变化

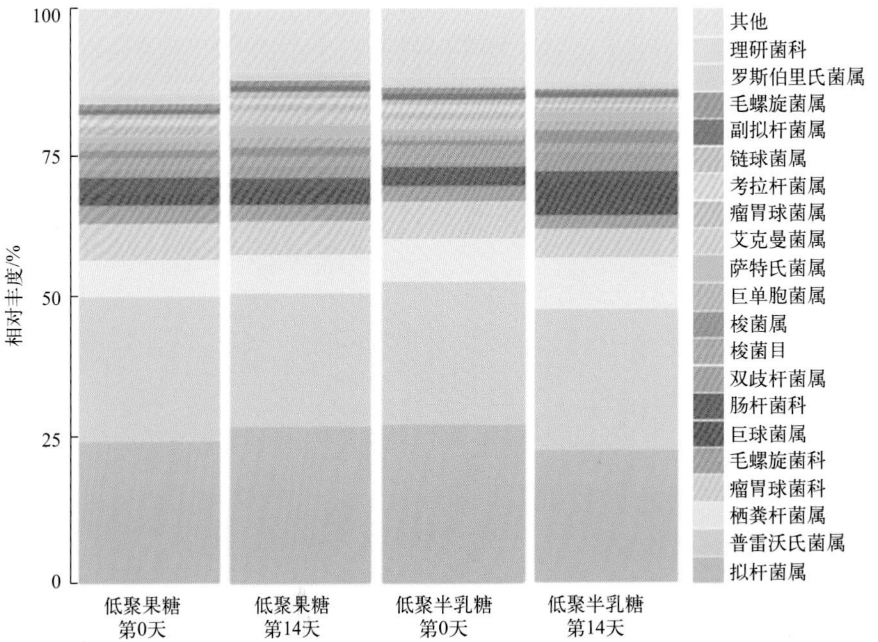

100
75
50
25
0
相对丰度/%
低聚果糖
第0天
低聚果糖
第14天
低聚半乳糖
第0天
低聚半乳糖
第14天
其他
理研菌科
罗斯伯里氏菌属
毛螺旋菌属
副拟杆菌属
链球菌属
考拉杆菌属
瘤胃球菌属
艾克曼菌属
萨特氏菌属
巨单胞菌属
梭菌属
梭菌目
双歧杆菌属
肠杆菌科
巨球菌属
毛螺旋菌科
瘤胃球菌科
栖粪杆菌属
普雷沃氏菌属
拟杆菌属

图 8-18